H. R. Etzold

So wird´s gemacht

Dr. Hans-Rüdiger Etzold

Diplom-Ingenieur für Fahrzeugtechnik

So wird's gemacht

pflegen – warten – reparieren

Band 68:

BMW 5er Reihe 9/72 bis 7/81 (TYP E12)

518	1,8 l/ 66 kW (90 PS)	6/74 – 7/81
520	2,0 l/ 85 kW (115 PS)	9/72 – 8/77
520/6	2,0 l/ 90 kW (122 PS)	8/77 – 7/81
520 i	2,0 l/ 92 kW (125 PS)	8/75 – 7/77
520 i	2,0 l/ 96 kW (130 PS)	9/72 – 7/75
525	2,5 l/106 kW (145 PS)	9/73 – 7/76
525	2,5 l/110 kW (150 PS)	8/76 – 7/81
528	2,8 l/121 kW (165 PS)	1/75 – 7/76
528	2,8 l/125 kW (170 PS)	8/76 – 8/77
528 i	2,8 l/130 kW (177 PS)	8/77 – 8/78
528 i	2,8 l/135 kW (184 PS)	9/78 – 7/81

BMW 5er Reihe 7/81 bis 8/87 (TYP E28)

518	1,8 l/ 66 kW (90 PS)	7/81 – 8/84
518i	1,8 l/ 77 kW (105 PS)	9/84 – 8/87
520 i	2,0 l/ 92 kW (125 PS)	7/81 – 8/87
520 i	2,0 l/ 95 kW (129 PS)	(Kat.) 12/85 – 8/87
525 i	2,5 l/110 kW (150 PS)	7/81 – 8/87
525 e	2,7 l/ 95 kW (129 PS)	3/83 – 8/87
525 e	2,7 l/ 95 kW (129 PS)	(Kat.) 12/85 – 8/87
528 i	2,8 l/136 kW (184 PS)	7/81 – 8/87
535 i	3,5 l/160 kW (218 PS)	9/84 – 8/87
535 i	3,5 l/136 kW (185 PS)	(Kat.) 9/84 – 8/87
524 d	2,4 l/ 63 kW (86 PS)	(Diesel) 9/85 – 8/87
524 td	2,4 l/ 85 kW (115 PS)	(Diesel) 9/83 – 8/87

Delius Klasing Verlag

Bibliografische Information der Deutschen Nationalbibliothek
Die Deutsche Nationalbibliothek verzeichnet diese Publikation in der Deutschen Nationalbibliografie; detaillierte bibliografische Daten sind im Internet über http://dnb.dnb.de abrufbar.

5. Auflage
ISBN 978-3-7688-0666-4

Alle Angaben ohne Gewähr
Druck: Books on Demand, Norderstedt

Die in diesem Buch enthaltenen Angaben und Ratschläge werden nach bestem Wissen und Gewissen erteilt, jedoch unter Ausschluss jeglicher Haftung!

Delius Klasing Verlag, Siekerwall 21, D - 33602 Bielefeld
Tel.: 0521/559-0, Fax: 0521/559-115
E-Mail: info@delius-klasing.de
www.delius-klasing.de

Vorwort

Als ich Anfang der sechziger Jahre in einer kleinen Werkstatt meine Kfz-Lehre beendete, da hatten die Gesellen noch die wichtigsten Einstelldaten für die verschiedensten Fahrzeugmodelle im Kopf. Schriftliche Werksunterlagen für das betreffende Modell hatten wir nicht. Der Motor-Leerlauf wurde nach dem Gehör eingestellt. Für die Zündeinstellung stand nur eine simple Prüflampe zur Verfügung, und der Drehmomentschlüssel trat nur dann in Aktion, wenn es galt, die Zylinderkopfschrauben anzuziehen.

Derartige Arbeitsmethoden sind heutzutage undenkbar. Auch der gut ausgebildete Fachmann kommt nicht mehr ohne moderne Prüf- und Einstellwerkzeuge aus. Zudem muß er sich anhand von Werksunterlagen ständig weiterbilden, soll die Arbeit richtig durchgeführt werden. Was für den Fachmann selbstverständlich ist, sollte für den Laien unerläßlich sein. Auch er kann nicht einfach drauflos reparieren. Mitunter genügen schon kleine Einstellfehler, um größere Schäden hervorzurufen.

Obwohl also das Fahrzeug technisch immer aufwendiger und komplizierter wird, greifen von Jahr zu Jahr immer mehr Heimwerker zum »So wird's gemacht«-Handbuch. Die Erklärung dafür ist einfach: Weil die Technik des Automobils komplizierter geworden ist, kommt man bei Arbeiten am Fahrzeug ohne eine spezielle Anleitung nicht mehr aus. Das gilt auch für den Fachmann. Außerdem gibt es nach wie vor am Auto eine Reihe von Verschleißteilen, die in regelmäßigen Abständen kontrolliert und gegebenenfalls ausgewechselt werden müssen. Dazu zählen vor allem das Auswechseln der Bremsbeläge, das Erneuern der Abgasanlage, der Stoßdämpfer sowie das Ausbessern von Rostschäden. Zu den gern ausgeführten Arbeiten zählt natürlich auch der nachträgliche Einbau von elektrischem Zubehör sowie die Fahrzeugwartung, weshalb dieser Band ein umfangreiches Wartungskapitel enthält.

Grundsätzlich muß sich der Heimwerker natürlich darüber im klaren sein, daß man mit Hilfe eines Handbuches nicht automatisch zum Kfz-Handwerker wird. Man sollte also nur Arbeiten durchführen, die man sich selbst zutraut. Das gilt insbesondere natürlich bei Arbeiten, die die Verkehrssicherheit des Fahrzeugs beeinträchtigen können. Gerade in diesem Punkt sorgt das »So wird's gemacht«-Handbuch für praktizierte Verkehrssicherheit. Denn durch die exakte Beschreibung der erforderlichen Arbeitsschritte und den nötigen Warn-Hinweisen wird der Heimwerker bei der Arbeit entsprechend sensibilisiert und fachlich richtig informiert. Auch wird darauf hingewiesen, im Zweifelsfall die Arbeit lieber einem Fachmann zu überlassen.

In der Öffentlichkeit wird hin und wieder von interessierten Kreisen der Vorwurf erhoben, Heimwerker würden durch ihre Eigenarbeiten am Fahrzeug die Verkehrssicherheit negativ beeinflussen. Aus den Kontakten, die ich zu Hobbymonteuren habe, kann ich nur vom Gegenteil berichten. Derjenige Fahrzeugbesitzer, der sein Fahrzeug selbst pflegt und wartet, hat ein großes Interesse an einem verkehrssicheren, gepflegten Auto. Es geht ihm gar nicht immer nur darum, Kosten zu sparen. In der Regel macht ihm vor allem der Umgang mit der Technik Spaß.

Vor jedem Arbeitsgang empfiehlt sich ein Blick in das vorliegende Buch. Dadurch wird schnell der Umfang und auch der Schwierigkeitsgrad der Reparatur deutlich. Außerdem erfährt man, welche Ersatz- oder Verschleißteile eingekauft werden müssen und ob unter Umständen die Arbeit nur mit Hilfe von Spezialwerkzeug durchgeführt werden kann.

Für die meisten Schraubverbindungen ist das Anzugsmoment angegeben. Bei Schraubverbindungen, die in jedem Fall mit einem Drehmomentschlüssel angezogen werden müssen (Zylinderkopf, Achsverbindungen usw.), ist der Wert **fett** gedruckt. Nach Möglichkeit sollte man jede Schraubverbindung mit einem Drehmomentschlüssel anziehen.

Auch der fachkundige Hobbymonteur, der sein Fahrzeug selbst wartet und repariert, sollte bedenken, daß der Fachmann viel Erfahrung hat und durch Weiterschulung und den ständigen Erfahrungsaustausch über den neuesten Technik-Stand verfügt. Mithin kann es für die Überwachung und Erhaltung der Betriebs- und Verkehrssicherheit des eigenen Fahrzeugs sinnvoll sein, in regelmäßigen Abständen eine BMW-Werkstatt aufzusuchen.

Natürlich kann das vorliegende Buch nicht auf jede aktuelle, technische Frage eingehen. Dennoch hoffe ich, daß die getroffene Auswahl an Reparatur-, Wartungs- und Pflegehinweisen in den meisten Fällen die eventuell auftretenden Probleme zufriedenstellend löst.

Hans-Rüdiger Etzold

Inhaltsverzeichnis

Der Motor

Typentwicklung des 5er BMW bis 8/87

Die BMW 5er-Reihe, werksintern »E12« genannt, wurde im September 1972 als Nachfolger der viertürigen Baureihe 1800/2000 vorgestellt. Die luxuriöse Limousine mit Hinterradantrieb war anfangs nur mit Vierzylindermotor erhältlich. Die stärkere Version besaß eine mechanische Einspritzanlage. Ein Jahr nach der Premiere, 1973, kam der 525 mit Sechszylindermotor hinzu, äußerlich erkennbar an einer leichten Ausbeulung der Motorhaube.

Im Zug kontinuierlicher Modellpflege lief im September 1976 eine verbesserte 5er-Serie im Werk Dingolfing von den Bändern. Über 40 Detailänderungen wurden durchgeführt, darunter unter anderem: Höhergesetzte BMW-Niere an der Vorderfront, einheitliche Motorhaube mit Sicken, die auf die BMW-Niere zulaufen, größere Heckleuchten, Tankeinfüllstutzen vom hinteren Abschlußblech in den rechten hinteren Kotflügel verlegt, verbesserte Tankentlüftung, neues Lenkrad, Schiebedach auch hinten hochstellbar, runder Luftfilter mit nur noch einem Filtereinsatz, der 528 erhielt vorn innenbelüftete Scheibenbremsen.

Im September 1977 erhält der 520 anstatt des Vierzylindermotors ein neu entwickeltes Sechszylindertriebwerk. Die Nockenwelle wird bei diesem Motor von einem Zahnriemen angetrieben. Eine elektronische Benzineinspritzung, die L-Jetronic, kommt im 528i zum Einsatz. Der Außenspiegel wird bei allen Modellen ins vordere Fensterdreieck verlegt. Seit September 1978 gibt es unter anderem serienmäßig eine Verschleißanzeige für die vorderen Scheibenbremsbeläge sowie neue Lenkstockschalter. Im Mai 1980 wird die Produktion des 5er-Modells »E12« eingestellt und im darauffolgenden Monat ein neuer 5er vorgestellt.

Der intern »E28« genannte Nachfolger basiert zwar auf der gleichen Grundkarosserie, die aber optisch und konstruktiv überarbeitet wurde. Der neue 5er wurde, je nach Modell, durch Einsatz neuartiger Werkstoffe und konstruktiver Feinarbeit zwischen 60 und 90 kg leichter.

Die Motoren sind mit verbesserten Zünd- und Kraftstoffanlagen gegenüber dem Vorgänger ausgestattet. Alle Sechszylinder sind mit Kraftstoff-Einspritzanlagen versehen. Der Tank liegt aus Sicherheitsgründen vor der Hinterachse.

Bei dem neuen Fahrwerk wird das Prinzip der Doppelgelenk-Vorderachse mit schrägstehenden Federbeinen und kleinem positivem Lenkrollradius aus dem 7er BMW übernommen. Eine neue Radlagergeneration vermindert den Wartungsaufwand. Groß dimensionierte Faustsattel-Scheibenbremsen sorgen für eine bessere Verzögerung. Beim 528i sorgen spezielle Zusatzlenker an der Hinterachse für ein neutrales Fahrverhalten unter allen Bedingungen.

Eine Check-Control in den Modellen 525i/528i überwacht die wichtigsten Flüssigkeitsstände sowie die Fahrzeugbeleuchtung. Überdies legt eine neuartige Service-Intervallanzeige den nächsten Wartungstermin anhand der Fahrzeugbelastung fest.

Die Fahrgestellnummer

Beim Bestellen von Ersatzteilen und zur genauen Identifizierung des Fahrzeuges ist die Angabe der Motor- und Fahrgestellnummern sowie des Baujahres erforderlich.

- Das Typenschild –1–, die Fahrgestellnummer –2– sowie die Farbbezeichnung der Lackierung befinden sich im Motorraum hinten rechts.
- Die Motornummer ist hinten links im Kupplungsgehäuseflansch des Motors eingeschlagen. Bei einigen Modellen ist die Motornummer auch beim Ansaugkrümmer am Motorblock eingeschlagen.

5er BMW 8/72 bis 7/81 (»Modell E12«): Motordaten I

Modellbezeichnung	BMW 518	BMW 518	BMW 518	BMW 520	BMW 520i	BMW 520i	BMW 520
Motorbezeichnung	M10	M10	M10	M10	M10	M10	M10
Bauart[1]/Nockenwellenantr.	OHC/Kette	OHC/Kette	OHC/Kette	OHC/Kette	OHC/Kette	OHC/Kette	OHC/Kette
Fertigung von – bis	6.74 – 7.75	8.75 – 8.80	9.80 – 7.81	9.72 – 7.76	9.72 – 7.75	8.75 – 7.77	8.76 – 8.77
Hubraum ccm	1766	1766	1766	1990	1990	1990	1990
Leistung kW bei 1/min. PS bei 1/min.	66/5500 90/5500	66/5500 90/5500	66/5500 90/5500	85/5800 115/5800	96/5800 130/5800	92/5700 125/5700	85/5800 115/5800
Drehmoment Nm bei 1/min	145/3500	143/3500	140/4000	165/3700	181/4500	175/4350	165/3700
Bohrung ∅ mm	89	89	89	89	89	89	89
Hub mm	71	71	71	80	80	80	80
Verdichtung	8,6	8,3	9,5	9,0	9,5	9,3	9,0
Kraftstoff ROZ	Super 98	Normal 91	Super 98	Super 98	Super 98	Super 98	Super 98
Vergaser/Einspritzanlage	Solex 38 PDSI	Solex 32/32 DIDTA	Solex 2 B 4	2 Stromberg 175 CDET	Kugel- fischer	K-Jetronic	Solex 4 A 1
Zündfolge	1–3–4–2	1–3–4–2	1–3–4–2	1–3–4–2	1–3–4–2	1–3–4–2	1–3–4–2
Zündanlage[2]	SZ	SZ	TSZ-i	SZ	SZ	SZ	SZ
Füllmenge Motoröl Liter Kühlmittel Liter	4,25 7,0	4,25 7,0	4,25 7,0	4,25 7,2	4,25 7,2	4,25 7,2	4,25 7,2

Motordaten II

Modellbezeichnung	BMW 520/6	BMW 525	BMW 525	BMW 528	BMW 528	BMW 528i	BMW 528i
Motorbezeichnung	M20	M30	M30	M30	M30	M30	M30
Bauart[1]/Nockenwellenantr.	OHC/Zahnr.	OHC/Kette	OHC/Kette	OHC/Kette	OHC/Kette	OHC/Kette	OHC/Kette
Fertigung von – bis	8.77 – 7.81	9.73 – 7.76	8.76 – 7.81	1.75 – 7.76	8.76 – 8.77	8.77 – 8.78	9.78 – 7.81
Hubraum ccm	1990	2494	2494	2788	2788	2788	2788
Leistung kW bei 1/min. PS bei 1/min.	90/6000 122/6000	106/6000 145/6000	110/5800 150/5800	121/5800 165/5800	125/5800 170/5800	130/5800 177/5800	135/5800 184/5800
Drehmoment Nm bei 1/min	163/4000	212/4000	218/4000	258/4000	258/4000	240/4300	240/4200
Bohrung ∅ mm	80	86	86	86	86	86	86
Hub mm	66	71,6	71,6	80	80	80	80
Verdichtung	9,2	9,0	9,0	9,0	9,0	9,0	9,3
Kraftstoff ROZ	Super 98	Super 98	Super 98	Super 98	Super 98	Super 98	Super 98
Vergaser/Einspritzanlage	Solex 4 A 1	2 Zenith 32/40 INAT	Solex 4 A 1	2 Zenith 35/40 INAT	Solex 4 A 1	L-Jetronic	L-Jetronic
Zündfolge	1-5-3-6-2-4	1-5-3-6-2-4	1-5-3-6-2-4	1-5-3-6-2-4	1-5-3-6-2-4	1-5-3-6-2-4	1-5-3-6-2-4
Zündanlage[2]	SZ	SZ	SZ	SZ	SZ	TSZ-i	TSZ-i
Füllmenge Motoröl Liter Kühlmittel Liter	4,75 12,0	5,75 12,0	5,75 12,0	5,75 12,0	5,75 12,0	5,75 12,0	5,75 12,0

[1] OHC (Over Head Camshaft) - Motor = Motor mit obenliegender Nockenwelle; [2] SZ = Spulenzündung; TSZ-i = Transistor-Spulenzündung mit induktiver Auslösung.

5er BMW ab 7/81 bis 8/87 (»Modell E28«): Motordaten III

Modellbezeichnung	BMW 518	BMW 518	BMW 520 i	BMW 525 i	BMW 525 e	BMW 528 i
Motorbezeichnung	M10	M10	M20	M30	M20	M30
Bauart[1]/Nockenwellenantrieb	OHC/Kette	OHC/Kette	OHC/Zahnr.	OHC/Kette	OHC/Zahnr.	OHC/Kette
Fertigung von – bis	7. 81 – 8. 84	9. 84 – 8. 87	7. 81 – 8. 87	7. 81 – 8. 87	3. 83 – 8. 87	7. 81 – 8. 87
Hubraum ccm	1766	1766	1990	2494	2693	2788
Leistung kW bei 1/min. PS bei 1/min.	66/5500 90/5500	77/5800 105/5800	92/5800 125/5800	110/5500 150/5500	95/4250 129/4250	135/5800 184/5800
Drehmoment Nm bei 1/min	140/4000	148/4500	165/4500	215/4000	240/3250	240/4200
Bohrung ∅ mm	89	89	80	86	84	86
Hub mm	71	71	66	71,6	81	80
Verdichtung	9,5	9,5	9,8	9,6	10,2	9,3
Kraftstoff ROZ	Super 98	Super 98	Super 98	Super 98	Super 98	Super 98
Vergaser/Einspritzanlage	Solex 2 B 4[3]	LE-Jetronic	K-Jetronic/ L–Jetronic[4]	L-Jetronic	Motronic	L-Jetronic
Zündfolge	1–3–4–2	1–3–4–2	1-5-3-6-2-4	1-5-3-6-2-4	1-5-3-6-2-4	1-5-3-6-2-4
Zündanlage[2]	TSZ-i	TSZ-i	TSZ-i	TSZ-i	Motronic	TSZ-i
Füllmenge Motoröl Liter Kühlmittel Liter	4,25 7,0	4,25 7,0	4,25 10,5	5,75 12,0	4,25 10,5	5,75 12,0

Motordaten IV

Modellbezeichnung	BMW 535 i	520 i KAT	525 e KAT	535 i KAT	524 d	524 td
Motorbezeichnung	M30	M20	M30	M30	M21	M21
Bauart[1]/Nockenwellenantrieb	OHC/Kette	OHC/Zahnr.	OHC/Kette	OHC/Kette	OHC/Zahnr.	OHC/Zahnr.
Fertigung von – bis	9. 84 – 8. 87	12. 85 – 8. 87	9. 84 – 8. 87	9. 84 – 8. 87	9. 85 – 8. 87	9. 83 – 8. 87
Hubraum ccm	3430	1990	2693	3430	2443	2443
Leistung kW bei 1/min. PS bei 1/min.	160/5500 218/5500	95/6000 129/6000	95/4800 129/4800	136/5400 185/5400	63/4600 86/4600	85/4800 115/4800
Drehmoment Nm bei 1/min	310/4000	164/4300	230/3200	290/4000	152/2500	210/2400
Bohrung ∅ mm	92	80	84	92	80	80
Hub mm	86	66	81	86	81	81
Verdichtung	10,0	8,8	8,5	8,0	22,0	22,0
Kraftstoff ROZ	Super 98	N bleifrei 91	N bleifrei 91	N bleifrei 91	Diesel	Diesel
Einspritzanlage	Motronic	Motronic	Motronic	Motronic	VE-Pumpe	VE-Pumpe
Zündfolge	1-5-3-6-2-4	1-5-3-6-2-4	1-5-3-6-2-4	1-5-3-6-2-4	1-5-3-6-2-4	1-5-3-6-2-4
Zündanlage[2]	Motronic	Motronic	Motronic	Motronic	–	–
Katalysator	–	ja	ja	ja	–	–
Füllmenge Motoröl Liter Kühlmittel Liter	5,75 12,0	5,75 12,0	5,75 12,0	5,75 12,0	5,25 12,0	5,75 12,0

[1] OHC (Over Head Camshaft) - Motor = Motor mit obenliegender Nockenwelle; [2] TSZ-i = Transistor-Spulenzündung mit induktiver Auslösung; Motronic = Elektronische Kennfeld-Zündung; [3] Von 9/83 bis 8/84 auch mit 2BE-Vergaser (Ecotronic); [4] L-Jetronic seit 9/82.

Motorbeschreibung

Der 5er BMW wird von einem flüssigkeitsgekühlten Reihenmotor angetrieben, der je nach Hubraum 4 oder 6 Zylinder aufweist. Der Hubraum ist aus der Modellbezeichung ableitbar: Die beiden letzten Ziffern geben den Hubraum in Litern an, wenn man ein Komma zwischen die Endziffern setzt. So besagt zum Beispiel die Bezeichung BMW **518**: BMW der **5**er-Reihe mit **1,8** Liter-Motor. (Die einzige Ausnahme bildet hierbei das Modell 525e.)

Das Triebwerk ist im Motorraum längs zur Fahrtrichtung eingebaut und kann nur mit einem geeigneten Kran nach oben herausgehoben werden.

Bei den Benzinvarianten kommen drei grundlegend unterschiedliche Motorkonstruktionen zum Einsatz. Sie werden mit M 10, M 20 und M 30 bezeichnet, siehe Tabellen »Motordaten«.

M 10 = 4-Zylinder-Motor
M 20 = »kleiner« 6-Zylinder-Motor
(2,0 l Hubraum; 2,7 l im 525e)
M 30 = »großer« 6-Zylinder-Motor
(ab 2,5 l Hubraum, außer 525e)

Den **Dieselmotor M 21** kann man als Abkömmling des M 20-Motors bezeichnen.

In den aus Grauguß bestehenden Motorblock sind die Zylinderbohrungen eingelassen. Bei hohem Verschleiß oder Riefen an den Zylinderwänden können die Zylinder von einer Fachwerkstatt gehont, also ausgeschliffen werden. Anschließend müssen dann allerdings Kolben mit Übermaß eingebaut werden. Im unteren Teil des Motorblocks befindet sich die Kurbelwelle, die von den Kurbelwellenlagern abgestützt wird. Über Gleitlager sind die Pleuel, die die Verbindung zu den Kolben herstellen, mit der Kurbelwelle verbunden. Den unteren Abschluß des Motors bildet die Ölwanne, in der sich das für die Schmierung und Kühlung erforderliche Motoröl sammelt. Oben auf den Motorblock ist der Leichtmetall-Zylinderkopf aufgeschraubt. Er besteht bei allen Motoren aus Aluminium, weil dieses Metall eine bessere Wärmeleitfähigkeit und ein geringeres spezifisches Gewicht gegenüber Grauguß aufweist.

Der Zylinderkopf ist nach dem sogenannten Querstromprinzip aufgebaut. Das bedeutet, daß das frische Kraftstoff-Luftgemisch auf der einen Seite des Zylinderkopfes einströmt, während die verbrannten Gase auf der gegenüberliegenden Seite ausgestoßen werden. Durch die Querstrom-Anordnung ist ein schneller Gaswechsel sichergestellt. Oben im Zylinderkopf befindet sich die Nockenwelle. Angetrieben wird die Nockenwelle beim 4-Zylinder-Motor **M 10** sowie beim 6-Zylinder-Motor **M 30** von der Kurbelwelle über eine **Einfachrollenkette**. Beim 6-Zylinder-Motor **M 20** und dem Dieselmotor **M 21** wird die Nockenwelle über einen **Zahnriemen** angetrieben. Die Nockenwelle betätigt bei den Benzinmotoren über Kipphebel die V-förmig angeordneten Ein- und Auslaßventile. Beim Dieselmotor M 21 stößt die Nockenwelle die Ventile über Schlepphebel auf. Das Ventilspiel muß bei allen Motoren gemäß Wartungsplan eingestellt werden.

Für die Motorschmierung sorgt eine Ölpumpe in der Ölwanne, die beim 4-Zylinder-Motor M 10 sowie dem Motor M 30 über eine zusätzliche Rollenkette von der Kurbelwelle angetrieben wird. Beim Motor M 20 wird die Ölpumpe über eine Verzahnung durch eine Nebenwelle angetrieben, die ihrerseits vom Zahnriemen angetrieben wird. Das im Ölsumpf angesaugte Öl gelangt über Bohrungen und Leitungen zu den Lagern der Kurbel- und Nockenwelle sowie in die Zylinderlaufbahnen.

Die Kühlmittelpumpe ist vorn am Motorblock angeflanscht. Der Antrieb der Pumpe erfolgt über den Keilriemen, der auch den Generator antreibt. Ein zusätzlicher Keilriemen sorgt für den Antrieb der Lenkhilfpumpe. Zu beachten ist, daß der Kühlmittelkreislauf ganzjährig mit einer Mischung aus Kühlerfrost- und Korrosionsschutzmittel sowie kalkarmem Wasser befüllt sein muß.

Für die Aufbereitung eines zündfähigen Kraftstoff-Luftgemisches steht ein Vergaser beziehungsweise eine Kraftstoffeinspritzung zur Verfügung, die in der Regel wartungsfrei arbeitet.

Der Zündfunke wird bei den neueren Modellen durch eine Transistorzündanlage erzeugt, die den Zündzeitpunkt praktisch konstant hält. Bei den Modellen mit Spulenzündung muß der Unterbrecherkontakt im Rahmen der Wartung gewechselt werden.

4-Zylinder-Motor M10 (518, 518i)

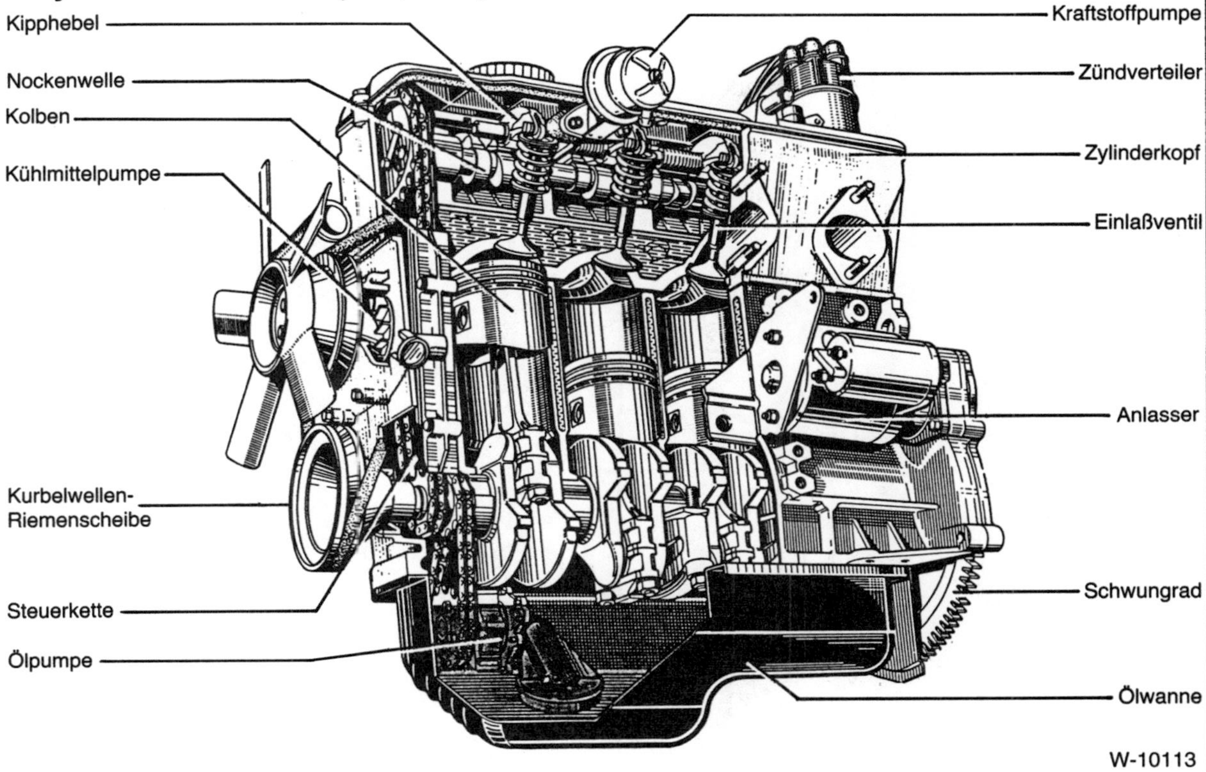

Motor M20 (520/6, 520i seit 8/77, 525e)

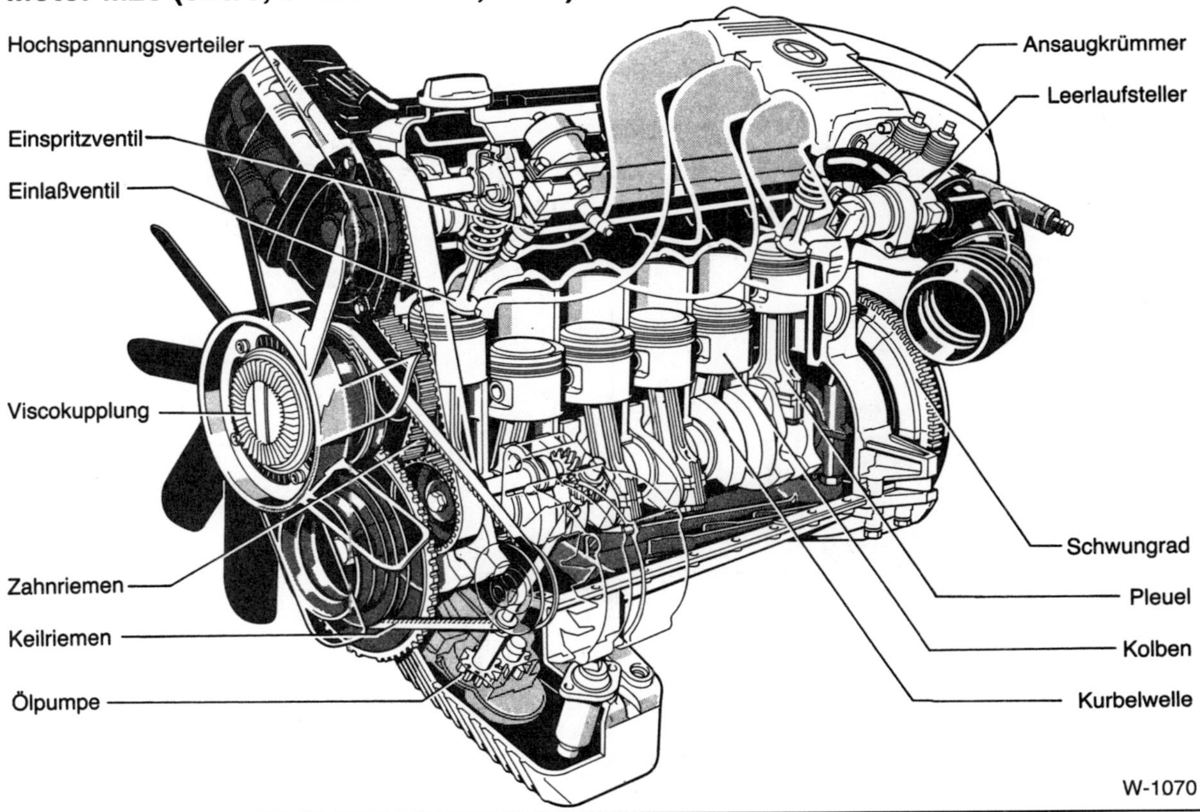

Motor M30 (525, 525i, 528, 528i, 535i)

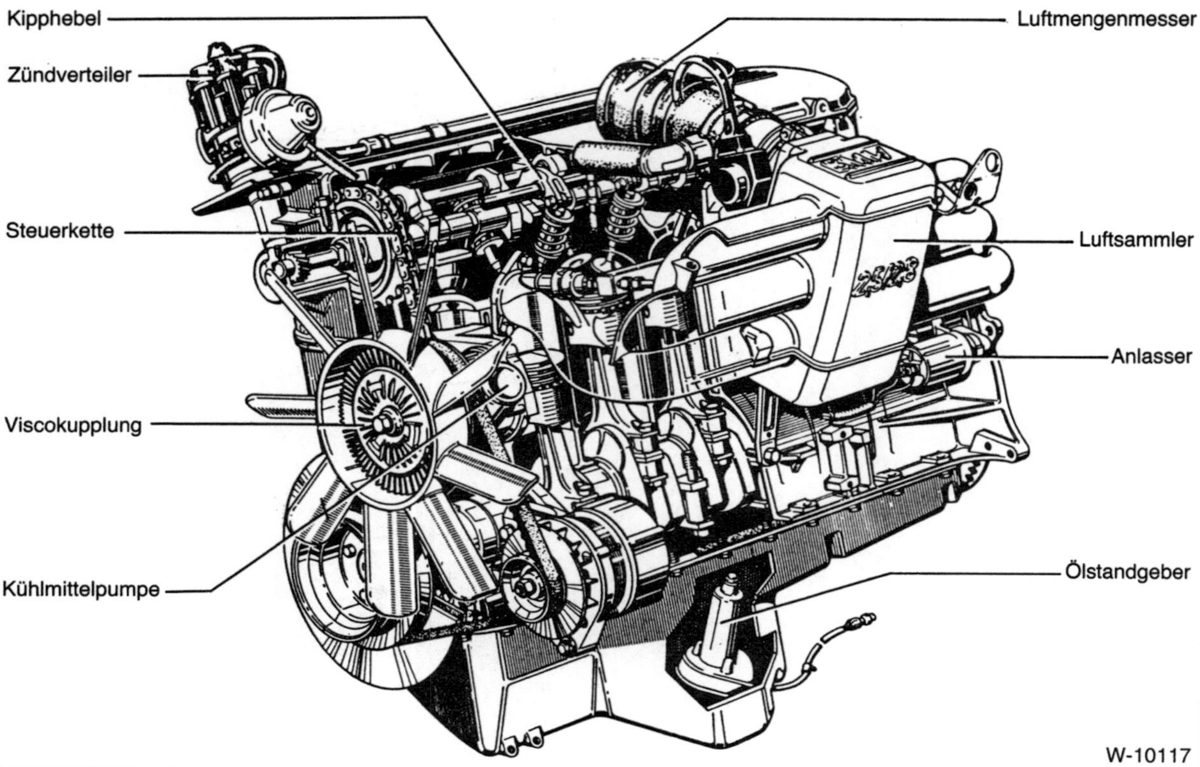

Dieselmotor M21 (524d, 524td)

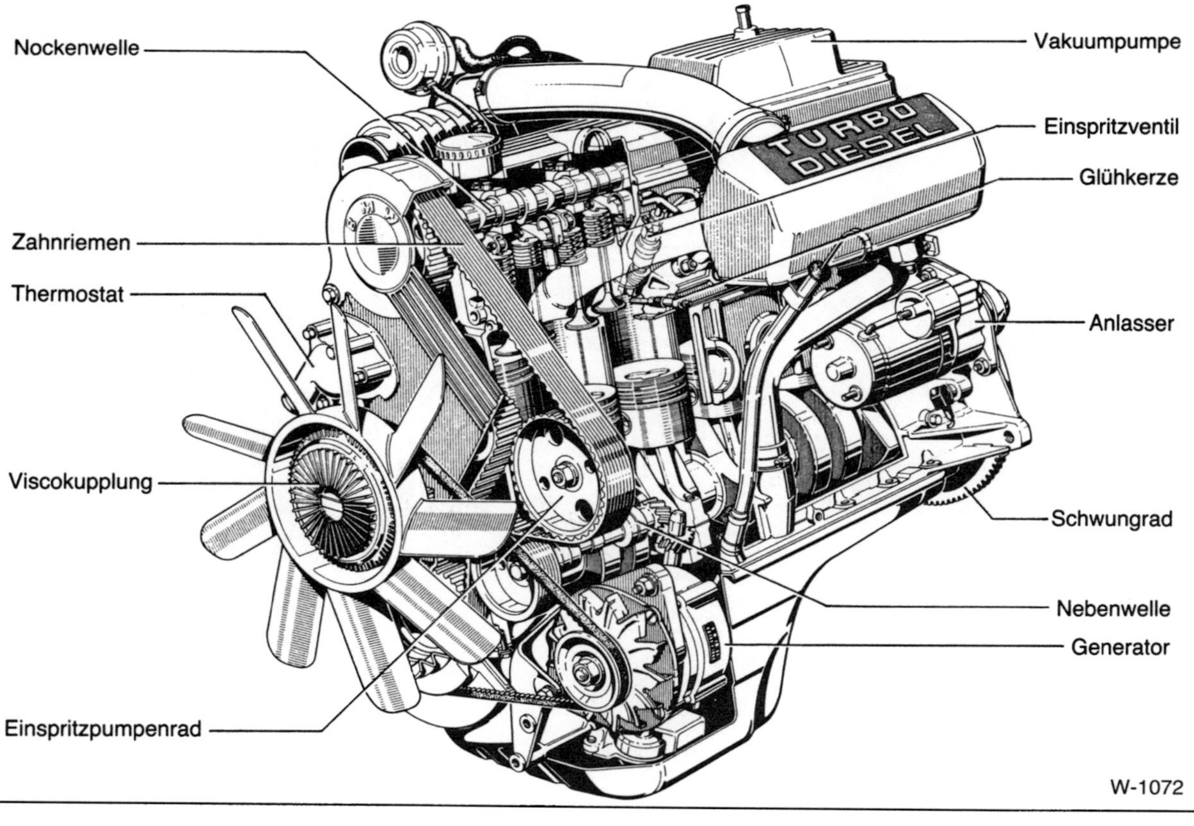

Motor aus- und einbauen

Der Motor wird ohne Getriebe nach oben ausgebaut. Abgas- und Ansaugkrümmer sowie Vergaser beziehungsweise Einspritzanlage und Generator bleiben am Motor angebaut. Zum Ausbau des Motors wird ein Kran benötigt. In **keinem Fall** darf der Motor mit einem Rangierheber nach unten abgesenkt werden, da der Heber am Motor schwere Schäden verursachen würde.

Da auch auf der Wagenunterseite einige Verbindungen gelöst werden müssen, werden vier Unterstellböcke sowie zum Aufbocken des Wagens ein Rangierheber benötigt. Vor der Montage im Motorraum sollten die Kotflügel mit Decken geschützt werden.

Je nach Baujahr und Ausstattung können die elektrischen Leitungen beziehungsweise Unterdruck- oder Kühlmittelschläuche unterschiedlich im Motorraum verlegt sein. Da im einzelnen nicht auf jede Variante eingegangen werden kann, empfiehlt es sich, die jeweilige Leitung mit Tesaband zu kennzeichnen, bevor sie abgezogen wird. Beschrieben wird der Ausbau der 4- und 6-Zylinder-Motoren im neueren 5er (Typ E28).

Ausbau

- Motorhaube ausbauen, siehe Seite 212.
- Massekabel (–) und Pluskabel von der Batterie abklemmen.
- Getriebe ausbauen, siehe Seite 148.
- Fahrzeug ablassen, siehe Seite 140.
- Fahrzeuge mit Servolenkung: Keilriemen ausbauen, Hydraulikpumpe abschrauben und mit **angeschlossenen Leitungen** zur Seite legen. **Achtung:** Wenn die Hydraulikleitung geöffnet wird, muß das System nach dem Einbau entlüftet werden, siehe Seite 288.
- Fahrzeuge mit Klimaanlage: Kältekompressor abschrauben und **mit angeschlossenen Leitungen** zur Seite legen. **Achtung:** Der Kältemittelkreislauf darf nicht geöffnet werden.
- Luftfilter ausbauen, siehe Seite 80, 82.
- Kühlmittel ablassen, siehe Seite 276.
- Kühler ausbauen, siehe Seite 71.

Achtung: Falls die Kühlmittelschläuche durch Quetschschellen gesichert sind, Schellen mit Seitenschneider durchkneifen und beim Einbau Schraubschellen verwenden.

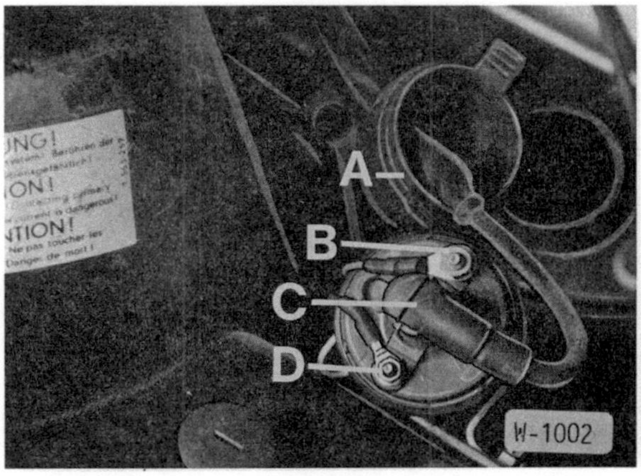

- Schutzkappe –A– von der Zündspule abziehen. Hochspannungskabel –C– herausziehen und die Niederspannungskabel –B– und –D– abschrauben. Kabelbinder am Federbeindom aufschneiden.
- Stecker am Drehstromgenerator abziehen.

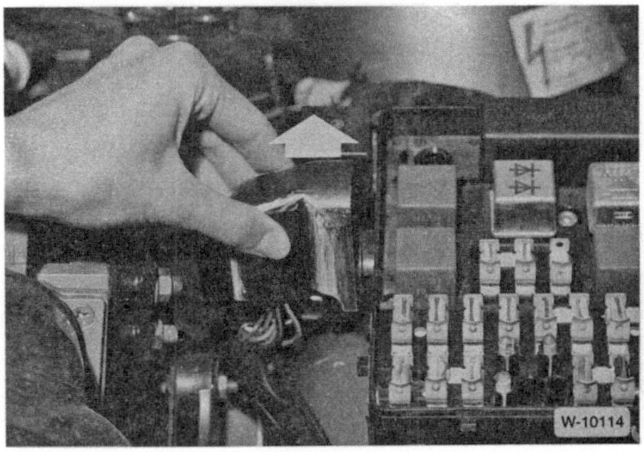

- Deckel vom Sicherungskasten abnehmen und Kabelstecker abziehen: Dazu Schutzhülle nach oben ziehen, dann Stecker vom Sicherungskasten trennen.
- Relais neben dem Sicherungskasten ausheben.

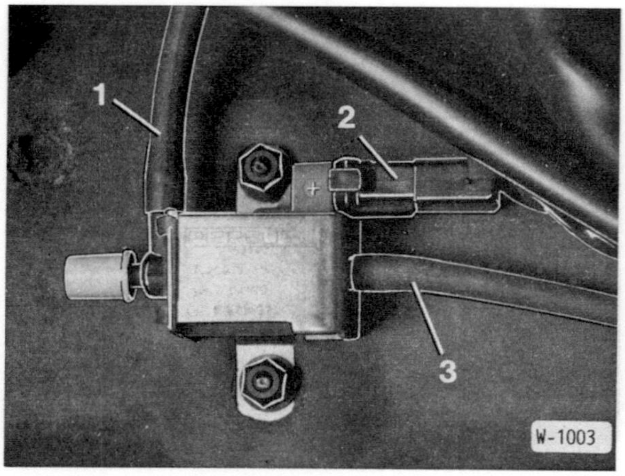

- Stecker –2– sowie Unterdruckschläuche –1– und –3– vom Elektro-Umschaltventil abziehen.

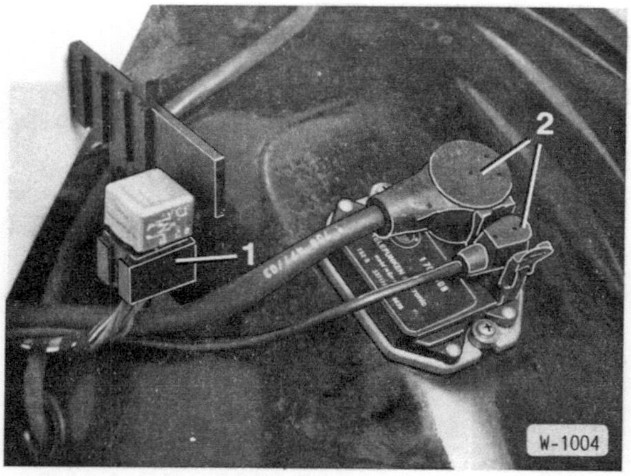

- Stecker –2– vom Zünd-Schaltgerät abziehen.

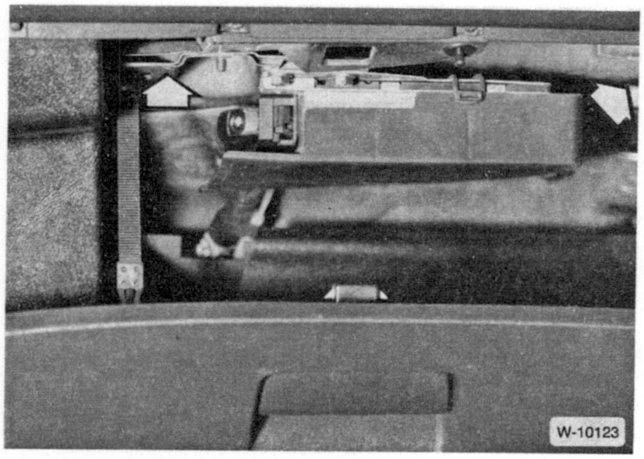

- Einspritzmotoren: Handschuhfach öffnen und obere Abdeckung abnehmen. Dazu Kern aus beiden Spreizclips mit Nadel herausdrücken, Clips herausnehmen.

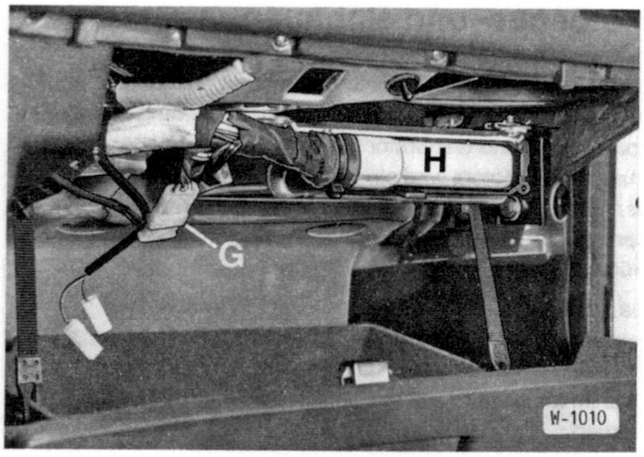

- Steckverbindung –G– trennen und Stecker –H– vom Steuergerät für Einspritzanlage abziehen, siehe auch Seite 120.
- Anschließend Kabelstrang für Steuergerät zum Motorraum herausschieben.
- Gaszug ausbauen, siehe Seite 89, 117.
- Falls vorhanden, Seilzug für Tempomat ausbauen.
- Sämtliche Unterdruckschläuche, die vom Motor wegführen, mit Tesaband kennzeichnen und abziehen.

- **Vergasermotoren:** Kraftstoffschlauch –E– von der Kraftstoffpumpe abziehen und am Halter –F– aushängen. Vorher Schlauchschelle lösen und zurückschieben.

6-Zylinder-Motoren:

- *Stecker –U– vom Luftmengenmesser abziehen.*
- *Luftansaugschlauch am Luftmengenmesser abbauen, dazu Schlauchschelle lösen und zurückschieben.*
- *Halter für Luftmengenmesser abschrauben und Luftfiltergehäuse zusammen mit Luftmengenmesser herausnehmen.*

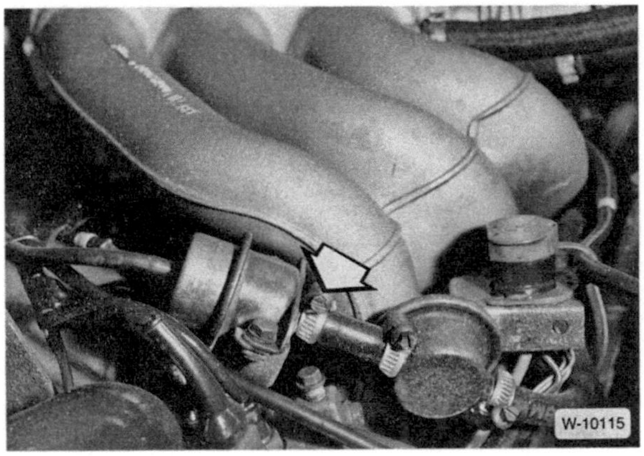

- *Kraftstoffleitung am Druckregler abziehen und mit Stopfen verschließen, damit kein Kraftstoff ausläuft. Halter für Kraftstoffleitung am Motor abschrauben.*
- *Kühlmittel-Ausgleichbehälter ausbauen. Dazu 2 Kühlmittelschläuche und einen Entlüftungsschlauch abziehen, Stecker für Kühlmittelstandsanzeige abziehen und Ausgleichbehälter mit 2 Schrauben abschrauben.*

- *Unterdruckschlauch –5– für Heizungsregelung und Schlauch –6– abbauen. Kabelband –7– lösen.*
- Heizungsschläuche an der Spritzwand abziehen, vorher Schellen ganz öffnen und zurückschieben.
- 4-Zylinder-Motoren: Motorstoßdämpfer am linken Motorträger abschrauben und herausnehmen.

- Beide Motorlager (links und rechts) lösen, dazu Mutter –G– abschrauben. Beim 4-Zylinder-Motor beide Motorlager auch von unten am Motorträger abschrauben.

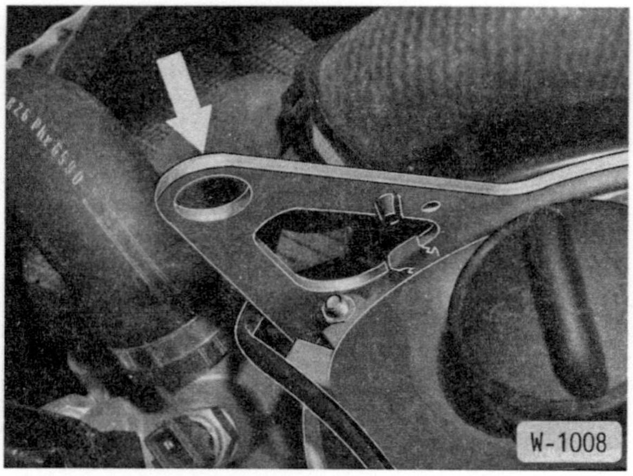

- Motor anseilen. Dazu geeignetes Seil oder eine Kette an den Aufhängeösen –Pfeil– des Motors einhängen. Motor mit Werkstattkran leicht anheben.
- Prüfen, ob sämtliche Schläuche und Leitungen, die vom Motor zum Aufbau führen, abgezogen sind. Anschließend Motor herausheben.

Achtung: Der Motor muß beim Herausheben sorgfältig geführt werden, um Beschädigungen am Aufbau zu vermeiden.

Einbau

- Motorlager, Kühlmittel-, Öl- und Kraftstoffschläuche auf Porosität oder Risse prüfen, falls erforderlich erneuern.
- Motorstoßdämpfer prüfen. Dazu Stoßdämpfer in Einbaulage halten, auseinanderziehen und zusammendrücken. Der Dämpfer muß sich dabei über den gesamten Hub gleichmäßig schwer und ruckfrei bewegen lassen. Bei starkem Ölverlust Stoßdämpfer austauschen.
- Rillenkugellager in der Kurbelwelle und Kupplungsausrücklager auf leichten Lauf und Ausrückhebel auf Leichtgängigkeit prüfen.
- Kupplungs-Mitnehmerscheibe auf ausreichende Belagdicke sowie Belagzustand prüfen.
- Motor vorsichtig in den Motorraum einführen. Beim Absenken darauf achten, daß der Motor sorgfältig geführt wird, um Beschädigungen an Antriebswelle, Kupplung und Aufbau zu vermeiden.
- Muttern für Motorlager anschrauben, nicht festziehen.
- Fahrzeug aufbocken, siehe Seite 140.
- Getriebe einbauen, siehe Seite 148.
- Fahrzeug ablassen, siehe Seite 140.
- Motor durch Schüttelbewegungen spannungsfrei einrichten. Anschließend Motorlager mit **45 Nm** festziehen.
- Falls ausgebaut, Motorstoßdämpfer einsetzen und anschrauben.
- Masseband an der Ölwanne anschrauben.
- Heizungsschläuche an der Spritzwand aufschieben und mit Schellen sichern.
- Kühlmittel-Ausgleichbehälter einsetzen und anschrauben. Entlüftungsschlauch und Kühlmittelschläuche aufschieben, Stecker am Geber für Kühlmittelstandanzeige aufstekken.
- **Einspritzmotor:** Luftfilter-Einsatz prüfen, gegebenenfalls ausklopfen oder erneuern. Luftfilter mit Luftmengenmesser anschrauben. Luftschlauch mit Schelle sichern.
- Gaszug einbauen und einstellen, siehe Seite 89, 117.
- Falls vorhanden, Seilzug für Tempomat einbauen.
- **Einspritzmotor:** Kabelstrang für Steuergerät in den Innenraum durchschieben und am Steuergerät aufstecken. Zweifach-Steckverbindung zusammenstecken. Verkleidung einsetzen und anschrauben.
- Beide Stecker am TSZ-Schaltgerät aufschieben.
- Umschaltrelais in den Zusatz-Relaishalter einsetzen, Stekker aufschieben.

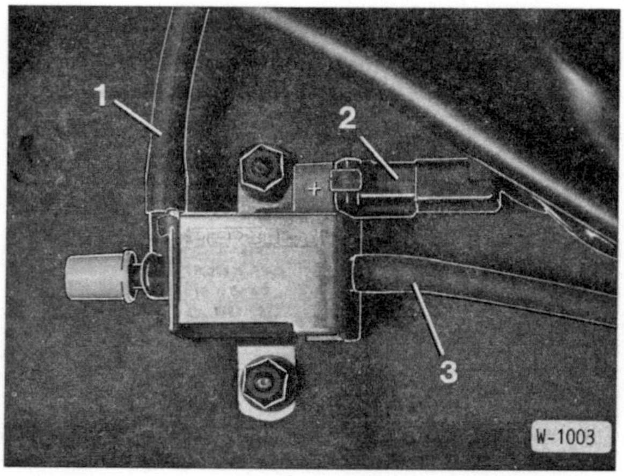

- Elektrische Leitung am Elektro-Umschaltventil aufschieben. Unterdruckschläuche –1– zum Verteiler und –3– zur Drosselklappe aufschieben
- Elektrische Leitungen (Klemme 1, 15 und 4) an der Zündspule aufstecken beziehungsweise anschrauben. Schutzkappe über die Zündspule stülpen.
- Stecker am Generator aufschieben.
- Kühler einbauen, siehe Seite 71.
- Falls ausgebaut, Kältekompressor und Servopumpe anschrauben. Keilriemen auflegen und spannen, siehe Seite 42.
- Sämtliche elektrischen Leitungen, Unterdruck-, Kühlmittel- und Kraftstoffschläuche entsprechend den angebrachten Markierungen anschließen. Schläuche mit Schellen sichern. Elektrische Leitungen mit Kabelbindern fixieren.
- Ölstand in Motor und Getriebe prüfen, gegebenenfalls auffüllen.
- Kühlmittel auf Gefrierschutz prüfen und auffüllen, siehe Seite 276.
- Luftfiltereinsatz reinigen, gegebenenfalls Einsatz erneuern, siehe Seite 279.
- Luftfilter einbauen, siehe Seite 80, 82.

- Zuerst Pluskabel, dann Massekabel an die Batterie anklemmen.
- Zündzeitpunkt prüfen, falls erforderlich einstellen, siehe Seite 47.
- Leerlauf prüfen, gegebenenfalls einstellen.
- Motor auf Betriebstemperatur bringen, Kühlmittelstand überprüfen und sämtliche Schlauchanschlüsse auf Dichtheit prüfen.
- Ventilspiel prüfen, siehe Seite 272.
- Motorhaube einbauen, siehe Seite 212.

Zylinderkopfdeckel aus- und einbauen

Ausbau M10- und M30-Motor

- Luftfilter ausbauen, siehe Seite 80, 82.

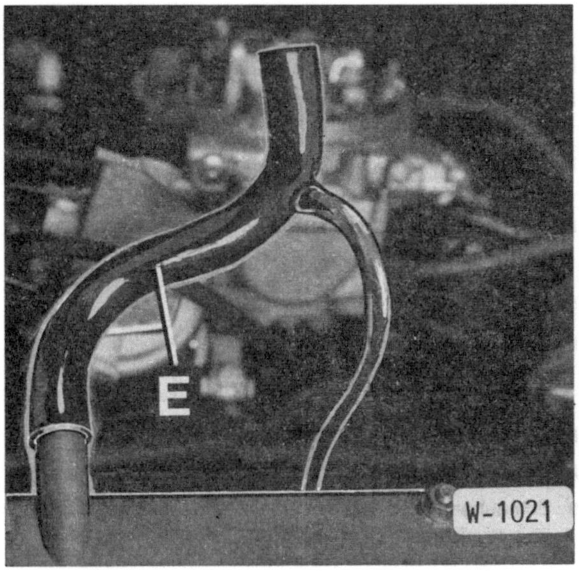

- Schlauch –E– für Kurbelgehäuseentlüftung am Deckel abziehen.

- Muttern –1– bis –6– und Schraube –7– herausdrehen und Zylinderkopfdeckel abnehmen. Die Abbildung zeigt den 4-Zylinder-Motor. Beim 6-Zylinder-Motor 8 Befestigungsmuttern und 1 Schraube herausdrehen.

Einbau

- Dichtung für Zylinderkopfdeckel auf Beschädigungen prüfen, gegebenenfalls ersetzen.
- Zylinderkopfdeckel auf Zylinderkopf setzen und ganz leicht anschrauben.
- Muttern und Schrauben in der Reihenfolge von 1 bis 7 mit 9 Nm festziehen. Dabei das Massekabel und die ausgebauten Halter mit anschrauben. Beim 6-Zylinder-Motor die 8 Muttern von innen nach außen über Kreuz mit 9 Nm festziehen.
- Luftfilter einbauen, siehe Seite 80, 82.
- Motor warmfahren und Zylinderkopfdeckel auf Dichtheit prüfen.

Ausbau Motor M20

- Stützblech –F– abschrauben.

- Entlüftungsschlauch –Pfeil– abziehen.
- 8 Muttern und Schrauben herausdrehen und Zylinderkopfdeckel abnehmen.

Einbau

- Dichtung für Zylinderkopfdeckel auf Beschädigungen prüfen, gegebenenfalls ersetzen.
- Zylinderkopfdeckel auf Zylinderkopf setzen und ganz leicht anschrauben. Dabei Zündkabelleiste mit anschrauben.
- Muttern in der Reihenfolge von 1 bis 8 mit 9 Nm anschrauben.
- Motor warmfahren und Zylinderkopfdeckel auf Dichtheit prüfen.

Ausbau Motor M 21

- Ladeluftschlauch zwischen Luftfilter und Turbolader ausbauen, vorher Schellen lösen und zurückschieben.

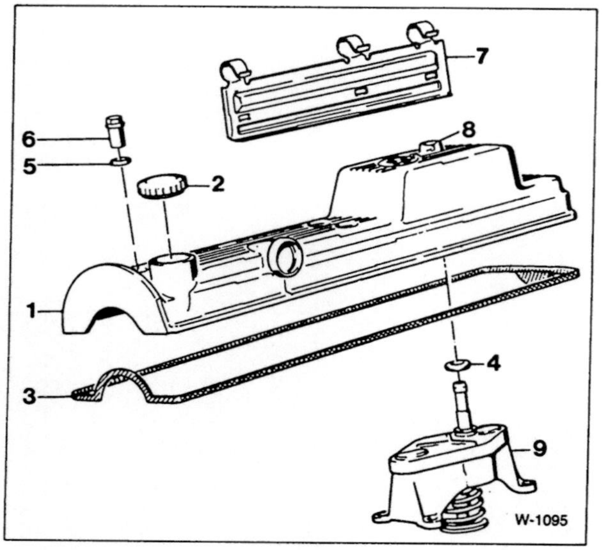

- Schlauch für Bremskraftverstärker vom Anschlußstutzen –8– abziehen.
  Zusätzlich abgebildete Teile: 1 – Zylinderkopfdeckel, 2 – Verschlußdeckel, 3 – Dichtung, 4 – O-Ring, 5 – Dichtring, 6 – Hutmutter, 7 – Wärmeschutzblech, 9 – Vakuumpumpe
- 3 Schrauben für Zahnriemendeckel lockern, nicht abschrauben.

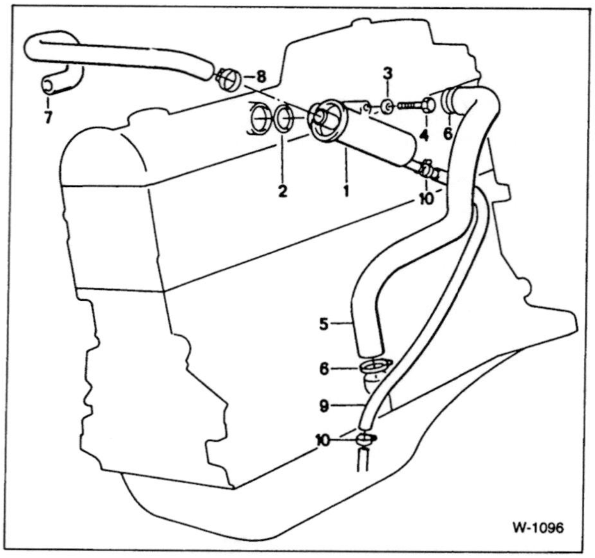

- Luftschlauch –7– ausbauen, vorher Schelle –8– lösen.
- Schlauch –9– am Ölabscheider –1– abziehen, vorher Schelle –10– lösen.
- Ölabscheider –1– abschrauben –3/4–. Zusätzlich abgebildete Teile: 2 – O-Ring, 5 – Schlauch, 6/10 – Schellen.
- 4 Hutmuttern herausdrehen und Zylinderkopfdeckel abnehmen.

Einbau

- Deckeldichtung und Gummiring –4– in Abbildung W-1095 auf Beschädigung und Porosität prüfen, gegebenenfalls ersetzen.
- Gummiring einsetzen und einölen.
- Deckeldichtung ansetzen, Zylinderkopfdeckel ansetzen.
- Schraubenhülsen mit neuen Dichtringen einsetzen und über Kreuz mit 15 Nm festziehen.
- Dichtring für Ölabscheider prüfen, gegebenenfalls ersetzen. Ölabscheider einbauen.
- Schrauben für Zahnriemenschutz festziehen. **Achtung:** Erst Zylinderkopfdeckel, dann Zahnriemenschutz festziehen.
- Schläuche aufschieben und mit Schellen sichern.

Zylinderkopf aus- und einbauen

Zylinderkopf nur bei abgekühltem Motor ausbauen. Abgas- und Ansaugkrümmer bleiben angeschlossen.

Eine defekte Zylinderkopfdichtung ist an folgenden Merkmalen erkennbar:

- Leistungsverlust.
- Kühlflüssigkeitsverlust. Weiße Abgaswolken bei warmem Motor.
- Ölverlust.
- Kühlflüssigkeit im Motoröl, Ölstand nimmt nicht ab, sondern zu. Graue Farbe des Motoröls, Schaumbläschen am Peilstab, Öl dünnflüssig.
- Motoröl in der Kühlflüssigkeit.
- Kühlflüssigkeit sprudelt stark.
- Keine Kompression auf 2 benachbarten Zylindern.

Achtung: Da im Lauf der Zeit sehr unterschiedliche Kraftstoffsysteme eingebaut wurden, empfiehlt es sich, vor dem Ausbau die betreffenden Kapitel ebenfalls durchzulesen. Zudem ist es sinnvoll, jede abgeklemmte Leitung mit entsprechendem Anschluß mit Tesaband oder Farbe zu markieren, damit beim Einbau keine Verwechslungen auftreten. Besondere Hinweise für die Motoren M20 und M21 stehen am Ende des Kapitels.

Motor M10, M30

Ausbau

- Luftfilter ausbauen, siehe Seite 80, 82.
- Vorderes Abgasrohr abschrauben, siehe Seite 133.
- Kühlmittel ablassen, siehe Kapitel »Wartung«.
- Batterie-Massekabel (−) abklemmen.
- Seilzug beziehungsweise Gasgestänge am Drosselklappenhebel aushängen. Halter abschrauben.
- Kühlmittelschläuche am Thermostat abziehen.
- Kraftstoffschläuche mit Tesaband markieren und am Vergaser oder der Einspritzanlage abbauen.
- Zylinderkopfdeckel ausbauen.
- Stütze für Ansaugkrümmer abschrauben.
- Bei K-Jetronic: Einspritzleitungen am Kraftstoff-Mengenteiler reinigen und abschrauben. Leitungsenden sowie Anschlußstutzen am Mengenteiler mit Schutzkappen versehen.

L-Jetronic bzw. Motronic

- Stecker von den Einspritzventilen und vom Zusatzluftschieber abziehen. Kurbelgehäuse-Entlüftungsrohr nach unten drücken und mit geeignetem Drahtbügel arretieren.

- Stecker −U− vom Luftmengenmesser und Stecker −Q− vom Leerlaufregelventil −R− abziehen. Regelventil abschrauben.
- Schlauch −S− vom Saugrohr abziehen, Schelle −T− lösen.
- Luftmengenmesser abschrauben und zusammen mit Luftfilter und Regelventil herausnehmen.
- Kraftstoffleitung am Druckregler abschrauben.

- Zündverteiler ausbauen, siehe Seite 54.

- Räderkastendeckel oben abschrauben.
- Kolben für Kettenspanner ausbauen, siehe Seite 30.

- Kettenrad von der Nockenwelle abschrauben. Dabei Schlüssel ansetzen und durch einen leichten Schlag auf den Schlüsselarm Lösemoment der Schrauben überwinden. Falls Sicherungsbleche eingebaut waren, diese vorher aufbiegen. Beim späteren Einbau werden keine Sicherungsbleche mehr eingebaut.

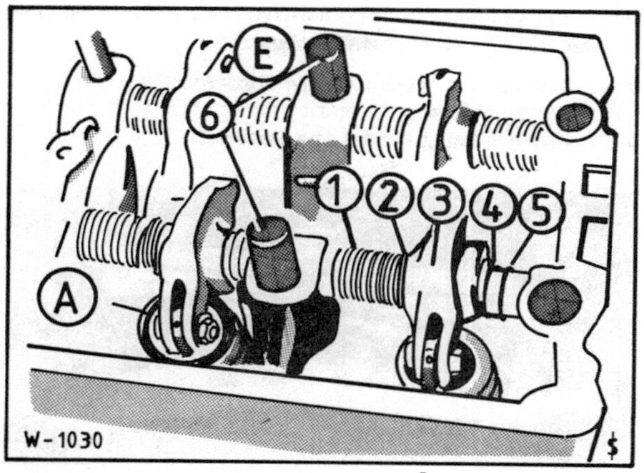

- **Motor M30:** Fixierstifte –6– (BMW 111063) einsetzen, damit sich beim Lösen der Zylinderkopfschrauben die Kipphebelachsen nicht verdrehen. Zusätzlich abgebildete Teile: Feder –1–, Scheibe –2–, Kipphebel –3–, Anlaufring –4–, Sprengring –5–. A = Kipphebelachse auf der Auslaßseite, E = Kipphebelachse auf der Einlaßseite.

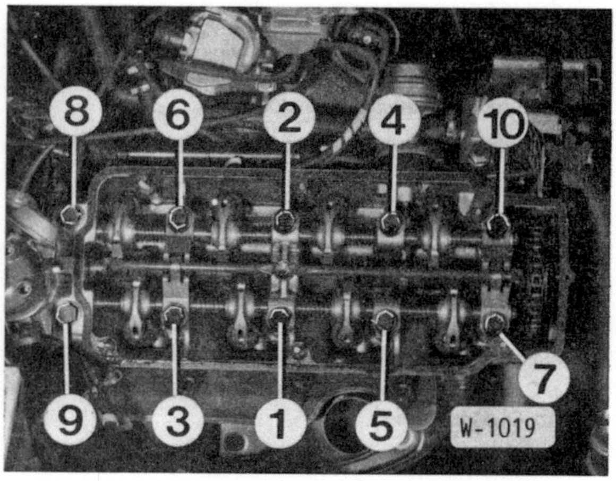

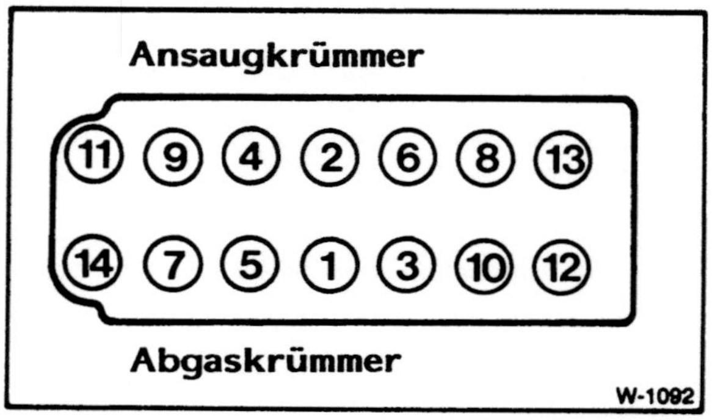

- Zylinderkopfschrauben in der Reihenfolge von 10 nach 1 (Vierzylindermotor), beziehungsweise 14 nach 1 (Sechszylindermotor) zuerst ½ Umdrehung lösen, dann herausschrauben.
- Zylinderkopf abheben.

Achtung: Zylinderkopf nach dem Ausbau nicht auf der Dichtfläche absetzen, dabei könnten voll geöffnete Ventile beschädigt werden. Deshalb Zylinderkopf auf 2 Holzleisten legen.

Einbau

Vor dem Einbau Zylinderkopf und Zylinderblock mit geeignetem Schaber von Dichtungsresten freimachen. Darauf achten, daß keine Dichtungsreste in die Bohrungen fallen.

- Bohrungen mit Lappen verschließen.
- Dichtflächen von Zylinderkopf und Motorblock mit Stahllineal in Längs- und Querrichtung auf Planheit prüfen. Die Unebenheiten dürfen 0,1 mm nicht überschreiten, gegebenenfalls nacharbeiten lassen (Werkstattarbeit). Die Zylinderkopfhöhe darf die Tabellenwerte nicht unterschreiten.

Motor	Zylinderkopfhöhe	
	Normalmaß	Bearbeitungsgrenze
M20, M30[1]	125,1±0,1 mm	124,7 mm
M10, M30[2]	129,0±0,1 mm	128,6 mm
M21	148±0,1 mm	148±0,1[3] mm

[1]) Nur 525, 525i, [2]) Außer 525, 525i

[3]) Zylinderkopf darf nicht nachgeplant werden.

- Zylinderkopf auf Risse, Zylinderlauffläche auf Riefen überprüfen.
- Bohrungen der Zylinderkopfschrauben sorgfältig von Öl und anderen Rückständen reinigen. **Achtung:** In den Sacklöchern darf sich kein Öl befinden, da sonst die Schrauben nicht den vollen Druck auf den Zylinderkopf ausüben, obwohl sie mit dem richtigen Drehmoment angezogen wurden. Außerdem kann der Motorblock reißen.
- Zylinderkopfdichtung grundsätzlich ersetzen.
- Neue Dichtung ohne Dichtmittel so auflegen, daß keine Bohrungen verdeckt werden.

Achtung: Bei nachgeplantem Zylinderkopf kann, je nachdem welche Höhe der Zylinderkopf nach der Bearbeitung aufweist, eine Zylinderkopfdichtung in Originalstärke oder eine um 0,3 mm stärkere Dichtung eingebaut werden. Durch die dickere Dichtung wird eine Verkleinerung des Brennraumes vermieden.

- Vor Aufsetzen des Zylinderkopfes prüfen, ob sich die Nockenwelle in OT-Stellung für Zylinder 1 befindet, siehe Seite 54.

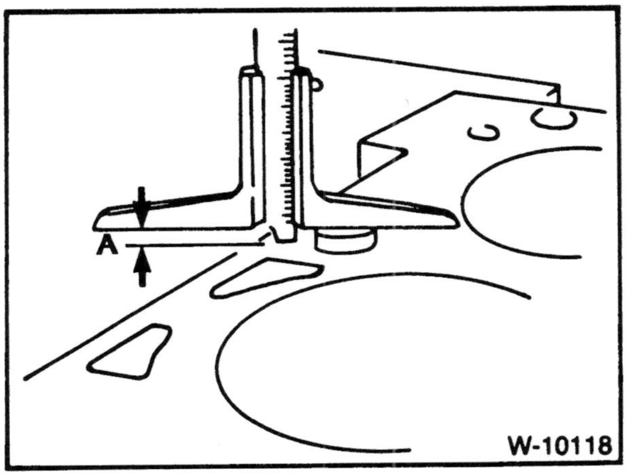

- **4-Zylinder-Motor M10:** Falls vorhanden, Überstand der beiden Führungshülsen für den Zylinderkopf kontrollieren. Der Überstand »A« darf maximal 5 mm betragen.
- Zylinderkopf aufsetzen. Zur Führung können 2 alte Zylinderkopfschrauben verwendet werden, vorher Köpfe absägen und Schlitze für Schraubendreher anbringen.
- Zylinderkopfschrauben **immer ersetzen.**
- Neue Zylinderkopfschrauben geölt einsetzen und handfest anziehen.

Achtung: Das Anziehen der Zylinderkopfschrauben ist mit größter Sorgfalt durchzuführen. Vor dem Anziehen der Schrauben sollte der Drehmomentschlüssel auf seine Genauigkeit überprüft werden. Außerdem wird zum Anziehen der Zylinderkopfschrauben eine Winkelscheibe, zum Beispiel HAZET 6690, benötigt. Steht die Winkelscheibe nicht zur Verfügung, Schlüssel ansetzen, Winkelmesser-Lineal am Schlüsselarm anlegen und mit Kreide den entsprechenden Winkel anzeichnen. Anschließend Schlüsselarm in einem Zug bis zur angezeichneten Markierung drehen.

M30-Motor:

Achtung: Zylinderkopfschrauben jeweils in der Reihenfolge von 1 bis 14 in **2 Stufen** anziehen:

1. Stufe Schrauben 1 bis 6 mit **60 Nm**
Fixierstifte abnehmen
Schrauben 7 bis 14 mit **60 Nm**

Anschließend **20 Minuten Setzzeit** abwarten

2. Stufe mit Drehmomentschlüssel **80 Nm**

M10-Motor:

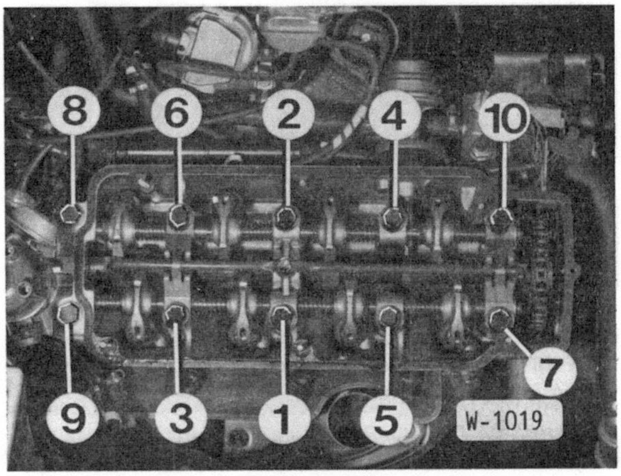

Achtung: Zylinderkopfschrauben jeweils in der Reihenfolge von 1 bis 10 in **2 Stufen** anziehen:

1. Stufe Schrauben 1 bis 10 mit **60 Nm**

Anschließend **15 Minuten Setzzeit** abwarten

2. Stufe mit starrem Schlüssel **33° ± 3°** weiterdrehen

Hinweis: Die Schrauben müssen später nachgezogen werden, nachdem der Motor warmgelaufen ist.

- Kettenrad an Nockenwellenflansch mit 7 Nm anschrauben.

Achtung: Beim Motor M10 Kette so auflegen, daß sich der Paßstift wie in der Abbildung am Kettenrad unten befindet, wenn die Gewindebohrungen senkrecht zum Motor stehen. Beim Motor M30 soll der Paßstift beim Einbau links unten liegen.

- Kolben für Kettenspanner einbauen. Verschlußschraube mit 35 ± 5 Nm festziehen.

- Vor der Montage des Räderkastendeckels Bohrungen –Pfeil– in der Zylinderkopfdichtung mit Dichtungsmasse (zum Beispiel Curil) ausfüllen.

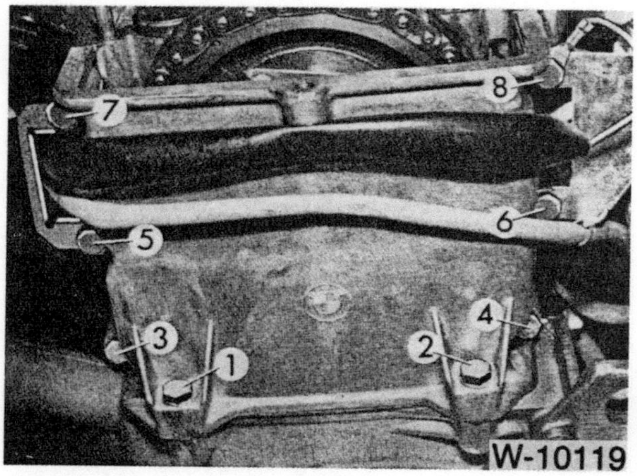

- Räderkastendeckel oben einbauen. Dabei zuerst die senkrechten Schrauben –1– und –2– leicht anziehen. Danach die anderen Schrauben festziehen und zuletzt die beiden senkrechten Schrauben festziehen. Haltebügel für Kabelbaum vorher unter den entsprechenden Schrauben zwischenlegen. Schrauben M6 mit 10 Nm und Schrauben M8 mit 22 Nm festziehen.
- Stütze für Ansaugkrümmer anschrauben.
- Heizungsschlauch am Zylinderkopf aufschieben und mit Schelle sichern.
- Führungsrohr für Ölmeßstab anschrauben, Meßstab einschieben.
- Vorwärmschlauch einbauen.
- Kabelleiste ansetzen und festschrauben.
- Kühlmittelschläuche am Gehäuse für Kühlmittelregler aufschieben und mit Schellen sichern.
- Keilriemen einbauen und spannen, siehe Seite 42.
- Sämtliche Kühlmittel-, Kraftstoff- und Unterdruckschläuche aufschieben und mit Schellen sichern.
- Elektrische Leitungen entsprechend der angebrachten Markierungen anklemmen.
- Seilzüge am Drosselklappenhebel einhängen, Halter anschrauben.
- Vorderes Abgasrohr an Abgaskrümmer anschrauben.
- Batterie-Massekabel anklemmen.
- Kühlmittel auffüllen, siehe Kapitel »Wartung«.
- Ölstand im Motor prüfen, gegebenenfalls Öl nachfüllen. Wurde der Zylinderkopf abgebaut aufgrund einer defekten Zylinderkopfdichtung, empfiehlt sich ein vorgezogener Ölwechsel einschließlich eines Ölfilterwechsels, da sich im Motoröl Kühlflüssigkeit befinden kann.
- Motor starten und ca. 25 Minuten warmlaufen lassen.
- Zylinderkopfdeckel ausbauen, siehe Seite 21.
- Sämtliche Zylinderkopfschrauben in der Reihenfolge von 1 bis 10, beziehungsweise 1 bis 14 mit starrem Schlüssel beim Motor **M10** um **25°** ± **5°**, beim Motor **M30** um **35°** ± **5°** nachziehen.
- Zylinderkopfdeckel einbauen, siehe Seite 21.

Motor M20

- Motorkabelbaum abschrauben und zur Seite legen.
- Lüfter ausbauen, siehe Seite 72.
- Vorwärmschlauch unterhalb des Leerlaufstellers vom Drosselklappenstutzen abziehen, vorher Schelle ganz lösen und zurückschieben.
- Zahnriemen ausbauen, siehe Seite 31.

- Zylinderkopfschrauben in umgekehrter Reihenfolge der Numerierung, also von 14 nach 1, herausdrehen.

Einbau

- Zylinderkopfschrauben **immer ersetzen.** Dabei können Schrauben mit Sechskantkopf durch neue Torxschrauben (seit 9/87) ersetzt werden. Allerdings dürfen die unterschiedlichen Zylinderkopfschrauben **keinesfalls gemischt** verbaut werden.
- Neue Zylinderkopfschrauben geölt einsetzen und handfest anziehen.
- Die Zylinderkopfschrauben in jeder Stufe jeweils in der Reihenfolge von 1 bis 14 anziehen. Dabei unterschiedliche Anzugsvorschrift je nach Schraubenart beachten.

Zylinderkopfschrauben mit Sechskantkopf:

1. Stufe mit Drehmomentschlüssel **40 Nm**

Anschließend **15 Minuten Setzzeit** abwarten

2. Stufe mit Drehmomentschlüssel **60 Nm**

Nach **25 Minuten Warmlauf:**

3. Stufe mit starrem Schlüssel **25°** weiterdrehen

Torx-Zylinderkopfschrauben:

1. Stufe: mit Drehmomentschlüssel **30 Nm**
2. Stufe: mit starrem Schlüssel **90°**
3. Stufe: mit starrem Schlüssel **90°**

Achtung: Zwischen den einzelnen Stufen ist **keine Setzzeit** und **kein Warmlauf** erforderlich.

- Zahnriemen einbauen, Motor komplettieren.
- Motor starten und ca. 25 Minuten warmlaufen lassen.
- **Motoren mit Sechskant-Zylinderkopfschrauben:** Sämtliche Zylinderkopfschrauben in der Reihenfolge von 1 bis 14 mit starrem Schlüssel und **25°** nachziehen. **Achtung:** Bei Motoren mit Torx-Zylinderkopfschrauben dürfen die Kopfschrauben **nicht** nachgezogen werden.

Motor M21

Ausbau

- Motoröl ablassen, siehe Kapitel »Wartung«.
- Ausgleichbehälter ausbauen.
- Falls vorhanden, Turbolader ausbauen, siehe Seite 41.
- Stütze am Luftsammler abschrauben und am Motorblock lockern.
- Halter vom Zylinderkopf abschrauben.
- Leitungen für Glühkerzen abschrauben.
- Ölabscheider abschrauben.
- Überwurfmuttern für Einspritzleitungen von Einspritzdüsen und Einspritzpumpe abschrauben. Dazu wird der Spezialschlüssel HAZET 4550 benötigt.
- Öffnungen mit Schutzkappen verschließen.
- Zylinderkopfdeckel ausbauen.
- Motor auf OT Zylinder 1 stellen. Dazu Getriebe in Leerlaufstellung bringen, Handbremse anziehen. Kurbelwellen-Riemenscheibe mit Stecknuß in Motordrehrichtung (im Uhrzeigersinn) drehen, bis die OT-Marke auf der Riemenscheibe gegenüber der Kerbe an der Zahnriemenverkleidung steht. Gleichzeitig müssen sich die Ventile für Zylinder 6 **überschneiden**. Die Zylinder werden von 1 bis 6 von vorn nach hinten gezählt. Die Ventile überschneiden sich, wenn die Nockenwelle so steht, daß die **beiden Nocken** für Zylinder 6 links und rechts gleichmäßig nach oben zeigen.

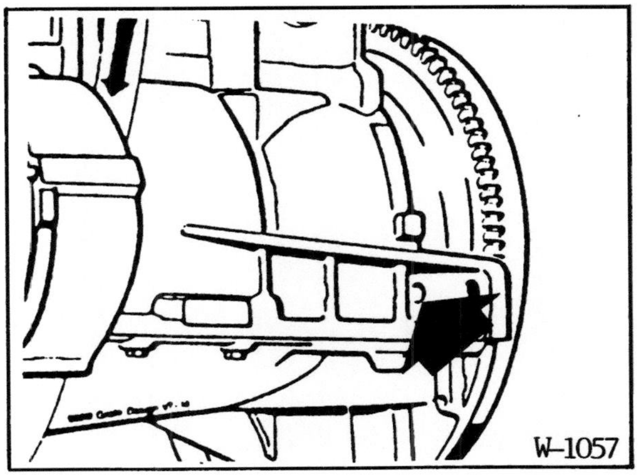

W-1057

- In OT-Stellung Kurbelwelle mit geeignetem Dorn arretieren. Dazu Dorn durch die Bohrung –Pfeil– im Motorblock in die Bohrung des Schwungrades einsetzen.
- Zahnriemenschutzdeckel abschrauben, vorher Kühlmittelschlauch ausbauen.
- Zahnriemen entspannen und vom Nockenwellenrad abnehmen.
- Schraube für Nockenwellenrad lockern, dabei Nockenwelle fixieren (BMW-Werkzeug 113090). **Achtung:** Zähne vom Nockenwellenrad nicht durch scharfkantige Werkzeuge beschädigen, gegebenenfalls weiche Zwischenlage verwenden.
- Mutter und Schraube für Spannvorrichtung lockern.

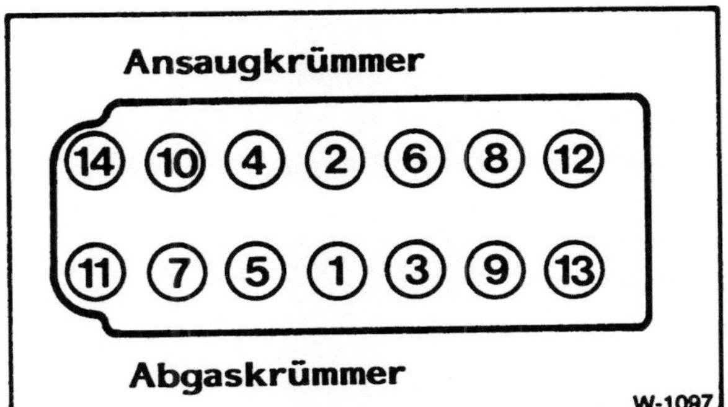

W-1097

- Zylinderkopfschrauben in der Reihenfolge von 14 nach 1 zuerst ½ Umdrehung lösen, dann herausschrauben.

Einbau

- Neue Zylinderkopfdichtung auflegen.

Achtung: Je nach Kolbenüberstand werden drei in der Dicke unterschiedliche Zylinderkopfdichtungen eingebaut. Beim Ersetzen der Dichtung Kennzeichnung beachten und nur eine neue Dichtung gleicher Kennzeichnung einbauen. Als Kennzeichnung besitzt die Zylinderkopfdichtung 1, 2 oder 3 Markierungslöcher.

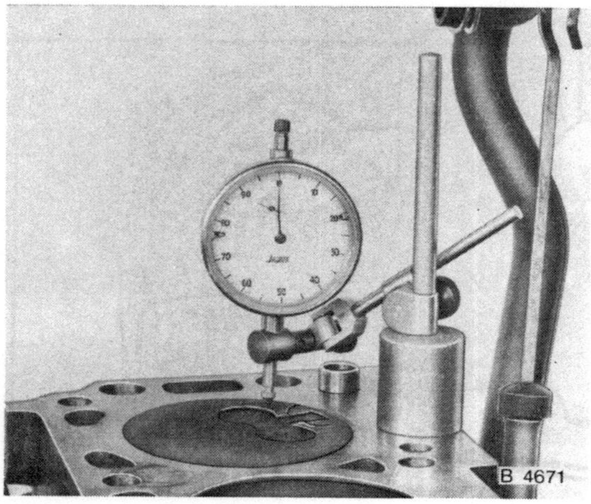

- Untersuchen, ob sich bei einem Zylinder Kolben und Ventile berührt haben (Schleif-Spuren) und wenn nötig austauschen. Sind die Spuren nur gering, so genügt es, eine dikkere Dichtung einzusetzen. Dazu muß mit einer Meßuhr der Kolbenüberstand gemessen werden.

Zylinderkopfdichtung	1 Loch – Stärke 1,55 mm
	2 Loch – Stärke 1,68 mm
	3 Loch – Stärke 1,87 mm

Achtung: Zylinderkopfschrauben jeweils in der Reihenfolge von 1 bis 14 (Abbildung W-1097) in **3 Stufen** anziehen:

1. Stufe: mit Drehmomentschlüssel **50 Nm**

2. Stufe: mit starrem Schlüssel Schrauben 1 bis 10 mit **90°**, Schrauben 11 bis 14 mit **73°**

Nach **15 Minuten Warmlauf** (nach Montage des Motors):

3. Stufe: mit starrem Schlüssel **90°** weiterdrehen

- Ventilspiel einstellen, siehe unter »Wartung«.
- Förderbeginn der Einspritzpumpe prüfen, siehe Seite 130.
- Zahnriemen auflegen und spannen, siehe Seite 31.
- Zahnriemenschutz locker anschrauben. Schrauben erst festziehen, nachdem der Zylinderkopfdeckel eingebaut ist.
- Zylinderkopfdeckel einbauen.

Achtung: Absteckdorn für Motor-Arretierung herausziehen.

- Kraftstoffleitungen ansetzen, Überwurfmuttern mit 20 Nm festziehen. Bei Undichtigkeiten Muttern bis 25 Nm nachziehen.
- Ölabscheider mit 17 Nm anschrauben, vorher Dichtring auf Beschädigung prüfen, gegebenenfalls ersetzen.
- Halter am Zylinderkopf anschrauben.
- Kabel für Glühkerzen anschrauben.
- Stütze an Luftsammler und Motorblock anschrauben.
- Falls vorhanden, Turbolader einbauen, siehe Seite 41.
- Ausgleichbehälter einbauen.
- Motoröl auffüllen.

Die Motorsteuerung

Motor M30

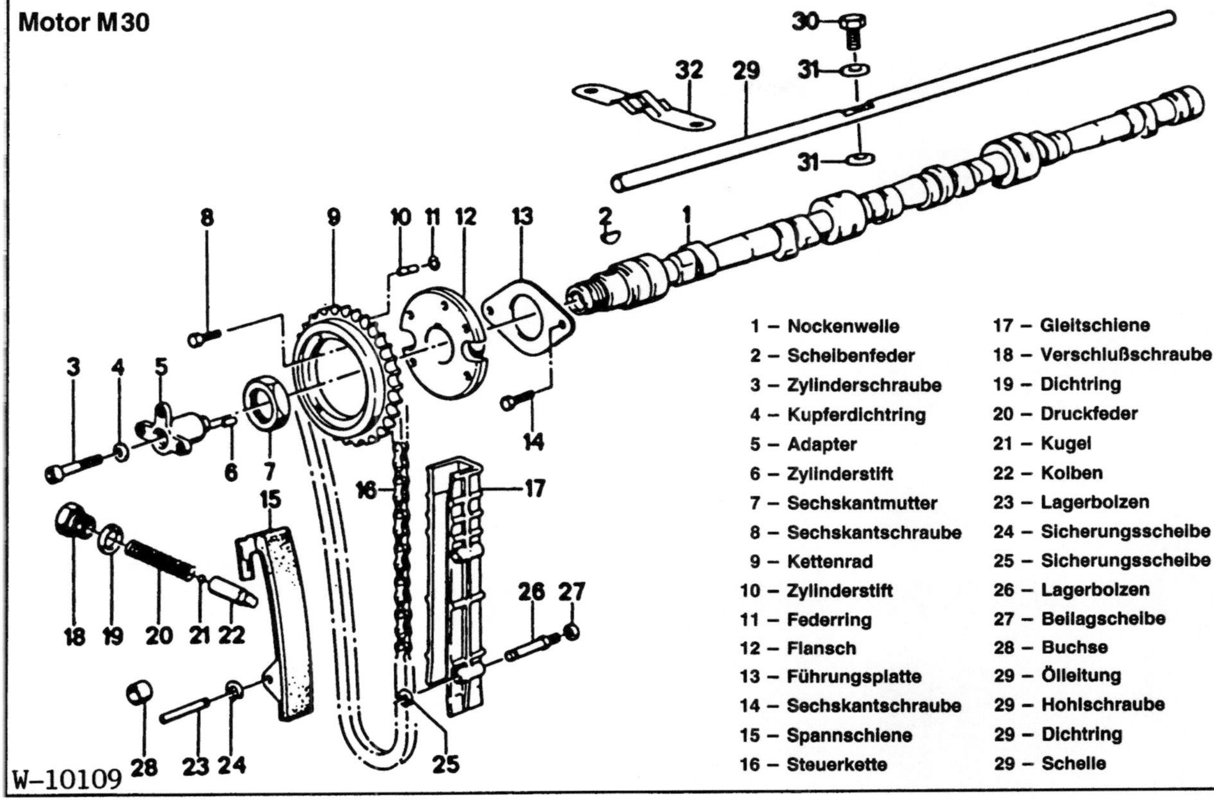

1 – Nockenwelle
2 – Scheibenfeder
3 – Zylinderschraube
4 – Kupferdichtring
5 – Adapter
6 – Zylinderstift
7 – Sechskantmutter
8 – Sechskantschraube
9 – Kettenrad
10 – Zylinderstift
11 – Federring
12 – Flansch
13 – Führungsplatte
14 – Sechskantschraube
15 – Spannschiene
16 – Steuerkette
17 – Gleitschiene
18 – Verschlußschraube
19 – Dichtring
20 – Druckfeder
21 – Kugel
22 – Kolben
23 – Lagerbolzen
24 – Sicherungsscheibe
25 – Sicherungsscheibe
26 – Lagerbolzen
27 – Beilagscheibe
28 – Buchse
29 – Ölleitung
29 – Hohlschraube
29 – Dichtring
29 – Schelle

Motor M10

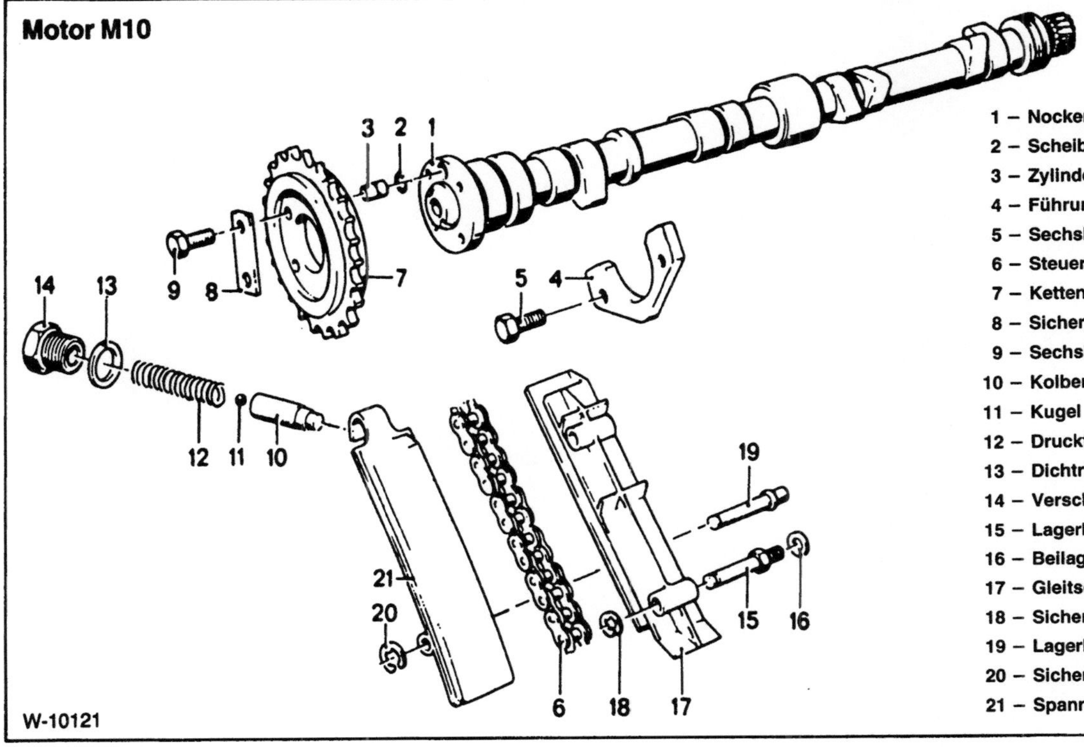

1 – Nockenwelle
2 – Scheibenfeder
3 – Zylinderstift
4 – Führung
5 – Sechskantschraube
6 – Steuerkette
7 – Kettenrad
8 – Sicherungsblech
9 – Sechskantschraube
10 – Kolben
11 – Kugel
12 – Druckfeder
13 – Dichtring
14 – Verschlußschraube
15 – Lagerbolzen
16 – Beilagscheibe
17 – Gleitschiene
18 – Sicherungsscheibe
19 – Lagerbolzen
20 – Sicherungsscheibe
21 – Spannschiene

Kettenspanner aus- und einbauen/prüfen

Motor M10, M30

Bei Kettengeräuschen, die auf einen nicht exakt arbeitenden Kettenspanner schließen lassen, ist der Kettenspanner auszubauen und zu prüfen.

Der Kettenspanner ist auf der rechten Seite in das Kurbelgehäuse eingeschraubt. Er spannt die Steuerkette durch die Federkraft der Druckfeder sowie durch den Öldruck im Kettenspanner, der vom Motoröldruck abhängig ist.

Ungewöhnliche Kettengeräusche können folgende Ursachen haben:

- Kolben schlecht entlüftet.
- Kolben hat gefressen.
- Entlüftungsschlitze verstopft.
- Kugelventil im Kolben arbeitet nicht.
- Federdruck zu gering oder zu groß.

Ausbau

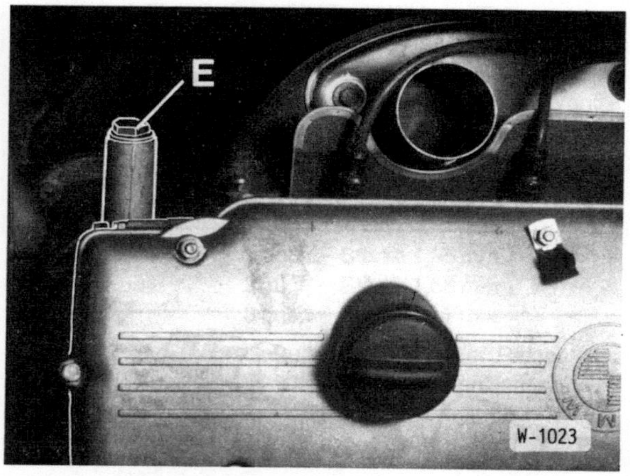

- Verschlußschraube –E– herausdrehen. **Achtung:** Die Schraube steht durch die Druckfeder unter starkem Druck.
- Druckfeder und Kolben für Kettenspanner herausnehmen.

Prüfen

- Länge der entspannten Druckfeder messen, Sollwert: 155,5 mm.

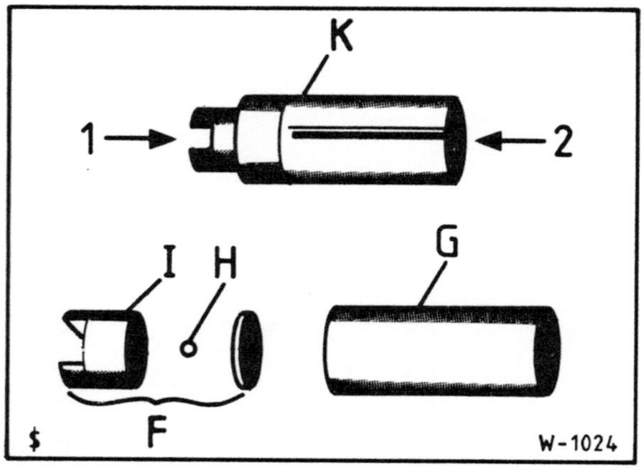

- Kolben –K– schütteln und dadurch Freigängigkeit der Kugel –H– prüfen.
- Ventilwirkung prüfen. Dazu mit Pressluft von der Seite 1 in den Kolben blasen, dabei muß das Ventil offen sein. Anschließend in Richtung 2 hineinblasen, das Ventil muß nun geschlossen sein.
- Falls nicht, Ventil –F– aus der Hülse –G– austreiben und reinigen. Dabei darauf achten, daß die Entlüftungsschlitze –I– frei sind.

Einbau

- Mit Ölspritzkanne ca. 100 cm^3 Motoröl in die Bohrung am Motorblock einfüllen.
- Kolben mit Feder und **neuem** Dichtring einsetzen und Verschlußschraube ganz leicht (nur wenige Umdrehungen) anschrauben. **Achtung:** Das konisch gewickelte Federende muß zur Verschlußschraube zeigen.
- Zylinderkopfdeckel und Deckel für Nockenwellen-Zahnrad abschrauben.

- Spannschiene –1– so lange hin- und herbewegen, bis an der Verschlußschraube Öl austritt und ein Widerstand spürbar wird.
- Verschlußschraube mit 35 Nm festziehen.
- Zylinderkopfdeckel und Deckel für Nockenwellen-Zahnrad anschrauben, siehe Seite 21.

Zahnriemen aus- und einbauen

Motor M20

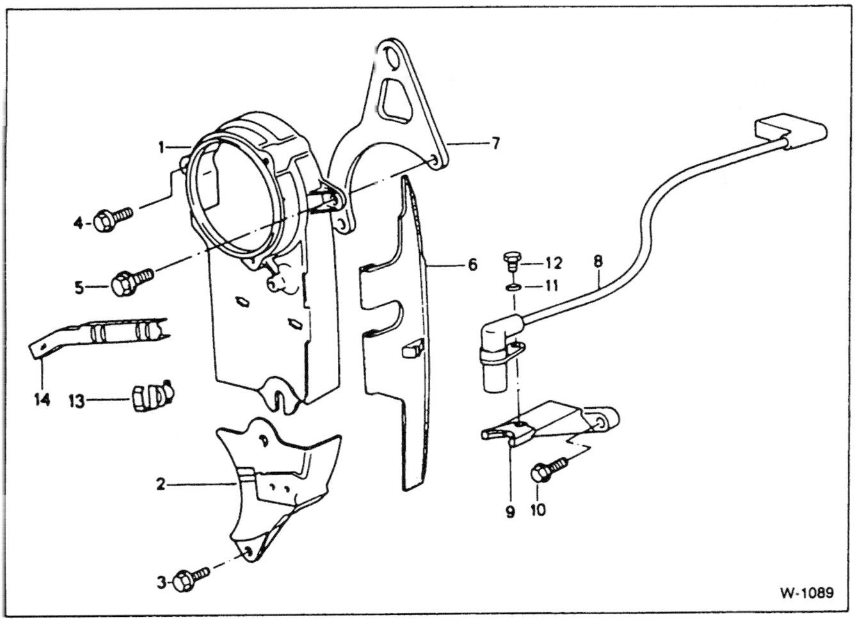

1 – Obere Zahnriemenabdeckung
2 – Untere Zahnriemenabdeckung
3 – Sechskantschraube M6
4 – Sechskantschraube M6
5 – Sechskantschraube M6
6 – Gummiabdeckung
7 – Motoraufhängehaken
8 – Impulsgeber
9 – Halter
10 – Sechskantschraube M8
11 – Federscheibe
12 – Zylinderschraube M6
13 – Halter
14 – Kabelschacht

Achtung: Der Zahnriemen ist im Rahmen der Wartung alle 4 Jahre zu ersetzen. Ein gelaufener Zahnriemen darf **nicht** wiederverwendet werden, sondern ist, wenn er einmal entspannt wurde, grundsätzlich zu ersetzen, und zwar unabhängig von der Laufleistung.

Ausbau

Achtung: Die Zahnriemenabdeckung kann beim Vergasermotor von der hier gezeigten Abdeckung abweichen, da der Zündverteiler nicht am Ende der Nockenwelle angeflanscht ist.

- Abdeckhaube für Zündverteiler abnehmen. Dazu Laschen oben und unten mit Schraubendreher über die Rastnase anheben.
- Kabelschacht mit Schraubendreher abhebeln.

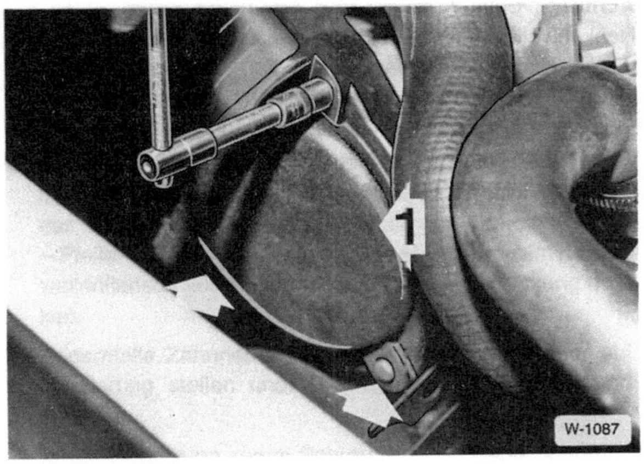

- 520i mit Katalysator (Motronic): Zündverteilerkappe –1– abschrauben und mit Zündkabeln abnehmen. Hierzu wird ein Winkelschraubendreher SW 8 benötigt, zum Beispiel HAZET 850-8 mit 865.

- Verteilerläufer –2– abziehen. Falls er angeschraubt ist, mit Innensechskant-Winkelschraubendreher SW 3 abschrauben und mit Abdeckring –3– herausnehmen.
- Obere Zahnriemenabdeckung abschrauben –4–.
- Gummiabdeckung ausclipsen.
- Kabelschacht unterhalb des Verteilers abheben und zur Seite legen.

W-1081

- Zylinder 1 auf OT (oberen Totpunkt für Zylinder 1) stellen. Dazu Getriebe in Leerlaufstellung bringen, Handbremse anziehen. Kurbelwelle an der Riemenscheibe rechtsherum (in Motordrehrichtung) verdrehen. Zum Verdrehen des Motors kann auch der 5. Gang eingelegt und das Fahrzeug bei gelöster Handbremse auf einer ebenen Fläche verschoben werden.

W-1088

- Die OT-Stellung ist erreicht, wenn die Kerbe –1– am Nokkenwellenzahnrad auf die Markierung –2– am Zylinderkopf zeigt. Gleichzeitig muß die OT-Markierung am Schwingungsdämpfer der Bezugsmarke gegenüberstehen.

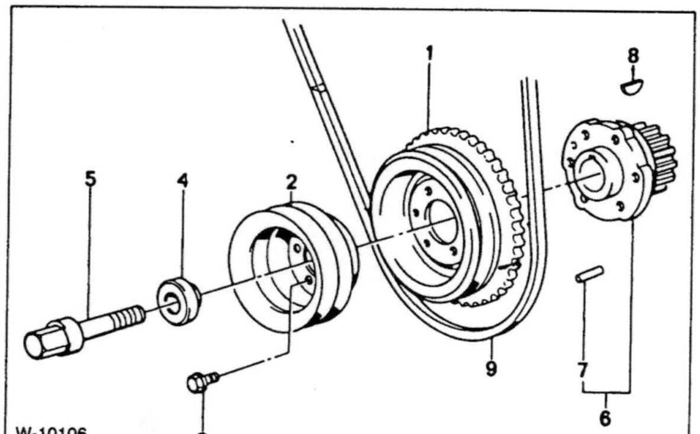

W-10106

- Schwingungsdämpfer –1– von der Kurbelwelle abschrauben. Dabei 1. Gang einlegen, Handbremse anziehen und dadurch Riemenscheibe gegenhalten. Zusätzlich abgebildete Teile: 2 – Riemenscheibe, 3 – Sechskantschraube, 4 – Beilagscheibe, 5 – Zentralschraube, 6 – Zahnriemenrad, 7 – Paßstift, 8 – Scheibenfeder, 9 – Keilriemen.
- Stecker für Bezugsmarkengeber unter dem Ansaugrohr abziehen.
- Stecker vom Öldruckschalter abziehen, siehe Seite 62.
- Befestigungsmutter für Spannbügel des Generators am Motorblock lösen.
- Obere Zahnriemenabdeckung nach oben abnehmen.
- Spannbügel ganz abschrauben und untere Abdeckung abnehmen.

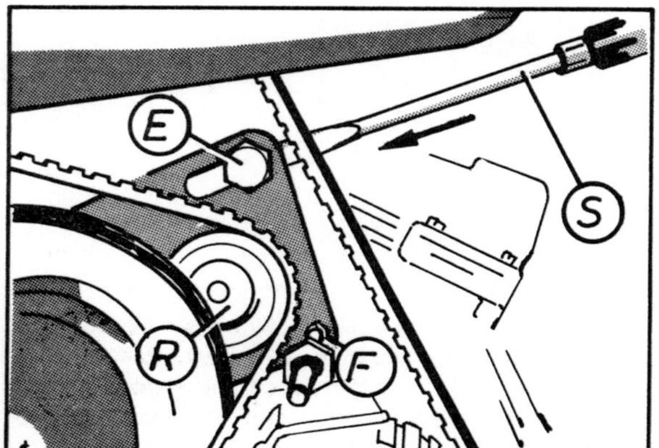

W-1040

- Schrauben –E– und –F– lockern und Spannrolle –R– mit Schraubendreher –S– nach innen drücken.
- Schraube –E– festziehen.
- Zahnriemen abnehmen. **Achtung:** Bei ausgebautem Zahnriemen Motor möglichst nicht verdrehen, sonst können an Kolben und Ventilen schwere Schäden entstehen.

Einbau

Achtung: Beim Auflegen des Zahnriemens darf weder die Nockenwellenstellung noch die Zwischenwellenstellung oder die der Kurbelwelle verändert werden. Sonst können schwerwiegende Schäden am Motor entstehen, beziehungsweise der Motor gibt nicht mehr seine volle Leistung ab. Nachdem der Zahnriemen gespannt wurde, empfiehlt es sich, die Einstellung Nockenwelle und Kurbelwelle nochmals zu kontrollieren.

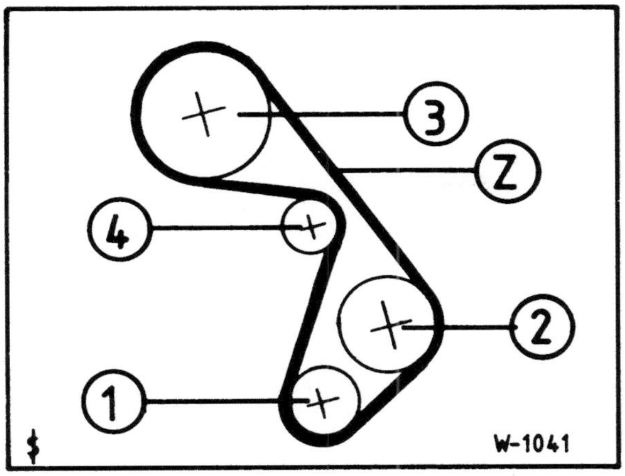

1 – Kurbelwelle
2 – Zwischenwelle
3 – Nockenwelle
4 – Spannrad

- **Neuen** Zahnriemen auflegen. Dabei am Kurbelwellenzahnrad –1– beginnen und Zahnriemen –Z– entsprechend der Numerierung in der Abbildung auflegen.

Spannen

- Schrauben –E– so weit lockern, daß sich die Spannrolle durch die Federkraft bewegen läßt.
- Motor in Drehrichtung einmal bis OT durchdrehen. Dadurch spannt sich der Zahnriemen durch die Federkraft der Spannvorrichtung.

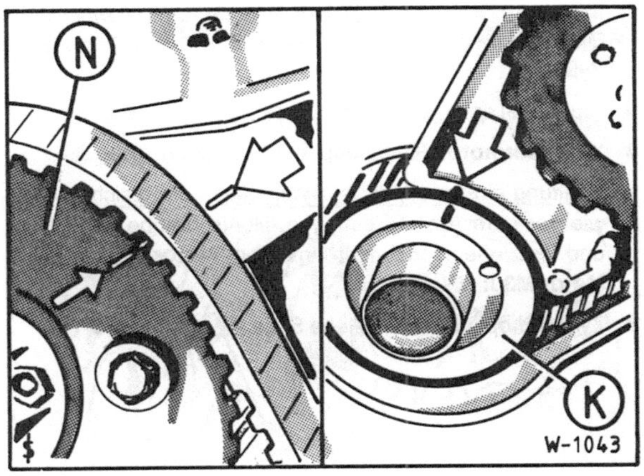

- Steuerzeiten überprüfen. Bei OT-Stellung der Kurbelwelle muß die Markierung am Nockenwellenzahnrad –N– mit der Markierung auf dem Zylinderkopf übereinstimmen –Pfeile–. Gleichzeitig muß sich die Markierung am Kurbelwellenflansch –K– mit der Nase auf der Abdeckung dekken.
- Andernfalls Zahnriemen nochmal abnehmen, Räder auf Markierung stellen und Zahnriemen neu auflegen und spannen.
- In dieser Stellung zuerst Schraube –E–, dann Schraube –F– festziehen, siehe Abbildung W-1040.

Achtung: Die Markierungen müssen bei gespanntem Zahnriemen unbedingt gleichzeitig übereinstimmen, sonst können schwerwiegende Schäden am Motor entstehen.

- Untere Zahnriemenabdeckung und Spannbügel für Generator einbauen, nicht festschrauben.
- Obere Zahnriemenabdeckung mit Motoraufhängehaken anschrauben.
- Gummiabdeckung hinten einhängen, nach vorn ziehen und über die Kante der oberen Verkleidung einrasten.
- Spannbügel für Generator anschrauben.
- Kabelschacht unter Verteiler einclipsen.
- Stecker für Öldruckschalter aufschieben.
- Stecker für Bezugsmarkengeber aufstecken.
- Schwingungsdämpfer ansetzen und mit 23 Nm festziehen.
- Keilriemen einbauen und spannen, siehe Seite 42.
- Abdeckung in Verteiler einsetzen.
- Verteilerläufer und Verteilerkappe anschrauben, in umgekehrter Reihenfolge wie beim Ausbau.
- Abdeckung für Verteiler ansetzen und einclipsen.

Achtung: Für die Überwachung der Zahnriemen-Wechselintervalle am Zylinderkopfdeckel einen Aufkleber anbringen mit Datum und Kilometerstand des Zahnriemenwechsels.

Nockenwelle aus- und einbauen

Motor M10/M30

Ausbau

Achtung: Beschrieben wird nur der Ausbau bei den Motoren ohne Zahnriemen.

- Zylinderkopf ausbauen und auf 2 Holzleisten legen, siehe Seite 23.

- Hohlschraube –E– herausdrehen, dabei auf Lage der Dichtringe achten, damit sie an der gleichen Stelle wieder eingebaut werden.
- Ölrohr –F– aus den Haltefedern herausziehen.

- **Vergasermotor:** Kraftstoffpumpe –G– abschrauben und mit Isolierflansch –H– sowie Dichtungen abnehmen. Stößel etwas herausziehen.
- Ventilspiel bei allen Ventilen auf größtes Spiel einstellen, siehe auch Seite 272.
- Druckrahmen (4-Zylinder-Motor: BMW-Werkzeug 111040; 6-Zylinder-Motor: BMW-Werkzeug 111060) auf den Zylinderkopf setzen, dabei Spannbügel so aufsetzen, daß die kurze Seite zum Abgaskrümmer zeigt.
- Spannschraube reindrehen, dadurch Ventilfedern vorspannen und gleichzeitig Nockenwelle entlasten. **Achtung:** Spannschraube nicht zu weit spannen, damit sich die Ventilteller der Ein- und Auslaßventile nicht berühren.

- Fixierstifte –1– einsetzen und Führungsblech –3– an der Stirnseite des Zylinderkopfes abschrauben –Pfeile–.
- Nockenwelle vorsichtig nach vorn herausziehen.

Einbau

- Sämtliche Einbauteile sorgfältig mit Waschbenzin reinigen, Dichtflächen säubern.
- Nockenwelle leicht einölen und vorsichtig in den Zylinderkopf einführen. **Achtung:** Dabei dürfen die Lagerlaufflächen nicht beschädigt werden.

- Führungsblech anschrauben. Lose Verschlußstopfen –2– ersetzen und mit Sicherungsmittel, zum Beispiel Loctite 270, einsetzen.

Achtung: Nach der Montage des Führungsbleches muß sich die Nockenwelle leicht drehen lassen.

- Nockenwelle so drehen, daß die Kerbe am Nockenwellenflansch mit der Gußnase am Zylinderkopf übereinstimmt. Die Nockenwelle befindet sich dann in OT-Stellung für Zylinder 1.
- Kipphebel entspannen und Druckrahmen abnehmen.
- **Vergasermotor:** Kraftstoffpumpe einbauen, siehe Seite 78.
- Ölleitung einsetzen, dabei Dichtringe in der gleichen Lage wie vor dem Ausbau einlegen. Hohlschraube reindrehen und festziehen. Anzugsdrehmoment **Motor M10:** 10 Nm; **Motor M30:** 8 Nm.
- Zylinderkopf einbauen, siehe Seite 23.

Kipphebel/Kipphebelachsen aus- und einbauen

Besonders laute Ventilgeräusche können durch lose Gleitsteine der Kipphebel verursacht werden. Die Kipphebelachsen müssen unter anderem auch zum Ausbau der Ventile entfernt werden.

Achtung: Werden Teile der Ventilsteuerung wieder verwendet, müssen diese an gleicher Stelle wieder eingebaut werden. Damit keine Verwechslungen vorkommen, empfiehlt es sich, ein entsprechendes Ablagebrett anzufertigen.

Motor M10, M30

- Nockenwelle ausbauen, siehe Seite 33.

- Motor M10: Zündverteilerflansch abschrauben –Pfeile–. Beim Motor M30 hinteren Abschlußdeckel für Kipphebelachsen abschrauben.

- Kipphebel und Anlaufringe zurückschieben. Sprengringe –5– heraushebeln und Fixierstifte –6– abnehmen.

Achtung: Beim Motor M10 ist die Kipphebelachse auf der Einlaßseite –1– hinten offen. Die Kipphebelachse auf der Auslaßseite –2– muß mit einem Stopfen verschlossen sein. Beim Motor M30 sind beide Achsen mit einem Stopfen versehen.

- Kipphebelachsen vorsichtig mit Dorn heraustreiben. Die BMW-Werkstatt schraubt zum Ausziehen ein Schlag-Ausziehgerät (Nr. 113060) in die Kipphebelachsen ein.
- Kipphebel mit Federn, Scheiben und Anlaufringen abnehmen.

Einbau

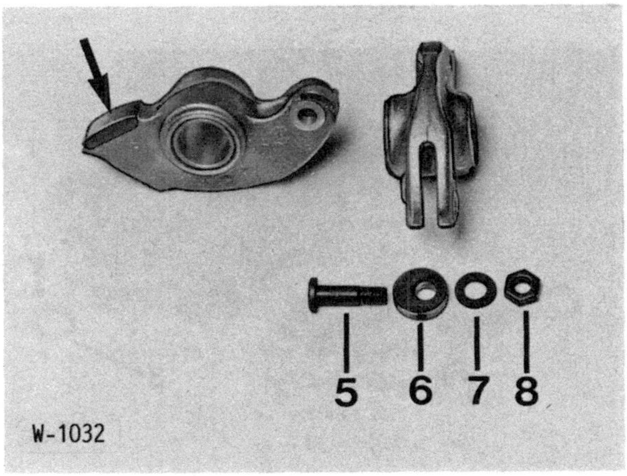

- Kipphebel prüfen: Eingelaufene Kipphebel oder Kipphebel mit losen Gleitsteinen –Pfeil– ersetzen.
- Falls der Kipphebel ersetzt wird, Paßschraube –5–, Exzenter –6–, Scheibe –7– und Mutter –8– auf neuen Kipphebel umbauen. Dabei muß die dicke Seite des Exzenters nach unten gerichtet sein und die Bohrung nach außen. Paßschraube so drehen, daß die abgeschrägte Seite zur Nase am Kipphebel zeigt. Anschließend Mutter anschrauben. **Achtung:** Die Paßschraube und die Mutter haben Feingewinde M 6×0,75.

Achtung: Kipphebelachsen prüfen, eingelaufene Achsen ersetzen.

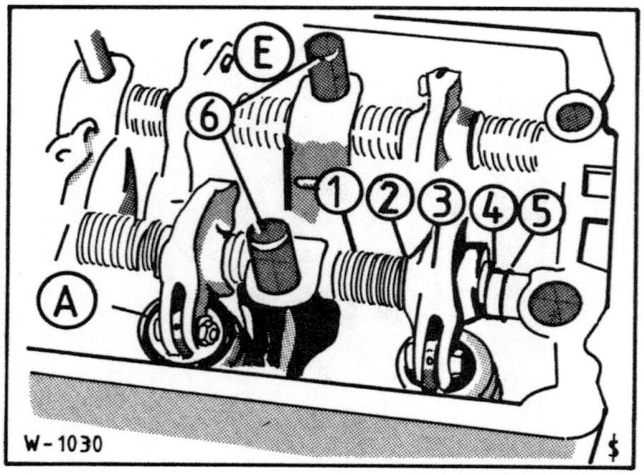

- Kipphebelachsen eintreiben und so ausrichten, daß die Zylinderkopfschrauben in die Aussparungen passen. Einbaureihenfolge für die Teile der Ventilsteuerung: Feder –1–, Scheibe –2–, Kipphebel –3–, Anlaufring –4–, Sprengring –5–. A = Kipphebelachse auf der Auslaßseite, E = Kipphebelachse auf der Einlaßseite.

Achtung: Neuere, kürzere Federn können mit den längeren Federn gemischt eingebaut werden.

- Verschlußstopfen an den Kipphebelachsen mit Sicherungsmittel, zum Beispiel Loctite 270, einsetzen, siehe unter »Ausbau«.
- Fixierstifte –6– einsetzen.

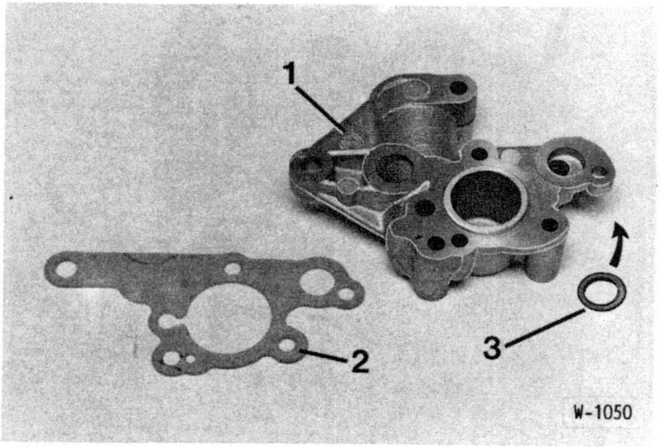

- Zündverteilerflansch –1– mit neuer Dichtung –2– und neuem Dichtring –3– anschrauben.
- Nockenwelle einbauen, siehe Seite 33.

Motor M20

- Zylinderkopf ausbauen und auf 2 Holzleisten legen, siehe Seite 23.

- Ölrohr –1– abschrauben und herausnehmen.
- Zahnriemenrad abschrauben.
- Ventilspiel aller Ventile auf größtes Spiel einstellen, siehe im Kapitel »Wartung«.
- Verschlußstopfen –2– für Kipphebelachsen vorn und hinten heraushebeln.
- Fixierblech –3– für Kipphebelachsen vorn im Zylinderkopf herausziehen.

- Federklammern von den Kipphebeln abziehen.
- Kipphebelachse für Auslaßventile ausbauen. Darauf achten, daß die Nocken für Zylinder 6 von den Kipphebeln wegzeigen. Kipphebel für Zylinder 1 nach innen verschieben und Nockenwelle zur Einlaßseite hin verdrehen, bis alle Kipphebel entlastet sind. Anschließend Kipphebelachse herausziehen.
- Kipphebelachse für Einlaßventile ausbauen. Nockenwelle zur Auslaßseite drehen und Kipphebel verschieben, bis alle Kipphebel entspannt sind. Kipphebelachse herausziehen.
- Kipphebel herausnehmen.

Einbau

Achtung: Kipphebelachsen prüfen, eingelaufene Achsen und Kipphebel ersetzen, in gleicher Weise, wie bei den Motoren M10/M30.

- Kipphebelachsen so einbauen, daß die großen Ölbohrungen zur Ventilführung nach unten, die kleinen Ölbohrungen und die Nuten für das Fixierblech nach innen zeigen.
- Kipphebel aufschieben.
- Federklammern so auf die Kipphebel aufdrücken, daß die gerade Fläche der Klammer in die Nut der Kipphebelachse eingreift.
- Fixierblech in die Nuten der Kipphebelachsen einsetzen.
- Verschlußstopfen eindrücken.
- Zahnriemenrad mit Abdeckung sowie Adapter und 70 Nm anschrauben.
- Ölleitung anschrauben.
- Zylinderkopf einbauen, siehe Seite 23.
- Ventilspiel einstellen, siehe Kapitel »Wartung«.

Ventile / Kipphebel

Motor M20

Hinweis: Die Motoren M10/M30 haben gegenüber dem gezeigten Motor folgende Unterschiede: Nur 1 Ventilfeder, 2 Federteller unterhalb der Ventilfeder, Kipphebelfixierung auf der Achse mittels Sprengringen (mit Anlaufringen), Federn auf der Kipphebelachse zwischen den einzelnen Kipphebeln.

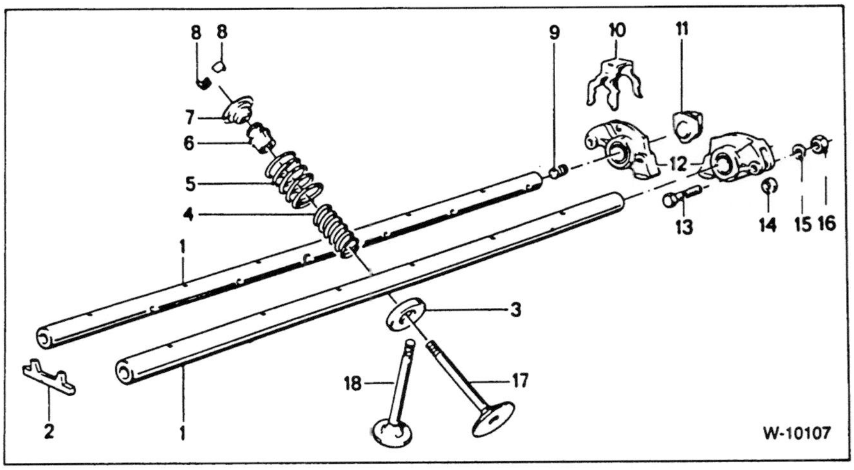

1 – **Kipphebelachse**
2 – **Halteblech**
3 – **Federteller**
4 – **Ventilfeder**
5 – **Ventilfeder**
6 – **Ventilschaftabdichtung**
7 – **Federteller oben**
8 – **Ventilkegelstück**
9 – **Stopfen**
10 – **Klammer**
11 – **Verschlußstopfen**
12 – **Kipphebel**
13 – **Schraube**
14 – **Exzenter**
15 – **Beilagscheibe**
16 – **Sechskantmutter**
17 – **Einlaßventil**
18 – **Auslaßventil**

Motor M21

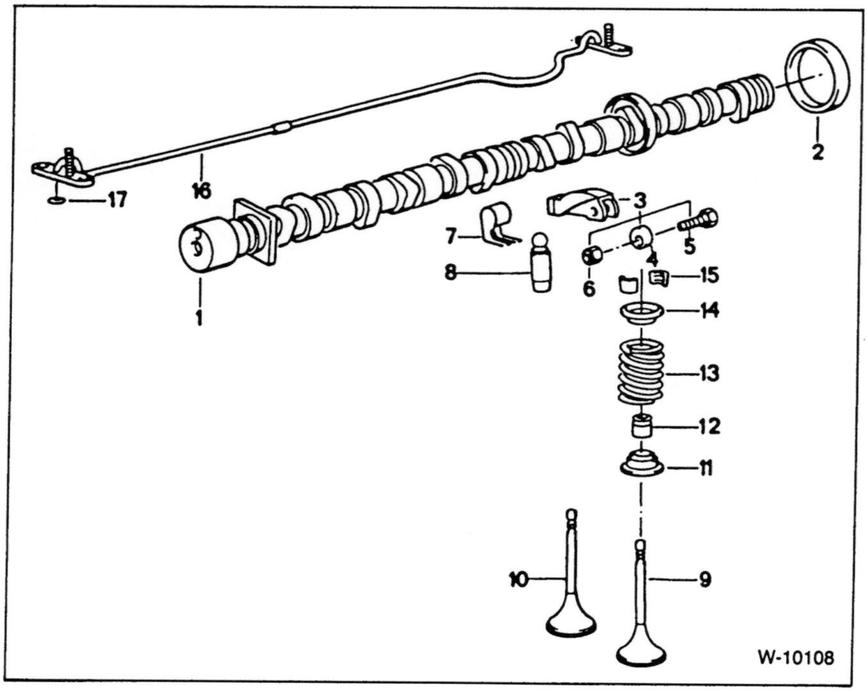

1 – Nockenwelle
2 – Gleitlager
3 – Schwinghebel
4 – Exzenter
5 – Rändelschraube
6 – Sechskantmutter
7 – Haltefeder
8 – Kugelbolzen
9 – Einlaßventil
10 – Auslaßventil
11 – Federteller
12 – Ventilfeder
13 – Ventilschaftabdichtung
14 – Federteller
15 – Ventilkegelstück
16 – Ölleitung
17 – O-Ring

Ventil aus- und einbauen

Ausbau

Achtung: Werden Teile der Ventilsteuerung wieder verwendet, müssen diese an gleicher Stelle wieder eingebaut werden. Damit keine Verwechslungen vorkommen, empfiehlt es sich, ein entsprechendes Ablagebrett anzufertigen.

- Zylinderkopf ausbauen, siehe Seite 23.
- Kipphebelachsen ausbauen, siehe Seite 35.

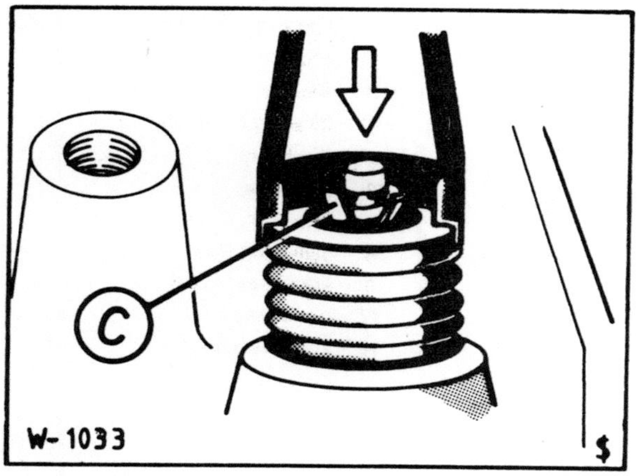

- Ventilfeder mit BMW-Werkzeug 111040 herunterdrücken und Ventilkegelstücke –C– abnehmen.

Achtung: Zum Spannen der Ventilfedern kann auch ein handelsüblicher Ventilspanner eingesetzt werden. Je nach verwendetem Werkzeug müssen dann aber Ansaug- beziehungsweise Abgaskrümmer abgeschraubt werden.

- Feder entspannen und Federteller oben, Ventilfeder sowie Federteller unten abnehmen.
- Ventilschaftabdichtung mit Spezialzange abziehen. Hierzu eignen sich beispielsweise die Ventildichtringzange 791-5 oder der Schlagauszieher 791-2 von HAZET.
- Ventil zur Brennraumseite aus dem Zylinderkopf herausziehen.
- Nächstes Ventil ausbauen.

Einbau

Vor Einbau der Ventile Ventilführungen prüfen, eventuell Ventilsitze nacharbeiten, siehe Seite 39.

Achtung: Wird ein neues Ventil eingebaut, auf jeden Fall vorher Ventilsitz nacharbeiten.

- Ventilschaft an der Anlagefläche der Ventilkegelstücke entgraten.
- Ventilschaft und Ventilführung mit Motoröl leicht einölen und Ventil einsetzen.

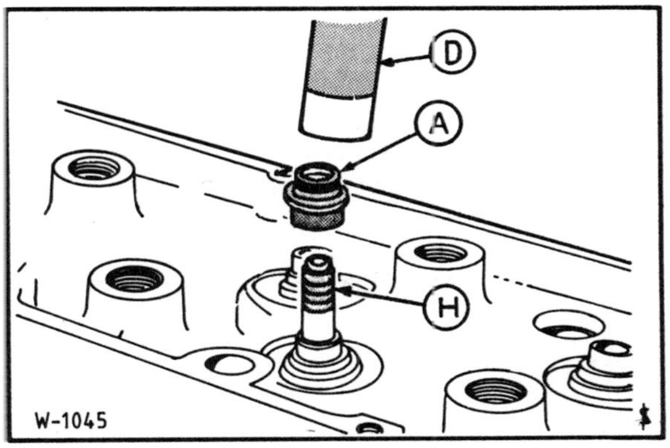

- Ventilschaft-Abdichtung –A– leicht einölen und mit geeignetem Treibdorn –D– bis zum Anschlag aufdrücken. **Achtung:** Um Beschädigungen der Ventilschaft-Abdichtung zu vermeiden, vor dem Einbau Montagehülse –H– über den Ventilschaft schieben. Steht die Montagehülse nicht zur Verfügung, Ventilschaft an den Anlageflächen der Ventilkegelstücke mit glattem Klebeband abkleben. Nach dem Einbau Klebeband entfernen.
- Ventilteller unten einsetzen.
- Ventilfeder und Ventilteller oben einsetzen. Nur Ventilfedern gleicher Farbmarkierung, Drahtdicke und Länge einbauen. Progressive Ventilfedern (ungleichmäßig gewunden) sind mit den engen Windungen gegen den Zylinderkopf zu montieren.

Achtung: Beim Motor M10 sind seit 9/82 Ventilfedern mit einer Höhe von 38±1 mm eingebaut, vorher 37±1 mm. Wird ein neuerer Zylinderkopf bei einem Motor vor 9/82 eingebaut, und werden gleichzeitig die alten Ventilfedern umgebaut, dann müssen unter die Ventilteller jeweils 1 mm starke Unterlegscheiben gelegt werden. Ein neuerer Zylinderkopf ist mit einem »S« auf der Auslaß- und auf der Einlaßseite gekennzeichnet.

- Ventilfeder zusammendrücken und Ventilkegelstücke einsetzen. Ventilfeder langsam entspannen und dabei auf richtigen Sitz der Kegelstücke achten.
- Anschließend nächstes Ventil einbauen. Dabei Ein- und Auslaßventil nicht verwechseln.
- Kipphebelachsen einbauen, siehe Seite 35.
- Zylinderkopf einbauen, siehe Seite 23.

Ventilführungen prüfen

Bei Instandsetzungsarbeiten an einem Zylinderkopf mit undichten Ventilen genügt es nicht, die Ventile und Ventilsitze zu bearbeiten beziehungsweise zu erneuern. Es ist außerdem dringend erforderlich, die Ventilführungen auf Verschleiß zu prüfen. Besonders wichtig ist die Prüfung an Motoren mit längerer Laufzeit. Verschlissene Ventilführungen gewährleisten keinen zentrischen Ventilsitz und führen zu hohem Ölverbrauch. Ist der Verschleiß zu groß, sind die Ventilführungen zu erneuern (Werkstattarbeit).

- Ventil ausbauen.
- Ventilführung innen gegebenenfalls von Ablagerungen reinigen, dabei nicht verkratzen.

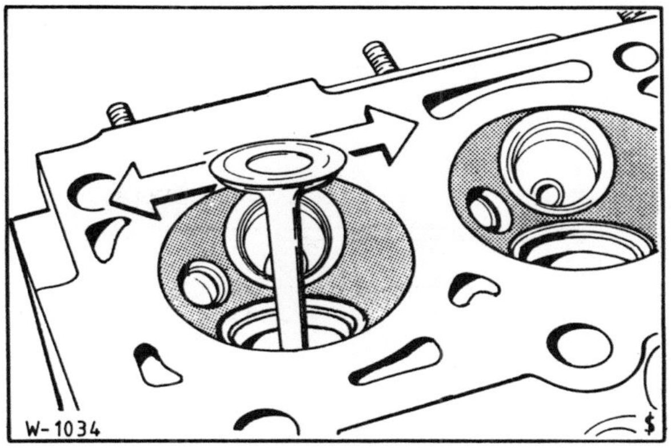

- Ventil von der Brennraumseite her in die Ventilführung einführen, bis die Oberkante vom Ventilschaft mit der Ventilführung abschließt, und Spiel durch seitliches Hin- und Herbewegen des Ventils prüfen.
- Zum Prüfen Stahllineal am Ventilteller anlegen. Das Spiel darf höchstens 0,8 mm betragen.
- Gegebenenfalls Ventilführungen erneuern lassen (Werkstattarbeit).

Ventilsitz im Zylinderkopf nacharbeiten

Ventilsitze mit Verschleiß- oder Verbrennungsspuren können bei allen Motoren nachgearbeitet werden, solange die Korrekturwinkel und Sitzbreiten eingehalten werden. Andernfalls muß der Zylinderkopf ersetzt werden. Ventilsitzringe können mit den üblichen Werkstattmitteln erneuert werden. Für das Nacharbeiten wird ein Ventilsitz-Drehgerät benötigt. Diese Arbeiten sollte man von einer Fachwerkstatt durchführen lassen.

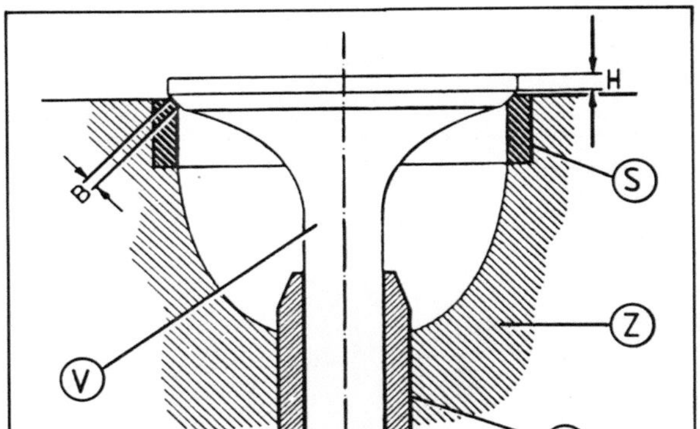

B – Ventilsitzbreite
F – Ventilführung
H – Höhe Ventilrand
S – Ventilsitzring
V – Ventil
Z – Zylinderkopf

- Ventil auf einer Ventilschleifmaschine mit einem Winkel von 45°20' schleifen. Ventile mit zu geringer Höhe –H– am Ventilrand müssen ersetzt werden. Mindestranddicke bei den Benzinmotoren: Auslaßventil: H = 2,0 mm; Einlaßventil: H = 1,3 mm.

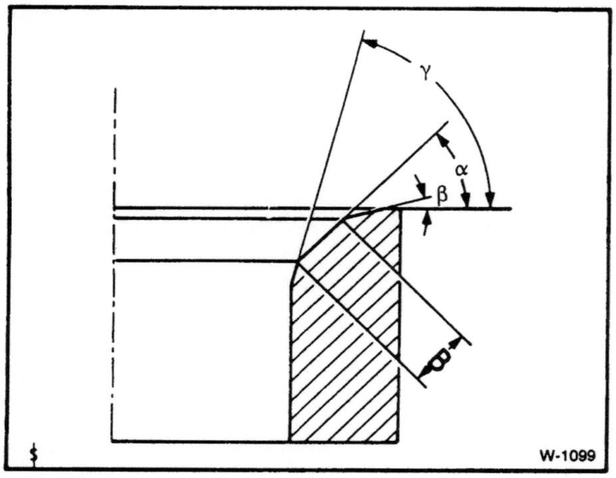

- Beim Nacharbeiten des Ventilsitzes zuerst 45°-Winkel nacharbeiten, dann Ventilsitzbreite durch Nacharbeiten der Korrekturwinkel herstellen.

Nacharbeitungsmaße:

Motor	M 20	M 21	M 10/M 30
Ventilsitzbreite **B**			
Einlaßventil mm	1,65 ± 0,35	1,75 ± 0,25	1,4 ± 0,4
Auslaßventil mm	1,65 ± 0,35	2,75 ± 0,25	1,7 ± 0,4
Ventilsitzwinkel α	45°	45°	45°
Korrekturwinkel β	15°	0°	15°
γ	75°	65°	75°

- Anschließend Ventile einschleifen.

Ventilsitz einschleifen

Bei einwandfrei bearbeiteten Ventilsitzringen und neuen Ventilen ist das Einschleifen der Ventilsitze im Zylinderkopf nicht unbedingt erforderlich.

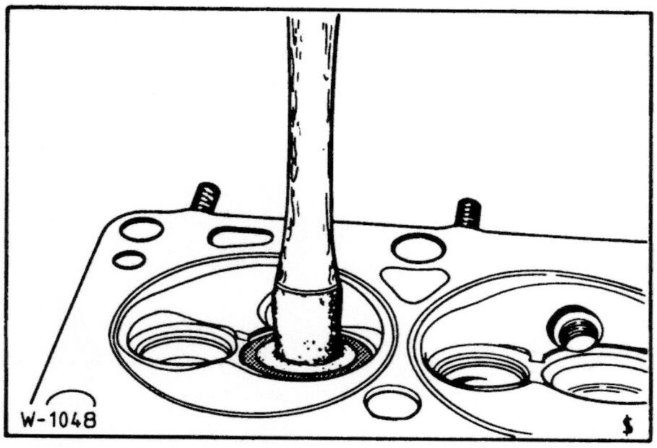

- Die Ventile dürfen nur mit feinkörniger Schleifpaste eingeschliffen werden. Für die notwendigen Drehbewegungen wird ein Gummisauger auf den Ventilteller gesetzt. Rillenbildung auf den Sitzflächen beim Einschleifen läßt sich durch häufiges Anheben und gleichmäßiges Weiterdrehen des Ventils während des Schleifvorgangs vermeiden.

Achtung: Die Schleifpaste ist nach dem Einschleifen sorgfältig zu entfernen.

- Geprüft werden kann der Schleifvorgang am Tragbild sowie mit Kraftstoff: Ventil lose einsetzen, Kraftstoff in Brennraum einfüllen, Kraftstoff darf nicht aus der Ventilführung auslaufen. Sonst Schleifvorgang wiederholen.

Vakuumpumpe prüfen/aus- und einbauen

Motor M21

Die Vakuumpumpe befindet sich beim Dieselmotor unter dem Zylinderkopfdeckel und wird von der Nockenwelle angetrieben. Die Pumpe erzeugt den nötigen Unterdruck für den Bremskraftverstärker, da beim Dieselmotor im Gegensatz zum Benzinmotor kein ausreichender Unterdruck im Saugrohr vorhanden ist.

Achtung: Der Motor darf nicht ohne Vakuumpumpe laufen.

Prüfen

- Unterdruckmanometer an die Vakuumpumpe anschließen und Motor laufen lassen.
- Die Vakuumpumpe muß einen Unterdruck von mindestens 530 mbar erzeugen, sonst Pumpe erneuern.

Ausbau

- Zylinderkopfdeckel ausbauen.
- Kurbelwelle drehen und dadurch Nockenwelle so verdrehen, bis der Nocken für die Vakuumpumpe nach unten zeigt. **Achtung:** Nockenwelle nicht am Nockenwellenzahnrad verdrehen. Zum Verdrehen der Kurbelwelle Stecknuß an der Kurbelwellen-Riemenscheibe ansetzen und rechtsherum drehen.

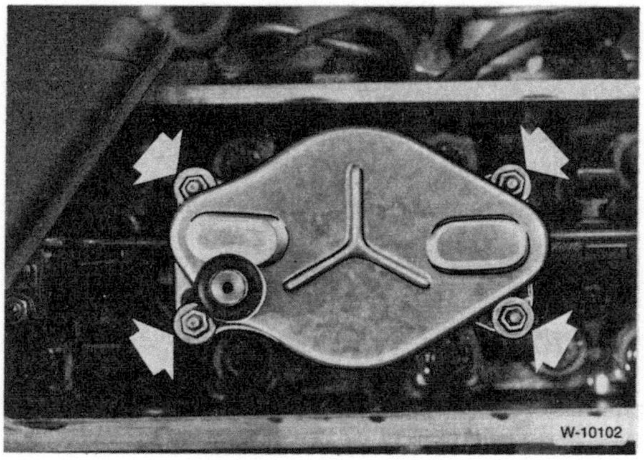

- Vakuumpumpe mit 4 Muttern abschrauben und herausnehmen.

Einbau

- Vakuumpumpe so ansetzen, daß der Rohrstutzen hinten ist und der Nocken in der Aussparung des Stößels läuft.
- Dichtring –4– einsetzen. Vorher auf Beschädigung prüfen, gegebenenfalls ersetzen, siehe auch Abbildung W-1095 auf Seite 22.
- Zylinderkopfdeckel einbauen, gegebenenfalls Deckeldichtung erneuern, siehe Seite 21.

Der Abgasturbolader

Der Dieselmotor des BMW 524td ist mit einem Turbolader ausgerüstet. Beim Turbolader sitzen auf einer Welle zwei Turbinenräder, die in zwei voneinander getrennten Gehäusen untergebracht sind. Für den Antrieb der Turbinenräder sorgen die ohnehin vorhandenen Abgase. Sie bringen die Laderwelle auf bis zu 120 000 Umdrehungen in der Minute. Und da Abgas- und Frischluftrotor auf gleicher Welle sitzen, wird mit gleicher Drehzahl Frischluft in die Zylinder gedrückt. Bei zu hohem Ladedruck öffnet das Wastegateventil am Turbolader, der Druck kann entweichen, damit keine Motorschäden entstehen.

Der Turbolader ist ein äußerst präzise hergestelltes Bauteil. Es empfiehlt sich deshalb, eine Reparatur nur von einem Fachmann ausführen zu lassen. In der Regel wird der Turbolader bei einem Defekt komplett ausgetauscht.

Der Abgasturbolader wird vom Motorölkreislauf mit Öl versorgt. Um eine ausreichende Schmierung des Laders sicherzustellen, sind folgende Punkte zu beachten:

- Nur vorgeschriebenes Motoröl verwenden, vorschriftsmäßig wechseln.
- Motor nicht bei hoher Drehzahl abstellen, da der Lader nachläuft.
- Nach dem Ölwechsel Motor nicht sofort starten, sondern erst mit dem Anlasser einige Male durchdrehen, damit das Öl an die Schmierstellen gefördert wird. Damit der Motor nicht anspringt, Kabelverbindung zum Abschaltventil an der Einspritzpumpe trennen. Das gleiche gilt auch, wenn der Motor über einen längeren Zeitraum abgestellt war.
- Da bereits kleinste Schmutzpartikel zur Zerstörung des Laders führen können, Motor niemals ohne Luftfilter laufen lassen.
- Ein abgezogener Schlauch am Regelventil kann bei Vollgas zur Überladung und damit zur Zerstörung des Motors führen.

Abgasturbolader aus- und einbauen

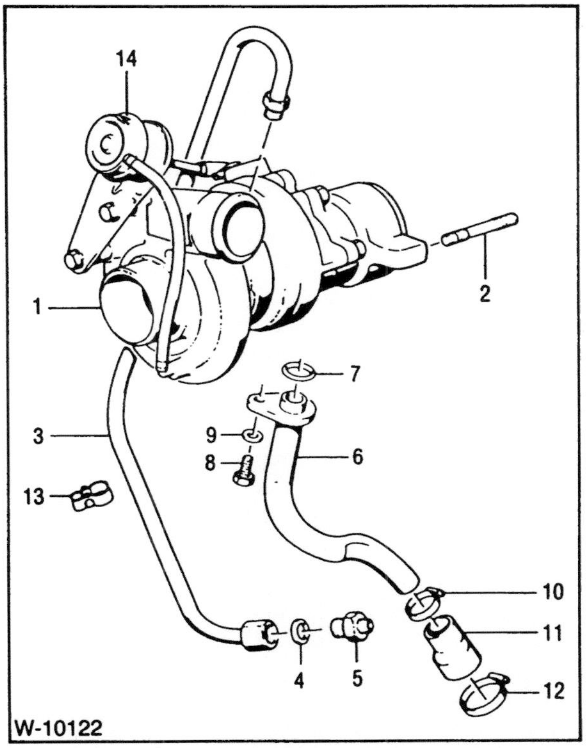

1 – Turbolader
2 – Stiftschraube
3 – Öl-Vorlaufleitung
4 – Dichtring
5 – Anschlußstück
6 – Öl-Rücklaufleitung
7 – O-Ring
8 – Zylinderschraube
9 – Beilagscheibe
10 – Schlauchschelle
11 – Schlauch
12 – Schlauchschelle
13 – Rohrschelle
14 – Wastegateventil

Ausbau

- Luftregelschlauch zum Luftsammler ausbauen, dazu Schellen lösen und zurückschieben.
- Luftschlauch zum Luftfilter abziehen, dazu Schelle lösen und zurückschieben.
- Muttern für Abgasrohr von den Stehbolzen –2– abschrauben.
- Einbaulage der Rohrschelle –13– mit Filzstift kennzeichnen und Schelle abschrauben.
- Ölleitungen –3– und –6– abschrauben und verschließen.
- 4 Befestigungsschrauben für Turbolader herausdrehen und Lader vom Abgaskrümmer abnehmen.

Einbau

- Planheit der Dichtfläche zum Abgasrohr prüfen.
- Turbolader ansetzen und mit **neuen** Schrauben und 25 Nm am Abgaskrümmer anschrauben.
- O-Ringe –4/7– für Ölleitungen auf Beschädigungen prüfen, gegebenenfalls ersetzen.
- Ölleitung –3– oben und unten mit 22 Nm anschrauben.
- Ölleitung –6– mit Innensechskantschraube –8– und 40 Nm anschrauben.
- Rohrschelle entsprechend der angebrachten Markierung anschrauben.
- Abgasrohr mit **neuen selbstsichernden** Muttern anschrauben. Vorher Gewindestifte mit Kupferpaste bestreichen, damit sie später leichter gelöst werden können. Muttern zunächst mit 30 Nm anziehen, dann mit 50 Nm nachziehen.
- Luftschläuche aufschieben und mit Schellen sichern.

Keilriemen für Generator aus- und einbauen/Keilriemen spannen

Ausbau

- **Motor M10:** Mutter –1– am Generator lösen und Spannrad –2– nach links drehen.

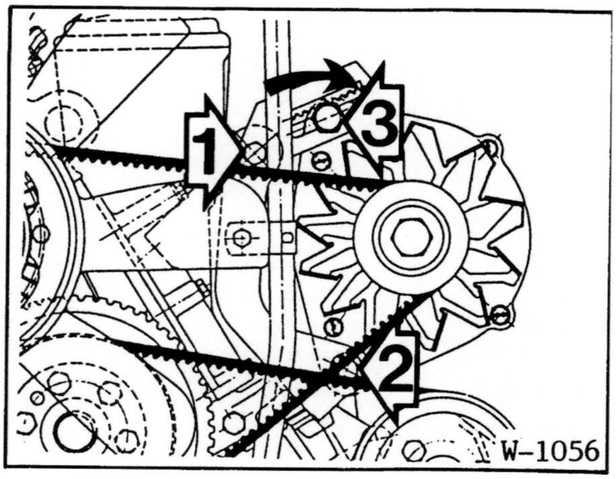

- **Motoren M20/M21/M30:** Schraube –1– lösen, Muttern für die Schrauben –2– und –3– lösen. Schraube –3– in Pfeilrichtung drehen und dadurch Keilriemen entspannen.
- Keilriemen für Servopumpe auf dieselbe Weise entspannen und abnehmen. Anschließend Keilriemen für Generator abnehmen.

Einbau

- Vor dem Einbau Keilriemen überprüfen. Sind die Flanken ausgefranst, Risse oder Bruchstellen vorhanden, Keilriemen in jedem Fall ersetzen.
- Keilriemen auflegen und spannen.

Keilriemen spannen

- Mit Drehmomentschlüssel Spannschraube –2– entgegen der Pfeilrichtung mit 7 Nm anziehen.
- Mutter für Schraube –3– festziehen.
- In der Werkstatt wird die Spannung des Keilriemens anschließend mit einem speziellen Prüfgerät für Keilriemenspannung kontrolliert.

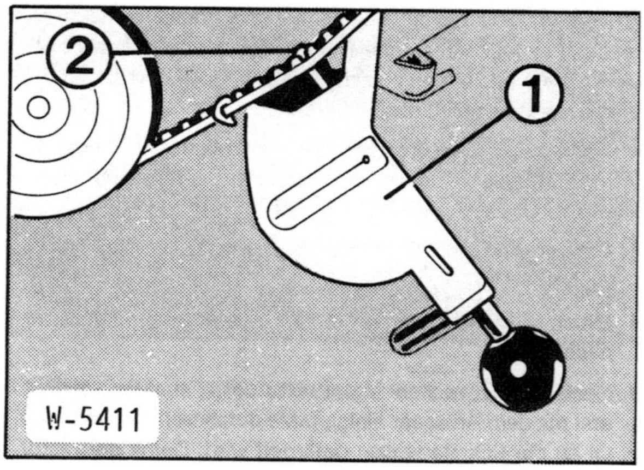

- Der Zughaken –2– des Prüfgerätes muß in der Mitte der Verzahnung aufliegen. Der Meßzeiger muß sich dann auf der Skala über dem grünen beziehungsweise dem gelben Feld für den betreffenden Motor befinden. Außerdem wird unterschieden, ob ein neuer, beziehungsweise gelaufener Keilriemen gespannt wird. Falls der Zeiger des Meßgerätes nicht über dem betreffenden Skalenwert steht, Keilriemenspannung korrigieren.

- Steht das Prüfgerät nicht zur Verfügung, Daumenprobe machen. Keilriemen mit dem Daumen zwischen den Riemenscheiben eindrücken. Dabei darf sich der Keilriemen maximal 5 mm eindrücken lassen, sonst Spannung korrigieren. Anschließend möglichst die Einstellung mit dem BMW-Einstellgerät überprüfen und die Riemenspannung gegebenenfalls korrigieren.
- Schraube –1– und Mutter –2– festziehen.
- Keilriemen für Servopumpe auflegen und spannen, siehe Seite 281.

Starthilfe

Bei der Starthilfe mit einem Starthilfekabel sind einige Punkte zu beachten:

- Der Leitungsquerschnitt der Starthilfekabel soll bei Ottomotoren bis ca. 2,5 l Hubraum mindestens 16 mm² (Durchmesser ca. 5 mm) betragen. Bei Dieselmotoren oder Ottomotoren über ca. 2,5 l Hubraum soll der Leitungsquerschnitt mindestens 25 mm² betragen. Maßgebend ist dabei jeweils das Fahrzeug mit der entladenen Batterie. Der Leitungsquerschnitt ist in der Regel auf der Packung der Starthilfekabel angegeben. Beim Neukauf ist grundsätzlich ein Starthilfekabel mit isolierten Kabelzangen und 25 mm² Querschnitt empfehlenswert, da es sich auch für Motoren mit geringerem Hubraum eignet.
- Beide Batterien müssen eine Spannung von 12 Volt haben.
- Eine entladene Batterie kann bereits bei –10° C gefrieren. Vor Anschluß der Starthilfekabel muß eine gefrorene Batterie unbedingt aufgetaut werden.
- Die entladene Batterie muß ordnungsgemäß am Bordnetz angeklemmt sein.

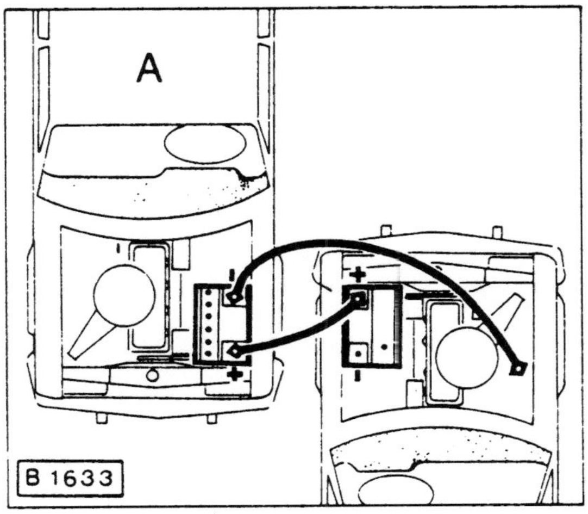

- Fahrzeuge so weit auseinanderstellen, daß kein metallischer Kontakt besteht. Andernfalls könnte bereits beim Verbinden der Pluspole (+) ein Strom fließen.
- Bei beiden Fahrzeugen Handbremse anziehen. Schaltgetriebe in Leerlaufstellung, automatisches Getriebe in Parkstellung »P« schalten.
- Alle Stromverbraucher ausschalten.
- Motor des stromgebenden Fahrzeuges –A– im Leerlauf laufen lassen.
- Starthilfekabel in folgender Reihenfolge anschließen: 1. Rotes Kabel an den Pluspol (+) der entladenen Batterie anklemmen. 2. Das andere Ende des roten Kabels an den Pluspol (+) der stromgebenden Batterie anklemmen. 3. Schwarzes Kabel an den Minuspol (–) der stromgebenden Batterie anklemmen. 4. Das andere Ende des schwarzen Kabels an eine gute Massestelle (–), zum Beispiel den Motorblock des Empfängerfahrzeuges, anschließen. Dadurch werden Masseverluste vermieden. Unter ungünstigen Umständen könnte beim Anschließen des Kabels an den Minuspol (–) der leeren Batterie, durch Funkenbildung und Knallgasentwicklung, die Batterie explodieren.
- Polzangen nochmals auf festen Sitz prüfen. Darauf achten, daß die Starthilfekabel nicht durch sich drehende Teile, wie etwa durch den Kühlerventilator, beschädigt werden können.

Achtung: Die Klemmen der Starthilfekabel dürfen bei angeschlossenen Kabeln nicht in Kontakt miteinander kommen, beziehungsweise die Plusklemmen (+) dürfen keine Massestellen (–) wie Karosserie oder Rahmen berühren.

- Motor des Empfängerfahrzeuges (leere Batterie) starten und laufen lassen. Beim Starten Anlasser nicht länger als 15 Sekunden ununterbrochen betätigen, da sich durch die hohe Stromaufnahme Polzangen und Kabel erwärmen. Deshalb zwischendurch eine »Abkühlpause« von mindestens 1 Minute einlegen.
- Grundsätzlich Motor des Spenderfahrzeuges während des Startvorganges mit Leerlaufdrehzahl drehen lassen. Dadurch wird eine eventuelle Beschädigung des Generators durch Spannungsspitzen beim Startvorgang vermieden. Sinkt die Leerlaufdrehzahl stark ab, kann etwas Gas gegeben werden.
- Während des Starthilfevorganges offene Flammen in der Nähe der Batterie vermeiden, weil aus der Batterie brennbare Gase austreten können.

Achtung: Bevor die Starthilfekabel abgeklemmt werden, am Empfängerfahrzeug –B– die Beleuchtung, heizbare Heckscheibe und Heizgebläse einschalten, um eine Überspannung vom Regler zu den Verbrauchern zu vermeiden.

- **Nach der Starthilfe** Kabel in **umgekehrter** Reihenfolge abklemmen.

Achtung: Werden die vorgeschriebenen Anschlußhinweise nicht genau eingehalten, besteht die Gefahr der Verätzung durch austretende Batteriesäure. Außerdem können Verletzungen oder Schäden durch eine Batterieexplosion entstehen. Zudem können Defekte an den elektrischen Anlagen beider Fahrzeuge auftreten.

Störungsdiagnose Motor

Wenn der Motor nicht anspringt, Fehler systematisch einkreisen. Damit der Motor überhaupt anspringen kann, müssen immer zwei Grundvoraussetzungen erfüllt sein. Das Kraftstoff-Luftgemisch muß bis in die Zylinder gelangen, und der Zündfunke muß an den Zündkerzen vorhanden sein. Als erstes ist deshalb immer zu prüfen, ob überhaupt Kraftstoff gefördert wird. Wie man dabei vorgeht, steht im Kapitel »Kraftstoffanlage«.

Um festzustellen, ob ein Zündfunke vorhanden ist, Zündkerzen herausschrauben, in Zündkerzenstecker stecken und einzeln gegen Masse halten. Dabei Kerzenstecker oder Zündkabel **nicht** mit der Hand festhalten, sondern eine gut isolierte Zange nehmen. Von Hilfsperson Motor starten lassen. Wenn kein Zündfunke überspringt, Fehler entsprechend dem Kapitel »Zündanlage« aufspüren. **Achtung: Sicherheitshinweise für elektronische Zündanlagen beachten.**

Beim Dieselmotor zuerst Vorglühanlage, dann Kraftstoffanlage prüfen.

Störung: Der Motor springt schlecht oder gar nicht an

Ursache		Abhilfe
Bedienungsfehler beim Starten	**Vergasermotor:**	■ **Bei kaltem Motor:** Gaspedal **einmal, bei strengem Frost zweimal** langsam ganz durchtreten. Kupplung treten, Zündung einschalten, starten, kein Gas geben. Sofort losfahren, nur bei strengem Frost Motor ca. 30 Sekunden warmlaufen lassen. Wenn der Motor nach mehreren Startversuchen trotz einzelner Zündungen nicht anspringt, nochmals mit etwas niedergetretenem Gaspedal starten. ■ **Bei warmem Motor:** Während des Anlassens Gaspedal langsam niedertreten. Nach dem Anspringen Gaspedal loslassen. ■ **Bei heißem Motor:** Vor dem Anlassen Gaspedal ganz niedertreten und Vollgas-Stellung beibehalten – nicht pumpen.
	Einspritzmotor:	■ Zündschlüssel drehen und starten bis der Motor anspringt. Dann erst Zündschlüssel loslassen. Nur bei K-Jetronic dabei etwas Gas geben. Kupplung beim Starten durchtreten. ■ **Nur bei heißem Motor** nach dem Anspringen etwas Gas geben.
	Dieselmotor:	■ **Bei kaltem Motor:** Zündung einschalten, bis die Kontrolllampe erlischt. Kupplung durchtreten. Sofort nach Verlöschen der Kontrollampe Motor anlassen, kein Gas geben. ■ **Bei warmem Motor:** Es braucht nicht vorgeglüht zu werden, Motor kann sofort angelassen werden.
Zündanlage defekt, verschmutzt oder verstellt		■ Zündanlage entsprechend Störungsdiagnose überprüfen
Kraftstoffanlage defekt, verschmutzt		■ Kraftstoffanlage entsprechend Störungsdiagnose überprüfen
Anlasser dreht zu langsam		■ Batterie laden. Falls Einbereichs-Motoröl eingefüllt ist, in der kalten Jahreszeit Winteröl einfüllen. Anlasser überprüfen
Kompressionsdruck zu niedrig		■ Ventilspiel einstellen, Motor überholen
Längung der Steuerkette/Zahnriemenspannung falsch		■ Steuerzeiten prüfen, Zahnriemenspannung kontrollieren
Zylinderkopfdichtung defekt		■ Dichtung ersetzen

Die Zündanlage

Die Zündanlage erzeugt für jeden Zylinder des Motors im richtigen Augenblick den Zündfunken. Dieser setzt das angesaugte Kraftstoff-Luftgemisch in Brand. In der Zündspule wird hierzu die Batteriespannung von 12 Volt auf über 15000 Volt (elektronische Zündanlagen: über 25000 Volt) umgeformt.

Im Lauf der Zeit kamen im 5er BMW drei Generationen von Zündanlagen zum Einsatz, die sich grundlegend unterscheiden: Je nach Modell besitzt der BMW eine unterbrechergesteuerte Spulenzündung (SZ), eine Transistorzündanlage (TSZ) oder eine in die Motronic integrierte Kennfeldzündung. Modellzuordnung, siehe Tabellen »Motordaten«.

Die Zündanlage besteht aus

- der Zündspule
- den Zündkerzen
- dem Zündverteiler, je nach Zündanlage mit Unterbrecherkontakten beziehungsweise Induktivgeber sowie automatischer Zündzeitpunktverstellung
- dem TSZ-Schaltgerät

Bei Fahrzeugen mit Motronic wird der Zündfunke durch folgende Teile bestimmt:

- dem Hochspannungsverteiler
- den Positionsgebern
- dem DME-Steuergerät (DME = Digitale Motorelektronik = Motronic)

Funktion der unterbrechergesteuerten Zündanlage

Der Zündverteiler hat die Aufgabe, mit Hilfe des Unterbrecherkontaktes die Zündspannung in der Zündspule zu induzieren. Ein Kondensator vermindert dabei die Funkenbildung am Unterbrecherkontakt und verringert dadurch den Abbrand an den Kontaktflächen. Die in der Zündspule erzeugte Zündspannung wird über den Zündverteiler-Läufer im richtigen Moment zu der jeweiligen Zündkerze geleitet.

Funktion der elektronischen Zündanlagen

Die TSZ-Anlage

Die Transistorzündanlage (TSZ) ist ein kontaktloses Zündsystem. Anstelle des Unterbrecherkontaktes ist der Zündverteiler mit einem wartungsfreien Induktivgeber ausgestattet. Ein Zündkondensator ist nicht erforderlich. Der Induktivgeber besteht aus einem Dauermagneten, einer Magnetspule und einem mit der Verteilerwelle verbundenen Verteileranker.

Der Induktivgeber steuert das TSZ-Schaltgerät an und bestimmt somit den Aus- und Einschaltpunkt des Zündspulenstromes. Die Zündverstellung wird wie bei der unterbrecherkontaktgesteuerten Zündanlage durch Unterdruck und Fliehkraft an der Verteilerwelle vorgenommen.

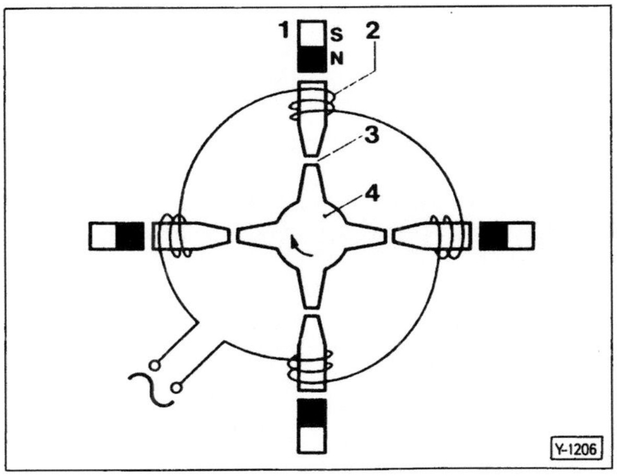

Da sich der Verteileranker –4– mit der Verteilerwelle dreht, ändert sich der Abstand –3– zwischen Verteileranker und den Statorpolen ständig. Dadurch wird in die Magnetspule –2– eine Wechselspannung induziert. Entsprechend den Spannungsänderungen löst das Schaltgerät zusammen mit der Zündspule den Zündfunken aus. Die Zündung erfolgt immer dann, wenn sich die Pole des Verteilerankers gerade wieder von den Statorpolen entfernen. Weitere in der Abbildung dargestellte Teile sind: –1– Dauermagnet, –S– Südpol und –N– Nordpol des Dauermagneten.

Um das Schaltgerät und die Zündspule vor hoher Erwärmung zu schützen, schaltet das Schaltgerät bei eingeschalteter Zündung und stehendem Motor die Spannungsversorgung der Zündspule ab.

Aus Sicherheitsgründen hat die Zündspule eine 5,5 mm große Öffnung mit Verschlußstopfen. Sie dient dazu, die Vergußmasse der Zündspule im Falle eines Schaltdefektes im TSZ-Schaltgerät gezielt austreten zu lassen.

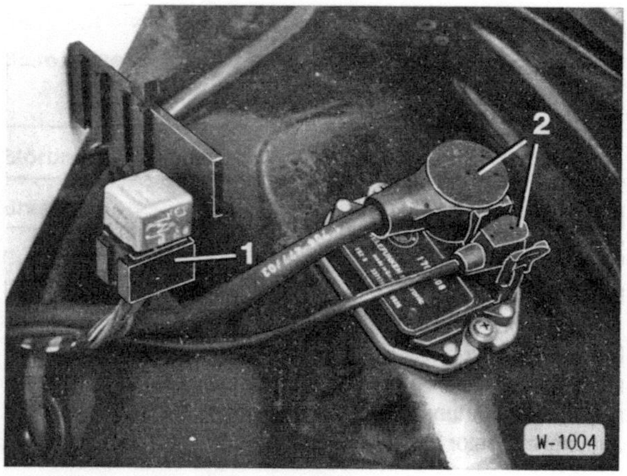

Achtung: Die Arbeitswärme des TSZ-Schaltgerätes wird über die Grundplatte abgeleitet. Deshalb darf der Motor nur laufen, wenn das Schaltgerät fest installiert ist.

Funktion der kennfeldgesteuerten Zündanlage (Motronic)

Bei der Bosch-Motronic, auch DME (= Digitale Motorelektronik) genannt, wird die Zündanlage ebenso wie die Einspritzanlage über sogenannte Kennfelder durch eine gemeinsame Zentralelektronik gesteuert.

Bei der kennfeldgesteuerten Zündanlage wird der optimale Zündzeitpunkt vom jeweiligen Betriebszustand des Motors bestimmt. Als Meßgrößen dienen die Motordrehzahl, die Motortemperatur, die Ansauglufttemperatur und der Lastzustand (Saugrohrunterdruck, Drosselklappenstellung). Darunter versteht man die momentane Belastung des Motors. Denn es ist ein Unterschied, ob das Fahrzeug beispielsweise mit 4000/min einen Berg rauf- oder runterfährt.

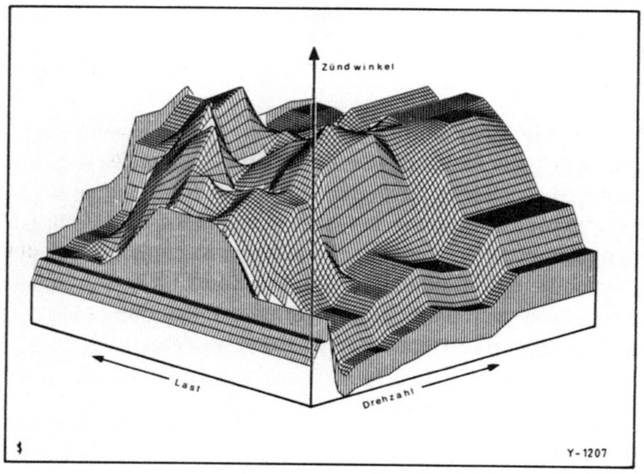

Das erforderliche Kennfeld für die Zündanlage wird für jeden Motortyp durch Versuche auf dem Motorprüfstand ermittelt und anschließend in Fahrversuchen so abgestimmt, daß sich die günstigsten Werte für Verbrauch, Abgas und Fahrverhalten ergeben. Die ermittelten Werte werden im Steuergerät gespeichert.

Während der Fahrt werden aus den Funktionen Motordrehzahl, Motortemperatur und Lastzustand Signale an das Steuergerät gegeben, dessen Mikroprozessor dann aus dem gespeicherten Zündkennfeld für den momentanen Betriebszustand den richtigen Zündzeitpunkt (zum Beispiel 10° vor OT oder 0°) bestimmt.

Bei Ausfall der Informationen über Motortemperatur, Lastzustand usw. können Mängel im Fahrverhalten auftreten, und zwar durch verringerte Motorleistung. Eventuell kann sich auch der Verbrauch erhöhen. Langfristige Schäden am Motor sind nicht zu befürchten, wenn der Defekt alsbald behoben wird.

Der Zündverteiler hat bei der kennfeldgesteuerten Zündanlage nur noch die Aufgabe, die Zündspannung durch den Verteilerläufer auf die einzelnen Zündkerzen zu verteilen. Der Verteilerläufer wird direkt von der Nockenwelle angetrieben. Fliehgewichte, Unterdruckdose und Induktivgebersystem werden nicht benötigt, da deren Funktionen vom Steuergerät übernommen werden.

Sicherheitsmaßnahmen zu den elektronischen Zündanlagen

Bei elektronischen Zündanlagen beträgt die Zündspannung bis zu 30 kV (Kilovolt). Unter ungünstigen Umständen, zum Beispiel Feuchtigkeit im Motorraum, können Spannungsspitzen die Isolation durchschlagen, was bei Berührung zu Elektroschocks führt.

Um Verletzungen von Personen und/oder die Zerstörung der elektronischen Zündanlage zu vermeiden, ist bei Arbeiten an Fahrzeugen mit elektronischer Zündanlage folgendes zu beachten:

- Personen mit einem Herzschrittmacher sollen keine Arbeiten an der elektronischen Zündanlage durchführen.
- Leitungen der Zündanlage nur bei ausgeschalteter Zündung abklemmen. Bei eingeschalteter Zündung kann durch Erschütterung des Verteilers ein Hochspannungsstoß ausgelöst werden.
- Meßgeräteleitungen (Drehzahlmesser/Zündungstester) nur bei ausgeschalteter Zündung an- und abklemmen.
- An Klemme 1 (–) dürfen kein Entstörkondensator und keine Prüflampe angeschlossen werden.
- Klemme 1 der Zündspule darf nicht gegen Masse kurzgeschlossen werden. Klemme 1 darf nicht mit B+ verbunden werden. Beim nachträglichen Einbau einer Alarmanlage darf somit die Leitung zur Klemme 1 nicht zur Startblockierung verwendet werden.

- Bevor der Motor mit Anlaßdrehzahl betrieben (z. B. Kompressionsdruckprüfung) oder von Hand durchgedreht wird, Zündung ausschalten und Stecker vom TSZ-Schaltgerät abziehen. Bei Fahrzeugen mit DME Hauptrelais für Einspritzanlage (Relais 2) abziehen. Auf keinen Fall darf der Motor bei abgebauter Verteilerkappe sowie abgezogenem Kabel von der Zündspule (Klemme 4) gestartet werden.
- Die Zündspule darf nicht durch eine andere Ausführung ersetzt werden. Auf keinen Fall darf eine für unterbrechergesteuerte Zündanlagen vorgesehene Zündspule eingebaut werden.
- Bei Erhitzung auf mehr als +80° C (z. B. Lackieren, Dampfstrahlen) darf der Motor nicht unmittelbar nach der Aufheizphase gestartet werden.
- Die Motorwäsche ist nur bei Motorstillstand durchzuführen.
- Bei Elektro- und Punktschweißen ist die Batterie komplett abzuklemmen.

Zündzeitpunkt prüfen/einstellen

Zum Prüfen und Einstellen werden ein Drehzahlmesser mit Schließwinkelanzeige und eine Zündblitzpistole benötigt.

Achtung: Bei Fahrzeugen mit Motronic kann der Zündzeitpunkt zwar geprüft, aber nicht eingestellt werden. Falls der Zündzeitpunkt nicht mit dem Sollwert übereinstimmt, müssen die defekten Teile der Zündanlage ausgetauscht werden.

- Bei unterbrechergesteuerter Zündanlage (5er BMW bis 7/81 außer 528i): Schließwinkel einstellen.
- Motor auf Betriebstemperatur bringen. Die Betriebstemperatur ist erreicht, wenn der Kühlmittelschlauch unten am Kühler gerade warm wird.

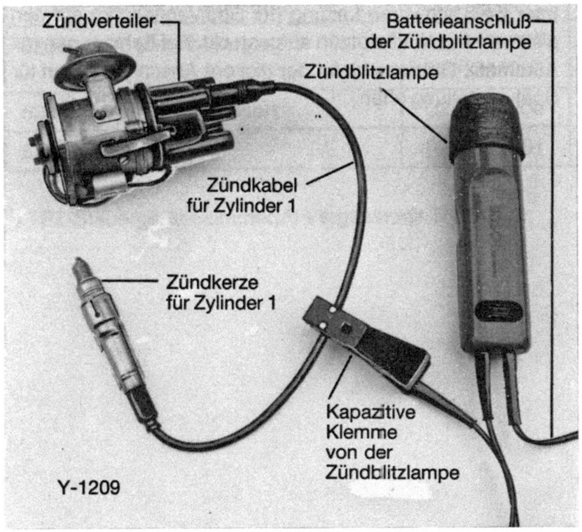

- Drehzahlmesser und Zündblitzpistole nach Bedienungsanleitung anschließen.
- Motor starten, und im Leerlauf drehen lassen.
  Achtung: Der Schließwinkel ist bei den elektronischen Zündanlagen (TSZ, Motronic) konstruktiv festgelegt und kann nur überprüft, aber nicht eingestellt werden.

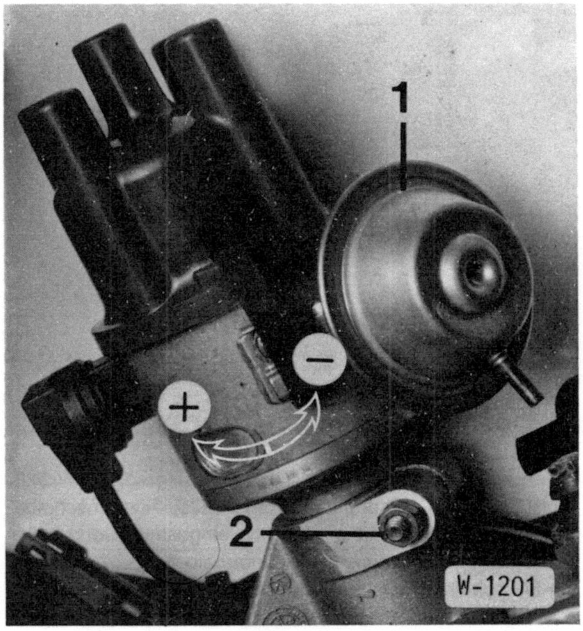

- Je nach Modell 1 oder 2 Unterdruckschläuche an der Unterdruckdose –1– des Zündverteilers abziehen. **Achtung:** Fahrzeuge mit Automatik-Getriebe besitzen nur einen Unterdruckschlauch, obwohl eine Doppeldose eingebaut ist. In diesem Fall bleibt der 2. Stutzen offen.
- Durch Gasgeben Motordrehzahl auf Prüfwert erhöhen, siehe Zündzeitpunkttabelle.

- Durch das Schauloch in der Kupplungsglocke das Motorschwungrad anblitzen. Der Zündzeitpunkt ist richtig eingestellt, wenn bei Prüfdrehzahl die Markierung am Schwungrad (eingepreßte Kugel) in der Mitte vom Schauloch scheinbar stillsteht. Dies ist auch eine Gewähr dafür, daß die Fliehkraftverstellung des Verteilers arbeitet. Bei Automatikgetriebe ist an gleicher Stelle ein Stift sichtbar.

- Fahrzeuge ohne Markierung am Schwungrad (BMW 520 bis 7/81): Bei Prüfdrehzahl Kurbelwellen-Riemenscheibe anblitzen. Die Zündung ist richtig eingestellt, wenn beim Anblitzen die Markierung »Z« unterhalb der Bezugsmarke –E– scheinbar stillsteht, siehe Zündzeitpunkttabelle.
- Unterdruckschläuche am Zündverteiler aufstecken, Motor dreht im Leerlauf.
- Bei Leerlaufdrehzahl (Drehzahl max. 1000/min) Schauloch erneut mit Zündblitzlampe anblitzen. Jetzt muß die »OT«-Markierung am Schauloch scheinbar stillstehen, beziehungsweise bei Automatik-Fahrzeugen ein kurzer Stift im Schauloch sichtbar sein. Beim 520 bis 7/81 muß die »OT«-Marke des Riemenrades an der Bezugsmarke stillstehen.
- Motor M10/M30: Stimmen die Zündzeitpunktmarkierungen nicht überein, Klemmschraube –2– (siehe Abbildung W-1201) am Verteiler etwas lösen und Zündverteiler verdrehen, bis sich der Einstellwert mit der Bezugsmarke deckt. Zum Drehen des Verteilers kann mit einem Schraubendrehergriff in Drehrichtung leicht gegen die Unterdruckdose geklopft werden.

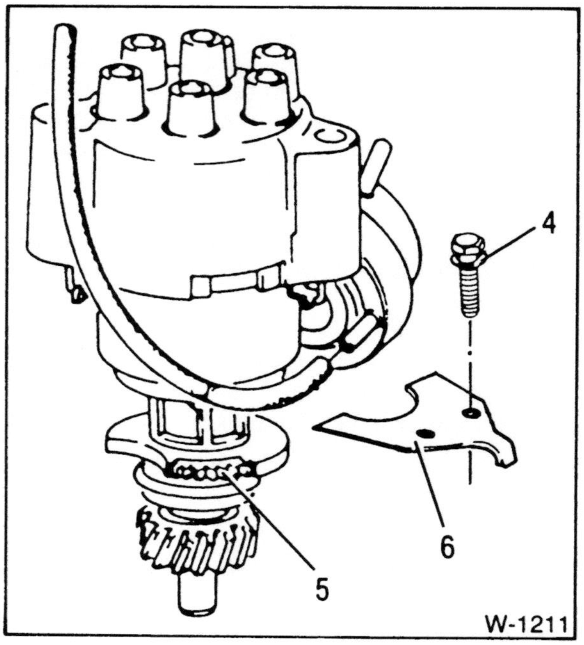

- Motor M20: Zur Korrektur die Schraube –4– lösen und den Zündverteiler an der Verzahnung –5– entsprechend verdrehen, dazu Schraubendreher durch Bohrung –6– am Haltewinkel stecken.
- Befestigungsschraube festziehen.
- Leerlaufdrehzahl prüfen.
- Anschließend Zündzeitpunkt nochmals prüfen.
- Meßgeräte entfernen, Unterdruckleitung(en) aufstecken. Bei der Doppeldose werden die schwarze Leitung (für Frühverstellung) auf den dünneren Anschlußstutzen, die weiße oder weiß/schwarze Leitung (für Spätverstellung) auf den dickeren Anschlußstutzen aufgesteckt. Bei Fahrzeugen mit Automatik-Getriebe bleibt der dickere Anschlußstutzen für Spätverstellung offen.

Zündzeitpunkt / CO-Gehalt / Leerlaufdrehzahl

5er-Modelle bis 7/81 (»E12«)

- Für die Prüfung des Zündzeitpunktes werden alle vorhandenen Unterdruckleitungen an der Unterdruckdose des Zündverteilers abgezogen.
- Bei der Prüfung des CO-Wertes müssen die Unterdruckschläuche an der Unterdruckdose des Zündverteilers aufgesteckt sein.

Modell	Verteiler-Nr.	Zündzeitpunkt		Leerlaufdrehzahl 1/min	CO-Gehalt Vol.-%
		Zündwinkel vor OT	Prüfdrehzahl 1/min		
518 bis 7/75 (Superbenzin)	0231180004 0231168022	25°	1400	900±50	3,5 ± 0,5
518 ab 8/75 – 8/80 (Normalbenzin)	0231181017	25°	2000	900±50	1,5 ± 0,5
518 ab 9/80	0237011004 0227100111[1]	25°	2500	850±50	0,5 – 1,0
520 bis 8/77	ohne Unterdruckdose	25°	2400	950±50	3,0 ± 0,5
520 bis 8/77	1-fach Unterdruckdose	25°	1800	950±50	3,0 ± 0,5
520 bis 8/77	2-fach Unterdruckdose	25°	2300	950±50	3,0 ± 0,5
520i bis 7/75 (Kugelfischer)		25°	2400	925±75	2,5 ± 0,5
520i ab 8/75 (K-Jetronic)	0231168017 0231181022[1]	25°	1750	900±50	0,5 – 3,0
520/6 ab 8/77	0231309007	22°	1500	850±50	1,0 ± 0,5
525 bis 7/76 (Zenith-Vergaser)	0231169007 0231309005	22°	1700	900±50	1,5 – 2,0 1,0 ± 0,5[2]
525 ab 8/76 (4A1-Vergaser)	0231309006	22°	1500	900±50	1,0 ± 0,5
528 bis 7/76 (Zenith-Vergaser)	0231169007 0231309005	22°	1700	900±50	3,5 ± 0,5 1,0 ± 0,5[2]
528 ab 8/76 (4A1-Vergaser)	0231309006	22°	1700	900±50	1,0 ± 0,5
528i	0237302001	22°	1800	900±50	0,5 ± 2,0

[1]) TSZ-Steuergerät-Nummer; [2]) Vergaser mit TN-Starter

5er Modelle ab 7/81 (»E28«)

- Für die Prüfung des Zündzeitpunktes werden die Unterdruckleitungen an der Unterdruckdose des Zündverteilers abgezogen.
- Bei der Prüfung des CO-Wertes müssen die Unterdruckschläuche an der Unterdruckdose des Zündverteilers und bei Schweden/Schweiz-Modellen der SLS-Schlauch am Luftfilter aufgesteckt sein.

Modell	Verteiler-Nr.	Zündzeitpunkt		Leerlaufdrehzahl 1/min	CO-Gehalt Vol.-%	SLS-Schlauch aufgesteckt
		Zündwinkel vor OT	Prüfdrehzahl 1/min			
518	0237011004 0227100111[1]	25°	2500±50	850±50	0,5 – 1,0	–
518i/520i K-Jetronic	0237011006 0227100111[1]	25°	2750±50	900±50	0,3– 0,7	X
518	0237005010	25°	2900±50	850±50	max. 1,0	–
520i	0237302028 0227100111[1]	22°	2000±50	850±50	max. 1,5	–
520i	0237302035 0227100111[1]	26°	3000±50	800±50	0,4 ± 0,2	X
520i	0237302037 0227100111[1]	26°	3000±50	800±50	max. 1,5	–
520i	0237302039 0227100111[1]	23°	5000±50	800±50	max. 1,5	–
520i	0237302042	26°	3000±50	800±50	0,4 ± 0,2	X
525i	0237302026 0227100111[1]	22°	1800±50	850±50	max. 1,5	–
525i	0237302033 0227100111[1]	22°	2150±50	850±50	1,0 ± 0,5	–
525e	0261200007[1]	8 ± 4°	700±50	700±50	0,7 ± 0,5	–
525e	0261200007[1]	10 ± 3°	700±50	700±50	max. 1,5	–
525e	0261200045[1]	10 ± 3°	700±50	700±50	max. 1,5	–
528i	0237302029 0227100111[1]	22°	2150±50	850±50	max. 1,5	–
528i Schweden/Schweiz	0237302030 0227100111[1]	22°	3250±50	850±50	0,4 ± 0,1	X

[1]) TSZ-Steuergeräte-Nummer

Der Zündverteiler

Unterbrechergesteuerte Zündung (Modelle bis 7/81 außer 518 seit 9/80, 528 i)

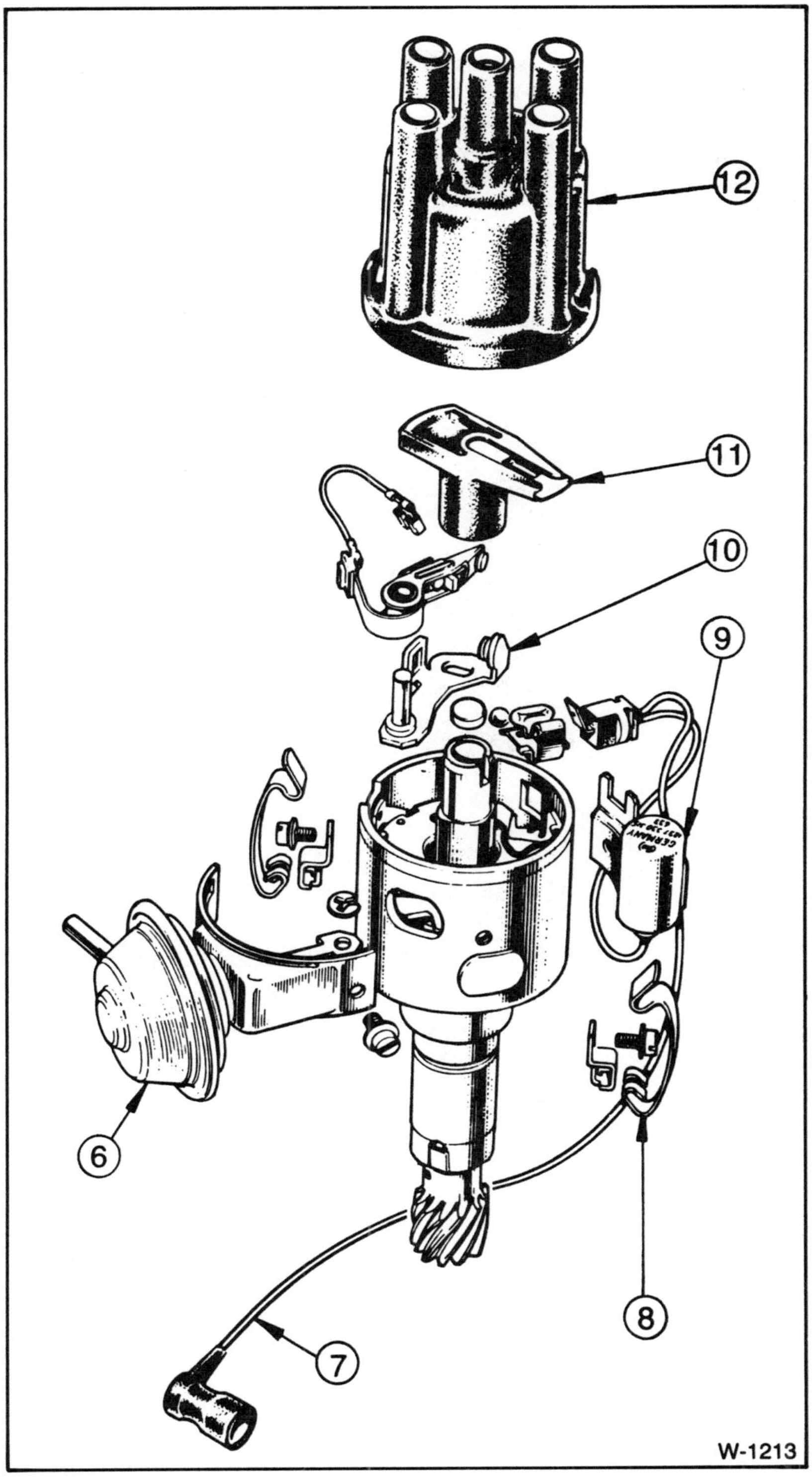

6 – Unterdruckdose für Zündverstellung
7 – Kabel zur Zündspule Klemme 1
8 – Halteklammer für Verteilerkappe
9 – Kondensator
10 – Unterbrecherkontakt
11 – Verteilerläufer 5 kΩ (entstört)
12 – Verteilerkappe

TSZ-Zündverteiler (mit Induktionsgeber)

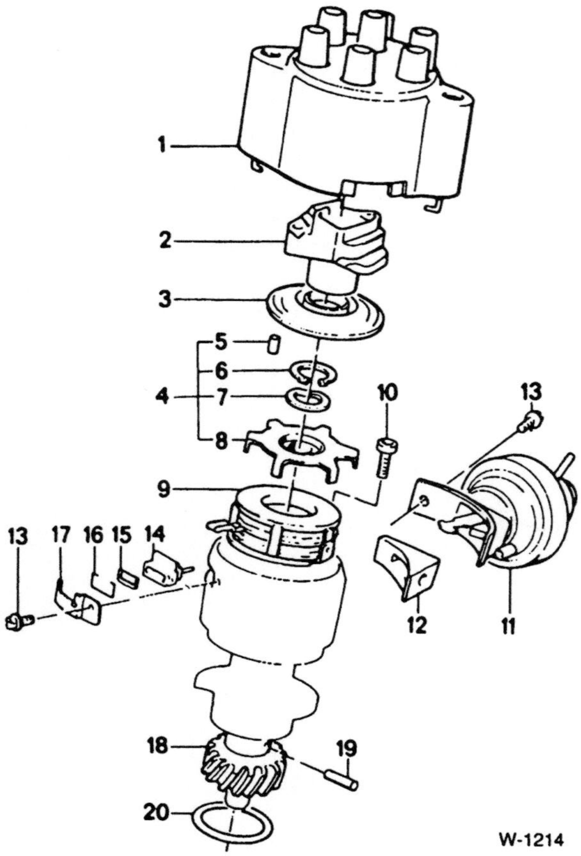

1 – Verteilerkappe
2 – Verteilerläufer, 1kΩ
3 – Staubschutzkappe
4 – Impulsgeber
5 – Zylinderstift
6 – Sicherungsring
7 – Tellerfeder
8 – Impulsgeberrad
9 – Impulsgenerator
10 – Zylinderschraube
11 – Unterdruckdose
12 – Halter
13 – Schraube
14 – Buchse
15 – Dichtung
16 – Haltefeder
17 – Halter
18 – Antriebszahnrad
19 – Stift
20 – Gummidichtring

Unterbrecherkontakt ersetzen

Nur unterbrecherkontaktgesteuerte Zündanlagen

Zündanlagen mit Unterbrecherkontakt sind in alle Fahrzeuge bis 7/81 (außer 518i seit 9/80 sowie 528i) eingebaut.

Im Laufe der Zeit bilden sich an den Unterbrecherkontaktflächen Abbrandstellen, die sich als kleine Höcker und Krater bemerkbar machen. Außerdem nutzt sich das Kunststoffgleitstück ab. Dadurch verringert sich der Kontaktabstand. Die Folge: schwache Zündfunken. Daher ist im Rahmen der Wartung der Unterbrecherkontakt spätestens alle 15000 km zu ersetzen.

Ausbau

- Batterie-Massekabel (–) abklemmen.

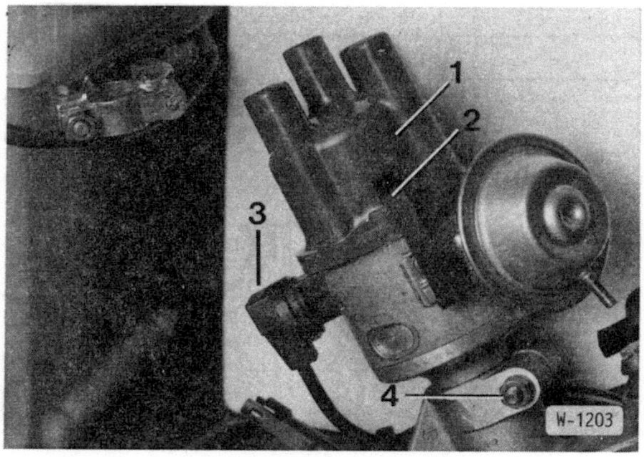

- Verteilerkappe abnehmen und zur Seite legen. Dazu 2 Haltebügel –2– an der Verteilerkappe mit einem Schraubendreher nach außen hebeln.
- Verteilerläufer mit der Hand nach oben von der Verteilerwelle abziehen.
- Staubschutzkappe von der Verteilerwelle abnehmen.

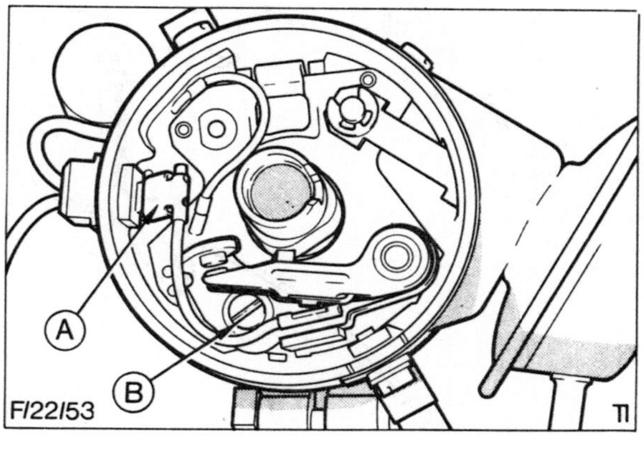

- Niederspannungskabel –A– abziehen.
- Befestigungsschraube –B– herausdrehen und Kontakte abnehmen.

Achtung: Die Schraube –B– darf nicht in den Verteiler fallen, sonst muß der Zündverteiler ausgebaut werden.

Einbau

- Unterbrecherkontakt einsetzen und Befestigungsschraube reindrehen, nicht festziehen.
- Kabel aufstecken.
- Nockengleitbahn und Kunststoffgleitstück hauchdünn mit Hochtemperaturfett schmieren. Das Fett liegt in der Regel dem Kontaktsatz bei, sonst BOSCH-Zündverteilerfett verwenden.

Achtung: Versehentlich auf die Kontaktflächen gelangtes Öl oder Fett sorgsam entfernen, sonst springt der Motor nicht an. Zum Entfernen kann saugfähiges Papier, zum Beispiel Löschpapier, verwendet werden.

- Kontaktabstand (Schließwinkel) einstellen, siehe unten.
- Staubschutzkappe einsetzen.
- Verteilerläufer aufstecken. Durch leichtes Hin- und Herdrehen des Läufers prüfen, ob er in die Verteilerwelle eingerastet ist.
- Verteilerkappe aufsetzen, dabei muß die Nase in die Nut am Rand des Verteilers eingreifen. Sicherungsklammern aufdrücken.
- Batterie-Massekabel anklemmen.
- Zündzeitpunkt einstellen.

Schließwinkel prüfen/einstellen

Unterbrechergesteuerte Zündanlagen

Für eine exakte Einstellung des Unterbrecherkontaktes benutzen die Werkstätten ein Schließwinkel-Meßgerät. Dieses Gerät bietet auch den Vorteil, daß bei leicht abgebrannten Kontaktflächen der Schließwinkel dennoch genau eingestellt werden kann. Bei Verwendung eines Schließwinkel-Meßgerätes, Gerät nach Bedienungsanweisung des Herstellers anschließen. Der Kontaktabstand kann jedoch auch (ungenauer) mit einer Fühlerblattlehre eingestellt werden.

Prüfen mit Schließwinkel-Meßgerät

- Motor auf Betriebstemperatur warmlaufen lassen, Kühlmitteltemperatur ca. +80° C. Erkennbar ist das Erreichen der Betriebstemperatur am Warmwerden des unteren Schlauches am Kühler, das heißt der Thermostat hat gerade geöffnet.
- Schließwinkel-Meßgerät nach Herstellerangabe anschließen.
- Motor starten und mit Leerlaufdrehzahl laufen lassen. Schließwinkel ablesen.
- Gemessenen Wert mit Sollwert vergleichen:
  Sollwert 4-Zylinder-Motor: 59° bis 65°;
  6-Zylinder-Motor: 35° bis 41°.
- Gegebenenfalls Schließwinkel einstellen.

Einstellen mit Schließwinkel-Meßgerät

- Schließwinkel-Meßgerät nach Herstelleranweisung anschließen.
- Verteilerkappe ausbauen, dazu seitliche Halteklammern mit Schraubendreher abhebeln.
- Verteilerläufer von der Verteilerwelle nach oben abziehen.
- Schraube –B– am Unterbrecherkontakt etwas lösen, damit er verschoben werden kann, siehe Abbildung F/22/53.
- Getriebe in Leerlaufstellung bringen, Handbremse anziehen. Motor von Helfer mit Anlasser durchdrehen lassen und Schließwinkel durch Verschieben des Unterbrecherkontakts einstellen.

- Zum Verstellen des Unterbrecherkontaktes wird der Schraubendreher in der Kerbe am Unterbrecher angesetzt.

Einstellen mit Fühlerblattlehre

Steht kein Schließwinkel-Meßgerät zur Verfügung, kann der Schließwinkel auch mit einer Fühlerblattlehre eingestellt werden. Es empfiehlt sich jedoch, den Schließwinkel mit einem Schließwinkelmeßgerät einzustellen, da die Einstellung dann exakter ist.

- Verteilerkappe abnehmen, Verteilerläufer abziehen.
- 4. Gang einlegen und Fahrzeug auf einer ebenen Fläche verschieben, oder Motor an der Kurbelwellen-Riemenscheibe verdrehen, bis das Kunststoffgleitstück des Unterbrecherkontaktes am höchsten Punkt des Zündverteilernockens anliegt.

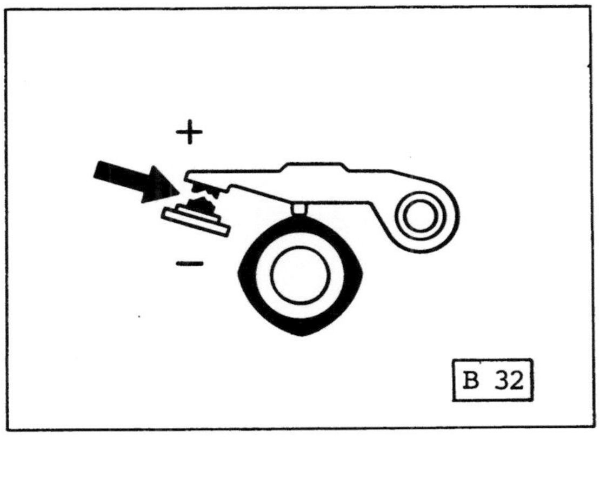

- Bei abgehobenem Unterbrecherkontakt Kontaktabstand mit einer Fühlerblattlehre messen. Die Lehre muß sich bei richtig eingestelltem Abstand stramm zwischen die Kontaktflächen schieben lassen. Bei einem Kontakt mit Abbrand nur am Rand messen – in der Mitte würde der Abstand durch die Höckerbildung zu groß.
  Sollwert Kontaktabstand: 4-Zylinder-Motor: 0,40 bis 0,45 mm; 6-Zylinder-Motor: 0,35 bis 0,40 mm. Dabei ist jeweils der kleinere Wert anzustreben.
- Falls der Abstand zu groß oder zu klein ist: Feststellschraube –B– am Unterbrecherkontakt leicht lösen. Mit Schraubendreher unteren Teil vom Unterbrecherkontakt verschieben, bis die Fühlerblattlehre stramm zwischen die Kontaktflächen paßt.
- In dieser Stellung Schraube –B– wieder festziehen.
- Fahrzeug nochmals verschieben, bis der Unterbrecherhebel voll abhebt. Kontaktabstand nochmals prüfen, gegebenenfalls einstellen.
- Verteilerläufer auf die Zündverteilerwelle aufstecken, dabei muß die innere Nase des Verteilerläufers in die Aussparung der Welle eingreifen. Verteilerläufer beim Aufsetzen leicht hin- und herdrehen.
- Zündverteilerkappe aufsetzen und mit den Haltelaschen beziehungsweise Halteschrauben befestigen.
- Zündzeitpunkt einstellen.

Zündverteiler/Verteilerläufer aus- und einbauen

Ausbau SZ- und TSZ-Zündverteiler

Achtung: Vor dem Ausbau Stellung von Verteiler zu Motorblock mit Filzstift oder Reißnadel markieren. Dazu Strich über Verteiler und Motorblock ziehen. Die Markierungen erleichtern den Einbau.

- Batterie-Massekabel (–) abklemmen.
- M20-Motor: Luftfiltergehäuse mit Luftmengenmesser ausbauen, siehe Seite 82.
- Verteilerkappe abnehmen und zur Seite legen. Dazu 2 Sicherungsklammern seitlich am Verteiler mit Schraubendreher von der Kappe abhebeln, beziehungsweise 2 Schrauben links und rechts an der Verteilerkappe ¼ Umdrehung nach links drehen.

- 4. Gang einlegen. Fahrzeug bei eingelegtem Gang verschieben oder Motor an der Kurbelwelle verdrehen, bis der Verteilerläufer von oben gesehen in Zylinderstellung 1 steht. Diese Stellung ist durch eine Markierung für Zylinder 1 (Kerbe) am Verteilergehäuse oder auf der Staubschutzkappe gekennzeichnet.

- Gleichzeitig muß die Markierung am Schwungrad mit der »OT«-Markierung am Kupplungsgehäuse übereinstimmen.
- Unterdruckschlauch von der Unterdruckdose abziehen.

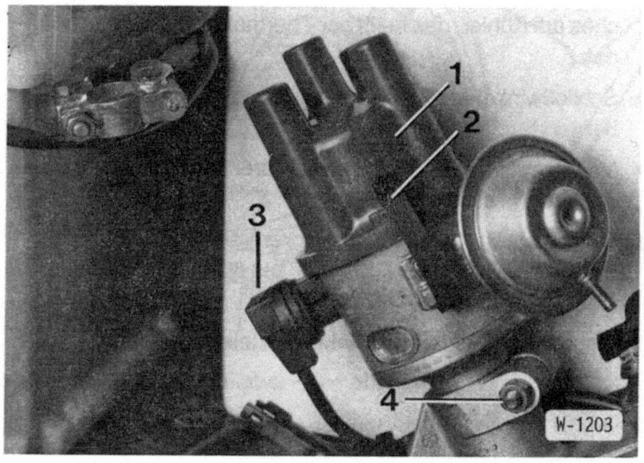

- Leitung zum Unterbrecherkontakt, beziehungsweise bei kontaktloser Zündung Leitung –3– zum Zünd-Schaltgerät am Kabelstecker trennen.
- M10/M30-Motor: Befestigungsschraube –4– am Fuß des Zündverteilers abschrauben. Beim M20-Motor an dieser Stelle Befestigungsschraube herausdrehen und mit Klemme abnehmen.
- Zündverteiler aus dem Motorblock herausziehen. **Achtung:** Kurbelwelle bei ausgebautem Verteiler nicht mehr verdrehen.
- Verteilerläufer nach oben von der Verteilerwelle abziehen.

Einbau

- Verteilerläufer aufsetzen, dabei muß die innere Nase in die Aussparung der Zündverteilerwelle eingreifen. Verteilerläufer leicht hin- und herdrehen.
- Zündverteilerwelle so drehen, daß der Verteilerläufer auf die Markierung am Zündverteiler für Zylinder 1 zeigt. Anschließend Verteilerläufer ca. 30° entgegen dem Uhrzeigersinn verdrehen.
- In dieser Stellung Verteiler einsetzen. Beim Motor M20 Verteilerwelle beim Einsetzen etwas hin- und herdrehen, damit der Ölpumpenantrieb einrastet.
- Prüfen, ob der Verteilerläufer wie vor dem Ausbau gegenüber der Kerbe für Zylinder 1 steht und die angebrachten Markierungen am Verteilergehäuse/Motorblock fluchten. Falls nicht, Verteiler wieder herausnehmen und nochmals einsetzen.
- Befestigungsschraube am Zündverteilerfuß anziehen, nicht festziehen.
- Batterie-Massekabel anklemmen.
- Verteilerkappe aufsetzen, dabei muß die Nase in die Nut am Rand des Verteilers eingreifen. Sicherungsklammern für Verteilerkappe aufdrücken, beziehungsweise Befestigungsschrauben festziehen.
- Stecker am Zündverteiler aufschieben.
- Falls ausgebaut, Luftfiltergehäuse mit Luftmengenmesser einbauen.
- Batterie-Massekabel anklemmen.
- Zündzeitpunkt prüfen, gegebenenfalls einstellen.
- Halteschraube für Verteiler festziehen, Unterdruckschläuche aufschieben.

Ausbau Motronic-Zündanlage

- Batterie-Massekabel (–) abklemmen.

- Abdeckhaube für Hochspannungsverteiler abnehmen. Dazu Laschen oben und unten mit Schraubendreher über die Rastnase anheben. Haube seitlich abziehen.
- Zündkabel aus der Verteilerkappe herausziehen.
- Verteilerkappe abschrauben. Hierzu wird ein Winkelschraubendreher SW 8 benötigt, zum Beispiel HAZET 850-8 mit 865.

- Modell 535i: Verteilerläufer mit Innensechskant-Winkelschraubendreher SW 3 abschrauben. Bei den anderen Motoren Verteilerläufer abziehen.
- Abdeckring herausnehmen.

Einbau

- Verteilerläufer ansetzen und aufdrücken, beziehungsweise wenn Schrauben vorhanden, mit 3 Nm anschrauben.
- Verteilerkappe ansetzen und festschrauben. **Achtung:** Numerierung der Kabel und Anschlüsse auf der Verteilerkappe müssen übereinstimmen: ZS = Zündspule.
- Abdeckhaube so über die Verteilerkappe schieben, daß die vorderen Schlitze in die entsprechenden Nasen eingreifen. Haube oben und unten einrasten.

Kondensator prüfen

Unterbrechergesteuerte Zündanlage

Der Kondensator sitzt außen am Zündverteiler und ist zum Erreichen der erforderlichen Zündspannung von wesentlichem Einfluß. Er vermindert gleichzeitig die Funkenbildung beim Öffnen des Unterbrecherkontakts und damit den vorzeitigen Abbrand.

Ein defekter Kondensator macht sich durch einen stark verbrannten Unterbrecherkontakt, durch schwache Zündfunken oder durch Startschwierigkeiten bemerkbar. Defekte Kondensatoren sind außerordentlich selten.

Sichtprüfung

- Zündverteilerkappe abnehmen. Unterbrecherkontaktflächen mit Schraubendreher abheben. Wenn die Kontaktflächen blaue Abbrandstellen aufweisen, deutet dies auf einen defekten Kondensator hin. Grauer oder schwarzer Abbrand ist normal.
- Motor bei abgenommener Zündverteilerkappe von Hilfsperson starten lassen. Während des Startens den Unterbrecherkontakt beobachten. Wenn ständig starke Funken auftreten, ist dies ein Hinweis auf einen defekten Kondensator. Schwache, nicht ständig auftretende Funken sind normal.

Zündanlage prüfen

Eine genaue Prüfung der Zündspule ist nur mit einem Zündspulen-Prüfgerät möglich. Steht kein Prüfgerät zur Verfügung, kann folgendermaßen geprüft werden:

Achtung: Prüfung in der angegebenen Reihenfolge durchführen. Zündkabel während des Startens nicht mit der Hand halten. Hierzu gut isolierte Zange verwenden oder Kabel in der angegebenen Lage mit Tesaband am Motorblock befestigen.

Prüfung der unterbrechergesteuerten Zündanlage

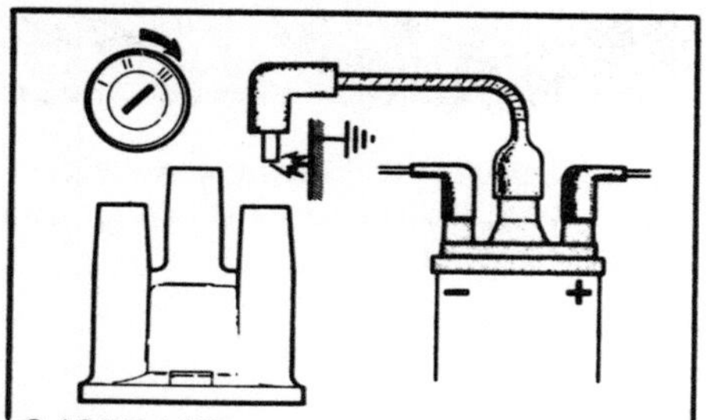

S/22B/17B

- Hochspannungskabel von der Zündspule aus der Mitte des Verteilerkopfes herausziehen und mit isolierter Zange in einer Entfernung von etwa 10 mm gegen Masse halten. Von Hilfsperson Motor mit dem Anlasser durchdrehen lassen. Es müssen Funken vom Leitungsende überspringen. Kabel wieder auf den Verteilerkopf aufstecken.

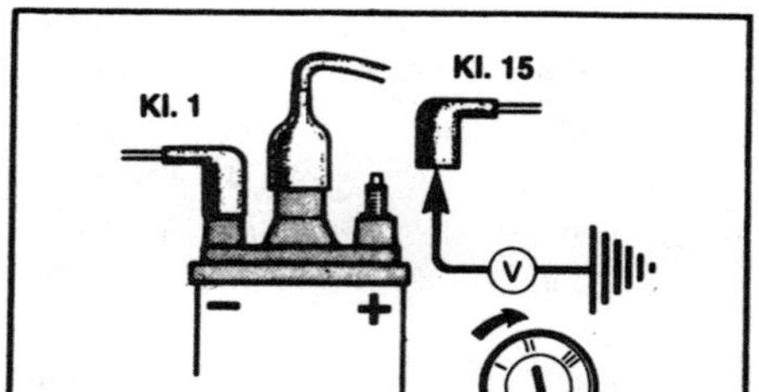

S/22B/17C

- Springt kein Funke über, zunächst Spannung mit Voltmeter an Klemme 15 (+) der Zündspule bei eingeschalteter Zündung überprüfen. Sie muß mindestens 9 Volt betragen.
- Liegt die Spannung über dem genannten Wert, mit einem Voltmeter oder einer einfachen Prüflampe prüfen, ob bei **geschlossenem** Unterbrecherkontakt an Klemme 1 (−) der Zündspule keine Spannung vorhanden und bei **geöffnetem** Kontakt Spannung vorhanden ist. Der geschlossene Kontakt (Motor mit Anlasser durchdrehen) kann mit einem Schraubendreher abgehoben werden. Vor der Prüfung Kabel an Klemme 1 von der Zündspule abziehen.
- Wenn bei geöffnetem Unterbrecherkontakt das Voltmeter nicht ausschlägt oder die Prüflampe nicht aufleuchtet, Zündspule austauschen.

TSZ-Zündanlage prüfen

Achtung: Das Verbindungskabel zwischen dem Hochspannungsanschluß der Zündspule und dem Zündverteiler darf nicht abgezogen werden, da sonst das Zünd-Schaltgerät beim Starten des Motors zerstört werden kann.

- Beim Prüfen immer nur ein Hochspannungskabel von einer Zündkerze abziehen, Kabel aus dem Kerzenstecker herausziehen und mit isolierter Zange ca. 5 mm gegen Masse halten.
- Motor von Helfer starten lassen. Dabei müssen Funken vom Leitungsende überspringen.
- Zündkabel an die Zündkerze anschließen.
- Prüfung nacheinander an allen Zündkerzen durchführen, gegebenenfalls defektes Zündkabel ersetzen.
- Springt kein Funke über, Zündspule, TSZ-Schaltgerät und Zündverteiler überprüfen.
- Spannung der Zündspule und des TSZ-Schaltgerätes prüfen. Dazu Zündung einschalten und mit Voltmeter an Klemme 15 der Zündspule Spannung überprüfen. Sie muß mindestens 9 Volt betragen. Liegt keine oder weniger Spannung an, Zuleitung gemäß Stromlaufplan überprüfen und instandsetzen.
- Wurde kein Fehler gefunden, Anschlüsse vom Zündverteiler abziehen.

- An beiden Steckerkontakten Ohmmeter anschließen. Widerstand zwischen beiden Kontakten und Verteilergehäuse (Masse) messen. **Sollwert:** ∞ (unendlich) Ω.
- Ohmmeter zwischen die beiden Steckerkontakte anschließen und Widerstand der Wicklung des Impulsgebers messen. **Sollwert: ca. 1,1 kΩ.**
- Werden die Werte nicht erreicht, Zündverteiler instandsetzen lassen (Werkstattarbeit).

Zündverteilerläufer/Verteilerkappe prüfen

Für einen einwandfreien Zündfunken darf der Widerstand im Verteilerläufer nicht zu hoch sein.

Prüfen

- Zündverteilerkappe ausbauen.
- Verteilerläufer ausbauen.
- Vergußmasse des Verteilerläufers auf Risse und Brandspuren untersuchen, gegebenenfalls Läufer ersetzen.
- Die Kappe muß innen trocken sein.
- Anschlußkontakte auf Verschleiß und Korrosion prüfen, gegebenenfalls mit Schmirgelleinen reinigen.
- Mittleren Kohlekontakt auf Leichtgängigkeit und Verschleiß prüfen. Dazu Kontakt mit dem Finger eindrücken.
- Verteilerkappe auf Kriechströme untersuchen. Kriechströme zeigen sich durch dünne, unregelmäßige Spuren auf der Oberfläche der Verteilerkappe.
- Verteilerkappe mit sauberem, trockenem Lappen auswischen und auf Haarrisse untersuchen, gegebenenfalls Verteilerkappe auswechseln. Anschließend Kappe innen mit Kontaktspray einsprühen.

Motronic-Zündanlage

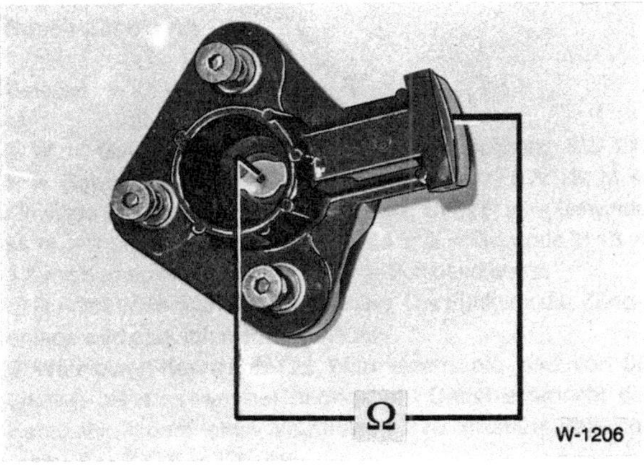

W-1206

SZ- und TSZ-Anlage

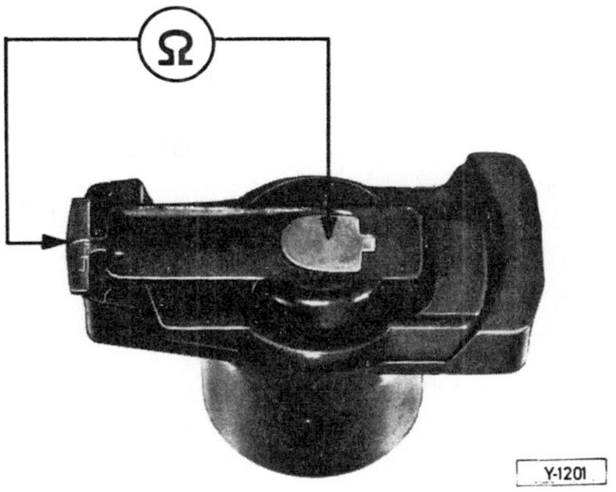

Y-1201

- Widerstand des Verteilerläufers prüfen, Sollwert 0,7 bis 1,1 kΩ. **Achtung:** Bei Fahrzeugen bis 7/81 gibt es auch entstörte Verteilerläufer mit 5 kΩ Widerstand.

Zündspule prüfen

Die Zündspule kann mit einem Ohmmeter geprüft werden.

- Massekabel von der Batterie abklemmen.
- Abdeckkappe für Zündspule abziehen.
- Anschlüsse an der Zündspule abklemmen.

Y-1202

- Wenn der Stopfen –Pfeil– an der Zündspule herausgedrückt ist, Zündspule ersetzen.
- Zündspule auf Haarrisse prüfen, gegebenenfalls ersetzen.
- Primärwiderstand der Zündspule prüfen, dazu Ohmmeter an die Klemmen 1 und 15 anschließen.
- Sekundärwiderstand prüfen, dazu Ohmmeter an die Klemmen 15 und 4 anschließen. Die Zündspule sollte nur dann ersetzt werden, wenn die gemessenen Werte erheblich von den Tabellenwerten abweichen und Zündstörungen auftreten.

Zündanlage	Zündspulenwiderstand primär	sekundär
SZ	1,9 Ω	9,2 kΩ
TSZ	0,82 Ω	8,25 kΩ
Motronic (DME)	0,5 Ω	6,0 kΩ

- Elektrische Leitungen an Zündspule anklemmen.
- Abdeckkappe aufdrücken.
- Massekabel an Batterie anklemmen.

Achtung: Wird die Zündspule ersetzt, auf keinen Fall Zündspulen für unterbrechergesteuerte und elektronische Zündanlagen verwechseln. Dadurch würde das Steuergerät zerstört.

Zündkabel prüfen

- Batterie-Massekabel (–) abklemmen.
- Verteilerkappe abnehmen und Kerzenstecker abziehen. **Achtung:** Dabei am Stecker und nicht am Kabel ziehen.

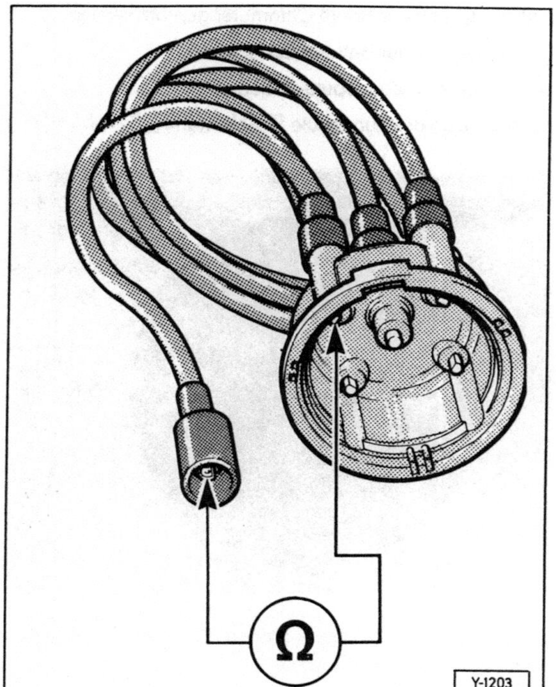

Y-1203

- Widerstand zwischen den einzelnen Kontakten in der Verteilerkappe und den entsprechenden Kontakten der Zündkerzenstecker prüfen. Sollwert: 6±1,2 kΩ.

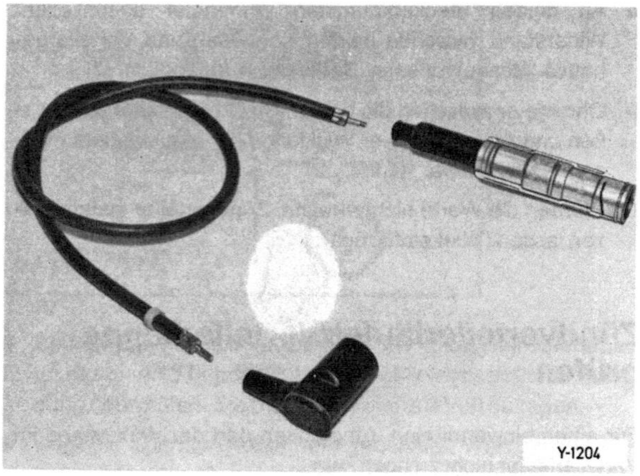

Y-1204

- Wird der Sollwert nicht erreicht, Kerzenstecker vom Zündkabel abschrauben. Der Widerstand des Steckers muß 5 kΩ, der des Winkelsteckers 1 kΩ betragen. Falls nicht, entsprechenden Stecker ersetzen, andernfalls Zündkabel beziehungsweise Verteilerkappe erneuern.
- Bei zu hohem Widerstand Kabelanschlüsse reinigen und Prüfung wiederholen, gegebenenfalls Kabel erneuern.
- Zündleitungen im Bereich der Kerzenstecker in engem Radius biegen und auf Risse kontrollieren, gegebenenfalls alle Zündkabel ersetzen.
- Verteilerläufer prüfen.
- Massekabel an Batterie anklemmen.

Die Zündkerzen

Die Zündkerze besteht aus der Mittel-Elektrode, dem Isolator mit Gehäuse und der Masse-Elektrode. Die Masse-Elektrode ist gasdicht im Isolator befestigt, der Isolator ist fest mit dem Gehäuse verbunden. Zwischen Mittel- und Masse-Elektrode springt der Zündfunke über, der das Kraftstoff-Luftgemisch entzünden soll. Von der Zündkerze hängen Startbereitschaft, Leerlaufverhalten, Beschleunigung und Höchstgeschwindigkeit ab. Man sollte deshalb nicht ohne Grund von dem vom Werk vorgeschriebenen Zündkerzentyp abweichen, der durch die Wärmewert-Kennzahl bestimmt wird. Die Wärmewert-Kennzahl gibt den Grad der Wärmebelastbarkeit einer Zündkerze im Motor unter bestimmten Betriebsbedingungen an. Die Zündkerzen für den Motor sind so ausgewählt, daß sie möglichst unter allen Fahrbedingungen die Selbstreinigungstemperatur erreichen. Je niedriger die Wärmewert-Kennzahl einer Zündkerze ist, desto höher ist ihr Widerstand gegen Glühzündungen und desto kleiner ist ihr Widerstand gegen Verschmutzung. Je höher die Wärmewert-Kennzahl der Zündkerze ist, desto kleiner ist ihr Widerstand gegen Glühzündungen und desto höher ist ihr Widerstand gegen Verschmutzung.

Die Wärmewert-Kennzahl ist im Zündkerzencode enthalten. Der Code schlüsselt sich wie folgt auf:

Bosch-Zündkerze

Beispiel	W	R	7	D	C	R
	①	②	③	④	⑤	⑥

① W = Gewinde M 14 × 1,25 mit Flachdichtsitz, SW 21; F = Gewinde M 14 × 1,25 mit Flachdichtsitz, SW 16; M = Gewinde M 18 × 1,5 mit Flachdichtsitz, SW 25; H = Gewinde M 14 × 1,25 mit Kegeldichtsitz, SW 16; D = Gewinde M 18 × 1,5 mit Kegeldichtsitz, SW 21; SW = Schlüsselweite.
② R = Mit Widerstand zur Entstörung. Die Funktion der Zündanlage wird dadurch nicht beeinflußt.
③ Wärmewert-Kennzahl. Die Wärmewertskala wird von 06 (»kalt«) bis 13 (»warm«) angegeben. Dabei entspricht die Kennzahl 7 dem alten Wärmewert 175 (frühere Bezeichnung), 6 – 200,5 – 225 usw.
④ A = Gewindelänge 12,7 mm, normale Funkenlage; B = Gewindelänge 12,7 mm, vorgezogene Funkenlage; C = Gewindelänge 19 mm, normale Funkenlage; D = Gewindelänge 19 mm, vorgezogene Funkenlage; DT = Gewindelänge 19 mm, vorgezogene Funkenlage, 3 Masseelektroden; L = Gewindelänge 19 mm, weit vorgezogene Funkenlage.
⑤ = Elektrodenwerkstoff der Mittelelektrode: Cr-Ni-Legierung, C = Ni-Cu-Verbund-Mittelelektrode, S = Silber-Mittelelektrode, P = Platin-Mittelelektrode, O = Standard-Zündkerze mit verstärkter Mittelelektrode.
⑥ R = 1 kΩ Abbrandwiderstand.

Durch den Kupferkern (Cu) in der Mittelelektrode und noch mehr durch die Silber-Mittelelektrode wird die Wärmeleitfähigkeit und damit die Wärmebelastbarkeit erhöht.

Beru-Zündkerze

Beispiel	14	K	7	D	U	R
	①	②	③	④	⑤	⑥

① Gewindedurchmesser in mm, hier M 14 × 1,25.
② Konstruktionsmerkmal, z. B. K für Konussitz, R für Entstörwiderstand.
③ Wärmewert-Kennzahl (wie bei Bosch).
④ Gewindelänge (wie bei Bosch).
⑤ Elektrodenwerkstoff, z. B. U für Kupferkern.
⑥ R = 1 kΩ Abbrandwiderstand.

Von dem vom Werk empfohlenen Wärmewert sollte nur abgegangen werden, wenn die Betriebsbedingungen **erheblich** von den normalen Bedingungen abweichen und Betriebsstörungen auftreten. Sind die Kerzen ständig verrußt, erreichen sie also nicht die Selbstreinigungstemperatur (nur Kurzstreckenverkehr), ist eine Zündkerze mit der nächsthöheren Wärmewert-Kennzahl empfehlenswert. Wenn der Motor ausschließlich Vollgas gefahren wird, kann eine Zündkerze mit nächstniedriger Wärmewert-Kennzahl erforderlich werden.

Zündkerzen einbauen

- Zündkerzen von Hand bis zur Anlage am Zylinderkopf einschrauben. **Achtung:** Dabei Kerzen nicht verkantet ansetzen.
- Zündkerzen mit **25 Nm** festziehen. Steht kein Drehmomentschlüssel zur Verfügung, neue Kerzen um ca. 90° anziehen. Gebrauchte Zündkerzen nur ca. 15° anziehen.
- Kerzenstecker aufstecken. Durch Hin- und Herbewegen festen Sitz der Kerzenstecker und Zündkabel prüfen.

Die richtige Zündkerze für den 5er BMW bis 7/81 (»E12«)

Modell	Bosch	Beru	Champion	EA[1]
518 bis 7/75 (Superbenzin)	W 6 DC	14-6 DU S 7[2]	N 7 YC	0,7-0,8
520 bis 8/77 (115 PS), 520 i (125/130 PS), 525 bis 7/76 (INAT-Vergaser), 528 bis 8/77 (-170 PS)	W 7 DC	14-7 DU S 5[2]	N 9 YC	0,7-0,8
518 ab 8/75 (Normalbenzin), 520/6 ab 9/77 (122 PS), 525 ab 8/76 (4 A 1-Vergaser), 528 i (177, 184 PS)	W 8 DC	14-8 DU S 5[2]	N 11 YC	0,7-0,8

[1]) EA = Elektrodenabstand in mm,
[2]) Beru-Silverstone, Haltbarkeit ca. 50 000 km.

Die richtige Zündkerze für den 5er BMW ab 7/81 (»E28«)

Modell	Bosch	Beru	Champion	EA[1]
518 bis 8/84 (90 PS), 518i ab 9/84 (105 PS), 520 i ohne Katalysator, 525 e ohne Katalysator, 525 i, 528 i, 535 i ohne Katalysator	W 8 DC	14-8 DU S 5[2]	N 11 YC	0,7-0,8
525 e mit Kat. bis 12/86, 535 i mit Katalysator	W 9 LC	–	–	0,7-0,8
520 i mit Katalysator, 525 e mit Kat. ab 1/87	W 8 LCR	–	–	0,7-0,8

[1]) EA = Elektrodenabstand in mm,
[2]) Beru-Silverstone, Haltbarkeit ca. 50 000 km.

Achtung: Es kann sein, daß aufgrund praktischer Erfahrung für einzelne Motoren die Zündkerzenwerte nachträglich geändert wurden. Daher empfiehlt es sich, vor dem Nachkauf sicherheitshalber die aktuellen Zündkerzenwerte bei der Fachwerkstatt zu erfragen.

Störungsdiagnose Zündanlage

Störung: Der Motor springt schlecht oder gar nicht an

Ursache	**Abhilfe**
Kein Zündfunke vorhanden Verteilerkappe feucht, verschmutzt	■ Verteilerkappe reinigen und trocknen, innen mit Zündspray einsprühen
Risse in der Verteilerkappe, Brandkanäle	■ Verteilerkappe erneuern
Schleifkohle in der Zündverteilerkappe abgenutzt	■ Schleifkohle erneuern
Verteilerläufer defekt, Widerstand zu hoch	■ Verteilerläufer erneuern
Widerstand in Zündkerzenleitung/Zündkerzenstecker zu hoch	■ Zündleitung/Zündkerzenstecker erneuern
Zündkerzenstecker in falscher Reihenfolge aufgesteckt	■ Stecker nach Zündfolge 1-3-4-2 bzw. 1-5-3-6-2-4 aufstecken
Zündkerzen wegen zu vieler Startversuche naß	■ Zündkerzen ausbauen und trocknen
Zündkerzenstecker innen feucht und verschmutzt	■ Zündkerzen und Anschlüsse trocknen
Leistung der Zündspule zu gering	■ Elektrische Leitungen an der Zündspule auf festen Sitz und guten Kontakt prüfen
Zündspule gerissen, Brandkanäle	■ Zündspule erneuern
Spannungsverlust durch Berührung elektrischer Anschlüsse bzw. Leitungen mit Schläuchen des Motors	■ Elektrische Leitungen richtig führen
Zündzeitpunkt grob verstellt	■ Zündzeitpunkt korrigieren
TSZ- bzw. DME-Schaltgerät defekt	■ Schaltgerät erneuern
Unterbrecherkontakt abgebrannt, verschmutzt	■ Unterbrecherkontakt erneuern
Kondensator defekt	■ Kondensator erneuern

Motor-Schmierung

Es empfiehlt sich, Mehrbereichsöle zu verwenden. Das hat den Vorteil, daß das Motoröl nicht jahreszeitbedingt (Sommer/Winter) gewechselt werden muß. Mehrbereichsöle bauen auf einem dünnflüssigen Einbereichsöl (z. B. 15 W) auf. Durch sogenannte Verdickerer wird das Öl im heißen Zustand stabilisiert, so daß für jeden Betriebszustand die richtige Schmierfähigkeit gegeben ist.

Das »W« in der SAE-Bezeichnung weist das Öl als wintertauglich aus.

Bei Leichtlaufölen handelt es sich um Mehrbereichsöle, denen unter anderem Reibwertverminderer zugesetzt wurden, wodurch sich die Reibung innerhalb des Motors vermindert. Für das Leichtlauföl wird als Grundöl ein sogenanntes Synthetiköl verwendet. Beim Kauf eines Leichtlauföles sollte man darauf achten, daß es von BMW freigegeben wurde (steht auf dem Gebinde).

Anwendungsbereich/Viskositätsklassen

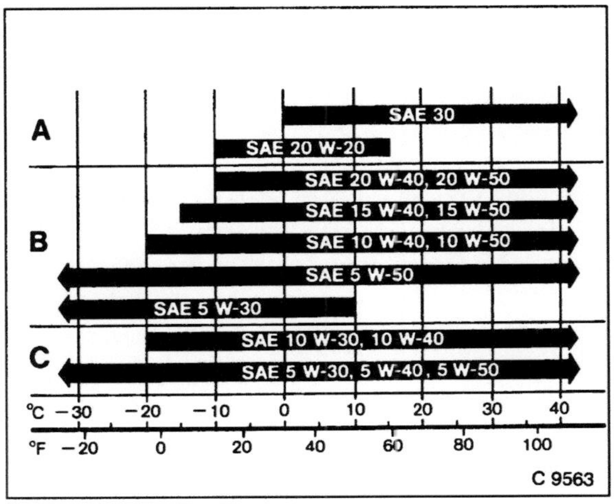

A – Einbereichsöle
B – Mehrbereichsöle
C – Leichtlauföle

Da die Einsatzbereiche benachbarter SAE-Klassen sich überschneiden, können kurzfristige Temperaturschwankungen unberücksichtigt bleiben. Es ist zulässig, Öle verschiedener Viskositätsklassen miteinander zu mischen, wenn einmal Öl nachgefüllt werden muß und die Außentemperaturen nicht mehr der Viskositätsklasse des im Motor befindlichen Öles entsprechen.

Zusatzschmiermittel – gleich welcher Art – sollen weder dem Kraftstoff noch den Schmierölen beigemischt werden.

Spezifikation des Motoröls

Die Qualität eines HD-Motoröls wird durch das amerikanische API-System gekennzeichnet (API: American Petroleum Institut). Europäische Hersteller richten sich ebenfalls nach diesem System.

Die Kennzeichnung erfolgt durch jeweils zwei Buchstaben. Der erste Buchstabe gibt den Anwendungsbereich an: **S** = Service, für **Ottomotoren** geeignet; **C** = Commercial, für **Dieselmotoren** geeignet. Der zweite Buchstabe gibt die Qualität in alphabetischer Reihenfolge an.

Von höchster Qualität sind Öle der API-Spezifikation **SH** für Ottomotoren und **CF** für Dieselmotoren. **Achtung:** Motorenöle, die vom Öl-Hersteller ausdrücklich als Öle für Diesel-Motoren bezeichnet werden, sind für Otto-Motoren nicht geeignet. Es gibt Öle, die sowohl für den Otto- wie auch für den Diesel-Motor geeignet sind. In diesem Fall sind beide Spezifikationen (Beispiel SG/CE) auf der Öldose vermerkt.

Europäische Ölhersteller geben noch zusätzlich eine »CCMC«-Spezifikation an. Die CCMC-Spezifikationen berücksichtigen insbesondere die europäische Motorentechnologie und gewinnen daher immer mehr an Bedeutung. Öle für Benzinmotoren erhalten je nach Qualität die Klassen CCMC-G1 bis -G5; Dieselmotoröle für Pkw gibt es in den Spezifikationen CCMC-PD1 und der höherwertigen Spezifikation CCMC-PD2.

Das richtige Motoröl für den 5er BMW

BMW schreibt folgende Öle vor:

Benzinmotoren: Das Öl muß die Spezifikation **API SF** erfüllen, es kann auch höherwertiges Öl der Spezifikation API SG oder SH verwendet werden.

Dieselmotoren: Öl der Spezifikation API SF/**CD** oder höherwertiges Öl der Spezifikationen CE oder CF verwenden.

Bei Leichtlaufölen darauf achten, daß es von BMW freigegeben wurde.

Der Ölkreislauf

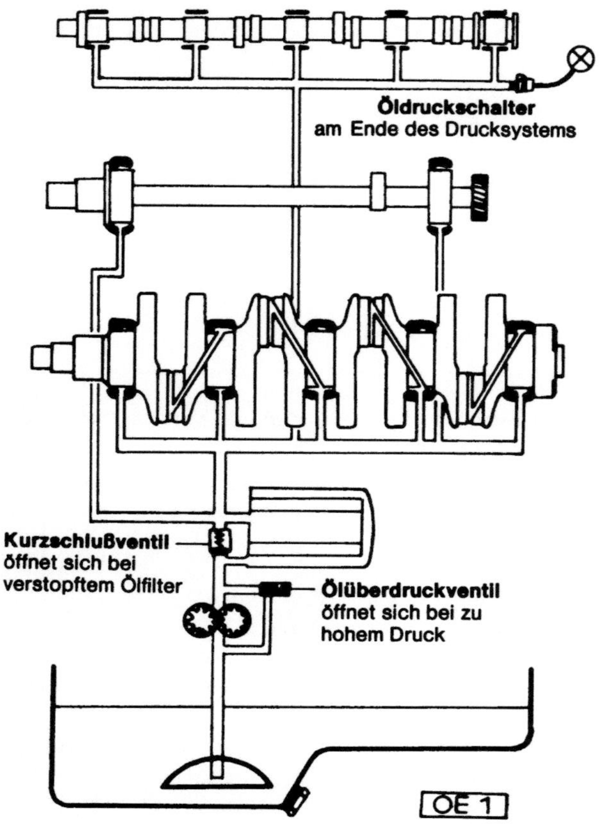

Die Ölpumpe saugt das Motoröl über den Ölsaugkorb –6– aus der Ölwanne an und drückt es in den Hauptstromölfilter. An der Druckseite der Ölpumpe befindet sich ein Überdruckventil (Öldruckregelventil). Bei zu hohem Öldruck öffnet das Ventil, und ein Teil des Öls kann in die Ölwanne zurückfließen.

Durch die Mittelachse der Filterpatrone gelangt das gefilterte Öl in den Hauptölkanal. Bei verstopftem Ölfilter leitet ein Kurzschlußventil das Öl direkt und ungefiltert in den Hauptölkanal.

Vom Hauptölkanal zweigen Kanäle ab zur Schmierung der Kurbelwellenlager. Durch schräge Bohrungen in der Kurbelwelle wird das Öl an die Pleuellager geleitet und von dort gegen Kolbenbolzen und Zylinderlaufbahnen gespritzt.

Vom Hauptölkanal gelangt auch Motoröl über Steigleitungen in den Zylinderkopf und versorgt dort Nockenwellenlager, Kipphebelachsen und Ventilführungen.

Beim M10- und M30-Motor muß außerdem noch die Steuerkette mit Kettenspanner und der Verteilerantrieb mit Öl versorgt werden. Die Nebenwelle im M20-Motor (für Ölpumpen-/Zündverteiler-/Benzinpumpenantrieb) wird ebenfalls mit Motoröl versorgt.

Öldruck überprüfen

- Fahrzeug warmfahren, bis die Kühlmittel-Temperaturanzeige etwa in der Mitte steht (Öltemperatur ca. +80° C). Ölstand kontrollieren.

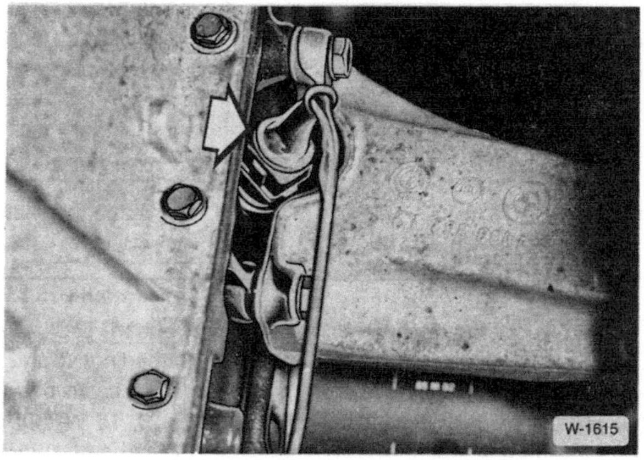

- **Motoren M20, M30 (6-Zylinder):** Der Öldruckschalter befindet sich unterhalb vom rechten Motorträger.

- **Motor M10 (4-Zylinder):** Der Öldruckschalter befindet sich am Zylinderkopf in der Nähe vom Zündverteiler.
- Kabel vom Öldruckschalter abziehen und Öldruckschalter herausschrauben.
- Anstelle des Öldruckschalters geeignetes Manometer einschrauben.
- Motor starten und im Leerlauf belassen. Der Öldruck soll ca. 0,5 – 2 bar betragen.
- Drehzahl auf 5000/min bis 6000/min erhöhen. Der Öldruck muß nun mindestens 4 bar betragen.
- Öldruckschalter mit neuem Dichtring einsetzen und mit 35 Nm festziehen, Kabel anschließen.
- Falls der Öldruck vom Sollwert abweicht, siehe »Störungsdiagnose Ölkreislauf«.

Ölwanne aus- und einbauen

Zum Erreichen der Ölwannenschrauben zwischen Motor und Getriebe wird ein schmaler 10 mm-Steckschlüssel mit Zwischengelenk und Verlängerung, zum Beispiel HAZET-Nr. 880-10 mit Verlängerung 8821-20, benötigt.

Ausbau

- Batterie-Massekabel abklemmen.
- Fahrzeug aufbocken, siehe Seite 140.

Motor M30

- Zum Ausbau der Ölwanne muß der Motor an beiden Aufhängungen abgeschraubt und etwas angehoben werden, damit die Ölwanne abgenommen werden kann.
- Motorlager rechts und links abschrauben, siehe Kapitel »Motorausbau«.
- Motor an einen Flaschenzug anseilen und ca. 5 cm von den Motorlagern nach oben abheben. Steht die Aufhängevorrichtung nicht zur Verfügung, entsprechendes Seil durch die Laschen am Motor ziehen und kräftiges Rohr durch das Seil schieben und auf entsprechenden Böcken lagern oder in den Kotflügelsicken. **Achtung:** Rohr nicht auf den Kotflügeln lagern.
- Bei Servolenkung: Spannbügel für Flügelpumpe abschrauben und zur Seite schwenken.
- Halter für Ölleitungen an der Ölwanne abschrauben.
- Bei Klimaanlage: Kältemittelpumpe mit Lagerbock abschrauben, damit die Ölwannenschrauben erreicht werden können.

- Motoröl ablassen, siehe Kapitel »Wartung«.
- Falls vorhanden, Steckverbindung für Ölniveau-Geber trennen.

- Versteifungsschale hinter der Ölwanne abschrauben.

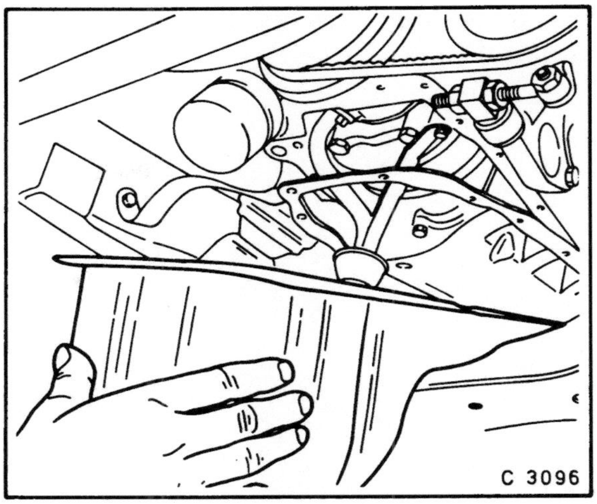

- Sämtliche Schrauben für Ölwanne herausdrehen und Ölwanne nach vorn herausziehen. Gegebenenfalls Kurbelwelle verdrehen, bis die Gegengewichte zur Seite zeigen, damit die Ölwanne genügend Freigängigkeit hat. Bei Modellen bis 7/81 kann es nötig sein, den vorderen Stabilisator auszubauen, siehe Seite 157.

Einbau

- Dichtflächen von Ölwanne und Motorblock reinigen.
- Übergänge an der Ölwannen-Dichtfläche (Räderkastendeckel und Abschlußdeckel) mit Universaldichtung, z. B. Curil K2 oder Atmosit, bestreichen.
- **Neue** Dichtung mit etwas Fett ankleben.
- Ölwanne ansetzen, anschließend richtigen Sitz der Dichtung prüfen.
- Schrauben handfest anziehen. Anschließend alle Schrauben mit 10 Nm, also leicht, festziehen.
- Versteifungsschale anschrauben.
- Falls vorhanden, Kabel für Ölniveau-Geber zusammenstecken.
- Motorlager mit 45 Nm anschrauben.
- Motoröl auffüllen, siehe Kapitel »Wartung«.
- Motor komplettieren.
- Stabilisator einbauen.
- Fahrzeug ablassen, siehe Seite 140.
- Batterie-Massekabel anklemmen.
- Nach Probefahrt Ölwanne auf Dichtigkeit prüfen, eventuell alle Schrauben vorsichtig nachziehen.

Ölpumpe aus- und einbauen/prüfen
M10/M30-Motor

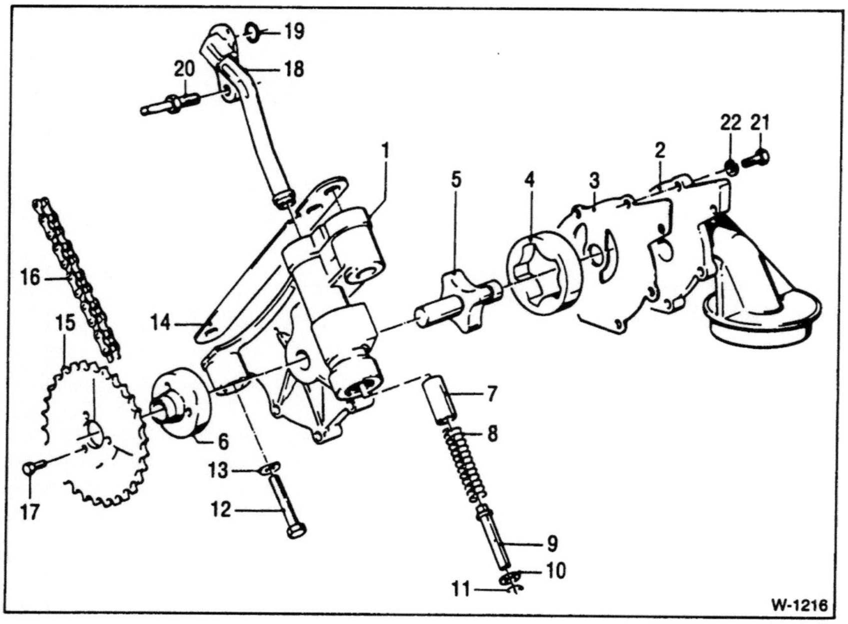

1 – **Ölpumpengehäuse**
2 – **Deckel**
3 – **Zwischenblech**
4 – **Außenrotor**
5 – **Innenrotor**
6 – **Nabe**
7 – **Kolben**
8 – **Druckfeder**
9 – **Führungsrohr**
10 – **Beilagscheibe**
11 – **Sicherungsring**
12 – **Sechskantschraube**
13 – **Federscheibe**
14 – **Distanzblech**
In Stärken 0,1 und 0,3 mm lieferbar.
15 – **Kettenrad**
16 – **Kette**
17 – **Sechskantschraube**
18 – **Druckleitung**
19 – **O-Ring**
20 – **Lagerbolzen**
21 – **Sechskantschraube**
22 – **Federscheibe**

Ausbau

- Ölwanne ausbauen.

- Befestigungsmuttern für Antriebskettenrad abschrauben und Kettenrad abnehmen. Paßscheibe abnehmen.
- Ölpumpe abschrauben und herausnehmen –Pfeile–. Vorher gegebenenfalls Sicherungsbleche an den Schrauben durch Umbiegen öffnen.
- Antriebswelle der Ölpumpe von Hand drehen und dadurch Ölpumpe auf Leichtgängigkeit prüfen.
- Ölsieb in Kraftstoff reinigen.
- Ölpumpendeckel abschrauben und Gehäuse sowie Rotoren auf Riefen und Abnutzung prüfen. Mit Fühlerblattlehre Radialspiel zwischen Außenrotor/Pumpengehäuse prüfen. Sollwert: 0,1 – 0,15 mm.
- Axialspiel Rotor/Pumpengehäuse mit Lineal und Fühlerblattlehre prüfen, Sollwert: 0,04 – 0,1 mm.

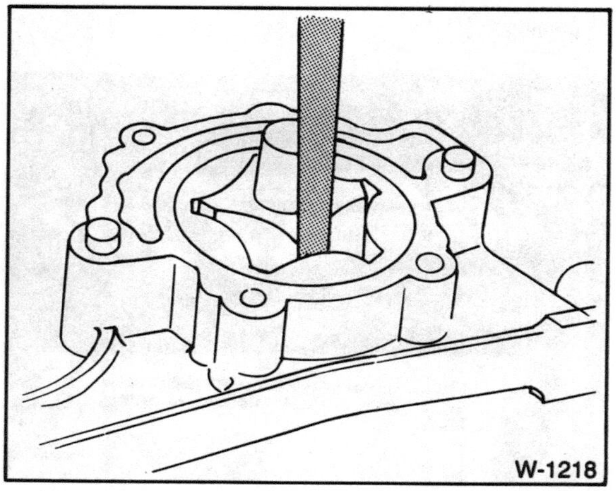

- Spaltmaß zwischen Innen- und Außenrotor wie in der Abbildung gezeigt prüfen. Sollwert: 0,12 – 0,20 mm.
- Gegebenenfalls Ölpumpe ersetzen.
- Ölüberdruckventil aus der Ölpumpe herausnehmen. Kolben auf Leichtgängigkeit prüfen und Länge der Druckfeder messen. Sollwert in entspanntem Zustand: 68 mm.

Einbau

- Überdruckventil mit neuem Dichtring einsetzen.
- Ölpumpendeckel anschrauben.
- Ölpumpe ansetzen, dabei neuen O-Ring zwischen Gehäuse und Öldruckleitung einsetzen. Darauf achten, daß die Ölbohrung im Distanzblech mit der Ölbohrung im Motorblock fluchtet.
- Kettenrad in die Antriebskette einsetzen und auf die Pumpenachse aufschieben.
- Paßscheibe auf die Pumpenachse aufschieben.
- Befestigungsmuttern für Pumpenrad mit 9 Nm festziehen.
- Pumpe mit 22 Nm festschrauben.
- Spannung der Antriebskette durch Daumendruck prüfen. Bei leichtem Druck muß sich die Kette etwas eindrücken lassen. **Achtung:** Die Kettenspannung wird durch Unterlegen mit entsprechender Anzahl Distanzbleche –14– zwischen Pumpe und Motorblock eingestellt, siehe Abbildung W-1216. Wenn die Spannung der Kette zu gering ist, dickere Distanzbleche einbauen.
- Ölwannenunterteil einbauen.

Ölpumpe aus- und einbauen/prüfen

Motor M20

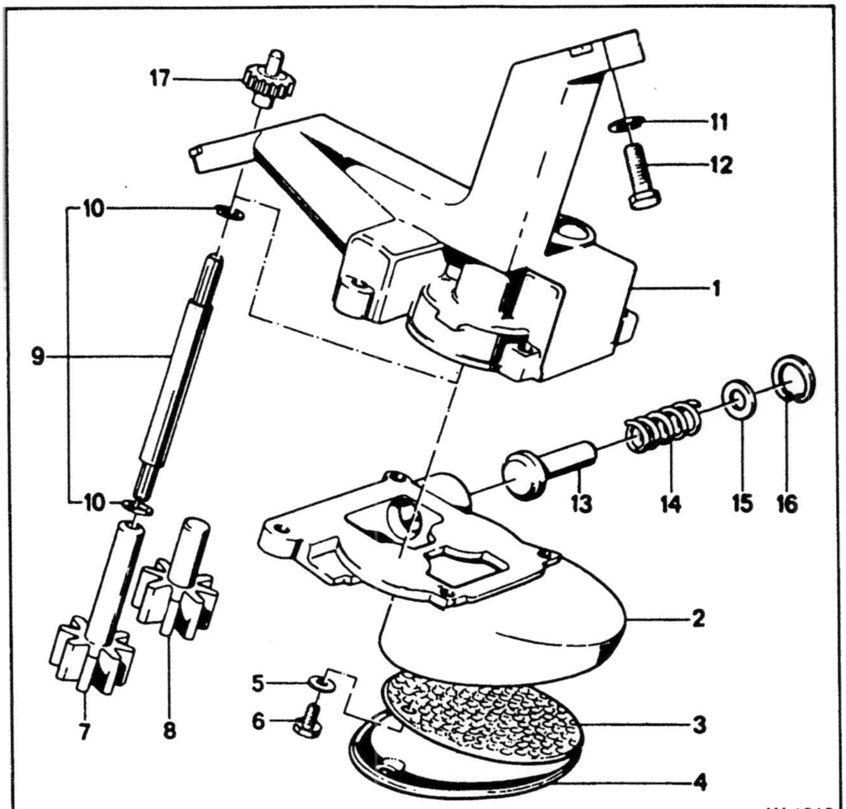

W-1219

1 – Ölpumpengehäuse
2 – Deckel
3 – Ölsieb
4 – Abschirmblech
5 – Federscheibe
6 – Sechskantschraube
7 – Zahnrad
8 – Zahnrad
9 – Welle
10 – Anschlagscheibe
11 – Federscheibe
12 – Sechskantschraube
13 – Ventil
14 – Druckfeder
15 – Beilagscheibe
16 – Sicherungsring
17 – Antriebszahnrad

Ausbau

- Ölwanne ausbauen.

- Ölpumpe abschrauben –Pfeile–.

- Deckel –1– am Saugkorb abschrauben. Ölsieb –2– herausnehmen und in Kraftstoff reinigen.
- Antriebswelle drehen und dadurch Leichtgängigkeit der Zahnräder prüfen.
- Ölpumpendeckel abschrauben –Pfeile– und Zahnräder herausnehmen.
- Gehäuse und Deckel auf Riefen, Zahnräder auf Abnützung prüfen.

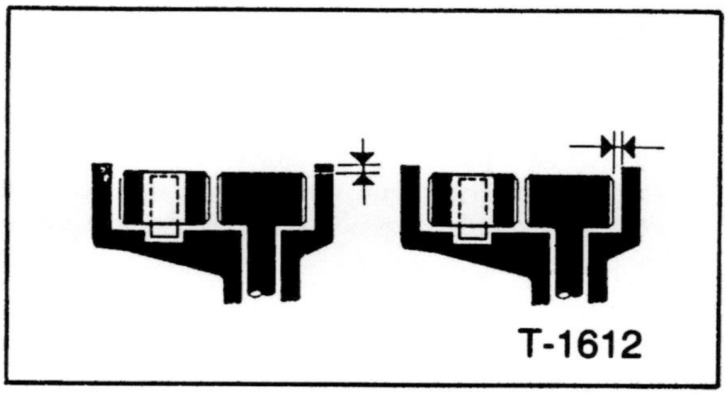

- Das Spiel zwischen den Zahnrädern und dem Pumpengehäuse darf höchstens 0,18 mm betragen, das Spiel zwischen Zahnradstirnseite und Pumpendeckel maximal 0,10 mm betragen, sonst ganze Ölpumpe ersetzen.
- Überlastungsventil ausbauen, dazu Sicherungsring mit geeigneter Zange spannen und herausnehmen. Dabei Beilagscheibe mit geeignetem Dorn oder Stecknuß gegenhalten. Ventil und Druckfeder herausnehmen.
- Kolben durch Hin- und Herbewegen im Gehäuse auf Leichtgängigkeit prüfen.
- Länge der Druckfeder messen. Sollwert in entspanntem Zustand: 44±0,2 mm.
- Kolben einsetzen, Feder sowie Scheibe mit geeigneter Stecknuß hineindrücken und mit Schraubendreher festhalten.
- Sicherungsring mit Zange einsetzen.
- Ölpumpendeckel mit 9 Nm anschrauben.
- Deckel am Saugkorb anschrauben.
- Ölpumpe einbauen.

Ölverbrauch

Bei einem Verbrennungsmotor versteht man unter dem Ölverbrauch diejenige Ölmenge, die als Folge des Verbrennungsvorganges verbraucht wird. Auf keinen Fall ist Ölverbrauch mit Ölverlust gleichzusetzen, wie er durch Undichtigkeiten an Ölwanne, Zylinderkopfdeckel usw. auftritt.

Normaler Ölverbrauch entsteht durch Verbrennung jeweils kleiner Mengen im Zylinder; durch Abführen von Verbrennungsrückständen und Abrieb-Partikeln. Zudem verschleißt das Öl durch die hohen Temperaturen und die hohen Drücke, denen es im Motor fortwährend ausgesetzt ist.

Ferner haben auch äußere Betriebsverhältnisse, Fahrweise sowie Fertigungstoleranzen einen Einfluß auf den Ölverbrauch. Der Ölverbrauch darf höchstens 1,5 l/1000 km betragen.

Unbedingt muß Öl nachgefüllt werden, wenn die »Nachfüll«-Markierung erreicht ist (Nachfüllmenge dann max. 1 l).

Störungsdiagnose Ölkreislauf

Störung	Ursache	Abhilfe
Kontrollicht leuchtet nicht nach Einschalten der Zündung	Öldruckschalter defekt	■ Zündung einschalten, Leitung vom Öldruckschalter abziehen und gegen Masse halten Wenn die Lampe aufleuchtet, Schalter ersetzen
	Strom zum Schalter unterbrochen, Kontakte korrodiert	■ Elektrische Leitung und Anschlüsse prüfen
	Kontrollampe defekt	■ Kontrollampe ersetzen
Kontrollicht verlischt nicht nach Anspringen des Motors	Öl sehr warm	■ Unbedenklich, wenn Kontrollicht beim Gasgeben verlischt
Kontrollicht verlischt nicht beim Gasgeben bzw. leuchtet während der Fahrt	Öldruck zu gering	■ Ölstand prüfen, ggf. auffüllen; Öldruck nach Vorschrift prüfen
	Elektrische Leitung zum Öldruckschalter hat Kurzschluß gegenüber Masse	■ Kabel am Schalter abziehen und isoliert ablegen (nicht gegen Masse legen), Zündung einschalten. Wenn die Kontrollampe aufleuchtet, Leitung überprüfen
	Öldruckschalter defekt	■ Schalter auswechseln
Zu niedriger Öldruck im gesamten Drehzahlbereich	Zu wenig Öl im Motor	■ Motoröl nachfüllen
	Ansaugsieb in der Saugglocke verschmutzt	■ Ölwanne ausbauen, Ansaugsieb reinigen
	Ölpumpe verschlissen	■ Ölpumpe ausbauen und prüfen, gegebenenfalls ersetzen
	Lagerschaden	■ Motor demontieren
Zu niedriger Öldruck im unteren Drehzahlbereich	Öldruckregelventil klemmt in offenem Zustand durch Verschmutzung	■ Ventil ausbauen und prüfen
Zu hoher Öldruck bei Drehzahlen über 2000/min	Öldruckregelventil öffnet nicht wegen Verschmutzung	■ Ventil ausbauen und prüfen

Die Motor-Kühlung

Der Kühlmittelkreislauf

Der Kühlmittelkreislauf wird thermostatisch geregelt. Solange der Motor kalt ist, zirkuliert das Kühlmittel nur im Zylinderkopf sowie im Motorblock und – bei geöffneter Heizung – im Wärmetauscher. Mit zunehmender Erwärmung öffnet der Kühlmittelregler den großen Kühlmittelkreislauf. Das Kühlmittel wird von der ständig im Einsatz befindlichen Kühlmittelpumpe über den Kühler geleitet. Die Kühlflüssigkeit durchströmt den Kühler von oben nach unten und wird dabei durch die an den Kühlrippen vorbeistreichende Luft gekühlt. Ein Lüfterrad hinter dem Kühler sorgt für genügend Luftdurchsatz, indem es zusätzlich zum Fahrtwind Luft durch den Kühler saugt.

Im Lüfterrad aller Fahrzeuge seit 5/82 (6-Zylinder-Modelle schon früher) befindet sich eine Visco-Kupplung. Sobald die vom Kühler kommende Luft eine Temperatur von ca. +82° C erreicht, schaltet ein Bimetallstreifen in der Visco-Kupplung den Lüfter zu. Der Lüfter dreht sich dann mit erhöhter Drehzahl und sorgt so lange für größeren Luftdurchsatz, bis die vorbeistreichende Luft unter ca. +60° C gesunken ist. Dann schaltet die Visco-Kupplung ab und vermindert die Lüfterdrehzahl.

Durch den nicht immer voll mitlaufenden Lüfter erhöht sich die nutzbare Motorleistung und der Kraftstoffverbrauch vermindert sich. Vor 5/82 besitzen nicht alle Modelle die Visco-Kupplung. Der Lüfter wird hier über eine Reibkupplung zugeschaltet: Ein Thermoelement sitzt in der Lüfternabe und schließt die Kupplung bei Temperaturen oberhalb ca. +60° C.

Kühlmittelkreislauf 4-Zylinder-Motor M 10

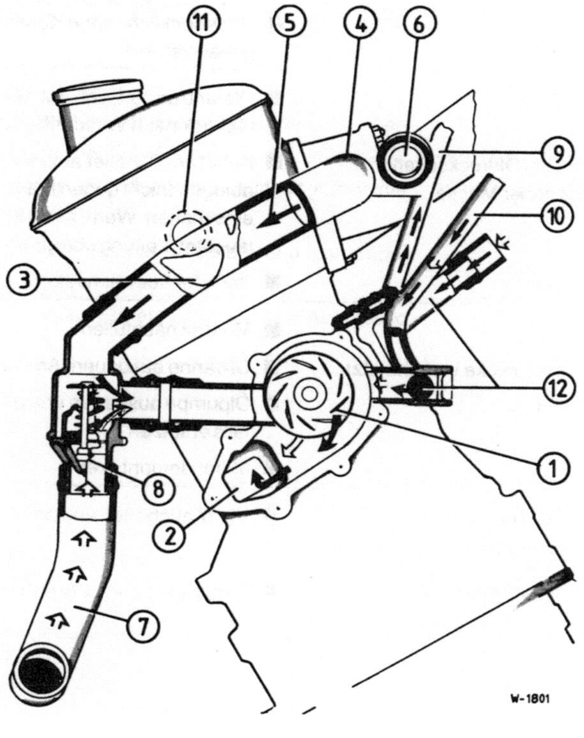

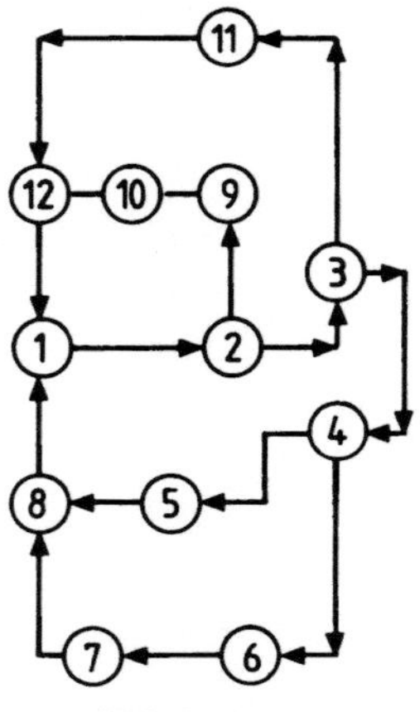

1 – Kühlmittelpumpe
2 – Motorblock
3 – Zylinderkopf
4 – Abzweigflansch
5 – zum Kühlmittelregler
6 – zum Kühler
7 – vom Kühler
8 – Kühlmittelregler
9 – zur Drosselklappenvorwärmung
10 – von der Drosselklappenvorwärmung
11 – zum Wärmetauscher
12 – vom Wärmetauscher

Kühlmittelregler aus- und einbauen/ prüfen

Der Kühlmittelregler öffnet mit zunehmender Erwärmung des Motors den großen Kühlmittelkreislauf. Bleibt der Kühlmittelregler durch einen Defekt geschlossen, wird der Motor zu heiß. Erkennbar ist das an einer im roten Bereich stehenden Kühlmittel-Temperaturanzeige, während gleichzeitig der Kühler relativ kalt bleibt. Ein defekter Thermostat kann aber auch nach dem Abkühlen der Kühlflüssigkeit weiterhin geöffnet bleiben. Dies erkennt man daran, daß der Motor nicht mehr seine Betriebstemperatur erreicht bzw. daß der Zeiger der Kühlmittel-Temperaturanzeige langsamer ansteigt als bisher oder im Winter die Heizleistung nachläßt.

Achtung: Wenn der Motor nach kurzer Fahrstrecke heiß wird, kann das auch daran liegen, daß sich der Kühler aufgrund von Kalkablagerungen zugesetzt hat.

Motor M10 (4-Zylinder-Motor)

Ausbau

- Massekabel von der Batterie abklemmen.
- Kühlmittel ablassen und auffangen.

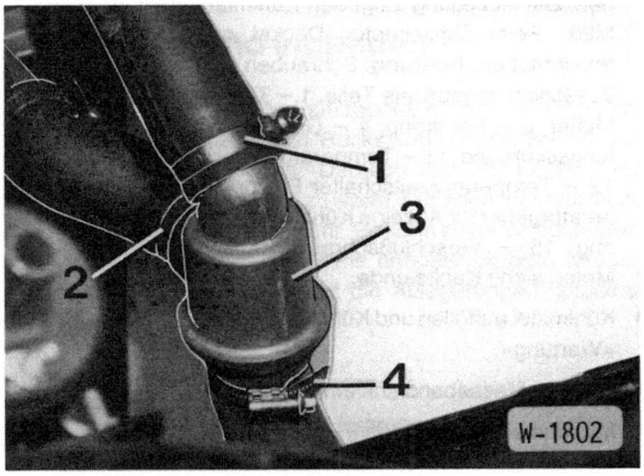

- Schellen –1–, –2– und –4– ganz öffnen und zurückschieben.
- Kühlmittelschläuche abziehen und Kühlmittelregler –3– herausnehmen.

Prüfen

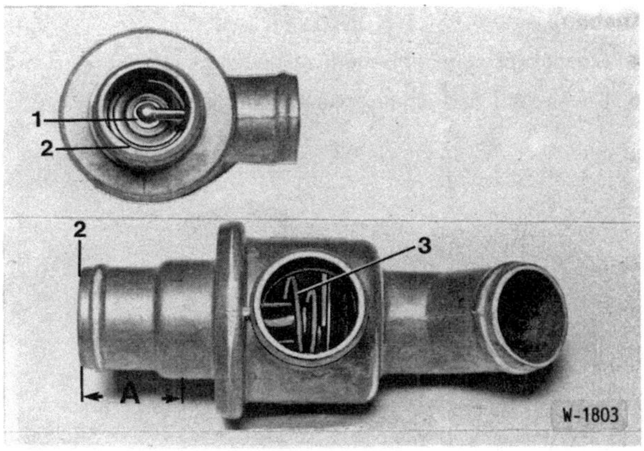

- Mit Stahlmaß oder Schieblehre Stellung des Reglers –1– im Gehäuse gegenüber dem Rand des unteren Anschlußstutzens –2– messen und als Maß »a« notieren.
- Kühlmittelregler im Kühlmittelbad erwärmen. Temperatur mit einem geeigneten Thermometer kontrollieren.
- Bei einer Temperatur von ca. +80° bis +88° C beginnt die Bimetallfeder –3– des Reglers sich auszudehnen. Nach Überschreiten der Öffnungstemperatur Stellung des Reglers messen, Maß »b«. Das Maß »b« muß größer als »a« sein, sonst Regler ersetzen. Die Öffnungstemperatur ist am Regler eingeprägt.
- Die größte Ausdehnung erreicht der Kühlmittelregler bei ca. +95° C. Nach Erreichen der Öffnungs-Endtemperatur Stellung des Reglers messen, Maß »c«. Der Unterschied zu Maß »a« muß 8±1 mm betragen, also »c«–»a«=8±1 mm.
- Anschließend prüfen, ob sich der Regler beim Abkühlen wieder schließt, andernfalls Regler ersetzen.

Einbau

- Regler einsetzen.
- Schläuche aufschieben und mit Schellen sichern.
- Kühlmittel auffüllen, siehe Seite 276.
- Batterie-Massekabel anklemmen.
- Motor warmlaufen lassen, bis die Visco-Kupplung den Lüfter zuschaltet. Prüfen, ob der Kühler unten warm wird und das Kühlmittelreglergehäuse dicht ist.

Motor M20/M21/M30 (6-Zylinder-Motoren)

Ausbau

- Massekabel von der Batterie abklemmen.
- Etwas Kühlmittel ablassen und auffangen.

W-1804

- Deckel vom Reglergehäuse abschrauben. **Achtung:** Beim Dieselmotor sind die Schrauben unterschiedlich lang, daher für den leichteren Einbau Lage der Schrauben notieren.
- Kühlmittelregler herausnehmen.

Prüfen

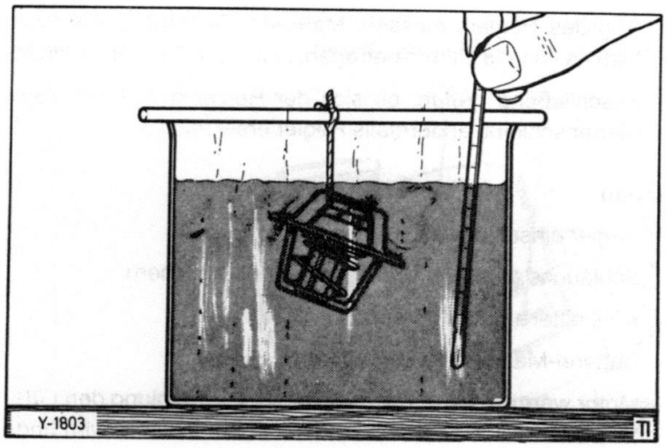
Y-1803

- Kühlmittelregler im Kühlmittelbad erwärmen. Dabei darf der Regler nicht die Wände des Behälters berühren. Temperatur mit einem geeigneten Thermometer kontrollieren.
- Bei einer Temperatur von ca. +80° C beginnt die Bimetallfeder des Reglers sich auszudehnen. Die größte Ausdehnung ist bei ca. +95° C erreicht.
- Prüfen, ob sich der Regler ausdehnt und wieder schließt und ob der Öffnungsbeginn mit dem Wert übereinstimmt, der auf dem Regler eingeprägt ist. Gegebenenfalls Regler ersetzen.

Einbau

- Dichtflächen an Gehäuse und Deckel reinigen.

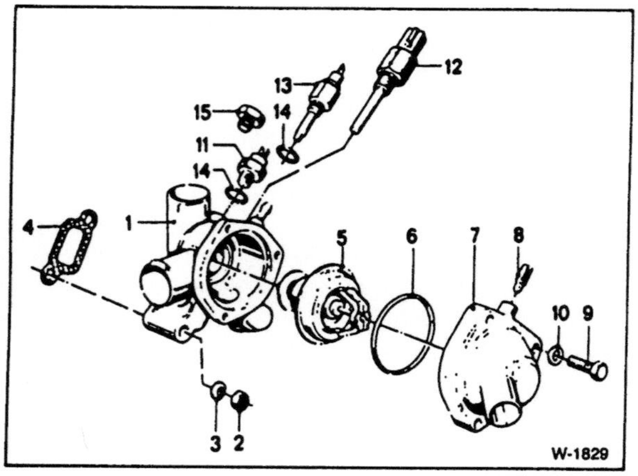

W-1829

- Kühlmittelregler –5– so einsetzen, daß der Bügel nach außen zeigt.
- Neuen Dichtring –6– auflegen.
- Deckel –7– aufsetzen und gleichmäßig mit 9 Nm anschrauben –9–. Vorher Federscheiben –10– unterlegen. Die Abbildung zeigt den Kühlmittelregler beim Motor M20. Beim Dieselmotor Deckel mit neuer Dichtung anschrauben. **Achtung:** Schrauben nicht zu fest anziehen. Zusätzlich abgebildete Teile: 1 – Thermostatgehäuse, 2 – Mutter, 3 – Federring, 4 – Gehäusedichtung, 8 – Entlüftungsschraube, 11 – Temperaturfühler für Einspritzanlage, 12 – Temperaturzeitschalter Einspritzanlage, 13 – Temperaturgeber für Anzeige Kühlmitteltemperatur, 14 – Dichtring, 15 – Verschlußschraube. Anschlüsse beim M30-Motor, siehe Kapitelende.
- Kühlmittel auffüllen und Kühlsystem entlüften, siehe Kapitel »Wartung«.
- Batterie-Masseband anklemmen.
- Motor warmlaufen lassen, bis die Visco-Kupplung den Lüfter zuschaltet. Prüfen, ob der Kühler unten warm wird und das Kühlmittelreglergehäuse dicht ist.

Anschlußbelegung Thermostatgehäuse M30-Motor

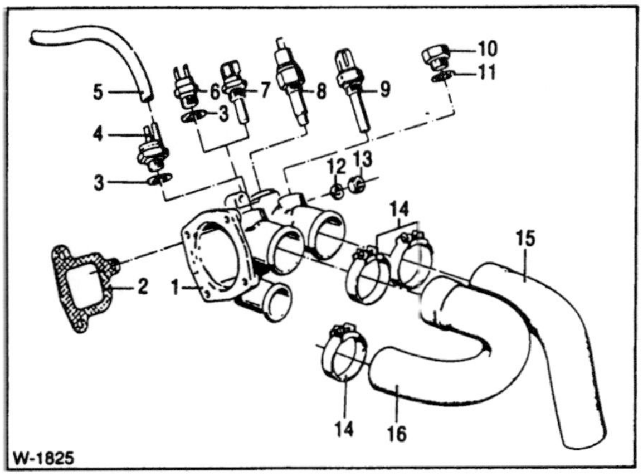

1 – Thermostatgehäuse, 2 – Dichtung, 3 – Dichtring, 4 – Thermoventil, 5 – Unterdruckschlauch, schwarz, 6 – Temperaturschalter, 7 – Temperaturfühler, Einspritzanlage, 8 – Temperaturgeber für Anzeige Kühlmitteltemperatur, 9 – Temperatur-Zeitschalter, 10 – Verschlußschraube, 11 – Kupferdichtring, 12 – Sechskantmutter, 13 – Federscheibe, 14 – Schlauchschelle, 15,16 – Schlauch.

Kühler aus- und einbauen

Nach längerer Laufzeit des Fahrzeuges können sich die dünnen Kanäle im Kühler durch Rückstände im Kühlmittel und Kalkablagerungen zusetzen. Dadurch läßt die Kühlleistung stark nach und der Motor wird zu warm. In diesem Fall hilft meist nur ein Austauschen des Kühlers. Es kann zuvor versucht werden, den ausgebauten Kühler mit handelsüblichem Kesselsteinlöser durchzuspülen, damit die Ablagerungen aufgelöst werden.

Ausbau

- Massekabel von Batterie abklemmen.
- Kühlmittel ablassen, siehe Kapitel »Wartung«.
- Oberen und unteren Kühlmittelschlauch am Kühler abziehen, vorher Schellen lösen und ganz zurückschieben.

- **Motor M10 (4-Zylinder-Motor)**: Lüfterabdeckung –3– links und rechts abschrauben –Pfeil– und über den Lüfter legen.

- **6-Zylinder-Motoren:** Halteklammern –5– für Lüfterabdeckung mit Schraubendreher heraushebeln. Abdeckung nach oben ziehen und über den Lüfter legen. Entlüftungsleitung –4– abziehen und zur Seite legen.
- **Modelle mit Automatik-Getriebe:** Ölleitungen vom und zum Kühler mit geeigneten Klammern abklemmen und am Kühler abschrauben. Dabei auf peinliche Sauberkeit achten, Anschlüsse vor dem Abnehmen äußerlich mit Spiritus reinigen. Anschließend kleine Plastiktüten mit Gummiringen auf die Leitungen schieben, damit kein Schmutz eindringen kann.
- **Klimaanlage:** Stecker von den Temperaturschaltern für den Zusatzlüfter abziehen.
- Befestigungsschraube –1– abschrauben. Unterlegscheiben abnehmen und so ablegen, daß sie beim Einbau wieder in der gleichen Reihenfolge eingesetzt werden können.
- Kühler –2– nach oben herausheben.

Achtung: Die Kühlerlamellen sind mitunter recht scharfkantig, es empfiehlt sich deshalb, zum Herausheben des Kühlers Arbeitshandschuhe zu verwenden.

Einbau

- Sämtliche Kühlmittelschläuche auf Einschnitte, Risse und sonstige Beschädigungen überprüfen und, falls erforderlich, auswechseln. Gummitüllen der Kühlerhalterung auf einwandfreien Zustand prüfen.
- Kühler von oben so einsetzen, daß die Befestigungszapfen des Kühlers in die Gummitüllen unten am Halter eingreifen.
- Kühler anschrauben, dabei auf richtige Lage von Buchse und Unterlegscheiben achten.
- Lüfterabdeckung ansetzen und festschrauben beziehungsweise mit Halteclips befestigen. Beim 6-Zylinder-Motor Abdeckung unten einführen und oben mit Halteklammern befestigen.
- Entlüftungsleitung aufschieben und mit Schelle sichern.
- Kühlmittelschläuche aufschieben und mit Schellen sichern.
- Falls abgebaut, Ölkühlerschläuche mit Überwurfmuttern und 20 Nm festschrauben, Klammern entfernen. Stecker für Temperaturschalter aufschieben.
- Kühlmittel auffüllen, Kühlsystem entlüften, siehe Kapitel »Wartung«.
- Batterie-Massekabel anklemmen.
- Motor warmlaufen lassen und Schlauchanschlüsse auf Dichtheit prüfen.
- Kühlmittelstand kontrollieren, gegebenenfalls Kühlmittel nachfüllen.
- **Automatikgetriebe:** Getriebeölstand kontrollieren, gegebenenfalls auffüllen, siehe Seite 283.

Lüfter/Lüfterkupplung aus- und einbauen

Es wurden zwei unterschiedliche Lüfterkupplungen eingebaut: Die Viscokupplung ist in alle Fahrzeuge seit 4/82 eingebaut. Bei vorherigen Modellen wurde zum Teil auch eine Reibkupplung eingebaut. Je nach Kupplung sind unterschiedliche Arbeitsgänge zu beachten.

Die Viscokupplung ist zu ersetzen, wenn die Nabe gefressen hat. Der Lüfter läßt sich dann bei stehendem Motor nicht oder nur schwer drehen. Kupplung ebenfalls ersetzen bei Axialspiel beziehungsweise Radialspiel oder bei Ölverlust.

Ausbau

- Batterie-Massekabel abklemmen.
- Lüfterabdeckung abschrauben.

Visco-Kupplung

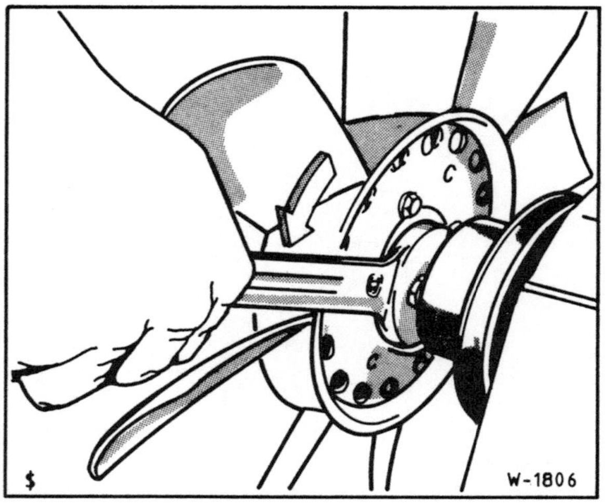

- Lüfter von der Nabe der Kühlmittelpumpe abschrauben. **Achtung: Die Mutter hat Linksgewinde,** sie muß zum Lösen also nach rechts gedreht werden.
- Beim Lösen der Mutter Keilriemen der Kühlmittelpumpe eindrücken und dadurch die Nabe festhalten, damit sie sich nicht mitdreht. Wenn die Mutter besonders fest sitzt, mit geeignetem Hammer gegen den Maulschlüssel schlagen und so die Mutter lösen.

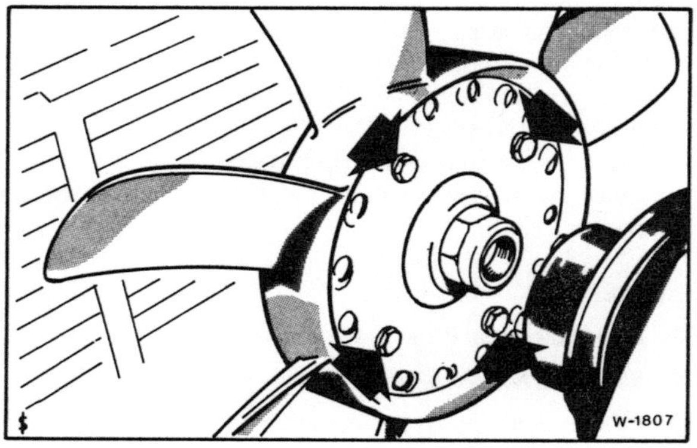

- Lüfter abnehmen.
- Sollen Lüfterrad und Visco-Kupplung getrennt werden, 4 Befestigungsschrauben –Pfeile– herausdrehen und Kupplung herausnehmen.

Einbau

- Visco-Kupplung in den Lüfter einsetzen und Befestigungsschrauben mit **9 Nm** festziehen. **Achtung:** Um eine Beschädigung an Gewinde und Kupplung zu vermeiden, dürfen diese Schrauben keinesfalls fester angezogen werden.
- Lüfter mit Kupplung an die Nabe der Kühlmittelpumpe mit 25 Nm anschrauben. Dabei Nabe am Keilriemen gegenhalten.

Ausbau Reibkupplung

- Kühler ausbauen, damit die Flanschschrauben erreicht werden können.

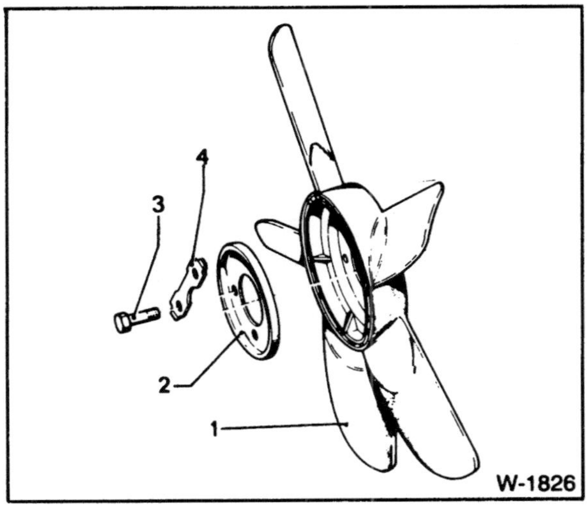

- Sicherungsbleche –4– aufbiegen, Schrauben –3– herausdrehen.
- Die Reibkupplung sollte nicht zerlegt, sondern immer als ganzes Bauteil ersetzt werden.
- Einbau erfolgt in umgekehrter Reihenfolge wie der Ausbau.

- Lüfterabdeckung ansetzen und festschrauben.
- Batterie-Massekabel anklemmen.

Kühlmittelpumpe aus- und einbauen

Ausbau

- Batterie-Massekabel (–) abklemmen.
- Kühlmittel ablassen, siehe Kapitel »Wartung«.
- Lüfter ausbauen.
- Befestigungsschrauben für Keilriemenscheibe lösen. Dabei Keilriemen festhalten und eindrücken, damit sich die Scheibe nicht mitdreht.
- Keilriemen ausbauen, siehe Seite 42.
- 4 Befestigungsschrauben für Riemenscheibe herausdrehen und die Scheibe von der Nabe abnehmen.
- Motor M20/M21: Zahnriemenabdeckung ausbauen. Spannfeder für Zahnriemenspannung zusammendrücken und Spannstift mit BMW-Werkzeug 115010 festklemmen, gegebenenfalls geeignete Blechklammer selbst anfertigen.
- Schlauchschellen lösen und zurückschieben, Kühlmittelschläuche von der Pumpe abziehen.

- Motor M20/M30: Befestigungsschrauben –Pfeile– herausdrehen und Kühlmittelpumpe abnehmen. Beim 4-Zylinder- und Dieselmotor Kühlmittelpumpe mit 6 Schrauben abschrauben.

Einbau

- Dichtungsreste mit Schaber vollständig entfernen.

Motor M20

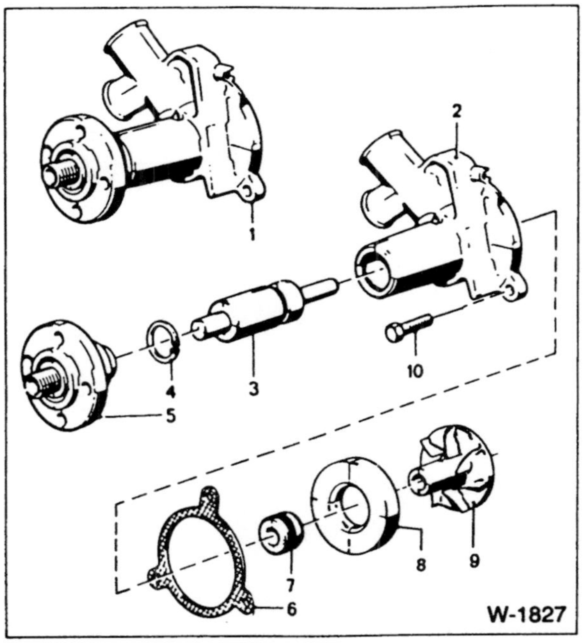

- Kühlmittelpumpe –1– mit neuer Dichtung –6– ansetzen und gleichmäßig mit 22 Nm festschrauben. Zusätzlich abgebildete Teile: 2 – Gehäuse, 3 – Pumpenlager, 4 – Sicherungsring, 5 – Flansch, 7 – Gleitringdichtung, 8 – Abdeckring (nicht alle Modelle), 9 – Flügelrad, 10 – Schraube.

- Spannstift für Zahnriemenspanner lösen, dabei auf Freigängigkeit zur Kühlmittelpumpe achten. Zahnriemen-Schutzdeckel einbauen (auch beim Dieselmotor).

Motoren M10/M30/M21

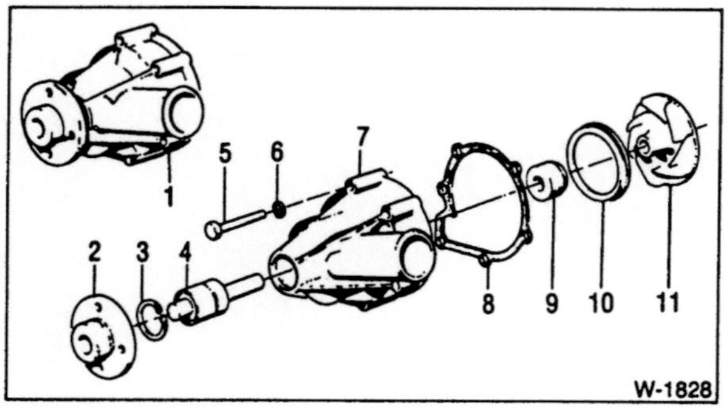

- Kühlmittelpumpe –1– mit neuer Dichtung –8– ansetzen und gleichmäßig mit 22 Nm festschrauben. Beim 4-Zylinder-Motor lange Befestigungsschraube unten einsetzen. Zusätzlich abgebildete Teile: 2 – Flansch, 3 – Sicherungsring, 4 – Pumpenlager, 5 – Schraube, 6 – Federscheibe, 7 – Gehäuse, 9 – Gleitdichtring, 10 – Zwischenring (nicht alle Modelle), 11 – Flügelrad.

- Kühlmittelschläuche aufschieben und mit Schellen sichern.
- Riemenscheibe anschrauben.
- Keilriemen einbauen und spannen, siehe Seite 42.
- Befestigungsschrauben der Riemenscheibe mit 9 Nm festziehen, dabei mit Keilriemen gegenhalten.
- Lüfter einbauen.
- Kühlmittel auffüllen, siehe Kapitel »Wartung«.
- Batterie-Massekabel anklemmen.
- Motor warmlaufen lassen und Schlauchanschlüsse sowie Kühlmittelpumpe auf Dichtheit überprüfen.

Kühler-Frostschutzmittel

Die Kühlanlage wird vom Werk mit einer Mischung aus Wasser und Kühlerfrost- und Korrosions-Schutzmittel aufgefüllt. Das Kühlkonzentrat verhindert Frost- und Korrosionsschäden und hebt außerdem die Siedetemperatur des Wassers an. Deshalb muß das Kühlsystem unbedingt ganzjährig mit Kühlerfrost- und Korrosionsschutzmittel gefüllt sein.

Achtung: Nur von BMW freigegebene Kühlkonzentrate verwenden.

Da der Korrosionsschutz-Anteil in der Kühlflüssigkeit nach einiger Zeit an Wirkung verliert, sollte die Kühlflüssigkeit alle 2 Jahre gewechselt werden, siehe Kapitel »Wartung«.

Störungsdiagnose Motorkühlung

Störung: Die Kühlmitteltemperatur ist zu hoch, Anzeige steht im roten Bereich

Ursache	Abhilfe
Zu wenig Kühlmittel im Kreislauf	■ Kühler bzw. Ausgleichbehälter muß bis zur Markierung voll sein. Kühlsystem auf Dichtheit prüfen
Keilriemenspannung für Kühlmittelpumpe zu gering	■ Spannung prüfen und einstellen
Kühlmittelregler öffnet nicht	■ Prüfen, ob unterer Kühlmittelschlauch warm wird. Wenn nicht, Regler ersetzen
Geber für Kühlmitteltemperaturanzeiger defekt	■ Geber überprüfen
Kühlmitteltemperaturanzeige defekt	■ Anzeigegerät überprüfen lassen
Kühler-Verschlußdeckel defekt	■ Druckprüfung durchführen lassen (Werkstattarbeit)
Kühlerlamellen verschmutzt	■ Kühler von der Motorseite her mit Preßluft durchblasen
Kühler innen durch Kalkablagerungen oder Rost zugesetzt	■ Kühler erneuern
Visco-Lüfterkupplung bzw. Reibkupplung defekt	■ Lüfterkupplung prüfen: Warmen Motor mit erhöhter Drehzahl laufenlassen. Sobald eine Kühlmitteltemperatur von 90°–95°C erreicht ist, erhöht sich die Drehzahl des Lüfters hörbar
Kühlmittelpumpe defekt	■ Kühlmittelpumpe ausbauen und überprüfen

Die Kraftstoffanlage

Zur Kraftstoffanlage gehören der Kraftstoffbehälter, die Kraftstoffleitungen, der Kraftstoff-Filter, die Kraftstoffpumpe und der Vergaser beziehungsweise die Einspritzanlage mit Luftfilter.

Der Kraftstoffbehälter ist unter dem Kofferraum angeordnet. Im neueren Modell E28 ist der Kraftstofftank weiter vorn vor der Hinterachse angeordnet. Der jeweilige Kraftstoffvorrat wird dem Fahrer durch eine Kraftstoffvorratsanzeige angezeigt. Über einen Ausgleichbehälter, der sich hinter der rechten Kofferraumverkleidung befindet, wird der Tank ins Freie belüftet. Katalysatormodelle besitzen zusätzlich einen Aktivkohlefilter, der die auftretenden Kraftstoffdämpfe speichert und der Verbrennung zuführt. So wird verhindert, daß Kraftstoffdämpfe ins Freie gelangen.

Damit **unverbleiter Kraftstoff** getankt werden kann, müssen die Ventilsitzringe im Zylinderkopf aus gehärtetem Material sein, da sonst die Ventilsitze schneller verschleißen. Ein nachträglicher Einbau der gehärteten Ventilsitzringe lohnt sich wegen des hohen Aufwandes nicht. Alle Modelle seit 9/85 haben gehärtete Ventilsitzringe. Bei älteren Fahrzeugen empfiehlt es sich, den BMW-Kundendienst zu fragen, inwieweit bleifrei getankt werden darf.

Sauberkeitsregeln bei Arbeiten an der Kraftstoffversorgung

Bei Arbeiten an der Kraftstoffversorgung sind die folgenden Regeln zur Sauberkeit sorgfältig zu beachten:

- Verbindungsstellen und deren Umgebung vor dem Lösen gründlich reinigen.
- Ausgebaute Teile auf einer sauberen Unterlage ablegen und abdecken. Folien oder Papier verwenden. Keine fasernden Lappen benutzen!
- Geöffnete Bauteile sorgfältig abdecken bzw. verschließen, wenn die Reparatur nicht umgehend ausgeführt wird.
- Nur saubere Teile einbauen.
- Ersatzteile erst unmittelbar vor dem Einbau aus der Verpakkung nehmen.
- Keine Teile verwenden, die unverpackt (z. B. in Werkzeugkästen usw.) aufgehoben wurden.
- Bei geöffneter Kraftstoffanlage möglichst nicht mit Druckluft arbeiten.
- Das Fahrzeug möglichst nicht bewegen.

Störungen in der Kraftstoffzufuhr

Bei Störungen in der Kraftstoffzufuhr ist die Anlage in folgender Reihenfolge zu prüfen:

- Prüfen, ob Kraftstoff im Behälter ist.

Vergasermotoren

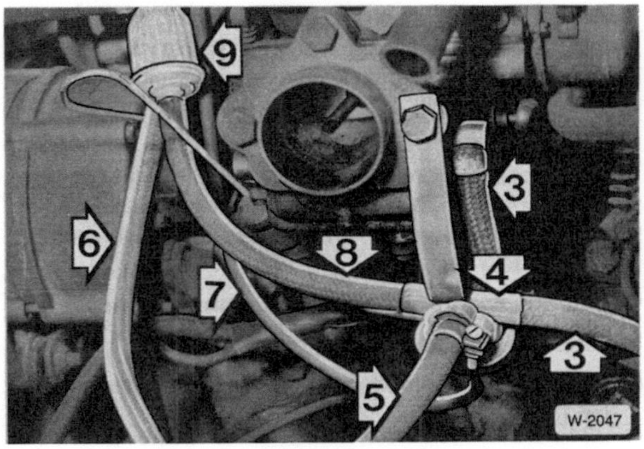

- Kraftstoffschlauch –8– zwischen Kraftstoffpumpe und Vergaser (bis 8/75) beziehungsweise Rücklaufventil –4– (seit 9/75) abziehen und in geeignetes Gefäß halten. Anlasser kurz betätigen, dabei muß aus dem Schlauch stoßweise Kraftstoff austreten. **Achtung:** Brandgefahr, kein offenes Feuer!
- Förderdruck der Kraftstoffpumpe prüfen. Sollwert: 0,2 – 0,3 bar bei 4000/min.
- Wird kein Kraftstoff gefördert, Zuleitung –6– zur Kraftstoffpumpe abziehen.
- Wenn dort Kraftstoff herausläuft, Pumpe auf Undichtigkeiten beziehungsweise Sieb auf Verschmutzung prüfen. Dazu Deckel der Kraftstoffpumpe mit einer Schraube abschrauben und Sieb in Kraftstoff reinigen, siehe Kapitel »Wartung«. **Achtung:** Bei neueren Pumpen läßt sich der Deckel nicht mehr abschrauben, daher kann auch das Kraftstoffsieb nicht mehr gereinigt werden.

Funktion des Rücklaufventils: Der geförderte Kraftstoff wird im Rücklaufventil bei geringem Saugrohrunterdruck (=geringe Motorbelastung) zum Teil zum Vergaser gefördert, überschüssiger Kraftstoff wird in die Rücklaufleitung –5– zum Tank geleitet. Bei Vollast wird die gesamte Kraftstoffmenge über die Schläuche –3– in die Vergaser geleitet. Über den Unterdruckschlauch –7– wird die Rücklaufmenge zum Tank je nach Motorbelastung vom Saugrohrunterdruck gesteuert.

- Läuft kein Kraftstoff heraus, Kraftstoffleitung –5– zum Tank ausbauen und durchblasen.
- Tankbelüftung auf Durchgang prüfen, reinigen.

Einspritzmotoren

- Kraftstoffpumpenrelais und Fördermenge der Kraftstoffpumpe prüfen.

Kraftstoffpumpe/ Kraftstoffpumpenrelais prüfen

DME (Motronic), L-Jetronic, K-Jetronic

Der BMW mit Benzineinspritzung besitzt eine elektrische Kraftstoffpumpe, die am Fahrzeugunterboden rechts vor dem Kraftstofftank sitzt. Über ein Kraftstoffpumpenrelais, eine Sicherung (im Sicherungskasten) und ein grün-violettes Kabel wird die Kraftstoffpumpe mit Strom versorgt.

Das Kraftstoffpumpenrelais unterbricht die Stromzufuhr, wenn bei eingeschalteter Zündung der Motor steht. (Zum Beispiel: Motor wurde abgewürgt.) Erst bei Anlasserbetätigung beginnt die Pumpe zu fördern.

Kraftstoffpumpenrelais/Stromversorgung prüfen:

- Batterie muß geladen sein.
- Sicherung für Kraftstoffpumpe (im Sicherungskasten) prüfen.

- Kraftstoffpumpenrelais abziehen. Das Kraftstoffpumpenrelais befindet sich links neben dem Stecker am Sicherungskasten. Bei den Modellen 518i, 525e, 535i sitzt das Relais, im Gegensatz zur Abbildung, an der anderen Seite des Steckers.
- Klemmen 87b und 30 am Relaissockel mit Hilfsleitung verbinden, die Pumpe muß anlaufen. Läuft die Pumpe an, Kraftstoffpumpenrelais ersetzen. Eine laufende Pumpe erkennt man am Laufgeräusch sowie am Vibrieren der Pumpe. Manchmal hilft es bei einer hängengebliebenen Pumpe, seitlich mit einem Gummihammer gegen das Gehäuse zu klopfen.
- Läuft die Pumpe nicht, Stromleitung an der Pumpe abziehen, Voltmeter anschließen. Zündung einschalten. Die Spannung an der Pumpe muß ca. 12 Volt betragen. Andernfalls Batterie, Kontaktstellen und Leitungen nach Stromlaufplan überprüfen.
- Zwischen die Klemmen 87b und 30 am Mehrfachstecker ein Ampèremeter anschließen. Die Stromaufnahme der Pumpe darf nicht über dem angegebenen Maximalwert liegen, sonst Pumpe ersetzen. Fahrzeuge mit K-Jetronic: 9,5 A; Fahrzeuge L-Jetronic und DME: 6,5 A.

Fördermenge der Kraftstoffpumpe prüfen:

- Kraftstoff-Zulaufleitung –3– am Verteilerrohr lösen und Schlauch in einen Meßbecher von ca. 3 l Inhalt führen. Bei Fahrzeugen mit K-Jetronic Kraftstoffzuleitung am Kraftstoffmengenteiler abschrauben, siehe Seite 121.
- Kraftstoffpumpenrelais abziehen, Klemmen 87b und 30 am Relaissockel des Kraftstoffpumpenrelais mit Prüfleitung verbinden und Kraftstoffpumpe ca. 30 Sekunden laufen lassen. Fördermenge in dieser Zeit mindestens 900 cm^3.
- Wird zu wenig Kraftstoff gefördert, Kraftstoffilter ersetzen und Fördermenge erneut prüfen. Ist die Fördermenge weiterhin zu klein, Kraftstoffpumpe ersetzen.
- Kraftstoffleitung am Verteilerrohr mit 30 Nm anschrauben.
- Kraftstoffpumpenrelais aufschieben.

Kugelfischer-Einspritzung

Beim 520i bis 7/75 mit mechanischer Kugelfischer-Einspritzung beginnt die Kraftstoffpumpe sofort beim Einschalten der Zündung Kraftstoff zu fördern, auch wenn der Motor steht. Sie läuft dann etwa 2 Sekunden, bis sie den notwendigen Druck von 2 bar in den Kraftstoffleitungen aufgebaut hat. Läuft die Pumpe nicht an, zuerst Sicherung Nr. 6 im Sicherungskasten überprüfen, dann Spannung und Stromaufnahme an der Zuleitung der Kraftstoffpumpe (grün/weißes Kabel) entsprechend den anderen Einspritzanlagen prüfen. Ein Kraftstoffpumpenrelais ist bei dieser Anlage nicht vorhanden.

Kraftstoffpumpe aus- und einbauen

Einspritzmotoren

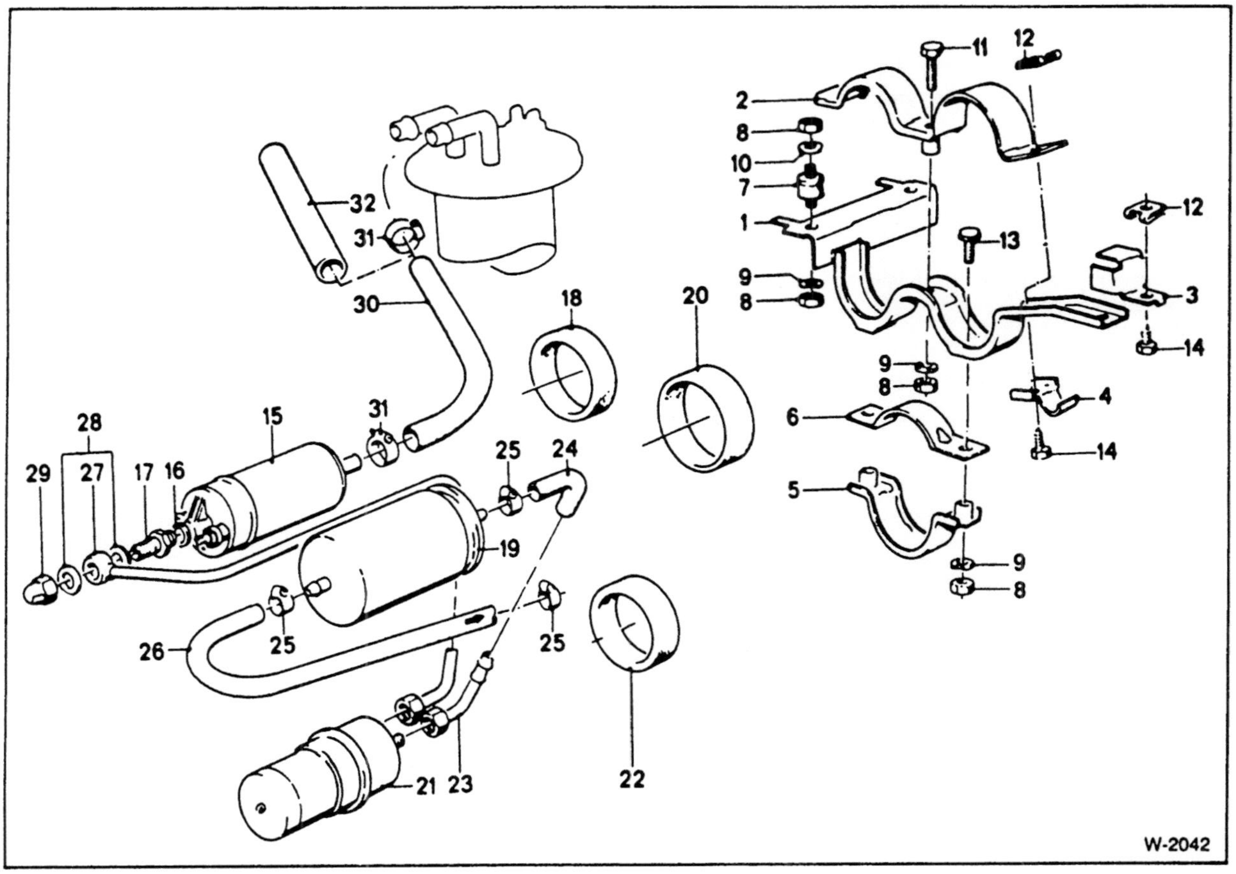

1 – Träger
2 – Haltelasche
3 – Sicherungsblech
4 – Schelle
5 – Halter
6 – Halteblech
7 – Gummilager
8 – Sechskantmutter M 6
9 – Federscheibe
10 – Beilagscheibe
11 – Sechskantschraube M 6
12 – Blechmutter
13 – Schraube
14 – Blechschraube
15 – Kraftstoffpumpe
16 – Dichtring
17 – Rückschlagventil
18 – Gummilager
19 – Kraftstoffilter
20 – Gummilager
21 – Kraftstoffspeicher
22 – Gummilager
23 – Druckleitung
24 – Schlauch
25 – Schlauchschelle
26 – Schlauch
27 – Druckleitung
28 – Dichtring
29 – Hutmutter
30 – Zuleitungsschlauch
31 – Schlauchschelle
32 – Schutzschlauch

Die Kraftstoffpumpe befindet sich rechts am Wagenunterboden vor dem Kraftstofftank. **Achtung:** Bei Montagearbeiten kein offenes Feuer, Brandgefahr!

Ausbau

- Batterie-Massekabel abklemmen.
- Elektrische Leitungen von der Pumpe abschrauben, vorher Schutzkappen zurückklappen.
- Schlauchschelle lösen und Kraftstoffschlauch abziehen. Damit kein Kraftstoff ausläuft, Schlauch vorher mit Quetschklemme abklemmen, oder nach dem Abziehen geeignete Schraube in das Schlauchende stecken. Eventuell austretenden Kraftstoff mit saugfähigem Lappen auffangen.
- 3 Muttern abschrauben und Halteblech abnehmen.
- Kraftstoffpumpe mit Halter abnehmen.
- Hutmutter abschrauben, Kraftstoffdruckleitung mit Dichtringen von der Pumpe abnehmen.
- Kraftstoffpumpe vom Halter abschrauben und Gummilager abziehen.

Einbau

- Gummilager auf Porosität oder Beschädigung prüfen, gegebenenfalls ersetzen.
- Kraftstoff-Druckleitung mit Hutmutter und neuen Dichtringen anschrauben.
- Kraftstoffpumpe am Halter anschrauben und einsetzen.
- Halteblech mit 3 Muttern anschrauben.
- Kraftstoffschlauch aufschieben und mit Schraubschelle sichern.
- Abklemmwerkzeug abnehmen.
- Elektrische Leitungen anschrauben und Gummikappen über die Anschlüsse stülpen.
- Batterie-Massekabel anklemmen.

Kraftstoffpumpe aus- und einbauen

Vergasermotoren

Die Kraftstoffpumpe befindet sich seitlich am Zylinderkopf und wird durch die Nockenwelle angetrieben.

Ausbau

Achtung: Kein offenes Feuer, Brandgefahr!

- Batterie-Massekabel (–) abklemmen.

- Saug- und Druckschlauch –1– und –2– mit je einer Klemme abklemmen. Steht eine geeignete Klemme nicht zur Verfügung, nach dem Abziehen der Leitungen eine Schraube mit entsprechendem Durchmesser in die Kraftstoffschläuche stecken, damit kein Kraftstoff ausläuft.
- Kraftstoffschläuche an der Pumpe abziehen, vorher Schellen ganz lösen.
- Kraftstoffpumpe mit 2 Muttern –Pfeile– abschrauben und mit Isolierflansch –H– herausnehmen.
- Stößel etwas herausziehen.

Einbau

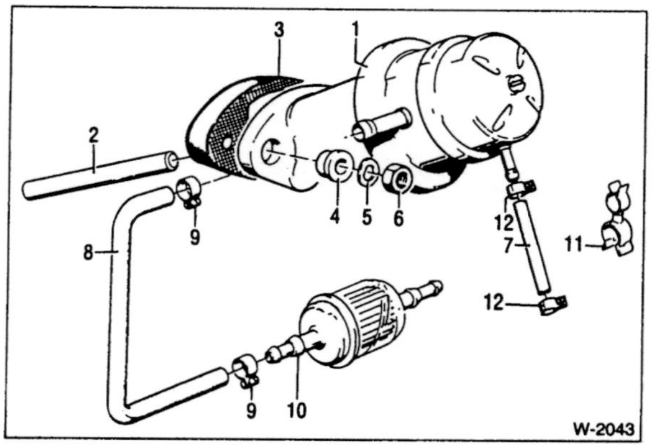

- Isolierflansch –3– auf Beschädigung prüfen. Gegebenenfalls Isolierflansch erneuern. **Achtung:** Länge des Pumpenstößels –2– und die Isolierflanschstärke –3– dürfen nicht verändert werden, da sich sonst der Kraftstoffdruck verändert.
- Durch Hin- und Herbewegen Stößel auf Leichtgängigkeit prüfen.
- Isolierbuchsen –4– von der alten auf die neue Pumpe umbauen, Kraftstoffpumpe mit Isolierflansch ansetzen und mit 15 Nm festschrauben.
- Kraftstoffschläuche aufschieben und mit Schellen sichern. Schlauch –8– kommt vom Tank beziehungsweise vom Kraftstoffilter, Schlauch –7– geht zum Vergaser.
- Batterie-Massekabel anklemmen.

Tankgeber/Vorförderpumpe aus- und einbauen/prüfen

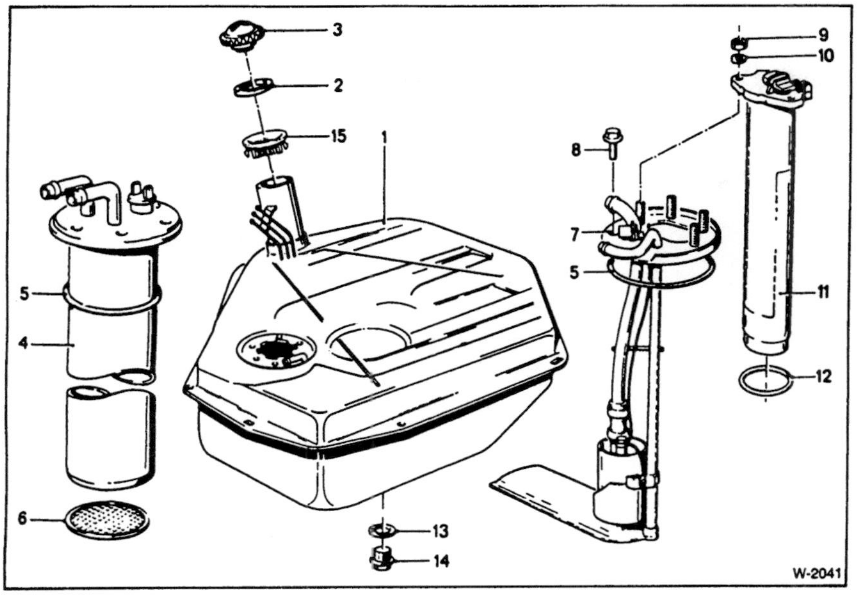

1 – **Kraftstofftank**
2 – **Gummidichtung**
3 – **Tankverschluß**
4 – **Tauchrohrgeber**
5 – **Dichtring**
6 – **Sieb**
7 – **Geber mit Pumpe**
Nur Katalysatormodelle.
8 – **Sechskantschraube**
9 – **Sechskantmutter**
10 – **Beilagscheibe**
11 – **Tauchrohrgeber**
Nur Katalysatormodelle.
12 – **Dichtring**
13 – **Dichtring**
14 – **Verschlußschraube**
15 – **Reduzierstück**
Nur Katalysatormodelle.

Mit sinkendem Kraftstoffspiegel sinkt auch der Schwimmer im Tankgeber ab. Durch einen Schleifkontakt am Schwimmer erhöht sich dabei der elektrische Widerstand des Gebers. Dadurch sinkt die Spannung am Anzeigeinstrument, und der Zeiger der Kraftstoffanzeige geht in Richtung »leer« zurück.

Sinkt der Schwimmer weiter ab, wird ab einer bestimmten Stellung der Warnkontakt geschlossen und am Schalttafeleinsatz leuchtet die Reserve-Warnleuchte auf.

Bei Katalysatorfahrzeugen sitzt eine zusätzliche Kraftstoffpumpe im Tankgeber.

Ausbau

Achtung: Kein offenes Feuer, Brandgefahr! Zum Ausbau des Tankgebers darf der Kraftstofftank **nicht** ganz gefüllt sein. In diesem Fall mindestens 10 Liter Kraftstoff mit einer Pumpe absaugen, oder an der Ablaßschraube –14– ablassen.

- Batterie-Masseband (–) abklemmen.
- Bodenmatte im Kofferraum nach links zur Seite schlagen.

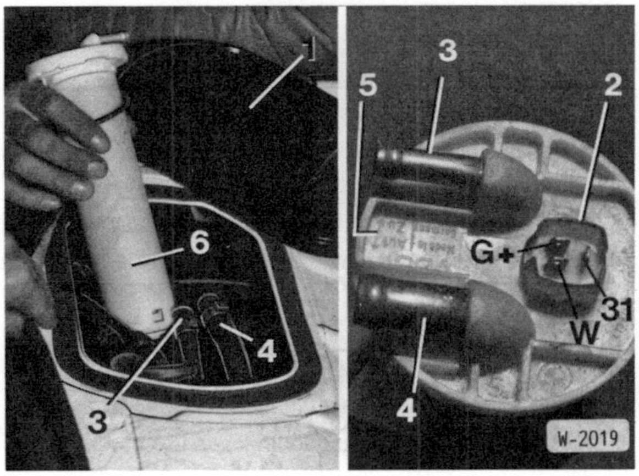

- Abdeckung –1– abschrauben.
- Stecker vom Anschluß –2– abziehen und Kraftstoffschläuche –3– und –4– vom Tankgeber abziehen. Vorher Schellen ganz lösen.
- Tankgeber mit 3 großen Schraubendrehern, siehe Abbildung W-2020, links herum lösen. Die Drehrichtung ist ebenfalls oben auf dem Tankgeber angegeben –5–.
- Tankgeber –6– hochziehen, zur Seite schwenken und herausnehmen. Dabei Lappen unterlegen und eventuell austretenden Kraftstoff auffangen.

Prüfen

- Ohmmeter am Tankgeber an die Klemmen G und 31 anschließen.
- Tankgeber in Einbaulage halten, der Schwimmer befindet sich unten, und die Anzeige im Fahrzeug würde »Reserve« anzeigen. Sollwert: 71,7±2,3Ω.

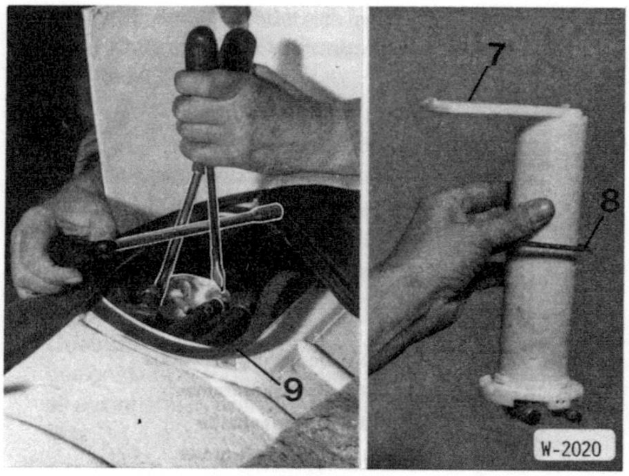

- Tankgeber um 180° drehen (auf den Kopf stellen), der Schwimmer befindet sich oben, und die Anzeige im Fahrzeug würde »voll« anzeigen. Sollwert: 3,2±0,7Ω.
- Reserve-Warnkontakt prüfen: Ohmmeter an Klemme W und 31 anschließen und Widerstand messen. Sollwerte: in Einbaulage ca. 0 Ω; um 180° gedreht ∞Ω.

Einbau

- Sieb –7– auf Verschmutzung prüfen, gegebenenfalls reinigen.
- Tankgeber mit neuem Dichtring –8– einsetzen. Falls ein neuer Tankgeber eingebaut wird, vorher Sicherungsring entfernen.
- Tankgeber so ansetzen, daß nach dem Festziehen die Kraftstoffschläuche aufgeschoben werden können. Schläuche mit neuen Schlauchschellen sichern.
- Elektrischen Stecker aufschieben.
- Abdeckung ansetzen und festschrauben, dabei auf richtigen Sitz der Dichtung –9– achten.
- Batterie-Masseband anklemmen.
- Kraftstoffanzeige an der Armaturentafel auf Funktion prüfen.

Luftfilter aus- und einbauen
Vergasermotoren

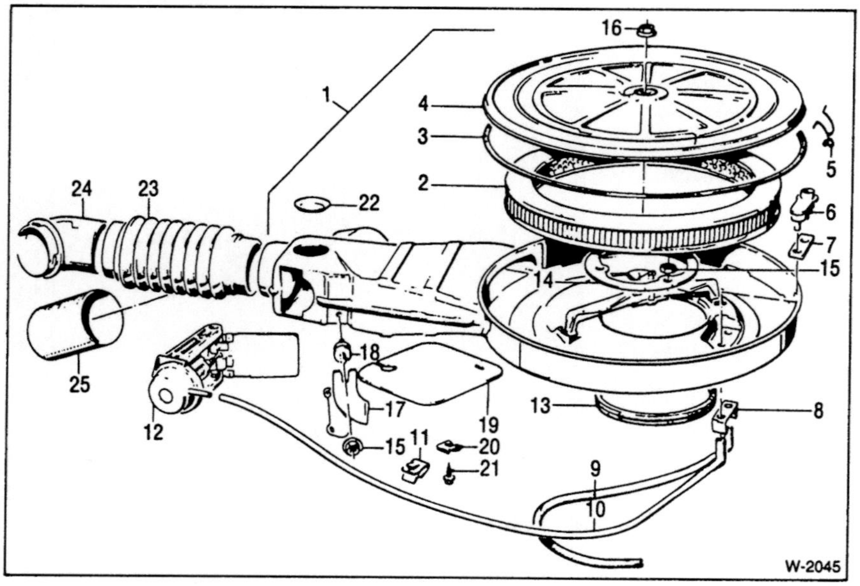

1 – Luftfilter
2 – Luftfiltereinsatz
3 – Dichtung
4 – Deckel
5 – Bügel
6 – Unterdruckregler
7 – Dichtung
8 – Feder
9 – Unterdruckschlauch
10 – Unterdruckschlauch
11 – Kabelklemme
12 – Regeleinheit Vorwärmung
13 – Dichtung
14 – Klemmring
15 – Sechskantmutter
16 – Hutmutter
17 – Stütze
18 – Gummilager
19 – Abdeckung
20 – Blechmutter
21 – Blechschraube
22 – Kontrollfenster
23 – Faltenbalg
24 – Ansaugstutzen
25 – Luftschlauch

Achtung: Der Luftfilter des BMW E12 mit Stromberg-Vergaser sieht ähnlich aus wie bei den Einspritzmotoren. Außerdem ist die Ansaugluftvorwärmung erst seit 9/80 mit der abgebildeten Unterdruckregelung ausgestattet, siehe nächstes Kapitel.

Ausbau

- Luftfiltereinsatz ausbauen, siehe Kapitel »Wartung«.

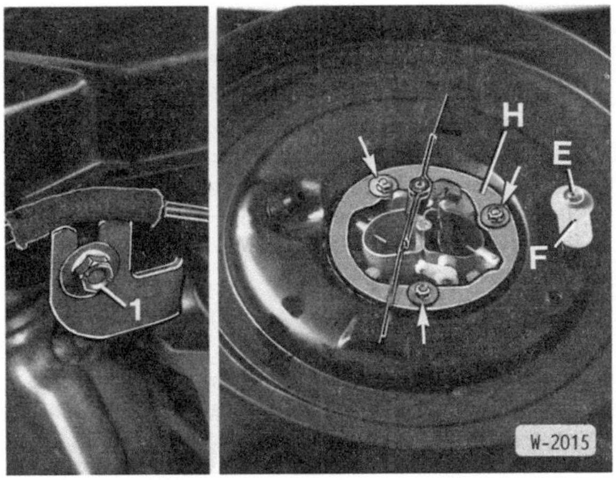

- Befestigungsmuttern –Pfeile– für Luftfiltergehäuse herausdrehen.
- Haltering –H– abnehmen.
- Mutter –1– am Ansaugstutzen abschrauben.

- Frischluftschlauch –2– und Warmluftschlauch –1– abziehen, vorher Schelle –S– ganz lösen.

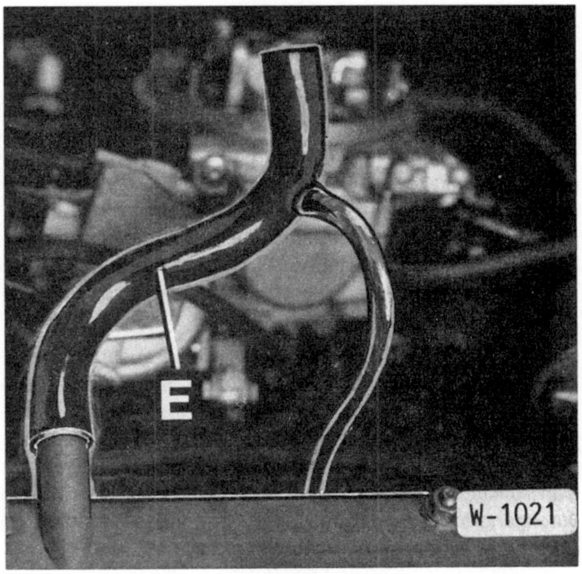

- Schlauch –E– für Kurbelgehäuse-Entlüftung, Schlauch für Schubluftventil sowie Unterdruckschlauch unten am Luftfiltergehäuse abziehen.
- Luftfiltergehäuse abnehmen.

Einbau

- Unterdruckschlauch und Schlauch für Kurbelgehäuse-Entlüftung unten am Filtergehäuse aufschieben.
- Luftfiltergehäuse ansetzen, Haltering auflegen und anschrauben.
- Ansaugstutzen am Halter festschrauben.
- Frischluft- und Warmluftschlauch aufschieben und mit Schelle sichern.
- Filtereinsatz einlegen.
- Deckel in richtiger Stellung aufsetzen, die eingeprägten Pfeile am Deckel und Gehäuse müssen zueinander zeigen.
- Luftfilterdeckel anschrauben und mit Schnellverschlüssen sichern.

Ansaugluftvorwärmung prüfen

Vergasermotoren

Bei defekter Ansaugluftvorwärmung können folgende Beanstandungen auftreten:

- Schlechter Leerlauf in der Warmlaufphase.
- Übergangsstörungen.
- Schlechte Leistung, Höchstgeschwindigkeit wird nicht erreicht.
- Hoher Kraftstoffverbrauch.

Die Ansaugluftvorwärmung wird seit 8/75 temperaturabhängig über eine Luftklappe im Luftansaugstutzen geregelt. Bei Fahrzeugen vor 8/75 muß der Hebel am Mischgehäuse bei Temperaturen unter ca. +10° C von Hand waagerecht gestellt werden, dann wird die Ansaugluft über den Abgaskrümmer vorgewärmt. Seit 9/75 wird je nach Außentemperatur automatisch auf vorgewärmte oder kalte Ansaugluft umgeschaltet. Das geschieht über ein Dehnstoffelement ähnlich dem Kühlmittelthermostat. Es bewirkt, daß bei Temperaturen unter +8° C die Frischluftzufuhr ganz verschlossen ist. Über Temperaturen von +15° C ist die Luftregelklappe ganz geöffnet und verschließt die Warmluftzufuhr vom Vorwärmschlauch.

Seit 9/80 wird die Ansaugluft-Vorwärmung zusätzlich über Unterdruck gesteuert. Der Unterdruck wird dem Vergaser entnommen und wirkt auf eine Unterdruckdose, die wiederum die Warmluftklappe im Ansaugschnorchel öffnet. Ein Temperaturregler im Luftfiltergehäuse ist in die Unterdruckleitung zur Warmluftklappe eingeschaltet und unterbricht den freien Durchgang in diesem Luftschlauch, wenn die Ansaugluft im Luftfiltergehäuse eine Temperatur von +18° bis +23° C erreicht hat. Also ist die Klappensteuerung über Unterdruck nur bei ausreichendem Unterdruck (ca. 4500/min) sowie bei Ansauglufttemperaturen bis +23° C wirksam. Thermostatsteuerung und Unterdrucksteuerung überlagern sich und vermeiden Vergaservereisung bei allen Drehzahlen und Temperaturen.

Stellung der Luftklappe prüfen

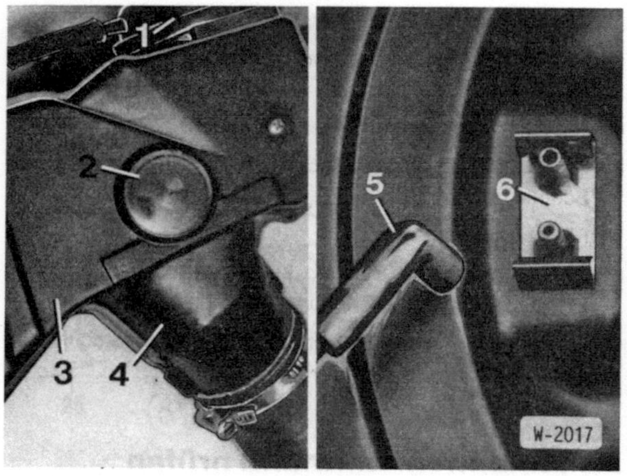

- Die Stellung der Luftklappe kann durch das Schaufenster –2– im Luftansaugstutzen –3– kontrolliert werden.
- Bei laufendem, kaltem Motor muß die Klappe den Warmluftkanal –4– öffnen, damit Warmluft vom Abgaskrümmer zum Luftfilter geleitet wird.
- Wenn der Motor wärmer wird, schließt die Luftklappe langsam den Warmluftkanal und öffnet gleichzeitig den Frischluftkanal.
- Bei betriebswarmem Motor muß der Warmluftkanal vollständig verschlossen sein. Der Motor saugt dann nur noch Frischluft an. Andernfalls Membrandose –1– prüfen.

Membrandose prüfen

- Unterdruckschläuche von der Membrandose zum Temperaturregler und vom Temperaturregler zum Ansaugkrümmer auf festen Sitz prüfen.
- Schläuche durch Verbiegen auf Beschädigung und Porosität untersuchen, gegebenenfalls auswechseln.
- Schlauch –5– vom Temperaturregler –6– unten am Luftfiltergehäuse abziehen und durch Saugen mit dem Mund die Funktion der Luftklappe überprüfen. Wenn sich jetzt die Klappe öffnet, Bohrungen –E– und –F– des Temperaturreglers reinigen, siehe Abbildung W-2015. Gegebenenfalls Temperaturregler ersetzen.
- Bleibt die Luftklappe geschlossen, Membrandose erneuern.
- Die Werkstatt verwendet zum Prüfen der Membrandose eine Vakuumpumpe mit angeschlossenem Manometer. Die Pumpe wird an den Schlauch –5– angeschlossen und die Membrandose mit Unterdruck beaufschlagt. Bis zu einem Unterdruck von 70±10 mbar muß der Warmluftkanal verschlossen bleiben, ab 140±10 mbar muß der Warmluftkanal voll geöffnet sein. In ausgebautem Zustand muß der Stellhebel der Membrandose bei einem Unterdruck von ca. 300 mbar vollständig eingefahren sein, und der Unterdruck darf nicht abfallen.

Luftfiltergehäuse/Luftmengenmesser aus- und einbauen

L-Jetronic/DME (Motronic)

Ausbau

- Stecker –3– für Luftmengenmesser abziehen.
- Schelle –4– öffnen und Luftschlauch abziehen.
- Muttern –5– für Gummilager lockern und Luftfiltergehäuse mit Luftmengenmesser nach oben herausnehmen.

Einbau

- Luftfiltergehäuse in die Gummilager einsetzen und anschrauben.
- Luftschlauch am Gehäuse aufschieben und mit Schelle sichern.
- Stecker für Luftmengenmesser aufschieben.

Dieselmotor

Ausbau

- Mutter –1– lockern.
- Schelle –2– mit Steckschlüssel SW 7 oder mit Schraubendreher lösen und zurückschieben.
- Luftschlauch –3– vom Luftfilter –4– abziehen.
- Luftfilter oben aus dem Stehbolzen aushängen und nach oben herausnehmen.

Einbau

- Luftfilter unten in die 2 Gummilager einsetzen, oben einhängen und Mutter festziehen.
- Luftschlauch aufschieben und mit Schelle sichern.

Der Vergaser

Die BMW-Motoren sind mit unterschiedlichen Vergasern bestückt, die sich im Aufbau zum Teil grundlegend unterscheiden.

Modelle	Vergaser	Siehe Buch Seite
518 bis 7/75 (Superbenzin)	Solex 38 PDSI (mit Chokezug)	85
518 ab 8/75–8/80 (Normalbenzin)	Solex 32/32 DIDTA	86
518 ab 9/80–8/84	Solex 2B4*	94
520 bis 7/76	2 Stromberg 175 CDET	98
525/528 bis 7/76	2 Zenith 32(35)/40 INAT	101
525/528 ab 8/76, 520 ab 8/76	Solex 4A1	105

*) Von 9/83 bis 8/84 auch mit 2BE-Vergaser (Ecotronic). Dieser elektronisch geregelte Vergaser läßt sich mit Heimwerkermitteln nicht reparieren. Funktionserklärung, siehe Seite 95.

Da einige Arbeitsanweisungen für die verschiedenen Vergaser gleich sind, werden diese nur beim 38 PDSI-Vergaser beschrieben.

Hinweis: Die Schrauben an Vergaser oder Einspritzanlage, mit denen die Abgaszusammensetzung verändert werden kann, müssen aufgrund gesetzlicher Bestimmungen eingriffsicher gemacht werden. Die Lage und Anzahl der Einstellschrauben sind vom Vergasertyp abhängig.

Die Sicherungskappen lassen sich zum Teil mit einer Zange oder einem Schraubendreher entfernen. Bei manchen Kappen ist es zweckmäßig, eine Blechschraube mit einem Durchmesser von ca. 2 mm in die Kunststoffkappe einzuschrauben; dann mit einer Zange die Schraube mitsamt Kappe herausziehen. Die Sicherungskappen werden dabei zerstört. Nach einer Einstellung müssen die Einstellschrauben mit neuen Kappen (Ersatzteil) gesichert werden.

Sofern die Abgas-Werte nicht den gesetzlichen Vorschriften entsprechen, erlischt die ABE (Allgemeine Betriebserlaubnis). Fehlen am Vergaser die Sicherungskappen, kann dies bei einer polizeilichen Überprüfung des Fahrzeugs zu einem Bußgeldverfahren führen.

Achtung: Bei Fahrzeugen, die mit einer elektronischen Zündanlage ausgestattet sind, müssen verschiedene Punkte beachtet werden, um Verletzungen von Personen bzw. die Zerstörung der TSZ-Anlage zu vermeiden, siehe Seite 46.

Außerdem sind die Sauberkeitsregeln bei Arbeiten an der Kraftstoffanlage zu beachten, siehe Seite 75.

Vergasereinstellung

Jeder Vergaser wird im Werk geprüft und eingestellt. An dieser Einstellung sollte nichts verändert werden. Sehr hoher Kraftstoffverbrauch und schlechte Motorleistung haben nämlich meist andere Ursachen wie verstellter Zündzeitpunkt, abgebrannte Unterbrecherkontakte/Zündkerzen oder falsch eingestelltes Ventilspiel des Motors. Daher sollten diese Punkte **vor** jeder Vergasereinstellung kontrolliert und gegebenenfalls berichtigt werden. Auch Fahrweise und Verkehrsbedingungen spielen beim Kraftstoffverbrauch eine große Rolle. Beim Vergaser kann man sich für gewöhnlich auf ein sorgfältiges Einstellen des Leerlaufs beschränken. Eine korrekte Leerlaufeinstellung ist überhaupt wichtiger als man gemeinhin glaubt, denn sie beeinflußt noch bis zu mittleren Drehzahlen hinauf den Übergang des Motors.

Solex 38 PDSI-Vergaser

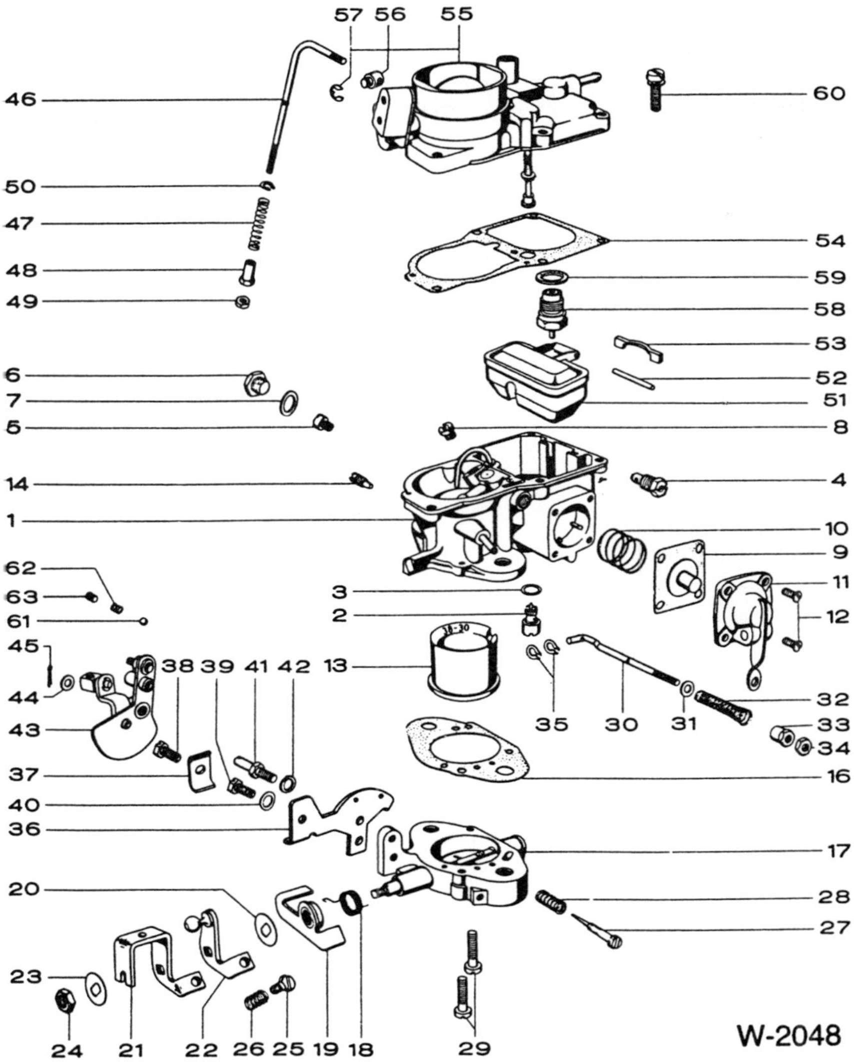

1 – Schwimmergehäuse
2 – Anreicherungsventil
3 – Dichtring
4 – Leerlaufdüse
5 – Hauptdüse
6 – Verschlußschraube
7 – Dichtring
8 – Luftkorrekturdüse
9-12 – Beschleunigungspumpe
13 – Lufttrichter
14 – Halteschraube
16 – Isolierdichtung
17 – Drosselklappenteil
18-24 – Drosselklappenhebel
25 – Leerlaufeinstellschraube
26 – Druckfeder
27 – Leerlaufgemisch-Schraube
28 – Druckfeder
29 – Zylinderschrauben
30-35 – Beschl.-Pumpenstange
36-45 – Starterhebel mit Befestigung
46-50 – Starterklappenstange
51-53 – Schwimmer, -achse
54 – Dichtung
55-57 – Deckel mit Teilen
58 – Schwimmernadelventil
59 – Dichtring
60 – Zylinderschraube
61 – Kugel
62 – Druckfeder
63 – Schaftschraube

W-2048

Der 38 PDSI-Vergaser ist ein Fallstromvergaser mit nur einer Mischkammer und einem Saugrohr-Durchmesser von 38 mm. Die drei Hauptteile sind: Drosselklappenteil, Vergasergehäuse und Vergaserdeckel.

Die Starteinrichtung des Vergasers wird über einen Starterzug (Choke) manuell betätigt. Bei Kaltstart und gezogenem Choke wird über ein Gestänge die obere Klappe im Vergaser, die Starterklappe, bis auf einen schmalen, genau definierten Spalt geschlossen. Gleichzeitig wird über eine Kurvenscheibe die Drosselklappe etwas geöffnet. Beim Motorstart entsteht auf diese Weise ein starker Unterdruck im Vergaser, der eine genügend fette Benzinmischung in den Lufttrichter saugt. Einwandfreies Kaltstartverhalten erfordert eine exakte Einstellung der Startvorrichtung. Ein nachträgliches Einstellen von Starterklappen- und Drosselklappenspalt ist jedoch in der Regel nur nach Ersatz des kompletten Vergaserdeckels erforderlich.

Der Vergaser arbeitet nach dem Umgemischsystem. Der Leerlauf wird durch Verdrehen der Drosselklappen-Anschlagschraube eingestellt. Diese Einrichtung ermöglicht die Verstellung der Leerlaufdrehzahl, ohne daß die Gemischzusammensetzung und damit die Abgaswerte beeinflußt werden.

Beim Beschleunigen wird über einen mit der Drosselklappe verbundenen Hebel in einer kleinen Membranpumpe, der Beschleunigungspumpe, über ein gebogenes Röhrchen Benzin zusätzlich in den Saugkanal eingespritzt, da das Hauptdüsensystem nicht gleich genügend Kraftstoff liefert. Bei voll geöffneter Drosselklappe gelangt zusätzlich Benzin über ein Rohr in den Saugkanal, damit der Motor auf volle Leistung kommt. Das über den Saugrohrunterdruck gesteuerte Anreicherungsventil öffnet hierzu den entsprechenden Kraftstoffkanal.

Solex 32/32 DIDTA-Vergaser

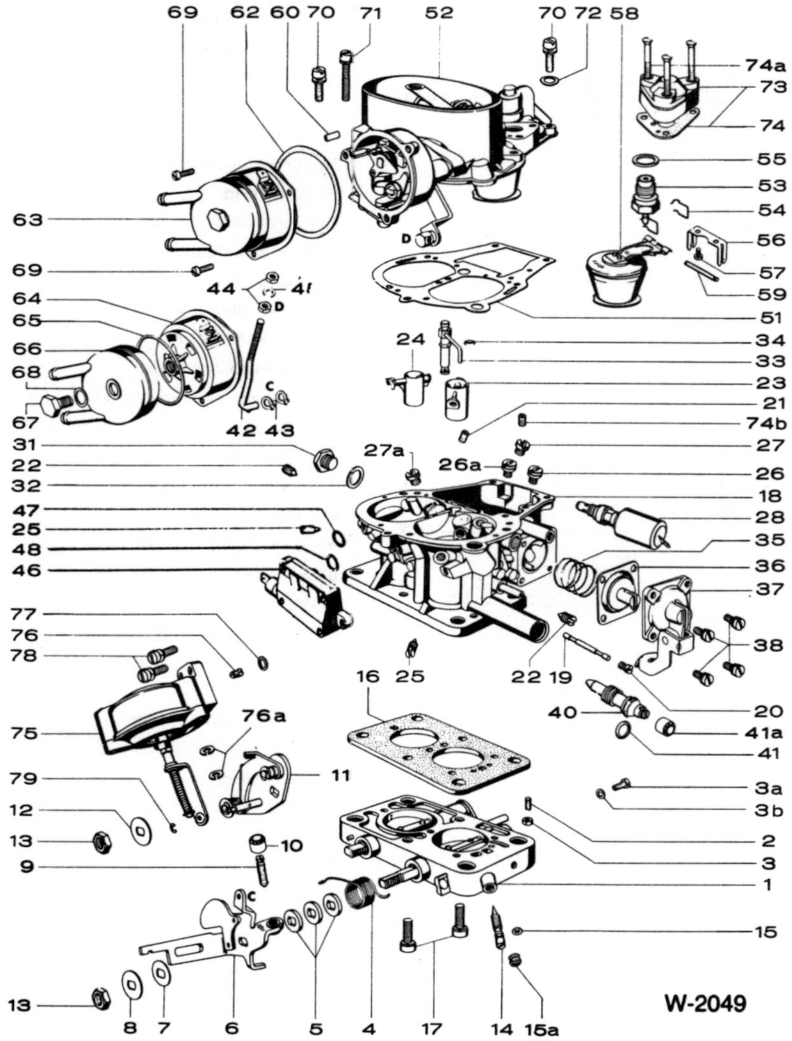

1-3 – Drosselklappenteil
4-8 – Drosselklappenhebel
9 – Anschlagschraube
10 – Sicherungskappe
11 – Übertragungshebel
12,13 – Scheibe, Mutter
14 – Leerlaufgemisch-Schraube
15,15a – Dichtung, Sicherungskappe
16 – Isolierdichtung
17 – Zylinderschrauben
18-20 – Schwimmergehäuse
21 – Übergangsdüse
22,25 – Halteschraube
23,24 – Vorzerstäuber I+II
26 – Hauptdüsen I+II
27 – Luftkorrekturdüse I+II
28 – Leerlauf-Abschaltventil
31,32 – Verschlußschraube, Dichtring
33,34 – Pumpenspritzrohr mit Dichtung
35-38 – Beschleunigungspumpe
40 – Umluft-Regulierschraube
41,41a – Dichtung, Sicherung
42-45 – Starterverbindungsstange
46 – Thermo-Startventil
47,48 – Dichtungen
51 – Vergaserdeckeldichtung
52 – Vergaserdeckel
53,54 – Schwimmernadelventil
55 – Dichtring
56-59 – Schwimmer mit Teilen
60 – Schutzschlauch
62 – Isolierdichtung
63-69 – Starterdeckel
73,74 – Anreicherungsventil
74b – Anreicherungsdüse
75-77 – Unterdruckdose

Der 32/32 DIDTA-Vergaser ist ein Fallstrom-Registervergaser mit zwei Mischkammern und zwei Saugkanälen mit einem Durchmesser von je 32 mm. Die drei Hauptteile sind: Drosselklappenteil, Schwimmergehäuse und Vergaserdeckel.
Bis in mittlere Drehzahlen erhält der Motor sein Kraftstoff-Luft-Gemisch nur aus einem Saugkanal, der sogenannten I. Stufe. Bei höheren Drehzahlen öffnet eine Unterdruckdose am Vergaser die Drosselklappe des 2.Saugkanals, der II. Stufe.

Der Vergaser besitzt eine automatische Starteinrichtung. Vor dem Kaltstart muß das Gaspedal einmal ganz durchgetreten werden. Dabei wird die obere Klappe in der I. Stufe, die Starterklappe, durch eine Bimetallfeder fast geschlossen. Gleichzeitig ist über ein Gestänge die Drosselklappe etwas geöffnet. Beim Motorstart (dabei Gaspedal nicht mehr betätigen) entsteht auf diese Weise ein starker Unterdruck im Vergaser, der eine genügend fette Benzinmischung in den Lufttrichter saugt. Damit das Gemisch beim Kaltstart nicht zu fett wird, zieht eine Unterdruckdose die Starterklappe gegen die Kraft der Bimetallfeder ein wenig auf. Mit dem Einschalten der Zündung wird die Bimetallfeder im Startautomatikgehäuse durch Stromzufuhr elektrisch beheizt, außerdem ist der Starterdeckel an den Motorkühlmittel-Kreislauf angeschlossen. Durch die allmähliche Erwärmung während dem Motorlauf dehnt sich die Bimetallfeder aus und öffnet so die Starterklappe langsam. Ein Temperaturschalter im Kühlmittelkreislauf schaltet ab Temperaturen über +45° C die Stromzufuhr zur Bimetallfeder sowie zum Thermostartventil, das zusätzlich Kraftstoff einspritzt, ab. Einwandfreies Kaltstartverhalten erfordert eine exakte Einstellung des Starterdeckels. Ein nachträgliches Einstellen von Starterklappen- und Drosselklappenspalt ist jedoch in der Regel nur nach Ersatz des kompletten Vergaserdeckels erforderlich.

Beschleunigungspumpe, Normalbetrieb und Vollast der I. Stufe entsprechen dem PDSI-Vergaser. Der Leerlauf hat jedoch zusätzlich ein Umluftsystem. Auf keinen Fall darf bei diesem Vergaser die Drosselklappen-Anschlagschraube verdreht werden, da sonst die gesamte Vergasereinstellung durcheinandergerät.

Motorlastabhängig wird über eine Membrane in der Unterdruckdose durch den Saugrohrunterdruck die II.Stufe geöffnet. Die beiden Stufen arbeiten unabhängig voneinander.

Leerlaufdrehzahl und CO-Gehalt prüfen/einstellen

Solex 38 PDSI und 32/32 DIDTA-Vergaser

- Voraussetzung sind eine korrekte Einstellung von Ventilspiel, Schließwinkel und Zündzeitpunkt, gegebenenfalls einstellen.
- Motor warmfahren, Kühlmitteltemperaturanzeige muß etwa in der Mitte stehen (Öltemperatur mindestens +60° C).
- Elektrische Verbraucher ausschalten.
- Luftfilter-Einsatz auf einwandfreien Zustand prüfen, siehe Seite 279.
- Drehzahlmesser und CO-Meßgerät nach Vorschrift anschließen; Luftfilter aufgeschraubt lassen.

Achtung: Schlauch für Kurbelgehäuseentlüftung bleibt aufgesteckt.

- Motor starten und im Leerlauf drehen lassen.
- Ansauganlage auf Dichtheit prüfen. Dazu alle Dichtstellen der Ansauganlage mit einem Pinsel und Benzin bestreichen. Wenn sich dabei kurzfristig die Drehzahl erhöht, dann saugt der Motor Nebenluft an. Undichte Stelle lokalisieren und beseitigen.

Achtung: Kraftstoffdämpfe nicht einatmen – giftig! Benzin nicht auf glühende Teile oder Zündanlage spritzen. Feuergefahr!

- Leerlaufdrehzahl prüfen, Sollwert siehe Seite 49.

Solex 38 PDSI

- Bei Abweichung der Leerlaufdrehzahl, Einstellschraube –2– verdrehen, bis der Sollwert erreicht wird.
- CO-Gehalt prüfen, Sollwert siehe Seite 49.
- Bei Abweichung des CO-Wertes, CO-Einstellschraube –1– verdrehen.
- CO-Wert und Leerlauf solange aufeinander einregulieren, bis die Sollwerte eingehalten werden.

Solex 32/32 DIDTA

- Gegebenenfalls Sicherungskappen von den Einstellschrauben entfernen. Dazu Plastikstopfen in der Mitte lochen, geeignete Holz- oder Blechschraube reindrehen und Schraube mitsamt der Sicherungskappe herausziehen. Wenn nötig, Luftfilter abnehmen und anschließend wieder aufsetzen.
- Leerlauf durch Verdrehen der Schraube –1– auf Sollwert einstellen. Sollwert, siehe Seite 49.
- CO-Gehalt durch Verdrehen der CO-Einstellschraube –2– auf den Sollwert einstellen. Verdrehen im Uhrzeigersinn ergibt fetteres Gemisch, gegen den Uhrzeigersinn mageres Gemisch.

Achtung: Falls die Sollwerte nicht erreicht werden können oder die Drosselklappe klemmt, Grundeinstellung wie folgt vornehmen:

- Gaszug aushängen.
- Schraube –1– bis zum Festsitz eindrehen, siehe Abbildung.
- Mit der Anschlagschraube –3– die Motordrehzahl auf 700 bis 750/min einstellen.
- CO-Gehalt mit der Schraube –2– auf ca. 2 Vol.% einstellen.
- Danach Leerlauf und CO durch Verdrehen der Schrauben –1– und –2– auf die Sollwerte einregulieren.
- Neue Sicherungsstopfen einsetzen.
- Meßgeräte entfernen.

Vergaser aus- und einbauen

Es empfiehlt sich, alle Anschlüsse und Leitungen vor dem Abziehen mit Farbe oder Tesaband zu markieren, damit sie nach dem Einbau wieder richtig aufgesteckt werden.

Ausbau

- Batterie-Massekabel (–) abklemmen.
- Luftfilter ausbauen, siehe Seite 80.
- Falls vorhanden, Chokezug abbauen.
- Kraftstoffzuleitung abziehen, vorher Schlauchschelle lösen.

DIDTA/PDSI-Vergaser

- Die Abbildung zeigt den DIDTA-Vergaser. Gaszug –1– am Drosselklappenhebel aushängen. Dazu mit Schraubendreher Drosselklappensegment etwas aufbiegen. Kabel –2– und –3– vom Startergehäuse und Leerlaufabschaltventil, Unterdruckschlauch –4– abziehen. Beim PDSI-Vergaser Gasgestänge aushängen.
- Am Starterdeckel Kühlmittelschläuche abziehen, vorher Schlauchschellen lösen und zurückschieben.
- 4 Flanschschrauben –6– abschrauben, der PDSI-Vergaser hat nur 2 Flanschschrauben.

2B4/2BE-Vergaser

- Vergaser abschrauben –Pfeile– und vom Isolierflansch abnehmen.

- Vergaser herausheben, dabei Drosselklappenwelle festhalten und abnehmen.
- Ansaugöffnung mit sauberem Lappen abdecken.

Einbau

- Vergaser- und Saugrohrflansch von Dichtungsresten reinigen. **Neue** Dichtung auflegen, Vergaser aufsetzen und festschrauben.
- Unterdruckleitung und elektrische Anschlüsse nach Markierung aufschieben.
- Kraftstoff- und Kühlmittelleitungen aufschieben und mit Schellen sichern.
- Gaszug und, falls vorhanden, Chokezug anschließen und einstellen, siehe Seite 89
- Batterie-Massekabel anklemmen.
- Leerlauf und CO-Gehalt einstellen.

Vergaseroberteil aus- und einbauen

Diese Arbeit kann bei eingebautem Vergaser durchgeführt werden.

Ausbau

- Luftfilter ausbauen, siehe Seite 80.

DIDTA-Vergaser: Unterdruckdose –1– am Vergaserdeckel und Starterdeckel –2– abbauen. Die Kühlmittelschläuche können angeschlossen bleiben.

Kraftstoffleitung abziehen, vorher Schlauchschelle lösen.

Vergaserdeckel vom Schwimmergehäuse abschrauben und abnehmen. Die Abbildung zeigt den PDSI-Vergaser. Beim DIDTA-Vergaser müssen entsprechend 5 Schrauben gelöst werden.

Vergaserdeckel vorsichtig abheben. **Achtung:** Die Verbindungsstange zur Starterklappenbetätigung bleibt angeschlossen. Stange nicht verbiegen, Vergaserdeckel zur Seite schwenken.

bau

Einbau in umgekehrter Reihenfolge. Dichtung zwischen Vergaserdeckel und Schwimmergehäuse immer ersetzen, Befestigungsschrauben nur ganz leicht mit 4 Nm anziehen.

Gaszug einstellen

Achtung: Der Gaszug ist sehr knickempfindlich und daher beim Einbau besonders sorgfältig zu behandeln. Ein einziger leichter Knick kann zum späteren Bruch im Fahrbetrieb führen. Züge, die geknickt wurden, dürfen deswegen **nicht** eingebaut werden.

- Luftfilter ausbauen, siehe Seite 80.
- Gaspedal ganz durchdrücken (Vollgasstellung) und in dieser Stellung mit geeignetem Brett zwischen Sitz und Pedal festklemmen.

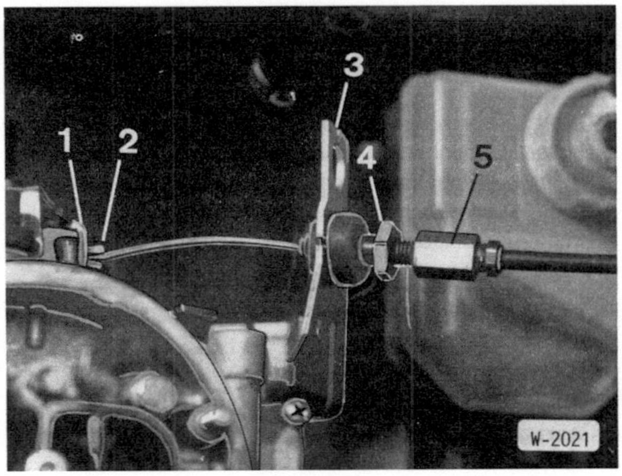

- Kontermutter –4– lösen.
- Drosselklappenhebel –1– in Vollgasstellung drücken und Einstellschraube –5– so weit herausdrehen, bis der Gaszug gespannt ist.
- Kontermutter festziehen.
- Luftfilter einbauen, siehe Seite 80.

Gaszug am Vergaser aushängen

- Luftfilter ausbauen, siehe Seite 80.
- Am Drosselklappenhebel Gas geben, damit der Gaszugnippel entspannt wird.

- Die Abbildung zeigt den DIDTA-Vergaser. Gaszug –1– am Drosselklappenhebel aushängen. Dazu mit Schraubendreher Drosselklappensegment etwas aufbiegen. Kabel –2– und –3– vom Startergehäuse und Leerlaufabschaltventil, Unterdruckschlauch –4– abziehen. Beim PDSI-Vergaser Gasgestänge aushängen.
- Gegenlager am Vergaser abschrauben und mit Gaszug zur Seite legen.

Einhängen

- Gaszug mit Halter am Vergaser anschrauben.
- Seilzugnippel in den Drosselklappenhebel einlegen.
- Drosselklappenhebel mit Zange etwas zusammenbiegen, damit der Nippel gesichert ist. **Achtung:** Der Seilzug mit Nippel darf nicht eingeklemmt sein, muß also noch beweglich sein.
- Gaszugeinstellung kontrollieren.
- Luftfilter einbauen, siehe Seite 80.

Starterzug (Chokezug) einstellen

Vergaser Solex 38 PDSI

Ein falsch eingestellter Starterzug verursacht Startprobleme oder überhöhten Kraftstoffverbrauch, da dann die Starterklappe (obere Klappe im Vergaser) nicht vollständig geöffnet beziehungsweise geschlossen werden kann.

- Chokeknopf im Fahrzeug bis zum Anschlag hineinschieben. Die Starterklappe muß jetzt ganz geöffnet sein (senkrecht stehen). In dieser Stellung Starterzug **spannungsfrei** mit Klemmschraube am Starterhebel festziehen. **Achtung:** Nur leicht anziehen, sonst bricht der Bowdenzug an der Klemmschraube im späteren Fahrbetrieb.

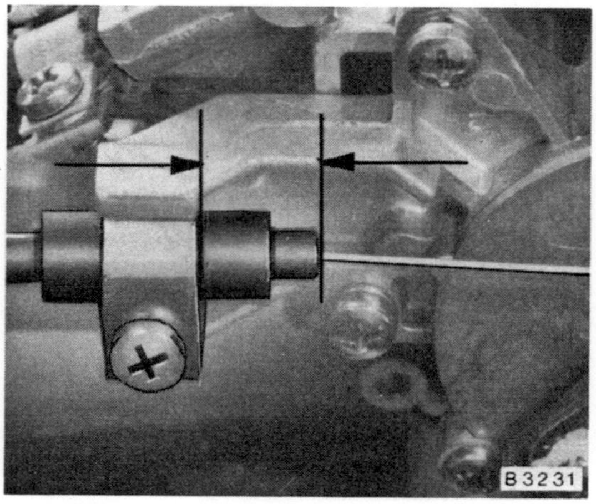

- Die Bowdenzughülle soll am Gegenlager nicht mehr als 15 mm überstehen.
- Chokeknopf ganz herausziehen. Jetzt muß der Starterhebel am Vergaser an der Anschlagschraube anliegen.

Leerlaufabschaltventil prüfen

Alle Vergaser außer PDSI-Vergaser

Das Leerlaufabschaltventil verschließt beim Abschalten der Zündung den Zulauf des Leerlaufgemisches in die Mischkammer. Dadurch wird verhindert, daß der abgeschaltete Motor aufgrund von Glühzündungen nachläuft. Bei einem Defekt des Ventils springt der Motor nicht an.

Prüfen

- Motor starten und im Leerlauf drehen lassen.

- Steckverbindung –3– für Leerlaufabschaltventil trennen. Der Motor muß stehenbleiben, dann ist das Abschaltventil in Ordnung. Die Abbildung zeigt den DIDTA-Vergaser.
- Steckverbindung zusammenstecken. Dabei muß das Ventil hörbar klicken.

- Anschluß am Leerlaufabschaltventil über Hilfskabel mit dem Pluspol der Batterie verbinden. Ventil muß klicken.
- Sonst Leerlaufabschaltventil abschrauben und herausnehmen. Massekontakt zum Vergaser überprüfen, gegebenenfalls Ventil ersetzen.

Achtung: Leerlaufabschaltventil nur ganz leicht mit 2 Nm einschrauben. Lockere oder zu fest angezogene Ventile führen zu Funktionsstörungen.

Startautomatik aus- und einbauen

Solex 32/32 DIDTA-Vergaser

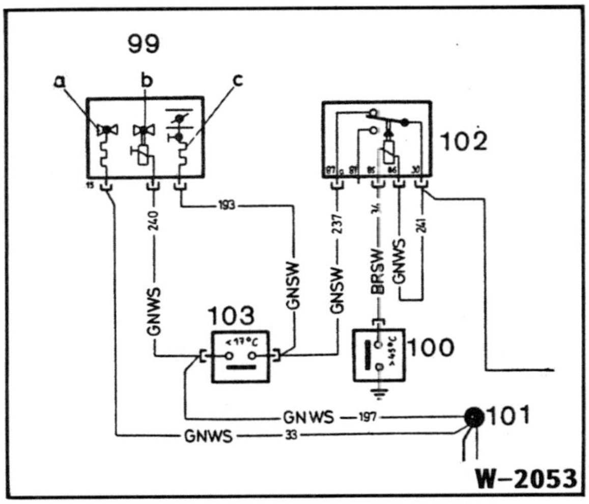

a – Thermostartventil, b – Leerlaufabschaltventil, c – Heizwendel-Starterdeckel, 100 – Temperaturschalter Wasser, 101 – Lötstelle, 102 – Umschaltrelais, 103 – Temperaturschalter Luft

Die Startautomatik wird elektrisch- und wasserbeheizt. Die elektrische Beheizung wird über einen Thermoschalter im Kühlmittelkreislauf bei Temperaturen über ca. +45° C abgeschaltet. Der Thermoschalter sitzt im Kühlmittelkreislauf im Ansaugkrümmer.

Ausbau

- Luftfilter ausbauen, siehe Seite 80.
- Elektrische Leitung für Startautomatik am Starterdeckel abziehen.
- 2 Kühlmittelschläuche am Starterdeckel abziehen, dazu Schlauchschellen lösen.
- 3 Schrauben am Befestigungsring herausdrehen, Starterdeckel abnehmen.

Einbau

- Beim Einbau darauf achten, daß die Heizspirale (Bimetallfeder) in den Mitnehmerhebel greift. Heizspirale vorher auf Bruch untersuchen, gegebenenfalls ersetzen.
- Starterdeckel ansetzen, 3 Schrauben reindrehen, noch nicht festziehen.

- Startautomatik einstellen. Richtig eingestellt ist die Startautomatik, wenn die Markierungen von Starterdeckel und Startergehäuse –Pfeil– fluchten.

Achtung: Beim Verdrehen des Starterdeckels dreht sich die Starterklappe mit. Falls die Startautomatik zu früh abschaltet (Motor bleibt während der Warmlaufphase stehen), kann der Starterdeckel in Richtung »Starterklappe zu« verdreht werden, bis die Markierungen um ca. 5 mm versetzt sind. Die Starterklappe öffnet dann entsprechend später.

- Starterdeckel festziehen.
- Elektrische Leitungen und Kühlmittelschläuche für Startautomatik aufstecken.
- Batterie-Massekabel anklemmen.
- Anschließend Startautomatik prüfen: Motor im Leerlauf drehen lassen. Je nach Außentemperatur muß sich die Luftklappe nach etwa 5 Minuten ganz geöffnet haben. Sonst Thermoschalter für Startautomatik überprüfen.
- Luftfilter einbauen.

Schwimmernadelventil prüfen/ersetzen

Solex 38 PDSI, 32/32 DIDTA, 2B4, Stromberg 175 CDET-Vergaser

Ein undichtes oder hängendes Schwimmernadelventil bewirkt hohen Benzinverbrauch oder Vergaserausfall, da zu viel Kraftstoff in den Vergaser gefördert wird. Der Schwimmer im Vergaser hat die Aufgabe, das Schwimmernadelventil zu betätigen. Bei einem bestimmten Kraftstoffstand in der Schwimmerkammer sperrt der Schwimmer die weitere Kraftstoffzufuhr durch Eindrücken des Schwimmernadelventils.

Prüfen

- Das Schwimmernadelventil darf beim Hineinblasen (mit dem Mund) in den Kraftstoffanschluß keine Luft durchlassen, wenn der kleine Betätigungsstift für den Schwimmer von unten leicht mit dem Finger hineingedrückt wird. Der Stift muß leicht beweglich sein.

Ausbau

- Vergaseroberteil ausbauen, siehe Seite 88.

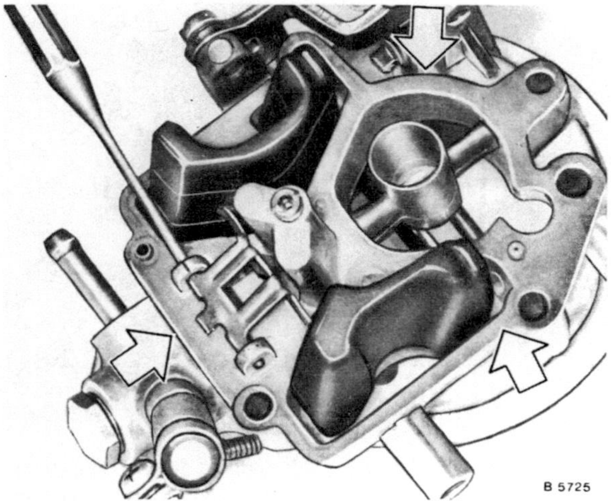

- Schwimmer ausbauen. Dazu Schwimmerachse herausdrücken. Vergaserdeckeldichtung abnehmen.

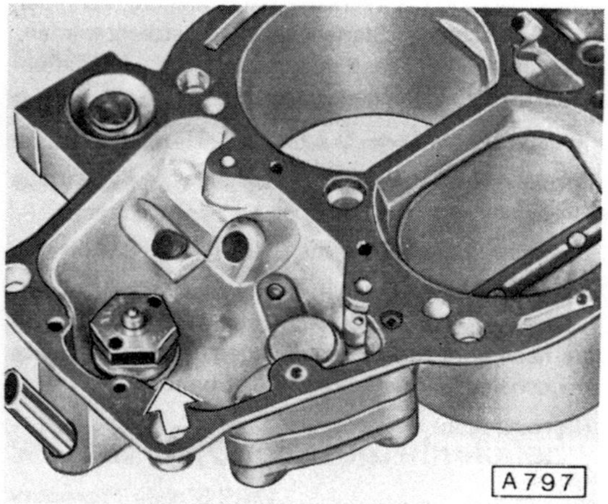

- Schwimmernadelventil aus Vergaserdeckel herausschrauben. Kupferdichtring abnehmen.

Einbau

- Schwimmernadelventil mit neuem Kupferdichtring einschrauben. Die Dichtung sollte die gleiche Stärke wie die ausgebaute Dichtung haben, da sich sonst der Schwimmerstand verändert.
- Schwimmer einsetzen und Schwimmerachse eindrücken.

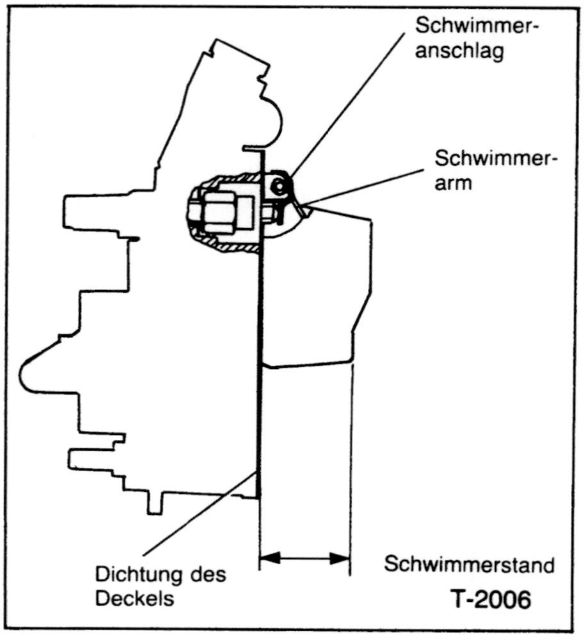

- Schwimmerstand prüfen. Dazu Vergaserdeckel senkrecht halten, siehe Abbildung. Der Schwimmer muß am Anschlag anliegen. **Achtung:** Beim DIDTA-Vergaser wird der Abstand zur oberen Ringwulstkante am Schwimmer gemessen. Abstand zwischen Schwimmer und Deckeldichtung messen und mit Sollwert vergleichen, siehe Seite 108.
- Gegebenenfalls Schwimmerarm vorsichtig nachbiegen.
- Vergaserdeckel mit neuer Dichtung aufsetzen und verschrauben, siehe Seite 88.

Einspritzmenge prüfen/einstellen

Vergaser Solex 38 PDSI, 32/32 DIDTA, 2B4

Die Einspritzmenge der Beschleunigerpumpe ist immer dann zu überprüfen, wenn der Motor beim Beschleunigen nicht mehr seine volle Kraft entwickelt oder wenn der Kraftstoffverbrauch zu hoch ist.

- Motor kurz laufen lassen, damit sich die Schwimmerkammer füllt.
- Luftfilter abbauen.
- Am Drosselklappenhebel bis zum Anschlag Gas geben.
- Während dem Gasgeben von oben in den Vergaser schauen. Durch ein dünnes Röhrchen muß Benzin ins Saugrohr eingespritzt werden. Bei sattem Strahl ist die Einspritzmenge ausreichend.
- Ist das nicht der Fall, Vergaser ausbauen und die exakte Menge messen.
- Das Schwimmergehäuse muß mit Kraftstoff gefüllt sein, gegebenenfalls auffüllen.

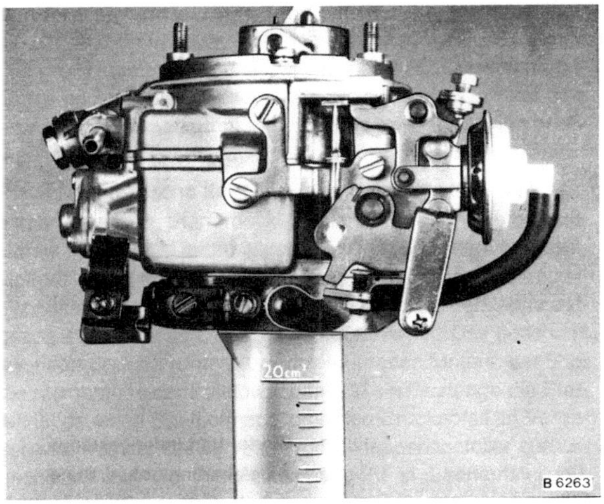

- Vergaser über Meßglas halten und Drosselklappe am Drosselklappenhebel 10 mal gleichmäßig langsam voll öffnen und schließen, ca. 3 Sekunden pro Hub.
- Erhaltene Kraftstoffmenge durch 10 dividieren. Die Fördermenge/Hub muß im Sollwertbereich liegen, siehe Seite 108.

- Bei Abweichungen vom Sollwert Deckel von der Beschleunigerpumpe abschrauben. Membrane überprüfen, gegebenenfalls ersetzen.

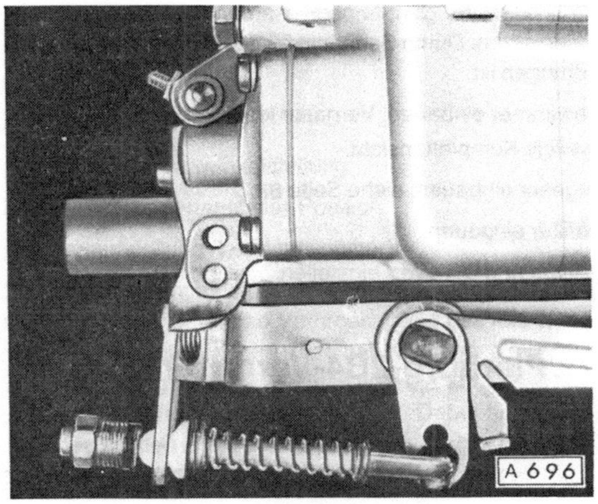

- Wird der Sollwert nicht erreicht, Mutter an der Betätigungsstange verstellen, vorher Kontermutter lösen. Mutter nach rechts drehen=größere Einspritzmenge; Mutter nach links drehen=kleinere Einspritzmenge. Einige Vergaser besitzen anstelle der Betätigungsstange eine Kurvenscheibe, die zum Einstellen der Einspritzmenge am Langloch verschoben werden muß.
- Einstellschrauben festziehen.
- Läßt sich der Sollwert nicht einstellen, Einspritzrohr auf Verschmutzungen prüfen.
- Luftfilter einbauen.

Vergaser prüfen/reinigen

Eine Überprüfung des Vergasers ist bei Fahrzeugen mit hoher Laufleistung vorzunehmen, wenn der Motor Mängel im Fahrverhalten zeigt.

- Vergaserdeckel abschrauben, siehe Seite 88.
- Schwimmer ausbauen, Schwimmernadelventil prüfen, gegebenenfalls Schwimmernadelventilsitz herausschrauben und bei Verschleiß mit Schwimmernadel erneuern, siehe Seite 91.
- Vergaser zerlegen und reinigen. Zur vollständigen Säuberung alle Teile mit handelsüblichem Vergaser-Reinigungsbad oder Maschinen-Kaltreiniger und einem Pinsel reinigen und Teile mit Druckluft abblasen.
- Zur Reinigung der kalibrierten Düsen keine Metallstifte oder Drähte verwenden. Möglichst immer nur eine Düse herausschrauben und gleich wieder einsetzen, damit keine Teile vertauscht werden. Bei Einstelldüsen Umdrehungszahl merken, damit der Vergaser nicht verstellt wird.
- Die Spitze der Leerlaufregulierschraube darf keine Druckstellen aufweisen, sonst austauschen.
- Alle Dichtungen und bei Verschleiß auch die Membranen des Vergasers ersetzen. Es gibt von BMW Reparatursätze mit den Verschleißteilen.
- Spiel der Drosselklappenwelle prüfen, dazu Welle mit den Fingern in den Lagern hin- und herbewegen. Bei merklichem Lagerspiel Drosselklappenwelle austauschen.

- Der Schwimmer darf keine Risse aufweisen, gegebenenfalls ersetzen. Durch Schütteln feststellen, ob Kraftstoff eingedrungen ist.
- Schwimmer einbauen, Vergaser komplettieren, siehe jeweilige Komplettansicht.
- Vergaser einbauen, siehe Seite 88.
- Luftfilter einbauen.
- Leerlauf und CO-Wert einstellen.

Solex/Pierburg-2B4-Vergaser

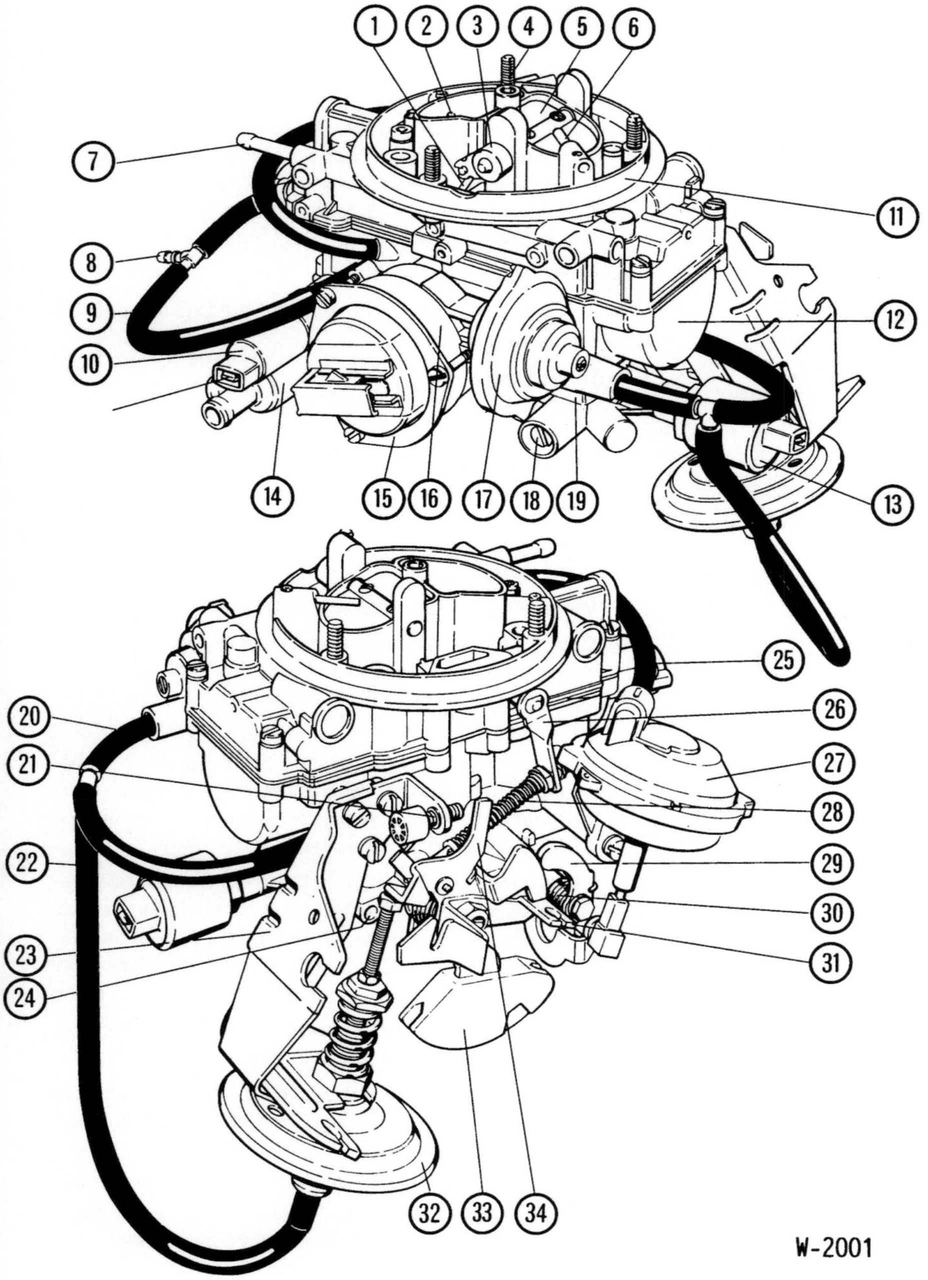

1 – Starter-Verbindungsstange
2 – Anreicherungsrohr II. Stufe
3 – Gabelhebel
4 – Befestigungsschraube für Luftfilter
5 – Starterklappe
6 – Anreicherungsrohr I. Stufe
7 – Kraftstoffzulauf
8 – Anschluß für Spätverstellung der Zündung
9 – TN-Verbindungsschlauch*
10 – Durchlaufventil
11 – Vergaserdeckel
12 – Schwimmergehäuse
13 – Leerlaufabschaltventil
14 – TN-Dehnstoffelement
15 – Haltering für Starterdeckel
16 – Startergehäuse
17 – Pulldown-Dose
18 – Leerlaufdrehzahl-Einstellschraube
19 – Drosselklappenteil
20 – Schlauch zum Pulldown
21 – Drosselklappen-Einstellschraube
22 – Schlauch zum Drosselklappenansteller
23 – Halter Gaszug
24 – CO-Einstellschraube
25 – Schlauch zur Membrandose
26 – Pumpenübertragungshebel
27 – Membrandose II. Stufe
28 – Pumpenstange mit Feder
29 – Verriegelungshebel
30 – Rückdrehfeder II. Stufe
31 – Segmenthebel
32 – Drosselklappenansteller
33 – Segment für Gaszug
34 – Drosselhebel

***) TN = Thermo-Nebenschlußstarter**

Der Vergaser 2B4 ist ein Fallstrom-Registervergaser mit kompaktem Aufbau und Mischkammerdurchmessern von 34 mm. Die drei Hauptteile sind Drosselklappenteil, Schwimmergehäuse und Vergaserdeckel. Jede der beiden Stufen hat eine eigene Schwimmerkammer. Die Leerlaufdrehzahl kann nachreguliert werden, ohne daß sich dabei der CO-Gehalt ändert.

Die vollautomatische Starteinrichtung enthält außer dem elektrisch beheizten Starterdeckel einen Thermo-Nebenschlußstarter sowie ein Durchlaufventil mit nadelgesteuerter Kraftstoffdosierung für die ersten Phasen des Kaltstarts. Unmittelbar nach dem Kaltstart des Motors wird die Starterklappe aufgezogen, damit das Gemisch nicht überfettet. Das geschieht über den Saugrohrunterdruck des laufenden Motors, der über die Membran in der Pulldowndose und ein Gestänge die Starterklappe einen Spalt öffnet. Durch den Druckabfall im Vergaser wird nun der Stößel vom Drosselklappenansteller zurückgezogen, und die Drosselklappe geht in Leerlaufstellung. Zusätzliche Einrichtungen sorgen für einwandfreien Motorlauf unter allen Bedingungen.

Bosch/Pierburg 2BE-Vergaser (Ecotronic)

Der 518 wurde in der Zeit von 9/83 bis 8/84 mit einem elektronisch gesteuerten 2BE-Vergaser (ECOTRONIC) ausgerüstet. Es handelt sich hier um einen vereinfachten 2B4-Vergaser, dessen Anpassung an die Betriebszustände des Motors durch ein elektronisches Steuergerät erfolgt, das hinter einer Abdekkung oberhalb vom Handschuhfach sitzt. Durch die elektronische Steuerung können mit diesem Vergaser bessere Abgasgrenzwerte eingehalten werden.

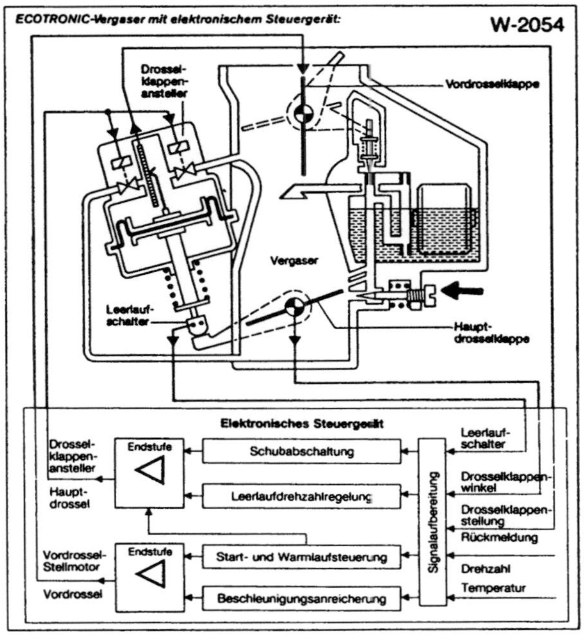

Das Steuergerät verarbeitet folgende Signale, die ihm durch Sensoren übermittelt werden:

- Motordrehzahl
- Motortemperatur
- Drosselklappenwinkelstellung
- Drosselklappenansteller-Position
- Leerlaufstellung (Leerlaufschalter)

Die Vordrossel entspricht in etwa der Starterklappe beim bisherigen Vergaser. Durch die Vordrossel wird das Mischungsverhältnis von Kraftstoff und Luft bei Kaltstart, Warmlauf und Beschleunigung geregelt. Betätigt wird die Vordrossel über ein Gestänge durch den Vordrosselsteller. Dabei handelt es sich um einen kleinen Elektromotor, der vom Vergaser-Steuergerät angesteuert wird und so ausgelegt ist, daß er sehr schnelle Verstellgeschwindigkeiten ermöglicht. Gleichzeitig wird über einen Hebel auf der anderen Seite der Vordrosselachse der Querschnitt der Leerlaufluftkorrekturdüse je nach Stellung der Vordrossel verändert.

Der Drosselklappenansteller ist erforderlich für die automatische Steuerung von Start, Hochlauf, Warmlauf, Leerlaufdrehzahl, Schubabschaltung und das Abstellen des Motors.

Beim Drosselklappenansteller handelt es sich um einen elektropneumatischen Steller, der vom Vergaser-Steuergerät angesteuert wird und dementsprechend die Stellung der Drosselklappe in einem bestimmten Bereich regelt. Dieser Regelbereich reicht von erhöhter Leerlaufdrehzahl bis zum vollständigen Schließen der Drosselklappe, also Schubabschaltung oder Abstellen des Motors. Der Stellerstößel liegt am Drosselklappenhebel an und kann mit Hilfe einer unterdruckbeaufschlagten Membran gegen die Kraft einer Rückstellfeder bewegt werden. Der notwendige Arbeitsdruck wird durch 2 Elektromagnetventile gesteuert, wobei an einem Ventil der Saugrohrunterdruck und am anderen Ventil der atmosphärische Druck anliegt. Je nach Ansteuerung der Ventile durch das Steuergerät verändert sich der an der Membran anliegende Druck und damit die Stellung des Stößels stufenlos. Sobald der Fahrer Gas gibt, schließt der Leerlaufschalter vorn im Stößel und meldet dadurch dem Steuergerät das Abheben des Drosselklappenhebels vom Stößel.

Da der Grundaufbau des Vergasers einfach ist und die Elektronik für die ganze Lebensdauer des Vergasers gleichbleibende Gemischbildung garantiert, brauchen keine Einstellungen vorgenommen zu werden. Leerlaufdrehzahl und Warmlaufsteuerung werden über die Elektronik gesteuert, lediglich der CO-Wert kann einreguliert werden.

Bei Ausfall der Elektronik treten große Mängel im Fahrverhalten auf. Dennoch kann aufgrund der Notlaufeigenschaften des Grundvergasers das Fahrzeug bis zur nächsten Fachwerkstatt gefahren werden.

Leerlaufdrehzahl und CO-Gehalt prüfen/einstellen

2B4- und 2BE-Vergaser

Am 2BE-Vergaser ist keine Einstellschraube für die Leerlaufdrehzahl vorhanden. Die Leerlaufdrehzahl wird elektronisch geregelt.

- Motor warmfahren, bis die Kühlmittel-Temperaturanzeige in der Mitte steht (Öltemperatur mindestens +60° C).
- Voraussetzung sind eine korrekte Einstellung von Ventilspiel, Schließwinkel und Zündzeitpunkt, gegebenenfalls einstellen.
- Elektrische Verbraucher ausschalten.
- Luftfilter-Einsatz auf einwandfreien Zustand prüfen, siehe Seite 279.
- Drehzahlmesser und CO-Meßgerät nach Vorschrift anschließen; Luftfilter aufgeschraubt lassen.
- Motor starten und im Leerlauf drehen lassen.
- Ansauganlage auf Dichtheit prüfen. Dazu alle Dichtstellen der Ansauganlage mit einem Pinsel und Benzin bestreichen. Wenn sich dabei kurzfristig die Drehzahl erhöht, dann saugt der Motor Nebenluft an. Undichte Stelle lokalisieren und beseitigen.

Achtung: Kraftstoffdämpfe nicht einatmen – giftig! Benzin nicht auf glühende Teile oder Zündanlage spritzen. Feuergefahr!

2BE-Vergaser

- Schlauch für Kurbelgehäuseentlüftung abziehen.
- Leerlaufdrehzahl prüfen, Sollwert siehe Seite 50.
- Wird der Sollwert nicht erreicht, Fachwerkstatt aufsuchen und Fehler beheben lassen.
- CO-Gehalt prüfen, Sollwert siehe Seite 50.

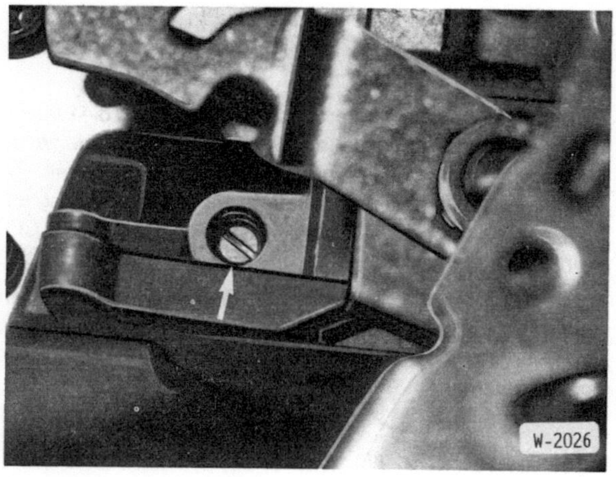

- Bei Abweichung des CO-Wertes, Sicherungskappe der CO-Einstellschraube entfernen. Dazu Plastikstopfen in der Mitte lochen, geeignete Holz- oder Blechschraube reindrehen und Schraube mitsamt der Sicherungskappe herausziehen. Wenn nötig, Luftfilter abnehmen und anschließend wieder aufsetzen.

- CO-Gehalt durch Verdrehen der CO-Einstellschraube mit einem schmalen Schraubendreher –Pfeil– auf den Sollwert einstellen.
- Schlauch für Kurbelgehäuseentlüftung aufschieben.

2B4-Vergaser

Achtung: Schlauch für Kurbelgehäuseentlüftung bleibt aufgesteckt.

- Leerlaufdrehzahl prüfen, Sollwert siehe Seite 50.

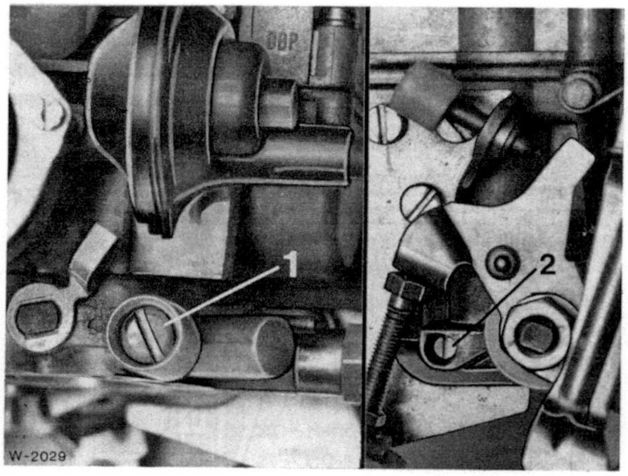

- Bei Abweichung der Leerlaufdrehzahl, Einstellschraube –1– verdrehen, bis der Sollwert erreicht wird.
- CO-Gehalt prüfen, Sollwert siehe Seite 50.
- Bei Abweichung des CO-Wertes, Sicherungskappe der CO-Einstellschraube –2– entfernen. Dazu Plastikstopfen in der Mitte lochen, geeignete Holz- oder Blechschraube reindrehen und Schraube mitsamt der Sicherungskappe herausziehen. Wenn nötig, Luftfilter abnehmen und anschließend wieder aufsetzen.
- CO-Gehalt durch Verdrehen der CO-Einstellschraube auf den Sollwert einstellen.

- Neuen Sicherungsstopfen einsetzen.
- Meßgeräte entfernen.

Kaltstartvorrichtung (Starterklappenspalt) prüfen und einstellen

2B4-Vergaser

Der Starterklappenspalt ist nach Ausbau des Vergaseroberteils einzustellen, oder wenn der kalte Motor schlecht Gas annimmt.

- Luftfilter ausbauen.
- Starterdeckel am Vergaser abschrauben, siehe Seite 91, 94.

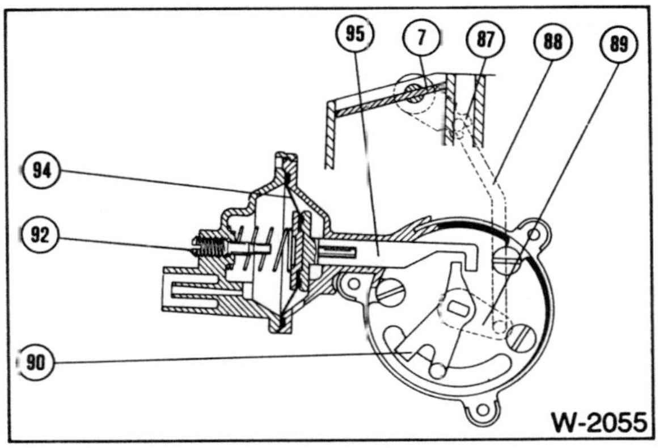

W-2055

- Hebel –95– in Richtung der Pulldown-Dose –94– bis zum Anschlag drücken. Dabei schließt sich die Starterklappe oben im Vergaser.

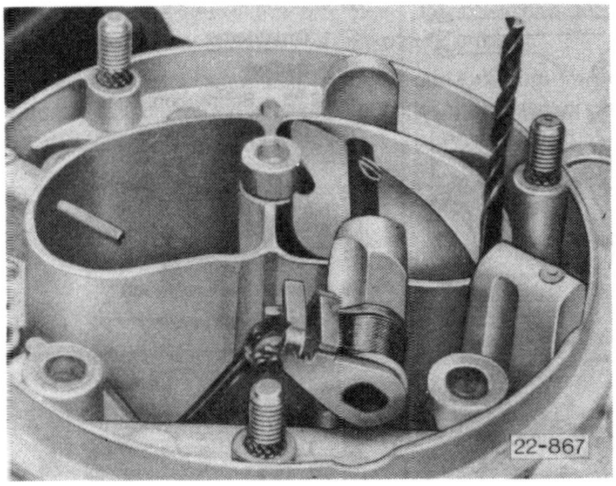
22-867

- Starterklappenspalt mit geeignetem Spiralbohrer prüfen. Sollwert 4,2 mm.
- Gegebenenfalls Starterklappenspalt an der Schraube –92– auf Sollwert einregulieren.

Schnelleerlauf einstellen

2B4-Vergaser

Damit der kalte Motor rund läuft, wird die Drosselklappe durch den Stößel des Drosselklappenanstellers einen Spalt weit aufgedrückt. Korrekte Einstellung der Betätigung ist Voraussetzung für einen einwandfreien Leerlauf des kalten Motors.

Drosselklappenspalt einstellen

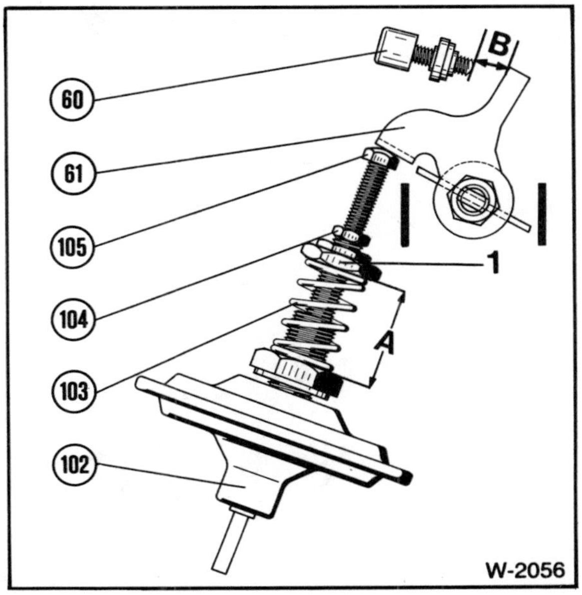

W-2056

- Maß »A« der Feder –103– mit Schieblehre messen. Es soll 23 mm betragen.
- Gegebenenfalls Maß »A« an der Einstellmutter –1– einstellen.
- Maß »B« zwischen Anschlagschraube –60– und Drosselklappenarm soll 5 mm betragen und wird an der Gewindestange –105– eingestellt. Vor der Einstellung Kontermutter –104– lösen. Nach Einstellung Kontermutter wieder festziehen.

Pierburg/Stromberg-Vergaser 175 CDET

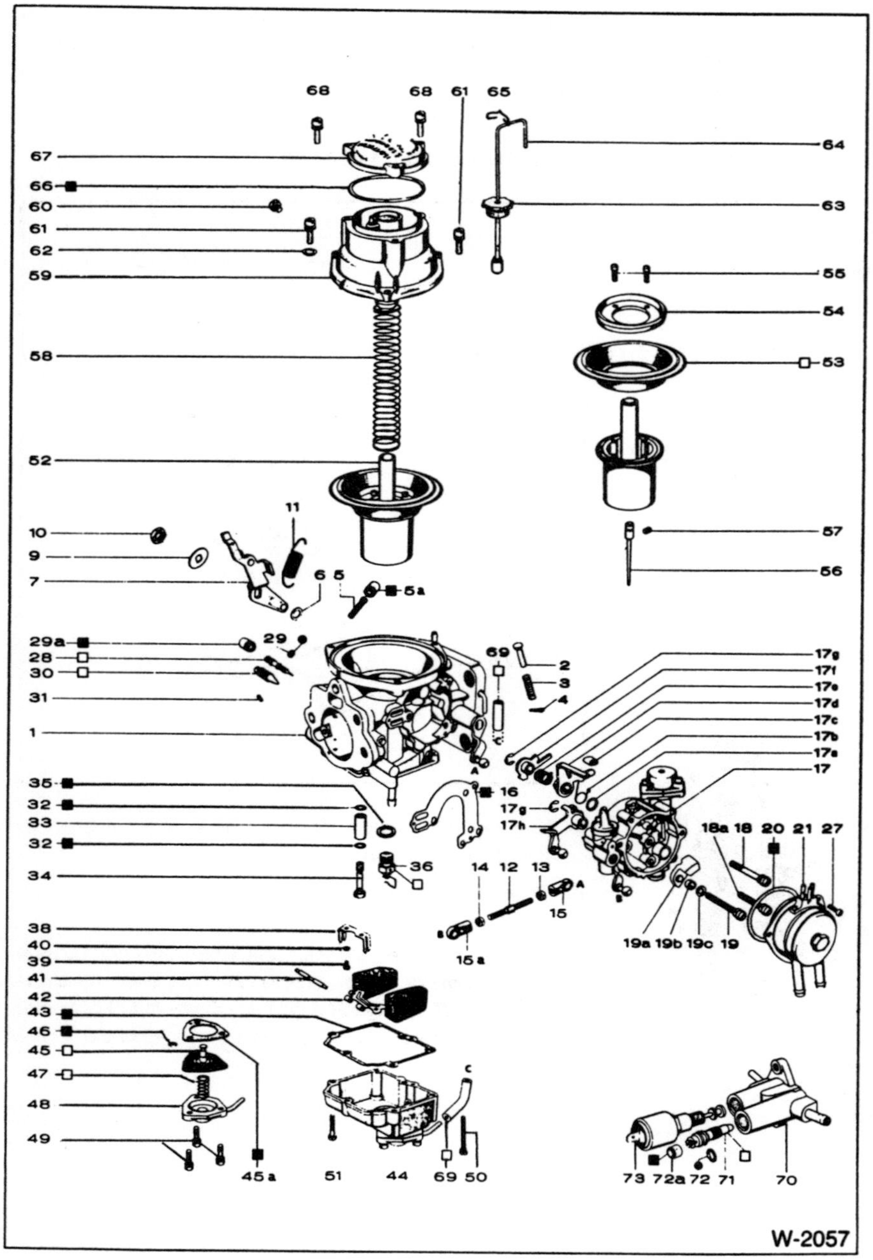

1 – Vergasergehäuse
2-4 – Tupfer mit Druckfeder
5,5a – Anschlagschraube mit Kappe
6-10 – Drosselklappenhebel
12-15a – Zwischengestänge
16 – Startergehäusedichtung
17 – Startergehäuse
17a-d – Starterhebel
18,19 – Zylinderschraube
20 – Isolierdichtung
21 – Starterdeckel
28 – Gemisch-Regulierschraube
29 – O-Ring
30 – Kolbenumluftschraube
31 – Stift
32-34 – Zusatzgemischdüse
35,36 – Schwimmernadelventil, Dichtung
38-42 – Schwimmer, -lager
43 – Dichtung
44 – Schwimmerkammer
45-49 – Startabmagerungsventil
52 – Luftkolben mit Membrane
53-55 – Luftkolben Einzelteile
56 – Düsennadel
57 – Schaftschraube
58 – Druckfeder
59 – Deckel
60-62,68 – Schrauben, Scheiben
63 – Dämpfer
64 – Rohr
65 – Klemmfeder
66 – O-Ring
67 – Verschlußdeckel
69 – Unterdruckschlauch
70 – Ventilgehäuse
71 – Zusatzgemisch-Regulierschraube
72 – O-Ring
72a – Kappe
73 – Leerlauf-Abschaltventil

Der Vergaser 175 CDET ist ein Flachstrom-Gleichdruckvergaser mit einer Mischkammerweite von 1,75 Zoll (45 mm). Im BMW sind zwei dieser Vergaser zu einer Doppelvergaseranlage zusammengefaßt. Bis auf das zentrale Zusatzgemischsystem, das an den rechten Vergaser angebaut ist, sind beide Vergaser gleich. Sie arbeiten nach dem Prinzip des konstanten Unterdrucks in der Mischkammer: In allen Drehzahl- und Lastbereichen des Motors besteht eine nahezu konstante Druckdifferenz im Lufttrichter, weil dessen Querschnitt je nach der durchfließenden Luftmenge verändert wird. Durch den gleichbleibenden Unterdruck erfolgt die Zumischung des Kraftstoffs zur angesaugten Luft in einem optimalen Verhältnis. Die wichtigsten Teile des Vergasers und ihre Funktion:

- Die **Schwimmerkammer** regelt wie beim herkömmlichen Fallstrom-Vergaser zusammen mit dem Schwimmernadelventil den Kraftstoffzufluß zum Vergaser.
- In der Unterdruckkammer über dem **Luftkolben** liegt der Saugrohrunterdruck an. Bei zunehmender Drosselklappenöffnung hebt der ansteigende Saugrohrunterdruck den Kolben an.
- An der Unterseite des Luftkolbens befindet sich eine konisch zulaufende Düsennadel. Je nach Stellung des Luftkolbens läßt die **Nadeldüse** mehr oder weniger Kraftstoff austreten.
- Der Luftkolben sitzt auf einer Führungsachse. Im ölgefüllten Hohlraum der Führungsachse sitzt ein **Dämpferkolben**, der die Bewegungen des Luftkolbens dämpft. Dadurch wird der stoßartige Kraftstoffaustritt vermieden, außerdem eine kurzzeitige Kraftstoffanfettung beim Beschleunigen durch verzögertes Ansprechen des Luftkolbens erreicht.

Damit der Motor gut warmläuft, ist wie bei den Fallstrom-Vergasern ein elektrisch- und kühlmittelbeheizter Starterdeckel vorhanden, der die Start- und Warmlaufanreicherung steuert.

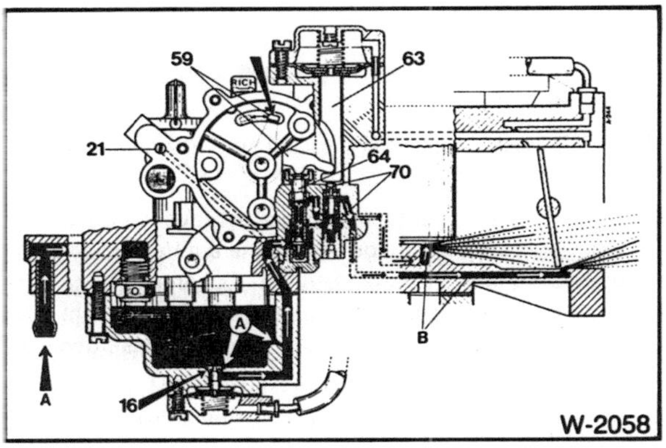

Die Startautomatik –59– drückt beim Kaltstart nach einmaligem Durchtreten des Gaspedals den Startschieber –64– nach unten. Der Startschieber wird in dieser Stellung von der Bimetallfeder im Startautomatikgehäuse gehalten und bewirkt durch freiwerdende Bohrungen, daß Kraftstoff in die Mischkammer gelangen kann. Zusätzlich wird ein Kugelventil –70– geöffnet, das Kraftstoff an eine Bohrung hinter der Drosselklappe gelangen läßt. Sobald der Motor angesprungen ist, schließt das Kugelventil den Benzinzufluß. Gesteuert wird das Kugelventil über eine Pulldowndose, die bei laufendem Motor (=anliegender Unterdruck) über die Membranstange –63– das Ventil schließt. Bei laufendem Motor läßt die Spannkraft der wärmer werdenden Bimetallfeder langsam nach, der unter Federdruck stehende Startschieber wandert nach oben, wodurch die Benzinbohrungen langsam geschlossen werden. Das Startabmagerungsventil –16– verschließt einen Teil der Kraftstoffzufuhr zum Startsystem, wenn viel Gas gegeben wird, damit das Gemisch nicht überfettet.

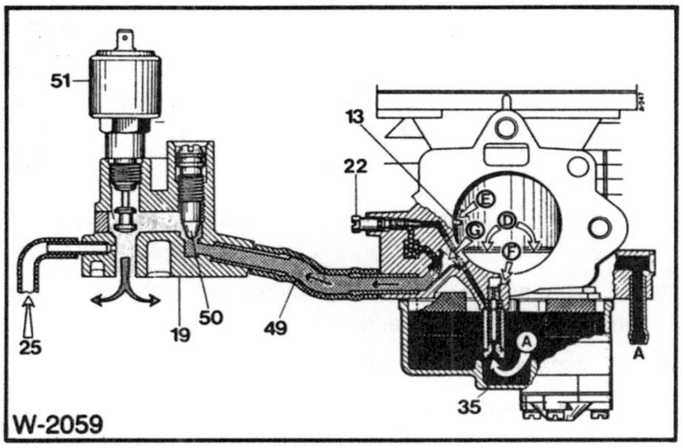

Der Motorleerlauf wird durch ein Zusatzgemischsystem verbessert, das dem in Fahrtrichtung hinteren Vergaser zugeordnet ist. Zum Kraftstoff –A– aus der Zusatzkraftstoffdüse –35– gelangt Zusatzluft –F– aus der Zusatzluftdüse. Die Mischung fließt an der Zusatzkraftstoff-Regulierschraube –22– vorbei weiter in die Zusatzgemischleitung –49–. Vom Vergaser gelangt noch Ausgleichsluft –G– hinzu. Die Zusatzgemisch-Regulierschraube –50– bestimmt die ausströmende Zusatzgemischmenge. Das Leerlauf-Abschaltventil –51– öffnet bei Einschalten der Zündung den Zugang zum Saugrohr des Motors. Auch die Kurbelgehäuseentlüftung –25– ist an das Leerlaufsystem angeschlossen.

Übergang und Vollast erfordern keine speziellen Einrichtungen am Stromberg-Vergaser.

Komplettansicht der Vergaser

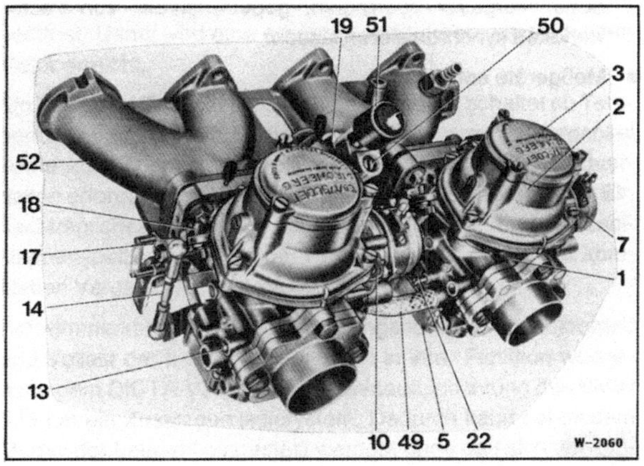

1 – Vergasergehäuse, 2 – Oberteil, 3 – Verschlußdeckel, 5 – Schwimmerkammer, 7 – Starterdeckel, 10 – Schwimmerkammerbelüftung, 13 – Kolbenumluftschraube, 14 – Zwischengestänge, 17 – Drosselklappenhebel, 18 – Drosselklappen-Anschlagschraube, 19 – Verteilerstück, 22 – Zusatzgemisch-Regulierschraube, 49 – Zusatzgemischleitung, 50 – Zusatzgemisch-Mengenregulierschraube, 51 – Leerlauf-Abschaltventil, 52 – Saugrohr

Leerlaufdrehzahl prüfen/einstellen

Stromberg-Vergaser 175 CDET

Am Stromberg-Vergaser ist keine Einstellschraube für den CO-Wert vorhanden. Bei richtiger Leerlaufdrehzahl darf jedoch der CO-Wert nicht über 3,5 Vol.% liegen.

- Voraussetzung sind eine korrekte Einstellung von Ventilspiel, Schließwinkel und Zündzeitpunkt, gegebenenfalls einstellen.
- Motor warmfahren, bis die Kühlmittel-Temperaturanzeige etwa in der Mitte steht (Öltemperatur mindestens +60° C).
- Elektrische Verbraucher ausschalten.
- Luftfilter-Einsatz auf einwandfreien Zustand prüfen, siehe Seite 279.
- Drehzahlmesser und CO-Meßgerät nach Vorschrift anschließen; Luftfilter aufgeschraubt lassen.
- Motor starten und im Leerlauf drehen lassen.
- Ansauganlage auf Dichtheit prüfen. Dazu alle Dichtstellen der Ansauganlage mit einem Pinsel und Benzin bestreichen. Wenn sich dabei kurzfristig die Drehzahl erhöht, dann saugt der Motor Nebenluft an. Undichte Stelle lokalisieren und beseitigen.

Achtung: Kraftstoffdämpfe nicht einatmen – giftig! Benzin nicht auf glühende Teile oder Zündanlage spritzen. Feuergefahr!

- Schlauch für Kurbelgehäuseentlüftung bleibt aufgesteckt.
- Leerlaufdrehzahl prüfen, Sollwert siehe Seite 49.
- Bei Abweichung der Leerlaufdrehzahl, Einstellschraube –50– verdrehen (siehe Abbildung W-2060), bis der Sollwert erreicht wird.
- CO-Gehalt prüfen, Sollwert siehe Seite 49.
- Bei Abweichung des CO-Wertes kann versucht werden, durch Verdrehen der Zusatzgemisch-Regulierschraube (–22– in Abbildung W-2060) den CO-Wert einzuregeln. Sonst Vergaser überprüfen, gegebenenfalls von Fachwerkstatt synchronisieren lassen.
- Meßgeräte entfernen.

Vergaser überprüfen

Stromberg 175 CDET

An der Stromberg-Vergaseranlage sind ohne Sonderwerkzeug nur wenige Überprüfungsarbeiten möglich. Zur Leerlauf-Grundeinstellung beispielsweise wird ein Synchrontester mit speziellem Gestänge zum genauen Einstellen des Luftdurchsatzes beider Vergaser benötigt.

- Starterdeckel sowie Leerlauf-Abschaltventil sind wie bei den Fallstromvergasern zu prüfen, siehe Seite 91.

- Verschlußdeckel abschrauben, dazu 3 Schrauben herausdrehen.
- Luftkolbendämpfer-Ölstand prüfen. Der Ölstand muß bis zur Oberkante des schrägstehenden Vergaseroberteils reichen, andernfalls ATF-Getriebeöl (ATF = Automatik-Transmission-Fluid) bis zum Überlaufen nachfüllen. Diese Arbeit soll auch regelmäßig im Rahmen der Wartung durchgeführt werden, siehe Kapitel »Wartung«.
- Klemmfeder –1– lösen, Kapillarrohr –2– herausnehmen, Kolben –3– herausschrauben und vorsichtig nach oben herausziehen.
- Entlüftungsbohrungen am Kolben auf Verschmutzung prüfen, gegebenenfalls reinigen.
- Gegebenenfalls Vergaserdeckel abschrauben und Luftkolben sowie die zugehörige Membrane auf Verschleiß überprüfen. Luftkolben abnehmen und Düsennadel und -sitz sichtprüfen. **Achtung:** Die Nadeldüse läßt sich nicht ausbauen. Zum Ersetzen muß das ganze Vergasergehäuse ausgewechselt werden.
- Der Einbau erfolgt in umgekehrter Reihenfolge. Vor dem Einbau des Dämpferkolbens prüfen, ob mindestens 6 cm^3 ATF im Dämpferschacht stehen, was einer ATF-Höhe von 40 mm entspricht. Gegebenenfalls ATF einfüllen.
- Das Kapillarrohr muß nach unten in die ATF-Füllung ragen, siehe Abbildung.

Vergaser Zenith 32/40 (35/40) INAT

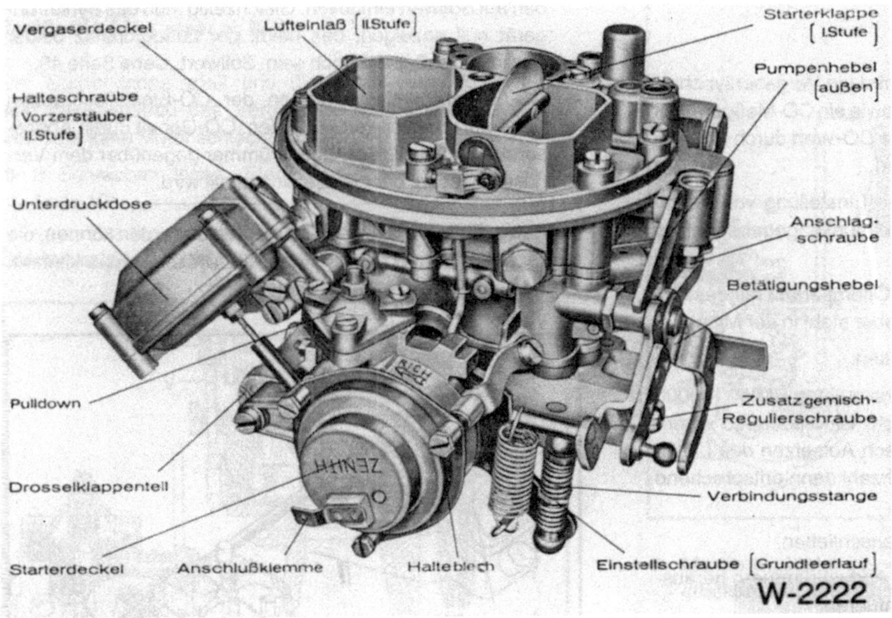

Der Zenith-INAT-Vergaser ist ein Fallstrom-Stufenvergaser. Im BMW sind immer zwei Vergaser eingebaut, die durch ein Gestänge miteinander verbunden werden. Die Bezeichnung 32/40 beziehungsweise 35/40 gibt die Durchmesser der Mischkammer der I. und II. Stufe in Millimetern an.

Bis in mittlere Drehzahlen erhält der Motor sein Kraftstoff-Luft-Gemisch nur aus einem Saugkanal, der sogenannten I. Stufe. Bei höheren Drehzahlen öffnet eine Unterdruckdose am Vergaser die Drosselklappe des 2.Saugkanals, der II. Stufe.

Der Vergaser besitzt eine automatische Starteinrichtung. Beim Kaltstart ist die obere Klappe in der I. Stufe, die Starterklappe, durch eine Bimetallfeder fast geschlossen. Gleichzeitig ist über ein Gestänge die Drosselklappe etwas geöffnet. Beim Motorstart entsteht auf diese Weise ein starker Unterdruck im Vergaser, der eine genügend fette Benzinmischung in den Lufttrichter saugt. Damit das Gemisch beim Kaltstart nicht zu fett wird, zieht eine Unterdruckdose (Pulldown) die Starterklappe gegen die Kraft der Bimetallfeder ein wenig auf. Mit dem Einschalten der Zündung wird die Bimetallfeder im Startautomatikgehäuse durch Stromzufuhr elektrisch beheizt, außerdem ist der Starterdeckel an den Motorkühlmittel-Kreislauf angeschlossen. Durch die allmähliche Erwärmung nach dem Starten dehnt sich die Bimetallfeder aus und öffnet langsam die Starterklappe. Zur zusätzlichen Anreicherung des Startgemisches besitzt der Vergaser ein Thermo-Startventil, das, gesteuert über eine elektrisch beheizte Bimetallfeder, zusätzlich Kraftstoff unterhalb der Drosselklappe austreten läßt.

Seit 9/75 entfällt dieses Thermostartventil, außerdem wird der Starterdeckel nur noch elektrisch beheizt, der Anschluß an den Kühlmittelkreislauf entfällt somit. Dafür besitzt der in Fahrtrichtung vorn liegende Vergaser einen sogenannten TN (≙Thermo-Nebenschluß)-Starter. Dieser Starter sitzt am Vergaser und wird durch Saugrohrunterdruck betätigt. Zusätzlich wird er vom Kühlmittel durchflossen. Ein Dehnstoffelement im TN-Starter läßt bis zu einer Kühlmitteltemperatur von +65° C zusätzliches Gemisch hinter der Drosselklappe der II. Stufe austreten.

Bei Außentemperaturen von weniger als +20° C werden, durch ein Thermozeitventil gesteuert, die Drosselklappen der I. Stufen über Unterdruck und einen Drosselklappenansteller leicht geöffnet. Damit wird eine erhöhte Leerlaufdrehzahl bei kaltem Motor erreicht.

Ein Temperaturschalter im Kühlmittelkreislauf schaltet ab Temperaturen über +17° C die Stromzufuhr zum Starterdeckel sowie zum Thermostartventil ab. Einwandfreies Kaltstartverhalten erfordert eine exakte Einstellung des Starterdeckels. Ein nachträgliches Einstellen von Starterklappen- und Drosselklappenspalt ist jedoch in der Regel nur nach Ersatz des kompletten Vergaserdeckels erforderlich.

Schwimmerkammer, Beschleunigungspumpe, Normalbetrieb und Vollast der I. Stufe entsprechen in ihrer Funktion weitgehend dem DIDTA-Vergaser. Die Leerlaufeinrichtung des BMW 525 hat ein Zusatzgemischsystem. Dadurch kann bei diesem Modell der Leerlauf eingestellt werden, ohne daß sich der CO-Wert verändert.

Leerlaufdrehzahl und CO-Gehalt prüfen/einstellen

Zenith INAT-Vergaser

Zur Abgas- und Leerlaufeinstellung wird ein Vergasersynchronisierungsgerät (BMW-Nr. 130500) sowie ein CO-Meßgerät mit geeigneter Meßsonde benötigt, da der CO-Wert durch Bohrungen im Abgaskrümmer gemessen wird.

- Voraussetzung sind eine korrekte Einstellung von Ventilspiel, Schließwinkel und Zündzeitpunkt, gegebenenfalls einstellen.
- Motor warmfahren und abstellen, Öltemperatur mindestens +60° C (Kühlmittel-Temperaturgeber steht in der Mitte).
- Elektrische Verbraucher ausschalten.
- Luftfilter ausbauen und Luftfiltersimulator BMW 130000 anbauen. Ist dieser Simulator nicht vorhanden, so verringert sich die Leerlaufdrehzahl nach Aufsetzen des Luftfilters um ca. 100/min. Leerlaufdrehzahl dann entsprechend höher einstellen.
- Drehzahlmesser nach Vorschrift anschließen.
- Verschlußschrauben aus beiden Abgaskrümmern herausschrauben und CO-Meßsonde einführen.
- Motor starten und im Leerlauf drehen lassen.
- Ansauganlage auf Dichtheit prüfen. Dazu alle Dichtstellen der Ansauganlage mit einem Pinsel und Benzin bestreichen. Wenn sich dabei kurzfristig die Drehzahl erhöht, dann saugt der Motor Nebenluft an. Undichte Stelle lokalisieren und beseitigen.

Achtung: Kraftstoffdämpfe nicht einatmen – giftig! Benzin nicht auf glühende Teile oder Zündanlage spritzen. Feuergefahr!

- Leerlaufdrehzahl prüfen, Sollwert siehe Seite 49.
- Verbindungsgestänge zwischen den Vergasern aushängen und Synchrongerät anschließen. Das Synchrongerät mißt den Luftdurchsatz der einzelnen Vergaser.

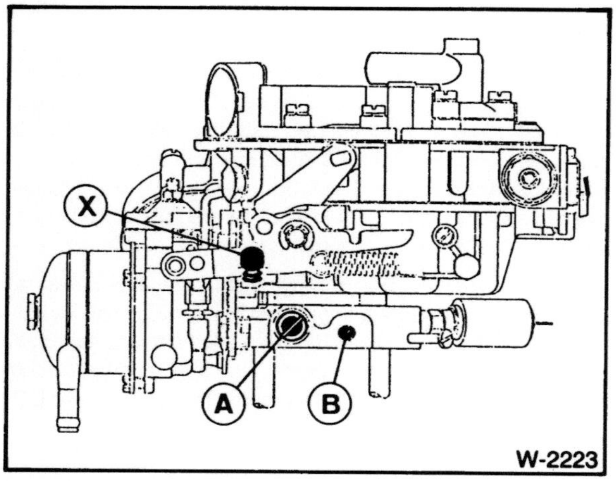

W-2223

- Mit den beiden Zusatzgemischschrauben –A– wechselweise die Leerlaufdrehzahl durch Verdrehen der Schrauben auf Sollwert einstellen. Gleichzeitig muß das Synchrongerät null anzeigen, das heißt, der Luftdurchsatz beider Vergaser muß gleichhoch sein. Sollwert, siehe Seite 49.
- CO-Gehalt durch Verdrehen der CO-Einstellschrauben –B– auf den Sollwert einstellen. CO-Gehalt durch Abgassonde am jeweiligen Abgaskrümmer gegenüber dem Vergaser messen, der gerade eingestellt wird.

Achtung: Falls die Sollwerte nicht erreicht werden können, die Synchronisation nicht stimmt oder die Drosselklappe klemmt, Grundeinstellung wie folgt vornehmen:

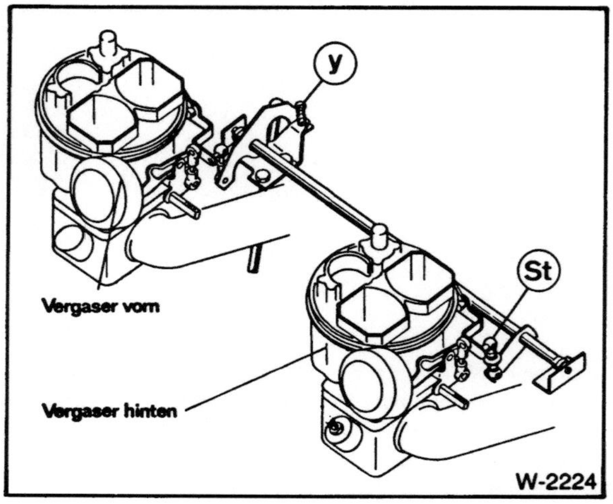

W-2224

- Verstellschraube –Y– für die Drehwelle ganz zurückdrehen.
- Verbindungsstange –St– am hinteren Vergaser aushängen.
- Beide Zusatzgemischregulierschrauben –A– schließen, also ganz einschrauben, siehe Abbildung W-2223.
- Drosselklappen an den Anschlagschrauben –X– synchronisieren und dabei eine Drehzahl von 550 bis 580/min einstellen.
- CO-Wert mit der Gemischregulierschraube –B– anpassen.
- Verbindungsstange –St– wieder einhängen und die Drehzahl mit der Verstellschraube –Y– auf 1700/min anheben.
- Gasgestänge durch Einstellen der Verbindungsstange –St– so einstellen, daß die Drosselklappen synchron öffnen.
- Verstellschraube –Y– wieder zurückdrehen, bis die Soll-Leerlaufdrehzahl erreicht wird.

- Verschlußstopfen in die Abgaskrümmer einschrauben.
- Meßgeräte entfernen.
- Luftfilter einbauen.

Starterverbindungsstange/ Starterklappenspalt prüfen/einstellen

Zenith-INAT-Vergaser ab 9/75

Der Starterklappenspalt und die Starterverbindungsstange sind nach Ausbau des Vergaserdeckels einzustellen, oder wenn der kalte Motor schlecht läuft.

- 3 Schrauben lösen, Starterdeckel abschrauben, siehe Seite 101.

Starterverbindungsstange einstellen

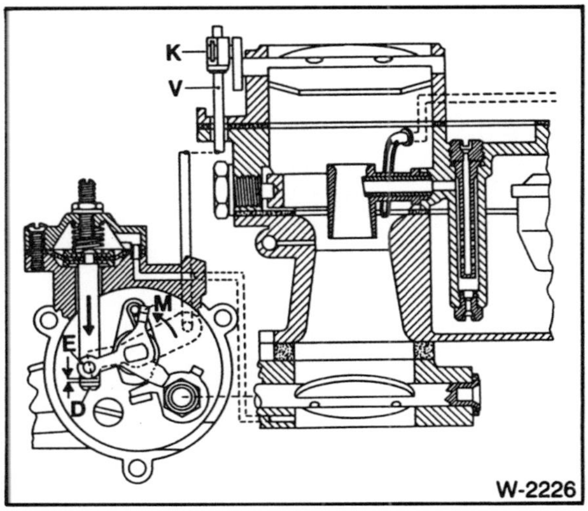

- Mitnehmerhebel –M– mit dem Finger nach links drehen –Pfeilrichtung–. Dabei schließt sich die Starterklappe im Vergaser.
- Bei völlig geschlossener Starterklappe muß der Abstand –D– zwischen Mitnehmer und Pulldown-Zugstange 0,2 bis 0,5 mm betragen.
- Zur Einstellung Klemmschraube –K– lösen und Verbindungsstange –V– verschieben. Spannring nach erfolgter Einstellung gegen das Klemmstück schieben.

Starterklappenspalt einstellen

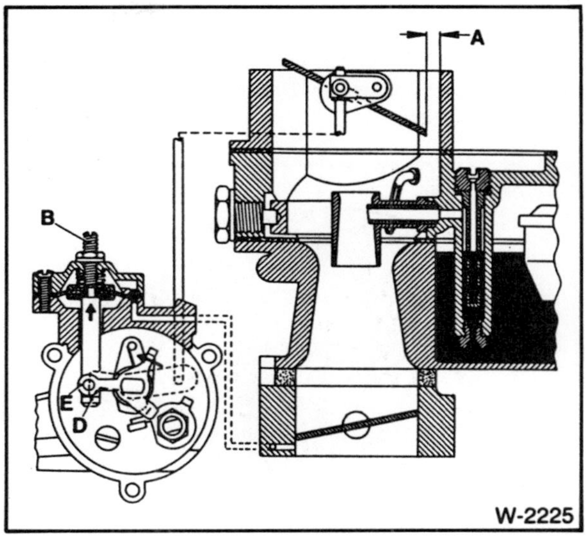

- Membranzugstange –D– bis zum Anschlag nach oben drücken. Der Mitnehmerhebel –E– muß anliegen.
- Mit Bohrerschaft Starterklappenspalt –A– prüfen, der Sollwert beträgt 2,5 ± 0,2 mm.
- Gegebenenfalls Starterklappenspalt an der Schraube –B– einregulieren.
- Starterdeckel anbauen.

Starterdeckel aus- und einbauen/ einstellen

Zenith INAT-Vergaser

Die Startautomatik wird elektrisch- und wasserbeheizt. Beim INAT-Vergaser mit TN-Starter (ab 9/75) entfällt die Kühlmittelbeheizung.

Ausbau

- Luftfilter ausbauen, siehe Seite 80.
- Elektrische Leitung für Startautomatik am Starterdeckel abziehen.
- Falls vorhanden, 2 Kühlmittelschläuche am Starterdeckel abziehen, dazu Schlauchschellen lösen.
- 3 Schrauben –1– am Befestigungsring herausdrehen, siehe Abbildung W-2228. Starterdeckel abnehmen.

Einbau

- Beim Einbau darauf achten, daß die Heizspirale (Bimetallfeder) in den Mitnehmerhebel greift. Heizspirale vorher auf Bruch untersuchen, gegebenenfalls ersetzen.
- Starterdeckel ansetzen, 3 Schrauben reindrehen, noch nicht festziehen.

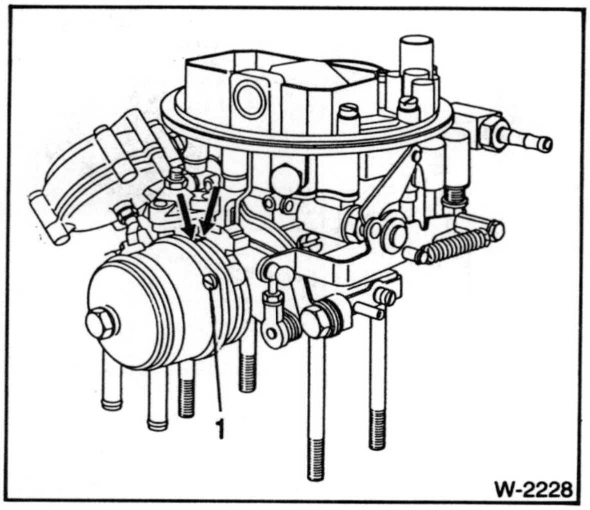

- Startautomatik einstellen. Richtig eingestellt ist die Startautomatik, wenn die Markierungen von Starterdeckel und Startergehäuse –Pfeil– fluchten.

Achtung: Beim Verdrehen des Starterdeckels dreht sich die Starterklappe mit. Falls die Startautomatik zu früh abschaltet (Motor bleibt während der Warmlaufphase stehen), kann der Starterdeckel in Richtung »Starterklappe zu« verdreht werden, bis die Markierungen um ca. 15 mm versetzt sind. Die Starterklappe öffnet dann entsprechend später.

- Starterdeckel festziehen.
- Elektrische Leitungen und Kühlmittelschläuche für Startautomatik aufstecken.
- Batterie-Massekabel anklemmen.
- Anschließend Startautomatik prüfen: Motor im Leerlauf drehen lassen. Je nach Außentemperatur muß sich die Luftklappe nach etwa 5 Minuten ganz geöffnet haben. Sonst Thermoschalter für Startautomatik überprüfen lassen.
- Luftfilter einbauen.

Solex 4A1-Vergaser

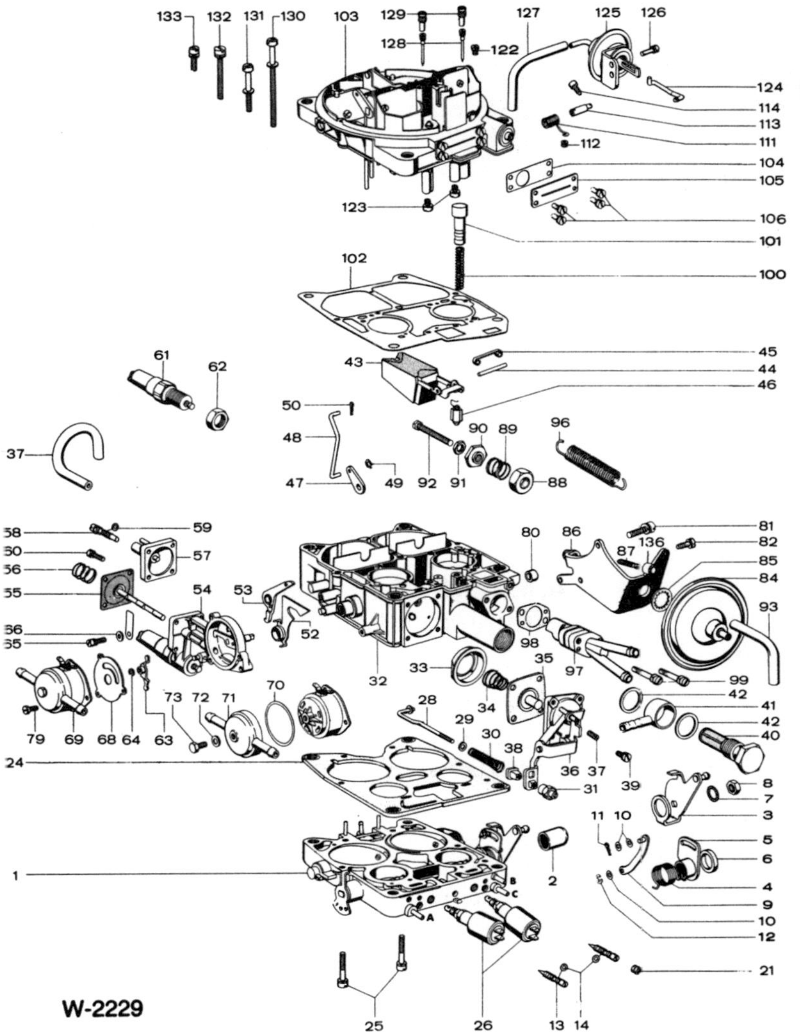

W-2229

1-12 – Drosselklappenteil
13 – Leerlaufgemisch-Regulierschraube
14 – Dichtringe
15 – Stopfen
24 – Isolierflansch
25 – Schrauben
26 – Leerlauf-Abschaltventile
28-31 – Pumpenstange, Muttern
32 – Schwimmerkammer
33-39 – Beschleunigungspumpe
40 – Kraftstoffilter
41 – Kraftstoffanschluß
42 – Dichtringe
43-46 – Schwimmer, -nadelventil
47-50 – Betätigungshebel
52,53 – Betätigungshebel
54-79 – Startautomatik
80-93 – Drosselklappenansteller
96 – Zugfeder
97-99 – TN-Starter
100 – Druckfeder
101 – Kolben
102 – Vergaserdeckeldichtung
103-127 – Vergaserdeckel komplett
128 – Leerlaufdüse
129 – Leerlaufluftdüse
130-133 – Schrauben
136 – Sicherungskappe
137 – Schlauch

Der Solex-Vergaser ist ein Doppelregistervergaser, der aus 4 miteinander verschraubten Hauptteilen besteht: Vergaserdeckel, Vergasergehäuse, Drosselklappenteil und Starteinrichtung. Die »4« in der Vergaserbezeichnung deutet auf die 4 Mischkammern des Vergasers hin, wogegen »A« und »1« auf das Konstruktionsprinzip und die Ausführung hinweisen. Da es sich um eine Doppelvergaseranlage handelt, sind praktisch 2 Vergaser in einem Gehäuse untergebracht, wobei jeder der beiden Vergaserteile 2 Ansaugrohre (Stufe I und Stufe II) besitzt. Während der Motor das Kraftstoff-Luftgemisch im Leerlauf und bis zu mittleren Drehzahlen nur über die beiden 1. Stufen des Vergasers erhält, werden bei Vollastbetrieb und ausgeschalteter Startautomatik die beiden 2. Stufen zugeschaltet (Zweistufenvergaser = Registervergaser). Der Vergaser ist mit 4 Muttern und 7 ± 1 Nm am Saugrohr festgeschraubt.

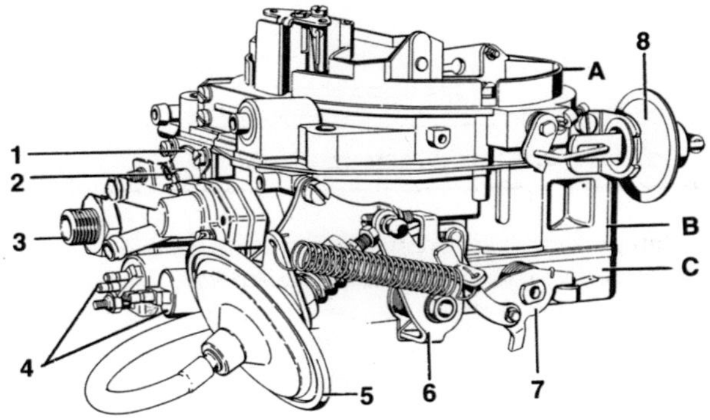

M 2005

1 – Beschleunigerpumpe
2 – TN-Starter (TN=Thermo-Nebenschluß)
3 – Kraftstoff-Zufluß
4 – Leerlaufabschaltventile
5 – Unterdruckregler
6 – Drosselklappenhebel I.Stufe
7 – Drosselklappenhebel II.Stufe
8 – Dämpfer II.Stufe
A – Vergaserdeckel
B – Vergasergehäuse
C – Drosselklappenteil

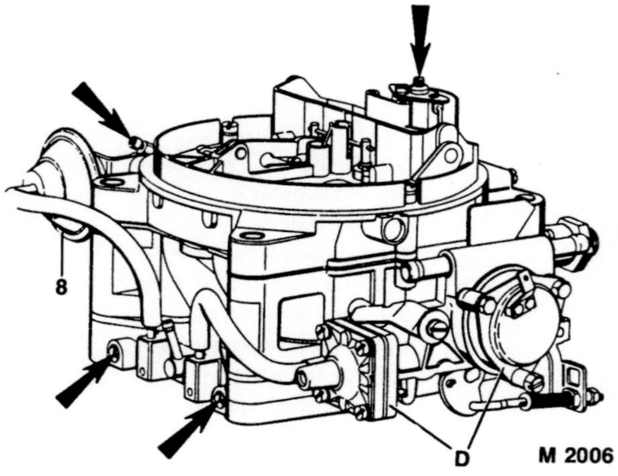

8 – Dämpfer II.Stufe D – Startautomatik

Achtung: Die mit –Pfeilen– gekennzeichneten Justierschrauben sind werkseitig eingestellt. Sie dürfen **nicht** verstellt werden, da eine Neueinstellung selbst in der Werkstatt nicht möglich ist.

Schlauchverlegung 4A1-Vergaser

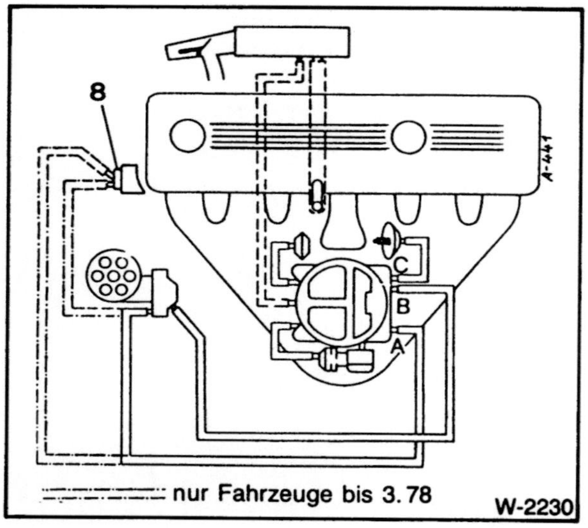

Achtung: Abgebildet ist der Vergaser beim BMW 520. Beim 525 sitzt der Vergaser um 90° verdreht auf dem Ansaugrohr; die Anschlüsse sind gleich. Außerdem ist das Thermopneumatische Ventil –8– nur beim Modell 520 bis 3/78 eingebaut, daher ist die Leitung mit Strichpunktlinie gezeichnet.

Anschlüsse am Vergaser

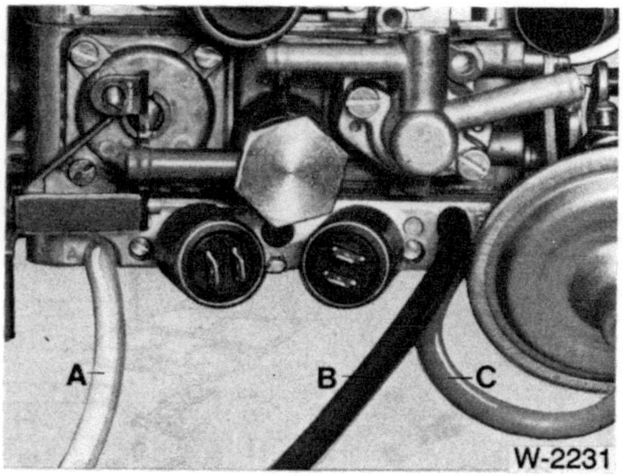

A=Spätzündung, weißer Schlauch; B=Frühzündung, schwarzer Schlauch; C=Drosselklappenansteller, blauer Schlauch.

Leerlaufdrehzahl und CO-Gehalt prüfen/einstellen

Solex 4A1-Vergaser

Zur Abgas- und Leerlaufeinstellung wird ein CO-Meßgerät mit geeigneter Meßsonde benötigt, da der CO-Wert durch Bohrungen im Abgaskrümmer gemessen wird.

- Voraussetzung sind eine korrekte Einstellung von Ventilspiel, Schließwinkel und Zündzeitpunkt, gegebenenfalls einstellen.
- Motor warmfahren und abstellen, Öltemperatur mindestens +70° C. Erkennbar ist die Betriebstemperatur auch an der Kühlmittel-Temperaturanzeige, die Nadel muß in der Mitte der Skala stehen.
- Elektrische Verbraucher ausschalten.
- Der Luftfilter bleibt bei der Einstellung **angebaut**.
- Drehzahlmesser nach Vorschrift anschließen.

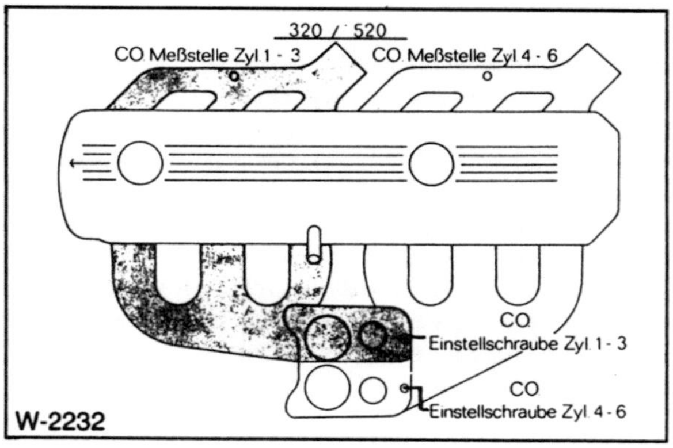

- Verschlußschrauben aus beiden Abgaskrümmern herausschrauben und CO-Meßsonde einführen.
- Motor starten und im Leerlauf drehen lassen.

- Ansauganlage auf Dichtheit prüfen. Dazu alle Dichtstellen der Ansauganlage mit einem Pinsel und Benzin bestreichen. Wenn sich dabei kurzfristig die Drehzahl erhöht, dann saugt der Motor Nebenluft an. Undichte Stelle lokalisieren und beseitigen.

Achtung: Kraftstoffdämpfe nicht einatmen – giftig! Benzin nicht auf glühende Teile oder Zündanlage spritzen. Feuergefahr!

- Leerlaufdrehzahl prüfen, Sollwert siehe Seite 49.

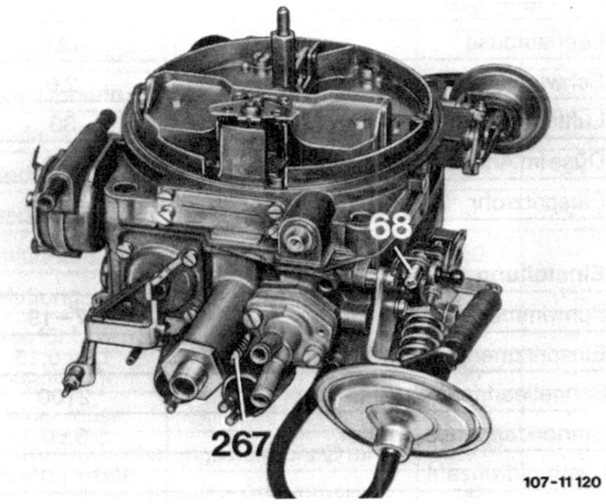

- Sicherungskappe am Vergaser mit Zange abziehen und Leerlaufdrehzahl mit der Drosselklappen-Anschlagschraube –68– gegebenenfalls auf den Sollwert einstellen.

- Falls vorhanden, Sicherungskappen an den CO-Einstellschrauben folgendermaßen entfernen: Blechschraube in die Kappe eindrehen und anschließend Schraube samt Kappe mit Flachzange abziehen.

- CO-Gehalt durch Verdrehen der CO-Einstellschrauben –Pfeile– auf den Sollwert einstellen. CO-Gehalt durch Abgassonde am jeweiligen Abgaskrümmer der Vergaserseite messen, die gerade eingestellt wird, siehe Abbildung W-2232. **Achtung:** Die Abbildung W-2232 zeigt den Vergaser vom BMW 520. Beim BMW 525/528 ist der Vergaser um 90° verdreht eingebaut, hier liegen sich die Vergaserseite und der jeweilige Abgaskrümmer gegenüber.
- Veränderte sich beim Einstellen des CO-Wertes die Leerlaufdrehzahl, sind beide Werte solange aufeinander einzuregulieren, bis die Sollwerte erreicht werden.
- Verschlußstopfen in die Abgaskrümmer einschrauben.
- Einstellschrauben mit Sicherungskappen sichern.
- Meßgeräte entfernen.
- Wurde die Leerlauf-Einstellschraube (Drosselklappen-Anschlagschraube) verdreht, sind folgende Prüf-/Einstellarbeiten durchzuführen:
- Drosselklappenansteller einstellen.
- Einspritzbeginn der Beschleunigerpumpe einstellen.
- Starterklappenspalt einstellen (Werkstattarbeit).

Drosselklappenansteller einstellen

Solex 4A1-Vergaser

- Leerlauf und CO-Wert einstellen.
- Schlauch zum Drosselklappenansteller auf richtigen Sitz prüfen.

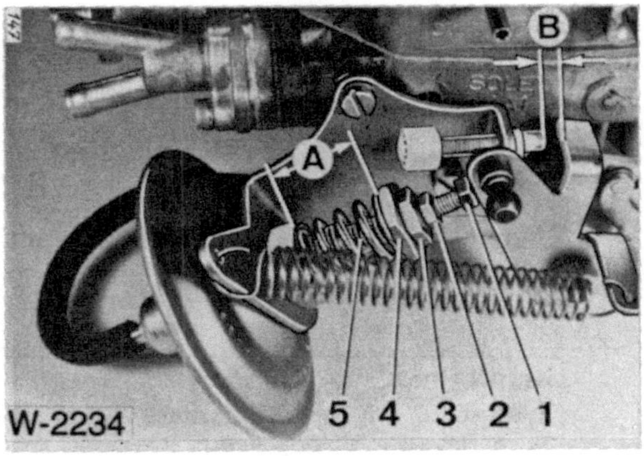

- Federlänge –A– messen, Sollwert 23 ± 0,3 mm.
- Zum Einstellen Kontermutter –3– lösen und Einstellmutter –4– entsprechend verdrehen. Dabei darf sich die Membranstange –5– nicht mitdrehen.
- Einstellmutter kontern.
- Maß –B– zwischen Anschlagschraube und Drosselklappenhebel messen. Sollwert: 3,0 ± 0,2 mm; BMW 525 ab 8/79: 3,5 ± 0,2 mm.
- Wird der Sollwert nicht erreicht, Kontermutter –2– lösen und Schraube –1– auf Sollwert einregulieren. Dabei Membranstange –5– gegen Verdrehen sichern (festhalten).
- Kontermutter –2– festziehen.

Einspritzbeginn der Beschleunigungspumpe einstellen

Solex 4A1-Vergaser

- Luftfiltereinsatz ausbauen, siehe Seite 279.
- Am Drosselklappenhebel Gas geben und gleichzeitig von oben in den Vergaser schauen. In beiden I. Stufen muß durch eine Bohrung ein kräftiger Kraftstoffstrahl in die Mischkammer abgespritzt werden. Er darf Lufttrichter und Vorzerstäuber nicht berühren, sonst Austrittsbohrung reinigen.

W-2235

- **BMW 525, 528:** Bohrerschaft oder Meßdorn mit einem Ø von 2,9 ± 0,2 mm zwischen Drosselhebel und Drosselklappenanschlagschraube bringen. Damit der Drosselhebel freigängig ist, vorher Stößel vom Drosselklappenansteller mit Schraubendreher zurückdrücken.
- **BMW 520:** Drosselhebel bis zum Anschlag an die Drosselklappenanschlagschraube drücken.

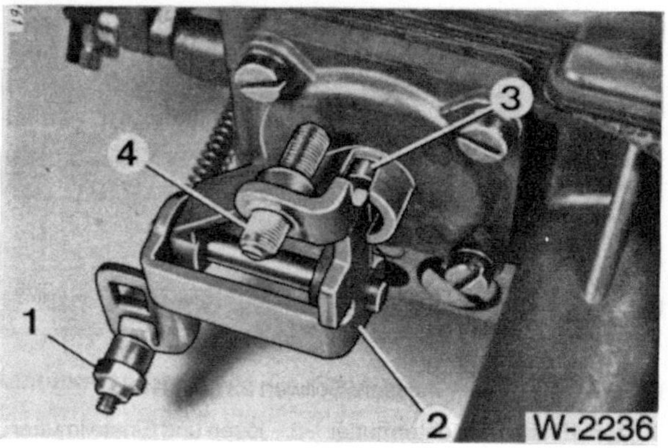

W-2236

- In dieser Stellung muß der Pumpenhebel –2– den Pumpenstößel –3– gerade berühren. Gegebenenfalls Mutter –1– an der Pumpenstange entsprechend einregulieren.
- Einspritzmenge einregulieren. Dazu Schraube –4– verdrehen, bis ein Abstand von 0,6 ± 0,1 cm zwischen Schraube –4– und Pumpendeckel (Anschlag bei voll betätigter Pumpe) vorhanden ist. Zur genauen Messung der Einspritzmenge müßte der Vergaser ausgebaut werden.
- Luftfiltereinsatz einbauen.

Vergaserdaten

Vergasertyp	**Solex 38 PDSI**
Einsatz	6/74–8/75
Kennummer	1 261 364.2
Bestückung	
Hauptdüse	X 162.5
Luftkorrekturdüse	155
Leerlauf-Kraftstoff/Luftdüse	125
Leerlaufdüse	42,5
Schwimmernadelventil Ø mm	2,0
Lufttrichter Ø mm	30
Düse im Anreicherungsventil	100
Einspritzrohr	100
Einstellung	
Schwimmerjustierung mm	17–19
Einspritzmenge (langsam) cm³/Hub	1,9±0,15
Schnelleerlaufdrehzahl 1/min	2100
Starterklappenspalt mm	5,3±0,3
Leerlaufdrehzahl	900 ± 50/min
CO-Gehalt	3,5 ± 0,5 Vol. %

Vergasertyp	**Solex 4A1** (BMW 525/528)
Einsatz	9/76–7/81
Bestückung Vergaser	
Lufttrichter mm Ø	20/54
Hauptdüse Stufe 1	X 97,5
Düsennadel	B 5[1]
Luftkorrekturdüse Stufe 1/2	2,1 H7/3,7 H7
Leerlaufdüse	42,5
Leerlaufluftdüse	120[2]
Leerlauf-Abschaltventil	PE 20273
Einstellung	
Einspritzmenge cm³/Hub	0,6 ± 0,15
TN-Starter-Spaltmaß mm	2,1±0,1 (22°C)
Leerlaufdrehzahl	900 ± 50/min
CO-Gehalt	max. 1,5 Vol. %

¹) 528: B 7; ²) 528: 115.

Vergasertyp	Solex 32/32 DIDTA	
Einsatz	8/75–4/76	
Kennummer	1 265 264.1	
Bestückung	**1. Stufe**	**2. Stufe**
Hauptdüse	X 117.5	X 110
Luftkorrekturdüse	140	80
Schwimmernadelventil ∅ mm	2,0	–
Dichtringdicke Schwimmernadelv. mm	2,0	–
Lufttrichter ∅ mm	23	27
Leerlaufluftdüse (Übergangsreserve)	–	–
Düse Unterdruckdose	–	80
Leerlaufdüse mit Abschaltventil	45	–
Leerlaufdüse (Leerlaufreserve)	–	90
Leerlaufbelüftung (Reserve)	–	50
Umluft-Luftdüse ∅ mm	2,0	–
Belüftungsdüse	050	050
Düse für Unterdruckanreicherung	60	–
Einspritzrohr	50	–
Rücklaufdüse	0,25	–
Düse im Anreicherungssteigrohr ∅ mm	–	1,6
Kraftstoffdüse (Schwimmerkammer)	50	–
Einstellung		
Schwimmerjustierung mm	16,5±1	–
Einspritzmenge (langsam) cm³/Hub	1,8±0,15	–
Schnelleerlaufdrehzahl 1/min	1950±50	–
Starterklappenspalt (Pulldown) mm	4,0±0,2	–
Öffnung der Drosselklappe bei höchster Raste der Stufenscheibe	1,3±0,1	–
Grundeinstellung Drosselklappe mm	1,5	–
Leerlaufdrehzahl	900 ± 50/min	
CO-Gehalt	1,0 ± 0,5 Vol. %	

Vergasertyp	Solex 32/32 DIDTA	
Einsatz	5/76–8/80	
Kennummer	1 262 431.1	
Bestückung	**1. Stufe**	**2. Stufe**
Hauptdüse	X 115	X 127.5
Luftkorrekturdüse	135	70
Schwimmernadelventil ∅ mm	2,0	–
Dichtringdicke Schwimmernadelv. mm	2,0	–
Lufttrichter ∅ mm	23	27
Leerlaufluftdüse (Übergangsreserve)	–	100
Düse Unterdruckdose	–	80
Leerlaufdüse mit Abschaltventil	45	–
Leerlaufdüse (Leerlaufreserve)	–	60
Leerlaufbelüftung (Reserve)	–	50
Umluft-Luftdüse ∅ mm	2,0	–
Belüftungsdüse	050	050
Düse für Unterdruckanreicherung	–	–
Einspritzrohr	50	–
Rücklaufdüse	0,30	–
Düse im Anreicherungssteigrohr ∅ mm	–	0,70
Kraftstoffdüse (Schwimmerkammer)	50	–
Düse im Anreicherungssystem	60	–
Öffnungstemperatur Thermostartventil		ca. –7°C
Einstellung		
Schwimmerjustierung mm	16,5±1	–
Einspritzmenge (langsam) cm³/Hub	0,9±0,15	–
Schnelleerlaufdrehzahl 1/min	1020±50	–
Starterklappenspalt (Pulldown) mm	3,2±0,2	–
Öffnung der Drosselklappe bei höchster Raste der Stufenscheibe	0,8±0,1	–
Grundeinstellung Drosselklappe mm	1,5	–
Leerlaufdrehzahl	900 ± 50/min	
CO-Gehalt	1,0 ± 0,5 Vol. %	

Vergasertyp	2 Stromberg 175 CDET mit Startaut.	
Einsatz	9/72–7/76	
Bestückung Vergaser	**vorn**	**hinten**
Dichtringdicke Schwimmernadelv. mm	1,50	1,50
Nadeldüse	100	100
Düsennadel	IB[1]	IB[1]
Schwimmernadelventil ∅ mm	1,75	1,75
Zusatzgemisch-Kraftstoffdüse	–	50[2]
Zusatzgemisch-Luftdüse	–	115
Kolbendruckfeder Länge mm -Windungszahl -Drahtdurchmesser mm	120 32 0,9	120 32 0,9
Einstellung		
Schwimmerjustierung mm	17±0,5	
Einstellung Nadeldüse mm	1,5±0,03	
Ölfüllung Dämpferzylinder/ Ölsorte	20 cm^3 ATF-Öl	
Leerlaufdrehzahl	950 ± 50/min	
CO-Gehalt	3,0 ± 0,5 Vol. %	

[1]) bis 8/74: GB/GB; [2]) bis 8/74: –/60

Vergasertyp	2 Zenith 32/40 INAT (BMW 525)[1]	
Einsatz	9/73–8/76	
Bestückung Vergaser	**1.Stufe**	**2.Stufe**
Lufttrichter mm ∅	24	30
Hauptdüse	X 115	X 140
Leerlaufdüse	42,5[2]	–
Leerlaufluftdüse	120	–
Luftkorrekturdüse	80	120
Zusatz-Kraftstoffdüse	40	–
Zusatz-Kraftstoff-Luftdüse	80	–
TN-Starter Zusatzdüse	50	–
Zusatz-Kraftstoffdüse (TN)	52,5	–
Thermostartventil Starter-Kraftstoffdüse (ohne TN)	45	–
Starter-Luftdüse (ohne TN)	80	–
Einstellung		
Leerlaufdrehzahl	875 ± 25/min	
CO-Gehalt (mit TN) – ohne TN-Starter	max. 1,5 Vol. % 1,75±0,25 Vol. %	
Schnell-Leerlaufdrehzahl	1900 ± 100/min	

[1]) Mit Zusatzgemischsystem, seit 9/75 zusätzlich mit TN-Starter; [2]) Bei Vergaser ohne TN-Starter 47,5.

Vergasertyp	2 Zenith 35/40 INAT (BMW 528)[1]	
Einsatz	1/75–8/76	
Bestückung Vergaser	**1.Stufe**	**2.Stufe**
Lufttrichter mm ∅	24	30
Hauptdüse	X 117	X 145[2]
Leerlaufdüse	42,5[3]	–
Leerlaufluftdüse	125	–
Luftkorrekturdüse	100	120[4]
Zusatz-Kraftstoffdüse	40	–
Zusatz-Kraftstoff-Luftdüse	80	–
TN-Starter Zusatzdüse	50	–
Zusatz-Kraftstoffdüse (TN)	52,5	–
Thermostartventil Starter-Kraftstoffdüse (ohne TN)	45	–
Starter-Luftdüse (ohne TN)	80	–
Einstellung		
Leerlaufdrehzahl	875 ± 25/min	
CO-Gehalt (mit TN) - ohne TN-Starter	max. 1,5 Vol. % 3,5±0,5 Vol. %	
Schnell-Leerlaufdrehzahl	1900 ± 100/min	

[1]) Seit 9/75 zusätzlich mit Zusatzgemischsystem und TN-Starter; [2]) Bei Vergaser ohne TN-Starter X115/X140; [3]) Bei Vergaser ohne TN-Starter 45; [4]) Bei Vergaser ohne TN-Starter 80/100.

Vergasertyp	**Solex 4A1** (BMW 520)
Einsatz	9/77–7/81
Bestückung Vergaser	
Lufttrichter Stufe 1/2 mm ∅	20/54
Hauptdüse Stufe 1	X 97,5
Düsennadel	B 5
Luftkorrekturdüse Stufe 1/2	90
Leerlaufdüse	42,5
Leerlaufluftdüse	110
Leerlauf-Abschaltventil	PE 20273/2,5
Einstellung	
Einspritzmenge cm^3/Hub	0,5 ± 0,15
TN-Starter-Spaltmaß mm	2,2±0,2 (20°C)
Leerlaufdrehzahl	850 ± 50/min
CO-Gehalt	max. 1,5 Vol. %

Störungsdiagnose Vergaser

Voraussetzungen für das Abstellen von Fehlern anhand dieser Tabelle sind eine einwandfreie Einstellung und Funktion des Motors, aller Nebenaggregate sowie ein dichtes Saugrohr und eine korrekte Steuerung der Vorwärmung im Luftfilter. Außerdem ist zu prüfen, ob Kraftstoff mit dem vorgesehenen Druck zum Vergaser gefördert wird.

Störung	Ursache	Abhilfe
1. Der kalte Motor springt nicht an	1. Starterklappe schließt nicht	■ Mitnehmerhebel für Bimetallfeder überprüfen, ggf. Starterdeckel erneuern
	2. Starterklappe oder Gestänge ist schwergängig	■ Gangbar machen
	3. Drosselklappe nicht weit genug geöffnet	■ Drosselklappenansteller einstellen
	4. TN-Luftschieber defekt (klemmt oder undicht)	■ Luftschieber erneuern bzw. abdichten
	5. Leerlaufluftkorrekturnadel hakt	■ Gangbar machen bzw. ersetzen
	6. Thermofühler am Saugrohr defekt	■ Erneuern
	7. Drosselklappe steht nicht in Startstellung	■ Schnelleerlaufdrehzahl einstellen
2. Motor bleibt nach dem Kaltstart stehen	1. Starterklappe öffnet nicht	
	a) Starterklappe schwergängig	■ Gangbar machen
	b) Starterklappenspalt zu groß/zu klein	■ Einstellen
	c) Pulldown-System undicht	■ Undichtigkeit beseitigen, ggf. Pulldown-dose erneuern
	2. Leerlaufabschaltventil öffnet nicht	■ Spannungsversorgung prüfen, ggf. Ventil erneuern
	3. Nicht genügend Kraftstoff in der Schwimmerkammer durch Ausdampfen bei heiß abgestelltem Motor	■ Durchstarten, Gaspedal mehrmals durchtreten, dann bei niedergetretenem Pedal starten
	4. CDET-Vergaser: Luftkolben geht nicht ganz zurück	■ Luftkolben gangbar machen, ggf. Luftkolbendämpfer erneuern
	5. Ansaugluftvorwärmung defekt	■ Prüfen
3. Motor bleibt vor Erreichen der Betriebstemperatur stehen	1. Wie unter 2.1–3	■ Wie unter 2.1–3
	2. Leerlaufeinstellung nicht wie vorgesehen	■ Drehzahl und CO-Gehalt einstellen
	3. Starterklappe öffnet zu schnell/zu langsam	
	a) Starterdeckel nicht auf Markierung	■ Auf Markierung stellen, Kerben an Deckel und Flansch müssen übereinstimmen
	b) Keine Starterbeheizung	■ Anschluß wieder herstellen, evtl. Starterdeckel erneuern
	c) Bimetallfeder defekt oder ausgehängt	■ Starterdeckel erneuern oder Feder einhängen
4. Heißstart schwierig	1. Überfetten durch Ausdampfen und Tropfen von Kraftstoff infolge Hitzestaus	■ Mit Vollgas starten (Gaspedal festhalten)
	2. Anstellung Drosselklappe falsch	■ Drosselklappenansteller einstellen

Störung	Ursache	Abhilfe
5. Leerlauf unregelmäßig – Motor bleibt stehen (Motor warm)	1. Leerlaufeinstellung	
	a) Drehzahl zu niedrig	■ Einstellen
	b) CO-Wert zu niedrig/zu hoch	■ Einstellen
	2. Leerlaufdüsendurchgang zu gering	
	a) Düsen verschmutzt	■ Reinigen
	b) Düsen beschädigt	■ Erneuern
	3. Undichtigkeiten	
	a) Am Saugrohr	■ Dichtungen bzw. Zwischenflansch erneuern
	b) Am Zwischenflansch	■ Dichtungen bzw. Zwischenflansch erneuern
	c) Am Vergaser	■ Dichtungen bzw. Zwischenflansch erneuern
	4. Kraftstoffniveau zu hoch	
	a) Schwimmernadelventil undicht	■ Reinigen, evtl. erneuern
	b) Schwimmer zu schwer	■ Schwimmerstand einstellen, ggf. Schwimmer erneuern
	5. Leerlaufabschaltventil schließt zeitweise	■ Ventil prüfen, ggf. ersetzen. Für einwandfreien elektrischen Anschluß sorgen
	6. Starterdeckel defekt	
	a) Deckel steht nicht auf Markierung	■ Auf Markierung stellen, Kerben an Deckel und Flansch müssen übereinstimmen
	b) Keine Beheizung	■ Anschluß herstellen
	c) Bimetallfeder defekt oder ausgehängt	■ Erneuern bzw. Feder einhängen
	d) Heizwendel defekt	■ Erneuern
	7. Drosselklappenansteller verstellt	■ Grundeinstellung durchführen
	8. Gaszug verstellt	■ Einstellen
	9. CDET-Vergaser: Luftkolbendämpfung zu gering	■ Dämpferölstand prüfen, nachfüllen, ggf. Luftkolbendämpfer ersetzen
6. Ruckeln bei konstanter Fahrt (Teillast)	1. Wie unter 5.2. + 3.	Wie unter 5.2. + 3.
7. Übergangsfehler beim Beschleunigen	1. Wie unter 5.2. + 3	
	2. Beschleunigungspumpe	
	a) Einspritzmenge zu groß/zu klein	■ Einstellen
	b) Betätigungskolben für Anreicherungsrohr klemmt	■ Gangbar machen
	c) Spritzrichtung falsch	■ Einstellen
	3. Kraftstoffniveau zu niedrig	■ Schwimmerstand einstellen
8. Schlechte Gasannahme	1. Drosselklappe II. Stufe hängt	■ Grundeinstellung durchführen
	2. Unterdruckdose II. Stufe undicht	■ Erneuern
	3. Falsche Düsen eingebaut	■ Düsen erneuern

Störung	Ursache	Abhilfe
9. Endleistung wird nicht erreicht, Aussetzer bei Vollast	1. Kraftstoff-Luftgemisch zu mager oder viel zu fett	
	a) Kraftstoff-Filter verschmutzt	■ Erneuern
	b) Kraftstoffzufluß mit Rücklauf verwechselt	■ Anschluß korrigieren
	c) Düsenbestückung nicht nach Vorschrift	■ Düsen nach Tabelle einbauen
	d) Düsen verschmutzt	■ Reinigen
	e) Kraftstoffniveau zu tief/zu hoch	■ Schwimmer einstellen
	f) Tankbelüftung zu	■ Reinigen
	g) Anreicherungsventil defekt	■ Gangbar machen, erneuern
	h) Drosselklappen öffnen nicht vollständig	■ Gasbetätigung einstellen
	i) Wie unter 8.1–3	■ Wie unter 8.1–3
	2. Luftdurchsatz zu klein	
	a) Starterklappe öffnet nicht vollständig	■ Beheizung prüfen, Bimetallfeder prüfen, evtl. erneuern
	b) Vollgasstellung wird nicht erreicht	■ Gaszug einstellen
	c) Luftfiltereinsatz verschmutzt	■ Erneuern
10. Motor läuft nach	1. Leerlaufabschaltventil defekt	■ Erneuern
	2. Anstellung der Drosselklappe zu groß	■ Drosselklappenansteller einstellen
11. Knallen im Auspuff beim Schieben	1. Gemisch zu mager Wie unter 5.1–3 + 5.5	■ Wie 5.1–3 + 5.5
	2. Falsche Einspritzmenge, Einspritzrohr verschmutzt	■ Einstellen, reinigen, Ventile prüfen, ggf. Pumpenkolben erneuern
	3. Abgasanlage undicht	■ Undichte Stelle schweißen oder entsprechendes Teil der Abgasanlage erneuern
12. Verbrauch zu hoch. Der Kraftstoffverbrauch wird ganz entscheidend von den Einsatzbedingungen des Fahrzeugs, der Verkehrsdichte und dem Fahrstil des Fahrers beeinflußt und kann, ohne daß ein Fehler am Fahrzeug vorliegt, mehr als den doppelten Normverbrauch erreichen.	1. Leerlaufgemisch zu fett	
	a) CO-Einstellung falsch	■ Einstellen
	b) Leerlauf- und Zusatzluftdüsen	■ Reinigen und einstellen
	2. Einspritzmenge zu groß	■ Einstellen
	3. Kraftstoffniveau zu hoch	
	a) Schwimmer zu schwer	■ Schwimmerstellung prüfen
	b) Schwimmernadelventil hängt	■ Ventil reinigen, ggf. ersetzen
	4. Starterklappe öffnet nicht ganz	■ Wie unter 1.1 oder 3.3b)
	5. Düsenbestückung falsch	■ Düsen nach Tabelle einbauen
	6. Luftfilter verschmutzt, verölt	■ Erneuern
	7. Ansaugluftvorwärmung defekt	■ Vorwärmung überprüfen

Die Benzin-Einspritzanlage

Je nach Modell sind die BMW-Einspritzmotoren mit der L-Jetronic oder mit einer auf der L-Jetronic basierenden Einspritzanlage wie der LE-Jetronic oder der Motronic ausgestattet. Die Motronic wird auch als Digitale Motorelektronik (DME) bezeichnet. Der 520i ohne Katalysator von 8/75 bis 9/82 ist mit einer K-Jetronic ausgerüstet, die sich von der L-Jetronic grundlegend unterscheidet. Bis 7/75 ist der 520i mit der Kugelfischer-Einspritzung ausgerüstet.

Alle Teile der Einspritzanlage sind langzeitstabil und wartungsarm, Reparaturen sind daher äußerst selten. Ein Großteil der Überprüfungsarbeiten ist nur mit teueren Prüfgeräten und entsprechenden Fachkenntnissen möglich.

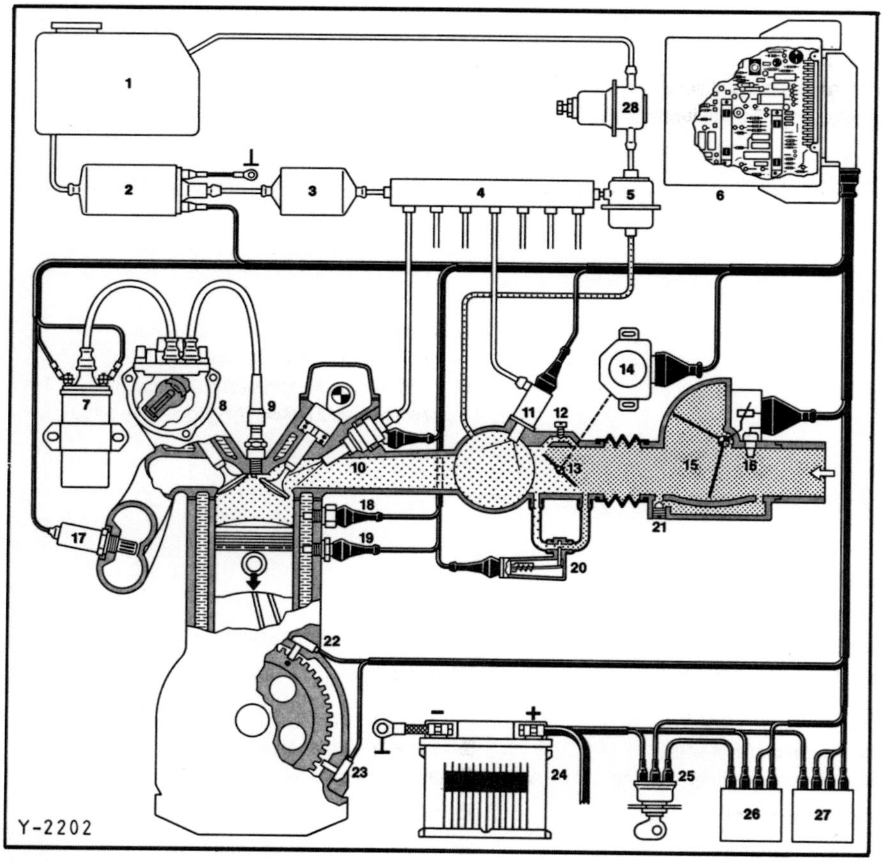

Schemazeichnung der Motronic

1 – Kraftstoffbehälter
2 – Elektr. Kraftstoffpumpe
3 – Kraftstoffilter
4 – Verteilerrohr
5 – Druckregler
6 – Steuergerät
7 – Zündspule
8 – Hochspannungsverteiler
9 – Zündkerze
10 – Einspritzventil
11 – Kaltstartventil
12 – Leerlaufdrehzahl-Einstellschraube
13 – Drosselklappe
14 – Drosselklappenschalter
15 – Luftmengenmesser
16 – Ansaugluft-Temperaturfühler
17 – Lambda-Sonde
18 – Thermozeitschalter
19 – Motortemperaturfühler
20 – Leerlaufsteller
21 – CO-Einstellschraube
22 – Bezugsmarkengeber
23 – Drehzahlgeber
24 – Batterie
25 – Zünd-Startschalter
26 – Hauptrelais
27 – Kraftstoffpumpenrelais
28 – Schwingungsdämpfer

L-/LE-Jetronic

Die L-/LE-Jetronic ist eine elektronische Benzineinspritzung, die den Kraftstoff intermittierend, also stoßweise in das Ansaugrohr vor die Einlaßventile einspritzt.

Der Kraftstoff wird aus dem Kraftstoffbehälter von der elektrischen Kraftstoffpumpe angesaugt und über den Kraftstoffilter zum Verteilerrohr und dann zu den Einspritzdüsen gefördert. Ein Druckregler am Verteilerrohr sorgt dafür, daß der Druck im Kraftstoffsystem in Abhängigkeit vom Ansaug-Unterdruck konstant gehalten wird. Der Schwingungsdämpfer verringert Druckschwingungen in der Rücklaufleitung.

Die Luftmenge wird vom Motor über Luftfilter und Sammelsaugrohr angesaugt und vom Luftmengenmesser gemessen. Im Gehäuse des Luftmengenmessers befindet sich eine Stauklappe, die von der Luftströmung in eine bestimmte Stellung ausgelenkt und gehalten wird. Die Winkelstellung der Stauklappe dient als Maß für die durchströmende Luftmenge. Über ein Potentiometer werden entsprechende Signale an das Steuergerät übermittelt.

Das Steuergerät regelt entsprechend der gemessenen Luftmenge und der jeweiligen Motordrehzahl die Einspritzzeit und dadurch die Einspritzmenge. Bei längerer Öffnung des Einspritzventils wird mehr Kraftstoff eingespritzt. Zusätzliche Fühler und Geber sorgen auch in extremen Fahrsituationen für die richtig bemessene Kraftstoffmenge.

- Das Kaltstartventil spritzt bei kaltem Motor während des Startvorganges zusätzlich Kraftstoff in das Sammelsaugrohr, damit der Motor leichter anspringt.
- Der Thermozeitschalter regelt die Einspritzzeit des Kaltstartventils.
- Der elektrisch beheizte Zusatzluftschieber stabilisiert während der Warmlaufphase die Motordrehzahl.
- Der Drosselklappenschalter sitzt direkt an der Drosselklappenwelle. Er übermittelt dem Steuergerät die Leerlauf- und die Vollaststellung der Drosselklappe. Dadurch wird insbesondere die Schubabschaltung gesteuert, denn so lange der Leerlaufkontakt des Schalters geschlossen ist und gleichzeitig die Drehzahl über ca. 1200/min liegt, wird vom Steuergerät die Kraftstoffzufuhr für den Motor gesperrt.
- Das Steuergerät befindet sich unter einer Abdeckung im Handschuhfach.

Motronic

- Die Motordrehzahl wird über einen induktiven Drehzahlgeber direkt am Schwungrad abgenommen.
- Die Lambda-Sonde (Sauerstoffsensor) mißt bei Fahrzeugen mit geregeltem Katalysator den Sauerstoffgehalt im Abgasstrom und schickt entsprechende Spannungssignale an das Steuergerät. Daraufhin verändert das Steuergerät das angesaugte Kraftstoff-/Luftverhältnis, so daß die Abgase im Katalysator optimal nachverbrannt werden.

Achtung: Bei Arbeiten an der Einspritzanlage ist auf peinliche Sauberkeit zu achten. Vor der Demontage sind die entsprechenden Teile mit Benzin zu säubern. Die Anlage steht unter hohem Druck. Deshalb ist vor dem Auswechseln von Teilen zum Druckabbau die Kraftstoffleitung am Kaltstartventil langsam zu lösen. Dabei Lappen um Kraftstoffanschluß legen. Spritzgefahr! Austretenden Kraftstoff mit Lappen auffangen.

Sauberkeitsregeln bei Arbeiten an der Einspritzanlage

- Verbindungsstellen und deren Umgebung vor dem Lösen gründlich mit Kraftstoff reinigen.
- Ausgebaute Teile auf einer sauberen Unterlage ablegen und abdecken. Folien oder Papier verwenden. Keine fasernden Lappen benutzen!
- Geöffnete Bauteile sorgfältig abdecken bzw. verschließen, wenn die Reparatur nicht umgehend ausgeführt wird.
- Nur saubere Teile einbauen. Ersatzteile erst unmittelbar vor dem Einbau aus der Verpackung nehmen.
- Bei geöffneter Anlage: Möglichst nicht mit Druckluft arbeiten. Das Fahrzeug möglichst nicht bewegen.

Sicherheitshinweise zur Einspritzanlage

- Motor nicht starten ohne fest angeschlossene Batterie.
- Zum Starten des Motors **keinen** Schnellader verwenden.
- Nie bei laufendem Motor die Batterie vom Bordnetz trennen.
- Beim Schnelladen Batterie vom Bordnetz trennen.
- Bevor eine Prüfung der elektronischen Einspritzanlage erfolgt, muß gewährleistet sein, daß die Zündung in Ordnung ist, das heißt Zündung und Zündkerzen müssen den Vorschriften entsprechen.
- Bei Temperaturen über +80° C (Trockenofen), Steuergerät ausbauen.
- Auf einwandfreien Sitz der Anschlußstecker achten.
- Mehrfachstecker des Steuergerätes nicht bei eingeschalteter Zündung abziehen oder aufstecken.
- Bei einer Kompressionsdruckprüfung Stromversorgung für Kraftstoffpumpenrelais unterbrechen, Relaisstecker ziehen. Bei Fahrzeugen mit DME Hauptrelais für Einspritzanlage (am Sicherungskasten) abziehen, siehe Kapitel »Kraftstoffanlage«.

Leerlaufdrehzahl/CO-Gehalt prüfen

Achtung: Bei der Motronic wird die Leerlaufdrehzahl durch einen elektronisch gesteuerten Leerlaufsteller geregelt und ist nicht einstellbar.

L-/LE-Jetronic

- Drehzahlmesser und CO-Prüfgerät nach Vorschrift anschließen.
- Motor auf Betriebstemperatur bringen, die Kühlmittel-Temperaturanzeige muß etwa in der Skalenmitte stehen. Die Kühlmitteltemperatur beträgt dann etwa +80° C.
- Zündzeitpunkt prüfen, siehe Seite 47.
- Luftfiltereinsatz prüfen.

- Alle elektrischen Verbraucher ausschalten.
- Kurbelgehäuse-Entlüftungsschlauch vom Zylinderkopfdekkel abziehen und so verlegen, daß nur Frischluft angesaugt werden kann.
- Motor starten und im Leerlauf drehen lassen.
- Leerlaufdrehzahl mit Leerlaufdrehzahl-Einstellschraube am Drosselklappenstutzen einstellen. Sollwert siehe Seite 50.

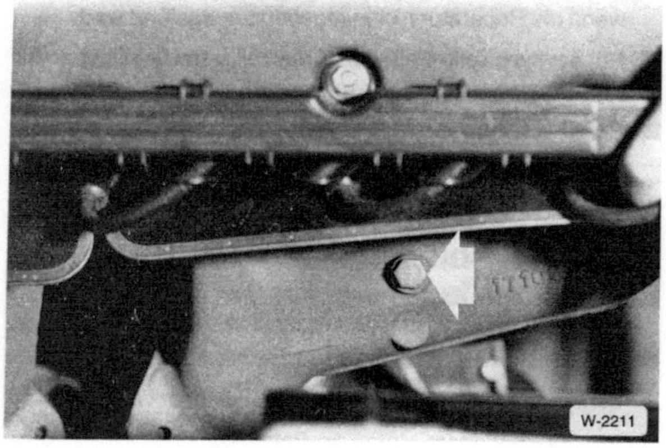

- CO-Gehalt am Abgasendrohr prüfen. Nur bei Katalysatorfahrzeugen CO-Prüfgerät am Abgaskrümmer anschließen, dazu die beiden Verschlußschrauben am linken und rechten Krümmer herausdrehen. Sollwert für CO-Gehalt, siehe Seite 50.

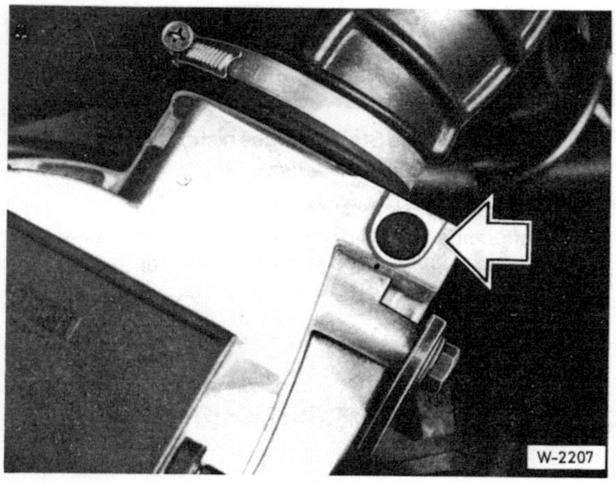

- Sicherungsstopfen –Pfeil– für CO-Einstellschraube am Luftmengenmesser abnehmen.
- Falls vorhanden, Schlauch für Aktivkohlebehälter am Drosselklappenstutzen abziehen und beide Anschlüsse mit einem Stopfen verschließen.

- CO-Gehalt durch Verdrehen der Einstellschraube –Pfeil– auf den Sollwert einstellen. Dazu wird ein 5 mm Innensechskantschlüssel benötigt, zum Beispiel HAZET 2100-5. Verdrehen im Uhrzeigersinn – CO-Gehalt steigt an. Verdrehen entgegen dem Uhrzeigersinn – CO-Gehalt sinkt.
- Falls die Sollwerte nicht erreicht werden, Ansaugtrakt auf Dichtheit prüfen. Dazu Motor starten und im Leerlauf belassen. Sämtliche Dichtstellen des Ansaugtraktes mit einem Pinsel und Benzin bestreichen. Wenn sich die Drehzahl erhöht, saugt der Motor an der gerade bestrichenen Stelle Nebenluft an. In diesem Fall ist die entsprechende Dichtung zu erneuern.

Achtung: Kraftstoff nicht auf glühende Teile oder Zündanlage spritzen, Feuergefahr! Kraftstoffdämpfe nicht einatmen – giftig!

- Falls der Sollwert nicht erreicht wird, kann das folgende Ursachen haben: Einspritzdüse(n) defekt, Kraftstoffdruck falsch, Temperaturfühler Kühlmittel defekt.
- Nach der Einstellung neuen Sicherungsstopfen eindrükken.

- Teillastanreicherung prüfen. Dazu Unterdruckschlauch am Kraftstoffdruckregler abziehen und verschließen. Der CO-Wert muß deutlich ansteigen auf ca. 2,5 %. Anschließend Schlauch wieder aufschieben.
- Meßgeräte abklemmen.
- Schlauch für Kurbelgehäuse-Entlüftung aufstecken.

Gaszug einstellen

Achtung: Der Gaszug ist sehr knickempfindlich und daher beim Einbau besonders sorgfältig zu behandeln. Ein einziger leichter Knick kann zum späteren Bruch im Fahrbetrieb führen. Züge, die geknickt wurden, dürfen deswegen **nicht** eingebaut werden.

- Gaspedal ganz durchdrücken (Vollgasstellung) und in dieser Stellung festklemmen. Dazu geeignetes Brett zwischen Sitz und Pedal klemmen.

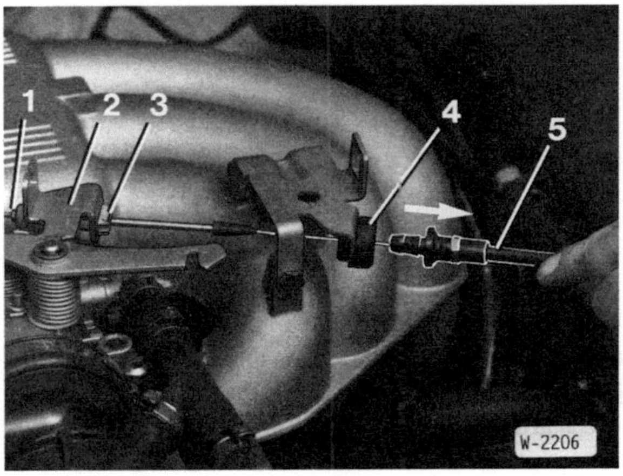

- Drosselklappenhebel –2– in Vollgasstellung drücken und Einstellmutter –1– so weit reindrehen, bis der Gaszug gespannt ist.

Gaszug am Drosselklappenhebel aushängen

- Am Drosselklappenhebel –2– Gas geben, damit der Gaszugnippel entspannt wird.
- Klammer –3– zusammenklemmen und aus dem Drosselklappenhebel herausdrücken.
- Gaszug durch den Schlitz am Drosselklappenhebel aushängen.
- Zughülle –5– aus der Gummitülle –4– herausziehen, Gummitülle mit Schraubendreher aus dem Halter herausdrücken und Seilzug durch den Schlitz am Halter herausnehmen.

Einhängen

- Seilzug durch den Schlitz in die Öffnung des Drosselklappenhebels einführen, Klammer ansetzen und eindrücken.
- Am Drosselklappenhebel etwas Gas geben, Seilzug in die Öffnung des Halters einführen, Gummitülle eindrücken und Zughülle in die Gummitülle drücken.
- Gaszugeinstellung kontrollieren.

Kaltstartventil aus- und einbauen/prüfen

Motronic, L-/LE-/K-Jetronic

Das Kaltstartventil spritzt während der Starterbetätigung bei kaltem Motor zusätzlich Kraftstoff in das Saugrohr.

Ein defektes Kaltstartventil verursacht Startschwierigkeiten (kalt und warm), Übergangsstörungen und hohen Kraftstoffverbrauch.

Der Thermozeitschalter begrenzt die Spritzzeit des Kaltstartventils in Abhängigkeit von der Motortemperatur.

Ausbau

- Stecker vom Kaltstartventil abziehen.
- Kraftstoffleitung zum Kaltstartventil abziehen, vorher Schelle ganz lösen. **Achtung:** Wenn das Kaltstartventil nur zum Prüfen ausgebaut wird, bleiben Kraftstoffleitung und elektrische Leitung angeschlossen.
- 2 Muttern abschrauben und Kaltstartventil aus dem Sammelsaugrohr herausziehen.

Prüfen

- Stecker am Kaltstartventil anschließen, Kraftstoffschlauch ist angeschlossen.
- Stecker vom Thermozeitschalter abziehen.
- Schwarz/rote Leitung vom Thermozeitschalter an Masse legen. **Achtung:** Nicht die schwarz/gelbe Leitung an Masse legen. Kurzschlußgefahr!
- Kaltstartventil in ein Meßglas halten.
- Stecker vom TSZ-Schaltgerät abziehen, damit der Motor nicht anspringen kann.

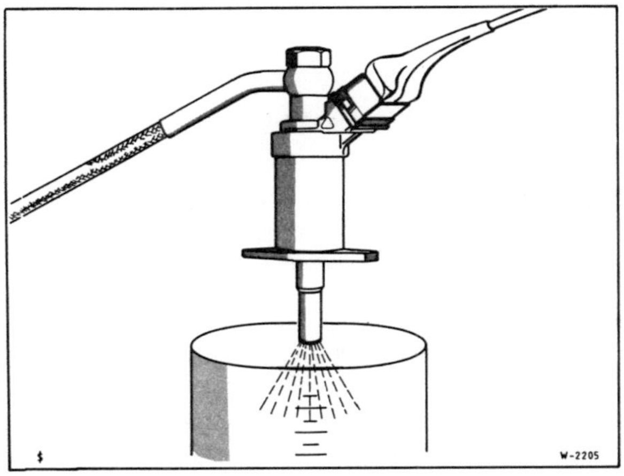

- Anlasser kurz betätigen. Das Kaltstartventil muß in einem gleichförmigen Kegel abspritzen.
- Kaltstartventil an der Düse abtrocknen.
- Am Kaltstartventil darf innerhalb einer Minute kein Tropfen abfallen. Auch äußerlich darf das Ventil nicht feucht werden.

Einbau

- Kaltstartventil mit neuem Dichtring ansetzen und mit 2 Muttern festschrauben.
- Stecker am Thermozeitschalter und am TSZ-Schaltgerät aufschieben.
- Falls ausgebaut, Kraftstoffschlauch am Kaltstartventil aufschieben und mit Schelle sichern. Stecker aufschieben.

Thermozeitschalter aus- und einbauen/prüfen

Motronic, L-/LE-/K-Jetronic

Der Thermozeitschalter begrenzt die Spritzzeit des Kaltstartventils in Abhängigkeit von der Kühlmitteltemperatur. Er ist am Kühlmittel-Thermostatgehäuse eingeschraubt, siehe Seite 69.

Ein defekter Thermozeitschalter verursacht Kaltstart-Schwierigkeiten.

Ausbau

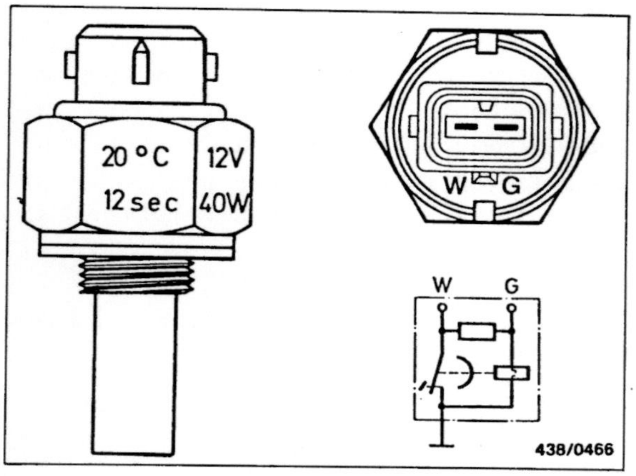

- Stecker am Thermozeitschalter abziehen.
- Thermozeitschalter herausdrehen.
- Am Sechskant des Schalters ist die Schaltdauer (im Bild 12 Sekunden bei +20° C) eingeprägt. Es sind meist Temperaturschalter mit der Schaltdauer 8 Sekunden bei +35° C eingebaut.
- Thermozeitschalter auf die jeweilige Prüftemperatur bringen, dazu Schalter ausbauen und im Wasserbad erwärmen.
- Widerstände mit Ohmmeter bei +30° C messen. Sollwerte: Zwischen Klemme G und Masse (Gehäuse): 25 – 40 Ω. Zwischen Klemme W und Masse: 0 Ω (Durchgang). Zwischen Klemme W und Klemme G: 25 – 40 Ω.
- Widerstände bei +40° C messen. Sollwerte: Zwischen Klemme G und Masse: 50 – 80 Ω. Zwischen Klemme W und Masse: 100 – 200 Ω. Zwischen Klemme W und Klemme G: 50 – 80 Ω. Gegebenenfalls Thermozeitschalter ersetzen.

Einbau

- Thermozeitschalter einschrauben, Stecker aufschieben.
- Kühlmittelstand kontrollieren, gegebenenfalls auffüllen.
- Kühlsystem entlüften.

Temperaturfühler prüfen/ aus- und einbauen

Motronic, L-/LE-Jetronic

Der Temperaturfühler mißt die Motortemperatur und gibt sie an das Steuergerät weiter. Der Fühler beinhaltet ein NTC-Element (NTC = Negativer Temperatur-Coeffizient), das seinen Widerstand bei steigender Temperatur verringert. Bei defektem Fühler nimmt das Steuergerät als Ersatzwert eine Kühlmitteltemperatur von +80° C an. Das entspricht dem betriebswarmen Motor und führt bei niedrigen Außentemperaturen und kaltem Motor zu Startschwierigkeiten und unruhigem Motorlauf.

Temperaturfühler prüfen

- Stecker abziehen.
- Ohmmeter an die Kontakte des Fühlers anschließen.
- Widerstand messen und mit Sollwert vergleichen. Entsprechend der Temperatur sind Zwischenwerte möglich.
- Bei –10° C soll der Widerstand 8,2 – 10,5 kΩ, bei +20° C soll er 2,2 – 2,7 kΩ, und bei +80° C soll er 300 – 360 Ω betragen.
- Falls der Widerstand nicht dem Sollwert entspricht, Fühler ausbauen.
- Temperaturfühler mit Draht in Wasserbad hängen, ohne daß er mit der Gefäßwand in Berührung kommt. Wasser mit Eisstücken abkühlen und anschließend auf der Herdplatte erwärmen. Fühler bei den angegebenen Temperaturen herausnehmen und Widerstand zwischen den Kontaktzungen messen. Gegebenenfalls Temperaturfühler ersetzen.
- Ist der Temperaturfühler in Ordnung, Voltmeter zwischen Stecker des Temperaturfühlers und Masse anschließen.
- Zündung einschalten. Sollwert: ca. 5 Volt. Liegt keine Spannung an, Leitung auf Durchgang prüfen.
- Masseleitung, falls vorhanden, auf Durchgang prüfen.
- Wenn Leitungen und Temperaturfühler in Ordnung sind, liegt ein Defekt im Steuergerät vor.

Ausbau

Achtung: Damit beim Ausbau des Fühlers kein Kühlmittel ausläuft, Kühlmittel vorher zum Teil ablassen und auffangen, siehe Kapitel »Wartung«.

- Stecker –2– abziehen. Die Abbildung zeigt den Motor M30. Lage beim Motor M20, siehe Seite 69.
- Temperaturfühler –2– für Einspritzanlage herausschrauben. 1 – Temperaturgeber für Kühlmittel-Temperaturanzeige im Schalttafeleinsatz.

Einbau

- Temperaturfühler mit neuem Dichtring einschrauben und mit 12 – 14 Nm (Dieselmotor: 18 ± 1 Nm) anziehen. **Achtung:** Der Fühler darf nicht zu fest angezogen werden.
- Stecker aufschieben. Darauf achten, daß der Metallbügel einrastet.

Achtung: Beim Motor M20 Einspritzdüsen-Steckerleiste –3– auf jedes Ventil andrücken beziehungsweise festen Sitz prüfen.

- Kühlmittel auffüllen und Kühlsystem entlüften, siehe Kapitel »Wartung«.
- Probefahrt durchführen und Temperaturfühler-Anschluß auf Dichtigkeit überprüfen, gegebenenfalls etwas nachziehen.

Zusatzluftschieber prüfen/ersetzen

Motronic, K-/L-/LE-Jetronic

Während der Warmlaufphase wird dem Motor eine größere Menge Kraftstoff-Luftgemisch zugeführt, als es der Drosselklappenstellung entspricht. Dazu wird die Drosselklappe mittels eines Zusatzluftschiebers umgangen. In betriebswarmem Zustand muß der Zusatzquerschnitt geschlossen sein.

Ein defekter Zusatzluftschieber verursacht ein Stehenbleiben des Motors beziehungsweise einen unrunden Lauf während der Warmlaufphase oder eine nicht einstellbare Leerlaufdrehzahl.

Prüfen

Achtung: Der Motor muß zur Prüfung kalt sein.

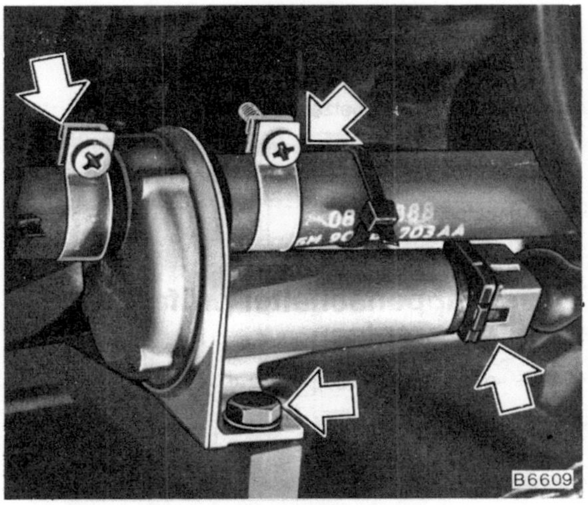

- Stecker vom Zusatzluftschieber abziehen, Pfeil rechts unten.
- Spannungsprüfer zwischen den beiden Kontakten des Steckers anschließen.
- Motor starten. Das Meßgerät muß Batteriespannung anzeigen, sonst elektrische Leitungen auf Unterbrechung prüfen.
- Stecker wieder aufschieben.
- Motor starten und im Leerlauf drehen lassen.
- Schlauch zum Zusatzluftschieber mit Zange abklemmen, daraufhin muß die Leerlaufdrehzahl abfallen.
- Motor warmlaufen lassen und Schlauch nochmals abklemmen. Dabei darf sich die Motordrehzahl nicht verändern. Andernfalls Zusatzluftschieber ersetzen.

Ersetzen

- Stecker abziehen.
- Schlauchschellen lösen und Schläuche abziehen.
- 2 Befestigungsschrauben herausdrehen und Zusatzluftschieber herausnehmen.

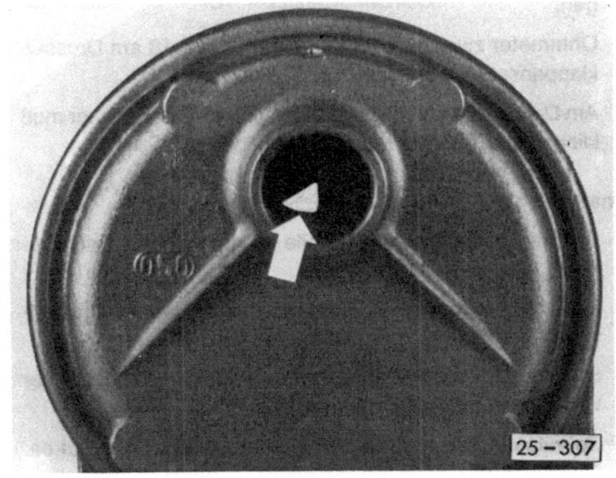

- Durch die Öffnung des Zusatzluftschiebers ist der Drehschieber erkennbar. Er muß in kaltem Zustand einen Spalt geöffnet sein. In heißem Zustand ist der Drehschieber geschlossen. Zum Aufheizen des Zusatzluftschiebers die beiden Kontakte mit Hilfsleitung an Batteriespannung anschließen.
- Zusatzluftschieber einsetzen und anschrauben.
- Schläuche aufschieben und mit Schellen sichern. **Achtung:** Auf festen Sitz der Schläuche achten.
- Stecker aufschieben.

Drosselklappenschalter prüfen, einstellen, ersetzen

Motronic, L-/LE-Jetronic

Prüfen

- Stecker vom Drosselklappenschalter abziehen.
- Ohmmeter zwischen den Klemmen 2 und 18 am Drosselklappenschalter anschließen. Sollwert: ca. 0Ω.
- Am Drosselklappenhebel etwas Gas geben. Der Schalter muß klicken und der Widerstand nun ∞Ω (unendlich) betragen.
- Ohmmeter zwischen den Klemmen 3 und 18 am Drosselklappenschalter anschließen. Sollwert: ca. ∞Ω.
- Am Drosselklappenhebel Vollgas geben. Der Schalter muß klicken und der Widerstand nun 0Ω betragen.

Einstellen

- Befestigungsschrauben –Pfeile– lockern, nicht abschrauben.
- Schalter so verdrehen, daß bei geschlossener Drosselklappe ca. 0Ω anliegen. Schrauben festziehen.
- Sobald die Drosselklappe etwas geöffnet wird, muß der Widerstand auf ∞Ω ansteigen.
- Beim Loslassen muß der Widerstandswert wieder auf ca. 0Ω abfallen.

Ersetzen

- Dreifachstecker abziehen.
- Befestigungsschrauben –Pfeile– herausdrehen und Schalter von der Drosselklappenwelle abziehen.
- Schalter auf Drosselklappenwelle aufschieben, einstellen und Schrauben festziehen.
- Dreifachstecker aufschieben.

Steuergerät aus- und einbauen

Motronic, L-/LE-Jetronic

Das Steuergerät befindet sich hinter einer Abdeckung im Handschuhfach.

Ausbau

- Batterie-Massekabel abklemmen.
- Handschuhfach öffnen und die Bolzen aus den beiden Haltebändern herausziehen.
- Abdeckung oberhalb vom Handschuhfach wegklappen. Dazu vorher 2 Spreizclips herausziehen.
- Steuergerät mit 4 Schrauben abschrauben.

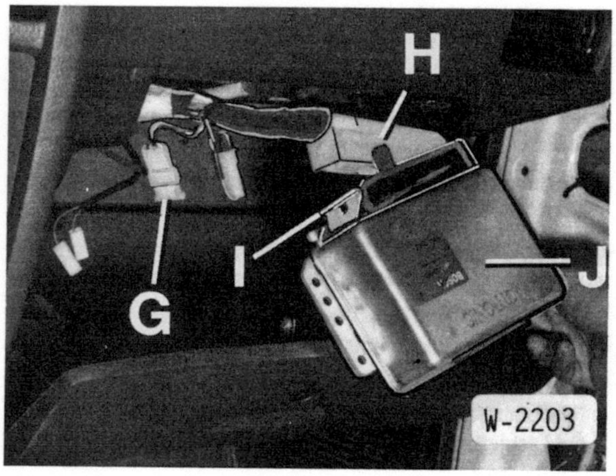

- Steckverbindung –G– trennen.
- Halteklammer –I– abdrücken und Mehrfachstecker –H– abziehen.
- Steuergerät –J– herausnehmen.

Einbau

- Steuergerät einsetzen und anschrauben.
- Mehrfachstecker aufschieben und einrasten.
- Steckverbindung –G– zusammenschieben.
- Abdeckung einhängen und anclipsen.
- Bolzen für Haltebänder durchschieben.
- Batterie-Massekabel anklemmen.
- Leerlauf prüfen, siehe Seite 115.

K-Jetronic

Der BMW 520 i (ohne Katalysator) von 8/75 bis 9/82 ist mit der K-Jetronic ausgestattet.

Schemazeichnung der K-Jetronic

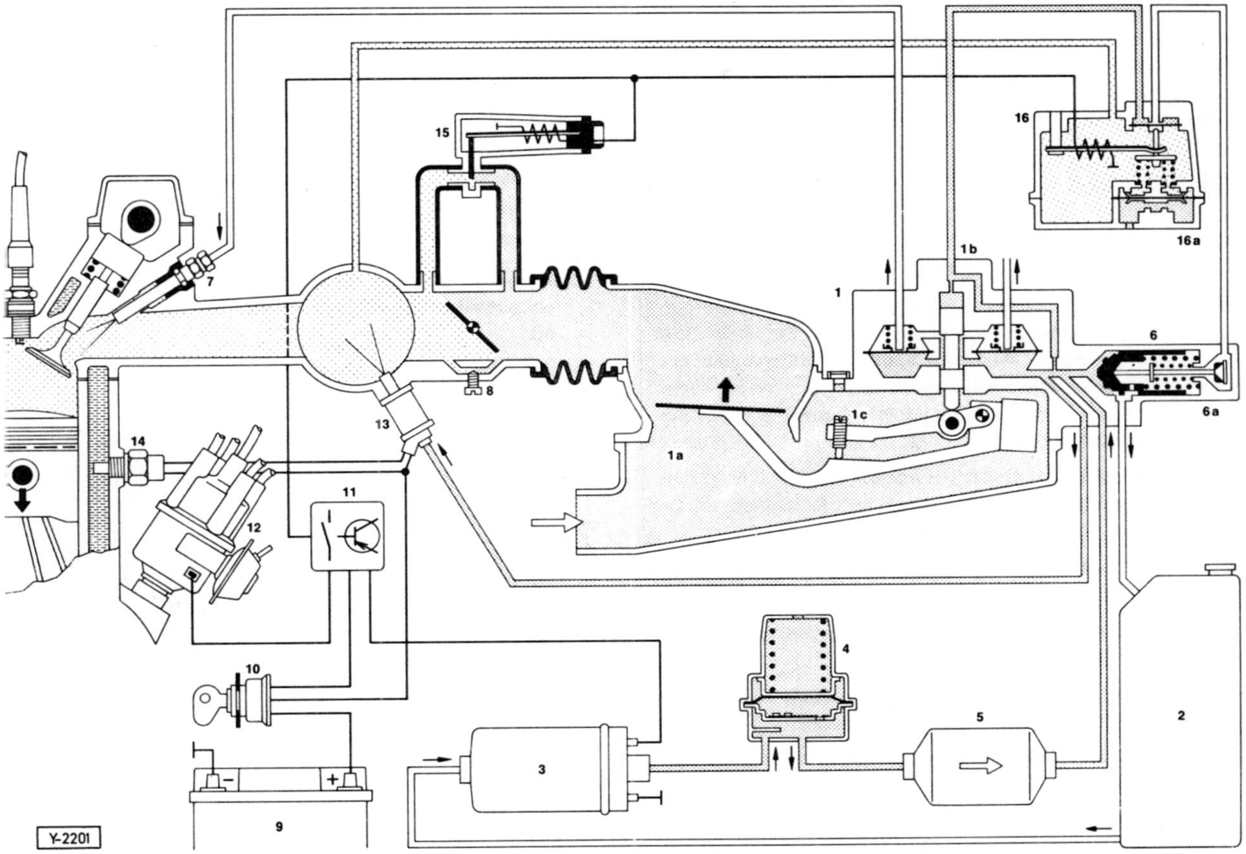

1 – Gemischregler
1a – Luftmengenmesser
1b – Kraftstoffmengenteiler
1c – CO-Einstellschraube
2 – Tank
3 – Elektrische Kraftstoffpumpe
4 – Kraftstoffspeicher
5 – Kraftstoffilter
6 – Systemdruckregler
6a – Aufstoßventil
7 – Einspritzventil
8 – Leerlaufdrehzahl-Einstellschraube
9 – Batterie
10 – Zünd-Startschalter
11 – Steuerrelais
12 – Zündverteiler
13 – Kaltstartventil
14 – Thermozeitschalter
15 – Zusatzluftschieber
16 – Warmlaufregler
16a – Vollastmembran

Die K-Jetronic ist eine mechanische Benzineinspritzung, die den Kraftstoff kontinuierlich in das Ansaugrohr vor die Einlaßventile einspritzt.

Der Kraftstoff wird aus dem Kraftstoffbehälter von der elektrischen Kraftstoffpumpe angesaugt und über Kraftstoffspeicher und -Filter zum Kraftstoffmengenteiler gefördert. Die Luftmenge wird vom Motor über das Saugrohr angesaugt und vom Luftmengenmesser gemessen. Der Kraftstoffmengenteiler teilt entsprechend der gemessenen Luftmenge den einzelnen Zylindern über das jeweilige Einspritzventil die Kraftstoffmenge zu. Zusätzliche Fühler und Geber sorgen auch in extremen Temperatur- und Fahrsituationen für die richtig bemessene Kraftstoffmenge.

■ Der Kraftstoffspeicher hält den Kraftstoff auch nach Abschalten des Motors über einen längeren Zeitraum unter Druck. Dadurch verhindert man Dampfblasenbildung und verbessert das Heißstartverhalten.

■ Das Kraftstoffpumpenrelais versorgt die Kraftstoffpumpe und das Kaltstartventil beim Starten und bei laufendem Motor mit Strom. Das Relais sperrt die Stromzufuhr zur Pumpe beim Abschalten der Zündung und wenn keine Zündimpulse mehr erfolgen (Motor abgewürgt, Zündung eingeschaltet).

■ Das Kaltstartventil spritzt bei kaltem Motor während des Startvorganges zusätzlich Kraftstoff in das Sammelsaugrohr, damit der Motor leichter anspringt.

■ Der Thermozeitschalter regelt die Einspritzzeit des Kaltstartventils.

■ Der Systemdruckregler regelt den Systemdruck auf ca. 4,6 – 5,0 bar.

■ Der elektrisch beheizte Zusatzluftschieber stabilisiert während der Warmlaufphase die Motordrehzahl.

■ Der Warmlaufregler fettet während der Warmlaufphase das Gemisch an.

Achtung: Bei Arbeiten an der mechanischen Einspritzanlage ist auf peinliche Sauberkeit zu achten. Vor der Demontage sind die entsprechenden Teile mit Benzin zu säubern. **Die Anlage steht unter hohem Druck. Deshalb ist vor dem Auswechseln von Teilen zum Druckabbau die Kraftstoffleitung am Kaltstartventil langsam zu lösen. Dabei Lappen um Kraftstoffanschluß legen. Spritzgefahr!** Austretenden Kraftstoff mit Lappen auffangen.

Leerlaufdrehzahl/CO-Gehalt prüfen

K-Jetronic

- Drehzahlmesser und CO-Prüfgerät nach Vorschrift anschließen.
- Motor auf Betriebstemperatur bringen, die Kühlmittel-Temperaturanzeige muß in der Mitte stehen (Öltemperatur soll mindestens +60° C betragen).
- Zündzeitpunkt prüfen, siehe Seite 47.
- Ansaugtrakt auf Dichtheit prüfen. Dazu Motor starten und im Leerlauf belassen. Sämtliche Dichtstellen des Ansaugtraktes mit einem Pinsel und Benzin bestreichen. Wenn sich die Drehzahl erhöht, saugt der Motor an der gerade bestrichenen Stelle Nebenluft an. In diesem Fall ist die entsprechende Dichtung zu erneuern.

Achtung: Kraftstoff nicht auf glühende Teile oder Zündanlage spritzen, Feuergefahr! Kraftstoffdämpfe nicht einatmen – giftig!

- Luftfiltereinsatz prüfen.
- Alle elektrischen Verbraucher ausschalten.
- Kurbelgehäuse-Entlüftungsschlauch vom Zylinderkopfdeckel abziehen und so verlegen, daß nur Frischluft angesaugt werden kann.
- Motor starten und im Leerlauf drehen lassen.
- Leerlaufdrehzahl mit Leerlaufdrehzahl-Einstellschraube am Drosselklappenstutzen einstellen. Sollwert siehe Seite 50.
- CO-Gehalt prüfen. Sollwert siehe Seite 50.

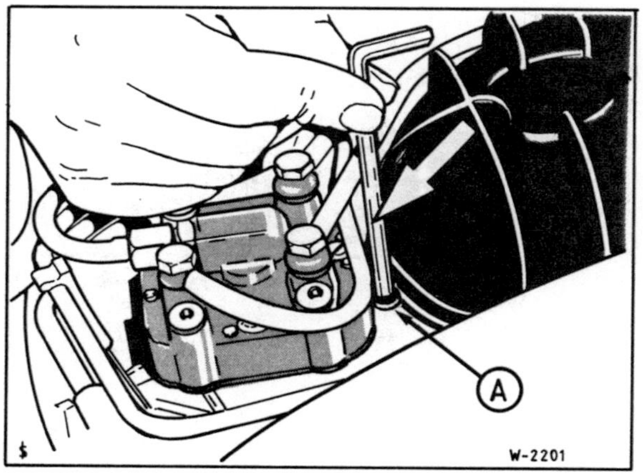

- Sicherungsstopfen für CO-Einstellschraube –A– mit Auszieher herausziehen. Steht das Spezialwerkzeug nicht zur Verfügung, geeignete Holz- oder Blechschraube in den Sicherungsstopfen einschrauben, dann Schraube zusammen mit Stopfen herausziehen.
- CO-Gehalt mit 3 mm Innensechskantschlüssel –Pfeil–, zum Beispiel HAZET 4516, auf Sollwert einstellen.

Achtung: Während der CO-Einstellung die Einstellschraube mit dem Einstellschlüssel **nicht** nach unten drücken beziehungsweise anheben. Bei eingesetztem Einstellschlüssel **nicht** Gas geben (Verbiegungsgefahr).

- Einstellschlüssel nach jeder Einstellung sofort entfernen und kurz Gas geben.
- Nach der Einstellung neuen Sicherungsstopfen mit einem Dorn eindrücken.
- Meßgeräte abklemmen.
- Schlauch für Kurbelgehäuse-Entlüftung aufstecken.

Lage der Stauscheibe prüfen und einstellen

K-Jetronic

Die Stauscheibe im Luftmengenmesser wird in Abhängigkeit der angesaugten Luftmenge mehr oder weniger angehoben. Wenn die Ruhelage der Stauscheibe zu tief ist, springt der Motor schlecht an. Bei zu hoher Ruhelage kann es zum Nachdieseln beim Abstellen des Motors sowie zu Übergangsstörungen kommen.

Ruhelage prüfen

- Motor warmfahren, Motoröltemperatur mindestens +60° C.
- Mittleres Hochspannungskabel aus dem Zündverteiler ziehen und an Masse legen. **Achtung:** Kabel beim Betätigen des Anlassers nicht mit der Hand halten, siehe Seite 56.
- Luftführungshutze vom Luftmengenmesser abbauen.
- Anlasser ca. 10 Sekunden betätigen.

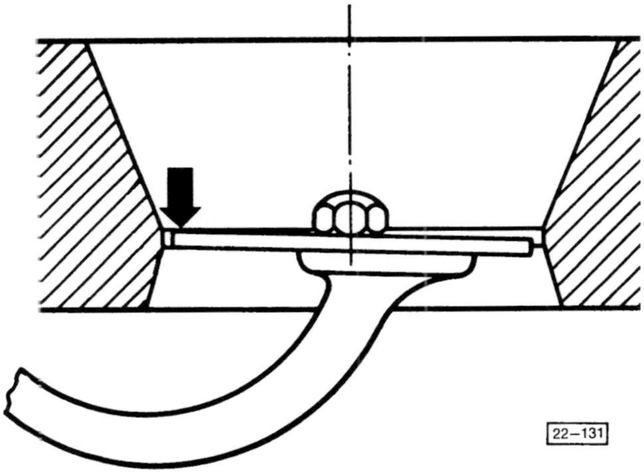

- Die Oberkante der Stauscheibe muß an der mit einem Pfeil gekennzeichneten Stelle bündig, beziehungsweise max. 0,5 mm unterhalb der Kegelkante des Lufttrichters stehen.

Ruhelage Einstellen

- Stauscheibe mit den Fingern anheben.

- Lage der Stauscheibe –7– durch vorsichtiges Nachbiegen des Haltedrahtbügels –9– einstellen.

Achtung: Trichter des Luftmengenmessers nicht beschädigen. Nicht die Blattfeder verbiegen.

- Luftführungshutze einbauen.
- Anschließend Leerlaufdrehzahl und CO-Gehalt einstellen.

Störungsdiagnose Motronic, K-/L-/LE-Jetronic-Einspritzanlage

Bevor anhand der Störungsdiagnose der Fehler aufgespürt wird, müssen folgende Prüfvoraussetzungen erfüllt sein: Bedienungsfehler beim Starten ausgeschlossen. Sowohl für den kalten wie warmen Motor gilt: Vor und während des Startens **kein Gas geben**. Sollte der Motor, beispielsweise bei sehr kaltem oder sehr heißem Motor, nicht sofort anspringen, etwas Gas geben (besonders bei der K-Jetronic). Der Startversuch sollte nicht in zu kurzen Abständen wiederholt werden, da sonst die Zündkerzen durch den während des Startens eingespritzten Kraftstoff naß werden.
Voraussetzungen: Kraftstoff im Tank, Motor mechanisch in Ordnung, Ventilspiel korrekt, Batterie geladen, Anlasser dreht mit ausreichender Drehzahl, Zündeinstellung und Zündanlage sind in Ordnung, keine Undichtigkeiten an der Kraftstoffanlage, Verschmutzungen im Kraftstoffsystem ausgeschlossen, Kurbelgehäuse-Entlüftung in Ordnung, elektrische Masseverbindung (Motor-Getriebe-Aufbau) vorhanden. **Achtung:** Wenn Kraftstoffleitungen gelöst werden, müssen diese vorher mit Benzin gesäubert werden.

Störung	Ursache	Abhilfe
Motor springt nicht an	Elektro-Kraftstoffpumpe läuft beim Betätigen des Anlassers nicht an (keine Laufgeräusche hörbar)	■ Leicht gegen das Pumpengehäuse klopfen, damit sich eine eventuell hängengebliebene Pumpe lösen kann ■ Prüfen, ob Spannung an der Pumpe anliegt. Elektrische Kontakte auf gute Leitfähigkeit überprüfen
	Kraftstoffpumpenrelais defekt	■ Relais überprüfen
	Thermozeitschalter defekt	■ Thermozeitschalter prüfen
	Einspritzventile verklebt	■ Ventile prüfen, ggf. ersetzen
	Luftmengenmesser defekt	■ Luftmengenmesser überprüfen
Der kalte Motor springt schlecht an, läuft unrund	CO-Gehalt falsch	■ CO-Gehalt und Leerlauf prüfen
	Thermozeitschalter defekt	■ Thermozeitschalter prüfen
	Kaltstartventil defekt	■ Kaltstartventil überprüfen
	Temperaturfühler defekt	■ Temperaturfühler prüfen
	Kraftstoffdrücke falsch	■ Kraftstoffdrücke prüfen lassen
Der warme Motor springt schlecht an, läuft unrund	Thermozeitschalter schaltet nicht ab	■ Thermozeitschalter erneuern
	Kaltstartventil undicht	■ Kaltstartventil prüfen
	Luftansaugsystem undicht	■ Ansaugsystem prüfen. Dazu Motor im Leerlauf drehen lassen und Dichtstellen sowie Anschlüsse im Ansaugtrakt mit Benzin bestreichen. Wenn sich die Drehzahl kurzfristig erhöht, undichte Selle beseitigen. **Achtung:** Benzindämpfe sind giftig, nicht einatmen!

Störung	Ursache	Abhilfe
Der Motor setzt aus	Elektrische Verbindungen zur Kraftstoffpumpe zeitweise unterbrochen	■ Steckverbindungen und Anschlüsse von elektrischen Leitungen an der Kraftstoffpumpe, dem Luftmengenmesser und dem Kraftstoffpumpen-Relais auf feste und widerstandslose Verbindung prüfen. Sicherung und Kontaktstellen am Kraftstoffpumpen-Relais prüfen. Kontakte reinigen bzw. erneuern.
	Schlechte Kraftstoffqualität, Dampfblasenbildung	■ Marken-Kraftstoff tanken
	Kraftstoff-Fördermenge zu gering	■ Fördermenge prüfen
	Kraftstoffilter defekt	■ Kraftstoffilter erneuern
	Kraftstoffpumpe defekt	■ Kraftstoffpumpe prüfen
	Einspritzventil defekt	■ Einspritzventile prüfen
	Drosselklappenschalter defekt	■ Drosselklappenschalter prüfen
Der Motor hat Übergangs-, Leerlaufstörungen	Luftansaugsystem undicht	■ Dichtstellen und Anschlüsse im Ansaugsystem prüfen
	Leerlaufregelung fehlerhaft	■ Drehzahlregelung, Drosselklappenschalter, Lambda-Regelung prüfen
	Vollastschalter defekt oder falsch eingestellt	■ Drosselklappenschalter prüfen
Der heiße Motor springt nicht an	CO-Gehalt falsch	■ CO-Gehalt und Leerlauf einstellen
	Druck im Kraftstoffsystem zu hoch	■ Kraftstoffdruck prüfen lassen, ggf. Druckregler ersetzen
	Rücklaufleitung zwischen Druckregler und Tank verstopft, geknickt	■ Leitung reinigen oder ersetzen
	Motortemperaturfühler defekt	■ Temperaturfühler prüfen
	Einspritzventile undicht	■ Ventile ausbauen, Leitungen angeschlossen lassen, Stecker vom TSZ-Steuergerät abziehen, Starter kurz betätigen, innerhalb der nächsten Minute dürfen nicht mehr als 2 Tropfen Kraftstoff pro Ventil austreten
	Luftmengenmesser defekt	■ Luftmengenmesser prüfen
	Kraftstoffsystem undicht	■ Sichtprüfung an allen Verbindungsstellen im Bereich des Motors und der elektrischen Kraftstoffpumpe. Alle Anschlüsse nachziehen
	Luftansaugsystem undicht	■ Dichtstellen und Anschlüsse im Ansaugsystem prüfen
Der Motor läuft nach	Einspritzventile undicht	■ Einspritzventile überprüfen
	Verbindungshebel Luftmengenmesser bzw. Steuerkolben im Kraftstoffmengenteiler schwergängig (K-Jetronic)	■ Verbindungshebel bzw. Steuerkolben überprüfen
	Lage der Stauscheibe falsch (K-Jetronic)	■ Lage der Stauscheibe überprüfen
	Kaltstartventil undicht (K-Jetronic)	■ Kaltstartventil prüfen

Die Kugelfischer-Einspritzung

Die Kugelfischer-Einspritzanlage wurde im BMW 520i von 9/72 bis 8/75 eingebaut.

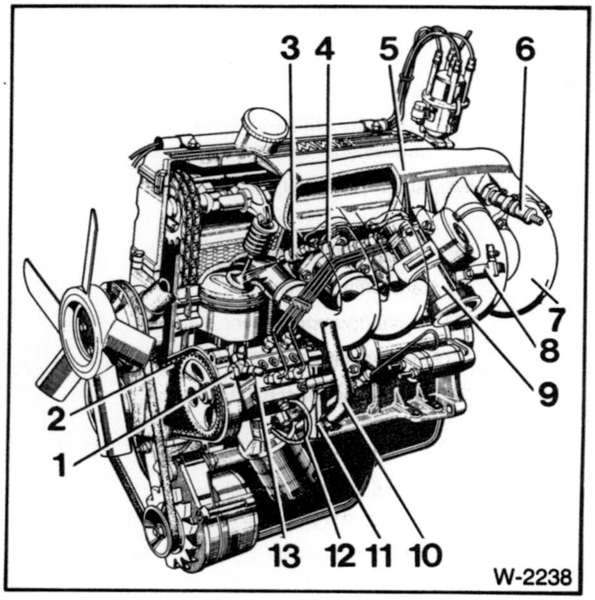

1 – Verschlußschraube für Filtersieb, 2 – Antriebszahnriemen, 3 – Einspritzventil, 4 – Kraftstoffleitung zum Einspritzventil, 5 – Luftsammler, 6 – Zusatzluftventil, 7 – Saugrohr, 8 – Startventil, 9 – Drosselklappenstutzen, 10 – Kühlmittelschlauch, 11 – Warmlaufgeber, 12 – Motorölleitung, 13 – Einspritzleitung

Die Kugelfischer-Einspritzung besteht aus einer Kolbenpumpe mit je einem Kolben für jede der vier Einspritzdüsen. Die Pumpe sitzt am Motor und wird von der Kurbelwelle über einen Kunststoffzahnriemen angetrieben.

Der Kraftstoff wird aus dem Kraftstoffbehälter von der elektrischen Kraftstoffpumpe angesaugt und über den Kraftstoffilter zur Einspritzpumpe gefördert. Die elektrische Kraftstoffpumpe läuft beim Einschalten der Zündung an und baut in der Zulaufleitung zur Einspritzpumpe einen Druck von etwa 2 bar auf. Die Einspritzpumpe preßt den Kraftstoff mit über 35 bar zu den einzelnen Einspritzdüsen. Zuviel gefördertes Benzin gelangt über eine Rücklaufleitung wieder in den Tank.

Die durch das Gaspedal betätigte Drosselklappe (im Ansaugkanal) ist durch ein Gestänge mit der Einspritzpumpe verbunden. Bei geöffneter Drosselklappe wird mehr Kraftstoff eingespritzt. Auf diese Weise gelangt je nach gewünschter Motorleistung mehr oder weniger Kraftstoff-Luftgemisch in die Zylinder. Die Feinregulierung der Einspritzmenge erfolgt innerhalb der Einspritzpumpe über einen Regelnocken, der sich drehzahl- und lastabhängig verstellt. Zusätzliche Geber und Fühler sorgen auch in besonderen Temperatur- und Fahrsituationen für die richtig bemessene Kraftstoffmenge.

- Das Startventil spritzt bei kaltem Motor während des Startvorgangs zusätzlich Kraftstoff in das Sammelsaugrohr, damit der Motor leichter anspringt.
- Der Warmlaufgeber sitzt hinten an der Einspritzpumpe und ist über eine Schlauchleitung mit dem Kühlmittelkreislauf verbunden. Bis zu einer Kühlmitteltemperatur von ca +65° C bewirkt der Warmlaufgeber, daß die Pumpe mehr Benzin einspritzt, damit der Motor rund läuft. Der Warmlaufregler öffnet auch die Luftzufuhr zum Zusatzluftventil, damit zusätzliche Luft in das Saugrohr gelangt.

Zur Schmierung der Einspritzpumpe führt eine Leitung vom Ölfilterflansch zur Einspritzpumpe. Alle Arbeiten an der Kugelfischer-Anlage außer der Leerlaufeinstellung sollten der Fachwerkstatt vorbehalten bleiben.

Leerlaufdrehzahl/CO-Gehalt prüfen

Kugelfischer-Anlage

- Voraussetzung sind richtig eingestellter Zündzeitpunkt, korrektes Ventilspiel sowie ein sauberer Luftfilter.
- Drehzahlmesser und CO-Prüfgerät nach Vorschrift anschließen. Alle elektrischen Verbraucher ausschalten.
- Motor auf Betriebstemperatur bringen, die Öltemperatur soll mindestens +60° C betragen.
- Ansaugtrakt durch Bestreichen mit Benzin wie bei den anderen Einspritzanlagen auf Dichtheit prüfen.
- Kurbelgehäuse-Entlüftungsschlauch vom Zylinderkopfdeckel abziehen und so verlegen, daß nur Frischluft angesaugt werden kann.
- Motor starten und im Leerlauf drehen lassen. Sollwert für Leerlaufdrehzahl: 900 ± 50/min.
- CO-Gehalt prüfen. Sollwert: 2 – 3 Vol.%.

- Gegebenenfalls Deckel vom Drosselklappenstutzen abschrauben (2 Schrauben) und Leerlauf mit der Anschlagschraube –1– einstellen. Vor der Einstellung Kontermutter lösen.
- CO-Wert an der CO-Einstellschraube –2– auf Sollwert einregulieren.
- Leerlauf und CO-Wert so lange aufeinander einregulieren, bis beide Sollwerte erreicht werden.
- Kontermutter an der Leerlauf-Einstellschraube festziehen.
- Meßgeräte abklemmen.
- Schlauch für Kurbelgehäuse-Entlüftung aufstecken.

Die Diesel-Einspritzanlage

Das Diesel-Prinzip

Beim Dieselmotor wird reine Luft in die Zylinder angesaugt und dort sehr hoch verdichtet. Dadurch steigt die Temperatur in den Zylindern über die Zündtemperatur des Dieselöls an. Wenn der Kolben kurz vor dem oberen Totpunkt steht, wird in die hochverdichtete und etwa 600° C heiße Luft Dieselöl eingespritzt. Das Dieselöl zündet von selbst, Zündkerzen sind also nicht erforderlich.

Bei sehr kaltem Motor kann es vorkommen, daß durch die Verdichtung die Zündtemperatur nicht erreicht wird. In diesem Fall muß der Motor vorgeglüht werden. Dazu befindet sich in jeder Wirbelkammer eine Glühkerze, die den Brennraum aufheizt. Damit der kalte Motor besser anspringt, wird zusätzlich der Spritzbeginn der Einspritzpumpe in Richtung früh verstellt, dadurch wird der Kraftstoff früher in die heiße Luft eingespritzt. Sobald die Kühlmitteltemperatur +17° C überschreitet, schaltet ein Temperaturschalter am Kühlmittelflansch den Spritzbeginn über den Kaltstartbeschleuniger an der Einspritzpumpe automatisch zurück.

Der Kraftstoff wird von der Kraftstoff-Förderpumpe und der Verteiler-Einspritzpumpe aus dem Kraftstoff-Vorratsbehälter angesaugt. In der Einspritzpumpe wird der für die Diesel-Einspritzung erforderliche hohe Druck von ca. 160 bar aufgebaut und der Kraftstoff entsprechend der Zündfolge auf die einzelnen Zylinder verteilt. Die eingespritzte Kraftstoffmenge wird durch einen ladedruckabhängigen Vollastanschlag begrenzt. Dazu ist die Einspritzpumpe mit dem Turbolader durch eine Schlauchleitung verbunden, durch die der Ladedruck zur Regelung übertragen wird. Über die Einspritzventile wird der Diesel-Kraftstoff jeweils zum richtigen Zeitpunkt in die Vorkammer des betreffenden Zylinders eingespritzt. Durch die Form der Vor- oder Wirbelkammer erhält die angesaugte Luft beim Verdichtungshub eine bestimmte Wirbelbewegung, so daß sich der eingespritzte Kraftstoff optimal mit Luft vermischt.

Bevor der Kraftstoff in die Einspritzpumpe gelangt, durchfließt er den Kraftstoffilter. Dort werden Verunreinigungen und Wasser zurückgehalten. Es ist deshalb äußerst wichtig, den Kraftstoffilter entsprechend der Wartungsvorschrift auszuwechseln.

Die Einspritzpumpe ist wartungsfrei. Alle beweglichen Teile der Pumpe werden mit Dieselöl geschmiert. Angetrieben wird die Einspritzpumpe durch den Zahnriemen, der auch die Nockenwelle antreibt.

Da der Dieselmotor als Selbstzünder nicht durch Spannungsunterbrechung der Zündanlage abgeschaltet werden kann, besitzt er ein Magnetventil. Durch Ausschalten der Zündung wird die Spannungsversorgung für das Magnetventil unterbrochen, und das Ventil verschließt den Kraftstoffkanal. Dadurch ist sichergestellt, daß die Kraftstoffzufuhr vor Einrasten des Lenkschlosses gesperrt ist. Das Magnetventil wird beim Starten des Motors über den Zünd-Anlaßschalter mit Spannung versorgt und öffnet daraufhin den Kraftstoffkanal.

Die Einspritzpumpe

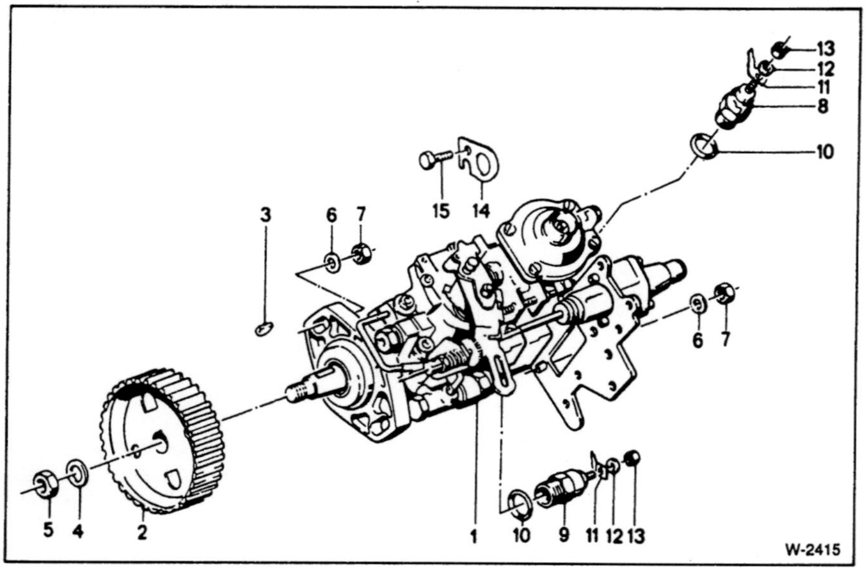

1 – **Einspritzpumpe**
2 – **Zahnriemenrad**
3 – **Scheibenfeder**
4 – **Unterlegscheibe**
5 – **Sechskantmutter M12**
6 – **Unterlegscheibe**
7 – **Sechskantmutter M8**
8 – **Elektromagnetischer Absteller**
9 – **Kaltstartbeschleuniger** Nur 524 d, 524 td bis 8/87.
10 – **O-Ring**
11-13 – **Elektrischer Anschluß**
14,15 – **Halter**

Glühkerzen prüfen

Prüfvoraussetzung: Motor kalt (Umgebungstemperatur). Batterie voll geladen, Batteriespannung mindestens 11,5 Volt.

- Streifensicherung 80 Ampere im Relaiskasten prüfen, siehe Betriebsanleitung.
- Anschlußkabel für Glühkerzen abschrauben.

- Spannungsprüfer an den Pluspol der Batterie anklemmen und nacheinander an jede Glühkerze anlegen.
- Leuchtdiode leuchtet auf: Glühkerze in Ordnung.
- Leuchtdiode leuchtet nicht auf: Glühkerze defekt, austauschen; Anzugsdrehmoment: **25 + 5 Nm**; Glühkerze 4": **20 + 1 Nm. Achtung:** Das Anzugsdrehmoment darf **nicht** überschritten werden, da sonst der Ringspalt zwischen Glühstab und Gewindeteil zugezogen wird und die Glühkerze vorzeitig ausfällt. Bei verbrannten Glühstiften Hinweise beachten.
- Anschlußkabel an Glühkerze ganz leicht mit 5 Nm anschrauben.

Relais für Glühkerzen prüfen

- Glühzeitrelais im Relaiskasten abziehen.
- Spannungsprüfer an Klemme 30 (+) und Masse (–) anschließen. Leuchtdiode im Spannungsprüfer muß aufleuchten, andernfalls Spannungsführung von der Batterie prüfen.
- Spannungsprüfer an Klemme 15 und Masse anschließen. Zündung einschalten. Leuchtdiode im Spannungsprüfer muß aufleuchten, andernfalls Spannungsführung vom Zündschloß prüfen.
- Wenn die Leuchtdiode im Spannungsprüfer leuchtet, Zuleitung zu den Glühkerzen auf Unterbrechung prüfen, gegebenenfalls ersetzen. Andernfalls Glühzeitrelais ersetzen.

Glühkerzen mit verbrannten Glühstiften

Verbrannte Glühstifte von Glühkerzen sind häufig Folgeschäden von Düsenstörungen. Derartige Schäden sind nicht auf Mängel in oder an der Glühkerze zurückzuführen.

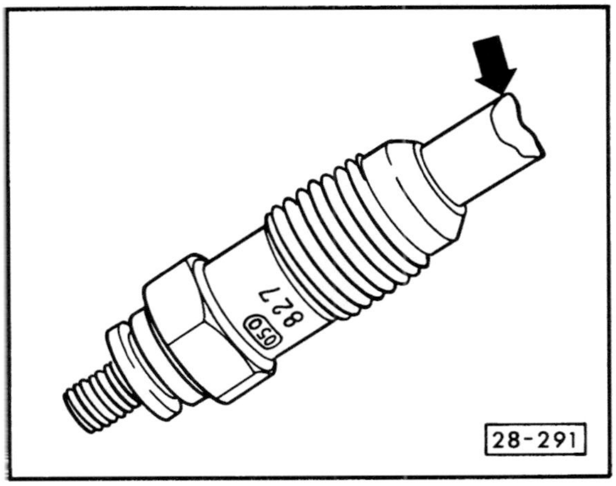

Werden im Beanstandungsfall derartige Glühkerzen gefunden –Pfeil–, genügt es nicht, diese nur zu ersetzen. Es muß eine Überprüfung der Einspritzdüsen auf Strahl, Schnarren, Druck und Dichtigkeit erfolgen (Werkstattarbeit).

Dabei ist besonders darauf zu achten, daß das Strahlbild bei kurzen, schnellen Hüben (4–6 Hübe/Sekunde) geschlossen und gut zerstäubt ist.

Kraftstoffanlage entlüften

Falls der Tank einmal ganz leer gefahren oder Teile der Kraftstoffanlage ausgetauscht wurden, muß die Anlage in der Regel nicht entlüftet werden, da sich diese während des Anlassens automatisch entlüftet.

Um bei Startschwierigkeiten zu prüfen, ob Kraftstoff zu den Einspritzventilen gefördert wird, an zwei Einspritzventilen die Überwurfmuttern lösen und den Motor ohne vorzuglühen starten, bis Kraftstoff an den Überwurfmuttern austritt. Überwurfmuttern mit 20 Nm festziehen und Motor vorschriftsmäßig starten.

Achtung: Wenn sich die Kraftstoffanlage nicht automatisch entlüftet, dann ist folgendermaßen vorzugehen:

- Einspritzpumpe mit Dieselkraftstoff anfüllen.
- Kraftstoff-Filter mit Diesel anfüllen.

- Verschlußschraube an der Einspritzpumpe zwei Umdrehungen lösen. Motor mit Anlasser durchdrehen bis Kraftstoff austritt. Verschlußschraube wieder festziehen.

- Alle Überwurfmuttern an den Einspritzleitungen lösen. Motor mit Anlasser durchdrehen, bis Kraftstoff austritt. Anschließend Muttern mit 20 Nm festziehen. Bei Undichtigkeiten bis 25 Nm nachziehen.

Durch diese Maßnahmen ist eine schnelle Entlüftung sichergestellt.

Bei Arbeiten an der Einspritzanlage Sauberkeitshinweise beachten, siehe Seite 75.

Achtung: Es ist darauf zu achten, daß kein Dieselkraftstoff auf die Kühlmittelschläuche läuft. Gegebenenfalls müssen die Schläuche sofort wieder gereinigt werden. Angegriffene Schläuche sind zu ersetzen.

Einspritzdüsen aus- und einbauen

Defekte Einspritzdüsen können zu starkem Klopfen des Motors führen und Lagerschäden vermuten lassen. Bei derartigen Beanstandungen Motor im Leerlauf laufen lassen und Einspritzleitungs-Überwurfmuttern der Reihe nach lösen. Verschwindet das Klopfen nach dem Lösen einer Überwurfmutter, so zeigt dies eine defekte Düse an.

Defekte Düsen macht man auch ausfindig, indem man der Reihe nach die Einspritzleitungs-Überwurfmuttern löst, während der Motor in schnellerem Leerlauf dreht. Bleibt die Motordrehzahl nach Lösen einer Überwurfmutter konstant, zeigt dies eine defekte Düse an. Geprüft werden kann die Einspritzdüse mit Hilfe eines Manometers (Werkstattarbeit).

Die ersten Anzeichen von Düsenstörungen treten wie folgt auf:

- Fehlzündungen
- Klopfen in einem oder mehreren Zylindern
- Motor überhitzt
- Leistungsabfall des Motors
- Übermäßig starker schwarzer Auspuffqualm
- Hoher Kraftstoffverbrauch

Ausbau

- Einspritzleitungen mit Kaltreiniger reinigen.
- Einspritzleitungen komplett ausbauen, dazu Überwurfmuttern mit offenem Ringschlüssel, zum Beispiel HAZET 4550, lösen. **Achtung:** Biegeform der Leitungen nicht verändern.
- Einspritzdüsen mit Steckschlüsseleinsatz SW 27, zum Beispiel HAZET 4555, ausbauen.

Einbau

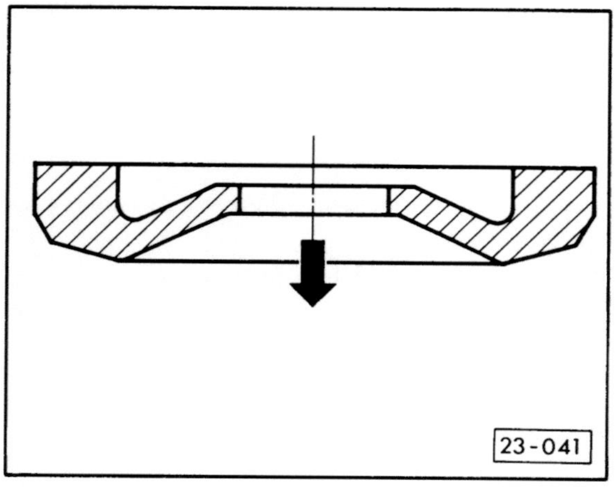

- Grundsätzlich **neue** Wärmeschutzdichtungen zwischen Zylinderkopf und Einspritzventil verwenden. Die Vertiefung muß nach oben zeigen, Pfeil zeigt zum Zylinderkopf.
- Einspritzdüsen mit **45 Nm** festziehen.
- Einspritzleitungen mit **20 Nm** festziehen.

Die Kraftstoffilter-Vorwärmanlage

Damit der Kraftstoff bei niedrigen Außentemperaturen fließfähig bleibt, wird er vorgewärmt. Das geschieht durch eine elektrische Kraftstoffilterheizung. Dadurch wird das Versulzen des Dieselkraftstoffes auch bei extremem Frost verhindert. Die Heizung schaltet sich bei tiefen Temperaturen automatisch nach dem Starten ein.

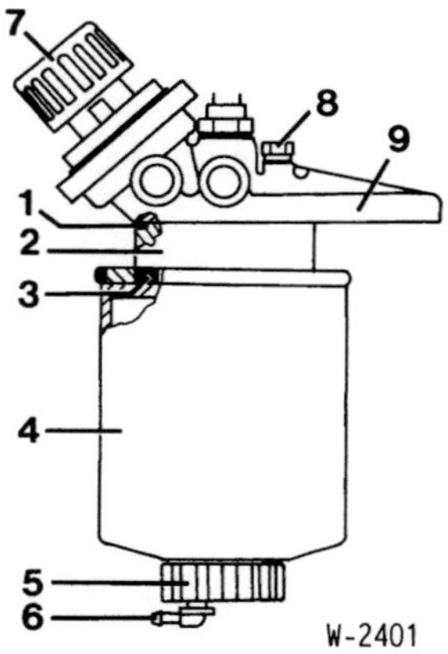

1 – Dichtring, 2 – Heizelement, 3 – Dichtring, 4 – Filterpatrone, 5 – Verschlußdeckel, 6 – Ablaßventil (nur 524td), 7 – Handpumpe (nur 524td), 8 – Entlüftungsschraube, 9 – Filterflansch

Förderbeginn der Einspritzpumpe überprüfen

Nur 524td

Der Förderbeginn der Einspritzpumpe kann bei ein- oder ausgebautem Motor überprüft werden. Beschrieben wird hier die Prüfung bei eingebautem Motor. Zur Prüfung wird eine Meßuhr mit entsprechendem Adapter zum Einschrauben in die Pumpe benötigt. Einstellung und Überprüfung muß bei kaltem Motor (Raumtemperatur) erfolgen.

- Zentrale Verschlußschraube am Einspritzpumpendeckel herausschrauben.
- Adapter (BMW-135330) und kleine Meßuhr (Meßbereich von 0–3,0 mm) mit Kupferdichtring anstelle der Verschlußschraube einschrauben und etwas vorspannen.
- Kurbelwelle im Uhrzeigersinn in Richtung OT Zylinder 1 drehen, bis der Zeiger der Meßuhr am tiefsten Punkt für einige Zeit stehen bleibt. Drehbeginn muß mindestens 60° – 90° vor OT sein. Der Kolben des 1. Zylinders steht dann im Oberen Totpunkt (OT), wenn sich die Ventile des 4. Zylinders überschneiden, siehe auch Seite 54.
- Zum Drehen des Motors 4. Gang einlegen, Handbremse lösen und Fahrzeug verschieben. Oder Handbremse anziehen, Getriebe in Leerlaufstellung bringen und Kurbelwellen-Riemenscheibe mit Stecknuß an der Zentralschraube drehen.
- Meßuhr am Einstellring auf »0« stellen.

- Stopfen am Motorblock herausziehen.
- Kurbelwelle im Uhrzeigersinn drehen, bis ein geeigneter Absteckdorn (BMW-112300) durch die Öffnung im Motorblock bei OT in die Bohrung im Schwungrad einrastet.

Achtung: Nicht entgegen der Motordrehrichtung (gegen Uhrzeigersinn) drehen. Das führt zu einem falschen Meßergebnis.

- Jetzt muß die Meßuhr **0,74 ± 0,02 mm Hub** anzeigen.
- Wird der Sollwert nicht erreicht, Einstellung der Pumpe korrigieren.

- Hintere Schrauben –3– links und rechts lösen.

- Muttern –1– und –2– lösen. **Achtung:** Muttern nicht zu stark lockern, um eine Verspannung durch den Zahnriemen zu vermeiden.
- Einspritzpumpe verdrehen, bis die Meßuhr den Sollwert anzeigt.
- Muttern und Schrauben in der Reihenfolge von 1 bis 4 mit **22 ± 2 Nm** festziehen.
- Einstellung nochmals überprüfen. Dazu Kurbelwelle zunächst um ca. 90° zurückdrehen.
- Meßuhr entfernen.
- Zentrale Verschlußschraube mit **neuem** Kupferdichtring und **15 Nm** festschrauben.
- Motor starten, gegebenenfalls Einspritzanlage entlüften.
- Nach Probefahrt Dichtheit der zentralen Verschlußschraube prüfen, gegebenenfalls bis maximal 20 Nm nachziehen.

Störungsdiagnose Diesel-Einspritzanlage

Bevor anhand der Störungsdiagnose der Fehler aufgespürt wird, müssen folgende Prüfvoraussetzungen erfüllt sein: Bedienungsfehler beim Starten ausgeschlossen. Kraftstoff im Tank, Motor mechanisch in Ordnung, Batterie geladen, Anlasser dreht mit ausreichender Drehzahl. **Achtung:** Wenn Kraftstoffleitungen gelöst werden, müssen diese vorher mit Kaltreiniger gesäubert werden.

Störung	Ursache	Abhilfe
Motor springt nicht an Motor springt schlecht an	1. Motor glüht nicht vor	■ Vorglühanlage prüfen
	2. Elektromagnetischer Absteller erhält keine Spannung	■ Spannungsprüfer an Absteller anschließen, Zündung einschalten. Leuchtdiode muß leuchten, sonst Leitungsunterbrechung ermitteln und beseitigen
	3. Elektromagnetischer Absteller lose, defekt	■ Absteller auf festen Sitz und Massekontakt prüfen. Zündung abwechselnd ein- und ausschalten, dabei muß der Absteller klicken
	4. Kraftstoffversorgung defekt.	■ Prüfen, ob Kraftstoff gefördert wird
	a) Kraftstoffleitungen geknickt, verstopft, undicht, porös	■ Kraftstoffleitungen reinigen
	b) Kraftstoffilter verstopft	■ Kraftstoffilter ersetzen
	c) Tankbelüftung verschlossen. Kraftstoffsieb im Tank verschmutzt.	■ Reinigen
	5. Förderbeginn verstellt	■ Förderbeginn prüfen, einstellen
	6. Einspritzdüsen defekt	■ Einspritzdüsen prüfen, Überwurfmuttern nacheinander lösen und prüfen, ob die Zylinder arbeiten
	7. Einspritzpumpe defekt	■ Versuchsweise neue Pumpe einbauen
Motor ruckelt im Leerlauf, beim Anfahren	1. Kraftstoffschläuche an der Kraftstoffpumpe bzw. am Kraftstoffilter lose	■ Kraftstoffschläuche ersetzen, mit Schlauchschellen befestigen, Hohlschrauben festziehen
	2. Wie unter 1.4–7	■ Wie unter 1.4–7
Kraftstoffverbrauch zu hoch	1. Luftfilter verschmutzt	■ Filtereinsatz ersetzen
	2. Kraftstoffanlage undicht	■ Sichtprüfung an allen Kraftstoffleitungen (Saug- Rücklauf- und Einspritzleitungen), Kraftstoffilter und Einspritzpumpe durchführen
	3. Rücklaufleitung verstopft	■ Rücklaufleitung von Einspritzpumpe zum Kraftstoffbehälter mit Luft durchblasen. Überströmdrossel in der Hohlschraube der Rücklaufleitung ersetzen
	4. Wie unter 1.5–7	■ Wie unter 1.5-7
Gelbe und grüne Kontrolllampen leuchten nicht auf	1. Streifensicherung (80 A) defekt	■ Sicherung am Glühzeitsteuergerät prüfen, ggf. ersetzen
	2. Glühlampen im Schalttafeleinsatz defekt	■ Lampen ersetzen
Grüne Kontrollampe leuchtet nicht, kalter Motor springt schlecht an	Eine oder mehrere Glühkerzen defekt	■ Glühkerzen prüfen ggf. ersetzen
Gelbe Kontrollampe blinkt	Glühkerzen bzw. Steuergerät defekt	■ Glühkerzen prüfen ggf. ersetzen Steuergerät prüfen lassen

Die Abgasanlage

BMW 518 seit 7/81

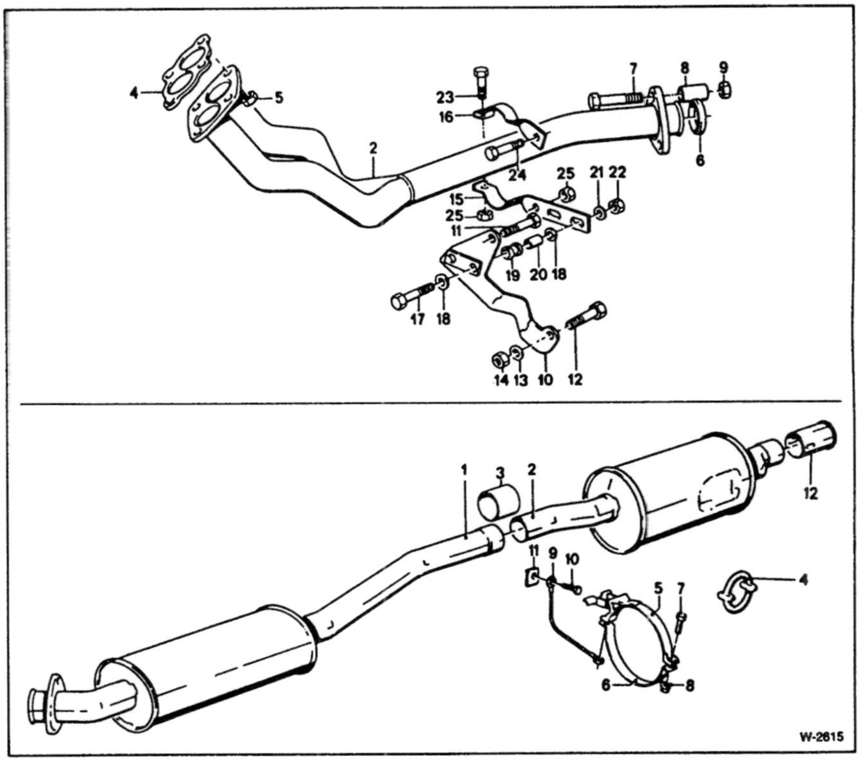

Oberer Bildteil

2 – **Vorderes Abgasrohr**

4 – **Dichtung**
Bei einigen Modellen Flansch mit nur 3 Befestigungsmuttern, Ausführung beachten.

5 – **Selbstsichernde Mutter**

6 – **Dichtring 47 mm ∅**

7 – **Schraube**

8 – **Buchse**

9 – **Sechskantmutter**

10 – **Halter**
Bei 5 Gang-Getriebe andere Ausführung.

11, 12 – **Schraube**

13 – **Beilagscheibe**

14 – **Sechskantmutter**

15 – **Träger**

16 – **Bügel**

17 – **Schraube**

18 – **Beilagscheibe**

19 – **Gelenkbuchse**

20 – **Abstandhülse**

21 – **Federscheibe**

22 – **Sechskantmutter**

23, 24 – **Schraube**

25 – **Selbstsichernde Mutter**

Unterer Bildteil

1 – **Vorschalldämpfer**

2 – **Nachschalldämpfer**

3 – **Muffe 46 mm ∅**

4 – **Gummiring**

5,6 – **Schelle**

7 – **Schraube**

8 – **Sechskantmutter**

9 – **Seil**

10 – **Blechschraube**

11 – **Blechmutter**

12 – **Abgasrohrblende**

Die Abgasanlage besteht aus dem vorderen Abgasrohr, Vorschalldämpfer mit Abgasrohr und Nachschalldämpfer. Bei Fahrzeugen mit Abgasfilter nimmt der Katalysator den Platz des Vorschalldämpfers ein. Die meisten Fahrzeuge seit 1984 können mit einem geregelten Katalysator nachgerüstet werden. Die für die Regelung des Kraftstoff-Luftgemischs erforderliche Lambda-Sonde ist im vorderen Abgasrohr eingeschraubt.

Das vordere Zwillings-Abgasrohr ist mit dem Abgaskrümmer verschraubt, der wiederum am Zylinderkopf angeflanscht ist.

Alle Teile der Abgasanlage sind miteinander verschraubt, beziehungsweise verschweißt. Sie lassen sich einzeln auswechseln. Selbstsichernde Muttern und Dichtungen sind nach dem Ausbau zu ersetzen. Halteringe und Gummipuffer auf Porosität und Beschädigung prüfen, gegebenenfalls auswechseln.

Beschrieben sind die Arbeiten am BMW-Modell »E28« seit 7/81. Bei älteren Modellen Hinweise beachten. Beim Ersatzteilkauf den Fahrzeugschein zur genauen Modellidentifizierung mitnehmen.

BMW 520i, 525e seit 7/81

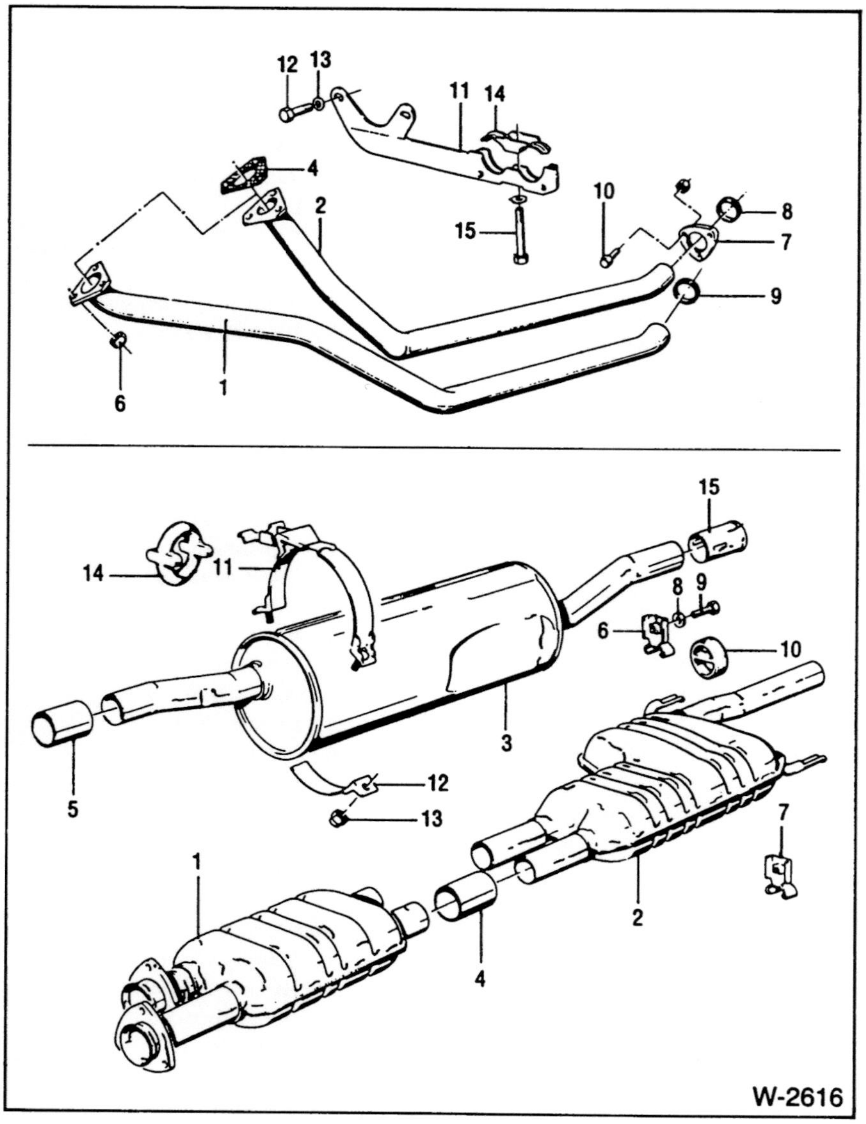

Oberer Bildteil

- **1 – Vorderes Abgasrohr Zyl.1-3**
- **2 – Vorderes Abgasrohr Zyl.4-6**
- **4 – Dichtung**
- **6 – Selbstsichernde Mutter**
- **7 – Flansch**
- **8,9 – Dichtring 42 mm ∅**
- **10 – Schraube**
- **11 – Träger**
  Bei 4 Gang-Getriebe andere Ausführung.
- **12 – Schraube**
- **13 – Beilagscheibe**
- **14 – Rohrschelle**
- **15 – Sechskantschraube**

Unterer Bildteil

- **1 – Vorschalldämpfer**
- **2 – Zwischenschalldämpfer**
- **3 – Nachschalldämpfer**
- **4 – Muffe 43 mm ∅**
- **5 – Muffe 45 mm ∅**
- **6,7 – Halter**
- **8 – Beilagscheibe**
- **9 – Schraube**
- **10 – Gummiring**
- **11,12 – Schelle**
- **13 – Sechskantmutter**
- **14 – Gummiring**
- **15 – Abgasrohrblende 51 mm ∅**

BMW 520 i Katalysator, 525 e Katalysator ab 12/86

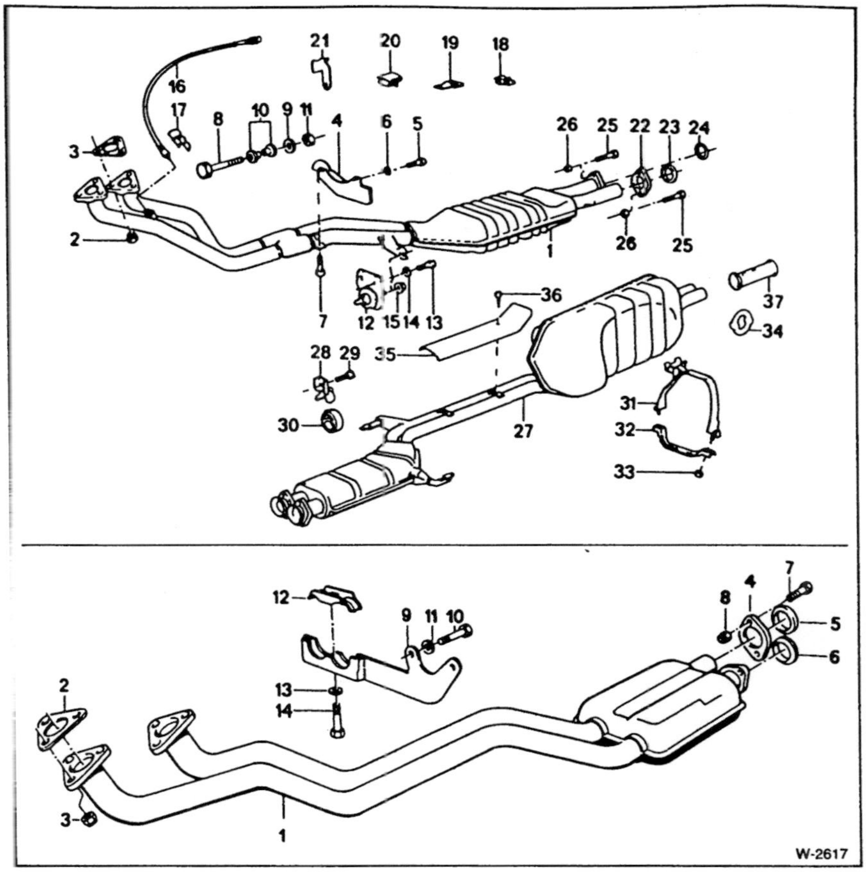

Oberer Bildteil

1 – Vorderes Abgasrohr mit Katalysator
2 – Sechskantmutter
3 – Dichtung
4 – Halter
5 – Sechskantschraube
6 – Beilagscheibe
7,8 – Sechskantschraube
9 – Beilagscheibe
10 – Gelenkbuchse
11 – Selbstsichernde Mutter
12 – Halter
13 – Sechskantschraube
14 – Beilagscheibe
15 – Sechskantmutter
16 – Lambda-Sonde
17 – Schutzblech
18,19 – Halter
20 – Kabelklemme
21 – Halter
22 – Flansch
23 – Dichtring 45 mm ∅
24 – Dichtring 42 mm ∅
25 – Sechskantschraube
26 – Sechskantmutter
27 – hintere Abgasanlage
Beim 525e Kat. bis 12/86 nur mit Einfachrohr.
28 – Halter
29 – Sechskantschraube
30 – Gummiring
31,32 – Schelle
33 – Sechskantmutter
34 – Haltering
35 – Wärmeschutzblech
36 – Blechschraube
37 – Abgasrohrblende 46 mm ∅

Unterer Bildteil: Vorderes Abgasrohr bei Katalysator-Vorbereitung

1 – Vorderes Abgasrohr
2 – Dichtung
3 – Sechskantmutter
4 – Flansch
5 – Dichtring 45 mm ∅
6 – Dichtring 42 mm ∅
7 – Sechskantschraube
8 – Sechskantmutter
9-14 – Träger

BMW 525i, 528i seit 7/81

Achtung: Seit 9/82 sind beim 528i folgende Änderungen: Kein Vorschalldämpfer mehr, Nachschalldämpfer geänderte Ausführung.

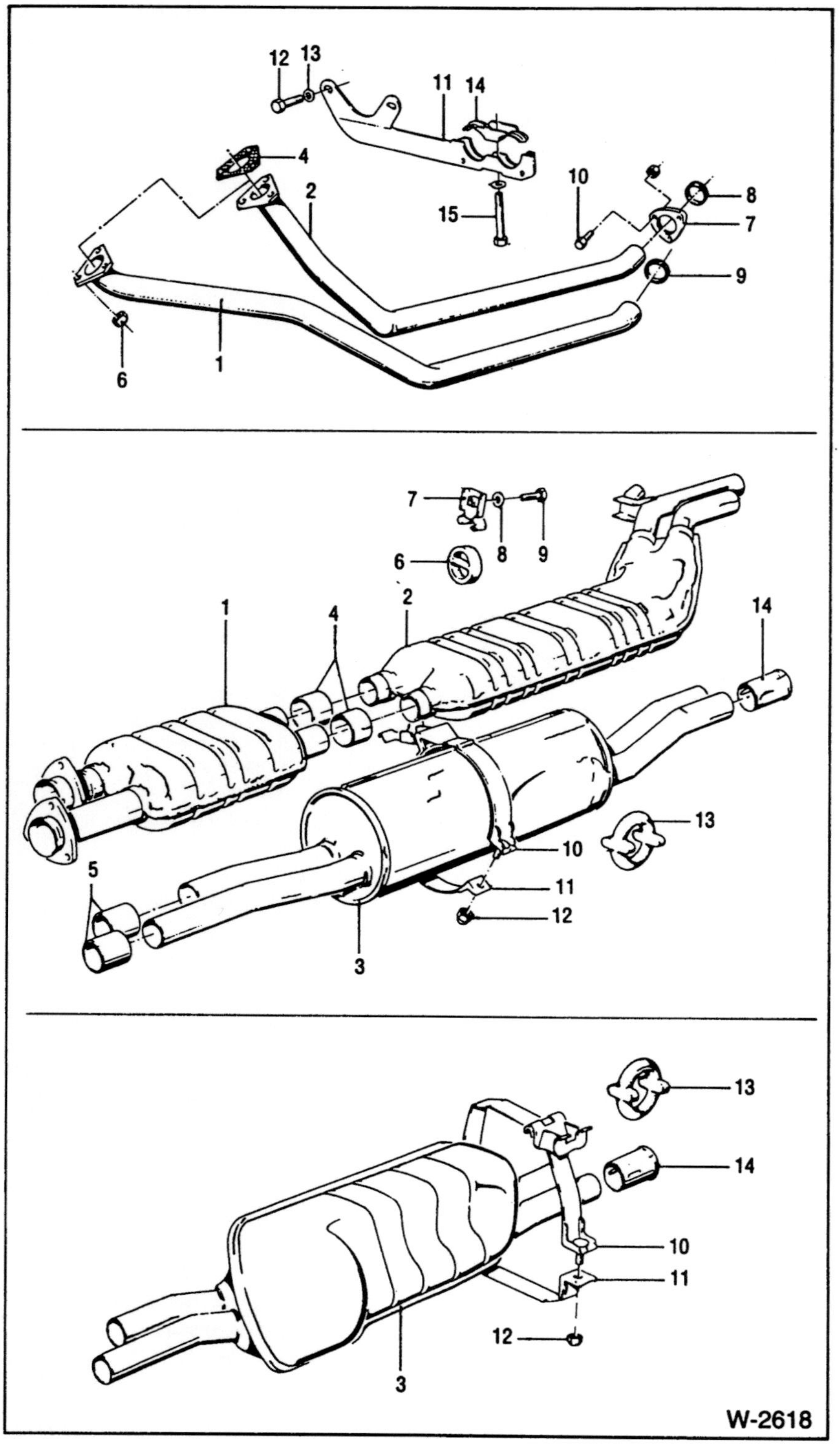

Oberer Bildteil

1 – Vorderes Abgasrohr Zyl.1-3
2 – Vorderes Abgasrohr Zyl.4-6
4 – Dichtung
6 – Selbstsichernde Mutter
7 – Flansch
8,9 – Dichtring 42 mm ∅
10 – Sechskantschraube
11 – Träger
12 – Sechskantschraube
13 – Beilagscheibe
14 – Rohrschelle
15 – Sechskantschraube

Mittlerer Bildteil

1 – Vorschalldämpfer
2 – Zwischenschalldämpfer
3 – Nachschalldämpfer
4 – Muffe 43 mm ∅
5 – Muffe 56 mm ∅
528i: Muffe 43 mm ∅.
6 – Gummiring
7-9 – Halter
10,11 – Schelle
12 – Sechskantmutter
13 – Gummiring
14 – Abgasrohrblende 51 mm ∅
528i: Blende 42 mm ∅.

Unterer Bildteil: Nachschalldämpfer 528i seit 9/82

3 – Nachschalldämpfer
10,11 – Schelle
12 – Sechskantmutter
13 – Haltering
14 – Abgasrohrblende 46 mm ∅

Abgasanlage aus- und einbauen

Ausbau

- Fahrzeug aufbocken.
- Sämtliche Schrauben und Muttern der Abgasanlage mit rostlösendem Mittel einsprühen. Rostlöser einige Zeit einwirken lassen.

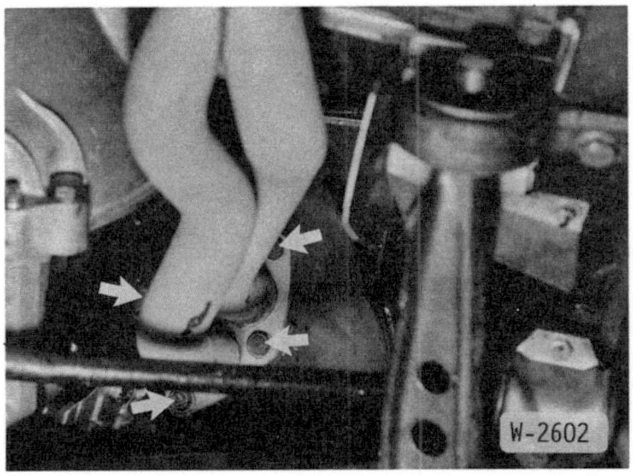

- Vorderes Abgasrohr am Abgaskrümmer von unten abschrauben.
- Abgasanlage durch Holzunterlagen abstützen.
- **Katalysatorfahrzeuge:** Schutzblech für Katalysator abschrauben. Steckverbindung für Lambdasonde vorn am Abgasrohr trennen. Lambda-Sonde vorn aus dem Abgasrohr herausdrehen. Leitung dabei von Hand mitdrehen, um ein Ab- oder Ausreißen zu vermeiden.
- Abgasrohr-Seitenabstützung am Getriebe abschrauben.

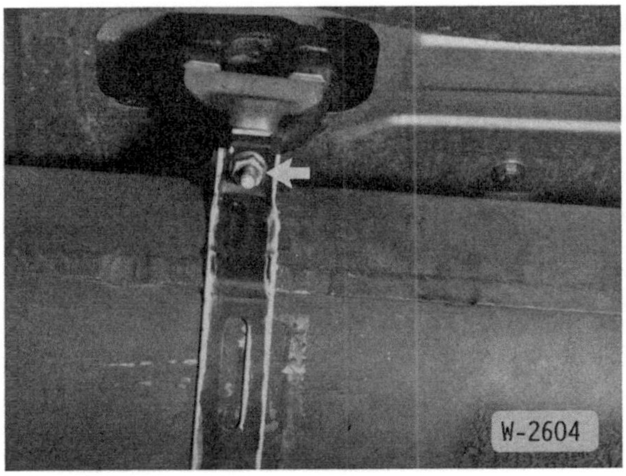

- Halter für Nachschalldämpfer abschrauben.
- Abgasanlage mit Helfer nach unten abnehmen.

Einbau

Vor der Montage der Abgasanlage prüfen, ob der Flansch zum Abgaskrümmer verzogen ist, gegebenenfalls Flansch ausrichten.

- Gewindebolzen am Abgaskrümmer mit Kupferpaste, zum Beispiel Kupferpaste »CRC«, bestreichen.
- Vordere Abgasanlage am Krümmer mit **neuer** Dichtung ansetzen und **neue**, selbstsichernde Sechskantmuttern gleichmäßig beiziehen.

Achtung: Um die Muttern und Schrauben der Abgasanlage später leichter lösen zu können, empfiehlt es sich, diese mit einer Hochtemperaturpaste, zum Beispiel Liqui Moly LM-508-ASC einzustreichen.

- Vorderes Abgasrohr und Vorschalldämpfer zusammenstecken und Schelle leicht beiziehen. Falls erforderlich, Konus-Anschlußstücke vom vorderen Abgasrohr zum Vorschalldämpfer vor dem Zusammenfügen mit Schmirgelleinen von Verbrennungsrückständen reinigen. Beim Zusammensetzen der Rohre auf richtigen Sitz des Dichtringes achten. Selbstsichernde Muttern grundsätzlich erneuern.

Katalysatorfahrzeuge: Lambda-Sonde nicht reinigen und mit keinem Schmierstoff in Berührung bringen. **Nur** Gewinde der Lambda-Sonde mit Gleitmittel »Antiseize« einsprühen. Lambda-Sonde in vorderes Abgasrohr einschrauben und mit 55 Nm festziehen. Steckverbindung zusammenfügen. Schutzblech anschrauben.

- Vor dem Anziehen, Abgasanlage ausrichten.

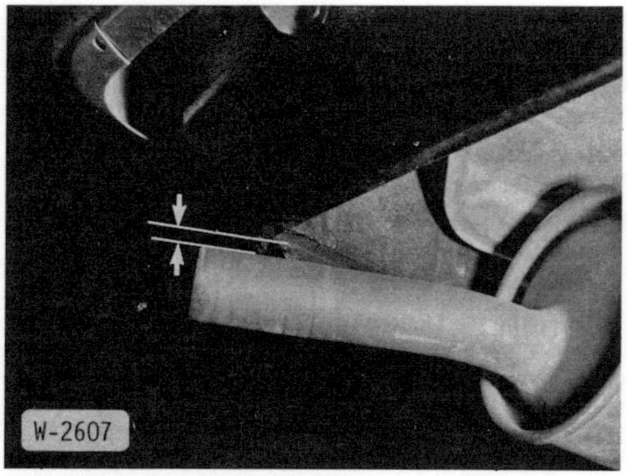

- Der Abstand zwischen Abgasendrohr und Karosserie soll 25 mm betragen, gegebenenfalls Abstand am Gummiring-Halter für Nachschalldämpfer einregulieren. Dazu Schraube am Halter lösen und Halter in der Höhe verschieben. Schraube festziehen.

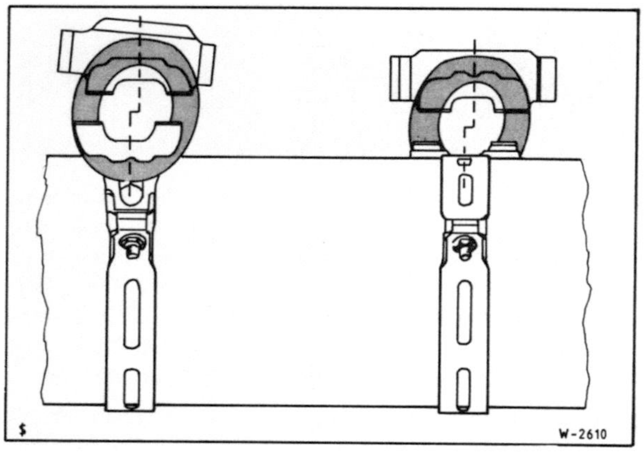

- Schellen für Nachschalldämpfer so befestigen, daß sich die Gummiaufhängungen unter Vorspannung befinden. Dazu bei gelöster Schelle Schalldämpferanlage etwas (ca. 5 mm) nach vorn schieben. Je nach Modell kann sich eine oder zwei Befestigungen am Schalldämpfer befinden. Die Abgasanlage wird vorgespannt, da sie sich im Betrieb durch Erwärmung ausdehnt und dann in der richtigen Lage ist.

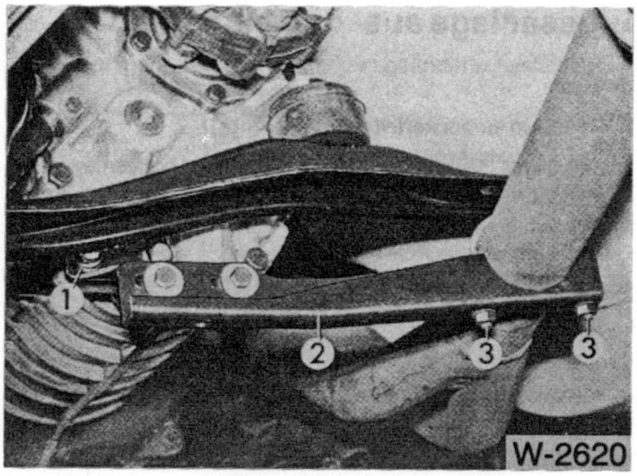

- Die Abbildung zeigt den Halter am Getriebe des Modells **»E12« (bis 7/81)**. Beim Einbau zuerst Halteblech –1– lokkern, Abstützung –2– spannungsfrei gegen das Abgasrohr drücken. In dieser Stellung Halteblech –1– an Getriebe und Abstützung anschrauben. Erst dann Bügel –3– festziehen. Bei einer anderen Einbaureihenfolge kann es durch Verspannungen zu starken Brummgeräuschen im Fahrbetrieb kommen.
- Anzugsdrehmomente für Schraubverbindungen an der Abgasanlage: Abgasrohr an Abgaskrümmer: 45 Nm, Verschraubungen am Dreiecksflansch: 22 Nm, Abgasträger an Getriebe und Auspuff: 22 Nm, Halter an Abgasträger, gummigelagert: 10 Nm, Schelle für Nachschalldämpfer: max. 14 Nm, Rohrschelle an Katalysator: 20 Nm.
- Motor starten und Abgasanlage auf Dichtheit prüfen, dazu Abgasendrohr mit Lappen zuhalten. Der Motor muß nach kurzer Zeit stehenbleiben. Undichte Stellen können am zischenden Geräusch oder durch Fühlen mit der Hand gefunden werden.
- Fahrzeug ablassen.

Nachschalldämpfer aus- und einbauen

Zum Auswechseln des Nachschalldämpfers wird bei den Modellen 525i/528i seit 9/82, 518, und 524d/td sowie allen Modellen vor 7/81 (»E12«) ein Schweißgerät benötigt, da die Verbindungsmuffe angeschweißt werden muß. Bei den anderen Modellen wird eine Verbindungsmuffe zum Schrauben, beziehungsweise ein Schraubflansch verwendet.
Zum Abtrennen des alten Abgasrohrs empfiehlt es sich, einen handelsüblichen Abgasrohrschneider, zum Beispiel von HAZET, zu verwenden.

Ausbau

- Fahrzeug aufbocken, siehe Seite 140.
- Schrauben und Muttern am Nachschalldämpfer mit rostlösendem Mittel einsprühen. Rostlöser einige Zeit einwirken lassen.
- Bei 5er-Modellen bis 6/81 sind Haupt- und Nachschalldämpfer miteinander verschweißt. Soll nur einer der beiden Schalldämpfer ersetzt werden, beide Schalldämpfer komplett ausbauen und hinter der Schweißnaht das äußere Rohr aufsägen. Rohrreste aus der Verbindungsstelle herausziehen. Das geht besser, wenn das äußere Rohr mit einem Schweißbrenner erwärmt wird.

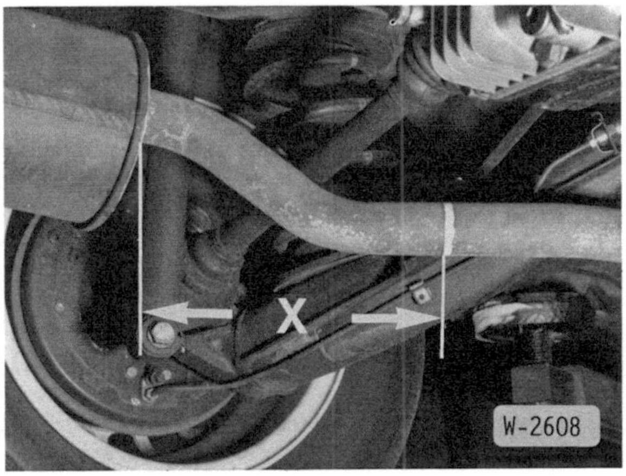

- Modelle seit 6/81: Maß x am Abgasrohr anzeichnen: 518/518i: Maß x = 325 mm, 524d,td: x = 400 mm, 520i, 525i/528i bis 9/82 (Einrohranlage): x = 315 mm, 525i/528i bis 9/82 (Doppelrohranlage): x = 460 mm für das innenliegende Rohr und 315 mm für das außenliegende Rohr, 525i/528i seit 9/82: x = 330 mm für beide Rohre.
- Abgasrohr mit Rohrabschneider oder Säge trennen.
- Trennstelle entgraten.

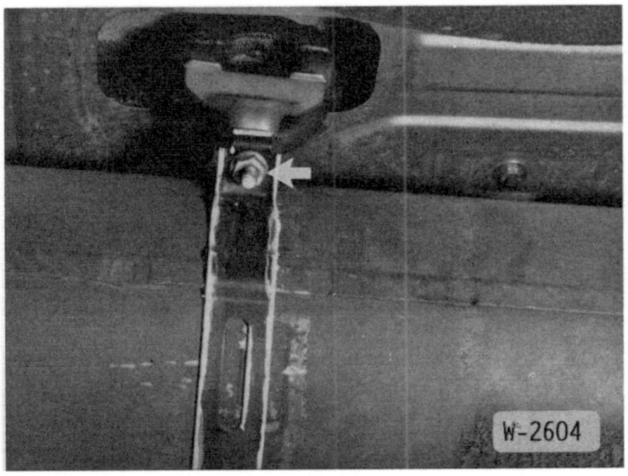

- Halter abbauen und Nachschalldämpfer abnehmen.

- Muffe aufschieben, neuen Schalldämpfer in Einbaulage bringen und Muffe verschrauben. Bei Schweißmuffen Muffe mit einigen Schweißpunkten beidseitig heften.
- Schalldämpferanlage ausbauen und Muffe rundherum verschweißen.
- Abgasanlage einbauen.

Dichtung/Stehbolzen für Abgaskrümmer aus- und einbauen

Die Stehbolzen im Motorblock, mit denen der Abgaskrümmer befestigt ist, können sich lockern. Dieser Defekt tritt vor allem bei hoher Motorlaufleistung auf oder wenn die Abgasanlage nicht spannungsfrei montiert wurde. Durch die Stehbolzengewinde tritt dann oft Motoröl nach außen, da die Gewindebohrungen teilweise zum Motorinnern durchgängig sind.

Ausbau

- Falls vorhanden, Warmluftsammelblech ausbauen. Dazu Luftschlauch abziehen, 4 Schrauben –1– lösen.
- Muttern am Abgaskrümmer/Motorblock abschrauben.

- Abgaskrümmer von den Stehbolzen abziehen. Wenn er sich nicht weit genug abziehen läßt, zusätzlich vorher vorderes Abgasrohr am Dreieckflansch trennen und am Halter abbauen.
- Dichtungen abziehen, Einbaulage merken.

Einbau

- Stehbolzenlänge bis zum Motorblock messen und Maß notieren.
- Lockere Stehbolzen ersetzen, dazu 2 Muttern auf den jeweiligen Stehbolzen aufdrehen und gegeneinander kontern. Dann an der hinteren Mutter Stehbolzen herausdrehen.
- Neuen Stehbolzen mit geeignetem Abdichtmittel, zum Beispiel Curil oder Loctite AMV, vorn am Gewinde bestreichen und bis zur ermittelten Länge einschrauben. Ist das Gewinde im Motorblock beschädigt, Stehbolzen ca. 5 mm weiter als bisher einschrauben, da meist noch gesundes Gewinde vorhanden ist.
- Dichtungen erneuern, in richtiger Stellung einbauen.
- Abgaskrümmer mit neuen, selbstsichernden Kupfermuttern 30 Nm anschrauben.
- Vorderes Abgasrohr einbauen.
- Falls vorhanden, Warmluftfangblech einbauen, Luftschlauch aufstecken.

Der Umgang mit Katalysator-Fahrzeugen

Um Beschädigungen an der Lambda-Sonde und am Katalysator zu vermeiden, sind nachstehende Hinweise unbedingt zu beachten:

- Grundsätzlich nur bleifreies Benzin tanken.
- Wird das Fahrzeug nachträglich umgerüstet, vor Einbau des Katalysators mindestens 2 Tankfüllungen bleifreien Kraftstoff verwenden. Außerdem ist bei Motoren, die Superkraftstoff benötigen, der Zündzeitpunkt in Richtung „spät" zu verstellen, da der angebotene bleifreie Superkraftstoff eine geringere Oktanzahl (ROZ 95) besitzt. Um wieviel Grad der Zündzeitpunkt in Richtung „spät" verstellt werden muß, ist modellabhängig.
- Das Anlassen des Motors durch Anschieben oder Anschleppen ist nicht erlaubt. Unverbrannter Kraftstoff könnte bei einer Zündung zur Überhitzung des Katalysators und zu seiner Zerstörung führen. Starthilfekabel verwenden.
- Häufige Kaltstarts hintereinander sollten vermieden werden. Sonst sammelt sich im Katalysator unverbrannter Kraftstoff, der bei Erwärmung schlagartig verbrennt und dabei den Katalysator beschädigt.
- Bei Startschwierigkeiten nicht unnötig lange den Anlasser betätigen. Während des Anlassens wird permanent Kraftstoff eingespritzt. Fehlerursache ermitteln und beseitigen.
- Treten Zündstörungen auf, ist bis zur Fehleridentifizierung das Steuerrelais der Kraftstoffeinspritzung beziehungsweise das Kraftstoffpumpenrelais abzuziehen. Dadurch wird beim Starten des Motors ein Einspritzen von Kraftstoff verhindert. Lage der Relais, siehe Seite 76.
- Keine Funkenprüfung mit abgezogenem Zündkerzenstekker durchführen.
- Es darf kein Zylindervergleich (Balancetest) durch Zündabschaltung eines Zylinders durchgeführt werden. Bei Zündabschaltung der einzelnen Zylinder – auch über Motortester – gelangt unverbrannter Kraftstoff in den Katalysator.
- Treten Zündaussetzer auf, hohe Motor-Drehzahlen vermeiden und Fehler umgehend beheben.

Fahrzeug aufbocken

Für viele Wartungs- und Reparaturarbeiten muß das Fahrzeug aufgebockt beziehungsweise hochgehoben werden. In der Werkstatt wird der Wagen in der Regel mit der Hebebühne angehoben, man kann ihn jedoch auch mit dem Fahrzeug- oder Werkstatt-Wagenheber anheben. Grundsätzlich darf das Fahrzeug nur an den abgebildeten Aufnahmepunkten angehoben werden.

Bei Arbeiten unter dem Fahrzeug muß dieses, falls es nicht auf einer Hebebühne steht, auf vier stabilen Unterstellböcken stehen. **Auf keinen Fall dürfen Arbeiten unter dem Fahrzeug ausgeführt werden, wenn dieses nicht ausreichend gesichert ist.**

- Hebewerkzeuge zum Anheben des Fahrzeuges dürfen nur an den nachstehend gezeigten Stellen angesetzt werden, da sonst bleibende Verformungen am Fahrzeug nicht auszuschließen sind.

- Die Räder, die beim Anheben auf dem Boden stehen bleiben, mit Keilen gegen Vor- oder Zurückrollen sichern. Nicht auf die Feststellbremse verlassen, diese muß bei einigen Reparaturarbeiten gelöst werden.
- Fahrzeug nur auf ebener, fester Fläche aufbocken.

Achtung: Muß das Fahrzeug auf weichem Untergrund hochgebockt werden, müssen breite Bretter unter den Wagenheber und die Unterstellböcke gelegt werden, damit sich das Gewicht auf eine größere Fläche verteilt.

- Durch eine geeignete Gummi- oder Holzzwischenlage werden beim Anheben Beschädigungen an der Karosserie vermieden.
- Fahrzeug mit Unterstellböcken so abstützen, daß jeweils ein Bein seitlich nach außen zeigt.
- Das Fahrzeug darf nur in unbeladenem Zustand angehoben werden.

Achtung: Keinesfalls darf der Wagen an Motor- oder Getriebeteilen angehoben oder abgestützt werden.

Anheb- und Aufbockpunkte

Hebebühne und Werkstattwagenheber

- **Vorn:** Gummiblock des Hebearms an der vorderen Verstärkung des Unterholms, die auch für den Bordwagenheber vorgesehen ist, ansetzen.

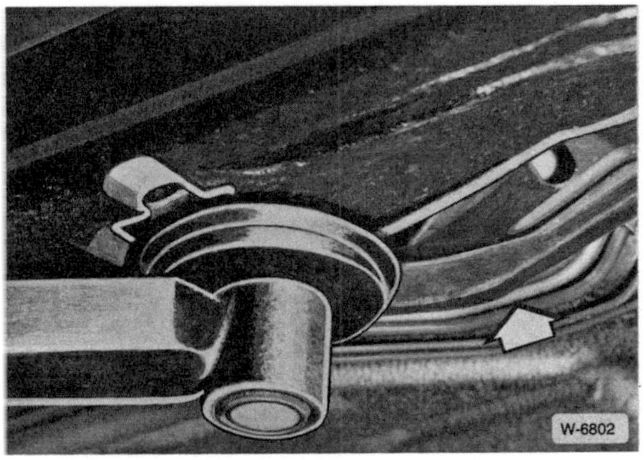

- **Hinten:** Gummiblock des Hebearms an der hinteren, senkrechten Verstärkung des Unterholms, die auch für den Bordwagenheber vorgesehen ist, ansetzen. **Achtung:** Dabei je nach Modell Tank-Unterseite beziehungsweise Kraftstoffleitungen nicht beschädigen.
- Wird das Fahrzeug mit einem Wagenheber hochgehoben, **Fahrzeug immer zusätzlich mit einem Unterstellbock sichern.**

Fahrzeug abschleppen

- Zündung einschalten, damit das Lenkrad nicht blockiert ist und die Blinkleuchten, das Signalhorn und gegebenenfalls die Scheibenwischer betätigt werden können.
- Da der Bremskraftverstärker nur bei laufendem Motor arbeitet, muß bei Fahrzeugen mit Bremskraftverstärker bei nicht laufendem Motor das Bremspedal entsprechend kräftiger getreten werden!
- Bei Fahrzeugen mit Servolenkung muß zum Lenken mehr Kraft aufgewendet werden, da bei stehendem Motor die Servo-Unterstützung fehlt.
- Das Abschleppseil soll elastisch sein, damit das schleppende und das gezogene Fahrzeug geschont werden. Nur Kunstfaserseile oder Seile mit elastischen Zwischengliedern verwenden. **Sicherer ist jedoch die Verwendung einer Abschleppstange.**
- Besteht ein Defekt an der Transistor-Zündanlage, vorher Stecker am Zündmodul abziehen.
- Fahrzeuge mit Abgaskatalysator dürfen nicht durch Anschleppen über eine längere Strecke gestartet werden, siehe Seite 140.
- Ohne Getriebeöl darf das Fahrzeug nur mit angehobenen Antriebsrädern abgeschleppt werden.

Die Kupplung

Die Kupplung übernimmt im Auto 2 Aufgaben: Beim Schalten der Gänge trennt sie den Kraftschluß zwischen Motor und Getriebe und beim Anfahren sorgt sie durch die Reibung für einen ruckfreien Kraftschluß.

Die Kupplung besteht aus der Kupplungsdruckplatte, der Kupplungsmitnehmerscheibe und dem Ausrücklager.

Die Kupplungsdruckplatte ist fest mit dem Schwungrad verschraubt, das wiederum an der Kurbelwelle des Motors angeflanscht ist. Zwischen der Kupplungsdruckplatte und dem Schwungrad befindet sich die Kupplungsmitnehmerscheibe, die von der Kupplungsdruckplatte gegen das Schwungrad gepreßt wird. Die Mitnehmerscheibe wird von der mit ihr verzahnten Getriebeantriebswelle zentriert.

Beim Niedertreten des Kupplungspedals (auskuppeln) wird über die hydraulische Betätigung und den Ausrückhebel das Ausrücklager gegen die Feder der Kupplungsdruckplatte gedrückt. Dadurch entspannt sich die Kupplungsdruckplatte, und die Mitnehmerscheibe wird nicht mehr gegen die Schwungscheibe gepreßt. Der Kraftschluß zwischen Motor und Getriebe ist also aufgehoben.
Die Kupplung wird bei allen Modellen hydraulisch betätigt: Am Ausrückhebel liegt der Kolben des Nehmerzylinders vom Hydrauliksystem an. Beim Niedertreten des Kupplungspedals wird über den Geberzylinder im Fußraum des Fahrzeuges Druck aufgebaut und über eine Hydraulikleitung auf den am Getriebe angeflanschten Kupplungs-Nehmerzylinder übertragen. Der Kolben des Nehmerzylinders drückt über den Ausrückhebel das Ausrücklager gegen die Membranfeder der Druckplatte und hebt diese etwas an.
Das Hydrauliksystem der Kupplung arbeitet mit Bremsflüssigkeit und wird über den gemeinsamen Ausgleichbehälter für Bremsflüssigkeit versorgt.

Wird das Kupplungspedal zurückgenommen (einkuppeln), preßt die Druckplatte die Mitnehmerscheibe gegen das Schwungrad, der Kraftschluß ist wieder hergestellt, da die angepreßte Mitnehmerscheibe über die Verzahnung fest mit der Getriebewelle verbunden ist.

Bei jedem Ein- und Auskuppeln wird durch den leichten Schleifvorgang etwas Reibbelag von der Mitnehmerscheibe abgeschliffen. Die Mitnehmerscheibe ist also ein Verschleißteil, doch hat sie eine mittlere Lebensdauer von über 100 000 Kilometern. Der Verschleiß hängt im wesentlichen von der Belastung (Anhängerbetrieb) und der Fahrweise ab. Die Kupplung ist wartungsfrei, da sie sich selbst nachstellt.

Kupplung seit 9/76

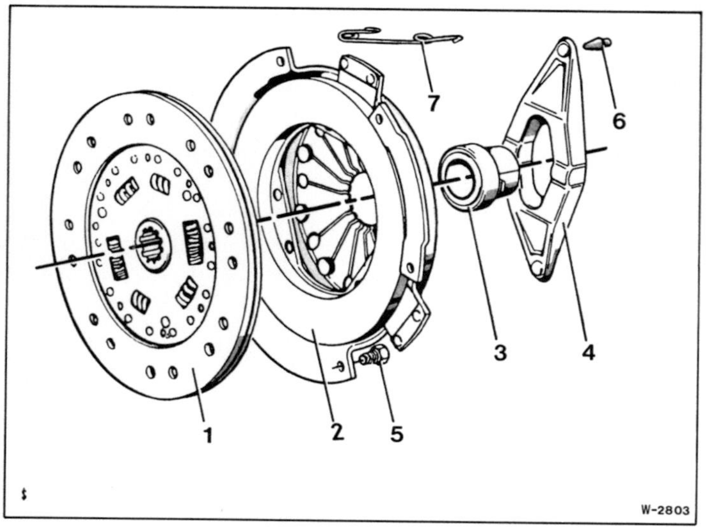

1 – Kupplungsscheibe
2 – Druckplatte
3 – Ausrücker
4 – Ausrückhebel
5 – Sechskantschraube
6 – Kugelbolzen
7 – Federbügel

Kupplung aus- und einbauen/prüfen

Ausbau

- Getriebe ausbauen, siehe Seite 148.
- Befestigungsschrauben der Kupplungsdruckplatte nacheinander jeweils um 1 bis 1½ Umdrehungen lösen, bis die Druckplatte entspannt ist.

Achtung: Wenn die Schrauben sofort ganz gelöst werden, kann die Membranfeder beschädigt werden.

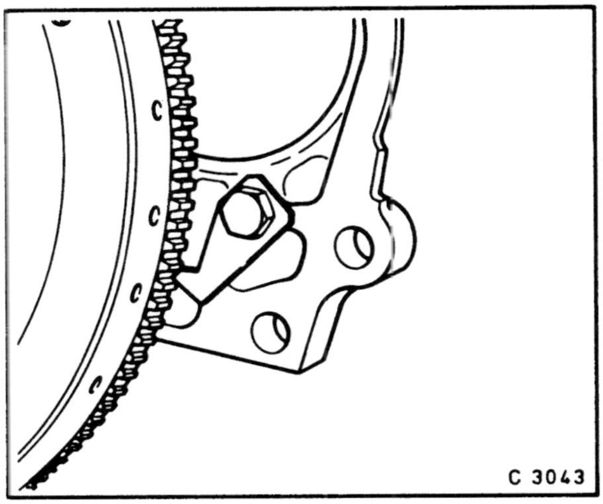

C 3043

- Damit das Schwungrad beim Lösen der Schrauben nicht mitdreht, Schwungrad mit BMW-Sonderwerkzeug oder Schraubendreher und Dorn arretieren.
- Anschließend Schrauben ganz herausdrehen.
- Druckplatte und Kupplungsscheibe herausnehmen. **Achtung:** Druckplatte und Kupplungsscheibe beim Herausnehmen nicht fallen lassen, sonst können nach dem Einbau Rupf- und Trennschwierigkeiten auftreten.
- Schwungrad mit benzingetränktem Lappen auswischen.

Prüfen

- Kupplungsdruckplatte auf Brandrisse und Riefen prüfen.

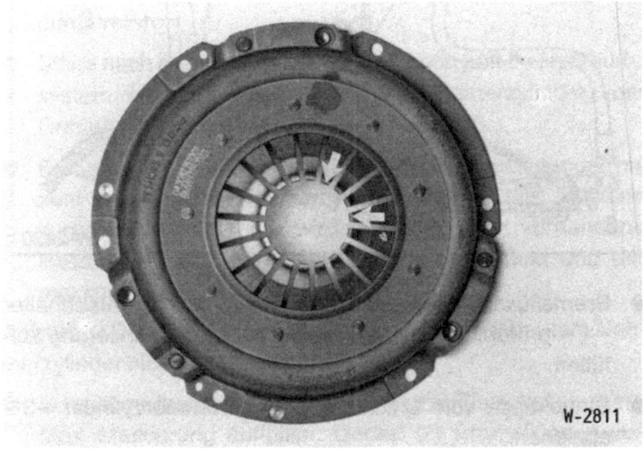

W-2811

- Membranfeder auf Brüche untersuchen –Pfeil–.

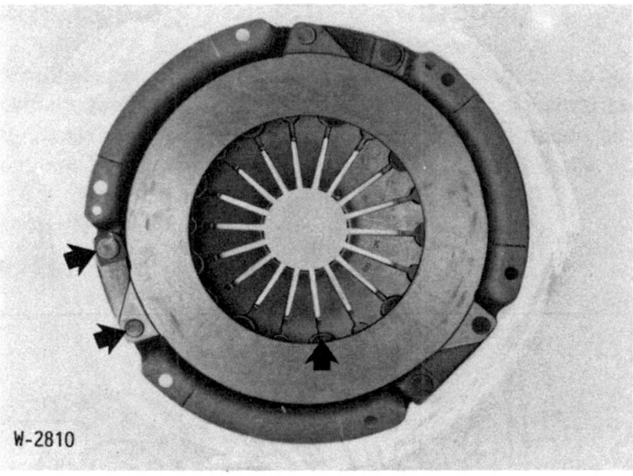

W-2810

- Federverbindungen zwischen Druckplatte und Deckel auf Risse, Nietbefestigungen auf festen Sitz prüfen. Kupplungen mit beschädigten oder losen Nietverbindungen ersetzen.

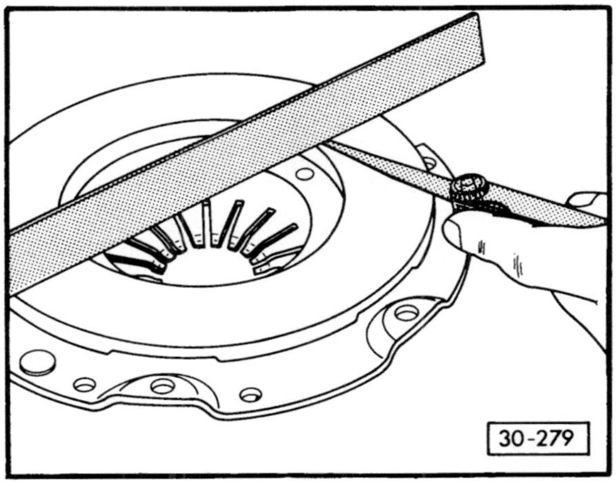

30-279

- Auflagefläche der Druckplatte auf Risse, Brandstellen und Verschleiß prüfen. Druckplatten, die bis zu 0,3 mm nach innen durchgebogen sind, dürfen noch eingebaut werden. Die Prüfung erfolgt mit Lineal und Fühlerblattlehre.
- Schwungrad auf Brandrisse und Riefen prüfen.
- Kupplungsdruckplatte und Schwungrad mit sehr feinem Schmirgelleinen abziehen.
- Verölte, verfettete oder mechanisch beschädigte Kupplungsscheiben austauschen.
- Belagstärke der Kupplungsscheibe mit Schieblehre messen. Die Mindestbelagstärke soll 7,5 mm (Modelle bis 7/81: 9,3 mm) betragen, sonst Kupplungsscheibe auswechseln. Ebenso bei Belagrissen.

- Federfenster, Torsionsfedern und Nabe auf Verschleiß- und Einlaufspuren prüfen. Bei Ausführung mit Zwei-Massen-Schwungrad ist die Mitnehmerscheibe starr ohne Dämpfer ausgerüstet. Die Torsionsdämpfer sind im Schwungrad integriert.
- Ausrücklager vom Lagerrohr am vorderen Getriebedeckel abnehmen und prüfen, siehe Seite 145.
- In der Werkstatt kann die Kupplungsscheibe auf Schlag geprüft werden. Der Seitenschlag darf bei der Kupplungsscheibe maximal 0,5 mm betragen. **Achtung:** Diese Prüfung ist nur notwendig, wenn die alte Kupplungsscheibe wieder eingebaut werden soll und die Kupplung vorher nicht richtig ausgekuppelt hat.
- Rillenkugellager in der Kurbelwelle auf leichten Lauf prüfen. Gegebenenfalls Lager mit Innenauszieher herausziehen und neues Lager einpressen.

Einbau

- Vor dem Einbau einer neuen Kupplung, Korrosionsschutzfett von der Druckplatte restlos entfernen.

- Kupplungsscheibe und Kupplungsdruckplatte in Schwungrad einsetzen. Die Kupplungsdruckplatte in die entsprechenden Paßstifte setzen. Die Kupplungsscheibe muß mit einem passenden Dorn (zum Beispiel von HAZET) oder mit einer alten Getriebe-Antriebswelle zentriert werden.
- Beim Einsetzen der Mitnehmerscheibe auf Markierung achten. Die Markierung soll zur Getriebeseite zeigen.
- Befestigungsschrauben für Kupplungsdruckplatte nacheinander mit 1 bis 1½ Umdrehungen anziehen, bis die Druckplatte festgezogen ist. Anschließend Zentrierdorn entfernen. **Achtung:** Darauf achten, daß die Druckplatte beim Anziehen der Schrauben gleichmäßig und gratfrei in das Schwungrad eingezogen wird. Anzugsdrehmomente: Sechskantschrauben der Güteklasse 8.8 (steht auf dem Schraubenkopf) 22 – 24 Nm, Güteklasse 10.9 = 30 – 35 Nm, Zylinderschraube: 22 – 24 Nm.
- Keilnuten der Getriebeantriebswelle mit Molykote Longtherm 2 leicht einfetten. Bei Ausführung mit Zwei-Massen-Schwungrad, Keilnuten mit Microlube 261 leicht einfetten.
- Getriebe einbauen, siehe Seite 148.

Kupplungsbetätigung entlüften

Die Kupplungsbetätigung muß entlüftet werden, wenn das Kupplungspedal nicht oder nur verzögert zurückkommt, die Kupplung nicht richtig trennt beziehungsweise wenn das Hydrauliksystem geöffnet wurde.

Da das Hydrauliksystem der Kupplung mit Bremsflüssigkeit arbeitet, sind ebenfalls die entsprechenden Hinweise im Kapitel »Bremsanlage entlüften« durchzulesen.

Achtung: Bei dem hier beschriebenen Entlüftungsvorgang ohne Entlüftergerät kann etwas Luft im System bleiben. Erkennbar ist das am Kratzen und nicht richtigen Trennen der Kupplung. In diesem Fall Kupplungshydraulik umgehend in der Werkstatt entlüften lassen.

- Fahrzeug vorn aufbocken.

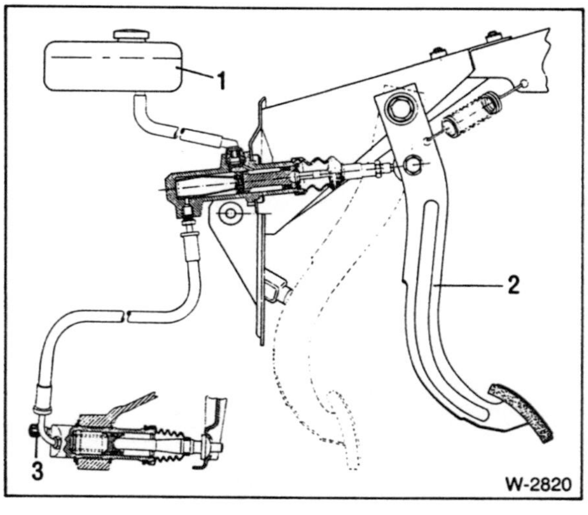

- Bremsflüssigkeitsstand im gemeinsamen Vorratsbehälter –1– prüfen, gegebenenfalls bis zur Max.-Markierung auffüllen.
- Staubkappe vom Entlüfterventil am Nehmerzylinder –3– abziehen.

- Durchsichtigen Schlauch auf das Entlüfterventil am Nehmerzylinder aufschieben.
- Entlüfterventil vorsichtig gangbar machen. Zum Öffnen Ringschlüssel verwenden, damit der Sechskant der Schraube nicht beschädigt wird.
- Freies Schlauchende in ein Gefäß mit Bremsflüssigkeit tauchen, damit beim Entlüftungsvorgang keine Luft angesaugt werden kann.
- Kupplungspedal –2– ca. 10mal bis zum Anschlag durchtreten und dann gedrückt festhalten.
- In dieser Stellung Entlüfterschraube –3– öffnen, Bremsflüssigkeit tritt aus. Wenn keine Luftblasen mehr in der austretenden Bremsflüssigkeit sichtbar sind, Entlüfterschraube zudrehen (verschließen).
  Achtung: Der Flüssigkeitsstand im Vorratsbehälter darf nicht zu weit absinken, gegebenenfalls **neue** Bremsflüssigkeit nachfüllen.
- Kupplungspedal loslassen und erneut 10mal betätigen, in gedrückter Stellung festhalten und Entlüfterschraube öffnen. Diesen Vorgang so oft wiederholen, bis am Schlauch keine Luftblasen mehr herausgedrückt werden. Dabei stets **neue** Bremsflüssigkeit in den Vorratsbehälter nachfüllen.
- Entlüfterschraube am Nehmerzylinder verschließen. Schlauch abziehen und Staubkappe aufschieben.
- Fahrzeug ablassen.
- Bremsflüssigkeit bis zur Max.-Markierung auffüllen.
- Funktion von Brems- und Kupplungssystem prüfen.

Entlüften mit Entlüftergerät

In den Werkstätten wird die Kupplungshydraulik in der Regel mit einem Entlüftergerät entlüftet. Das Entlüftergerät gibt Druck auf die Bremsflüssigkeit.

- Verschraubung am Bremsflüssigkeits-Ausgleichbehälter abschrauben. Schwimmerbehälter herausnehmen.
- Entlüftergerät nach Vorschrift anschließen.
- Am Kupplungsnehmerzylinder Schlauch auf Entlüfterschraube aufschieben. Schlauchende in eine Bremsflüssigkeitsflasche stecken.
- Entlüfterschraube so lange öffnen, bis keine Luftblasen mehr entweichen. Dabei mehrmals das Kupplungspedal durchtreten.
- Sollte nach mehrmaligem Entlüften noch Luft im Hydrauliksystem vorhanden sein, muß der Nehmerzylinder vom Getriebe abgebaut werden, siehe Seite 146.
- Bei angeschlossener Hydraulikleitung Druckstange bis zum Anschlag im Nehmerzylinder drücken und langsam zurücklassen. Dadurch wird eventuell noch vorhandene Restluft in den Vorratsbehälter zurückgedrückt und der maximale Ausrückweg erzielt.

Achtung: Der Kupplungsfußhebel darf bei ausgebautem Nehmerzylinder nicht betätigt werden.

- Schwimmerbehälter einsetzen. Bremsflüssigkeit bis zur Max.-Markierung auffüllen. Deckel für Bremsflüssigkeitsbehälter aufschrauben.

Ausrücklager aus- und einbauen

Hörbare Lagergeräusche in ausgekuppeltem Zustand, also bei niedergetretenem Kupplungspedal, deuten auf ein defektes Ausrücklager hin. **Achtung:** Fahrzeuge vor 9/76 haben ein anderes Ausrücklager als abgebildet.

Ausbau (seit 9/76)

- Getriebe ausbauen, siehe Seite 148.

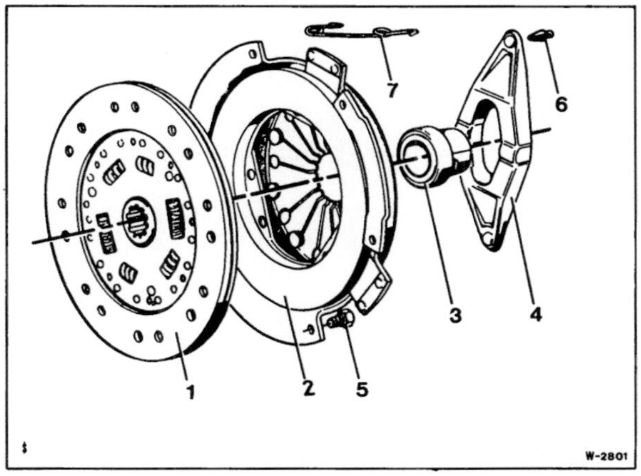

- Federbügel –7– und Ausrückhebel –4– mit Ausrücklager –3– von der Getriebeantriebswelle abnehmen.
- Ausrücklager von Hand prüfen. Dazu Kupplungsausrücklager leicht zusammenpressen und drehen. Es muß sich leicht drehen lassen, sonst austauschen.

Einbau

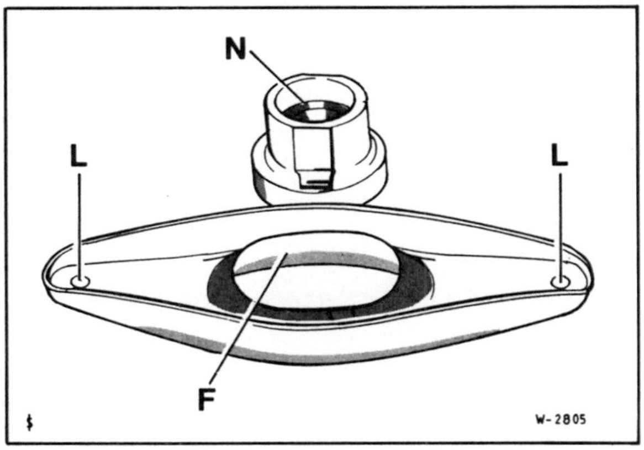

- Schmiernut –N–, Führungen –F– und Lagerflächen –L– mit Longtherm 2 leicht bestreichen, sonst kann das Lager auf der Führungshülse festfressen. **Achtung:** Bei der Ausführung mit Zwei-Massen-Schwungrad ist das Fett Microlube 261 zu verwenden.

- Ausrückhebel mit Ausrücklager auf Getriebeantriebswelle aufsetzen und mit Federbügel befestigen. **Achtung:** Bei den Modellen 525 i/528 i seit 4/83 wurde zum Teil das Widerlager für den Ausrückhebel geändert, daher muß bei Ersatz die richtige Zuordnung Getriebegehäuse/Ausrückhebel beachtet werden.
- Getriebe einbauen, siehe Seite 148.

Kupplungsnehmerzylinder aus- und einbauen

Ausbau

- Bremsflüssigkeit aus dem gemeinsamen Vorratsbehälter für Brems- und Kupplungshydraulik mit geeignetem Saugheber absaugen.
  Achtung: Bremsflüssigkeit ist giftig. Bremsflüssigkeit nicht über einen Schlauch mit dem Mund absaugen, siehe Seite 194.
- Fahrzeug aufbocken.

- Nehmerzylinder –1– vom Getriebe abschrauben.
- Leitung –2– abschrauben. **Achtung:** Soll der Kupplungsnehmerzylinder nicht ausgetauscht werden, bleibt die Hydraulikleitung angeschlossen.

Einbau

- Druckstange des Nehmerzylinders mit Molykote Longtherm 2 einstreichen.
- Hydraulikleitung an Nehmerzylinder mit 15 Nm anschrauben. Nehmerzylinder an Getriebe ansetzen und mit 25 Nm festziehen. Die Entlüfterschraube soll nach unten zeigen.
- Bremsflüssigkeit auffüllen, Kupplungshydraulik entlüften.

Störungsdiagnose Kupplung

Störung	Ursache	Abhilfe
Kupplung rupft	Motor- und Getriebelager defekt	■ Prüfen, gegebenenfalls auswechseln
	Getriebe liegt in der Aufhängung nicht fest	■ Befestigungsschrauben nachziehen
	Druckplatte trägt ungleichmäßig	■ Druckplatte auswechseln
	Mitnehmerscheibe kein Original-BMW-Teil	■ Original-BMW-Kupplungsscheibe einbauen
	Kurbelwelle fluchtet nicht zur Getriebe-Antriebswelle	■ Zentrierflächen von Motor und Getriebe überprüfen
	Ausrücker drückt einseitig	■ Ausrücker überprüfen
Kupplung rutscht	Kupplungsscheibe verschlissen	■ Dicke der Kupplungsscheibe prüfen, gegebenenfalls auswechseln
	Nehmerzylinder klemmt	■ Nehmerzylinder ersetzen
	Spannung der Membranfeder zu gering	■ Druckplatte auswechseln
	Nehmerzylinder undicht	■ Sichtprüfung durchführen
	Belag verhärtet oder verölt	■ Kupplungsscheibe austauschen
	Kupplung wurde überhitzt	■ Original-BMW-Teil einbauen
Kupplung trennt nicht richtig	Belag durch Abrieb verklebt	■ Kupplungsscheibe austauschen
	Kupplungsscheibe klemmt auf der Antriebswelle, Kerbverzahnung trocken oder verklebt	■ Kerbverzahnung reinigen, entgraten, ggf. Rost entfernen und neu schmieren; z. B. MoS_2-Puder einbürsten
	Kupplungsscheibe hat Seitenschlag	■ Kupplungsscheibe prüfen lassen, ersetzen
	Geberzylinder undicht	■ Bei durchgetretenem Kupplungspedal beobachten, ob Flüssigkeit im Bremsflüssigkeitsvorratsbehälter aufwallt, ggf. Kupplung entlüften oder Geberzylinder austauschen
	Kupplungspedal erreicht den Begrenzungsanschlag nicht	■ Prüfen, ob Begrenzungsanschlag erreicht wird, gegebenenfalls Fußmatte ausschneiden
	Ausrücker defekt	■ Ausrücker auf Verformung prüfen
	Luft im Hydrauliksystem	■ Kupplungshydraulik entlüften
	Führungslager für die Getriebe-Antriebswelle in der Kurbelwelle defekt	■ Führungslager in der Kurbelwelle ersetzen
	Mitnehmerscheibe stark verbogen, oder Belag gebrochen	■ Mitnehmerscheibe ersetzen
Geräusch bei betätigtem Kupplungspedal	Ausrücklager defekt	■ Ausrücklager prüfen, ersetzen
	Kupplungsscheibe schlägt an die Druckplatte	■ Kupplungsscheibe auswechseln
Auf- und abschwellendes Geräusch bei Zug- oder Schubzustand, oder wenn das Fahrzeug in ausgekuppeltem Zustand rollt	Torsionsdämpfer der Kupplungsscheibe schwergängig	■ Kupplungsscheibe erneuern
	Nietverbindungen der Kupplung locker	■ Kupplung ersetzen
	Unwucht der Kupplung zu groß	■ Kupplung und Mitnehmerscheibe ersetzen

Das Getriebe

Das Getriebe kann ohne Ausbau des Motors ausgebaut werden. Ein Ausbau ist dann erforderlich, wenn die Kupplung ausgewechselt werden soll oder wenn das Getriebe erneuert beziehungsweise überholt werden muß. Da es jedoch in keinem Fall anzuraten ist, Reparaturen am Getriebe mit Heimwerkermitteln in Angriff zu nehmen, beschreibe ich lediglich den Ausbau des Aggregates.

Getriebe aus- und einbauen

Ausbau

- Batterie-Massekabel (–) abklemmen.
- Fahrzeug aufbocken.
- Abgasanlage ausbauen, siehe Seite 133.
- Wärmeschutzblech für Abgasanlage abbauen.

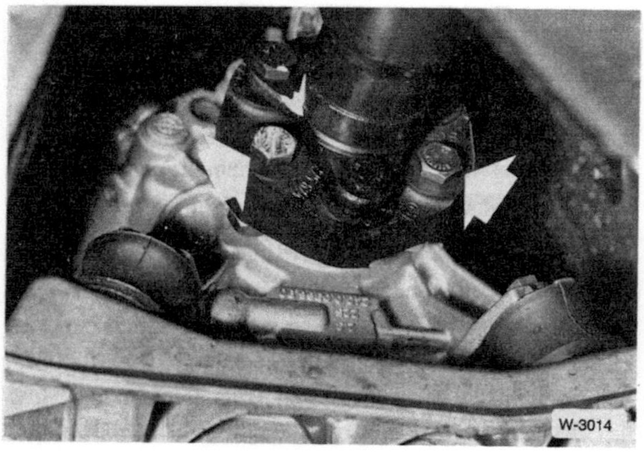

- Gelenkscheibe vom Getriebe abschrauben. Bei Ausführung mit integriertem Schwingungstilger, Muttern an der Gelenkscheibe lösen.

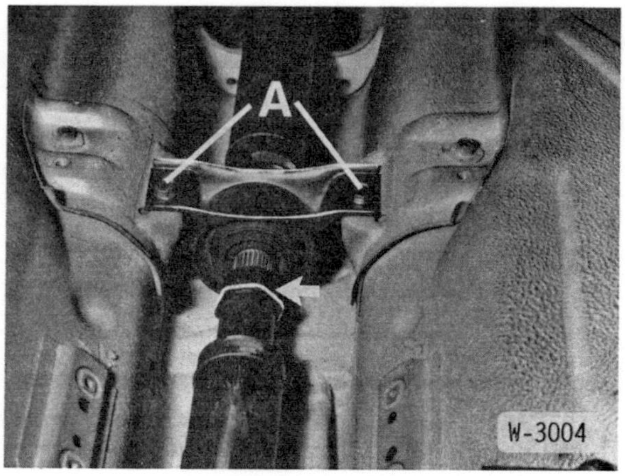

- Falls vorhanden, Schraubring –Pfeil– in der Mitte der Gelenkwelle mit einer Rohrzange einige Umdrehungen lösen.
- Mittellager –A– für Gelenkwelle abschrauben.
- Gelenkwelle nach unten knicken und vom Zentrierzapfen abziehen. **Achtung:** Gelenkwelle hochbinden, nicht in die Gelenke fallen lassen.

- An der Schaltstange – bei ausgebauter Gelenkwelle – Sicherungsklammer –1– ausheben, Scheibe –2– abnehmen und Schaltstange herausziehen.

- Schaltstangenträger vom Getriebe abschrauben, 2 Innensechskantschrauben. **Achtung:** Die Schrauben sind selbstsichernd und lassen sich nur schwer herausdrehen. Schrauben immer ersetzen.
- Kabel vom Rückwärtsgangschalter hinten am Getriebe abziehen.
- Kupplungsnehmerzylinder ausbauen. **Achtung:** Die Hydraulikleitung bleibt angeschlossen, siehe Seite 146.
- Getriebe mit geeignetem Heber abstützen.

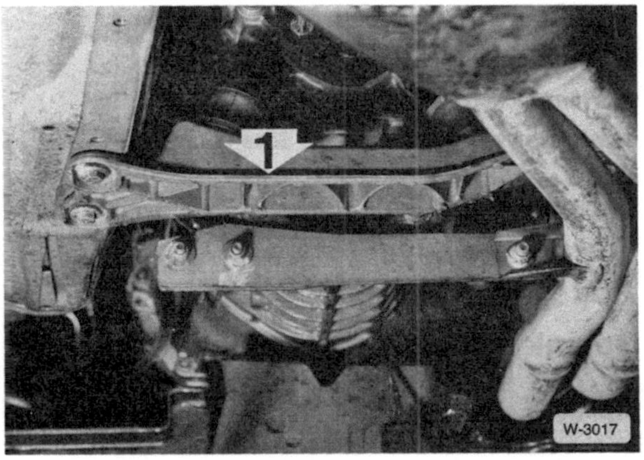

- Querträger –1– abschrauben.
- Getriebe bis zum Vorderachsträger ablassen.

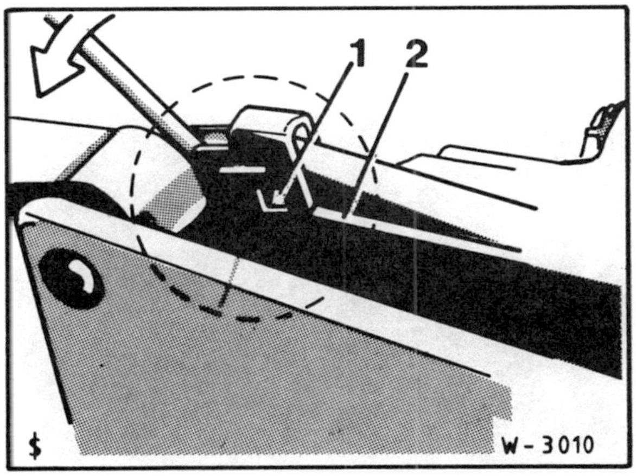

- Bei Ausführung mit Schaltarm: Feder –1– mit Schraubendreher von der Nase –2– am Gehäuse ausheben und nach oben schwenken. Lagerbolzen herausziehen.

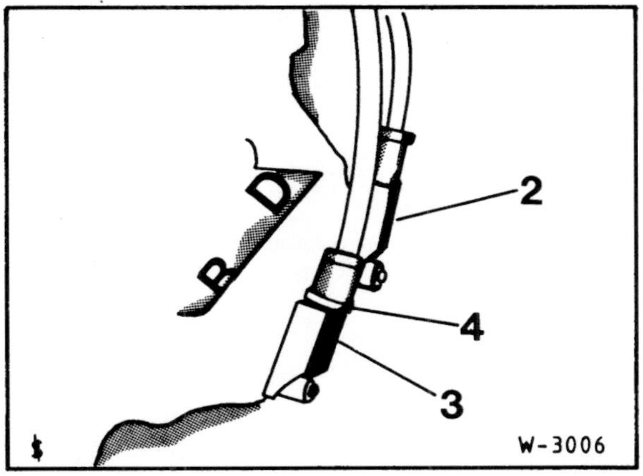

- **Bei Fahrzeugen mit Motronic (DME):** Wärmeschutzblech abbauen. Drehzahlgeber –2– und Bezugsmarkengeber –3– herausziehen.

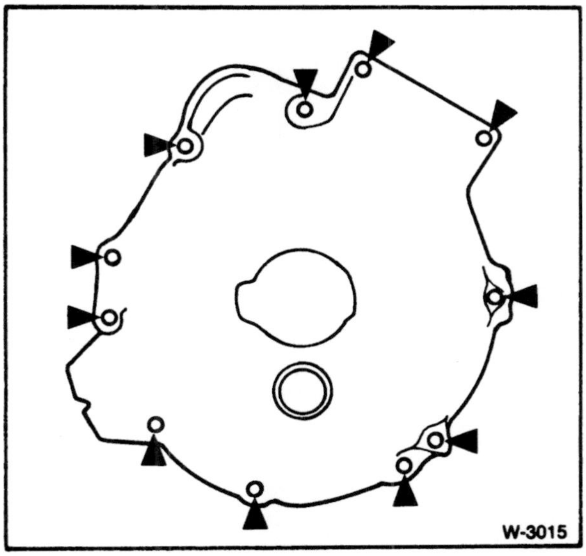

- Getriebeschrauben herausdrehen. Neuere Fahrzeuge haben Torxschrauben, für die ein Torx-Steckschlüsseleinsatz (E10, E12, E14) benötigt wird.
- Getriebe vom Motor abflanschen und mit Helfer nach hinten herausheben.

Einbau

- Vor dem Einbau Kupplung prüfen, siehe Seite 143.
- Kupplungsausrücklager auf leichten Lauf prüfen. Lager einfetten, z.B. mit Liqui Moly M-320. Sind vor dem Ausbau Laufgeräusche des Ausrücklagers beim Auskuppeln aufgetreten, Lager auswechseln, siehe Seite 145.
- Keilverzahnung der Antriebswelle sowie Zentrierzapfen reinigen und leicht mit Moly-Gleitpaste oder Moly-Spray schmieren.
- Einen Gang einlegen.

- Getriebe anheben und waagerecht in die Kupplung einfahren. Falls beim Einsetzen die Getriebe-Antriebswelle nicht in die Kupplungsscheibe einrastet, Antriebswelle von hinten – am Flansch für die Gelenkwelle – mit der Hand entsprechend verdrehen.
- Torx-Getriebe/Motorschrauben auf jeden Fall mit Unterlegscheiben einschrauben.

Anzugsdrehmomente Sechskantschrauben:
M8 mit 25 Nm, M10 mit 50 Nm, M12 mit 80 Nm;
Torxschrauben:
M8 mit 25 Nm, M10 mit 45 Nm, M12 mit 70 Nm.

- Getriebe anheben und Querträger mit 25 Nm festschrauben.

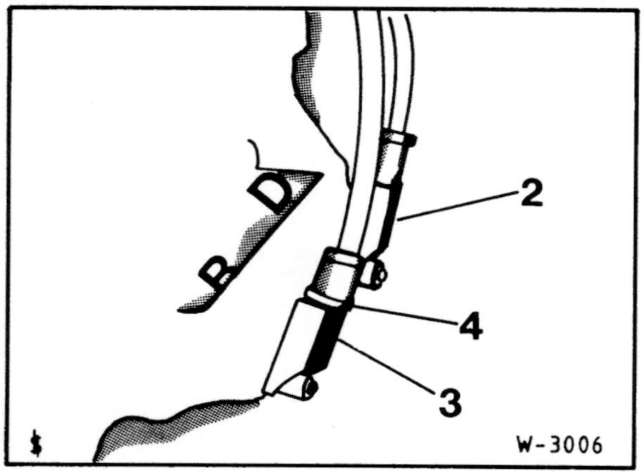

- **Fahrzeuge mit DME:** Drehzahlgeber und Bezugsmarkengeber einsetzen. Stecker nicht vertauschen, sonst springt der Motor nicht an. Drehzahlgeber –2– ohne Ring in die Bohrung D und Bezugsmarkengeber –3– mit Ring –4– in die Bohrung B einbauen.

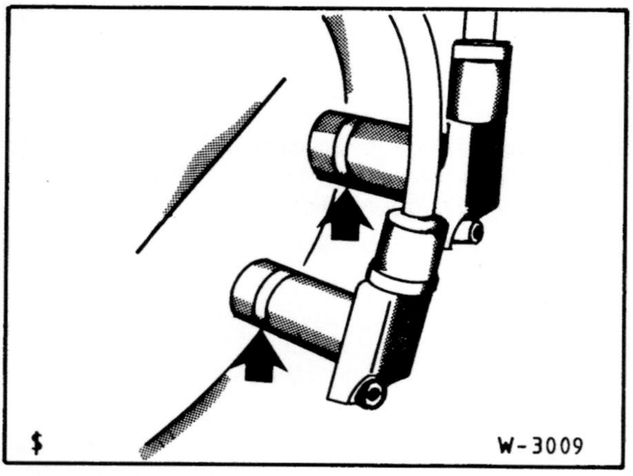

Achtung: Stirnseiten der DME-Geber müssen fett- und schmutzfrei sein. O-Ringe –Pfeile– an den Gebern überprüfen, Geber mit Molykote Longtherm 2 einsetzen.

- Kupplungsnehmerzylinder einbauen, siehe Seite 146.
- Schalthebelträger am Getriebe anschrauben, dabei 2 neue, selbstsichernde Schrauben verwenden, mit 20 Nm anziehen. Beim Anziehen darauf achten, daß die Lagerböcke waagerecht zur Schaltkonsole stehen.
- Lagerbolzen für Schaltstange mit Molykote Longtherm 2 einsetzen.
- Feder –1– mit Schraubendreher auf die Nase –2– aufdrücken, siehe Abbildung W-3010.
- Schaltstange einsetzen. Scheiben auf Bolzen aufschieben und Schaltstange mit Sicherungsscheibe sichern.
- Kabel für Rückwärtsgangschalter aufschieben.
- Gelenkwelle einbauen, siehe unten.
- Wärmeschutzblech anschrauben.
- Abgasanlage einbauen, siehe Seite 133.
- Ölstand im Getriebe kontrollieren, siehe Kapitel »Wartung«.
- Batterie-Massekabel (–) anklemmen.

Gelenkwelle aus- und einbauen

Ausbau

- Fahrzeug aufbocken.
- Abgasanlage komplett ausbauen.
- Bei Katalysatorfahrzeugen: Wärmeschutzblech vom Unterboden abschrauben.

Gelenkwelle am Getriebe abschrauben.
Ausführung mit Schiebestück

- Schraubring –Pfeil– mit BMW-Werkzeug 261040 einige Umdrehungen lösen. Steht das Werkzeug nicht zur Verfügung, Schraubbuchse mit Rohrzange lösen.

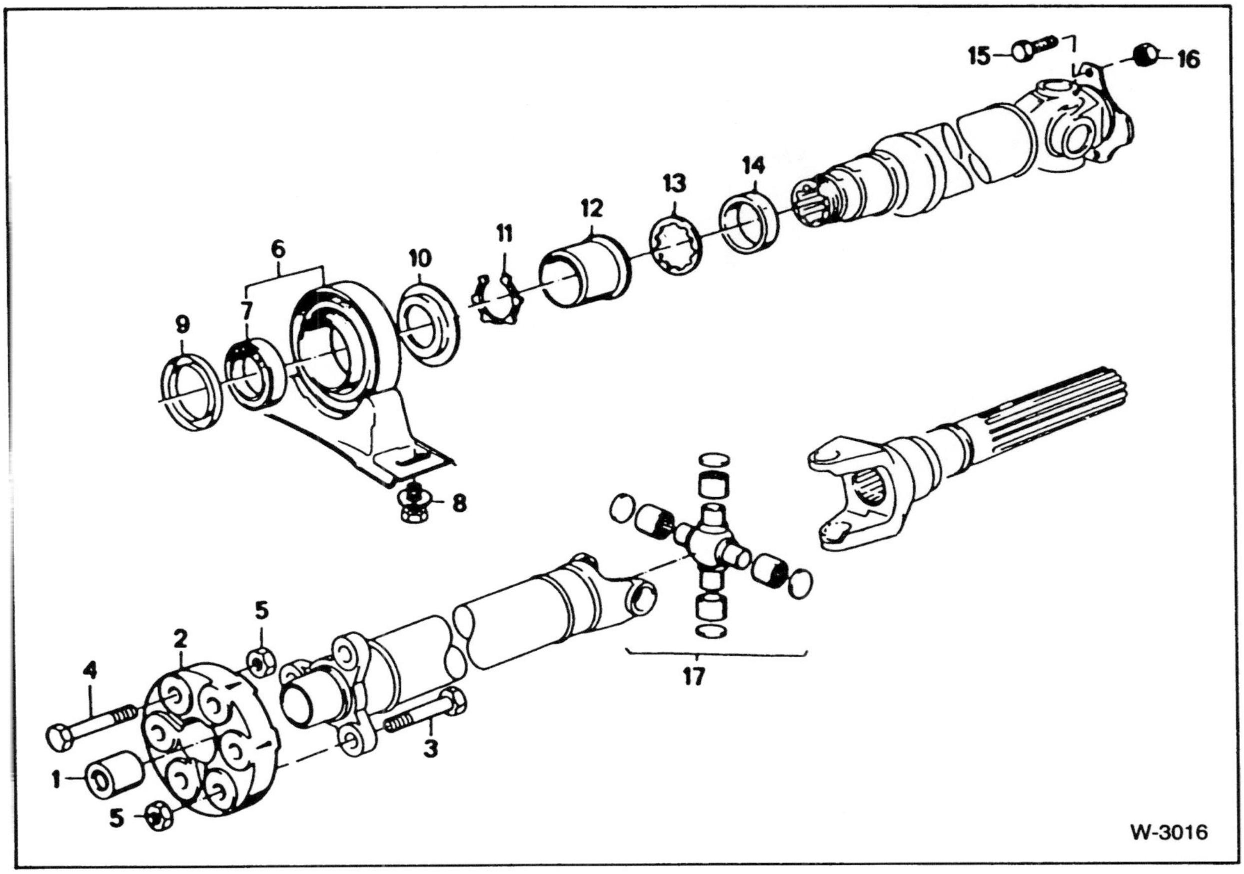

1 – Führungsbuchse
2 – Gelenkscheibe
3 – Sechskantschraube M 10
4 – Sechskantschraube M 10
5 – Selbstsichernde Mutter
6 – Mittellager
7 – Rillenkugellager
8 – Sechskantschraube M 8
9 – Staubschutz
10 – Staubschutz
11 – Sicherungsring
12 – Schraubring
13 – Zahnscheibe
14 – Klemmring
15 – Zylinderschraube M 10
16 – Selbstsichernde Mutter M 10
17 – Kreuzgelenk

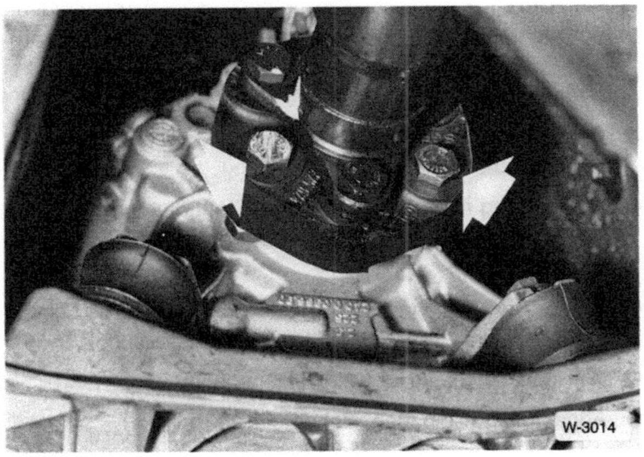

- Gelenkwelle am Getriebe abschrauben.
- Fahrzeuge mit angeschraubtem Schwingungstilger: Schwingungstilger am Getriebe abbauen. Schwingungstilger um 60° drehen und an die Gummikupplung anlegen. Der Schwingungstilger wird mit der Gelenkwelle abgenommen.

Ausführung mit Kreuzgelenk vorn:

- Getriebe mit Werkstattwagenheber und Holzzwischenlage abstützen.

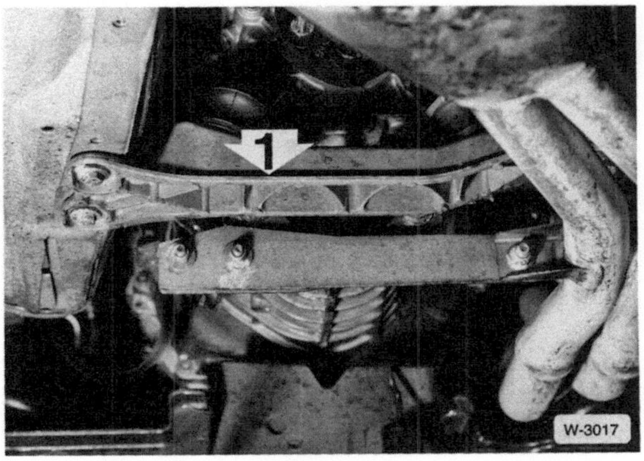

- Querträger und Getriebeaufhängung abschrauben.
- Muttern für Kreuzgelenk abschrauben.

- Gelenkwelle am Hinterachsgetriebe abbauen. Dabei die Welle mit einem Montiereisen arretieren.
- Mittellager –A– abbauen, siehe Abbildung W-3004.
- Gelenkwelle nach unten knicken und aus dem Zentrierzapfen am Getriebe herausziehen. Gegebenenfalls Gelenkwelle am Schiebestück ganz zusammenschieben.

Achtung: Gelenkwelle am Schiebestück nicht trennen.

Achtung: Gelenkwelle nicht in die Gelenke fallen lassen. Insbesondere am Gleichlaufgelenk wird die Gummimanschette gequetscht.

Einbau

Bei Vibrationen und Geräuschen kann die Gelenkwelle in der Werkstatt ausgewuchtet werden. Außerdem ist die Überprüfung der Beugewinkel möglich.

Achtung: Die Gelenkwelle ist im Strang gewuchtet und darf nur komplett ausgewechselt werden. Verschlissene Gelenkwellen erneuern.

- Vor dem Einbau Gelenkwellen-Zentrierung überprüfen, gegebenenfalls Zentrierung mit Molykote Longtherm 2 schmieren. Beschädigte Zentrierung ersetzen.
- Gelenkwelle mit Helfer auf den Zentrierzapfen des Getriebes schieben.

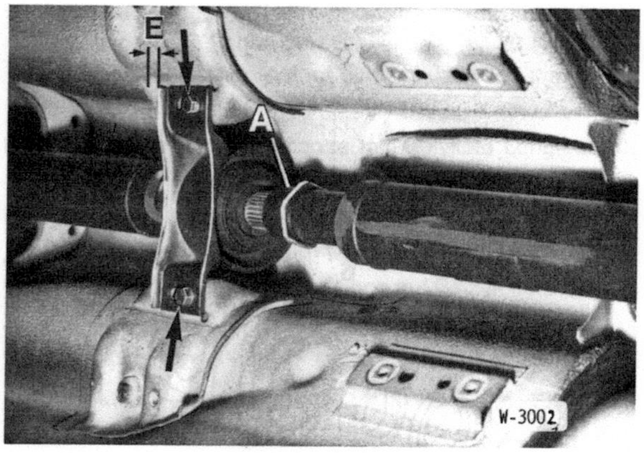

- Mittellager mit 22 Nm anschrauben. Dabei das Mittellager bei Gelenkwellen **mit** Schiebestück um das Maß E = 4 – 6 mm in Fahrtrichtung vorspannen, Lager nach vorn schieben; Gelenkwellen **ohne** Schiebestück: E = 2 – 4 mm.
- Gelenkwelle an Hinterachsgetriebe anschrauben. Um ein Verspannen der Gelenkscheibe zu vermeiden, sollten möglichst nur die Muttern beziehungsweise Schrauben auf der Flanschseite gedreht werden. **Neue selbstsichernde Muttern** verwenden und mit 70 Nm festziehen.
- **Ausführung mit Gleichlaufgelenk:** Dichtung prüfen, gegebenenfalls erneuern. Gelenkwelle am Hinterachsgetriebe anschrauben. Anzugsdrehmomente M 8-Schrauben: 32 Nm, M 10-Schrauben: 70 Nm.
- Bei Fahrzeugen mit Kreuzgelenk vorn: Neue Stoppmuttern mit 70 Nm anschrauben. Getriebeaufhängung und Querträger anschrauben, Wagenheber entfernen.
- Bei Fahrzeugen mit Schwingungstilger: Schwingungstilger mit einer Drehung um 60° einsetzen.
- Gelenkscheibe an Gelenkwelle und Getriebe Nm anschrauben. Anzugsdrehmomente M8-8.8-Schrauben: 45 Nm, M10-10.9-Schrauben: 70 Nm, M12-Schrauben: 80 Nm. Um ein Verspannen der Gelenkscheibe zu vermeiden, sollten möglichst nur die Muttern beziehungsweise Schrauben auf der Flanschseite gedreht werden. Gelenkwelle gegen das Verdrehen mit Montierhebel arretieren.
- Bei Fahrzeugen mit Automatikgetriebe: Getriebeaufhängung mit anschrauben.
- Schraubring mit 17 Nm anziehen. Steht das Spezialwerkzeug nicht zur Verfügung, Schraubring mit einer Rohrzange anziehen.
- Bei Fahrzeugen ohne Schiebestück: Gabelstück an Lagerzapfen Gelenkwellenmitte mit 110 Nm anschrauben.
- Wärmeschutzblech für Katalysator anschrauben.
- Abgasanlage einbauen, siehe Seite 133.
- Fahrzeug ablassen, siehe Seite 140.

Die Schaltung

Ausführung mit Stahlblechträger

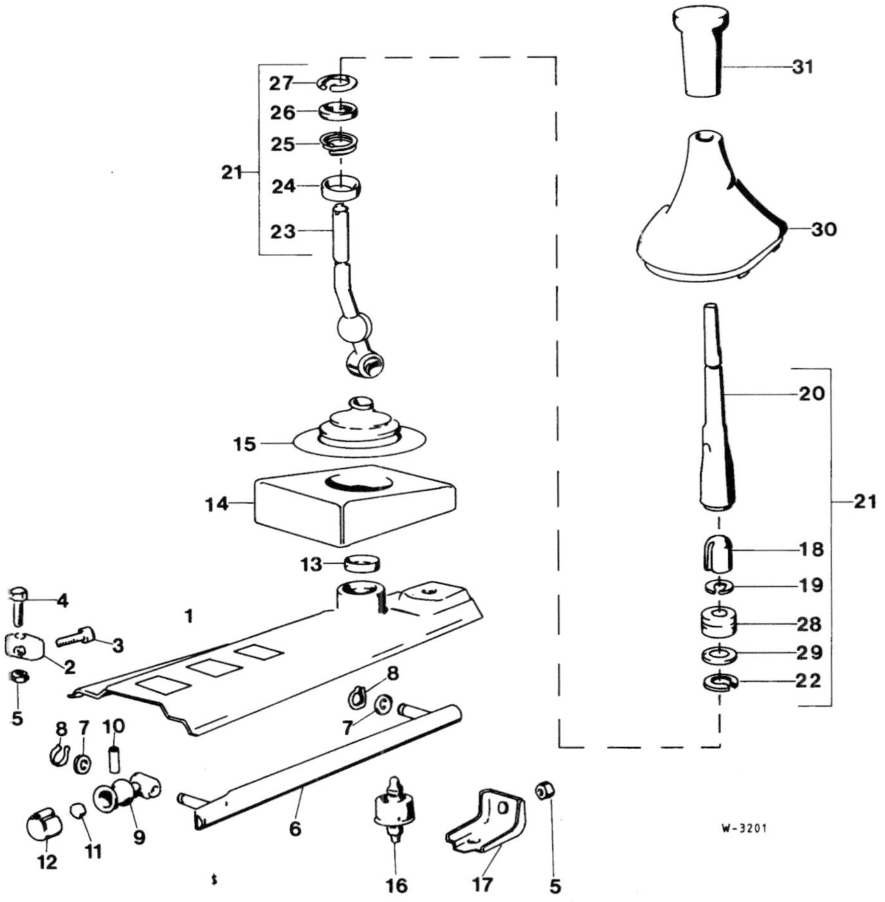

1 – Schaltarm
2 – Lagerbock
3 – Zylinderschraube
4 – Sechskantschraube
5 – Sechskantmutter
6 – Schaltstange
7 – Distanzscheibe
8 – Sicherungsscheibe
9 – Schaltstangengelenk
10 – Zylinderstift
11 – Schmierfilz
12 – Federhülse
13 – Kugelschale unten
14 – Dämpfungsplatte
15 – Abdeckgummi
16 – Gummilager
17 – Halter
18 – Kappe
19 – Sicherungsscheibe
20 – Schalthebel-Oberteil
21 – Schalthebel komplett
22 – Sicherungsring
23 – Schalthebel-Unterteil
24 – Kugelschale oben
25 – Druckfeder
26 – Distanzhülse
27 – Sicherungsring
28 – Gummiring
29 – Scheibe
30 – Faltenbalg
31 – Schaltknopf

Ausführung mit Aluminiumträger

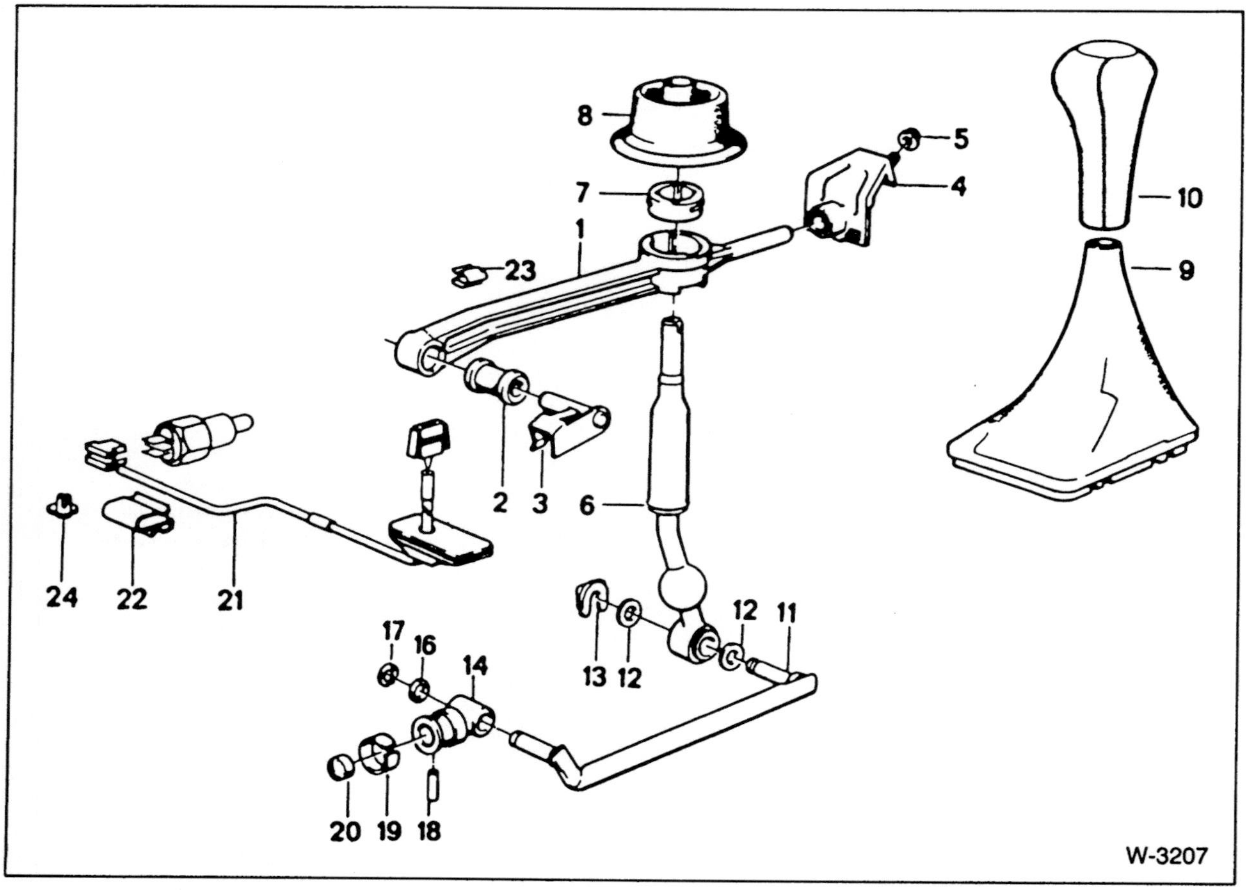

1 – Schaltarm
2 – Lagerbuchse
3 – Lagerbolzen
4 – Lagerung
5 – Selbstsichernde Mutter M8
6 – Schalthebel
7 – Lagerung
8 – Gummibalg
9 – Kunstlederbalg
10 – Schaltknopf
11 – Schaltstange
12 – Distanzscheibe
13 – Sicherungsscheibe
14 – Schaltstangengelenk
16 – Distanzscheibe
17 – Sicherungsscheibe
18 – Zylinderstift
19 – Federhülse
20 – Gummischeibe
21 – Leitung Rückfahrlichtschalter
22 – Kabelklemme Druckknopf

Schalthebel aus- und einbauen

Ausbau

Schaltkonsole aus Stahlblech

- Schaltknopf im Fahrzeuginnern kräftig nach oben vom Schalthebel abziehen.
- Fahrzeug aufbocken, siehe Seite 140.

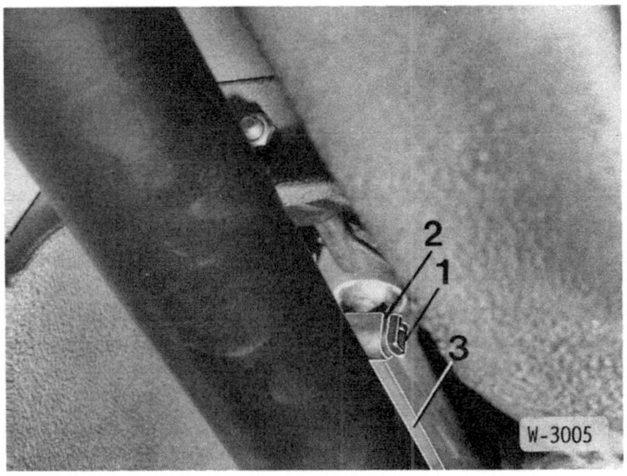

- Sicherung –1– abdrücken. Scheibe –2– abnehmen. Schaltstange –3– herausziehen.

- Kunstlederbalg abziehen und Dämmfilz herausnehmen.
- Abdeckmanschette zwischen Karosserie und Schaltkonsole herausziehen.
- Sicherungsring am Schalthebel mit Spitzzange ausheben. Schalthebel nach oben herausnehmen.
- Bei Fahrzeugen mit einer **Schaltkonsole aus Aluminium** wird vom Fahrzeugunterboden aus unten am Schalthebel ein Zapfenschlüssel angesetzt und um 90° entgegen dem Uhrzeigersinn gedreht. Kugelschale anschließend nach oben drücken und Schalthebel von oben herausnehmen.

Einbau

- Kugelschalen des Schalthebels mit Molykote Longtherm 2 fetten.
- Schalthebel einsetzen und mit Sprengring sichern.
- Bei Fahrzeugen mit **Schaltkonsole aus Aluminium**: Kugelschale so ansetzen, daß sich die Nasen an der Kugelschale mit den Aussparungen an der Schaltkonsole dekken. Schalthebel eindrücken, bis die Haltenasen links und rechts hörbar einrasten.
- Abdeckmanschette zwischen Karosserie und Schaltkonsole einsetzen.
- Dämmfilz einlegen.
- Kunstlederbalg in Schaltkonsole eindrücken.
- Schaltstange einsetzen. Scheibe auf Bolzen legen, Sicherung für Schaltstange auf Bolzen aufdrücken.

Die Vollautomatik

Der BMW wird auf Wunsch mit einer Getriebevollautomatik ausgestattet. Das automatische Getriebe hat vier Vorwärtswählbereiche, die automatisch geschaltet werden.

Um schneller beschleunigen zu können, zum Beispiel bei Überholvorgängen, hat die Automatik einen sogenannten Kickdown-Schalter, der sich beim vollen Niedertreten des Gaspedals einschaltet. Der Kickdown-Effekt sorgt dafür, daß das Getriebe entweder länger im kürzeren Gang verweilt oder von einem höheren in einen niedrigeren Gang zurückschaltet.

Für die Beurteilung der Funktion der Getriebeautomatik und für die richtige Fehlersuche ist Erfahrung mit automatischen Getrieben und die Kenntnis der Arbeitsweise unerläßlich. Da diese Materie nur durch lange Berufserfahrung erworben werden kann, werden nur die Wartungsarbeiten beschrieben, siehe Kapitel »Wartung«.

Abschleppen von Fahrzeugen mit Automatik

- Wählhebelstellung „N".

Maximale Schleppgeschwindigkeit: 50 km/h!

Maximale Schleppentfernung: 50 Kilometer!

- Über große Entfernungen muß der Wagen hinten angehoben werden, oder die Gelenkwelle muß an der Hinterachse abgeflanscht werden. Grund: Bei stehendem Motor arbeitet die Getriebeölpumpe nicht, das Getriebe wird für höhere Drehzahlen und längere Laufzeiten daher nicht ausreichend geschmiert.
- Zündung einschalten, damit das Lenkrad nicht blockiert ist und die Blinkleuchten, das Signalhorn und gegebenenfalls die Scheibenwischer betätigt werden können.
- Da Bremskraftverstärker und Servolenkung nur bei laufendem Motor arbeiten, muß bei nicht laufendem Motor das Bremspedal entsprechend kräftiger getreten werden beziehungsweise für die Lenkbewegungen entsprechend mehr Kraft aufgewendet werden!

Die Vorderachse

Die Vorderachse des 5er BMW besteht aus dem Vorderachsträger, den Federbeinen sowie den Querlenkern und Längsstreben. Der Querlenker führt das Federbein in Querrichtung, die Längsstreben führen es in Fahrzeuglängsrichtung. Beim älteren 5er bis 7/81 (»E12«) gehen die Längsstreben vom Radträger nach vorn und werden daher vorwiegend auf Zug beansprucht (Zugstreben), beim neueren Modell gehen sie nach hinten (Druckstreben). Ein Querstabilisator verbindet beide Radträger und sorgt für eine bessere Bodenhaftung der Vorderräder.

Die Federbeine bestehen jeweils aus einer Schraubenfeder und einem integrierten Stoßdämpfer. Sie sind oben über Stützlager mit der Karosserie und unten mit dem Radlagergehäuse verschraubt.

Alle Lenker sind über Gummilager elastisch mit dem Vorderachsträger beziehungsweise Fahrzeugunterboden verschraubt. **Achtung:** Werden Teile der Vorder- oder Hinterachsaufhängung gelöst, die in Gummi gelagert sind, dürfen diese erst wieder festgezogen werden, wenn das Fahrzeug auf den Rädern steht und folgendermaßen belastet ist (sogenannte »Normallage«):

- 2mal 68 kg (Personen) auf **beiden** Vordersitzen.
- 1mal 68 kg in der Mitte auf dem Rücksitz.
- 1mal 21 kg in der Kofferraummitte.
- Fahrzeug vollgetankt.

Vorderachse bis 6/81 (»E12«)

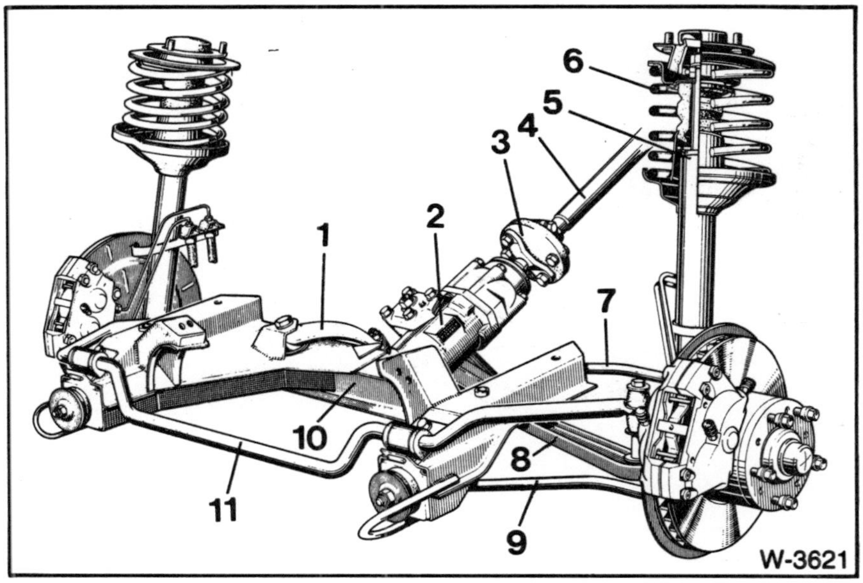

1 – Lenkhebel
2 – Lenkgetriebe
3 – Gelenkscheibe
4 – Lenksäule
5 – Stoßdämpfer
6 – Schraubenfeder
7 – Spurstange
8 – Querlenker
9 – Zugstrebe
10 – Vorderachskörper
11 – Stabilisator

Vorderachse seit 7/81 (»E28«)

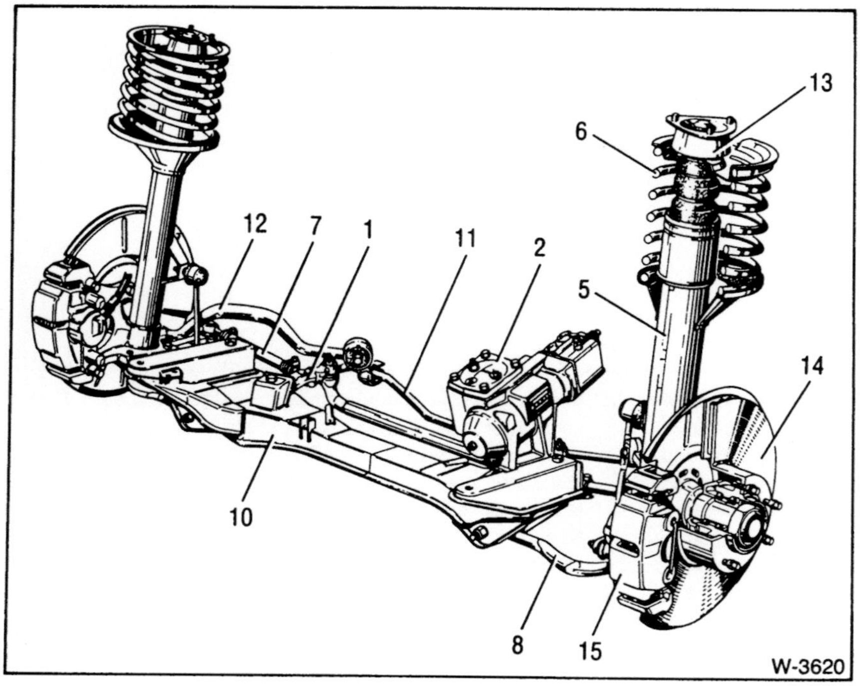

1 – Lenkhebel
2 – Lenkgetriebe (Servolenkung)
5 – Stoßdämpfer
6 – Schraubenfeder
7 – Spurstange
8 – Querlenker
10 – Vorderachskörper
11 – Stabilisator
12 – Druckstrebe
13 – Stützlager
14 – Bremsscheibe
15 – Bremssattel

Das Federbein

Stützlager (alle Modelle)

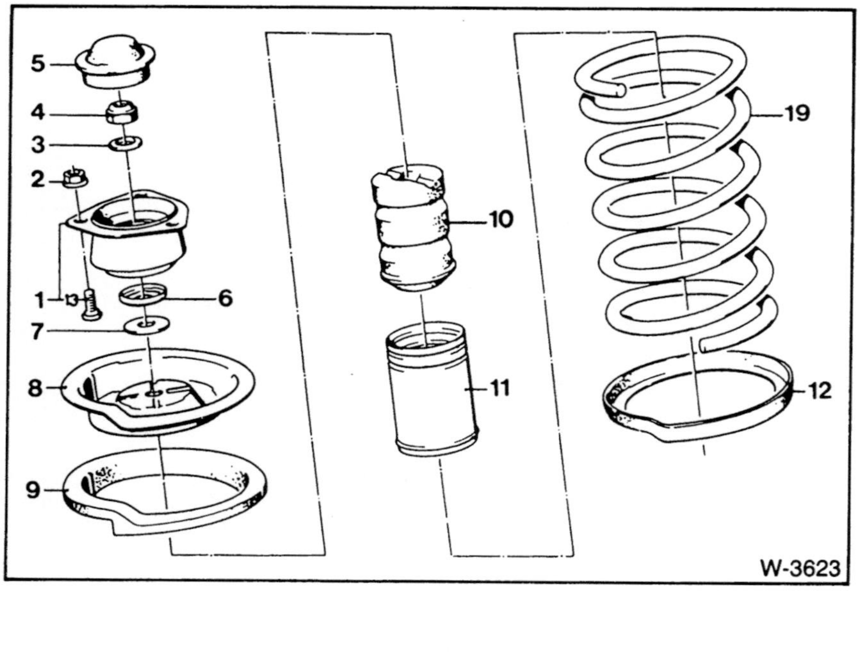

1 – Stützlager
2 – Bundmutter M 8
3 – Unterlegscheibe
4 – Selbstsichernde Mutter M 12 × 1,5
5 – Verschlußkappe
6 – Dichtring
7 – Unterlegscheibe
8 – Federteller
9 – Federunterlage oben 3 mm
nur bei roter Federkennzeichnung: Federunterlage 9 mm.
10 – Dämpfer
19 – Schraubenfeder

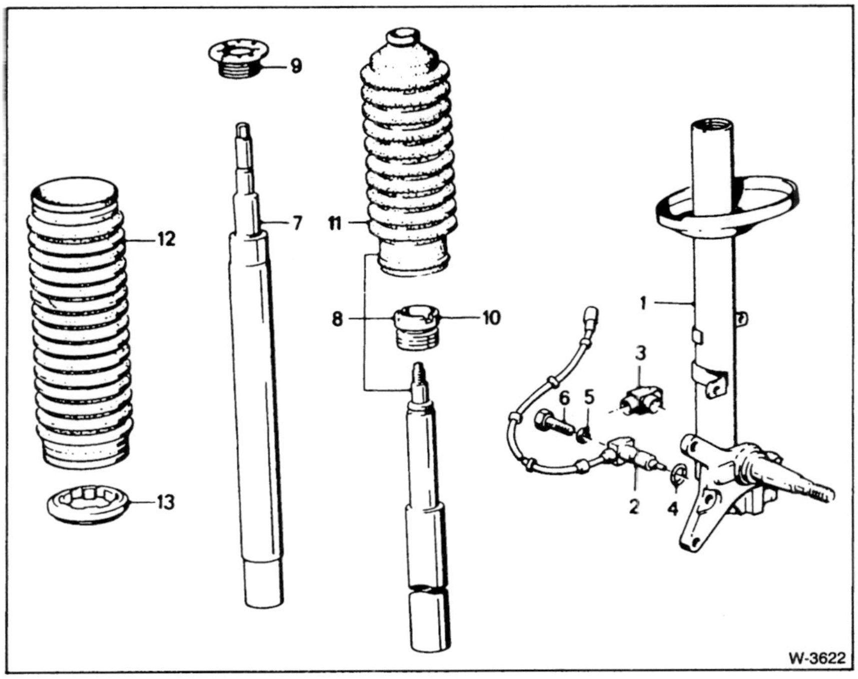

1 – Federbeinrohr

Nur bei ABS:

2 – Impulsgeber

3 – Schutzkappe

4 – Gummiring

5 – Federscheibe

6 – Zylinderschraube

7 – Stoßdämpfereinsatz
Fa. Boge bzw. Fichtel & Sachs.

8 – Stoßdämpfereinsatz
Fa. Bilstein.

9, 10 – Schraubring
Ausführung je nach Stoßdämpferfabrikat beachten.

11, 12 – Faltenbalg
Ausführung je nach Stoßdämpferfabrikat beachten.

13 – Ring für Bilstein-Faltenbalg

Federbein aus- und einbauen

Der Ausbau des Federbeins ist grundsätzlich beim älteren Modell »E12« wie auch beim neueren Modell »E28« in gleicher Weise durchzuführen. Beim Ersatzteilkauf ist aber auf eine genaue Zuordnung nach Modell und Stoßdämpferhersteller zu achten. Nur gleiche Fabrikate an einer Achse verbauen.

Ausbau

- Fahrzeug aufbocken, siehe Seite 140.
- Bremssattel ausbauen und am Aufbau mit Draht aufhängen, siehe Seite 183.

Achtung: Der Bremsschlauch bleibt angeschlossen, sonst muß beim Einbau das Bremssystem entlüftet werden.

- Fahrzeuge mit Antiblockiersystem: ABS-Drehzahlfühler an der Radnabe abschrauben und herausziehen.

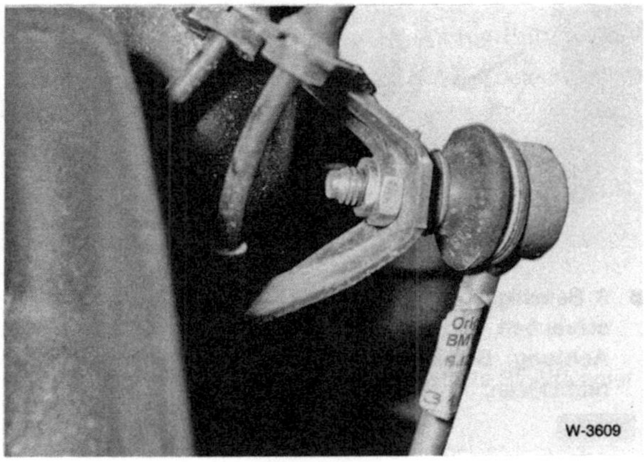

- Modelle ab 7/81 (»E28«): Stabilisator-Druckstange lösen, dabei mit Maulschlüssel gegenhalten.
- Federbein unten mit Werkstattwagenheber abstützen, damit es nach Lösen der oberen Befestigung nicht herunterfallen kann.

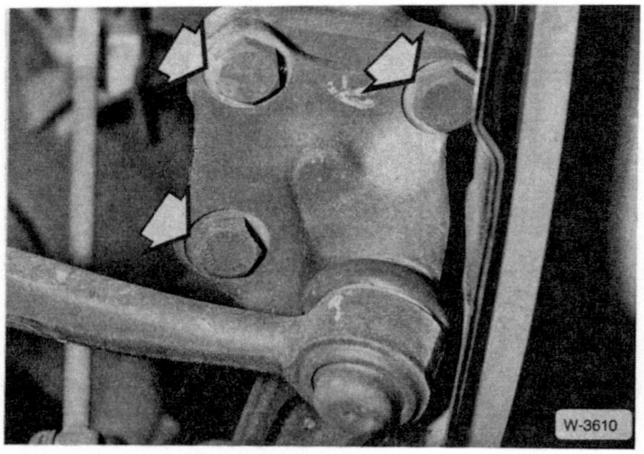

- Schrauben für Federbein unten herausdrehen. Bei älteren Modellen sind die Schrauben mit Draht gesichert, vorher Draht entfernen.
- Gewinde der Bohrungen und der Schrauben mit Drahtbürste reinigen.

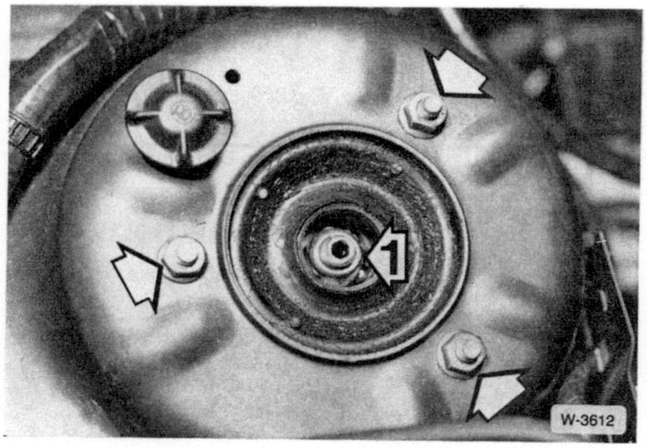

- 3 Befestigungsmuttern –Pfeile– am Federbeindom abschrauben und Federbein nach unten herausnehmen. **Achtung:** Befestigungsmutter –1– für Schraubenfeder **nicht** lösen.

Einbau

- Federbein von unten einsetzen und mit 3 **neuen** selbstsichernden Muttern oben mit **22 Nm** anschrauben.

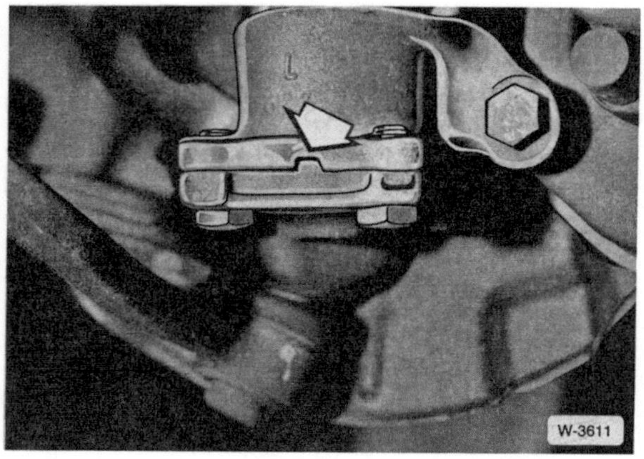

- Federbein unten ansetzen, dabei auf richtige Einbaulage –Pfeil– achten.

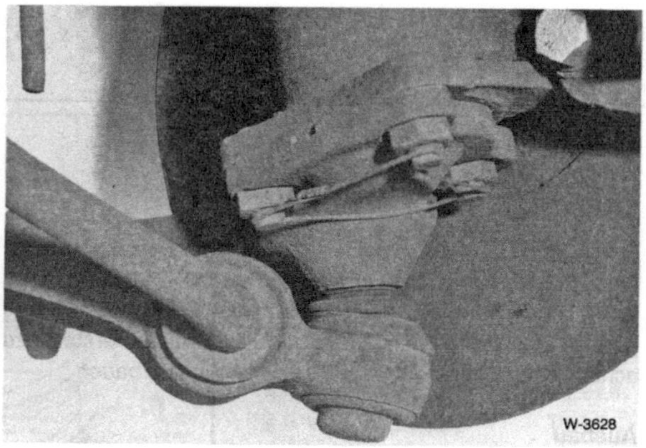

- 3 Schrauben mit Sicherungsmittel einsetzen und Federbein unten mit **110 Nm** anschrauben. Bei älteren Modellen zusätzlich Sicherungsdraht in die Schrauben einsetzen, siehe Abbildung.
- Modell »E28«: Stabilisator-Druckstange mit **neuer selbstsichernder Mutter** anschrauben. Dabei Schlüsselfläche am Kugelbolzen parallel zur Dämpferachse halten.
- Gegebenenfalls ABS-Drehzahlfühler einbauen.
- Bremssattel einbauen, siehe Seite 183.

Federbein zerlegen/Stoßdämpfer/ Schraubenfeder aus- und einbauen

Achtung: An einer Achse Federn nur paarweise mit gleicher BMW-Nummer am Federende ersetzen.

Ausbau

- Federbein ausbauen, siehe Seite 159.
- Um den Stoßdämpfer ausbauen zu können, muß die Schraubenfeder vorgespannt werden. Die Fachwerkstatt benutzt dazu eine Spezialvorrichtung.

Achtung: Auf keinen Fall Stoßdämpfer lösen, wenn die Feder nicht gespannt ist.

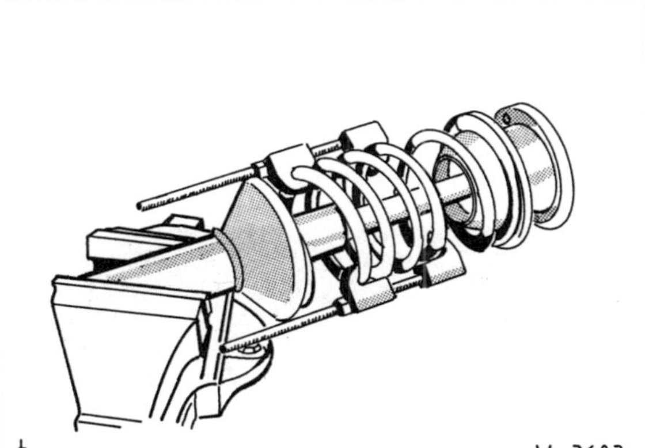

W-3603

- Federbein in einen Schraubstock einspannen und mit handelsüblichem Federspanner spannen.

Achtung: Falls der Federspanner in die Windungen der Feder eingesetzt wird, darauf achten, daß die Federwindungen sicher umfaßt werden und der Federspanner nicht abrutschen kann. Feder grundsätzlich an 3 gegenüberliegenden Seiten spannen. Die Schraubenfeder steht unter großer Vorspannung, deshalb nur stabiles Werkzeug verwenden. Keinesfalls Feder mit Draht zusammenbinden. Unfallgefahr!

Achtung: Die Befestigungsmutter darf nur dann gelöst werden, wenn die Feder sicher gespannt ist.

- Abdeckkappe abnehmen.
- Haltemutter mit tiefgekröpftem Ringschlüssel abschrauben, dabei Kolbenstange mit Maulschlüssel gegenhalten. **Achtung:** Die Mutter hat ein hohes Lösemoment, gegebenenfalls mit einem Hammerschlag gegen den Schlüssel die Mutter lockern.
- Scheibe abnehmen.
- Stützlager mit Dichtscheibe abnehmen.
- Scheibe abnehmen.
- Oberen Federteller mit Unterlage sowie Schraubenfeder abnehmen.

Achtung: Falls die Feder ausgewechselt werden soll, Feder langsam entspannen. Soll dagegen nur der Stoßdämpfer ersetzt werden, bleibt die Feder gespannt.

- Schutzrohr sowie Kunststoffeder beziehungsweise Gummibalg abnehmen.
- Schraubring abschrauben und Stoßdämpfer nach oben herausziehen.
- Altes Öl aus dem Federbeinrohr entfernen.

Achtung: Stoßdämpfer nur stehend lagern. Werden Dämpferpatronen mit eingefahrener Kolbenstange liegend gelagert, kann dies zu Poltergeräuschen im Betrieb führen. Gegebenenfalls Stoßdämpfer mit ausgefahrener Kolbenstange bei Raumtemperatur 24 Stunden senkrecht lagern.

Einbau

- Eine neue Schraubenfeder ist gegen Korrosion mit einem Schutzlack versehen. Vor dem Einbau Federn auf Lackschäden untersuchen und gegebenenfalls ausbessern.
- Federbeinrohr mit 30 – 35 cm^3 (Modell »E12« bis 7/81: 50 cm^3) Motoröl, Spezifikation SAE 30 füllen. Das Motoröl dient zur Wärmeübertragung vom Stoßdämpfer zum Federbeinrohr.

Achtung: Gasdruck-Stoßdämpferpatronen dürfen nicht mit Öl verbaut werden.

- Neuen Stoßdämpfer in Federbeinrohr einführen.
- Schraubring mit **130 Nm** anschrauben.
- Federbein entsprechend Abbildung W-3623 komplettieren. Darauf achten, daß die Schraubenfeder an den Ansätzen des unteren und oberen Federbeintellers anliegt.
- Die Innenwölbung der Dichtscheibe zeigt zum Stützlager.
- **Neue** selbstsichernde Mutter mit **65 Nm** festziehen, dabei an der Kolbenstange gegenhalten.
- Schraubenfeder langsam entspannen.
- Abdeckkappe aufsetzen und Federbein einbauen, siehe Seite 159.

Stoßdämpfer prüfen

Folgende Fahreigenschaften weisen auf defekte Stoßdämpfer hin:

- Langes Nachschwingen der Karosserie bei Bodenunebenheiten.
- Aufschaukeln der Karosserie bei aufeinander folgenden Bodenunebenheiten.
- Aufbäumen des Fahrzeuges beim Beschleunigen.
- Springen der Räder bereits auf normaler Fahrbahn.
- Ausbrechen des Fahrzeuges beim Bremsen (kann auch andere Ursachen haben).
- Kurvenunsicherheit durch mangelnde Spurhaltung, Schleudern des Fahrzeuges.
- Poltergeräusche während der Fahrt.

Der Stoßdämpfer kann von Hand geprüft werden. Eine genaue Überprüfung der Stoßdämpferleistung ist jedoch nur mit einem Shock-Tester oder einer Stoßdämpfer-Prüfmaschine möglich.

- Stoßdämpfer ausbauen.
- Stoßdämpfer in Einbaulage halten, Stoßdämpfer auseinanderziehen und zusammendrücken.
- Der Stoßdämpfer muß sich über den gesamten Hub gleichmäßig schwer und ruckfrei bewegen lassen.
- Bei einwandfreier Funktion sind geringe Spuren von Stoßdämpferöl kein Grund zum Austausch.
- Bei starkem Ölverlust Stoßdämpfer austauschen.

Radlager vorn aus- und einbauen

Modell »E28« (alle ab 7/81)

Treten bei Kurvenfahrt, insbesondere in engen Kurven, Geräusche aus der Richtung des kurvenäußeren Rades auf, deutet das auf defekte Radlager hin. Die Radlager des Modells »E28« ab 7/81 sind wartungsfrei und nicht zerlegbar.

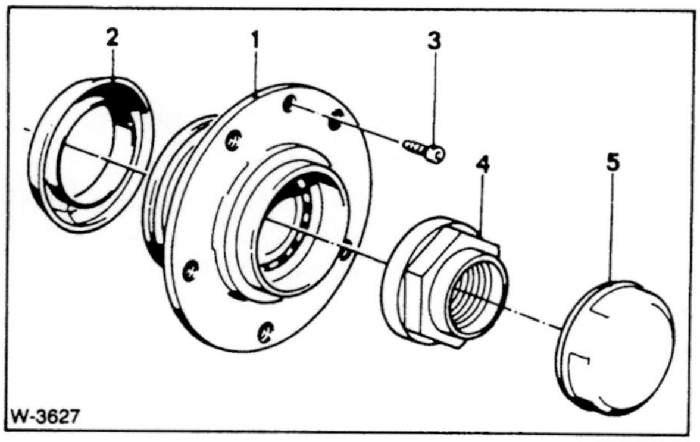

1 – Radnabe, 2 – Staubschutzmanschette, 3 – Innensechskantschraube für Bremsscheibe, 4 – Halsmutter, 5 – Nabenkappe

Ausbau

- Radkappe abhebeln, Radschrauben bei auf dem Boden stehendem Fahrzeug lösen.
- Scheibenrad zur Radnabe mit Farbe kennzeichnen. Dadurch kann das ausgewuchtete Rad wieder an gleicher Stelle montiert werden.
- Fahrzeug aufbocken und Vorderrad abschrauben.

- Nabenkappe mit Schraubendreher abhebeln, Kappe grundsätzlich ersetzen. Bei Einbau einer gebrauchten Kappe ist die Dichtigkeit nicht mehr sichergestellt. In diesem Fall kann eindringendes Wasser das Radlager innerhalb kurzer Zeit zerstören.

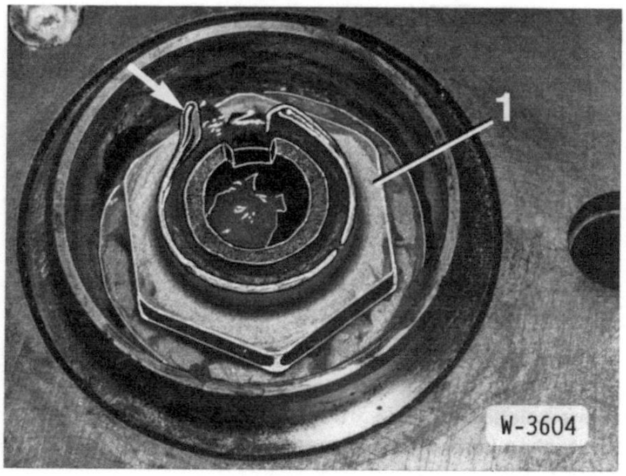

- Sicherung –Pfeil– für Halsmutter –1– mit Kreuzmeißel zurückschlagen.
- Vorderrad anschrauben und Fahrzeug ablassen.
- Halsmutter abschrauben. **Achtung:** Die Mutter ist mit hohem Drehmoment angeschraubt, deshalb muß beim Abschrauben das Fahrzeug mit den Rädern auf dem Boden stehen. Handbremse anziehen, Gang einlegen, Fußbremse treten.
- Bremssattel ausbauen und aufhängen, siehe Seite 183.
- Bremsscheibe ausbauen, siehe Seite 183.

- Radnabe –2– mit handelsüblichem Abzieher –3– zusammen mit den Radlagern abziehen. **Achtung:** Eine abgezogene Lager-Einheit (Radnabe mit Radlagern) darf nicht wiederverwendet werden.

Achtung: Falls sich der innere Lagerinnenring nicht vom Achsstummel löst, Schutzblech und Staubschutzmanschette ausbauen und anschließend Lagerring mit Abzieher abziehen.

Einbau

- Falls ausgebaut, Schutzblech sowie neue Staubschutzmanschette einbauen.
- Neue Lagereinheit mit BMW-Werkzeug 312110 aufziehen.
- **Neue** Halsmutter leicht anschrauben, Unterlegscheibe nicht vergessen.
- Bremsscheibe einbauen, siehe Seite 183.
- Bremssattel einbauen, siehe Seite 183.
- Vorderrad anschrauben und Fahrzeug ablassen, Gang einlegen, Handbremse anziehen, Fußbremse treten.
- Halsmutter mit **290 Nm** anschrauben und verstemmen. Dazu Bund der Mutter mit einem Dorn in die Nut des Achsstummels treiben. **Achtung:** Wenn die Mutter einmal mit dem richtigen Drehmoment angezogen wurde, darf die Lagereinheit nicht mehr wiederverwendet werden.
- **Neue** Abdeckkappe mit handelsüblichem Dichtmittel bestreichen und aufdrücken.
- Vorderradschrauben mit **110 Nm** über Kreuz festziehen.

Radlager vorn aus- und einbauen

Modell »E14« (Modelle bis 7/81)

Beim Modell »E14« muß das Radlager im Rahmen der Wartung nachgestellt werden. Treten bei Kurvenfahrt, insbesondere in engen Kurven, Geräusche aus der Richtung des kurvenäußeren Rades auf, deutet das auf defekte Radlager hin.

Ausbau

- Radkappe abhebeln, Radschrauben bei auf dem Boden stehendem Fahrzeug lösen.
- Scheibenrad zur Radnabe mit Farbe kennzeichnen. Dadurch kann das ausgewuchtete Rad wieder an gleicher Stelle montiert werden.
- Bremssattel ausbauen und am Federbein aufhängen, siehe Seite 183.

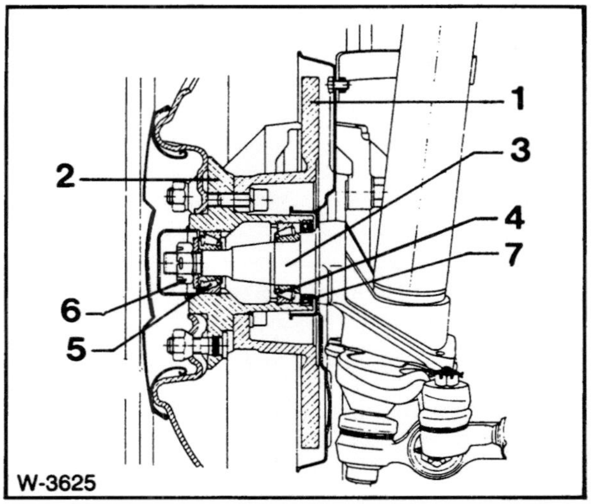

1 – Bremsscheibe, 2 – Vorderradnabe, 3 – Achsschenkelzapfen, 4 – Kegelrollenlager innen, 5 – Kegelrollenlager außen, 6 – Einstellmutter (Kronenmutter), 7 – Wellendichtring.

Achtung: Rollenkäfige und Außenlaufringe der Radlager so ablegen, daß sie beim eventuellen Wiedereinbau nicht verwechselt werden können.

- Nabenkappe mit Schraubendreher abhebeln, möglichst nicht beschädigen. Eine verbeulte Nabenkappe schließt später nicht mehr richtig, wodurch Wasser in die Lager eindringen kann und diese in kurzer Zeit zerstört werden.
- Splint mit einer Zange an den Enden geradebiegen und herausziehen. Kronenmutter herausdrehen und mit Unterlegscheibe abnehmen.
- Vorderradnabe mit Bremsscheibe vom Achsschenkelzapfen abnehmen. **Achtung:** Darauf achten, daß das äußere Radlager nicht herunterfällt. Falls die Radnabe festsitzt, handelsüblichen Abzieher verwenden.
- Bremsscheibe ausbauen, siehe Seite 183.
- Äußeren Lagerlaufring mit geeignetem Messing- oder Aluminiumdorn gleichmäßig und vorsichtig herausschlagen. Dabei Dorn kreisförmig an verschiedenen Stellen des Laufringes ansetzen, um ein Verkanten zu verhindern. **Achtung:** Der Dorn muß aus weichem Material bestehen und in einwandfreiem Zustand sein, damit beim Herausschlagen der Laufring sowie der Sitz nicht beschädigt werden.
- Inneren Lagerlaufring mit Innenauszieher herausziehen. Steht der Innenauszieher nicht zur Verfügung, Laufring mit Dorn kreisförmig herausschlagen. **Achtung:** Dabei Laufring nicht verkanten.

Prüfen

- Oberfläche des Achsschenkelzapfens, insbesondere im Bereich der Lauffläche für den Wellendichtring auf einwandfreien Zustand prüfen, gegebenenfalls Achsschenkel ersetzen.
- Kegelrollenlager (Radlager) und Radnabe innen gründlich (fettfrei) auswaschen. Hierzu am besten handelsüblichen Kaltreiniger verwenden. Benzin eignet sich weniger, da die Benzindämpfe giftig sind und sich leicht entzünden können.
- Lagersitze in der Nabe auf einwandfreien Zustand prüfen.
- Lagerlaufringe in der Nabe auf Anlaufspuren prüfen. Die Laufringe sind in Ordnung, wenn sie eine glatte, graue Laufspur der Kegelrollen aufweisen.
- Wenn die Laufringe Eindrückungen der Kegelrollen aufweisen beziehungsweise durch Überhitzung hellbraun bis blau verfärbt sind, Radlager komplett ersetzen.
- Kegelrollen auf leichten Lauf und Stirnseite auf einwandfreien Zustand prüfen. Wenn sich an den Lagern Rost angesetzt hat, liegt das in der Regel an einem defekten Wellendichtring. In diesem Fall Radlager ersetzen.

Einbau

Achtung: Grundsätzlich beide Lager einer Nabe erneuern. Bei Wiedereinbau der bisherigen Lager, zusammengehörende Rollenkäfige und Laufringe nicht verwechseln.

- Lagerlaufringe vorsichtig und gleichmäßig einschlagen. Es empfiehlt sich die Verwendung einer Handpresse mit Stempeln entsprechender Durchmesser, damit die Laufringe nicht verkantet werden.
- Nabe und Lager mit 45 g Hochtemperatur-Wälzlagerfett (Tropfpunkt mindestens +260° C) füllen. Dabei Rollenkäfige so mit Fett füllen, daß die Hohlräume zwischen den Rollen mit Fett gefüllt sind.
- Rollenkäfige in die Nabe einsetzen und Stirnflächen der Rollen fetten.
- **Neuen** Radialdichtring zwischen den Gummilippen und am Umfang mit Graphitfett bestreichen. Anschließend Dichtring in die Radnabe bündig einpressen. Dazu Dichtring ansetzen, ein Stück Vierkantholz auf den Dichtring legen und Dichtring kreisförmig einschlagen. Anstelle des Holzstücks kann auch ein kurzes Rohr verwendet werden, das denselben Durchmesser wie der Dichtring besitzt.
- Vorderradnabe mit restlichem Fett füllen. **Achtung:** Wird zuviel Fett verwendet, erhitzt es sich im Fahrbetrieb zu stark und kann dadurch seine Schmierfähigkeit verlieren. Bei zu wenig Fett ist die Schmierung der Radlager nicht mehr gewährleistet.
- Radnabe mit eingesetzen Lagern auf den Achsschenkelzapfen aufdrücken.
- Unterlegscheibe mit der Nase in die Aussparung am Achsschenkelzapfen einsetzen, Kronenmutter aufschrauben, noch nicht festziehen.
- Bremsscheibe und Bremssattel einbauen, siehe Seite 183.
- Anschließend Radlagerspiel einstellen.

Radlagerspiel vorn einstellen

Nur Modell »E14« (bis 7/81)

Das Radlagerspiel muß eingestellt werden, wenn ein neues Radlager eingebaut wurde, außerdem wird es anläßlich der Wartung kontrolliert und gegebenenfalls eingestellt.

- Fahrzeug vorn aufbocken, das Vorderrad muß sich frei drehen können, siehe Seite 140.

- Schraubendreher oder scharfen Meißel an der Nabenkappe ansetzen und Kappe abhebeln. Dabei Kappe nicht beschädigen, sonst muß die Nabenkappe ersetzt werden.

- Splint –3– an den Enden umbiegen und mit Flachzange nach oben herausziehen.

Einstellen

- Kronenmutter –4– unter gleichzeitigem, ständigem Drehen des Vorderrades mit **30 Nm** anziehen.

Achtung: Das Rad muß beim Anziehen gedreht werden, damit sich das Lager nicht verklemmt.

- Vorderrad von Hand mindestens 2 Umdrehungen weiterdrehen, ohne daß die Kronenmutter verstellt wird.
- Kronenmutter eine halbe Umdrehung lösen und wieder ganz leicht anziehen. Das Rad muß wiederum dabei gedreht werden.
- Das Spiel ist richtig eingestellt, wenn sich die Unterlegscheibe –5– hinter der Kronenmutter mit einem Schraubendreher noch zügig und ohne großen Widerstand hin- und herschieben läßt. Keinesfalls darf das Radlager durch die Kronenmutter stärker zusammengedrückt werden.
- Die Werkstatt mißt das Axialspiel des Radlagers mit Hilfe einer Meßuhr und des entsprechenden Halters. Der Halter wird auf der Radnabe befestigt, dabei liegt der Fühler der Meßuhr am Achsschenkelzapfen auf. Sollwert bei richtig eingestelltem Spiel: 0,01–0,05 mm. Dabei Spiel durch kräftiges Ziehen und Drücken am Flansch kontrollieren. Vor jedem Messen Radnabe einige Male durchdrehen.

Achtung: Während der Messung darf sich die Radnabe nicht verdrehen. Steht das Spezialwerkzeug nicht zur Verfügung, Radlagerspiel so einstellen, daß gerade kein Spiel mehr spürbar ist. Im Zweifelsfall anschließend Spiel in der Werkstatt überprüfen lassen.

- Kronenmutter mit **neuem** Splint sichern.
- Nabenkappe bis zum Bördelrand mit Hochtemperatur-Wälzlagerfett füllen, Füllmenge ca. 20 Gramm.
- Nabenkappe aufdrücken, dazu Kappe ansetzen und leicht mit einem Gummihammer bis zum Bördelrand einschlagen. Holzstück zwischenlegen. Eine beschädigte Nabenkappe ist zu ersetzen, da sonst das Radlager durch eindringende Feuchtigkeit in kurzer Zeit zerstört wird.
- Fahrzeug ablassen.

Die Hinterachse

Der BMW besitzt eine Schräglenker-Hinterachse mit Einzelradaufhängung. Die Abfederung erfolgt über 2 Federbeine.

In der Mitte der Hinterachse befindet sich das Hinterachsgetriebe. Es ist am Achsträger befestigt und über ein Gummilager mit dem Rahmenboden verbunden.

Die Gelenkwelle ist mit der Getriebeabtriebswelle und dem Flansch des Antriebskegelrades verbunden. Sie überträgt die Motorkraft vom Getriebe über das Ausgleichgetriebe und die Achswellen auf die Hinterräder. Geführt werden die Hinterräder durch Schräglenker, die sich über wartungsfreie Gummilager am Hinterachsträger abstützen.

1 – Gummilager
2 – Achswelle
3 – Hinterachsgetriebe
4 – Federbein
5 – Stabilisator
6 – Schräglenker
7 – Schubstrebe
8 – Gelenkwelle
9 – Hinterachsträger

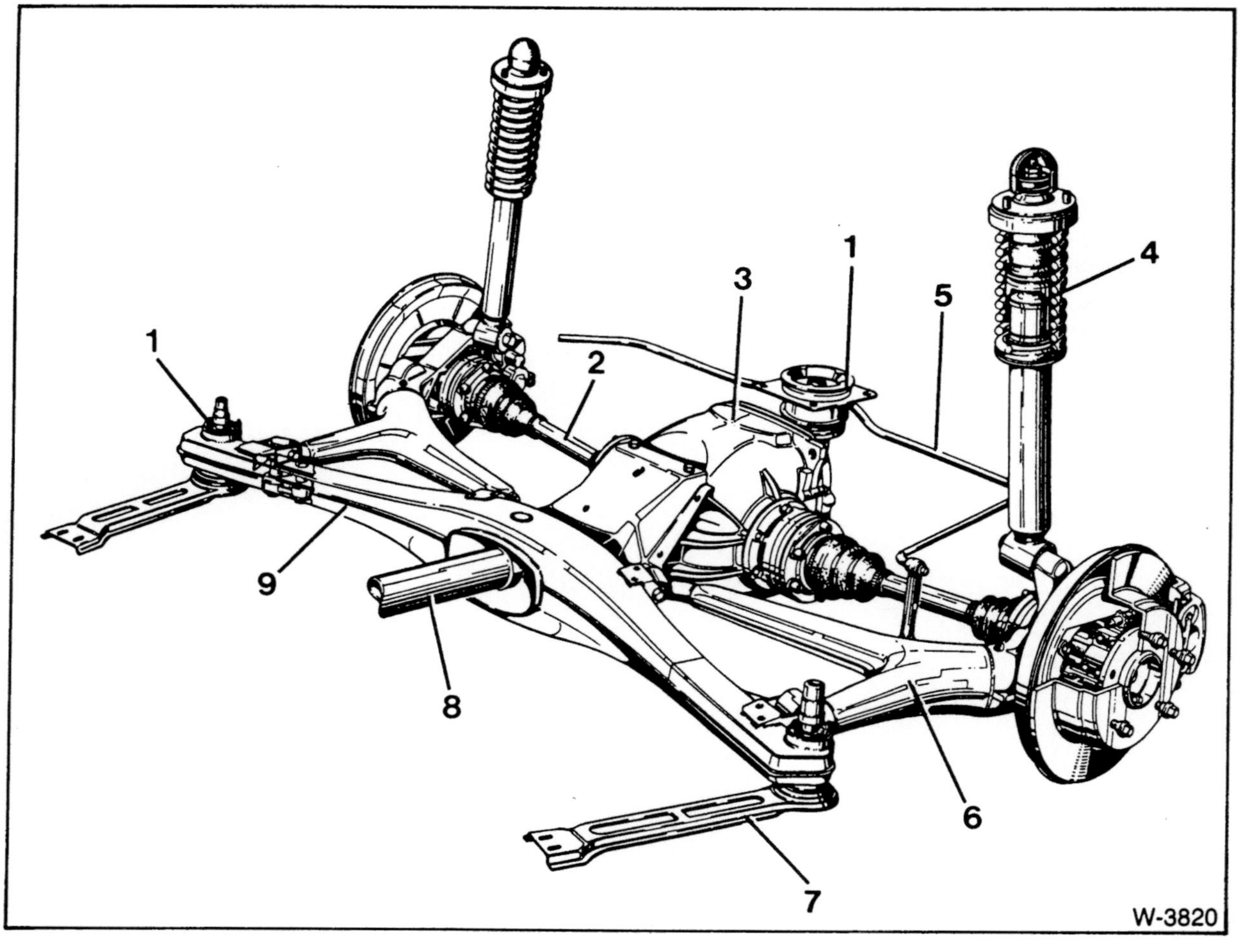

Federbein hinten aus- und einbauen

Achtung: Zum Zerlegen des Federbeins/Stoßdämpfer ersetzen muß die Schraubenfeder vorgespannt werden, siehe Seite ●.

Ausbau

- Fahrzeug hinten aufbocken, siehe Seite 140.
- Schräglenker mit Werkstattwagenheber und Holzzwischenlage unterstützen.

Achtung: Wenn das Hinterrad nach Ausbau des Federbeins zu stark abgesenkt wird, können die Gleichlaufgelenke der Achswellen beschädigt werden.

- Federbein vom Schräglenker abschrauben.

- Gummikappe oben vom Federbein abnehmen. Dazu muß vorher teilweise die Kofferraumverkleidung entfernt werden.

- 3 Muttern für Zentriertopf abschrauben.
- Federbein nach unten herausnehmen.

Achtung: Stoßdämpfer nur senkrecht lagern, sonst kann es im Fahrbetrieb zu Poltergeräuschen kommen.

Einbau

- Stoßdämpfer prüfen, siehe Seite 161.
- Neue Dichtung am Zentriertopf des Federbeins auflegen. Die Dichtung liegt in eingebautem Zustand zwischen Federbein und Radhaus.
- Federbein von unten einsetzen und vom Innenraum her mit **neuen** selbstsichernden Muttern handfest anschrauben.
- Federbein unten anschrauben, nicht festziehen.
- Wagenheber entfernen und Fahrzeug ablassen, siehe Seite 140.
- Fahrzeug in Normallage bringen, das heißt Fahrzeug steht auf dem Rädern und wird nach Vorschrift beladen, siehe Seite 157.
- 3 Muttern oben mit **25 Nm** anschrauben.
- Gummi- und Abdeckkappe aufsetzen.
- Untere Befestigungsschraube mit **130 Nm** festziehen.
- Kofferraumverkleidung einsetzen.

Die Achswelle

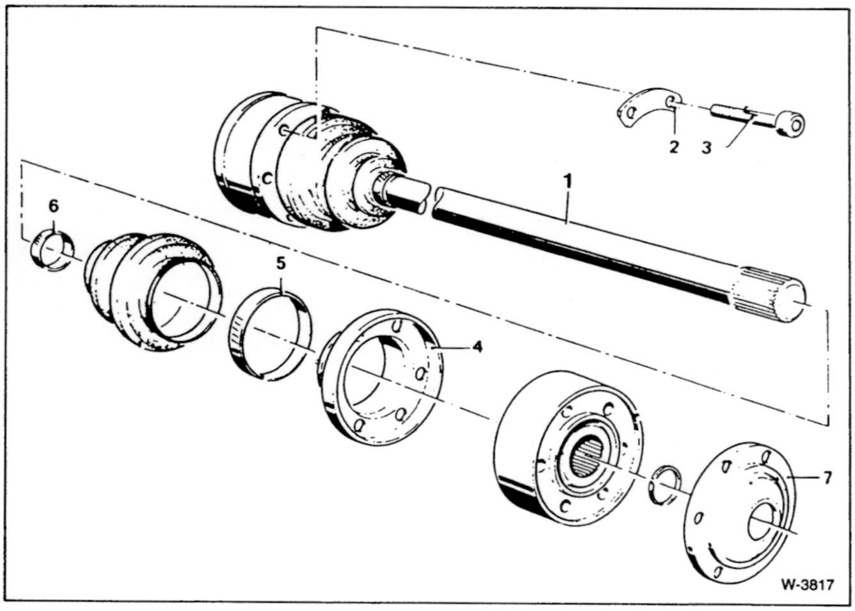

1 – Achswelle
2 – Unterlegblech
3 – Zylinderschraube M 10 × 50
4 – Kappe
5 – Schlauchschelle
6 – Schlauchschelle
7 – Verschlußdeckel

Achswelle aus- und einbauen

Ausbau

- Radschrauben lösen.
- Fahrzeug hinten aufbocken, siehe Seite 140.
- Rad abnehmen.

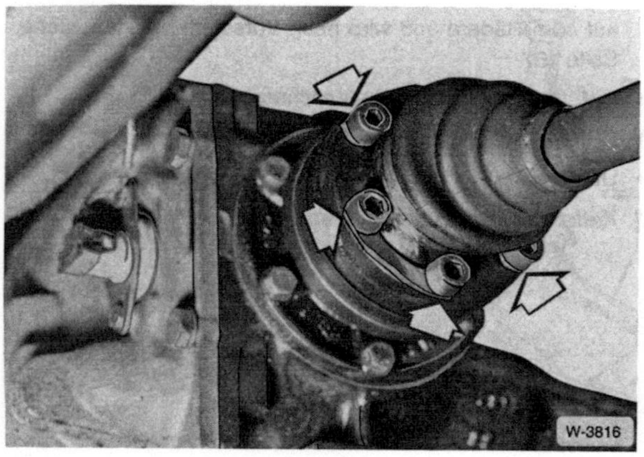

- Achswelle am Ausgleichgetriebe mit 8 mm Innensechskant-Steckschlüsseleinsatz, zum Beispiel HAZET 986-Lg8, abschrauben –Pfeile– und mit Draht hochbinden. **Achtung:** Achswelle nicht nach unten hängen lassen, sonst wird das äußere Gleichlaufgelenk überlastet.
- Bremsscheibe ausbauen, siehe Seite 183.
- Äußeres Gelenk vom Mitnehmerflansch abschrauben und Achswelle abnehmen.

Einbau

- Achswelle ansetzen und mit Draht aufhängen.
- Achswelle an Ausgleichgetriebe und Mitnehmerflansch mit 58 Nm anschrauben. Unterlegplatten nicht vergessen.
- Rad anschrauben, Fahrzeug ablassen.
- Radschrauben mit **110 Nm** festziehen.

Faltenbalg für Achswelle ersetzen

Ausbau

- Achswelle ausbauen.

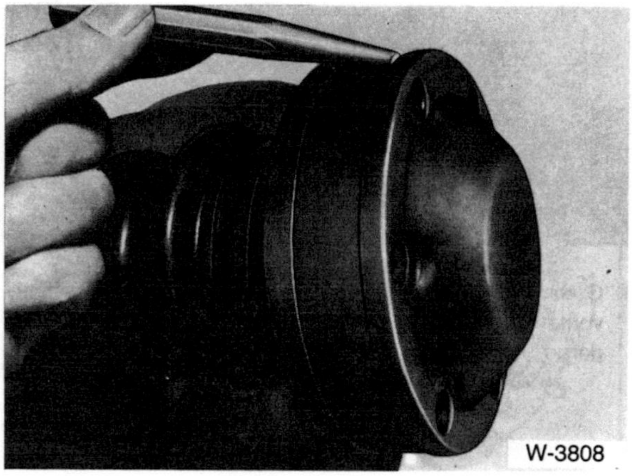

- Dichtdeckel abdrücken.

W-3809

- Spannbänder für Faltenbalg mit Seitenschneider aufschneiden.
- Sicherungsring mit geeigneter Zange abnehmen.
- Kappe mit Faltenbalg abdrücken.
- Achswelle aus dem Gleichlaufgelenk herauspressen. Dabei muß die Kugelnabe auf der Gegendruckplatte aufliegen.
- Gelenk auf Verschmutzung oder Beschädigung prüfen, gegebenenfalls ersetzen. Gelenk möglichst nicht zerlegen.
- Verschmutztes Gelenk reinigen, dazu muß das Gelenk zerlegt werden.
- Stellung von Kugelnabe, Kugelkäfig und Gelenkstück zueinander an der Stirnseite markieren.
- Äußeren Faltenbalg (Radseite) über die Achswelle abziehen.
- Inneren Faltenbalg (Getriebeseite) über die Profilwelle abziehen.

Einbau

Für den Manschettenwechsel kompletten Reparatursatz verwenden. Bei Fahrzeugen mit höherer Laufleistung empfiehlt es sich, die zweite Gummimanschette ebenfalls auszuwechseln.

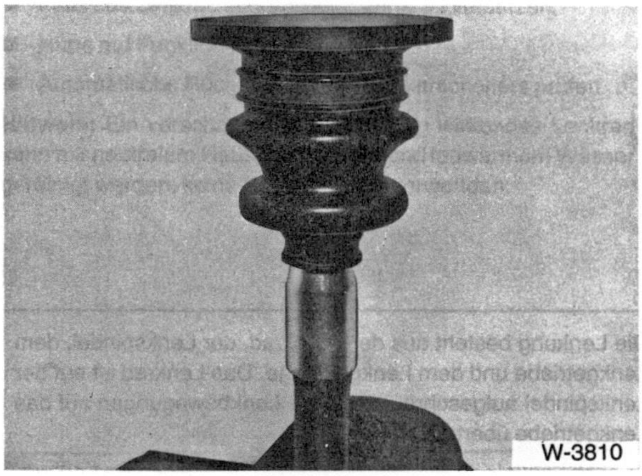

W-3810

- Neue Gummimanschetten aufschieben. Dabei Gelenkwelle an den scharfkantigen Stellen mit einer geeigneten Hülse abdecken oder mit Klebeband abkleben, damit die Faltenbälge beim Aufschieben nicht beschädigt werden.
- Gelenkverzahnung fettfrei reinigen. Anschließend Verzahnung mit Sicherungsmittel Loctite 270 bestreichen. **Achtung:** Kein Sicherungsmittel in die Kugelbahnen bringen.
- Gelenk zusammensetzen und mit Kappe auf die Achswelle aufpressen.
- Sicherungsring mit geeigneter Zange spannen und in die Nut der Welle einrasten.
- Gelenk und Faltenbalg mit 120 g Fett füllen. **Achtung:** Das Spezialfett ist im Reparatursatz »Faltenbalg« enthalten.
- Dichtflächen für Faltenbalg fettfrei reinigen.
- Faltenbalg am großen Durchmesser mit Klebstoff »Bostik 1513 rot« oder »Epple 4841 rot« bestreichen, aufziehen und mit **neuen** Spannbändern befestigen.
- Dichtdeckel mit Dichtmittel »Curil K2« oder »Stucarit Dicht-Gel 309« bestreichen und aufdrücken.
- 2. Faltenbalg einbauen.
- Achswelle einbauen.

Die Lenkung

Die Lenkung besteht aus dem Lenkrad, der Lenkspindel, dem Lenkgetriebe und dem Lenkgestänge. Das Lenkrad ist auf der Lenkspindel aufgeschraubt, die die Lenkbewegungen auf das Lenkgetriebe überträgt.

Je nach Lenkeinschlag ändert sich die Übersetzung im Lenkgetriebe. Das heißt, je weiter das Lenkrad eingeschlagen wird, desto indirekter wird die Lenkung. Das Lenkrad läßt sich dann leichter drehen, zum Beispiel beim Einparken.

Sobald sich das Lenkrad etwa in Mittelstellung befindet, sorgt eine direktere Getriebeübersetzung für erhöhte Lenkpräzision, was insbesondere bei höheren Geschwindigkeiten wichtig ist.

Je nach Modell oder Ausstattung wird die Bedienung der Lenkung durch eine hydraulische Lenkhilfe erleichtert. Die hydraulische Lenkhilfe (Servolenkung) sorgt dafür, daß der Kraftaufwand beim Einschlagen der Lenkung möglichst gering gehalten wird. Die Lenkhilfe besteht aus der Ölpumpe, dem Vorratsbehälter und den Öldruckleitungen. Angetrieben wird die Ölpumpe über einen Keilriemen. Die Pumpe saugt das Hydrauliköl aus dem Vorratsbehälter an und fördert es mit hohem Druck zum Lenkgetriebe. Dort sorgt eine Regeleinheit zusammen mit dem Arbeitskolben für die erforderliche Lenkunterstützung.

Lenkrad aus- und einbauen

Achtung: Die Anweisungen gelten nur für Lenkräder **ohne** Airbag-Einrichtung. Der Ausbau der Airbag-Einrichtung sollte aus Sicherheitsgründen von einer Fachwerkstatt durchgeführt werden.

Falls das Lenkrad schräg steht, kann es an der Kerbverzahnung um maximal 2 Zähne versetzt werden. **Achtung:** Wenn diese Versetzung des Lenkrades nicht ausreicht, Spur der Vorderräder überprüfen lassen.

Ausbau

- Mit kleinem Schraubendreher BMW-Emblem ausheben. Bei Modellen bis 8/76 Polsterabdeckung mit einem kräftigen Ruck vom Lenkrad abziehen.

- Mutter –1– abschrauben und Scheibe –2– abnehmen.
- Stellung des Lenkrades zur Lenkspindel mit Farbe oder Reißnadel kennzeichnen.
- Lenkrad von der Lenkspindel abziehen. **Achtung:** Das Lenkrad kann bei Fahrzeugen ab 9/85 nur bei entriegeltem Lenkschloß abgezogen werden, also Zündschlüssel einstecken und auf 1. Raste drehen.

Einbau

- Prüfen, ob sich der Blinkerhebel in Mittelstellung befindet, sonst kann beim Aufschieben des Lenkrades der Nocken beschädigt werden.
- Lenkrad so auf die Kerbverzahnung der Spindel aufschieben, daß sich die vorher angebrachten Markierungen dekken.
- Unterlegscheibe auflegen.
- **Neue selbstsichernde** Sechskantmutter mit **80 Nm** anschrauben.
- BMW-Emblem in Polsterplatte eindrücken.
- Probefahrt durchführen und bei Geradeausfahrt Stellung des Lenkrades überprüfen. Die obere Speiche des Lenkrades muß sich in waagerechter Lage befinden.
- Falls das Lenkrad schräg steht, Lenkrad versetzen.
- Hupe auf Funktion prüfen.
- Automatische Rückstellung des Blinkerschalters prüfen.

Hinweis: Ein verschmutztes oder klebrig wirkendes Lenkrad kann mit neutralem Haushaltsreiniger und lauwarmem Wasser gereinigt werden, keine Scheuermittel verwenden.

Die Spurstangen

Achtung: Je nach Modell wurden an den Spurstangengelenken selbstsichernde Muttern beziehungsweise Kronenmuttern mit Splintsicherung eingebaut. Spurstangen mit Splintlöchern dürfen **nicht** mit selbstsichernden Muttern verschraubt werden.

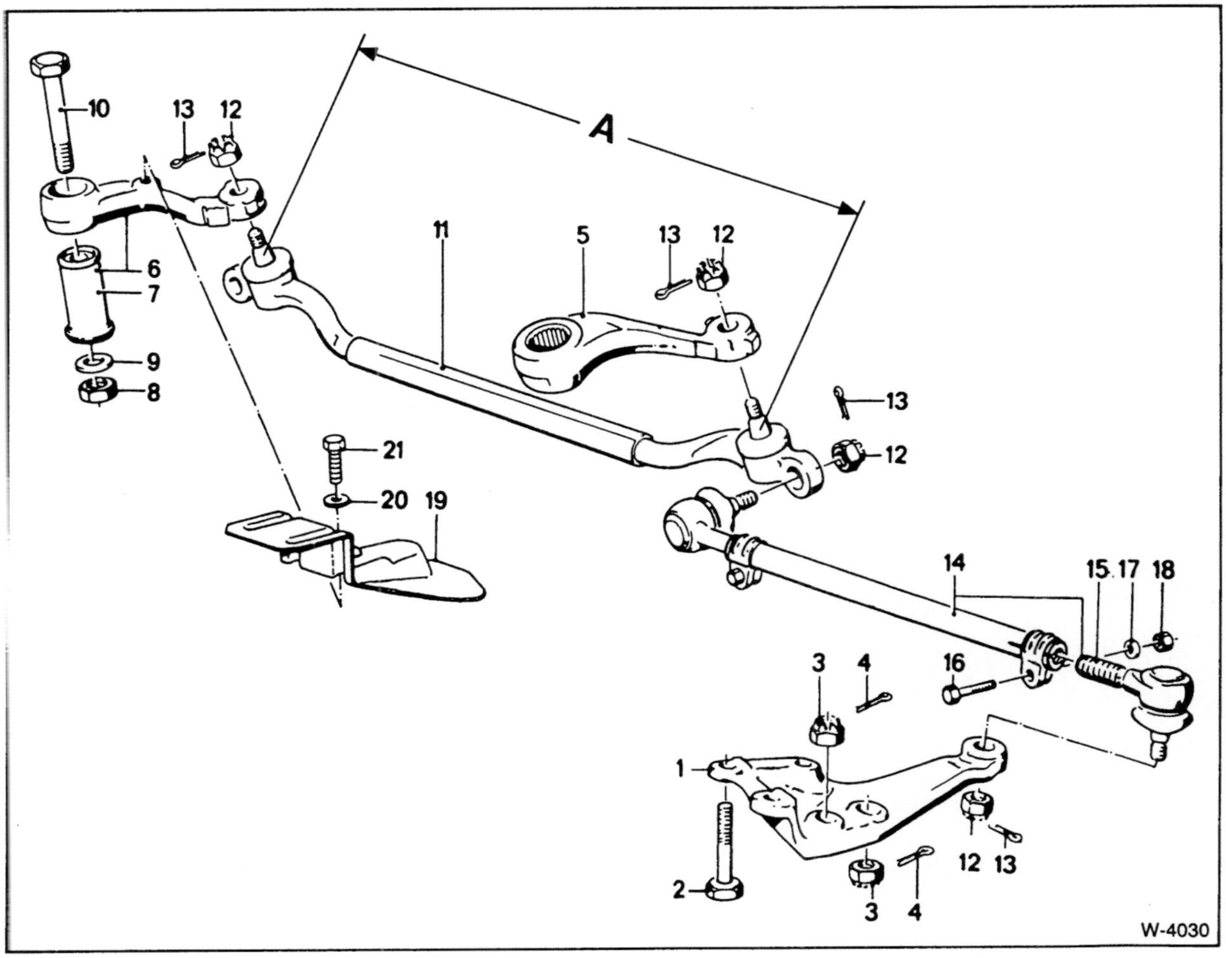

1 – Spurstangenhebel
2 – Schraube M 12
3 – Selbstsichernde Mutter M 14 x 1,5 (bzw. Kronenmutter mit Splint)
4 – Splint 3,2 x 20
5 – Lenkhebel
6 – Lenkführungshebel
7 – Gummilager
8 – Mutter M 10
9 – Beilagscheibe
10 – Schraube M 10
11 – Mittlere Spurstange
12 – Selbstsichernde Mutter M 10 x 1 (bzw. Kronenmutter mit Splint)
13 – Splint 2 x 20
14 – Spurstange
15 – Kugelgelenk
16 – Schraube M 8 x 1
17 – Federring B 8
18 – Selbstsichernde Mutter M 8 x 1 (bzw. Kronenmutter mit Splint)
19 – Wärmeschutzblech
20 – Beilagscheibe
21 – Schraube M 6

Spurstangengelenk aus- und einbauen

Ausbau

- Radkappe abhebeln, Radschrauben bei auf dem Boden stehendem Fahrzeug lösen.
- Scheibenrad zur Radnabe mit Farbe kennzeichnen. Dadurch kann das ausgewuchtete Rad wieder an gleicher Stelle montiert werden.
- Fahrzeug aufbocken, siehe Seite 140.
- Rad abnehmen.

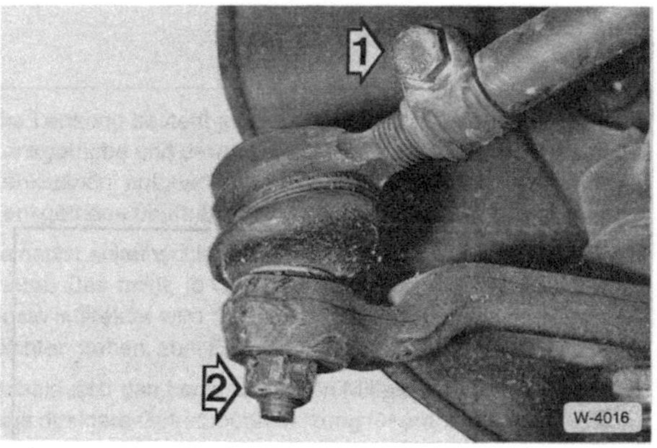

- Klemmschraube –1– lockern.
- Mutter –2– abschrauben. Ist ein Splint vorhanden, diesen vorher entfernen.

- Spurstangengelenk mit handelsüblichem Ausdrücker abdrücken.
- Spurstangengelenk aus der äußeren Spurstange herausschrauben. **Achtung:** Beim Herausschrauben Umdrehungen merken. Links- oder Rechtsgewinde auf der linken und rechten Seite beachten.

Einbau

- Spurstangengelenk mit gleicher Umdrehungszahl aufschrauben.
- Spurstangengelenk in Spurstangenhebel einsetzen und **neue selbstsichernde Mutter** auf Spurstangengelenk aufschrauben und mit 35 – 40 Nm festziehen. **Achtung:** Spurstangengelenke mit Splintlöchern dürfen nicht mit selbstsichernden Muttern verschraubt werden. War eine Kronenmutter mit Splint eingebaut, diese mit 35 – 40 Nm anschrauben, mit neuem Splint durch Umschlagen des Splints sichern.
- Rad anschrauben, Fahrzeug abbocken.
- Radschrauben mit **110 Nm** anziehen.
- Klemmschelle für Spurstangengelenk mit 15 Nm festziehen. Dabei muß das Fahrzeug auf dem Boden stehen und nach Vorschrift belastet werden (»Normallage«), siehe Seite 157.
- Vorderachse optisch vermessen lassen (Werkstattarbeit).

Mittlere Spurstange ersetzen

Ausbau

- Radschrauben lösen, Fahrzeug aufbocken.
- Rad abnehmen.

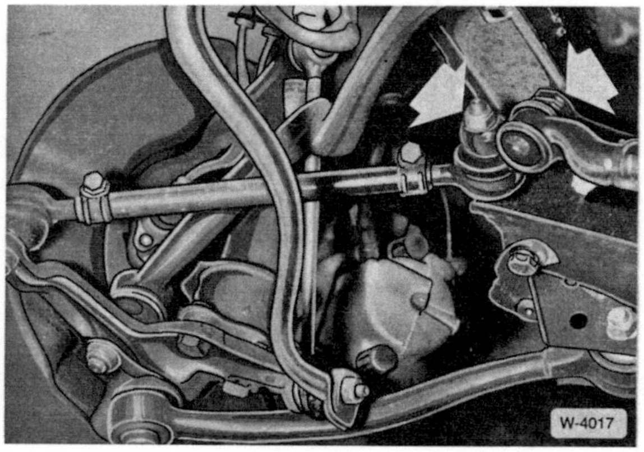

- Muttern abschrauben. Bei Splintsicherung vorher Splinte gerade biegen und entfernen. **Achtung:** Spurstangen mit Splintlöchern dürfen nicht mit selbstsichernden Muttern verschraubt werden. Es müssen dann wieder die Kronenmuttern mit Splinten eingebaut werden.
- Seitliche Spurstangen links und rechts mit handelsüblichem Ausdrücker abdrücken.
- Mittlere Spurstange abdrücken und herausnehmen.

Einbau

- Vor dem Einbau der mittleren Spurstange Kontrollmaß »A« zwischen den beiden Gelenkzapfen prüfen, siehe Abbildung W-4030. Sollwert: A = 500 ± 1 mm; Modelle bis 7/81 (»E12«): A = 488 ± 1 mm.
- Mittlere Spurstange einsetzen und mit **neuen selbstsichernden Muttern bzw. Kronenmutter mit neuem Splint** und mit 35 – 40 Nm an den Lenkhebeln festschrauben.
- Äußere Spurstangen einsetzen und mit **neuen selbstsichernden Muttern bzw. Kronenmutter mit neuem Splint** und mit 35 – 40 Nm an der mittleren Spurstange festschrauben.
- Rad anschrauben, Fahrzeug abbocken.
- Radschrauben mit **110 Nm** anziehen.
- Vorderachse optisch vermessen lassen (Werkstattarbeit).

Vorspur und Spurdifferenzwinkel einstellen

- Lenkung in Geradeausstellung bringen. Auf der Lenkspindel und am Lenkgehäuse ist je eine Markierung angebracht. Lenkung so verstellen, daß die Markierungen übereinstimmen.

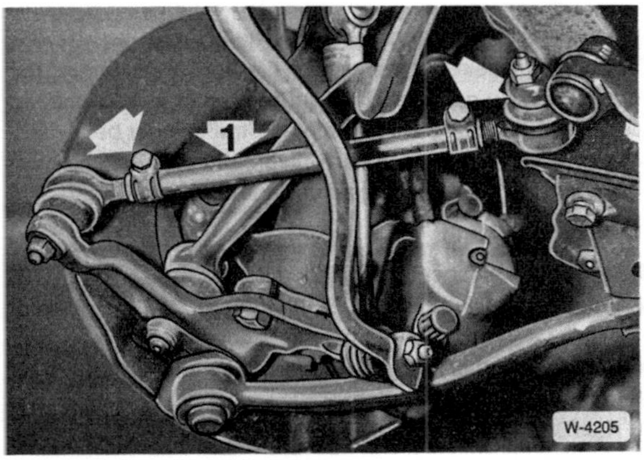

- Beide Klemmschrauben an den Spurstangen lockern. Vorspur am linken und am rechten Rad auf Sollwert durch Verdrehen der Spurstangen –1– einstellen. Dabei linke und rechte Spurstange jeweils um das gleiche Maß verdrehen. Darauf achten, daß die Kugelgelenke und Faltenbälge beim Einstellen nicht verdreht werden. Sollwert, siehe Seite 174.
- Nach der Sturzeinstellung Klemmschrauben an den Spurstangen mit 15 Nm festziehen. Dabei muß das Fahrzeug in Normallage auf dem Boden stehen, siehe Seite 157.

Höhenstand-Messung (nur »E28« ab 7/81)

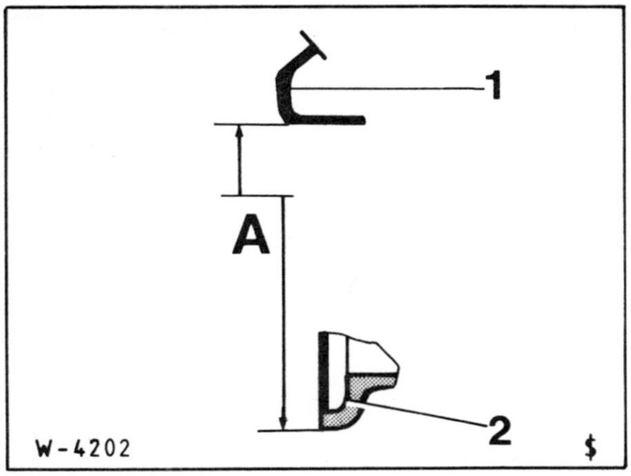

- An allen Rädern in Höhe der Radachse senkrecht von Radhausunterkante (Kotflügel) –1– bis zur Felgenhornunterkante –2– messen. Sollwert: 507 ± 10 mm, mit TRX-Rädern: 521 ± 10 mm. Die Abweichung aller Räder untereinander soll maximal 10 mm betragen.

Sturzkorrektur

Der Sturz ist konstruktiv vorgegeben. Eine Sturzkorrektur, hervorgerufen durch ungünstiges Zusammentreffen von Toleranzen, kann mit dem Einbau von exzentrischen Stützlagern um ± 30′ korrigiert werden (Werkstattarbeit). **Achtung:** Unfallbedingte Veränderungen der Achsgeometrie (Achse, Karosserie) dürfen keinesfalls durch diese Maßnahmen beseitigt werden.

Die Fahrwerkvermessung

Optimale Fahreigenschaften und geringster Reifenverschleiß sind nur dann zu erzielen, wenn die Stellung der Räder einwandfrei ist. Bei unnormaler Reifenabnutzung sowie mangelhafter Straßenlage – bei schlechter Richtungsstabilität in Geradeausfahrt sowie schlechten Lenkeigenschaften in Kurvenfahrt – sollte die Werkstatt aufgesucht werden, um den Wagen optisch vermessen zu lassen.
Die Fahrzeugvermessung kann ohne eine entsprechende Meßanlage nicht durchgeführt werden. Ich beschränke mich deshalb hier auf die Beschreibung der für die Vermessung erforderlichen Grundbegriffe.

Spur/Sturz/Spreizung/Nachlauf

Als **Spur** bezeichnet man den seitlichen Abstand der Räder voneinander. Vorspur bedeutet, daß die Räder – in Höhe der Radachse gemessen – vorn etwas enger zusammenstehen als hinten. Nachspur bedeutet, daß die Vorderräder vorn etwas weiter auseinanderstehen als hinten.
Der BMW wird an der Vorderachse auf Vorspur 0°18′ ± 5′ ≙ 2,0 ± 0,6 mm (bei TRX-Rädern 2,1 ± 0,6 mm), an der Hinterachse auf Vorspur 0°18′ ± 7′ ≙ 2,0 ± 0,8 mm (TRX-Räder: 2,1 ± 0,6 mm) eingestellt.

Sturz und Spreizung vermindern die Übertragung von Fahrbahnstößen auf die Lenkung und halten bei Kurvenfahrt die Reibung möglichst gering.
Sturz ist der Winkel, um den die Radebene von der Senkrechten abweicht. Die Vorderräder stehen also schräg, bei negativem Sturz beispielsweise im Radaufstandspunkt mehr auseinander als oben. Der BMW besitzt einen negativen Sturz.

Spreizung ist der Winkel zwischen der Schwenkachse des Achsschenkels und der Senkrechten im Reifenaufstandspunkt, in Längsrichtung des Wagens gesehen.
Durch den Sturz- und Spreizwinkel werden die Berührungspunkte der Räder auf der Fahrbahn näher an die Schwenkachse des Achsschenkels herangebracht. Damit wird der sogenannte Lenkrollhalbmesser klein gehalten. Je kleiner der Lenkrollhalbmesser ist, desto leichtgängiger ist die Lenkung. Auch die Fahrbahnstöße wirken sich wesentlich schwächer auf das Lenkgestänge aus.
Nachlauf ist der Winkel zwischen der Schwenkachse des Achsschenkels und der Senkrechten im Reifenaufstandspunkt in Querrichtung des Fahrzeuges gesehen.
Der Nachlauf beeinflußt maßgeblich die Geradeausführung der Vorderräder. Zu geringer Nachlauf begünstigt ein Abweichen aus der Fahrtrichtung auf schlechten Straßen oder bei Seitenwind und läßt zudem nach der Kurvenfahrt die Lenkung nicht weit genug zur Mittelstellung zurücklaufen.

Prüfvoraussetzung

- Vorschriftsmäßiger Reifenfülldruck
- Fahrzeug in Normallage: 2×68 kg vorn, 1×68 kg hinten mitte, 1×21 kg Kofferraum mitte, vollgetankt
- Fahrzeug vorher kräftig durchgefedert
- Lenkung richtig eingestellt
- Kein unzulässiges Spiel im Lenkgestänge
- Kein unzulässiges Spiel in der Radaufhängung

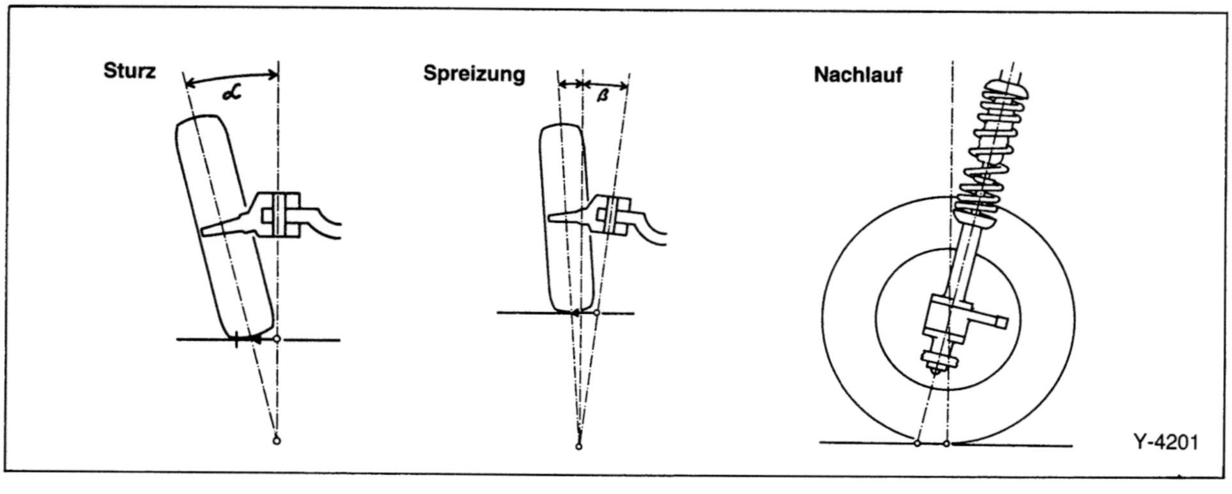

Die Bremsanlage

Das hydraulische Fußbremssystem besteht aus dem Hauptbremszylinder, dem Bremskraftverstärker und den Scheibenbremsen für die Vorder- und Hinterräder. Folgende Modelle haben anstelle der Scheibenbremsen hydraulisch betätigte Trommelbremsen für die Hinterräder: 520/6, Dieselmodelle und 520i bis 4/86, sowie alle 4-Zylindermodelle.

Das Bremssystem ist in zwei Kreise aufgeteilt. Beim Modell »E28« (alle ab 7/81) wirkt ein Bremskreis vorn rechts/hinten links, der zweite vorn links/hinten rechts. Beim älteren Modell (»E14«) wirkt ein Bremskreis auf alle vier Räder, während der zweite Kreis zusätzlich die Vorderräder mit Druck versorgt. Bei Ausfall eines Bremskreises, zum Beispiel durch Undichtigkeit, kann das Fahrzeug über den anderen Bremskreis zum Stehen gebracht werden. Der Druck für beide Bremskreise wird im Tandem-Hauptbremszylinder über das Bremspedal aufgebaut.

Der Bremsflüssigkeitsbehälter befindet sich links im Motorraum über dem Hauptbremszylinder und versorgt das ganze Bremssystem mit Bremsflüssigkeit.

Der Bremskraftverstärker speichert einen Teil des vom Motor erzeugten Ansaug-Unterdruckes (der Dieselmotor besitzt hierzu eine spezielle Unterdruckpumpe). Über entsprechende Ventile wird dann bei Bedarf die Pedalkraft durch den Unterdruck verstärkt.

Die vorderen und hinteren Scheibenbremsen sind seit 7/81 mit sogenannten Faustbremssätteln ausgestattet. Das heißt, in jedem Bremssattel werden beim Bremsen die Bremsbeläge nur von einem Kolben gegen die Bremsscheibe gedrückt. Vor 7/81 wurden an den Vorderrädern Vierkolben-Festsattelbremsen, an den Hinterrädern Zweikolben-Festsattelbremsen eingebaut.

Die Feststellbremse wird über Seilzüge betätigt und wirkt auf die Trommelbremsen der Hinterräder. Bei Fahrzeugen mit hinteren Scheibenbremsen befinden sich an den Hinterrädern zusätzlich 2 kleine Trommelbremsen, die in den Bremsscheiben integriert sind, da sich die Scheibenbremse als Feststellbremse nicht gut eignet. Die Trommelbremsen werden dann ausschließlich über den Handbremshebel der Feststellbremse betätigt.

Beim Reinigen der Bremsanlage fällt Bremsstaub an. Dieser Staub kann zu gesundheitlichen Schäden führen. Deshalb beim Reinigen der Bremsanlage darauf achten, daß der Bremsstaub nicht eingeatmet wird.

Die Bremsbeläge sind Bestandteil der Allgemeinen Betriebserlaubnis (ABE), außerdem sind sie vom Werk auf das jeweilige Fahrzeugmodell abgestimmt. Es empfiehlt sich deshalb, nur von BMW beziehungsweise vom Kraftfahrtbundesamt freigegebene Bremsbeläge zu verwenden. Diese Bremsbeläge haben eine KBA-Freigabenummer.

Es empfiehlt sich, beim Kauf von Scheibenbremsbelägen für Modelle mit Verschleißanzeige gleich die Verschleißfühler mitzukaufen, da die bisher eingebauten beim Wechsel der Bremsbeläge beschädigt werden beziehungsweise so abgenützt sind, daß sie ausgetauscht werden müssen.

Das Arbeiten an der Bremsanlage erfordert peinliche Sauberkeit und exakte Arbeitsweise. Falls die nötige Arbeitserfahrung fehlt, sollten die Arbeiten an der Bremse von einer Fachwerkstatt durchgeführt werden.

Verbrauchte, alte Bremsflüssigkeit auf einer Sammelstelle für Sonderabfall abgeben, nicht einfach wegschütten oder dem Hausmüll mitgeben. Gemeinde- und Stadtverwaltungen informieren darüber, wo sich die nächste Sammelstelle befindet.

Hinweis: Auf stark regennassen Fahrbahnen sollte während des Fahrens die Bremse von Zeit zu Zeit betätigt werden, um die Bremsscheiben von Rückständen zu befreien. Durch die Zentrifugalkraft wird während der Fahrt zwar das Wasser von den Bremsscheiben geschleudert, doch bleibt teilweise ein dünner Film von Silikonen, Gummiabrieb, Fett und Verschmutzungen zurück, der das Ansprechen der Bremse vermindert.

Wird das Fahrzeug nach einer Regenfahrt abgestellt, insbesondere im Winter bei Streusalzeinwirkung, ist es zweckmäßig, die Bremse vorher mit leichter Pedalkraft bis zum Stillstand zu betätigen. Dadurch trocknen die Bremsscheiben und können nicht so leicht korrodieren. Korrodierte Scheibenbremsen erzeugen beim Abbremsen einen Rubbeleffekt, der sich auch durch längeres Abbremsen nicht beseitigen läßt. In diesem Fall müssen die Bremsscheiben erneuert werden.

Nach dem Einbau von neuen Bremsbelägen müssen diese eingebremst werden. Während einer Fahrstrecke von rund 200 km sollten unnötige Vollbremsungen unterbleiben. Andererseits sollten die Scheibenbremsen nicht zu gering belastet werden, weil sonst Bremsscheiben-Korrosion und Verschmutzung der Bremsbeläge begünstigt werden. Starkes Abbremsen aus höheren Geschwindigkeiten begünstigt die Selbstreinigung der Scheibenbremse. Eingebrannter Schmutz auf den Bremsbelägen und zugesetzte Regennuten in den Bremsbelägen können zur Riefenbildung auf den Bremsscheiben, verminderter Bremswirkung sowie Bremsenquietschen führen.

Technische Daten Bremsanlage

Modell »E12« (alle bis 7/81)

Modell	**518, 520, 520i**		**528 bis 8/76, 525**		**528 seit 9/76, 528i**	
Zustand	Neu	Verschleiß-grenze	Neu	Verschleiß-grenze	Neu	Verschleiß-grenze
Bremsscheibendicke vorn[4] Bremsbelagdicke vorn[1]	12,7 mm 15,0[3] mm	11,1 mm 7,0 mm	12,7 mm 15,0[3] mm	11,1 mm 7,0 mm	22,0 mm 17,0 mm	20,4 mm 7,0 mm
Bremsscheibendicke hinten[4] Scheibenbrems-Belagdicke hinten[1]	– –	– –	9,5 mm 15,0 mm	8,5 mm 7,0 mm	9,5 mm 15,0 mm	8,5 mm 7,0 mm
Bremstrommel-∅ hinten Trommelbrems-Belagdicke hinten[2]	250,0 mm 5,0 mm	251,0 mm 3,0 mm	160,0 mm –	161,0 mm –	160,0 mm –	161,0 mm –
Handbrems-Belagdicke hinten[2]	–	–		1,5 mm		1,5 mm

[1]) Mit Trägerplatte (5 mm stark)
[2]) Ohne Trägerplatte
[3]) seit 9/76: 17,0 mm
[4]) Bearbeitungsgrenze = Verschleißgrenze + 0,4 mm. Bei Erreichen der Verschleißgrenze Bremsscheibe erneuern.

Modell »E28« (alle ab 7/81)

Modell	**520i und 524 d/td bis 4/86, 518**	**520i und 524 d/td ab 4/86, 528i bis 8/84, 525 i/e**	**528i seit 8/84, 535i**
	Verschleißgrenze	Verschleißgrenze	Verschleißgrenze
Bremsscheibendicke vorn[3] Bremsbelagdicke vorn[1]	10,0[2] mm 2,0 mm	20,0 mm 2,0 mm	23,0 mm 2,0 mm
Bremsscheibendicke hinten[3] Scheibenbrems-Belagdicke hinten[1]	– –	8,0 mm 2,0 mm	8,0 mm 2,0 mm
Bremstrommel-∅ hinten Trommelbrems-Belagdicke hinten[1]	251,0 mm 3,0 mm	161,0 mm –	161,0 mm –
Handbrems-Belagdicke hinten[1]	–	1,5 mm	1,5 mm

[1]) Ohne Trägerplatte
[2]) 520i und 524td ab 8/84: 20,0 mm
[3]) Bearbeitungsgrenze = Verschleißgrenze + 0,4 mm. Bei Erreichen der Verschleißgrenze Bremsscheibe erneuern.

Scheibenbremsbeläge vorn/hinten aus- und einbauen

Nur Modell »E28« (alle seit 7/81)

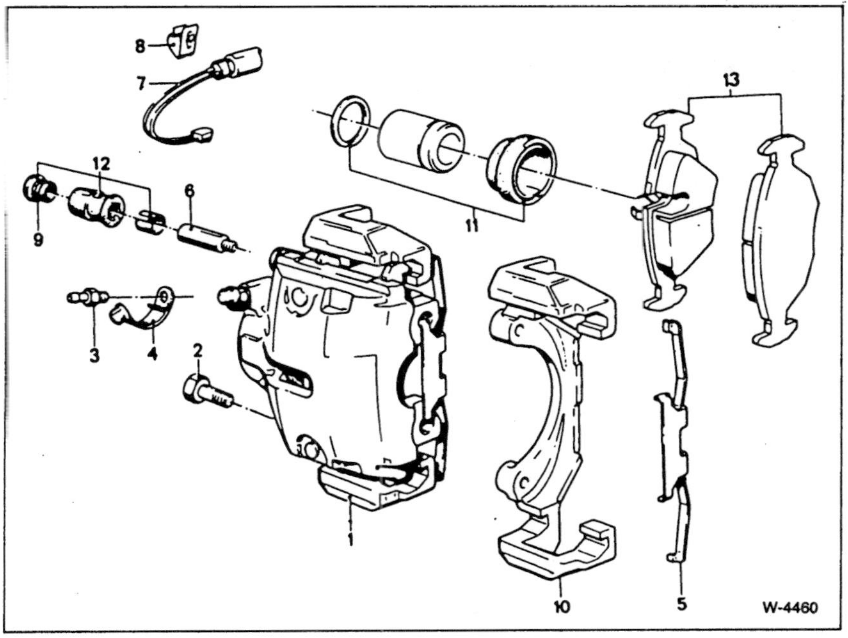

Vorderer Bremssattel

- 1 – Bremssattel
- 2 – Sechskantschraube, 115 Nm
- 3 – Entlüfterventil
- 4 – Staubkappe
- 5 – Haltefeder
- 6 – Führungsschraube
- 7 – Verschleißfühler
- 8 – Halter
- 9 – Schutzstopfen
- 10 – Bremsträger
- 11 – Dichtungssatz Bremssattel
- 12 – Reparatursatz Führungshülse
- 13 – Bremsbeläge (asbestfrei)

Hinweis: Vorderer und hinterer Scheibenbremssattel sind ähnlich aufgebaut, der Wechsel der Bremsbeläge erfolgt in entsprechender Weise. Bestehen Unterschiede, wird darauf hingewiesen. An den Hinterrädern besitzen die Dieselmodelle und 520i bis 4/86, sowie der BMW 518 keine Scheibenbremsen, sondern hydraulisch betätigte Trommelbremsen, siehe Seite 188.

Ausbau

- Radkappe abhebeln, Radschrauben bei auf dem Boden stehendem Fahrzeug lösen.

- Scheibenrad zur Radnabe mit Farbe kennzeichnen. Dadurch kann das ausgewuchtete Rad wieder an gleicher Stelle montiert werden.
- Fahrzeug vorn aufbocken, siehe Seite 140.
- Vorderrad abnehmen.

Achtung: Ein Wechsel der Beläge von der Außen- zur Innenseite und umgekehrt oder auch vom rechten zum linken Rad ist nicht zulässig. Der Wechsel kann zu ungleichmäßiger Bremswirkung führen. Grundsätzlich alle Scheibenbremsbeläge einer Achse gleichzeitig erneuern. Sollen die Scheibenbremsbeläge wieder montiert werden, müssen sie beim Ausbau gekennzeichnet werden.

- Am Bremssattel vorn links Stecker –Pfeil– für Verschleißwarnanzeige aus Halterung herausnehmen und trennen, dabei nicht am Kabel ziehen. Bei der Hinterrad-Scheibenbremse sitzt der Verschleißfühler am rechten Bremssattel.

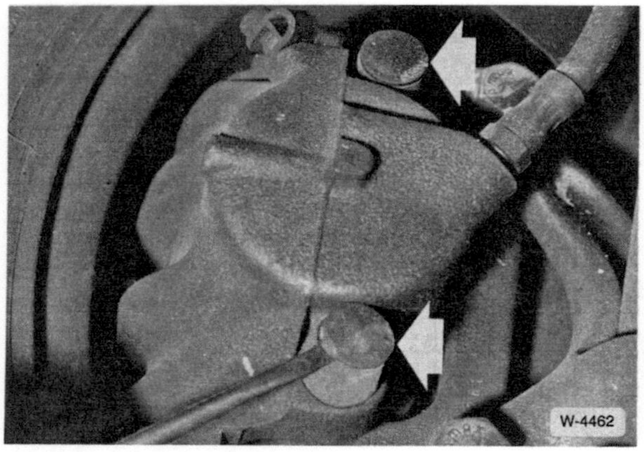

- Plastikkappen für Befestigungsschrauben –Pfeile– mit Schraubendreher abdrücken.

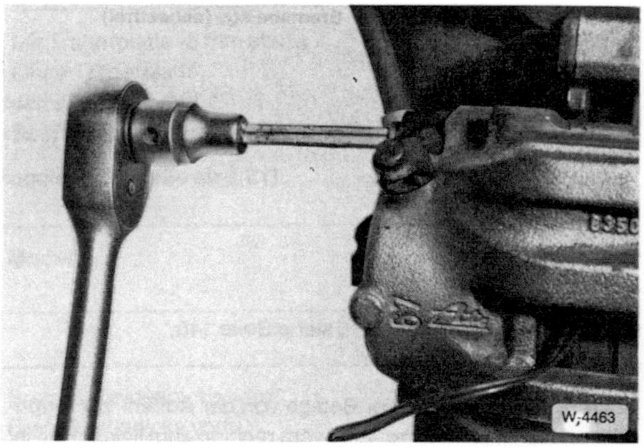

- Beide unter den Plastikkappen liegende Schrauben mit 7 mm Außensechskantschlüssel herausdrehen.

- Klammer mit Schraubendreher abdrücken.

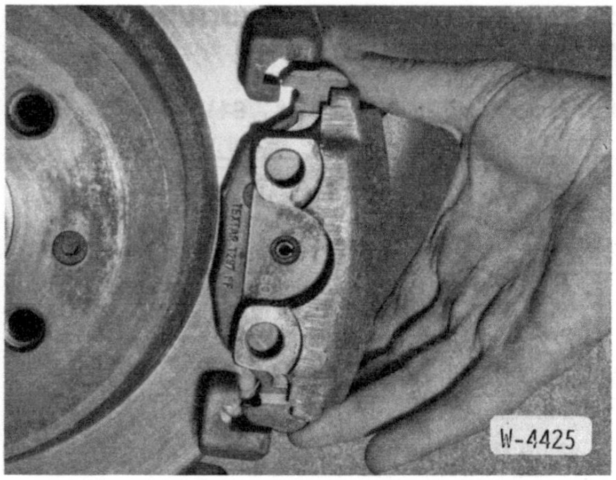

- Schwimmsattel nach außen abziehen.
- Äußeren Bremsbelag abnehmen.

- Der innere Bremsbelag ist mit einer Feder –6– im Bremskolben befestigt. Bremsbelag herausnehmen.

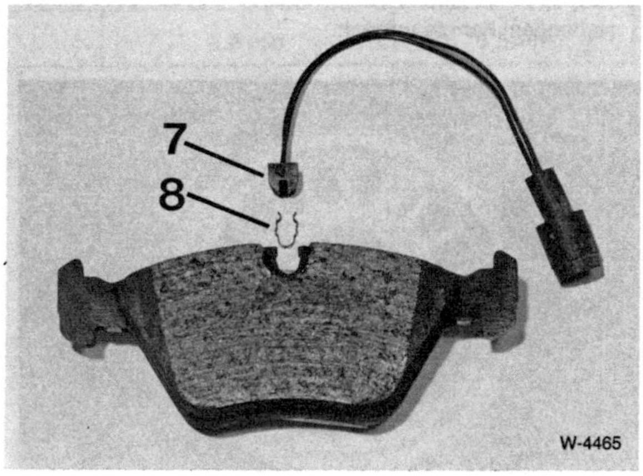

- Am inneren Bremsbelag Verschleißfühler –7– ausclipsen. Die Verschleißfühler sind am Bremssattel vorn links sowie hinten rechts eingebaut.

- Falls die Isolation der Kontaktplatte durchgerieben, die Kabelisolation beschädigt oder das Plastikteil angeschliffen ist, Verschleißfühler ersetzen.

Einbau

Achtung: Bei ausgebauten Bremsbelägen nicht auf das Bremspedal treten, sonst wird der Kolben aus dem Gehäuse herausgedrückt.

- Führungsfläche bzw. Sitz der Beläge im Gehäuseschacht mit geeigneter Weichmetallbürste reinigen oder mit einem Lappen und Spiritus auswischen. Keine mineralölhaltigen Lösungsmittel oder scharfkantigen Werkzeuge verwenden.
- Vor Einbau der Beläge ist die Bremsscheibe durch Abtasten mit den Fingern auf Riefen zu untersuchen. Riefige Bremsscheiben sind zu erneuern. Bremsscheiben mit grauer oder blauer Verfärbung vor dem Einbau neuer Beläge reinigen.
- Bremsscheibendicke messen, siehe Seite 187.
- Staubkappe am Bremskolben –2– (Abbildung W-4467) auf Anrisse prüfen. Eine beschädigte Staubkappe umgehend ersetzen lassen, da eingedrungener Schmutz schnell zu Undichtigkeiten des Bremssattels führt. Der Bremssattel muß hierzu ausgebaut und zerlegt werden (Werkstattarbeit).

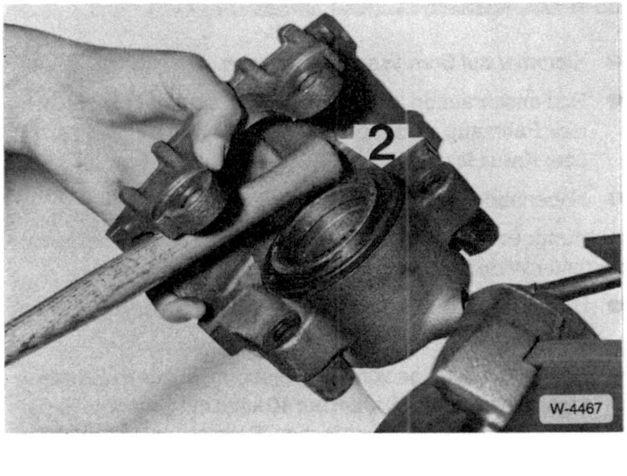

- Bremskolben –2– mit Rücksetzvorrichtung zurückdrükken. Es geht auch mit einem Hartholzstab (Hammerstiel). Dabei jedoch besonders darauf achten, daß der Kolben nicht verkantet wird und Kolbenfläche sowie Staubkappe nicht beschädigt werden.

Achtung: Beim Zurückdrücken der Kolben wird Bremsflüssigkeit aus den Bremszylindern in den Ausgleichbehälter gedrückt. Flüssigkeit im Behälter beobachten, eventuell Bremsflüssigkeit mit einem Saugheber absaugen.

Zum Absaugen eine Entlüfterflasche oder Plastikflasche verwenden, die nur mit Bremsflüssigkeit in Berührung kommt. **Keine Trinkflaschen verwenden! Bremsflüssigkeit ist giftig und darf auf gar keinen Fall mit dem Mund über einen Schlauch abgesaugt werden.** Saugheber verwenden. Auch nach dem Belagwechsel darf die »Max«-Marke am Bremsflüssigkeitsbehälter nicht überschritten werden, da sich die Flüssigkeit bei Erwärmung ausdehnt. Ausgelaufene Bremsflüssigkeit läuft am Hauptbremszylinder runter, zerstört den Lack und führt zur Korrosion.

Achtung: Bei hohem Bremsbelagverschleiß Leichtgängigkeit des Kolbens prüfen. Bei schwergängigem Kolben Bremssattel instandsetzen (Werkstattarbeit).

- Um ein Quietschen der Scheibenbremsen zu verhindern, Rückseite der Bremsbeläge sowie Seitenteile der Rückenplatte mit Schmiermittel (z. B. Plastilube, Tunap VC 582/S, Chevron SRJ/2, Liqui Moly LM-36 oder LM-508-ASC) **dünn** einstreichen. Dabei nur die Rückenplatte bestreichen. **Die Paste darf keinesfalls auf den eigentlichen Bremsbelag oder auf die Bremsscheibe kommen.** Gegebenenfalls Paste sofort abwischen und mit Spiritus reinigen.

- Scheibenbremsbelag mit Feder –6– in Bremskolben einsetzen.
- Verschleißfühler –7– am inneren linken Bremsbelag einsetzen. Auf richtige Lage der Sicherungsfeder –8– achten, siehe Abbildung W-4465.

- Äußeren Bremsbelag –9– in Bremssattel einsetzen und Bremssattel auf die Bremsscheibe setzen. Darauf achten, daß die Bremsbeläge sauber in der Führung sitzen.

Vorderradbremse

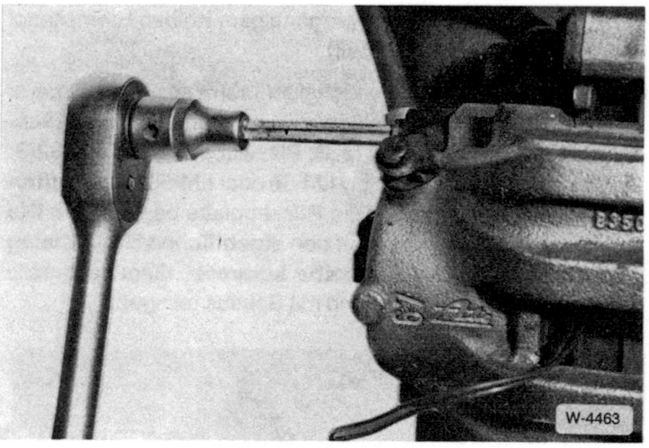

Hinterrad-Scheibenbremse

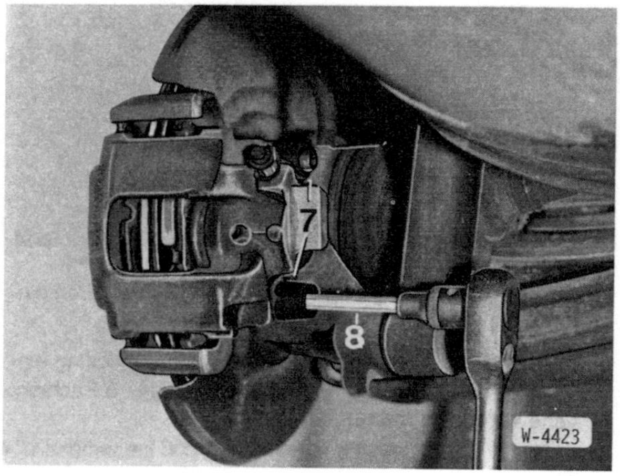

- 2 Schrauben für Bremssattelbefestigung sichtprüfen, gegebenenfalls Gewinde von Verunreinigungen befreien. Gegebenenfalls Gewinde im Bremsträger mit Gewindebohrer reinigen. Schrauben mit schlechtem Gewinde oder Rostansatz erneuern. Schrauben mit 7 mm Außensechskantschlüssel **35 Nm** festziehen.
- Schutzkappen für Schrauben aufdrücken.

- Auf der Fahrzeugseite vorn links, beziehungsweise hinten rechts Stecker für Verschleißanzeige zusammenfügen und in Halter einsetzen. Die Zuleitung muß in der Schlaufe der Entlüftungsventil-Kappe verlaufen, siehe Abbildung.

- Klammer auf Bremssattel aufdrücken.
- Rad anschrauben, dabei auf Markierung zur Radnabe achten. Fahrzeug ablassen und Radschrauben mit **110 Nm** über Kreuz festziehen.
- Nabenabdeckung aufdrücken.

Achtung: Bremspedal im Stand mehrmals kräftig niedertreten, bis fester Widerstand spürbar ist.

- Bremsflüssigkeit im Ausgleichbehälter prüfen, gegebenenfalls bis zur »Max«-Marke auffüllen.
- Neue Bremsbeläge vorsichtig einbremsen, dazu Fahrzeug mehrmals von ca. 80 km/h auf 40 km/h mit geringem Pedaldruck abbremsen. Dazwischen Bremse etwas abkühlen lassen.

Achtung: Bis zu einer Fahrstrecke von ca. 200 km sollten keine Vollbremsungen vorgenommen werden.

Scheibenbremsbeläge vorn/hinten aus- und einbauen

Modell »E12« (alle bis 7/81)

Ausbau

- Radkappe abhebeln, Radschrauben bei auf dem Boden stehendem Fahrzeug lösen.
- Scheibenrad zur Radnabe mit Farbe kennzeichnen. Dadurch kann das ausgewuchtete Rad wieder an gleicher Stelle montiert werden.
- Fahrzeug aufbocken, siehe Seite 140.
- Räder an der Vorder- oder Hinterachse abnehmen.

Achtung: Ein Wechsel der Beläge von der Außen- zur Innenseite und umgekehrt oder auch vom rechten zum linken Rad ist nicht zulässig. Der Wechsel kann zu ungleichmäßiger Bremswirkung führen. Grundsätzlich alle Scheibenbremsbeläge einer Achse gleichzeitig erneuern.

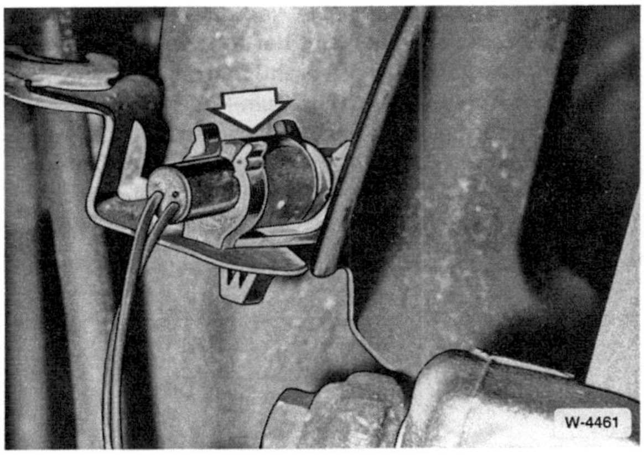

W-4461

- **Modelle seit 9/78:** Stecker für Bremsbelagverschleißfühler am inneren Bremsbelag des Bremssattels vorn links beziehungsweise hinten rechts (BMW 520 hat hinten keinen Verschleißfühler) aus der Halterung herausziehen und trennen.

W-44114

- Haltestifte mit einem Durchschlag von außen nach innen aus dem Bremssattel und den Belägen herausschlagen.

Achtung: Locker sitzende Haltestifte erneuern.

- Spreizfeder herausnehmen.

W-44137

- Bremsbeläge und Zwischenbleche mit Zange, Schraubendreher oder Schlagauszieher, herausziehen. Bei festgerosteten Bremsbelägen wird eine spezielle Ausziehvorrichtung (zum Beispiel von HAZET) benötigt.

Einbau

Achtung: Bei ausgebauten Bremsbelägen nicht auf das Bremspedal treten, sonst werden die Kolben aus dem Gehäuse herausgedrückt.

- Führungsfläche bzw. Sitz der Beläge im Gehäuseschacht mit geeigneter Weichmetallbürste reinigen, oder mit einem Lappen und Spiritus auswischen. Keine mineralölhaltigen Lösungsmittel oder scharfkantigen Werkzeuge verwenden.
- Vor Einbau der Beläge ist die Bremsscheibe durch Abtasten mit den Fingern auf Riefen zu untersuchen. Sind die Riefen tiefer als 0,4 mm, Bremsscheiben erneuern.
- Bremsscheibendicke messen, siehe Seite 187.
- Staubkappen der Bremskolben im Bremssattel auf Anrisse prüfen. Eine beschädigte Staubkappe umgehend ersetzen lassen, da eingedrungener Schmutz schnell zu Undichtigkeiten des Bremssattels führt. Der Festsattel muß hierzu ausgebaut und zerlegt werden (Werkstattarbeit).

- Mit Kolbenrücksetzzange alle vier Kolben (Hinterradbremse: 2 Kolben) zurückdrücken. Es geht auch mit einem Hartholzstab (Hammerstiel), dabei jedoch besonders darauf achten, daß die Kolben nicht verkantet und Kolbenfläche sowie Staubkappe nicht beschädigt werden. **Achtung:** Während ein Kolben zurückgedrückt wird, auf der anderen Seite Bremsbelag einsetzen, da sonst der gegenüberliegende Kolben vorgedrückt wird. Hierzu gegebenenfalls alten Bremsbelag verwenden.

Achtung: Beim Zurückdrücken der Kolben wird Bremsflüssigkeit aus den Bremszylindern in den Ausgleichbehälter gedrückt. Flüssigkeit im Behälter beobachten, eventuell Bremsflüssigkeit mit einem Saugheber absaugen.

Zum Absaugen die Entlüfterflasche oder eine Plastikflasche verwenden, die nur mit Bremsflüssigkeit in Berührung kommt. Keine Trinkflaschen verwenden! **Bremsflüssigkeit ist giftig und darf auf gar keinen Fall mit dem Mund über einen Schlauch abgesaugt werden. Saugheber oder Spritze verwenden. Auch nach dem Belagwechsel darf die Max.-Marke am Bremsflüssigkeitsbehälter nicht überschritten werden, da sich die Flüssigkeit bei Erwärmung ausdehnt. Ausgelaufene Bremsflüssigkeit läuft am Hauptbremszylinder runter, zerstört den Lack und führt zur Korrosion.**

Hinweis: Bei hohem Bremsbelagverschleiß Leichtgängigkeit der Kolben prüfen. Bei schwergängigen Kolben Festsattel mit Reparatursatz instandsetzen (Werkstattarbeit).

Nur bei hinterer Scheibenbremse

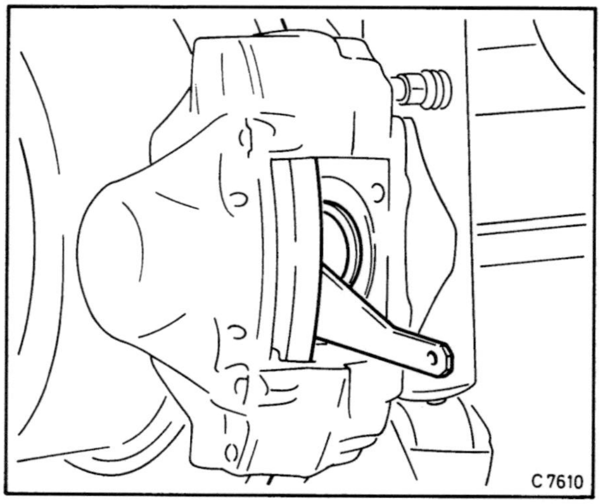

- 20°-Kolbenstellung prüfen. Die Werkstatt benutzt dazu eine 20°-Lehre. **In der Regel wird der Kolben beim Ausbau der Bremsbeläge nicht verdreht! Das Einstellen ist also nicht unbedingt notwendig.** Zum Prüfen Bremskolbenlehre an der unteren Führungsfläche anhalten. Die Kolbenstellung ist richtig, wenn die angelegte Lehre (20°-Stellung) mit den Kolbenansätzen übereinstimmt. Die Lehre kann selbst angefertigt werden, siehe nächstes Kapitel.
- Gegebenenfalls Kolben mit Kolbendrehzange oder Schraubendreher vorsichtig verdrehen.

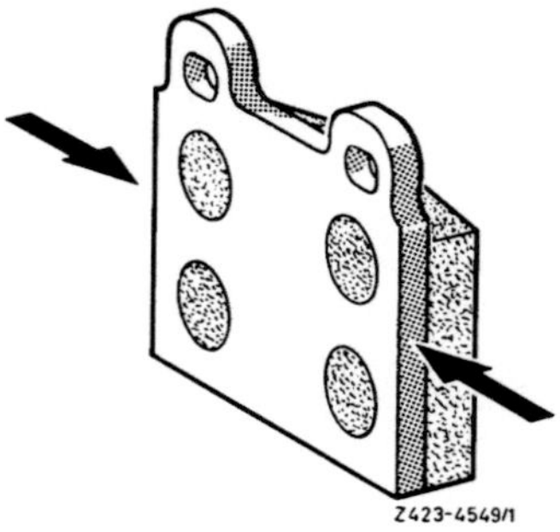

- Um ein Quietschen der Scheibenbremsen zu verhindern, Rückseite der Bremsklötze sowie Seitenteile der Rückenplatte –Pfeile– mit Schmiermittel (z. B. Plastilube, Tunap VC 582/S, Chevron SRJ/2, Liqui Moly LM-36 oder LM-508-ASC) dünn einstreichen. Dabei nur Rückenplatte bestreichen, **die Paste darf keinesfalls auf den eigentlichen Bremsbelag kommen.** Gegebenenfalls sofort abwischen und mit Spiritus reinigen.

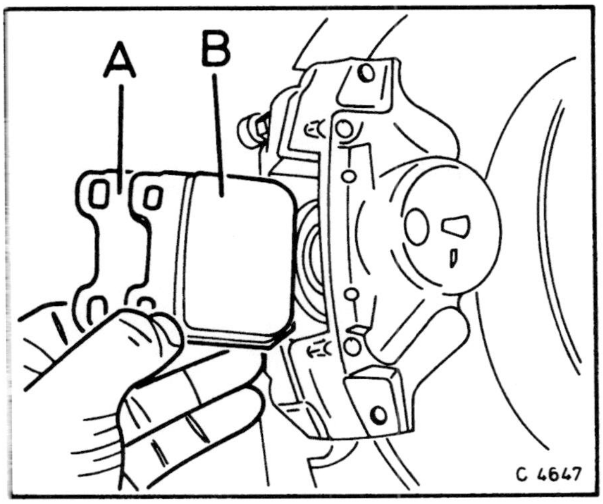

- Bremsbeläge –B– mit Zwischenblechen –A– in den Bremssattel einsetzen. Bei Fahrzeugen mit Verschleißwarnanzeige Bremsbeläge mit elektrischem Anschluß am Bremssattel vorn links/hinten rechts an der Innenseite einsetzen.

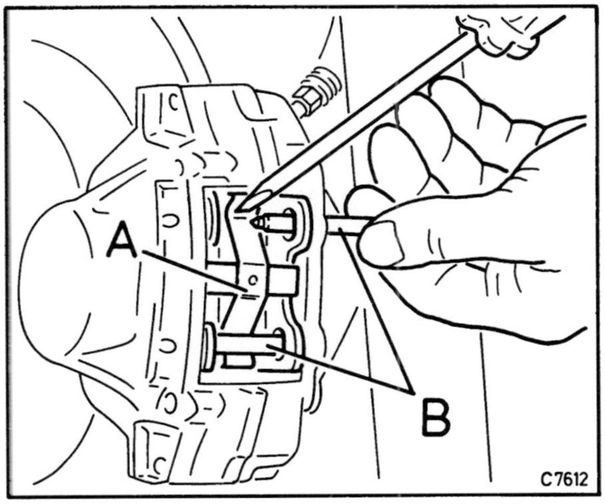

- Bei starker Korrosion oder Verformung Spreizfeder –A– sowie Haltestifte –B– erneuern. Spreizfeder –A– einsetzen und Haltestifte von innen nach außen einschlagen. Dabei Spreizfeder mit einem Schraubendreher andrücken, siehe Abbildung.
- Fühler für Bremsbelagverschleißanzeige, falls vorhanden, anschließen und die Steckverbindung am Bremssattel einsetzen.
- Rad anschrauben, Fahrzeug ablassen und Radschrauben über Kreuz mit **110 Nm** festziehen.

Achtung: Bremspedal im Stand mehrmals kräftig niedertreten, bis fester Widerstand spürbar ist.

- Bremsflüssigkeit im Ausgleichbehälter prüfen, gegebenenfalls bis zur Max.-Marke auffüllen, siehe Kapitel »Wartung«.
- Neue Bremsbeläge vorsichtig einbremsen, dazu Fahrzeug mehrmals aus ca. 80 km/h auf 40 km/h mit geringem Pedaldruck abbremsen. Dazwischen Bremse etwas abkühlen lassen.

Achtung: Bis zu einer Fahrstrecke von ca. 200 km sollten keine Vollbremsungen vorgenommen werden.

Bremskolbenlehre herstellen

Nur für Hinterrad-Scheibenbremse bis 7/81 (Modell »E12«)

- Lehre aus Pappe oder Blech nach Zeichnung anfertigen.

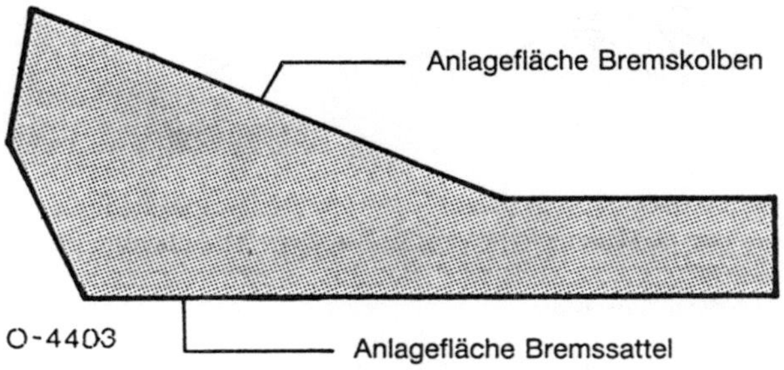

- Die lange Seite der Lehre muß im Bremssattel anliegen. Der Bremskolben hat einen Absatz. Dieser Absatz muß an der schrägen Fläche der Lehre anliegen, sonst Bremskolben verdrehen.

Bremsscheibe/Bremssattel vorn/hinten aus- und einbauen

Modell »E28« (seit 7/81)

Ausbau

- Radschrauben lösen.
- Radkappe abziehen. Scheibenrad zur Radnabe mit Farbe kennzeichnen. Dadurch ist sichergestellt, daß das ausgewuchtete Rad an gleicher Stelle montiert werden kann.
- Fahrzeug vorn aufbocken, Rad abnehmen.

Vorderradbremse

- Befestigungsschrauben –1– für Bremssattel herausdrehen und Bremssattel von der Bremsscheibe abnehmen.

Hinterradbremse

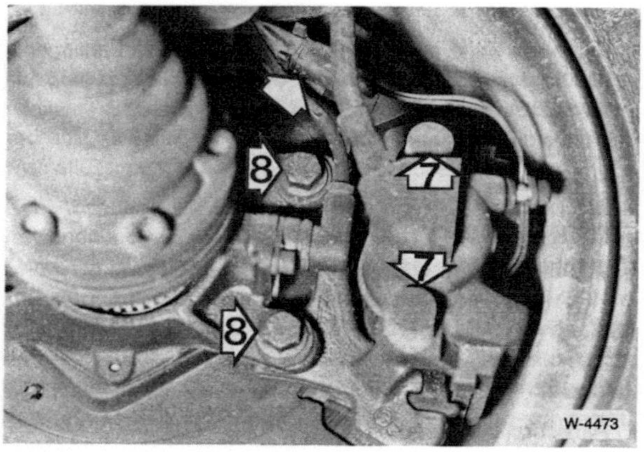

- Befestigungsschrauben –8– für Bremssattel herausdrehen und Bremssattel von der Bremsscheibe abnehmen.

- Bremssattel mit selbstangefertigtem Drahthaken so am Aufbau aufhängen, daß der Bremsschlauch sowie das Kabel für die Bremsbelagverschleißanzeige nicht verdreht oder auf Zug beansprucht werden.

Achtung: Bremsschlauch nicht lösen, sonst muß das Bremssystem entlüftet werden.

- Soll der Bremssattel ganz abgenommen werden, muß vorher der Bremsschlauch an der Bremsschlauchkupplung (Abbildung zeigt Bremsschlauchkupplung am vorderen Bremssattel) abgeschraubt werden. Der Bremsschlauch kann sonst nicht am Bremssattel abgeschraubt werden. **Achtung:** Bremsflüssigkeit läuft aus. Bremsflüssigkeit in einer Flasche sammeln, die ausschließlich für Bremsflüssigkeit vorgesehen ist. Man kann auch die Bremsflüssigkeit mit einem Saugheber aus dem Vorratsbehälter absaugen.

- Befestigungsschraube –4– mit 5 mm Außensechskantschlüssel herausdrehen.
- Bei der Hinterrad-Scheibenbremse Feststellbremse ganz lösen.
- Bremsscheibe abnehmen. Sollte sich bei der Hinterradbremse die Bremsscheibe nicht abziehen lassen, Bremsbacken für Feststellbremse zurückstellen, siehe Seite 199.

Einbau

Um ein gleichmäßiges Bremsen beidseitig zu gewährleisten, müssen beide Bremsscheiben die gleiche Oberfläche bezüglich Schliffbild und Rauhtiefe aufweisen. Deshalb grundsätzlich beide Bremsscheiben ersetzen, beziehungsweise abdrehen lassen.

Die Werkstatt kann die Bremsscheibe auf Schlag prüfen. Maximaler Scheibenschlag (eingebaut, an der Bremsfläche gemessen) 0,2 mm.

- Bremsscheibendicke messen, siehe Seite 187.
- Falls vorhanden, Rost am Flansch der Bremsscheibe und der Radnabe entfernen.
- Neue Bremsscheiben mit Nitro-Verdünnung vom Schutzlack reinigen.
- Bremsscheibe auf Radnabe aufsetzen und mit Inbusschraube befestigen. Bremsscheibe vorher entsprechend verdrehen, damit die Bohrungen für die Schraube übereinanderstehen.
- Bremssattel mit den eingesetzten Bremsbelägen ansetzen. Dabei darf der Bremsschlauch nicht verdreht oder gedehnt werden. Freigängigkeit des Bremsschlauches bei vollem Lenkradeinschlag prüfen.
- Bremssattel mit **115 Nm** anschrauben.

Achtung: War der Bremsschlauch demontiert, Bremsschlauch anschrauben und Bremsanlage entlüften, siehe Seite 195.

- Rad montieren, dabei auf Farbmarkierung achten, Fahrzeug ablassen und Radschrauben über Kreuz mit **110 Nm** festziehen.

Achtung: Bremspedal im Stand mehrmals kräftig niedertreten, bis fester Widerstand spürbar ist.

- Bei hinterer Bremse: Feststellbremse einstellen, siehe Seite 199.
- Bremsflüssigkeitsstand im Ausgleichbehälter prüfen, siehe Kapitel »Wartung«.
- Neue Bremsscheiben vorsichtig in 3 Phasen einbremsen. **Phase 1:** 5 Bremsungen aus 50 km/h mit kräftiger Abbremsung auf leerer Straße. **Phase 2:** Bremsen abkühlen lassen. **Phase 3:** 5 weitere Abbremsungen aus 50 km/h.

Bremsscheibe/Bremssattel vorn/hinten aus- und einbauen

Modell »E14« (bis 7/81)

Ausbau

- Radschrauben lösen.
- Radkappe abziehen. Scheibenrad zur Radnabe mit Farbe kennzeichnen. Dadurch ist sichergestellt, daß das ausgewuchtete Rad an gleicher Stelle montiert werden kann.
- Fahrzeug vorn aufbocken, Rad abnehmen.

- 2 Befestigungsschrauben –Pfeile– für jeweiligen Bremssattel herausdrehen und Bremssattel von der Bremsscheibe abnehmen.
- Bremssattel mit selbstangefertigtem Drahthaken so am Aufbau aufhängen, daß der Bremsschlauch sowie das Kabel für die Bremsbelagverschleißanzeige nicht verdreht oder auf Zug beansprucht werden.

Achtung: Bremsschlauch nicht lösen, sonst muß das Bremssystem entlüftet werden.

- Soll der Bremssattel ganz abgenommen werden, muß vorher der Bremsschlauch an der Bremsschlauchkupplung (Abbildung zeigt Bremsschlauchkupplung am vorderen Bremssattel) abgeschraubt werden. Der Bremsschlauch kann sonst nicht am Bremssattel abgeschraubt werden. **Achtung:** Bremsflüssigkeit läuft aus. Bremsflüssigkeit in einer Flasche sammeln, die ausschließlich für Bremsflüssigkeit vorgesehen ist. Man kann auch die Bremsflüssigkeit mit einem Saugheber aus dem Vorratsbehälter absaugen.

Ausbau Vorderrad-Bremsscheibe ab 9/76, sowie Hinterrad-Bremsscheibe

- Befestigungsschraube –4– mit 5 mm Außensechskantschlüssel herausdrehen. Vorher Feststellbremse ganz lösen.
- Bremsscheibe abnehmen. Sollte sich eine hintere Bremsscheibe nicht abziehen lassen, Bremsbacken für Feststellbremse zurückstellen, siehe Seite 199.

Ausbau Vorderrad-Bremsscheibe bis 9/76

- Radnabe mit Bremsscheibe ausbauen, dazu Kronenmutter entsplinten und abschrauben, siehe Seite 163.
- Stellung der Bremsscheibe zur Radnabe anzeichnen, damit sie in gleicher Lage wieder zusammengebaut werden.

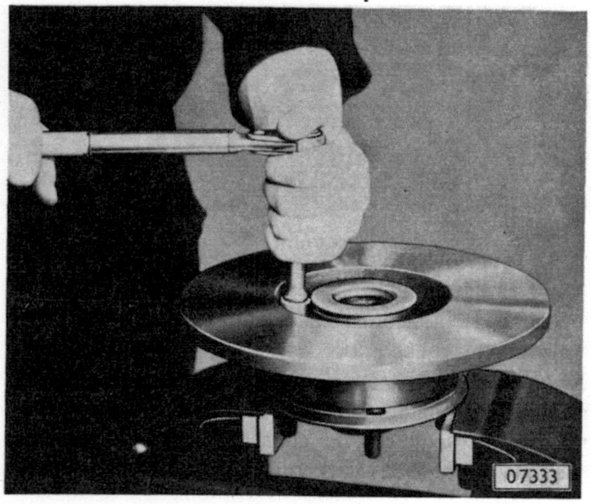

- 5 Innensechskantschrauben abschrauben und Bremsscheibe von der Radnabe abnehmen.

Einbau

Um ein gleichmäßiges Bremsen beidseitig zu gewährleisten, müssen beide Bremsscheiben die gleiche Oberfläche bezüglich Schliffbild und Rauhtiefe aufweisen. Deshalb grundsätzlich beide Bremsscheiben ersetzen, beziehungsweise abdrehen lassen.

Die Werkstatt kann die Bremsscheibe auf Schlag prüfen. Maximaler Scheibenschlag (eingebaut, an der Bremsfläche gemessen) 0,2 mm.

- Bremsscheibendicke messen, siehe Seite 187.
- Falls vorhanden, Rost am Flansch der Bremsscheibe und der Radnabe entfernen.
- Neue Bremsscheiben mit Nitro-Verdünnung vom Schutzlack reinigen.
- Bremsscheibe auf Radnabe aufsetzen und mit Inbusschraube(n) befestigen. Anzugsdrehmoment M6-Gewinde: 5 Nm; M8-Gewinde: 30 Nm. Bremsscheibe vorher entsprechend verdrehen, damit die Bohrungen für die Schraube übereinanderstehen.
- **Modelle bis 9/76:** Bremsscheibe mit Radnabe einbauen und Radlagerspiel einstellen, siehe Seite 164.
- Bremssattel mit den eingesetzten Bremsbelägen ansetzen. Dabei darf der Bremsschlauch nicht verdreht oder gedehnt werden. Freigängigkeit des Bremsschlauches bei vollem Lenkradeinschlag prüfen.
- Bremssattel mit **115 Nm** anschrauben.

Achtung: War der Bremsschlauch demontiert, Bremsschlauch anschrauben und Bremsanlage entlüften, siehe Seite 195.

- Rad montieren, dabei auf Farbmarkierung achten, Fahrzeug ablassen und Radschrauben über Kreuz mit **110 Nm** festziehen.

Achtung: Bremspedal im Stand mehrmals kräftig niedertreten, bis fester Widerstand spürbar ist.

- Bremsflüssigkeitsstand im Ausgleichbehälter prüfen, siehe Kapitel »Wartung«.
- Wurde die hintere Bremsscheibe ausgebaut, anschließend Feststellbremse einstellen, siehe Seite 199.
- Neue Bremsscheiben vorsichtig in 3 Phasen einbremsen. **Phase 1:** 5 Bremsungen aus 50 km/h mit kräftiger Abbremsung auf leerer Straße. **Phase 2:** Bremsen abkühlen lassen. **Phase 3:** 5 weitere Abbremsungen aus 50 km/h.

Bremsscheibendicke prüfen

- Radkappe abhebeln, Radschrauben bei auf dem Boden stehendem Fahrzeug lösen.
- Scheibenrad zur Radnabe mit Farbe kennzeichnen. Dadurch kann das ausgewuchtete Rad wieder an gleicher Stelle montiert werden.
- Fahrzeug aufbocken.
- Rad abnehmen.

- Bremsscheibendicke messen. Die Werkstätten benutzen dazu eine spezielle Lehre oder ein Mikrometer, da sich durch Abnutzung der Bremsscheibe ein Rand bildet. Man kann die Bremsscheibendicke auch mit einer normalen Schieblehre messen, allerdings muß dann auf jeder Seite der Bremsscheibe eine entsprechend starke Unterlage zwischengelegt werden (beispielsweise 2 Zehn-Pfennig-Stücke). Um die exakte Bremsscheibendicke zu haben, müssen von dem gemessenen Maß die 3,3 mm für die Zehn-Pfennig-Stücke beziehungsweise die Unterlage abgezogen werden. **Achtung:** Messung an mindestens 8 Punkten der Bremsscheibe vornehmen. Sollwerte, siehe Tabelle Seite 176.
- Wird die Verschleißgrenze erreicht, Bremsscheibe erneuern. Die Mindestdicke nach dem Nacharbeiten von Bremsscheiben liegt 0,4 mm über der Verschleißgrenze. Maximaler Axialschlag der Bremsfläche bei ausgebauter Bremsscheibe: 0,05 mm; bei eingebauter Bremsscheibe: 0,2 mm.
- Bei größeren Rissen oder bei Riefen, die tiefer als 0,4 mm sind, Bremsscheibe erneuern.

Quietschgeräusche der Scheibenbremse beseitigen

- Bremsbeläge ausbauen.
- Beläge und Bremssattel mit Preßluft oder einem Lappen und Spiritus reinigen.

Achtung: Bremsstaub nicht einatmen!

- Folgende Stellen mit Plastilube oder Hochtemperaturpaste, z. B. Liqui Moly LM-508-ASC, bestreichen:
  - Alle zugänglichen Stellen der Bremsbelag-Rückenplatte.
  - Kolbenstirnseite.
  - Anlagefläche des Bremsträgers.
  - Gleitführungen des Bremssattels.

Achtung: Plastilube oder Hochtemperaturpaste darf **nicht** auf die Reibflächen der Bremsscheibe oder der Bremsbeläge kommen. Eventuell auf die Reibflächen gelangte Reste der Paste mit einem Lappen abwischen, gegebenenfalls mit Spiritus reinigen.

- Bremsbeläge einbauen.

Die Hinterrad-Trommelbremse

Nur Modell »E28« (520i und 524 td bis 4/86, 518)

1 – **Bremsträger**

2 – **Stopfen**

3 – **Radbremszylinder**
Innen-∅ 19,05 bzw. 20,64 mm. Nur gleiche Ausführung an einer Achse verbauen.

4,5 – **Bremsbacken**

6 – **Spannstift**

7 – **Druckfeder**

8 – **Gestänge**

9 – **Spannstift 5 x 20**

10 – **Hebel**

11 – **Nachstellfeder**

12 – **obere Zugfeder**

13 – **untere Zugfeder**

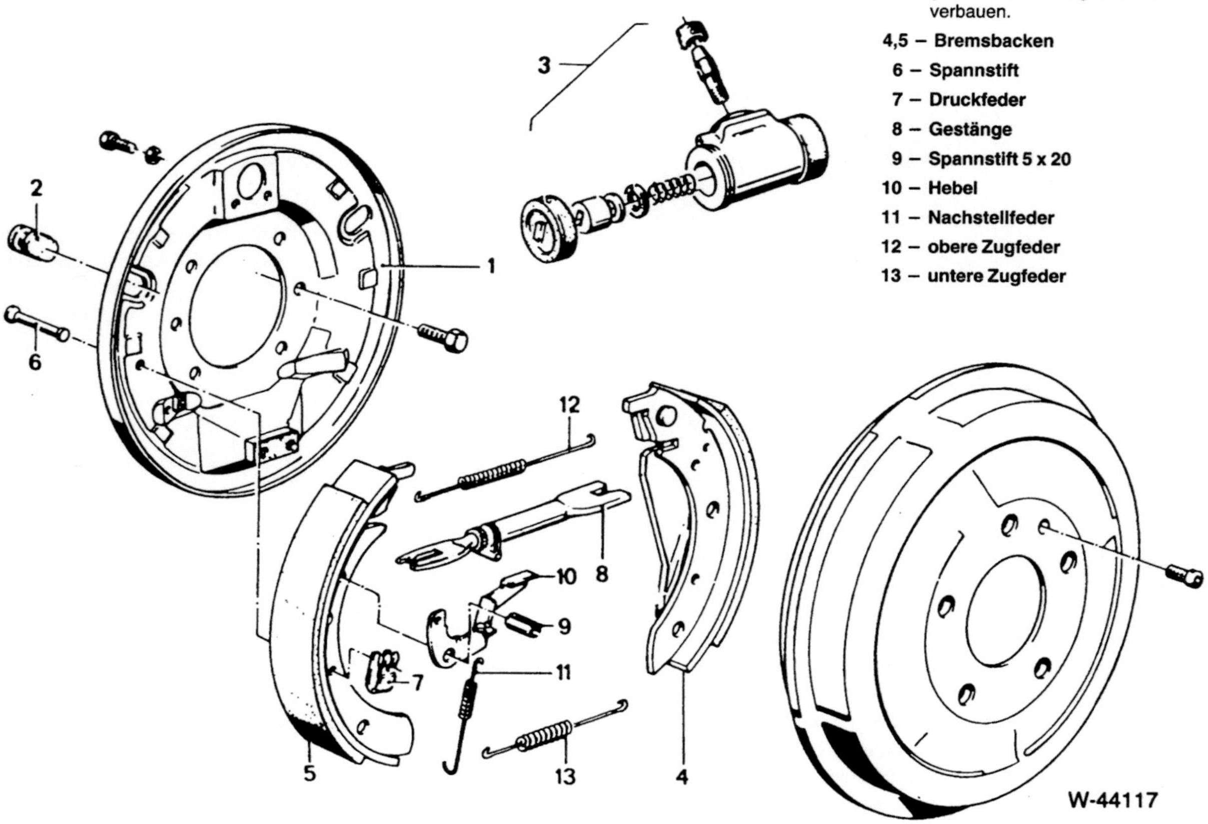

Bremsbacken aus- und einbauen

Nur Modell »E28« (5er BMW seit 7/81)

Ausbau

- Radkappe abziehen, Radschrauben lösen. Scheibenrad zur Radnabe mit Farbe kennzeichnen. Dadurch ist sichergestellt, daß das ausgewuchtete Rad wieder an gleicher Stelle montiert werden kann.
- Fahrzeug hinten aufbocken, Rad abnehmen.
- Handbremse lösen.

- Halteschraube für Bremstrommel mit Inbusschlüssel –5 mm– herausdrehen.

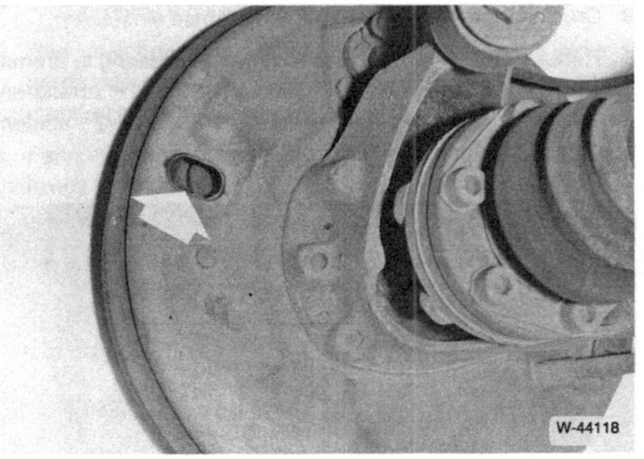

- Bremsbacken zurückstellen. Hierzu von hinten am Bremsträger Stopfen abnehmen, durch die Bohrung den Spannstift –Pfeil– so weit durchschlagen, bis der Bremshebel für Handbremse im Innern der Bremse zurückgleiten kann. Läßt sich die Bremstrommel dennoch nicht abnehmen, müssen unter Umständen die Bremsseile am Handbremshebel ganz gelöst werden, siehe Seite 200.

- Bremsbacken-Halteklammern seitlich abziehen.

- Untere Bremsbacken-Rückzugfeder vorn mit Bremsfederzange, zum Beispiel HAZET Nr.797, aushängen. Der Ausbau ist auch mit einer Rohrzange möglich, allerdings etwas schwieriger. Bremsbacken von Hand aus Radbremszylinder ziehen.

- Handbremsseil an der Bremsbacke aushängen, Bremsbacken abnehmen.
- Obere Rückzugfeder sowie automatische Nachstellung aushängen.

- Am Radbremszylinder Staubmanschette anheben. **Achtung: Dabei darf der Bremskolben nicht herausgezogen werden**. Kontrollieren, ob es hinter der Staubmanschette feucht ist. Gegebenenfalls Radbremszylinder überholen oder austauschen.
- Staubmanschette auf Radbremszylinder aufsetzen.

Einbau

Grundsätzlich alle 4 Bremsbacken ersetzen und gleiches Fabrikat verwenden. Bremsbacken im Tausch erneuern. Bremstrommel und Bremsträger mit Preßluft ausblasen oder mit Spiritus reinigen. Während die Bremsbacken ausgebaut sind, nicht auf die Fußbremse treten, da sonst die Bremskolben aus dem Radbremszylinder rutschen. Falls der Radbremszylinder durch Bremsflüssigkeit feucht ist, Radbremszylinder überholen. Gewinde der Druckstange gangbar machen und leicht mit MoS_2-Fett einfetten. Riefige Bremstrommeln ausdrehen lassen, dabei immer beide Bremstrommeln bearbeiten lassen. Das maximale Bearbeitungsmaß beträgt ∅ 251 mm.

- Anordnung der Hinterradbremsteile, siehe Abbildung W-44117.

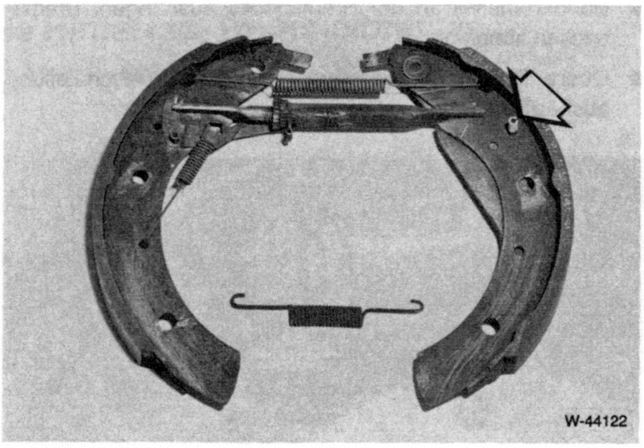

W-44122

- Vor dem Einbau der hinteren Bremsbacke den Spannstift wieder zurücktreiben, damit der Bremsbackenhebel aufliegen kann.

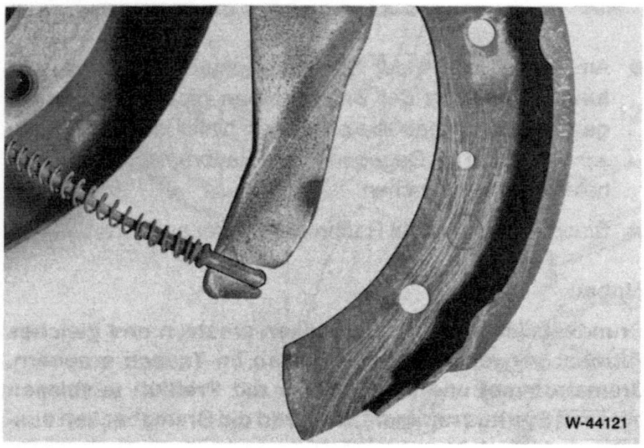

W-44121

- Handbremsseil am Handbremshebel einhängen.

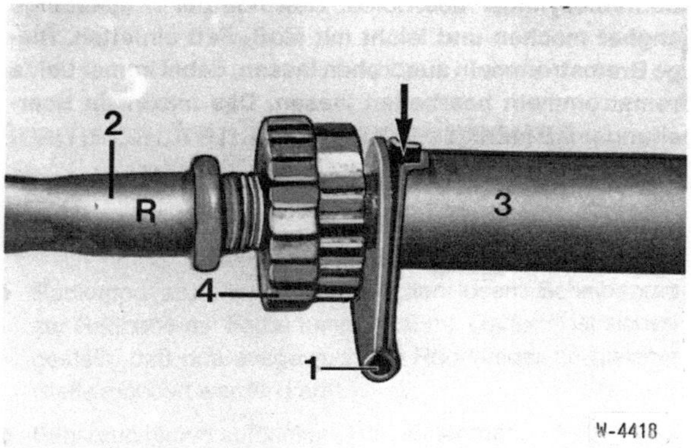

W-4418

- Nachstellritzel –4– zurückdrehen. Automatische Nachstellung auf Leichtgängigkeit prüfen. Gegebenenfalls Druckstange ganz leicht einfetten. Druckstange nicht vertauschen. Das Nachstellritzel für die linke Seite hat Rechtsgewinde –R–, die rechte Seite Linksgewinde. **Achtung:** Der Thermoclip –1– muß in die Ausbuchtung –Pfeil– der Druckstange –3– einrasten.

- Druckstange oben in die Trommelbremse einsetzen.
- Hebel –10– für automatische Bremseinstellung in Bremsbacke einsetzen und mit Rückzugfeder –11– arretieren. **Achtung:** Auf richtige Lage der Rückzugfeder –2– achten, siehe Abbildung W-44117.

W-4419

- Obere und untere Rückzugfeder mit Bremsfederzange einhängen. Dabei auf richtige Lage der Kröpfung achten, siehe Abbildung W-44117.

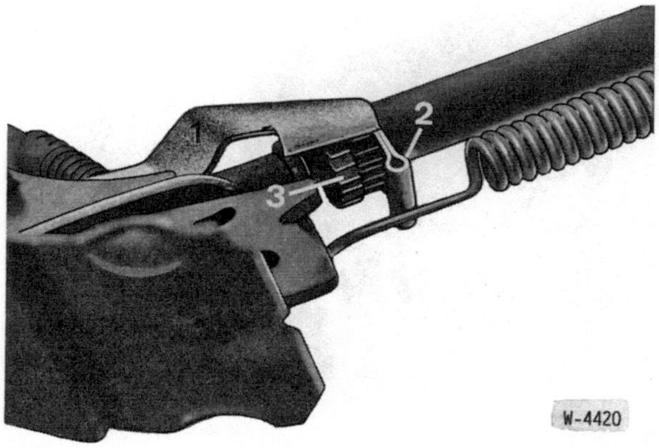

W-4420

- Kontrollieren, ob der Hebel –1– für automatische Bremsrückstellung in das Ritzel –3– eingreift und der Thermoclip –2– in der Aussparung sitzt.
- Bremstrommel aufsetzen und so verdrehen, daß die Bohrung in der Trommel mit dem Gewinde im Mitnehmerflansch übereinstimmt. Schraube für Bremstrommel mit 5 mm Inbusschlüssel einschrauben.
- Wurde der hydraulische Bremskreis geöffnet, beispielsweise durch das Auswechseln des Radbremszylinders, so muß vor dem Einstellen der Hinterradbremse die Bremsanlage entlüftet werden, siehe Seite 195.
- Grundlüftspiel der Hinterradbremse durch mehrmaliges Betätigen der Fußbremse einstellen.

Ein Klickgeräusch an der Hinterradbremse ist bis zum Erreichen des Grundlüftspiels hörbar. Durch eine Radschraubenbohrung kann während des Bremsens geprüft werden, ob die automatische Nachstellung arbeitet.

- Handbremse einstellen, siehe Seite 199.
- Rad anschrauben. Dabei auf Farbmarkierung achten, damit das ausgewuchtete Rad wieder an gleicher Stelle montiert wird.
- Fahrzeug abbocken, Radschrauben mit **110 Nm** über Kreuz festziehen.

Bremsbacken aus- und einbauen

Modell »E12« (4-Zylinder-Modelle und 520/6 bis 7/81)

Ausbau

- Radkappe abziehen, Radschrauben lösen. Scheibenrad zur Radnabe mit Farbe kennzeichnen. Dadurch ist sichergestellt, daß das ausgewuchtete Rad wieder an gleicher Stelle montiert werden kann.
- Fahrzeug hinten aufbocken und vorn gegen Wegrollen sichern, siehe Seite 140.
- Rad abnehmen, Handbremse lösen.

- Halteschraube für Bremstrommel mit Inbusschlüssel –5 mm– herausdrehen.
- Falls erforderlich, Bremsbacken an den Nachstellexzentern so weit nach innen stellen, daß die Bremstrommel ohne Beschädigung der Beläge abgezogen werden kann. Unter Umständen müssen zusätzlich die Bremsseile am Handbremshebel ganz gelöst werden, siehe Kapitel »Hinterradbremse einstellen«.

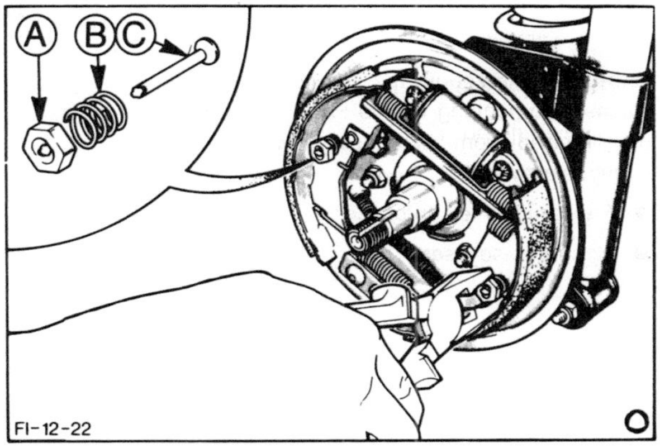

- Fahrzeuge vor Modelljahr '76: Federteller für Druckfeder mit Kombizange kräftig zurückdrücken und um 90° drehen. Während des Zurückdrückens von hinten am Bremsträger den Stift für Federteller nach vorn drücken.

- Bei neueren Fahrzeugen Halteklammern –4– für Bremsbacken seitlich mit Flachzange abziehen.
- Untere Rückzugfeder –5– mit Bremsfederzange (zum Beispiel HAZET 797) oder Rohrzange vorn aushängen, dabei Einbaulage merken.
- Obere Rückzugfeder aushängen und Bremsbacken von Hand aus Radbremszylinder ziehen. Vordere Bremsbacke mit Druckstange herausnehmen.

- Handbremsseil aushängen, Bremsbacke abnehmen.

- Am Radbremszylinder Staubmanschette abziehen. **Achtung: Dabei darf der Bremskolben nicht herausgezogen werden.** Kontrollieren, ob es hinter der Staubmanschette feucht ist. Gegebenenfalls Radbremszylinder überholen oder austauschen.
- Staubmanschette auf Radbremszylinder aufsetzen.

Einbau

Grundsätzlich alle 4 Bremsbacken an beiden Hinterrädern ersetzen und gleiches Fabrikat verwenden. Bremsbacken im Tausch erneuern. Bremstrommel und Bremsträger mit Preßluft ausblasen oder mit Spiritus reinigen. Während die Bremsbacken ausgebaut sind, nicht auf die Fußbremse treten, da sonst die Bremskolben aus dem Radbremszylinder rutschen. Falls der Radbremszylinder durch Bremsflüssigkeit feucht ist, Radbremszylinder überholen. Riefige Bremstrommeln ausdrehen lassen, dabei immer beide Bremstrommeln bearbeiten lassen. Das maximale Bearbeitungsmaß beträgt ∅ 251 mm.

Achtung: Werden die Bremsbacken ersetzt, sind gleichzeitig auch die Rückzugfedern zu erneuern.

- Handbremsseil am Handbremshebel einhängen.

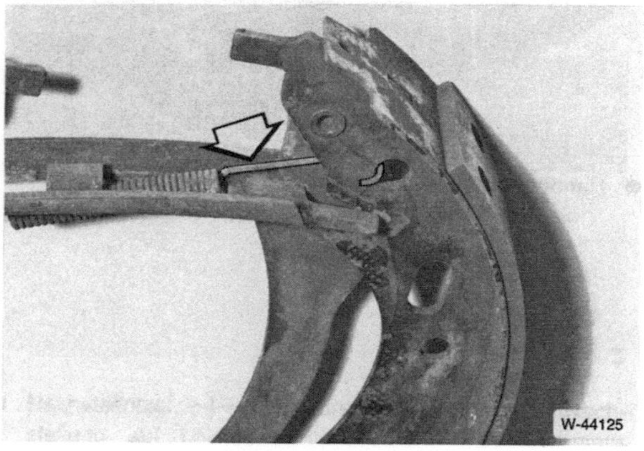

- Druckstange und obere Rückzugfeder einsetzen. **Achtung:** Das lange Federende –Pfeil– muß zwischen Handbremsbetätigung und Bremsbacke eingehängt werden.

- Untere Rückzugfeder in beide Bremsbacken einhängen. Anschließend Bremsbacken auseinanderziehen und in die Halterung einsetzen.
- Haltestift für Bremsbacken nach vorn durch die Bohrung der Bremsbacke führen. Druckfeder auf Bremsbacke aufsetzen. Federteller mit Kombizange aufdrücken, Stift von hinten gegenhalten und Federteller gleichzeitig um 90° drehen. Bei Ausführung mit Halteklammern diese am Stift seitlich mit Flachzange einsetzen.
- Bremstrommel aufsetzen und so verdrehen, daß die Bohrung in der Trommel mit dem Gewinde im Mitnehmerflansch übereinstimmt. Schraube für Bremstrommel mit 5 mm Inbusschlüssel einschrauben.
- Wurde der hydraulische Bremskreis geöffnet, beispielsweise durch das Auswechseln des Radbremszylinders, so muß vor dem Einstellen der Hinterradbremse die Bremsanlage entlüftet werden, siehe Seite 195.
- Hinterradbremse einstellen, siehe Seite 199.
- Rad anschrauben. Dabei auf Farbmarkierung achten, damit das ausgewuchtete Rad wieder an gleicher Stelle montiert wird.
- Fahrzeug abbocken, Radschrauben mit **110 Nm** über Kreuz festziehen.

Hinterradbremse einstellen

Modell »E12« (4-Zylinder und 520/6 bis 7/81)

Bei jeder Wartung beziehungsweise immer dann, wenn der Leerweg am Bremspedal größer als etwa 3 cm ist, Hinterradbremse einstellen.

Achtung: Fahrzeuge seit 7/81 besitzen eine automatische Nachstellvorrichtung für die Hinterradbremse, daher braucht die Hinterrad-Trommelbremse bei diesen Modellen nicht mehr nachgestellt werden.

- Fahrzeug hinten aufbocken, siehe Seite 140.
- Handbremse lösen.

- Durch das Drehen der Exzenter werden die Bremsbeläge nach außen verstellt. Die Bremstrommel muß nicht ausgebaut werden, Abbildung dient nur zur besseren Veranschaulichung.

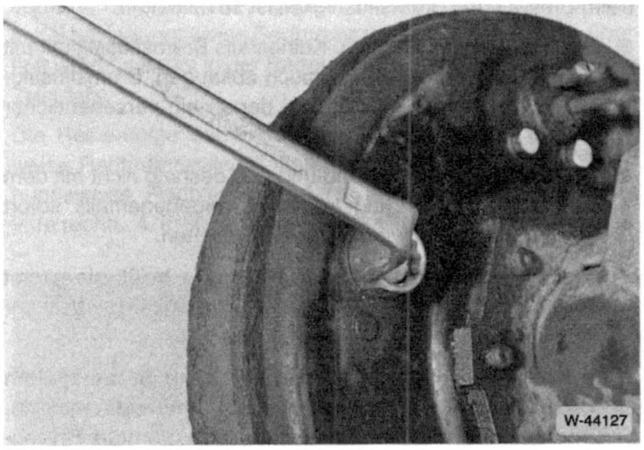

- Jede Bremsbacke wird einzeln an einem eigenen Exzenter eingestellt. Bremsbacke durch Drehen des Exzenters (Schlüsselbewegung nach unten) so nach außen stellen, daß sich das Rad von Hand schwer drehen läßt. Anschließend Exzenter so weit zurückdrehen, bis das Rad gerade frei läuft, ungefähr 1/8 Umdrehung.

Achtung: Zum Verdrehen des Exzenters wird ein tiefgekröpfter Ringschlüssel SW 17 benötigt. Meist ist der Exzenter am Bremsträger festgerostet. Vor dem Verdrehen daher Caramba oder ähnlichen Rostlöser aufsprühen. In besonders schweren Fällen hilft zusätzlich das Erwärmen des Bremsträgerbleches im Bereich der Exzenter mit einem Schweißbrenner. **Achtung:** Feuergefahr!

- Zweite Bremsbacke in gleicher Weise einstellen.
- Einstellung auch am anderen Hinterrad vornehmen.
- Handbremseinstellung kontrollieren.
- Fahrzeug ablassen.

Bremsbeläge für Trommelbremse ersetzen

Modell »E12« (4-Zylinder und 520/6 bis 7/81)

Im Handel sind geklebte und genietete Bremsbeläge erhältlich. Geklebte Beläge müssen mit Bremsbacken ersetzt werden; bei genieteten Belägen wird nur der Bremsbelag ersetzt. **Achtung:** Bei fehlender Erfahrung beziehungsweise nichtvorhandenem Werkzeug Arbeit von der Fachwerkstatt durchführen lassen.

- Bremsbacken ausbauen, siehe Seite 191.

Achtung: Grundsätzlich alle Beläge einer Achse ersetzen, auch wenn nur ein Belag abgenützt oder schadhaft ist. Nur BMW-Ersatzteilbeläge gleicher Qualität verwenden.

- Nieten für Bremsbeläge mit entsprechendem Bohrer abbohren und mit Durchschlag aus den Bremsbacken entfernen. Beläge von den Bremsbacken abnehmen.
- Bremsbacken an den Anlageflächen gut reinigen, aber keine Klebstoffe oder andere Mittel zwischen Bremsbeläge und Backen auftragen.

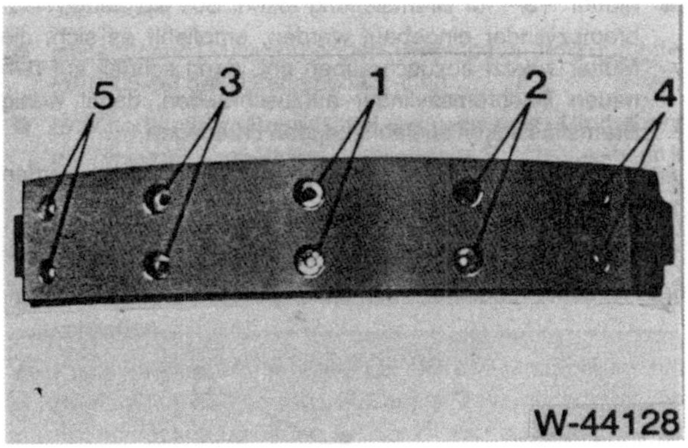

- Der neue Belag muß auf der Bremsbacke einwandfrei anliegen und darf seitlich nicht überstehen. Nieten in der Reihenfolge 1 bis 5 einsetzen, siehe Abbildung.

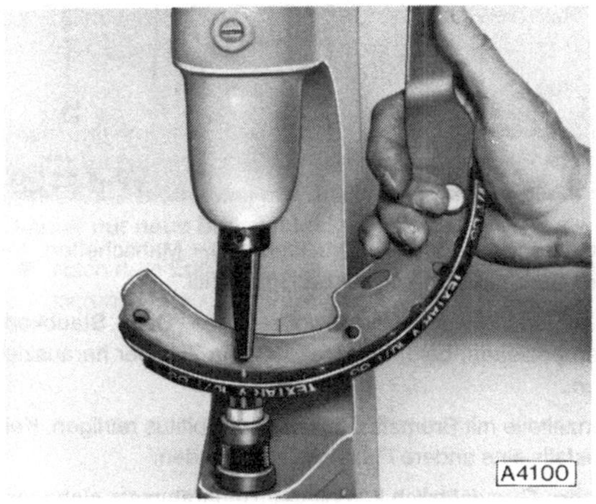

- Mit entsprechendem Werkzeug Beläge aufnieten.
- Bremsbacken einbauen, Hinterradbremse einstellen.

Radbremszylinder überholen

Alle mit hinterer Trommelbremse

- Bremstrommel und Bremsbacken ausbauen.

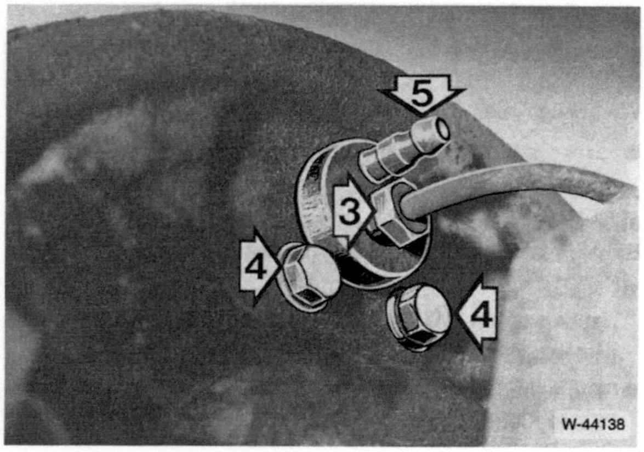

- Mutter –3– für Bremsleitung lösen. Soll ein neuer Radbremszylinder eingebaut werden, empfiehlt es sich, die Mutter zuletzt abzuschrauben und dann schnell auf den neuen Radbremszylinder aufzuschrauben, damit wenig Bremsflüssigkeit ausläuft. Lappen unterlegen.

Achtung: Falls der Radbremszylinder nicht erneuert werden soll, kann er auch in eingebautem Zustand zerlegt werden.

- Schrauben –4– und Entlüfterschraube –5– abschrauben.

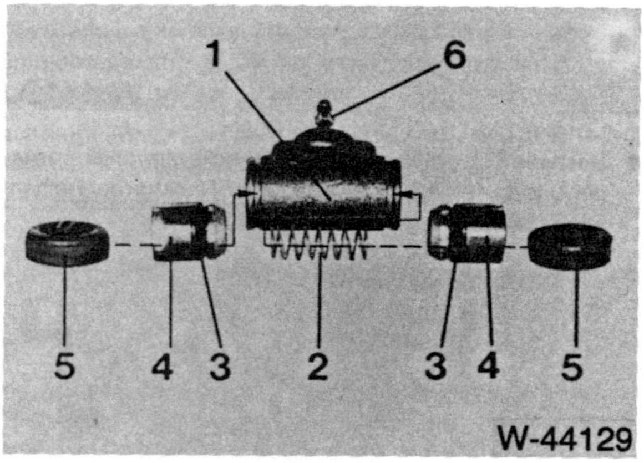

1– Radbremszylinder, 2– Druckfeder, 3– Manschetten, 4– Kolben, 5– Staubkappen, 6– Entlüfterventil

- Radbremszylinder vollständig zerlegen. Dazu Staubkappen abziehen, beide Kolben aus dem Zylinder herausziehen.
- Einzelteile mit Bremsflüssigkeit oder Spititus reinigen. Keinesfalls eine andere Flüssigkeit verwenden.

Achtung: Grundsätzlich kompletten Reparatursatz einbauen. Manschetten grundsätzlich erneuern.

- Gehäuse und Kolben auf Verschleiß prüfen. Werden Riefen oder Roststellen festgestellt, so ist der Radbremszylinder komplett auszuwechseln.

Einbau

- Zur leichteren Montage und als Korrosionsschutz Zylinderbohrung, Kolbenlauffläche und Manschetten mit »Ate-Bremszylinderpaste« hauchdünn bestreichen.
- Druckfeder, dann beide Kolben mit neuen Manschetten in den Radbremszylinder einsetzen. Kolben auf Leichtgängigkeit prüfen. Staubkappen aufdrücken.
- Schrauben –4– für Radbremszylinder einschrauben und mit 10 Nm festziehen, siehe Abbildung W-44138.
- Überwurfmuttern für Bremsleitung möglichst mit offenem Ringschlüssel und 5 Nm, also leicht, festziehen.
- Bremsbacken und Bremstrommel einbauen, siehe Seite 188, 191.
- Bremsanlage entlüften.

Die Bremsflüssigkeit

Beim Umgang mit Bremsflüssigkeit ist zu beachten:

- Bremsflüssigkeit ist giftig. Keinesfalls Bremsflüssigkeit mit dem Mund über einen Schlauch absaugen. Bremsflüssigkeit nur in Behälter füllen, bei denen ein versehentlicher Genuß ausgeschlossen ist.
- Bremsflüssigkeit ist ätzend und darf deshalb nicht mit dem Autolack in Berührung kommen, gegebenenfalls sofort abwischen und mit viel Wasser abwaschen.
- Bremsflüssigkeit ist hygroskopisch, das heißt, sie nimmt aus der Luft Feuchtigkeit auf. Bremsflüssigkeit deshalb nur in geschlossenen Behältern aufbewahren.
- **Bremsflüssigkeit, die schon einmal im Bremssystem verwendet wurde, darf nicht wieder verwendet werden. Auch beim Entlüften der Bremsanlage nur neue Bremsflüssigkeit verwenden.**
- Bremsflüssigkeits-Spezifikation: **DOT 4.**
- Bremsflüssigkeit darf nicht mit Mineralöl in Berührung kommen. Schon geringe Spuren Mineralöl machen die Bremsflüssigkeit unbrauchbar, beziehungsweise führen zum Ausfall des Bremssystems.
- Bremsflüssigkeit einmal im Jahr wechseln, möglichst nach der kalten Jahreszeit.
- Alte Bremsflüssigkeit bei der örtlichen Deponie für Sondermüll abgeben, **nicht in die Kanalisation schütten oder dem normalen Hausmüll mitgeben**.

Bremsanlage entlüften

Nach jeder Reparatur an der Bremse, bei der die Anlage geöffnet wurde, kann Luft in die Druckleitungen eingedrungen sein. Dann ist das Bremssystem zu entlüften. Luft ist auch dann in den Leitungen, wenn sich beim Tritt auf das Bremspedal der Bremsdruck schwammig anfühlt. In diesem Fall muß die Undichtigkeit beseitigt und die Bremsanlage entlüftet werden.

Die Bremsanlage wird durch Pumpen mit dem Bremspedal entlüftet, dazu ist eine zweite Person notwendig.

Achtung: Der Arbeitsvorgang ist für Fahrzeuge mit und ohne ABS (Antiblockiersystem) identisch. Die Werkstätten verwenden zum Entlüften ein Entlüftergerät, das am Ausgleichbehälter angeschlossen wird. Wird dieses Gerät bei Fahrzeugen mit ABS verwendet, muß dennoch das Bremssystem, wie nachfolgend beschrieben, durch Betätigen des Bremspedals entlüftet werden.

Muß die ganze Anlage entlüftet werden, jede Radbremse einzeln entlüften. Das ist immer dann der Fall, wenn Luft in jeden einzelnen Bremszylinder gedrungen ist. Falls nur ein Bremssattel beziehungsweise Radbremszylinder erneuert bzw. überholt wurde, genügt in der Regel das Entlüften des betreffenden Zylinders.

Die Reihenfolge der Entlüftung: 1. Bremssattel beziehungsweise Radbremszylinder hinten rechts, 2. Bremssattel beziehungsweise Radbremszylinder hinten links, 3. Bremssattel vorn rechts, 4. Bremssattel vorn links.

- Staubkappe –Pfeil– vom Entlüfterventil des Bremszylinders abnehmen. Entlüfterventil reinigen, sauberen Schlauch aufstecken, anderes Schlauchende in eine mit Bremsflüssigkeit halbvoll gefüllte Flasche stecken.

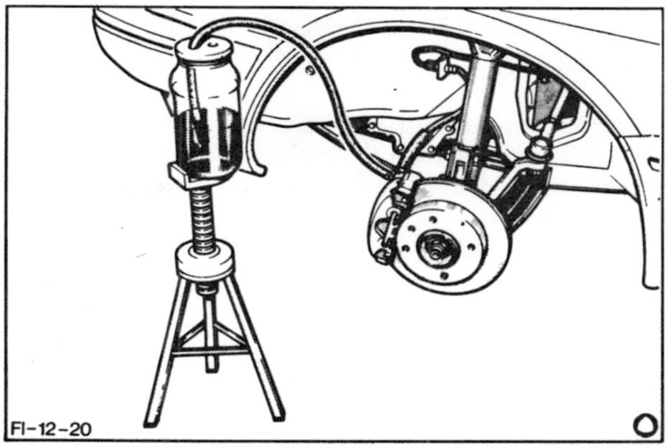

- Die Auffangflasche soll mindestens 30 cm höher stehen als die Entlüfterschraube. Dadurch wird das Eindringen von Luft über das Gewinde der Entlüfterschraube vermieden.
- Von einer Hilfsperson Bremspedal so oft niedertreten lassen („pumpen"), bis sich im Bremssystem Druck aufgebaut hat. Zu spüren am wachsenden Widerstand beim Betätigen des Pedals.
- Ist genügend Druck vorhanden, Bremspedal ganz durchtreten, Fuß auf dem Bremspedal halten.
- Entlüfterventil am Bremssattel etwa eine halbe Umdrehung mit Ringschlüssel öffnen. Ausfließende Bremsflüssigkeit in der Flasche sammeln. Darauf achten, daß sich das Schlauchende in der Flasche ständig unterhalb des Flüssigkeitsspiegels befindet.
- Sobald der Flüssigkeitsdruck nachläßt, Entlüfterventil schließen.
- Pumpvorgang wiederholen, bis sich Druck aufgebaut hat. Bremspedal niedertreten, Fuß auf dem Bremspedal lassen, Entlüfterschraube öffnen, bis der Druck nachläßt, Entlüfterschraube schließen.
- Entlüftungsvorgang an einem Bremszylinder so lange wiederholen, bis sich in der Bremsflüssigkeit, die in die Entlüfterflasche strömt, keine Luftblasen mehr zeigen.
- Nach dem Entlüften Schlauch von Entlüfterschraube abziehen, Staubkappe auf Ventil stecken.
- Die anderen Bremszylinder auf gleiche Weise entlüften.

Achtung: Während des Entlüftens ab und zu den Ausgleichbehälter beobachten. Der Flüssigkeitsspiegel darf nicht zu weit sinken, sonst wird über den Ausgleichbehälter Luft angesaugt. **Immer nur neue Bremsflüssigkeit nachgießen!**

- Nach dem Entlüften ist der Ausgleichbehälter bis zur Markierung »Max« aufzufüllen.

Bremsleitung/Bremsschlauch ersetzen

Für das Bremsleitungssystem, das zusammen mit den druckfesten Bremsschläuchen für die Räder die Verbindung vom Hauptbremszylinder zu den vier Radbremsen herstellt, werden Rohre verwendet.

Die Bremsschläuche stellen die flexiblen Verbindungen zwischen den starren und beweglichen Fahrzeugteilen her.

- Fahrzeug aufbocken.
- Bremsleitung an den Überwurfmuttern lösen und abnehmen.
- Leitungsanschluß in Richtung Hauptbremszylinder mit geeignetem Stopfen verschließen, oder vorher Bremsflüssigkeit mit Saugheber aus dem Vorratsbehälter absaugen.
- Neue Bremsleitung möglichst an gleicher Stelle verlegen.
- Soll der Bremsschlauch am Bremssattel erneuert werden, muß vorher der Bremssattel ausgebaut werden.
- Neuen Bremsschlauch so einbauen, daß er ohne Drall durchhängt und mit 10 Nm festziehen.
- Nur vom Werk freigegebene Bremsschläuche einbauen.
- Nach dem Einbau bei entlastetem Rad prüfen (Wagen angehoben), ob der Schlauch allen Radbewegungen folgt, ohne irgendwo anzuscheuern.

Achtung: Bremsschläuche nicht mit Öl oder Petroleum in Berührung bringen, nicht lackieren oder mit Unterbodenschutz besprühen.

- Bremsanlage entlüften.
- Fahrzeug ablassen.

Bremskraftverstärker prüfen

Der Bremskraftverstärker ist auf Funktion zu überprüfen, wenn zur Erzielung ausreichender Bremswirkung die Pedalkraft außergewöhnlich hoch ist.

- Bremspedal bei stehendem Motor mindestens 5mal kräftig durchtreten, dann bei belastetem Bremspedal Motor starten. Das Bremspedal muß jetzt unter dem Fuß spürbar nachgeben.
- Andernfalls Unterdruckschlauch am Bremskraftverstärker abschrauben, Motor starten. Durch Fingerauflegen am Ende des Unterdruckschlauches prüfen, ob Unterdruck erzeugt wird.
- Ist kein Unterdruck vorhanden: Unterdruckschlauch auf Undichtigkeiten und Beschädigungen prüfen, gegebenenfalls ersetzen. Sämtliche Schellen fest anziehen.
- Ist Unterdruck vorhanden: Unterdruck messen, ggf. Bremsservo ersetzen (Werkstattarbeit).

Die Feststellbremse

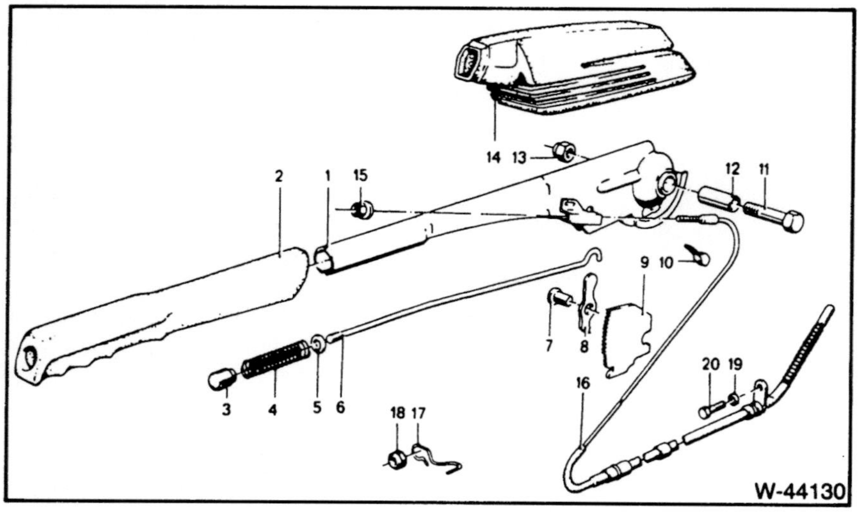

1 – **Handbremshebel**
2 – **Griff**
3 – **Druckknopf**
4 – **Druckfeder**
5 – **Gummischeibe**
6 – **Druckstange**
9 – **Sperrsegment**
10 – **Führung**
11 – **Schraube M10**
12 – **Distanzhülse**
13 – **Sechskantmutter selbstsichernd**
14 – **Schutzkappe**
15 – **Sechskantmutter M6**
16 – **Bowdenzug**
17 – **Aufhängung**
18 – **Tülle**
19 – **Federscheibe**
20 – **Schraube M6**

Feststellbremse bei Fahrzeugen mit hinterer Scheibenbremse

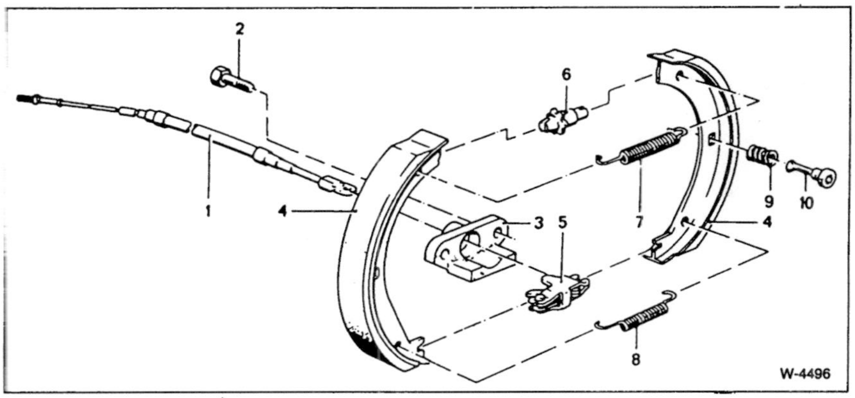

1 – Bowdenzug
2 – Schraube
3 – Stütze
4 – Bremsbacken
5 – Spreizschloß
6 – Einstellschraube
7 – untere Zugfeder
8 – obere Zugfeder
9 – Druckfeder
10 – Spannstift

Bremsbacken für Feststellbremse aus- und einbauen

Fahrzeuge mit Scheibenbremse an den Hinterrädern

Ausbau

- Bremsscheibe hinten ausbauen.

- Untere Rückzugfeder mit Bremsfederzange aushängen. Rückzugfeder überprüfen, korrodierte oder ausgeleierte Feder erneuern.

- Andrückfeder mit Inbusschlüssel –5 mm– etwas zusammendrücken, um ca. 90° (1/4 Umdrehung) drehen und Haltefeder von der Bremsbacke abnehmen.
- Andrückfeder von der anderen Bremsbacke auf dieselbe Weise ausbauen.

- Beide Bremsbacken unten auseinanderziehen und nach oben abheben.

- Spreizschloß abnehmen und auf Leichtgängigkeit prüfen. Dazu Teil –B– nach hinten ziehen, Bolzen –A– herausdrücken und Teil –C– vom Seilzug abziehen.

Einbau

Grundsätzlich Bremsbacken auf beiden Seiten erneuern.

- Gleitflächen und Bolzen des Spreizschlosses mit »Molykote-Paste G« ganz dünn bestreichen.

- Spreizschloß mit Bolzen –A– unten in das Handbremsseil lagerichtig einhängen.

- Rechte und linke Bremsbacke einsetzen. Andrückfeder mit 5 mm Inbusschlüssel aufdrücken und gleichzeitig um ca. 90° drehen.
- Bremsbacken-Einstellvorrichtung gangbar machen, Gewinde leicht mit Molykotefett einstreichen, Gewindestück zurückdrehen.

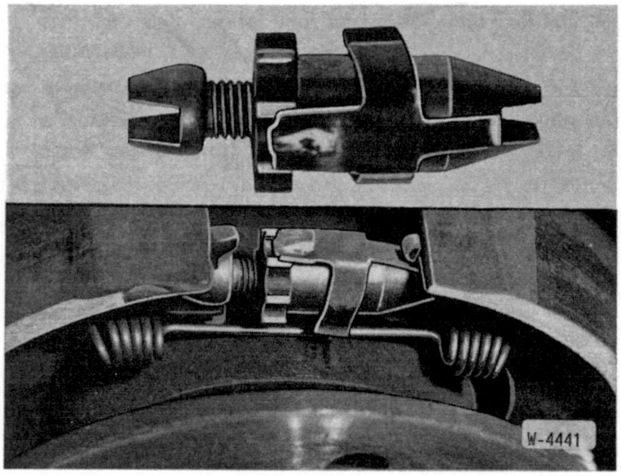

- Bremsbacken-Einstellvorrichtung lagerichtig oben zwischen die Bremsbacken setzen.

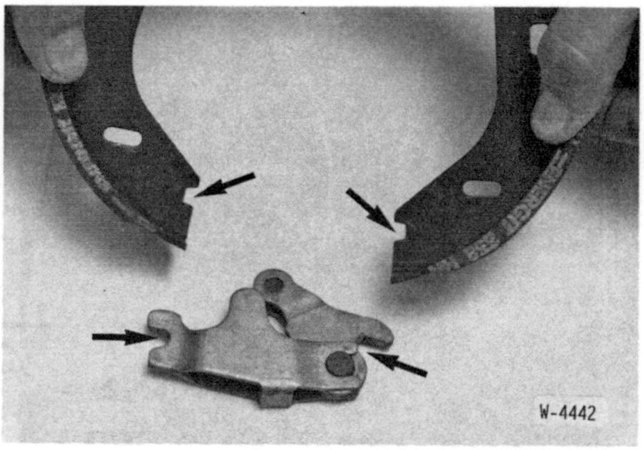

- Unten müssen die Bremsbacken in die Aussparungen –Pfeile– des Spreizschlosses eingreifen.
- Mit Bremsfederzange untere und obere Rückzugfeder einhängen.
- Bremsscheibe montieren.
- Handbremse einstellen.

Hinweis: Wurden die Bremsbacken der Feststellbremse erneuert, müssen die Beläge in 3 Phasen eingebremst werden. 1. Phase: 5 kräftige Bremsungen auf leerer Straße aus 50 km/h. 2. Phase: Bremsen abkühlen lassen. 3. Phase: 5 weitere Bremsungen aus 50 km/h.

Handbremse einstellen

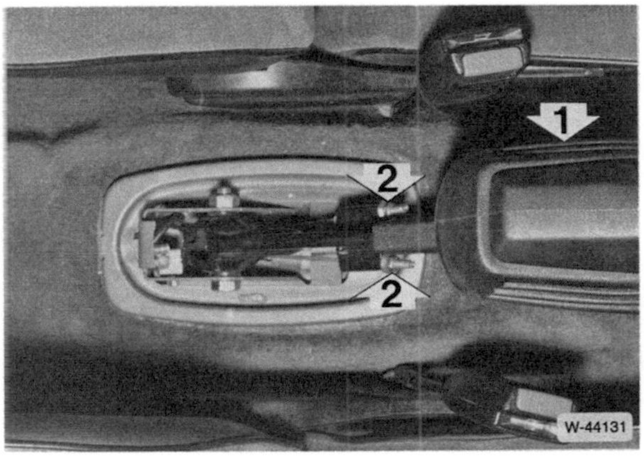

- Gummischutzkappe –1– für Handbremshebel vorn hochziehen und herausziehen. Bei den Modellen 525i/528i zuvor hinteren Teil der Mittelkonsole abbauen, damit die Handbremshebelachse erreicht werden kann.
- 2 Einstellschrauben –2– für Handbremsseile am Handbremshebel lösen.
- Fahrzeug hinten aufbocken, die Räder müssen frei drehen.

Trommelbremse

- **Modell »E 28« (ab 7/81):** Fußbremse mehrmals betätigen. Das Grundlüftspiel stellt sich automatisch ein und ist durch ein leises Klickgeräusch an den Hinterrädern zu hören. Die Funktion der automatischen Nachstellung kann durch eine Radschraubenbohrung kontrolliert werden, siehe Seite 188.
- **Modell »E 14« (bis 7/81):** Hinterrad-Bremsbeläge mit Einstellexzentern einstellen, siehe Seite 192.

Scheibenbremse

Die Feststellbremse ist von der Betriebsbremse völlig getrennt. Dadurch unterliegt die Feststellbremse nur geringem Verschleiß. Durch Korrosion der Bremstrommel oder Verschmutzung der Bremsbacken sinkt das Reibmoment. Um eine optimale Wirkung der Handbremse zu erzielen, genügt es in der Regel, vor dem Einstellen der Handbremse das Fahrzeug etwa 200 m mit leicht angezogener Handbremse und mäßiger Geschwindigkeit zu fahren.

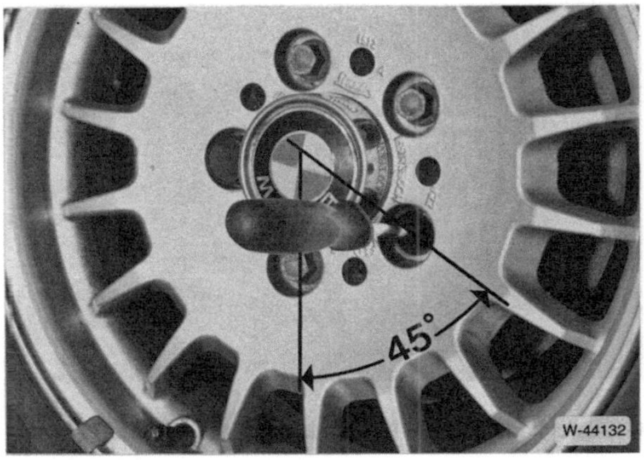

- ***Fahrzeuge seit 7/81:** Eine Radschraube an jedem Hinterrad ganz herausdrehen. Die Gewindebohrung muß ca. 45° hinter der Senkrechten unten stehen, siehe Abbildung.*
- ***Fahrzeuge bis 7/81:** Radschrauben lösen, Fahrzeug aufbocken und Hinterräder abschrauben. Bremsscheibe so verdrehen, daß eine Radschraubenbohrung (bei älteren Modellen großes Schauloch) senkrecht oben steht. In dieser Stellung muß die Nachstellmutter durch die Bohrung zu sehen sein, gegebenenfalls Bremsscheibe etwas verdrehen.*

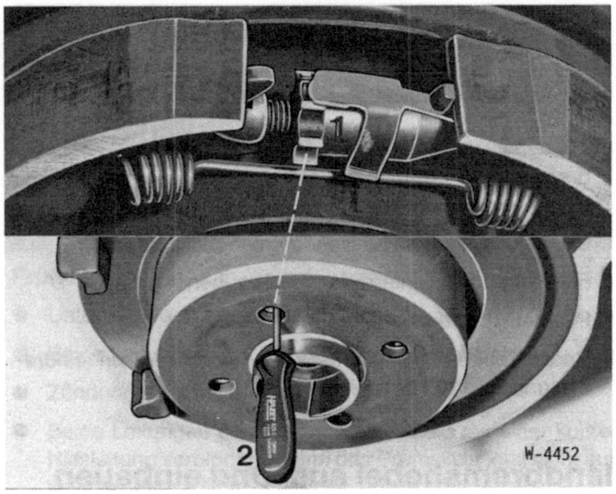

- *Durch Drehen der Nachstellmutter –1– mit Schraubendreher –2– Handbremsbacken anlegen, bis sich das Rad nicht mehr von Hand drehen läßt. Anschließend Nachstellmutter 4 bis 6 Zähne zurückdrehen. Wird die Nachstellmutter auf der linken Seite nach oben gedreht, legen sich die Bremsbacken gegen die Trommel. Auf der rechten Seite muß das Nachstellritzel nach unten gedreht werden, damit sich die Bremsbacken anlegen. Nach dem Einstellen prüfen, ob sich die Bremsscheiben frei drehen, gegebenenfalls Nachstellmutter noch etwas zurückdrehen. Die Bremsscheiben müssen in jedem Fall frei drehen.*

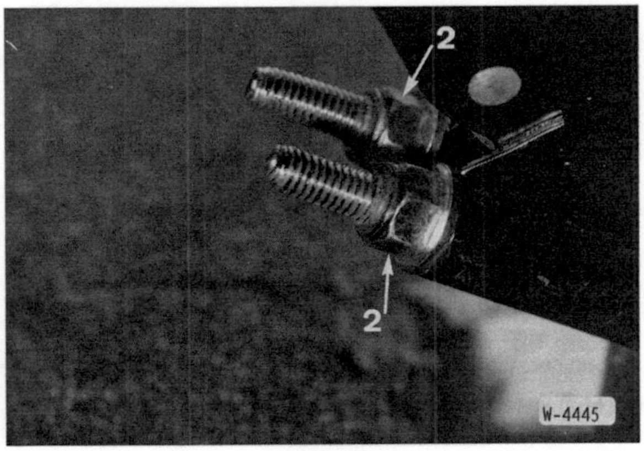

- Handbremshebel 5 Zähne anziehen und Nachstellmuttern –2– so weit auf die Bremsseile aufschrauben, bis sich die Hinterräder links und rechts **gleichmäßig** gerade noch von Hand drehen lassen. Handbremshebel lösen und kontrollieren, ob sich die Räder frei drehen lassen, gegebenenfalls Einstellung wiederholen.

- Zündung einschalten. Die Kontrolleuchte für Feststellbremse muß bei gelöster Handbremse ausgehen. Falls nicht, Schalter –3– entsprechend einstellen.
- Gummischutzkappe für Handbremshebel aufdrücken.
- Falls abgebaut, Hinterräder anschrauben.
- Fahrzeug ablassen.
- Radschrauben an den hinteren Scheibenbremsen reindrehen und mit **110 Nm** anziehen.

Handbremshebel aus- und einbauen

Ausbau Modelle seit 7/81

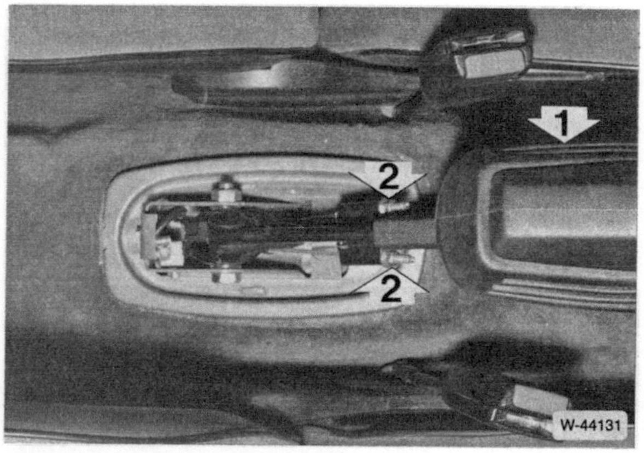

- Gummischutzkappe für Handbremshebel vorne hochziehen. Bei 525i/528i stattdessen Abdeckbürste vorn ausclipsen und nach hinten ausheben. Außerdem müssen bei diesen Modellen die Schrauben der hinteren Mittelkonsole gelöst werden. Mittelkonsole zurückschieben und nach oben herausnehmen.
- 2 Muttern –2– für Handbremsseile abschrauben.

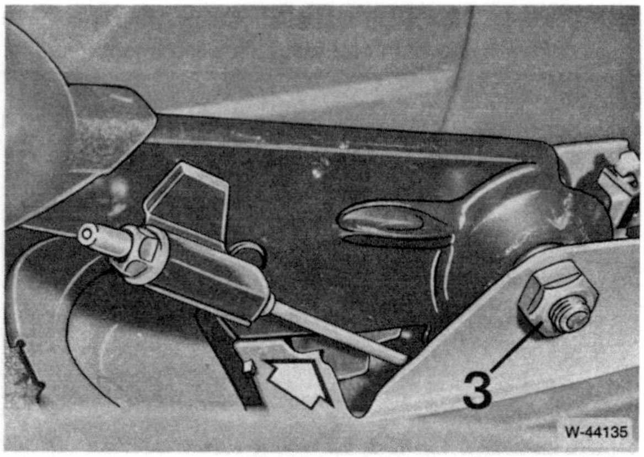

- Selbstsichernde Mutter –3– lösen und Bolzen herausdrükken.
- Handbremshebel ausheben. **Achtung:** Beim Herausziehen des Handbremshebels aus der Lagerung den Arretierungsknopf am Hebel nicht drücken.

Einbau

- Handbremsseile in den Handbremshebel einführen, Handbremshebel einsetzen und Schraube einsetzen. **Achtung:** Das Sperrsegment muß mit dem Ausschnitt in der Halterung liegen, siehe –Pfeil– in Abbildung W-44135.
- Neue selbstsichernde Mutter aufschrauben.
- Gummischutzkappe aufdrücken.
- Muttern für Handbremsseile handfest aufschrauben.
- Falls ausgebaut, Konsole von hinten einsetzen und nach vorn schieben, bis die Konsole fest in der Arretierung sitzt. Konsole mit Schrauben befestigen.
- Handbremse einstellen.

Handbremsseil aus- und einbauen

Trommelbremse

Ausbau

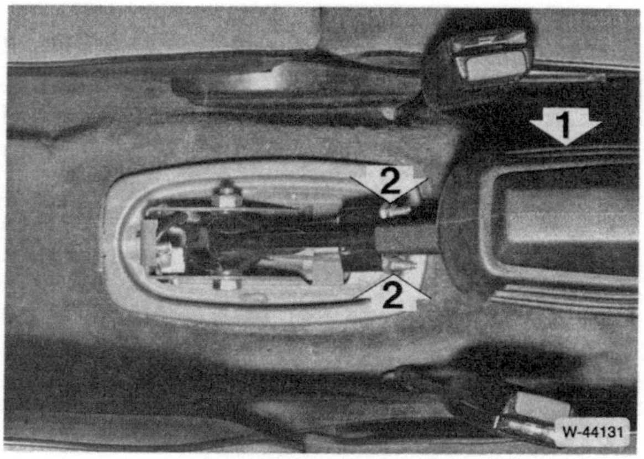

- Abdeckgummi –1– für Handbremshebel vorn hochziehen und abziehen.

- Muttern –2– von den Handbremsseilen lösen.
- Fahrzeug hinten aufbocken, siehe Seite 140.
- Bremsbacken hinten für Trommelbremse ausbauen.

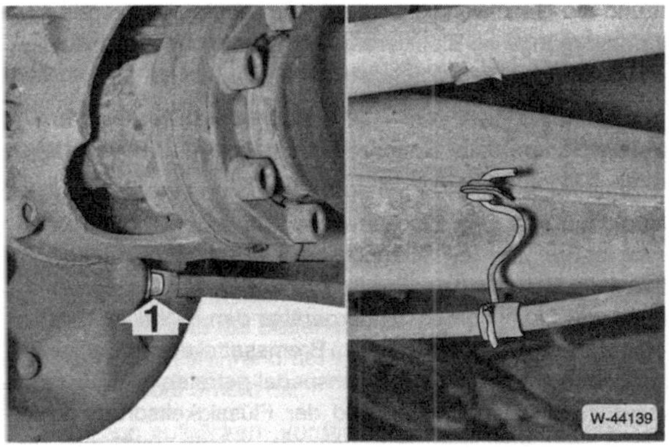

- Handbremsseil am Dreieckslenker aushängen.
- Inbusschraube –1– herausschrauben und Handbremsseil aus Bremsträgerblech nach hinten herausziehen.

Einbau

- Handbremsseil zum Handbremshebel und zum Bremsträgerblech verlegen.
- Handbremsseil in Bremsträgerblech einsetzen und anschrauben.
- Handbremsseil an Längslenker anbauen.
- Trommelbremse komplettieren.
- Muttern für Handbremsseile am Handbremshebel handfest aufschrauben.
- Handbremse einstellen.
- Abdeckung für Handbremshebel aufdrücken.

Handbremsseil aus- und einbauen

Scheibenbremse hinten

Ausbau

- Handbremshebel ausbauen.
- Handbremsbacken ausbauen, Spreizschloß abnehmen, siehe Seite 197.
- Handbremsseil am Schwingarm der Hinterachse aushängen und aus dem Schutzrohr herausziehen.

Einbau

- Handbremsseil zum Handbremshebel und zur Hinterradbremse verlegen. **Achtung:** Beim Einsetzen in das Schutzrohr darauf achten, daß das Bowdenzuggegenlager am Schutzrohr anliegt.
- Handbremsbowdenzug am Schwingarm der Hinterachse in den Halter einhängen.
- Handbremse hinten komplettieren.
- Handbremshebel einbauen.
- Handbremse einstellen.

Bremslichtschalter aus- und einbauen/einstellen

Der Bremslichtschalter sitzt oberhalb der Pedale am Fußbremshebel.

Prüfen

- Untere Abdeckung ausbauen, siehe Seite 226.
- Beide Leitungen vom Bremslichtschalter abziehen.
- Zündung einschalten.
- Beide Leitungen des Bremslichtschalters mit einer kurzen Hilfsleitung verbinden. Wenn das Bremslicht jetzt nicht aufleuchtet, Bremslichtschalter einstellen oder auswechseln.

Einstellen

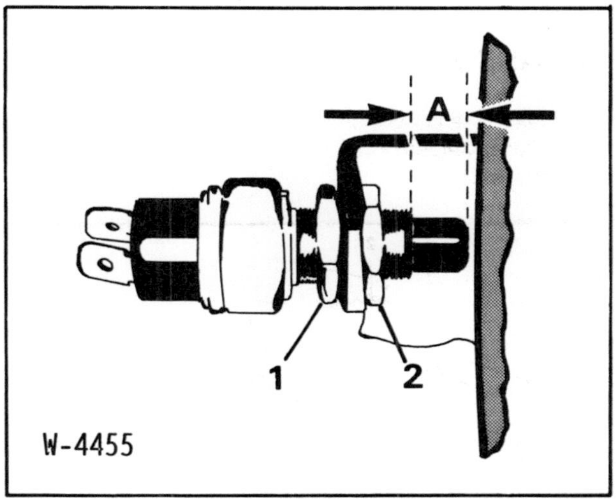

- Bremslichtschalter mit Mutter –1– und Gegenmutter –2– so einstellen, daß der Kontaktknopf –A– bei gelöstem Bremspedal 5 bis 6 mm sichtbar ist. Gegebenenfalls durch Verdrehen der beiden Muttern Schalter einstellen.
- Schaltereinstellung mit Mutter –2– sichern.

Ausbau

- Beide Stecker –3– vom Schalter abziehen.
- Mutter –4– vom Schalter abschrauben, Schalter abnehmen.

Einbau

- Schalter einsetzen und mit Mutter –4– befestigen.
- Schalter einstellen.
- Stecker auf Kontaktfahnen aufschieben.
- Kontrollieren, ob das Bremslicht bei eingeschalteter Zündung aufleuchtet.
- Untere Abdeckung einbauen.

Die ABS-Anlage

Auf Wunsch kann der BMW mit ABS (Anti-Blockier-System) ausgestattet werden. Ein nachträglicher Einbau des ABS ist nicht möglich.

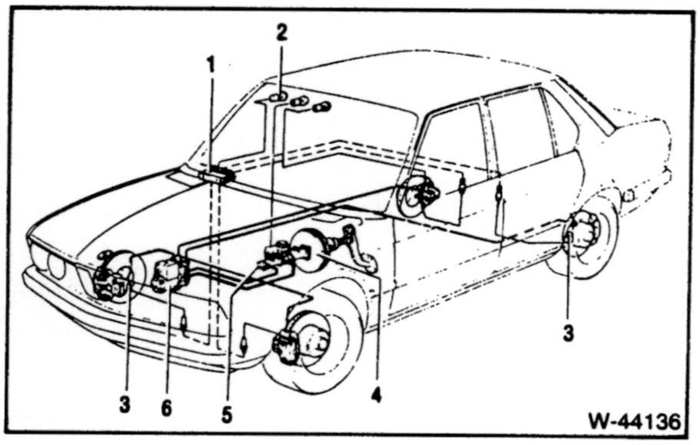

1 – Elektronisches Steuergerät
2 – Kontrolleuchten
3 – Drehzahlfühler
4 – Bremskraftverstärker
5 – Hauptbremszylinder
6 – Hydraulikeinheit

Das Antiblockiersystem (ABS) verhindert bei scharfem Abbremsen das Blockieren der Räder. Dadurch bleibt vor allem das Fahrzeug bei einer Vollbremsung lenkbar.

Das ABS ist funktionsbereit, sobald die Zündung eingeschaltet ist und die Geschwindigkeit 5–7 km/h erreicht. Es regelt alle Bremsvorgänge im Blockierbereich, sobald die Geschwindigkeit von 12 km/h einmal überschritten wurde.

Drehzahlfühler an jedem Rad melden dem Steuergerät die aktuelle Raddrehzahl. Befindet sich ein Rad kurz vor dem Blockieren, fällt seine Drehzahl sehr schnell ab.

Sobald ein Rad zum Blockieren neigt, der Bremsflüssigkeitsdruck im Bremssattel ist dann zu hoch im Verhältnis zur Haftfähigkeit der Reifen auf der Straße, hält das Hydrauliksystem aufgrund von Signalen des Steuergerätes den Flüssigkeitsdruck konstant. Das heißt, der Druck im Bremssattel erhöht sich nicht, auch wenn stärker auf das Bremspedal getreten wird. Besteht weiterhin Blockierneigung, wird der Flüssigkeitsdruck durch Öffnen eines Auslaßventils abgesenkt. Jedoch nur so weit, bis das Rad wieder geringfügig beschleunigt, dann wird der Druck wieder konstant gehalten.

Beschleunigt das Rad über einen bestimmten Wert hinaus, wird der Druck durch das Hydrauliksystem wieder erhöht, jedoch nicht über das Maß des allgemeinen Bremsdrucks hinaus.

Dieser Vorgang wiederholt sich bei scharfem Bremsen für jedes einzelne Rad so lange, bis das Bremspedal zurückgenommen wird, beziehungsweise bis kurz vor Stillstand (5–7 km/h) des Fahrzeuges.

Eine Sicherheitsschaltung im elektronischen Steuergerät sorgt dafür, daß sich das ABS bei einem Defekt (z. B. Kabelbruch) oder bei zu niedriger Betriebsspannung (Batteriespannung unter 10,5 Volt) selbst abschaltet. In diesem Fall leuchtet die ABS-Kontrolleuchte am Armaturenbrett während der Fahrt auf. Die herkömmliche Bremsanlage bleibt dabei in Betrieb. Das Fahrzeug verhält sich beim Bremsen dann so, als ob kein ABS eingebaut wäre.

Die Hydraulikeinheit besteht aus der Rückförderpumpe sowie aus Magnetventilen für die Vorderrad- und die Hinterradbremse.

Druckaufbau: Das Einlaßventil im Magnetventil ist geöffnet. Der Flüssigkeitsdruck im Bremssattel kann bis zu dem Wert ansteigen, der durch den Hauptbremszylinder hervorgerufen wird.

Druck konstant halten: Auslaß- und Einlaßventil im Magnetventil sind geschlossen. Der Flüssigkeitsdruck im Bremssattel verändert sich nicht, auch wenn sich der Druck zwischen Hauptbremszylinder und Magnetventil erhöht.

Druckabbau: Das Auslaßventil im Magnetventil ist geöffnet. Bremsflüssigkeit strömt über einen Speicher in die Rückförderpumpe, die die Flüssigkeit gegen den vorhandenen Druck in den Hauptbremszylinder zurückpumpt.

Das ist erforderlich, damit nicht die ganze Bremsflüssigkeit aus dem Hauptbremszylinder herausgedrückt werden kann. Die Pumpentätigkeit ist am deutlichen Pulsieren des Bremspedals spürbar. Die Pumpengeräusche werden durch je einen Dämpfer pro Bremskreis gedämpft.

Leuchtet während der Fahrt die ABS-Kontrollampe auf, dann weist dies darauf hin, daß sich das ABS abgeschaltet hat.

- Fahrzeug kurz anhalten, Motor abstellen und wieder starten.
- Batteriespannung prüfen. Wenn die Spannung unter 10,5 Volt liegt, Batterie laden.

Achtung: Wenn die ABS-Kontrolleuchte am Anfang einer Fahrt aufleuchtet und nach einiger Zeit wieder erlöscht, deutet das darauf hin, daß die Batteriespannung zunächst zu gering war, bis sie sich während der Fahrt durch Ladung über den Generator wieder erhöht hat.

- Fahrzeug aufbocken, Vorderräder abnehmen, elektrische Leitungen auf äußere Beschädigungen (durchgescheuert) prüfen.
- Weitere Prüfungen des ABS sollten der Werkstatt vorbehalten bleiben.

Achtung: Vor Schweißarbeiten mit einem elektrischen Schweißgerät muß der Stecker vom elektronischen Steuergerät abgezogen werden. Stecker nur bei ausgeschalteter Zündung abziehen. Bei Lackierarbeiten darf das Steuergerät kurzzeitig mit maximal +95° C und langfristig (ca. 2 Stunden) mit maximal +85° C belastet werden.

Störungsdiagnose Bremse

Störung	Ursache	Abhilfe
Leerweg des Bremspedals zu groß	Bremsbacken teilweise oder völlig abgenutzt	■ Bremsbeläge nachstellen oder Beläge erneuern
	Ein Bremskreis ausgefallen	■ Bremskreise auf Flüssigkeitsverlust prüfen
	Trommelbremse nicht richtig eingestellt	■ Trommelbremse einstellen
Bremspedal läßt sich weit und federnd durchtreten	Luft im Bremssystem	■ Bremse entlüften
	Zu wenig Bremsflüssigkeit im Ausgleichbehälter	■ Neue Bremsflüssigkeit nachfüllen Bremse entlüften
	Dampfblasenbildung. Tritt meist nach starker Beanspruchung auf, z. B. Paßabfahrt	■ Bremsflüssigkeit wechseln. Bremse entlüften
Bremswirkung läßt nach, und Bremspedal läßt sich durchtreten	Undichte Leitung	■ Leitungsanschlüsse nachziehen oder Leitung erneuern
	Beschädigte Manschette im Haupt- oder Radbremszylinder	■ Manschette erneuern. Beim Hauptbremszylinder Innenteile ersetzen, ggf. Hauptbremszylinder ersetzen
	Speziell bei Scheibenbremse: Stationärer Gummidichtring beschädigt	■ Bremssattel überholen
Schlechte Bremswirkung trotz hohen Fußdrucks	Bremsbeläge verölt	■ Bremsbeläge erneuern
	Ungeeigneter Bremsbelag	■ Beläge erneuern Original BMW-Beläge verwenden
	Bremskraftverstärker defekt	■ Bremsservo prüfen
	Speziell bei Scheibenbremse: Bremsbeläge abgenutzt	■ Bremsbeläge erneuern
Bremse zieht einseitig	Unvorschriftsmäßiger Reifendruck	■ Reifendruck prüfen und berichtigen
	Bereifung ungleichmäßig abgefahren	■ Abgefahrene Reifen ersetzen
	Bremsbeläge verölt	■ Bremsbeläge erneuern
	Verschiedene Bremsbelagsorten auf einer Achse	■ Beläge erneuern. Original BMW-Beläge verwenden
	Schlechtes Tragbild der Bremsbeläge	■ Bremsbeläge austauschen
	Speziell bei Scheibenbremse: Verschmutzte Bremssattelschächte	■ Sitz- und Führungsflächen der Bremsbeläge im Bremssattel reinigen
	Korrosion in den Bremssattelzylindern	■ Bremssattel erneuern
	Bremsbelag ungleichmäßig verschlissen	■ Bremsbeläge erneuern (beide Räder)
	Speziell bei Trommelbremse: Kolben in den Radbremszylindern schwergängig	■ Radbremszylinder instand setzen

Störung	Ursache	Abhilfe
Bremse zieht von selbst an	Ausgleichsbohrung im Hauptbremszylinder verstopft	■ Hauptbremszylinder reinigen und Innenteile erneuern lassen
	Spiel zwischen Betätigungsstange und Hauptbremszylinderkolben zu gering	■ Spiel prüfen
Bremsen erhitzen sich während der Fahrt	Ausgleichsbohrung im Hauptbremszylinder verstopft	■ Hauptbremszylinder reinigen und Innenteile erneuern lassen
	Spiel zwischen Betätigungsstange und Hauptbremszylinder zu gering	■ Spiel prüfen
	Speziell bei Scheibenbremse: Drosselbohrung im Spezial-Bodenventil verstopft	■ Hauptbremszylinder reinigen, Innenteile ersetzen und Bremsflüssigkeit erneuern
	Speziell bei Trommelbremse: Bremsbacken-Rückzugfedern erlahmt	■ Rückzugfedern erneuern
Bremsen rattern	Ungeeigneter Bremsbelag	■ Beläge erneuern Original BMW-Beläge verwenden
	Speziell bei Scheibenbremse: Bremsscheibe stellenweise korrodiert	■ Scheibe mit Schleifklötzen sorgfältig glätten
	Bremsscheibe hat Seitenschlag	■ Scheibe nacharbeiten oder ersetzen
	Speziell bei Trommelbremse: Bremsbeläge verschlissen	■ Beläge erneuern. Original BMW-Beläge verwenden
	Bremstrommel unrund	■ Bremstrommel ausdrehen, gegebenenfalls ersetzen
Bremsbeläge lösen sich nicht von der Bremsscheibe, Räder lassen sich schwer von Hand drehen	**Speziell bei Scheibenbremse:** Korrosion in den Bremssattelzylindern	■ Bremssattel überholen, eventuell austauschen
Ungleichmäßiger Belag-Verschleiß	**Speziell bei Scheibenbremse:** Ungeeigneter Bremsbelag	■ Bremsbeläge erneuern Original BMW-Beläge verwenden
	Bremssattel verschmutzt	■ Bremssattelschächte reinigen
	Kolben nicht leichtgängig	■ Kolbenstellung (Kolbenring) prüfen
	Bremssystem undicht	■ Bremssystem auf Dichtigkeit prüfen
Keilförmiger Bremsbelag-Verschleiß	**Speziell bei Scheibenbremse:** Bremsscheibe läuft nicht parallel zum Bremssattel	■ Anlagefläche des Bremssattels prüfen
	Korrosion in den Bremssätteln	■ Verschmutzung beseitigen
	Kolben arbeitet nicht richtig	■ Kolbenstellung (Kolbenring) prüfen

Störung	Ursache	Abhilfe
Bremse quietscht	Oft auf atmosphärische Einflüsse (Luftfeuchtigkeit) zurückzuführen	■ Keine Abhilfe erforderlich, und zwar dann, wenn Quietschen nach längerem Stillstand des Wagens bei hoher Luftfeuchtigkeit auftrat, aber nach den ersten Bremsungen sich nicht wiederholt
	Speziell bei Scheibenbremse: Ungeeigneter Bremsbelag	■ Beläge erneuern. Original BMW-Beläge verwenden Rückenplatte mit Anti-Quietsch-Paste bestreichen
	Bremsscheibe läuft nicht parallel zum Bremssattel	■ Anlagefläche des Bremssattels prüfen
	Verschmutzte Schächte im Bremssattel	■ Bremssattelschächte reinigen
	Spreizfedern ausgeleiert	■ Spreizfedern erneuern
	Speziell bei Trommelbremse: Ungeeigneter Bremsbelag	■ Beläge erneuern
	Belag liegt nicht satt auf	■ Beläge erneuern
	Bremse verschmutzt	■ Radbremsen reinigen
	Rückzugfedern zu schwach	■ Rückzugfedern erneuern
Bremse pulsiert	ABS in Funktion	■ Normal, keine Abhilfe
	Speziell bei Scheibenbremse: Seitenschlag oder Dickentoleranz der Bremsscheibe zu groß	■ Schlag und Toleranz prüfen. Scheibe nacharbeiten oder ersetzen
	Bremsscheibe läuft nicht parallel zum Bremssattel	■ Anlagefläche des Bremssattels prüfen
	Speziell bei Trommelbremse: Anlagefläche des Scheibenrades an der Bremstrommel nicht plan, dadurch Verzug der Bremstrommel	■ Es kann versucht werden, die Scheibenräder untereinander auszutauschen. Besser: Bremstrommel mit angeschraubtem Rad auf einer geeigneten Drehbank ausdrehen

Die Karosserie

Die Karosserie des 5er BMW ist selbsttragend. Bodengruppe, Seitenteile, Dach und die hinteren Kotflügel sind miteinander verschweißt. Die Reparatur größerer Karosserieschäden sollten der Fachwerkstatt vorbehalten bleiben.

Motorhaube, Kofferraumdeckel, Türen und die vorderen Kotflügel sind angeschraubt und lassen sich leicht auswechseln. Beim Einbau ist dann unbedingt auf gleichmäßige Luftspaltmaße (= Breite der Fugen zwischen jeweiliger Klappe und umliegender Karosserie) zu achten, sonst klappert beispielsweise die Tür, oder es können erhöhte Windgeräusche während der Fahrt auftreten. Der Luftspalt muß auf jeden Fall parallel verlaufen, das heißt, der Abstand zwischen den Karosserieteilen muß auf der gesamten Länge des Spaltes gleich groß sein. Abweichungen bis zu 1 mm sind zulässig.

Neben den Karosserie-Anbauteilen wird in diesem Kapitel auch die Innenausstattung, wie Sitze und Verkleidungen, behandelt. Alle Arbeiten sind am neueren Modell beschrieben, grundsätzlich gelten sie jedoch für beide 5er-Modelle (»E14« bis / »E28« seit 7/81). Bei markanten Unterschieden wird darauf hingewiesen.

Sicherheitshinweise bei Karosseriearbeiten

- Soweit Schweißarbeiten oder andere funkenerzeugende Arbeiten in Batterienähe durchgeführt werden, muß grundsätzlich die Batterie ausgebaut werden.
- An Teilen der gefüllten Klimaanlage darf weder geschweißt, noch hart- oder weichgelötet werden. Das gilt auch für Schweiß- und Lötarbeiten am Fahrzeug, wenn die Gefahr besteht, daß sich Teile der Klimaanlage erwärmen. **Achtung:** Der Kältemittelkreislauf der Klimaanlage darf nicht geöffnet werden.
- An besonders korrosionsgefährdeten Karosserieteilen sind verzinkte Bleche eingebaut. Zinkschicht vor dem Schweißen nicht abschleifen (nur vor Hartlötung abschleifen). Schweißstrom um ca. 10 % erhöhen. **Achtung:** Beim Schweißen von verzinkten Stahlblechen entsteht giftiges Zinkoxid, es muß deshalb für eine gute Arbeitsplatzbelüftung gesorgt werden.
- PVC-Unterbodenschutz an der Reparaturstelle mit rotierender Drahtbürste entfernen, oder mit Heißluftgeläse auf maximal +180° C erwärmen und mit Spachtel ablösen. Durch Abbrennen bzw. Erwärmen von PVC-Material über +180° C entsteht stark korrosionsfördernde Salzsäure, außerdem werden gesundheitsschädliche Dämpfe frei.
- Im Rahmen einer Reparatur-Lackierung darf das Fahrzeug im Trockenofen oder in seiner Vorwärmzone bis maximal **+80° C** aufgeheizt werden. Sonst besteht die Gefahr der Beschädigung elektronischer Steuergeräte im Fahrzeug.

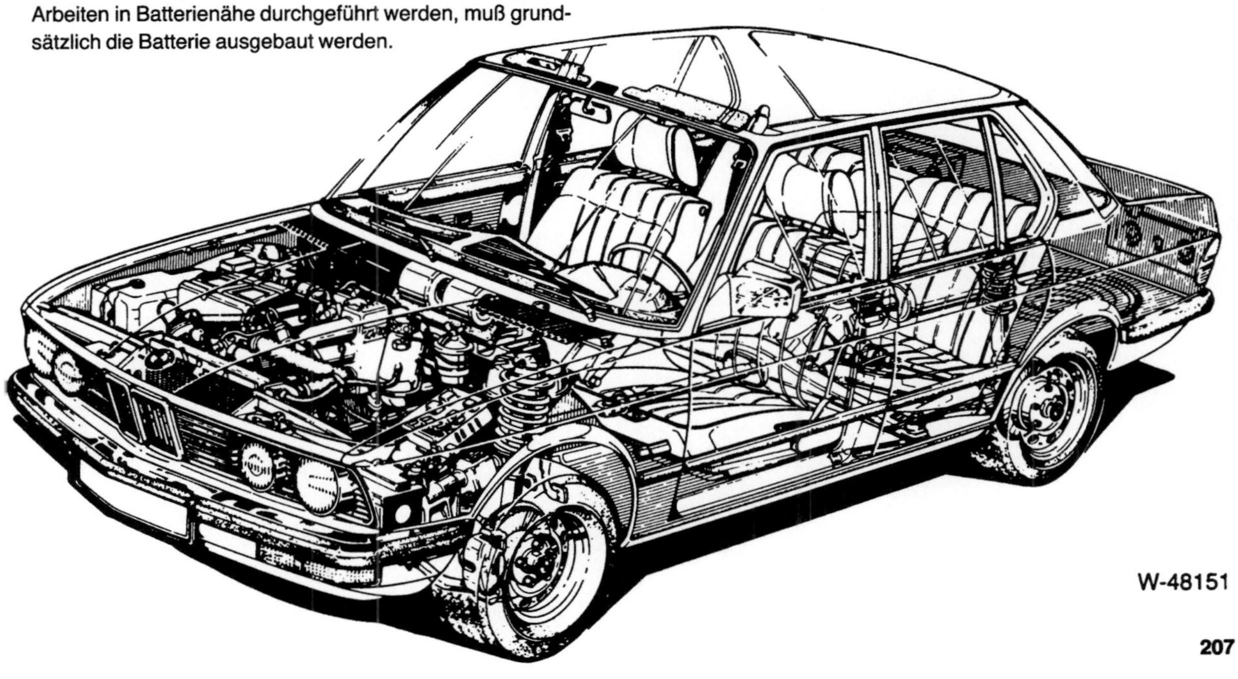

W-48151

Stoßfänger vorn aus- und einbauen

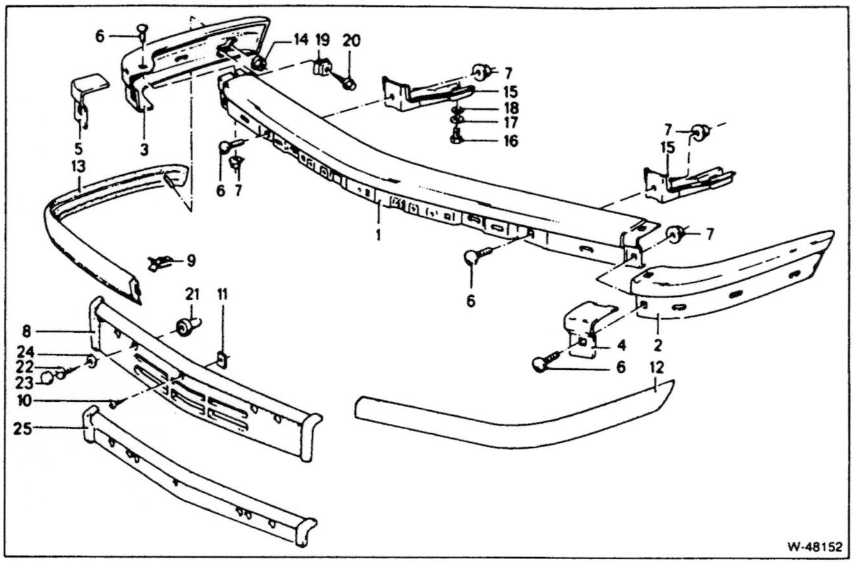

1 – Mittelteil
2 – Seitenteil links
3 – Seitenteil rechts
4 – Blende links
5 – Blende rechts
6 – Schraube
7 – Sechskantmutter M8
8 – Stoßleiste
9 – Klammer
10 – Blechschraube
11 – Blechmutter
12 – Stoßleiste links
13 – Stoßleiste rechts
14 – Sechskantmutter M6
15 – Halter
16 – Sechskantschraube
17 – Beilagscheibe
18 – Federscheibe
19 – Blechmutter
20 – Blechschraube
21 – Einsteckmutter
22 – Blechschraube
23 – Schutzkappe
24 – Beilagscheibe
25 – Unterlage

Ausbau

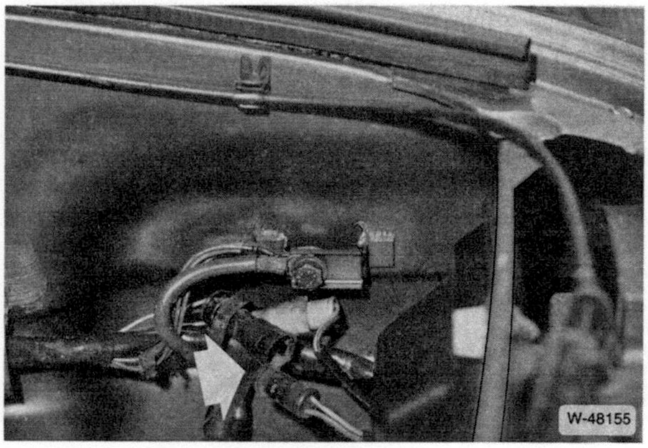

- Elektrische Steckverbindungen für Blinker links oberhalb der Batterie trennen. Beim Modell bis 7/81 Stecker direkt an den Blinkleuchten abziehen.

- Im Radhaus von innen auf jeder Seite Schraube für Stoßfängerbefestigung herausschrauben. Gegebenenfalls vorher Innenkotflügel abschrauben, damit die Schraube erreicht wird.

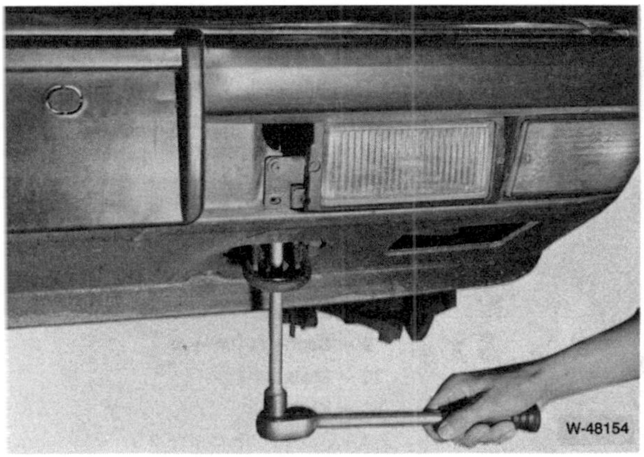

- **Ab 7/81:** Auf beiden Seiten Mutter am Träger lockern, dabei Steckschlüssel SW 13 mit Verlängerung wie hier gezeigt ansetzen. **Achtung:** Bei Stoßfängern mit Kunststoffverbreiterung müssen an dieser Stelle vorher die Klappen herausgehebelt werden, damit die Schrauben erreicht werden können.

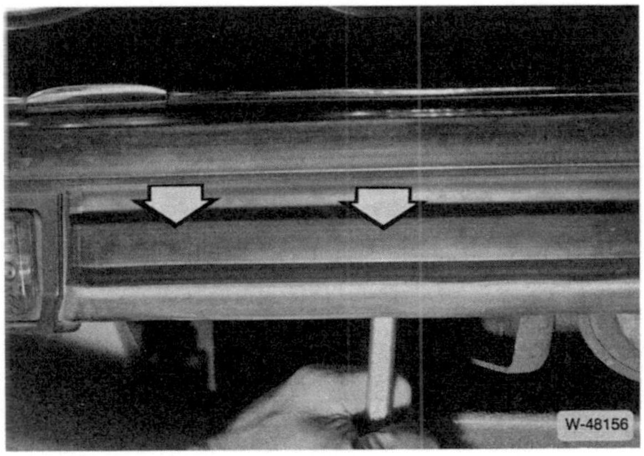

- **Bis 7/81:** An Stoßfängerinnenseite links und rechts Schrauben –Pfeile– mit gekröpftem Ringschlüssel oder Steckschlüssel abschrauben.
- Stoßfänger mit Helfer nach vorn abziehen.

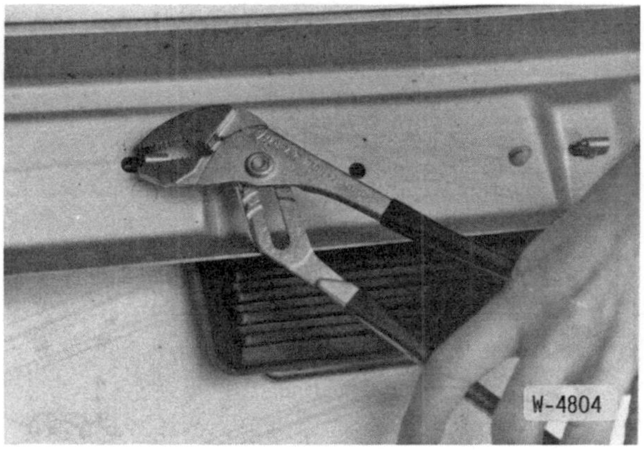

- Soll die Stoßleiste erneuert werden, Sperrhaken aller Leistenklammern zusammendrücken. Stoßprofil abnehmen. Beim Einbau Leistenklammern erneuern. Mit Schraubendreher in die Leistenklammern fahren und Leistenklammer in den Stoßfänger ziehen.

Einbau

- Stoßfänger mit Helfer waagerecht ansetzen.
- Stoßfänger vorn an Träger einschrauben, nicht festziehen.
- In beiden Radhäusern je eine Schraube für Stoßfängerbefestigung einschrauben.
- Stoßfänger parallel zum Fahrzeug ausrichten.
- Vorn die Muttern für Stoßfänger mit **45 Nm** festziehen.
- Blinkerstecker zusammenfügen, Funktion der Blinker kontrollieren.
- Falls vorher entfernt, Innenkotflügel anschrauben, Klappen in Stoßfänger einclipsen.

Stoßfänger hinten aus- und einbauen

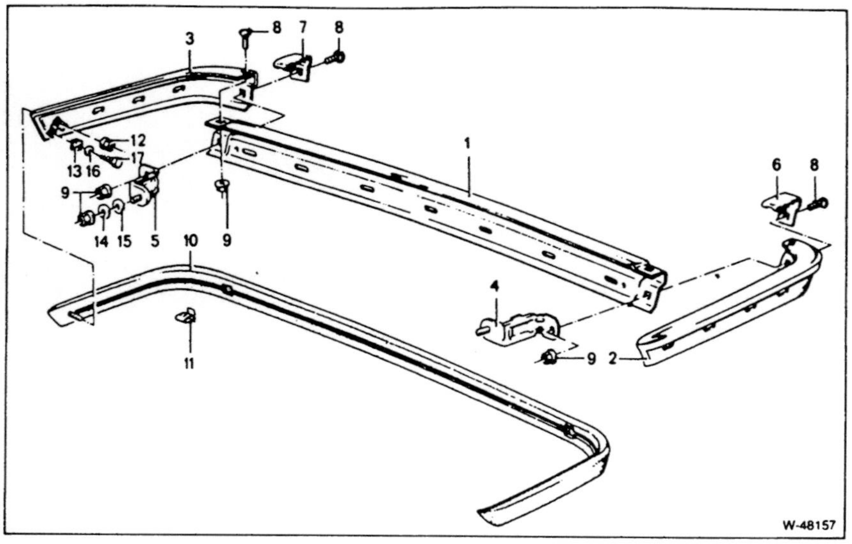

1 – **Mittelteil**
2 – **Seitenteil links**
3 – **Seitenteil rechts**
4 – **Halter links**
5 – **Halter rechts**
6 – **Blende links**
7 – **Blende rechts**
8 – **Schraube M 8**
9 – **Sechskantmutter**
10 – **Stoßleiste**
11 – **Klammer**
12 – **Sechskantmutter M 6**
13 – **Blechmutter**
14 – **Gummischeibe**
15 – **Beilagscheibe**
16 – **Gummischeibe**
17 – **Blechschraube**

Ausbau

- Im Radhaus von innen auf jeder Seite Schraube –Pfeil– für Stoßfängerbefestigung herausschrauben.

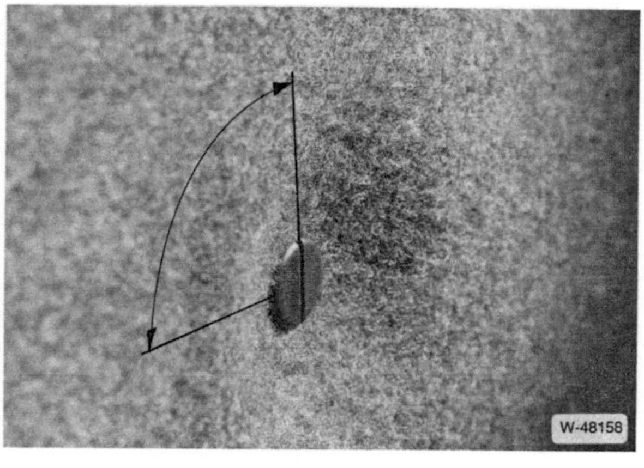

- Kofferraummatte zurückschlagen. Verkleidung vom Heckabschlußblech abbauen, dazu 3 Knebelschrauben mit Schraubendreher um 90° drehen. Modelle bis 7/81, siehe Seite 252.

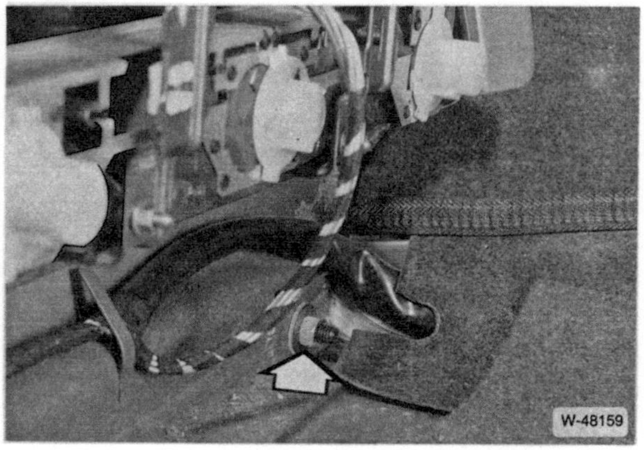

- Von innen 1 Mutter (bis 7/81: 2 Muttern) für Stoßstangenhalter links und rechts abschrauben.
- Stoßfänger mit Helfer vorsichtig nach hinten wegziehen.

Einbau

- Gegebenenfalls Gummi-Stoßleiste in gleicher Weise wie beim vorderen Stoßfänger ersetzen.
- Stoßfänger mit Helfer waagerecht ansetzen und mit 2 Schrauben an den Haltern anschrauben, nicht festziehen. **Achtung:** Zwischen Stoßstangenhalter und Heckabschlußblech Gummischeiben nicht vergessen, siehe Abbildung W-48157.
- An den Stoßfängerspitzen innen vom Radhaus her auf jeder Seite eine Schraube einschrauben.
- Stoßfänger ausrichten und sämtliche Befestigungsschrauben für den Stoßfänger festziehen.

Frontziergitter aus- und einbauen

Ausbau

- Motorhaube öffnen.

- 5 Schrauben herausdrehen und Ziergitter abnehmen. Beim Modell bis 7/81 befindet sich eine weitere Schraube an der Unterkante zwischen den Scheinwerfern.

Einbau

- Beschädigte Gewindeclips für Befestigungsschrauben ersetzen.
- Ziergitter ansetzen und festschrauben.

Kotflügel vorn aus- und einbauen

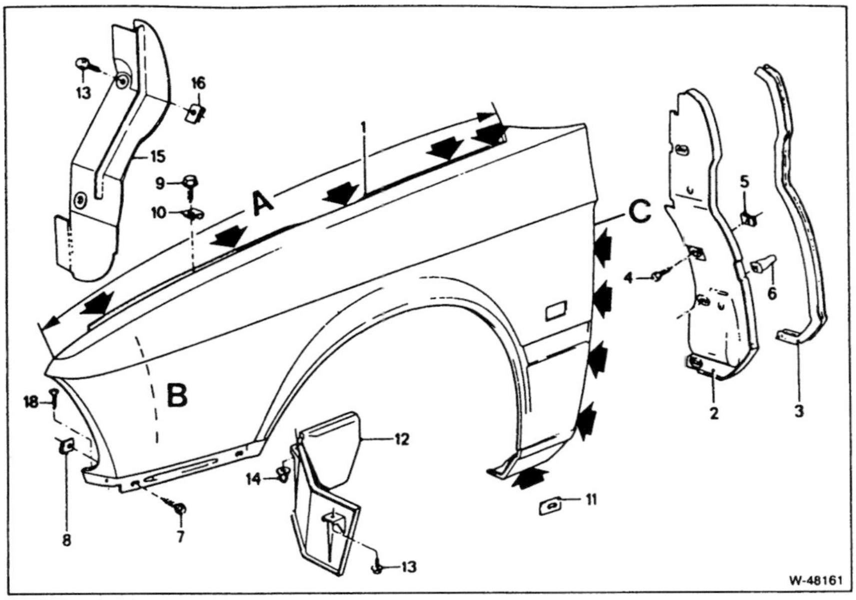

1 – Kotflügel
2 – Innenkotflügel
3 – Abdichtung
4 – Blechschraube
5 – Blechmutter
6 – Spreizmutter
7 – Blechschraube
8 – Blechmutter
9 – Blechschraube
10 – Blechmutter
11 – Unterlage
12 – Abdeckung
Nur Dieselmodelle.
13 – Blechschraube
14 – Sechskantmutter M 6
15 – Innenkotflügel
16 – Blechmutter
18 – Blechschraube
A,B,C – Klebestellen durch Unterbodenschutz

Achtung: Die Abbildung zeigt den Kotflügel ab 7/81. Der Arbeitsgang ist jedoch bei älteren Modellen in gleicher Weise durchzuführen. Hinweise für Karosseriearbeiten beachten, siehe Seite 207.

Ausbau

- Stoßstange mit Halter vorn ausbauen.
- Ziergitter für Scheinwerfer ausbauen.
- Falls vorhanden, seitliche Blinkleuchte am Kotflügel abbauen.
- Radkappe abhebeln, Radschrauben bei auf dem Boden stehendem Fahrzeug lösen.
- Scheibenrad zur Radnabe mit Farbe kennzeichnen. Dadurch kann das ausgewuchtete Rad wieder an gleicher Stelle montiert werden.
- Fahrzeug aufbocken und Rad abnehmen, siehe Seite 140.

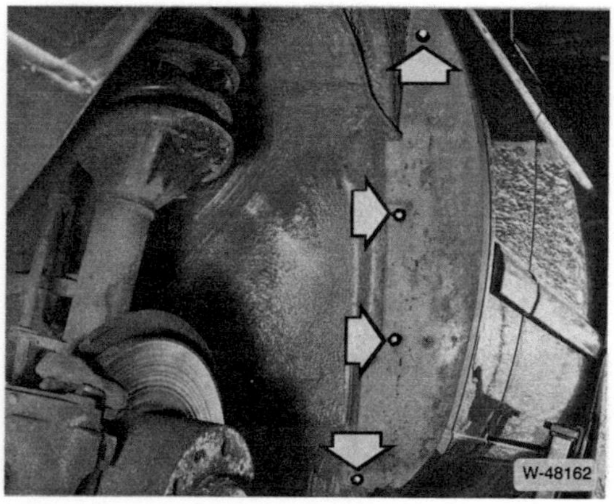

- Hinteren und vorderen Innenkotflügel abschrauben und abnehmen. Die Abbildung zeigt den hinteren Innenkotflügel.
- Am Kotflügel 1 untere Schraube und innen vom Radhaus her 4 hintere Schrauben herausdrehen.
- 5 obere Schrauben –Pfeile– abschrauben, siehe Abbildung W-48161. **Achtung:** Bei eingebauter Tür, Lack gegen Beschädigung schützen.
- Durch den Unterbodenschutz sitzt der Kotflügel sehr fest. Zum Lösen des Kotflügels ist deshalb ein Fön erforderlich, der mindestens eine Temperatur von +400° C erreicht.
- Fön mit Flachdüse in dem Kotflügelbereich –A– ansetzen und Unterbodenschutz aufweichen. Anschließend von unten im Anlagebereich des Kotflügels –B– Unterbodenschutz lösen. An der Stelle –B– ist das besonders wichtig, weil sonst der Kotflügel beim Abnehmen einbeult.
- Kotflügel mit Montiereisen vorsichtig abdrücken und abnehmen.

Einbau

- Anlageflächen des Kotflügels reinigen, gegebenenfalls ausrichten.
- Auf den Anlageflächen handelsübliches Kotflügelabdichtband auflegen.
- Kotflügel ansetzen, ausrichten und anschrauben, siehe Abbildung W–48161. Auf gleichmäßige und maßhaltige Luftspalte zu Tür und Motorhaube achten, siehe Seite 207.
- Kotflügel an der Stelle –C– und an der Unterkante mit Karosserie-Fugendichtungsmasse abdichten.
- Kotflügel gegebenenfalls lackieren.
- Auf der Innenseite des Kotflügels Unterbodenschutz auftragen.
- Innenkotflügel anschrauben, siehe Abbildung W-48161.
- Zierleiste und seitliche Blinkleuchten auf Kotflügel montieren.
- Ziergitter für Scheinwerfer anschrauben.
- Stoßfänger einbauen, siehe Seite 208.
- Rad anschrauben, auf Farbmarkierung achten, Fahrzeug abbocken, Radschrauben über Kreuz mit **110 Nm** festziehen.

Motorhaube aus- und einbauen/einpassen

Modelle ab 7/81

Ausbau

- Schlauch für Scheibenwascherdüsen unten am Vorratsbehälter abziehen und verschließen, oder Behälter entleeren.
- Schlauch für Scheibenwascherdüsen zur Haube hin herausziehen.

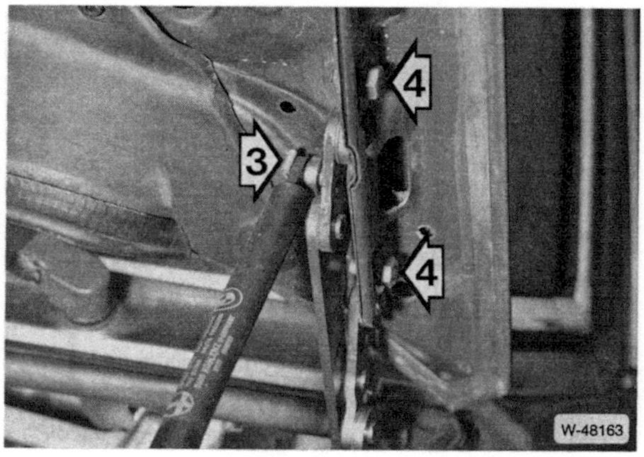

- Soll die Haube wieder eingebaut werden, Schrauben und Halter mit Filzstift umfahren. Die Haube kann dann schneller ausgerichtet werden.
- Clip –3– mit Schraubendreher abdrücken, Bolzen herausziehen. Dabei Haube von Helfer halten lassen.
- Schrauben –4– herausdrehen, Haube mit Helfer abnehmen.

Einbau

- Haube mit Helfer ansetzen, Schrauben für Haube reindrehen, auf Markierung achten.
- Bolzen für Haubenarretierung einsetzen und mit Clip sichern.
- Schlauch für Scheibenwaschdüsen zum Behälter hin verlegen und aufschieben. Waschwasser in Behälter einfüllen.
- Motorhaube schließen und Stellung der Klappe zu den Kotflügeln kontrollieren. Gegebenenfalls Motorhaube neu einjustieren.

Einpassen

- Höhenverstellung hinten vornehmen. Dazu Schrauben –4– an den Haltern links und rechts lösen, siehe Abbildung W-48163.
- Motorhaube zu den Seitenwänden links und rechts ausrichten, Schrauben –4– festziehen.

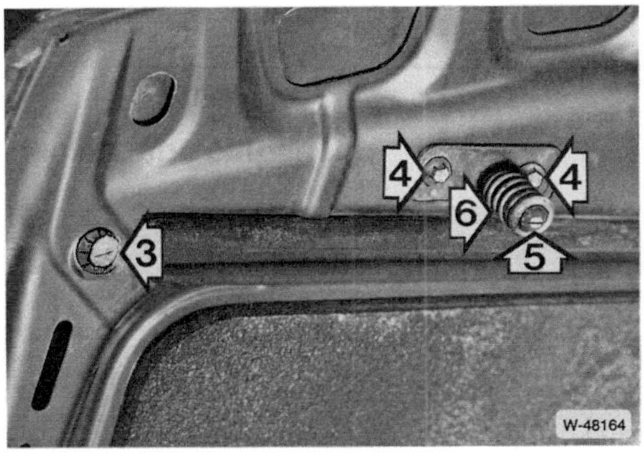

- Höhenverstellung vorn/Haubenschloß einstellen: Dazu Gummi-Anschlagpuffer –3– auf beiden Seiten ganz hineindrehen. Schrauben –4– vom linken und rechten Frontklappenverschluß etwas lockern und Haube schließen. Das Schloß richtet sich dabei aus. Motorhaube vorsichtig öffnen und Schrauben –4– festziehen.
- Kontermutter –6– vom Verschlußbolzen innerhalb der Feder lösen. Höhe des Einstellbocks durch Verdrehen des Bolzens –5– mit Schraubendreher einstellen. Kontermutter wieder festziehen. Motorhaube so verstellen, daß die Motorhaube ca. 1 mm tiefer liegt als die Kotflügel.
- Anschließend Anschlagpuffer –3– so weit herausdrehen, daß die Motorhaube in geschlossenem Zustand leicht vorgespannt ist und mit den Seitenwänden (Kotflügeln) auf einer Ebene liegt.

Motorhaube aus- und einbauen/einpassen

Modell bis 7/81

Ausbau

- Schlauch für Scheibenwascherdüsen unten am Vorratsbehälter abziehen und Behälter mit geeignetem Stopfen verschließen, beziehungsweise Wasser auffangen.
- Schlauch für Scheibenwascherdüsen zur Haube hin herausziehen, gegebenenfalls auch Kabel für Motorraumbeleuchtung abbauen.

- Soll die Haube wieder eingebaut werden, Schrauben mit Filzstift markieren.
- Schrauben für Haube herausdrehen, Haube mit Helfer abnehmen.

Einbau

- Haube mit Helfer ansetzen, Schrauben für Haube reindrehen, auf Markierung achten.
- Schlauch für Scheibenwaschdüsen zum Behälter hin verlegen und aufschieben. Waschwasser in Behälter einfüllen.
- Motorhaube schließen und Stellung der Klappe zu den Kotflügeln kontrollieren. Gegebenenfalls Motorhaube neu einjustieren.

Einpassen

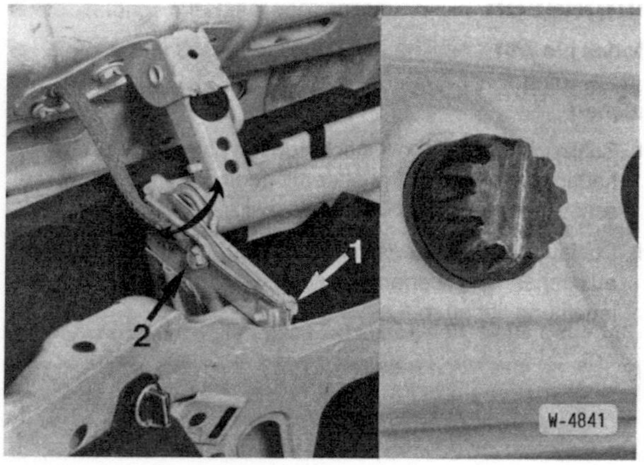

- Gummi-Anschlagpuffer links und rechts ganz eindrehen.
- Schrauben am Scharnier links und rechts lösen.
- Motorhaube zu den Seitenwänden vorn und seitlich ausrichten.
- Höhenverstellung der vorderen Motorhaube vornehmen. Dazu Schrauben –1– und –2– auf beiden Seiten lösen und nach unten oder oben verstellen, siehe Abbildung oben.

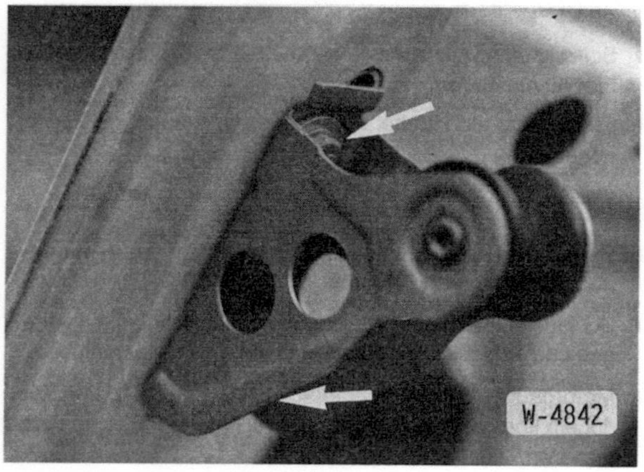

- Führungsrolle hinten an Haube einstellen. Dazu Schrauben lockern.
- Halter mit Rollen seitlich so verschieben, bis die Führungsrolle einwandfrei in die Raste eingreift.

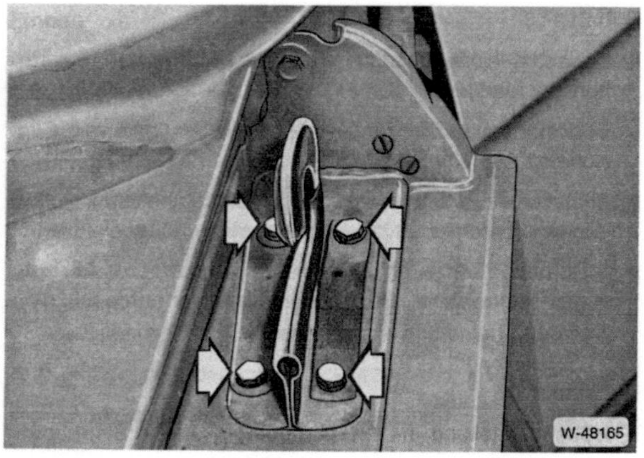

- 4 Schrauben lockern. Raste an der Schraube in Längsrichtung so verstellen, daß die Motorhaube im geschlossenen Zustand parallel zu beiden Kotflügeln steht.
- Anschlagpuffer jetzt so weit herausdrehen, bis die Motorhaube leicht vorgespannt ist und somit nicht im Fahrbetrieb vibriert.

Die Heckklappe

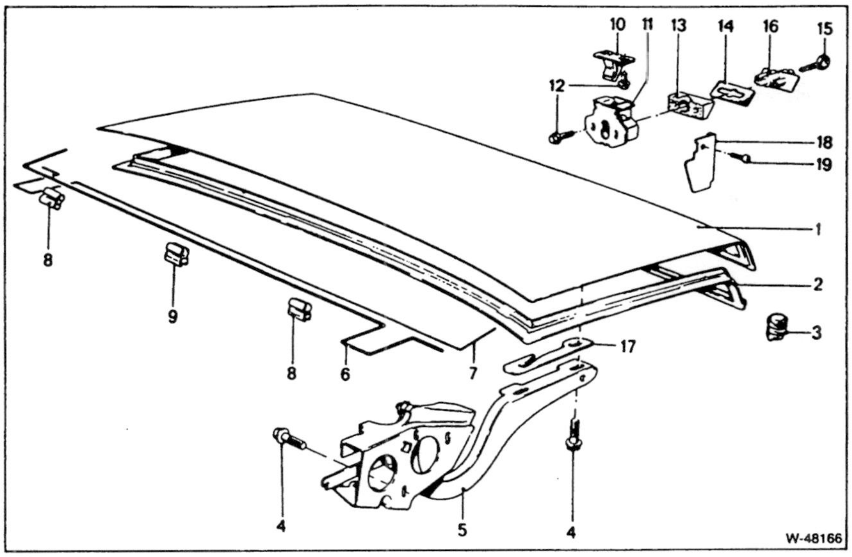

1 – Heckklappe
2 – Abdichtung
3 – Anschlagpuffer
4 – Sechskantschraube
5 – Scharnier
6 – Drehstabfeder links
7 – Drehstabfeder rechts
8 – Lagerung
9 – Lagerung
10 – Schloßoberteil
11 – Schloßunterteil
12 – Sechskantschraube
13 – Zwischenplatte
14 – Dichtung
15 – Schlüssel
16 – Schließzylinder
17 – Folie
18 – Abdeckung
19 – Schraube

Heckklappe einpassen

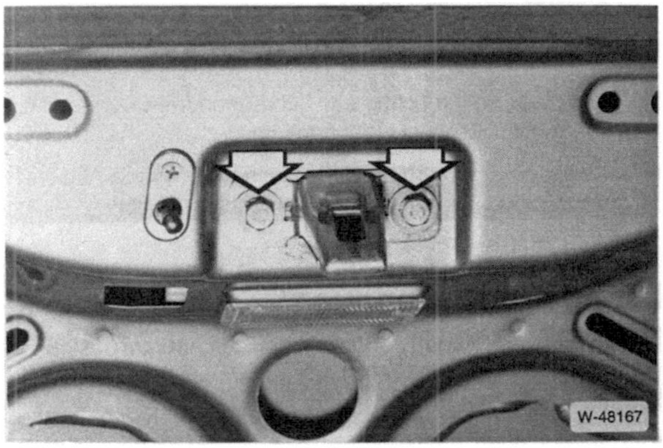

- Vor jedem Verstellen der Heckklappe Schloßoberteil etwas lösen –Pfeile–, damit sich der Schließzapfen beim Schließen entsprechend zentrieren kann.

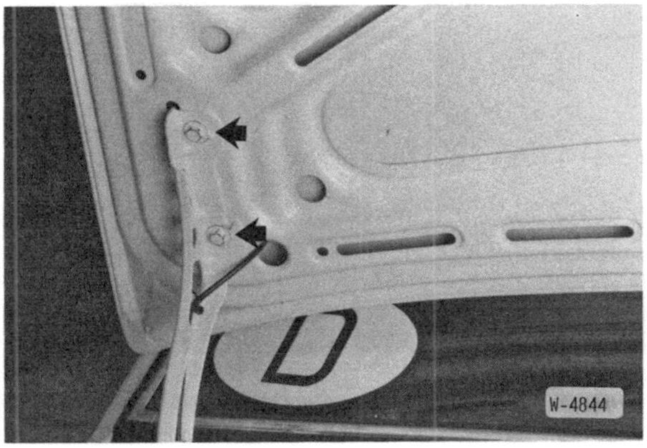

- Muß die Heckklappe in der Horizontalen verschoben werden, Schrauben an beiden Scharnieren lösen und Heckklappe verschieben bis links und rechts ein gleichmäßiger Abstand entsteht und die Klappe bündig mit den Seitenwänden abschließt.
- Soll die Heckklappe am Scharnier höhergestellt werden, 3 Schrauben –4– am Scharnier lockern und Scharnier verschieben, siehe Abbildung W-48166.

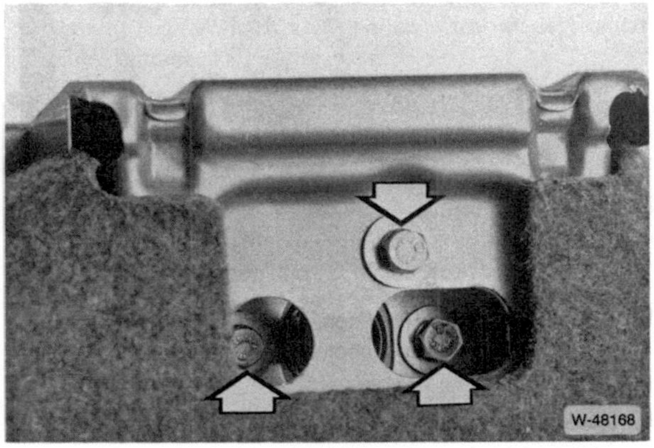

- Heckklappe am Schloß höherstellen: Dazu Gummi-Anschlagpuffer links und rechts an der Heckklappe ganz hineindrehen. Schrauben –Pfeile– vom Heckklappenschloß etwas lösen und Schloß in der Höhe verschieben.
- Nach jeder Einstellung Heckklappe schließen und Sitz kontrollieren. Einstellung gegebenenfalls wiederholen.
- Alle Schrauben festziehen. Anschlagpuffer soweit herausschrauben, daß die Klappe in geschlossenem Zustand leicht vorgespannt ist und somit nicht klappert.

Stoßleiste/Zierleiste und Modellschriftzug auswechseln

Stoßleiste ersetzen

W-48169

Die Stoßleisten sind mit Kunststoff-Spreizklammern an den Karosserieteilen befestigt. **Achtung:** Je nach Einbauort ist ein Ende an den mit –Pfeilen– markierten Stellen mit einer Mutter von innen angeschraubt.

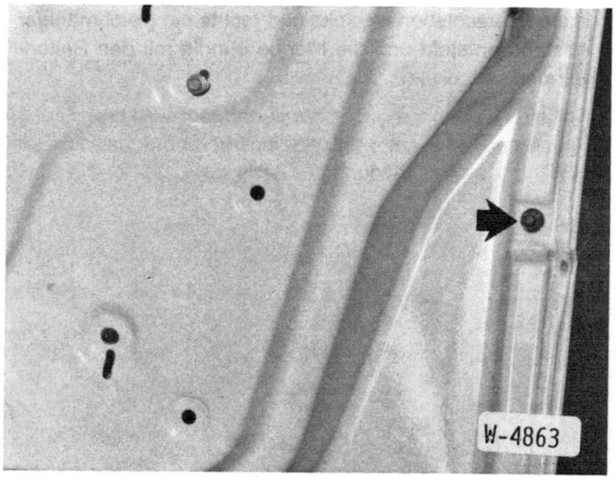
W-4863

- Beispiel Vordertür: Tür öffnen, Abdeckkappe –Pfeil– innen an der Tür heraushebeln. Dahinterliegende Mutter abschrauben.
- Stoßleiste von Hand abziehen oder mit breitem Kunststoffkeil abhebeln.
- Verbogene Stoßleisten vor dem Einbau geraderichten.
- Anschließend Stoßleiste in die der Haltemutter entgegengesetzte Klammer ansetzen und an den Klammern mit dem Handballen einschlagen.
- Haltemutter reindrehen.

Modellschriftzug an der Heckklappe ersetzen

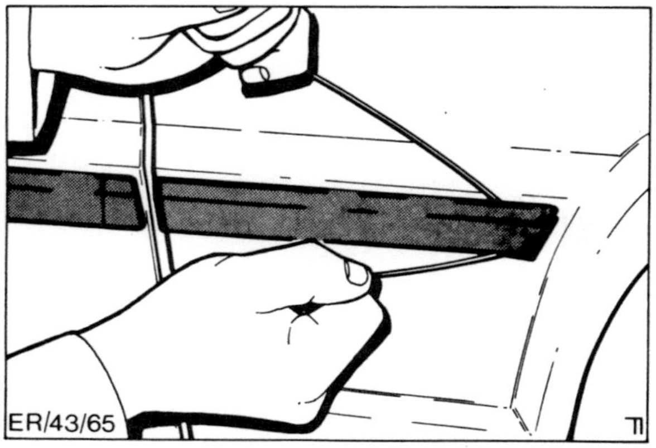
ER/43/65

- Klebeverbindung zwischen Schriftzug und Karosserie mit dünner Nylonschnur lösen und abnehmen. Zur Erleichterung Nylonschnur mit Geschirrspülmittel bestreichen und an beiden Enden um Holzstücke wickeln. Schriftzug mit einem Fön leicht anwärmen.
- Reste der Klebeverbindung mit Spiritus abwaschen.
- Neuen Schriftzug mit Fön auf ca. +50° C aufwärmen, Schutzpapier abziehen, Schild ausrichten und ca. 10 Sekunden fest anpressen.

BMW-Plakette ersetzen

- BMW-Plakette vorsichtig mit Schraubendreher abhebeln, Tuch zum Lackschutz zwischenlegen.
- Zur besseren Haftung dauerelastische Karosserie-Abdichtmasse vor der Montage unter das Emblem kleben.

Tür aus- und einbauen/ einpassen

Ausbau

- Türverkleidung ausbauen.
- Kabelbaum aus der Tür heraus ziehen. Dazu vorher im Türinnern gegebenenfalls Steckverbindung für Zentralverriegelung und Innenlichtverzögerung trennen.

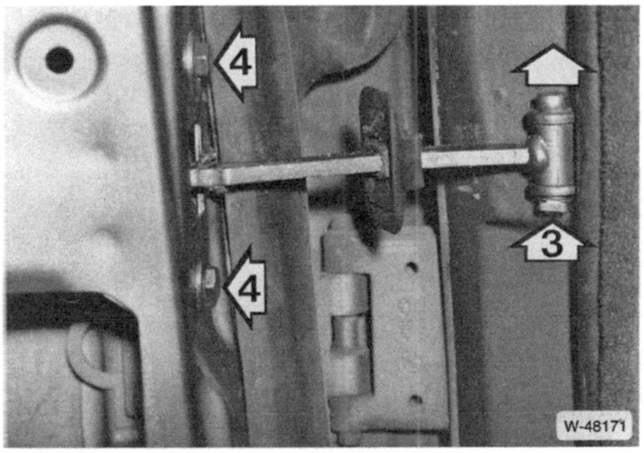

W-48171

- Modell ab 7/81: Sicherung –3– mit kleinem Schraubendreher seitlich vom Bolzen abziehen.

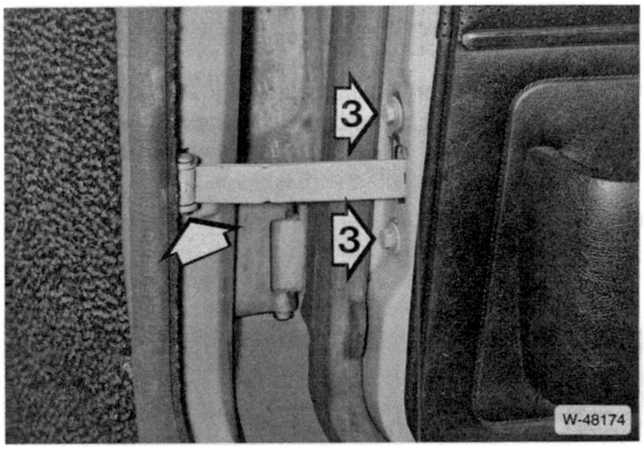

W-48174

- Modell bis 7/81: Bolzenkopf –Pfeil– mit Hammer und scharfem Meißel abtrennen.
- Bolzen mit Durchschlag nach oben heraustreiben, gegebenenfalls mit Hammer an der Türbremse gegenhalten.
- Schrauben –4– (oberes Bild) bzw. –3– (unteres Bild) lösen und Türbremse herausnehmen.

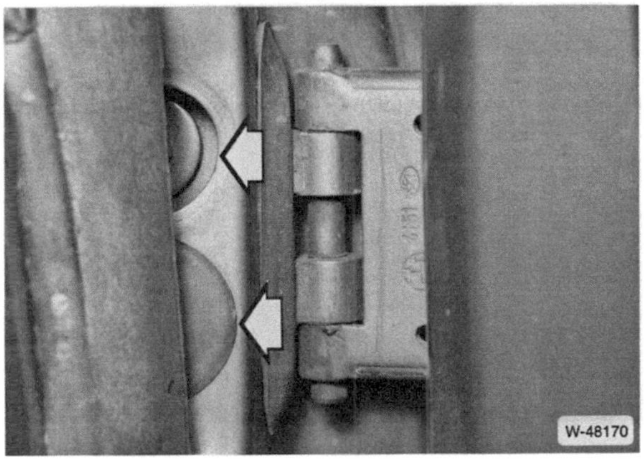
W-48170

- Modell ab 7/81: Abdeckungen für obere Scharnierschrauben abhebeln.

W-48172

- Am oberen und unteren Scharnier je 2 Schrauben –4– herausdrehen, Lage der Distanzbleche –5– für den späteren Wiedereinbau merken. Tür abnehmen. **Achtung:** Beim Lösen der Scharnierschrauben Tür von Helfer halten lassen, damit der Lack nicht beschädigt wird.

Einbau

- Bei neuer Tür vor dem Einsetzen Gewinde für Scharniere nachschneiden.
- Tür in die Scharniere oben und unten einsetzen, dabei ist ein Helfer erforderlich. Durch das Verstellen der Scharniere in den Langlöchern der Tür beziehungsweise durch Hinterlegen von Unterlegscheiben –5– an den Scharnieren kann die Tür neu zur umliegenden Karosserie eingestellt werden, siehe Abbildung W-48172.
- Türbremse einsetzen und anschrauben. Bolzen für Türbremse mit Hammer eintreiben und mit Sicherungsclip sichern. Beim Modell bis 7/81 neuen Bolzen einsetzen und an der Unterseite stauchen.
- Dichtung für Türbremse aufdrücken.
- Falls vorhanden, Kabel für elektrische Verbraucher in der Tür verlegen und anschließen.
- Tür schließen und kontrollieren, ob sie vorn in der richtigen Höhe sitzt, gegebenenfalls Sechskantschrauben an den Türscharnieren lösen und Tür einjustieren.

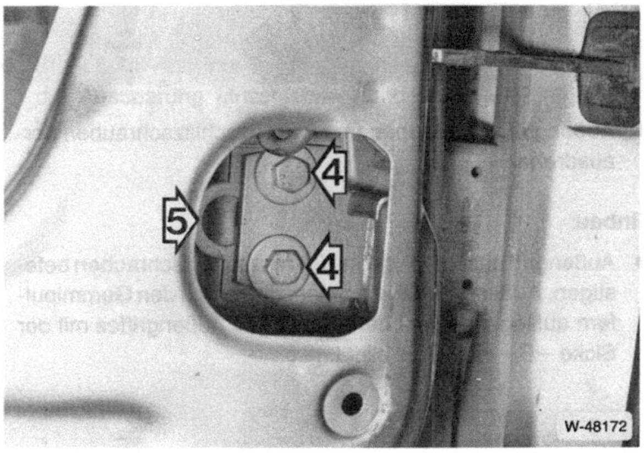

W-48172

- Tür nach außen hin durch Zwischenlegen von Distanzblechen –5– richtiger Stärke zwischen Scharnier und Tür ausrichten.

- Türschloß einstellen: Wenn der Spalt zwischen Tür und Karosserie nicht gleichmäßig verläuft, Schließkeil mit großem Kreuzschlitzschraubendreher lösen und so verschieben, daß die Tür im geschlossenem Zustand in richtiger Höhe mit der Karosserie schließt, 1 mm Unterschied ist erlaubt. Die Tür darf sich beim Schließen nicht verspannen, gegebenenfalls erneut Scharniere ausrichten.
- Tür komplettieren, Türverkleidung einbauen.

Tür-Außengriff aus- und einbauen

Ausbau

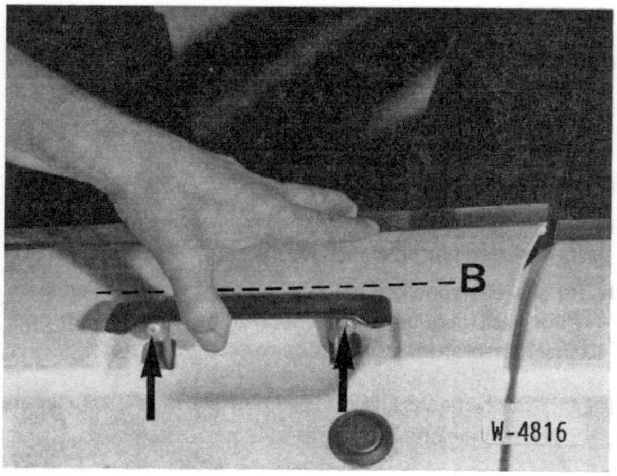

- Außengriff hochklappen und 2 Kreuzschlitzschrauben herausdrehen.

Einbau

- Außengriff ansetzen und mit 2 Kreuzschlitzschrauben befestigen. Außengriff so befestigen, daß er auf den Gummipuffern aufliegt und die obere Kante des Außengriffes mit der Sicke –B– eine Linie bildet.

Türverkleidung aus- und einbauen

Modell seit 7/81

Ausbau

- Bei mechanischer Fensterbetätigung: Abdeckung –3– von Fensterkurbel mit breitem Schraubendreher abhebeln und die darunterliegende Schraube herausdrehen. Fensterkurbel mit Rosette –2– abnehmen.
- Schrauben –Pfeile– für Armstütze herausschrauben. Armstütze wie in der Abbildung gezeigt ca. 45° nach oben ziehen und aus der oberen Halterung aushängen.

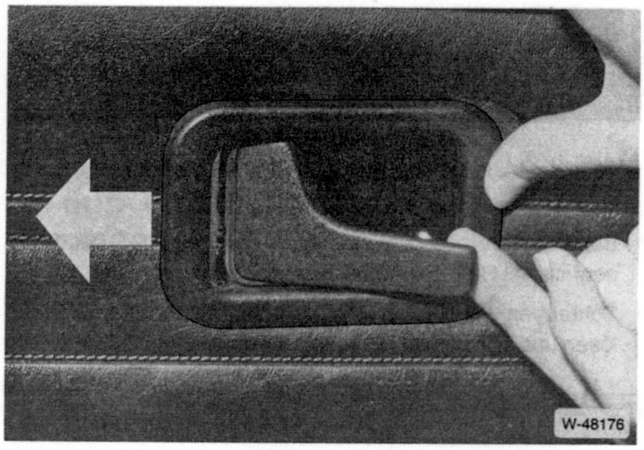

- Türöffnergriff etwas aufziehen, Abdeckung in Pfeilrichtung nach hinten drücken und abnehmen.

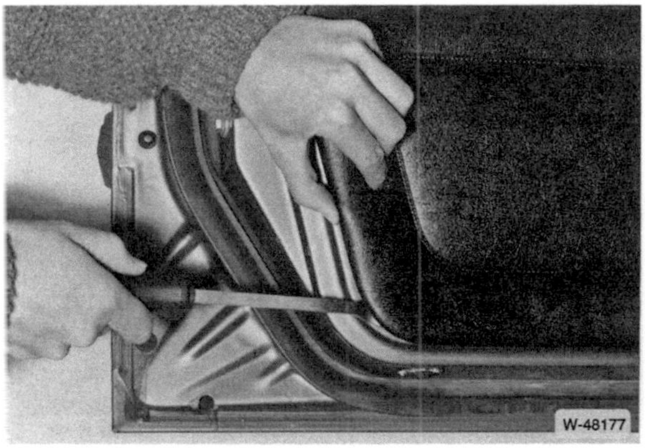

- Untere Türinnenverkleidung im Bereich der Klammern von der Tür abziehen und nach unten herausnehmen. Zum leichteren Abdrücken der Verkleidung gibt es ein Sonderwerkzeug von HAZET.
- Feder für Fensterkurbel an der Kurbelachse abnehmen, Einbaulage beachten.

- Schalter für Spiegelverstellung an der Hinterkante anheben und nach hinten herausziehen. Stecker abziehen.

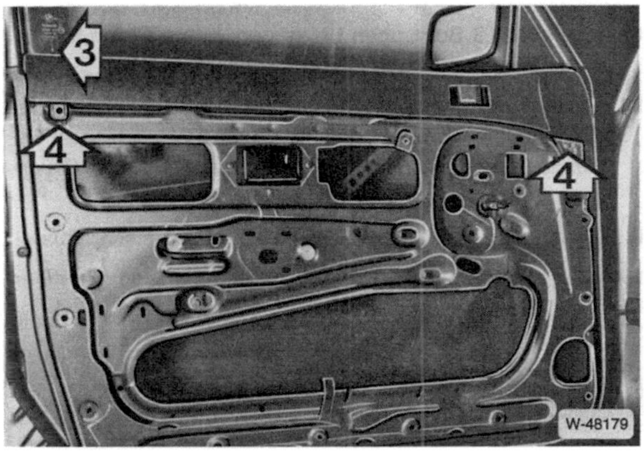

- Verriegelungsknopf –3– abschrauben. Schrauben –4– lösen.
- Obere Türverkleidung abziehen. Schaumstoff-Unterlage abnehmen.

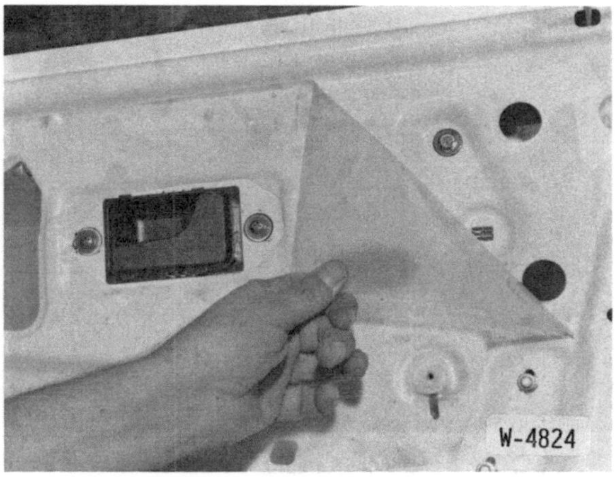

- Falls erforderlich, Folie vom Türausschnitt vorsichtig abziehen.

Einbau

- Folie sorgfältig auf Türausschnitt aufkleben.

Achtung: Die Folie darf nicht beschädigt sein, sonst zieht es im Fahrzeug. Kleinere Risse können mit Tesafilm überklebt werden.

- Schaumstoffzwischenlage für obere Türverkleidung ankleben.
- Kontrollieren, ob alle Klammern für die Türinnenverkleidung vorhanden sind, defekte Klammern erneuern.
- Obere Türverkleidung mit Klammern andrücken, an der Unterseite mit 2 Schrauben befestigen. **Achtung:** Vor dem Andrücken Stecker für Spiegelverstellung durch den Ausschnitt in der Türverkleidung führen.
- Feder für Fensterkurbel auf Achse aufsetzen. **Achtung:** Die großen Windungen der Feder müssen zur Türverkleidung zeigen.
- Untere Türinnenverkleidung in Tür einsetzen, zuerst oben ansetzen, dann Türverkleidung im Bereich der Clips auf Tür mit dem Handballen aufdrücken.
- Tür-Verriegelungsknopf aufschrauben.
- Stecker für Spiegelbetätigung zusammenfügen und einsetzen.
- Blende für Türöffner von hinten ansetzen und nach vorn in die Aussparung einschieben (umgekehrt wie bei »Ausbau«).

- Armstütze oben einsetzen und nach unten klappen.
- Fensterkurbel mit Rosette (Unterlegscheibe) –2– einsetzen. Kurbel mit Scheibe so aufdrücken, daß die Kurbel bei geschlossenem Fenster nach vorn zeigt, Stellung an zweiter Vordertür vergleichen.
- Kreuzschlitzschrauben an den mit Pfeilen gekennzeichneten Stellen einschrauben.
- Abdeckung auf Fensterkurbel aufdrücken.

Türverkleidung aus- und einbauen

Modell bis 7/81

Ausbau

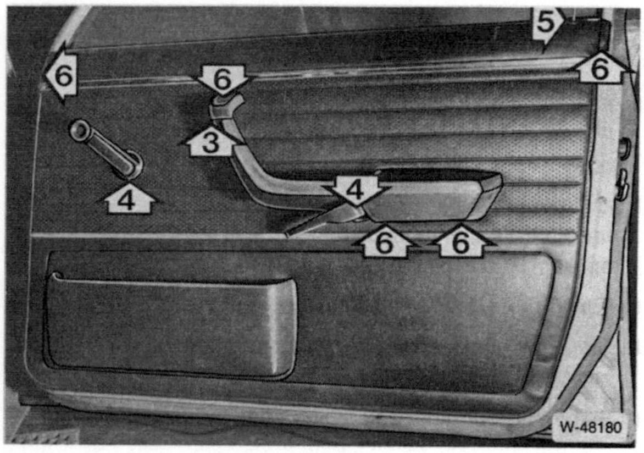

- Chromabdeckung vom Türgriff abschrauben, dazu Schraube an Stelle –3– von unten herausdrehen. Chromabdeckung nach oben abnehmen.
- Kunststoffabdeckungen an Stellen –4– mit schmalem Schraubendreher abhebeln und darunterliegende Schlitzschrauben herausdrehen. Türbetätigung und Fensterkurbel mit Unterlage abnehmen.
- Türverriegelungsknopf –5– abschrauben.
- Kreuzschlitzschrauben an den Stellen –6– abschrauben, Türgriff abnehmen.

- Türverkleidung im Bereich der Klammern von der Tür abziehen und herausnehmen. Zum leichteren Abdrücken der Verkleidung gibt es ein Sonderwerkzeug von HAZET.
- Feder für Fensterkurbel an der Kurbelachse abnehmen, Einbaulage beachten.
- Falls erforderlich, Folie vom Türausschnitt abziehen.

Einbau

- Folie sorgfältig auf Türausschnitt aufkleben.

Achtung: Die Folie darf nicht beschädigt sein, sonst zieht es im Fahrzeug. Kleinere Risse können mit Tesafilm überklebt werden.

- Kontrollieren, ob alle Klammern für die Türinnenverkleidung vorhanden sind, defekte Klammern erneuern.
- Feder für Fensterkurbel auf Achse aufsetzen. **Achtung:** Die großen Windungen der Feder müssen zur Türverkleidung zeigen.
- Türinnenverkleidung in Tür einsetzen, zuerst oben ansetzen, dann Türverkleidung im Bereich der Clips auf Tür mit dem Handballen aufdrücken.
- Tür-Verriegelungsknopf aufschrauben.
- Kleine Kreuzschlitzschrauben links und rechts oben in Türverkleidung einschrauben.
- Türgriff mit 3 Schrauben befestigen, obere Chromabdekkung einsetzen und nicht zu fest anschrauben.
- Fensterkurbel mit Unterlegscheibe einsetzen. Kurbel mit Scheibe so aufdrücken, daß die Kurbel bei geschlossenem Fenster nach vorn zeigt, Stellung an zweiter Vordertür vergleichen.
- Türöffner im richtigen Winkel aufsetzen und anschrauben.
- Kunststoffabdeckungen auf Fensterkurbel und Türöffner aufdrücken.

Türschloß/Schließzylinder

Ab 7/81, ohne Zentralverriegelung/Türschloßheizung

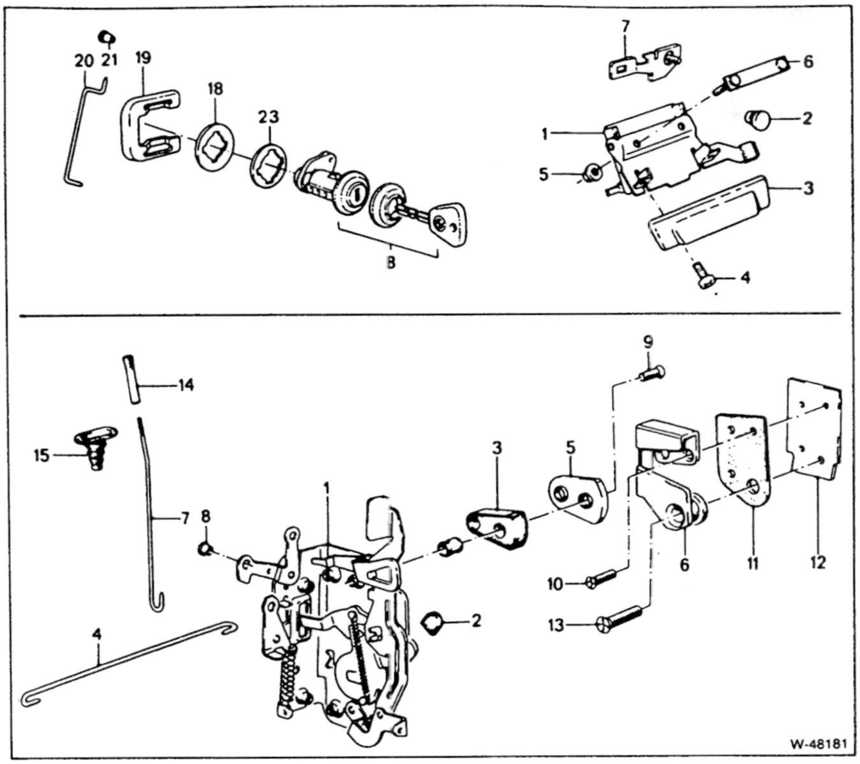

Obere Bildhälfte

1 – Türgriff-Grundplatte
2 – Gummistopfen
3 – Türaußengriff
5 – Selbstsichernde Mutter
6 – Gewindeplatte
7 – Halter
8 – Schließzylinder mit Schlüssel
18 – Beilagscheibe
19 – Klammer für Schließzylinder
20 – Verbindungsstange für Schließzylinder
21 – Gestängesicherung

Untere Bildhälfte

1 – Türschloß
2 – Puffer
3 – Führungskeil
4 – Betätigungsstange Türinnenseite
5 – Verklammerungsplatte
6 – Schließkeil
7 – Betätigungsstange für Türverriegelung
8 – Kunststofftülle
9,10,13 – Senkschrauben
11 – Ausgleichplatte
12 – Gewindeplatte
14 – Verriegelungsknopf
15 – Faltenbalg

Türschloß/Schließzylinder aus- und einbauen

Ausbau

- Türverkleidung ausbauen.
- Türabdichtfolie im Schloßbereich abziehen.
- Türscheibe muß ganz nach oben gestellt (geschlossen) sein.

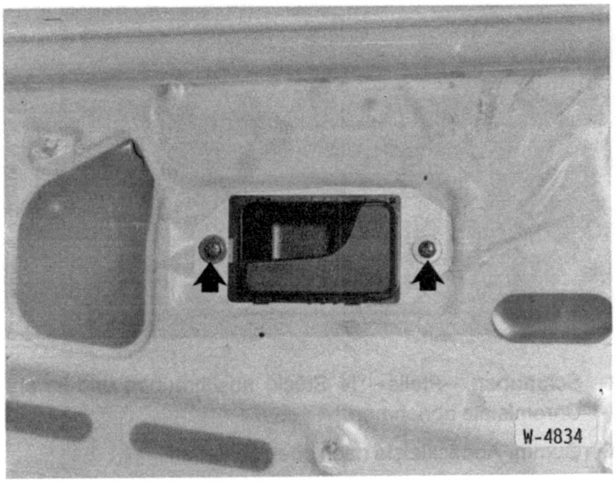

- Modell ab 7/81: Türfernbedienung abschrauben und Gestänge aushängen.

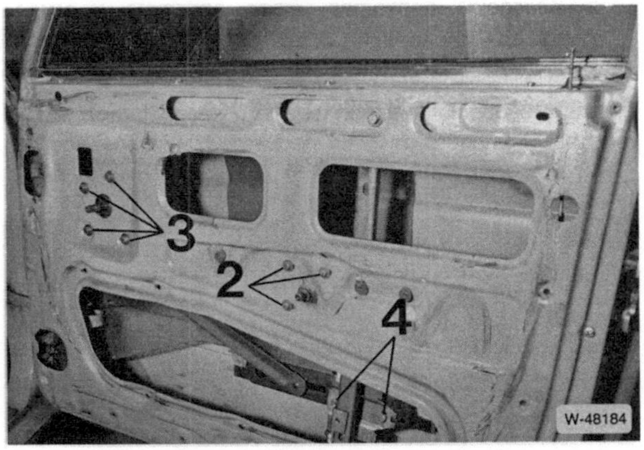

- Modell bis 7/81: 3 Schrauben –2– abschrauben und Gestänge an Türfernbedienung aushängen.

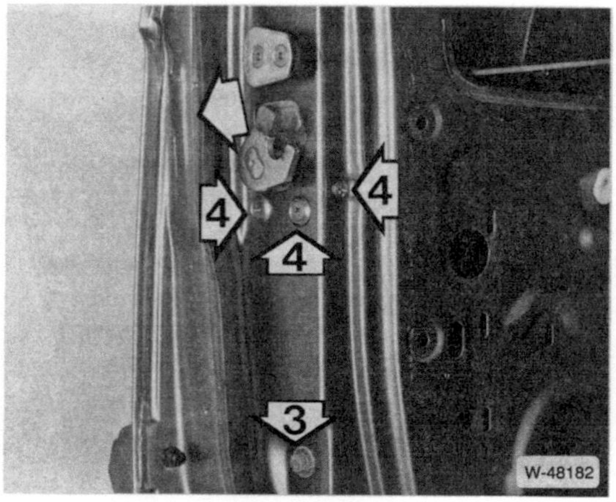

- Schraube –3– für Fensterführung herausdrehen. Im Türkörper von innen Fensterführungsgummi aus der hinteren Führung herausziehen und Fensterführungsschiene herausnehmen, damit Schloß/Schließzylinder erreicht werden können.
- Gestänge –20– vom Schließzylinder **am Türschloß** aus dem Kunststoffclip ausrasten, siehe Abbildung W-48181. Dazu Gestänge kräftig in Richtung Türinnenseite ziehen. Bei Fahrzeugen mit Zentralverriegelung muß zusätzlich ein Sicherungsblech am Gestänge abgezogen werden.
- Fahrzeuge mit Zentralverriegelung: Stecker vom Antriebsmotor abziehen, Motor abschrauben und Verbindungsgestänge zum Schloß aushängen.
- Halteklammer –19– am Schließzylinder an der Türinnenseite mit Schraubendreher nach vorn schieben und mit Zwischenscheibe abnehmen, siehe Abbildung W-48181. Ältere Modelle besitzen anstelle der Halteklammer am Schließzylinder eine Mutter, die gelöst werden muß.
- Schließzylinder nach außen abnehmen.

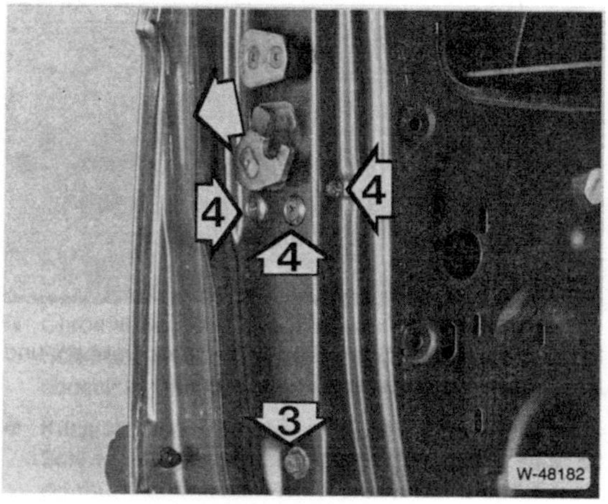

- Drehfalle am Schloß von Hand nach oben drehen, bis sie einrastet. Schrauben –4– herausdrehen und Schloß nach innen abnehmen.

- Falls erforderlich, Türaußenbetätigung an den beiden Schrauben –Pfeile– abschrauben. Vorher muß allerdings der Türaußengriff ausgebaut werden, siehe Seite 218.

Einbau

- Vor dem Einbau Schloß an den Gelenken mit Mehrzweckfett schmieren.
- Der Einbau erfolgt in umgekehrter Reihenfolge wie der Ausbau.
- Vor dem Anbringen der Türverkleidung Schloß und Scheibenbetätigung auf Funktion prüfen, gegebenenfalls entsprechende Teile lagerichtig einbauen.
- Türschloß einstellen, siehe »Tür einbauen«.

Fensterschacht-Abdeckleisten aus- und einbauen

Ausbau innere Abdeckleiste

- Türverkleidung ausbauen.
- Fensterscheibe ganz öffnen.

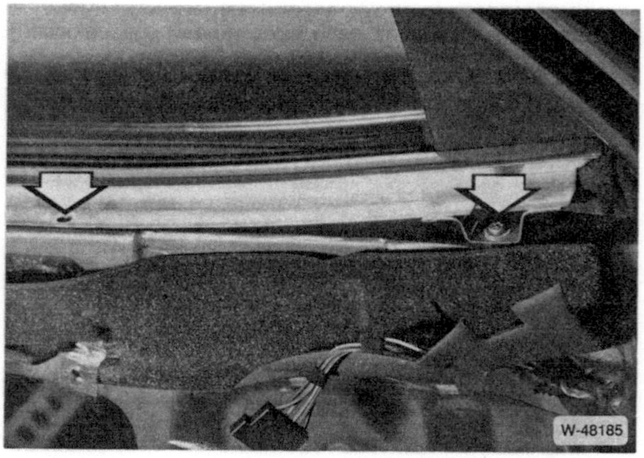

- Schrauben –Pfeile– (4 Stück) abschrauben und innere Chromleiste abnehmen.
- Gummi-Abdeckleiste nach oben abziehen.

Einbau

- Halteklammern für Gummi-Abdeckleiste auf Beschädigung überprüfen, gegebenenfalls ersetzen.
- Gummi-Abdeckleiste in die Klammern einsetzen und andrücken.
- Chromleiste ausrichten und anschrauben.

Ausbau äußere Abdeckleiste

- Rückspiegel ausbauen.
- Fensterscheibe ganz öffnen.

- Chromleiste mit Holz- oder Plastikkeil nach oben drücken und vorsichtig abziehen. Dabei Lack nicht zerkratzen.
- Gummilippe ausheben.

Einbau

- Beschädigte Halteklammern ersetzen, Abdeckungen einsetzen und aufdrücken.
- Rückspiegel einbauen.

Fensterheber aus- und einbauen/ Fensterscheibe einstellen

Ausbau an Vordertür seit 7/81

- Türinnenverkleidung ausbauen, Abdichtfolie vorsichtig vom Türausschnitt abziehen.

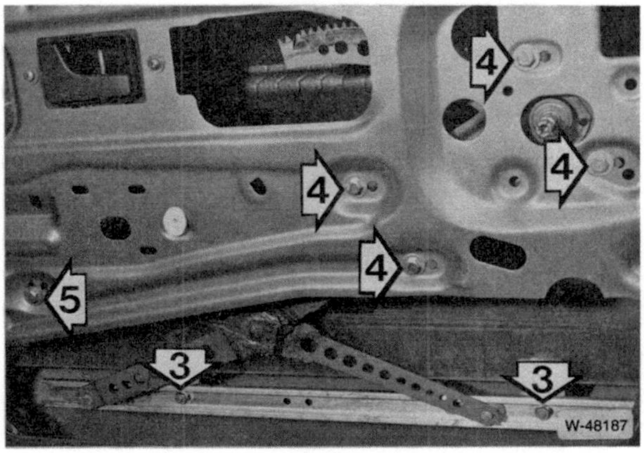

- Fensterscheibe so hinkurbeln, daß die Befestigungsschrauben im Ausschnitt sichtbar werden.
- Beide Schrauben –3– für Fensterscheibe herausschrauben.
- Schrauben –4– und –5– für Fensterheber herausschrauben.
- Bei Fahrzeugen mit elektrischem Fensterheber: Kabelschelle lösen und Stecker trennen.
- Kurbelapparat nach unten aus Ausschnitt herausheben.

Einbau

- Kurbelapparat von unten einsetzen, ausrichten und anschrauben.
- Scheibe anheben und mit 2 Schrauben am Kurbelapparat befestigen.

Türfensterscheibe einstellen:

- Fenster schließen.
- Der Kurbelapparat muß spannungsfrei eingebaut werden, gegebenenfalls Schrauben für Kurbelapparat lösen und Fensterheber ausrichten.

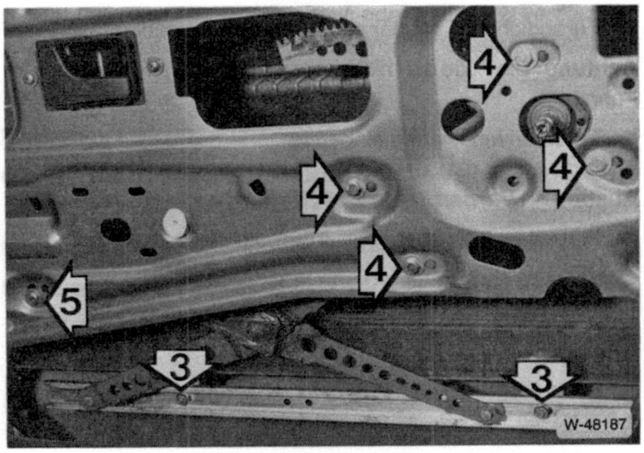

- **Nur Schraube –5–** lösen und im Langloch verschieben, dadurch wird die Scheibe ausgerichtet.

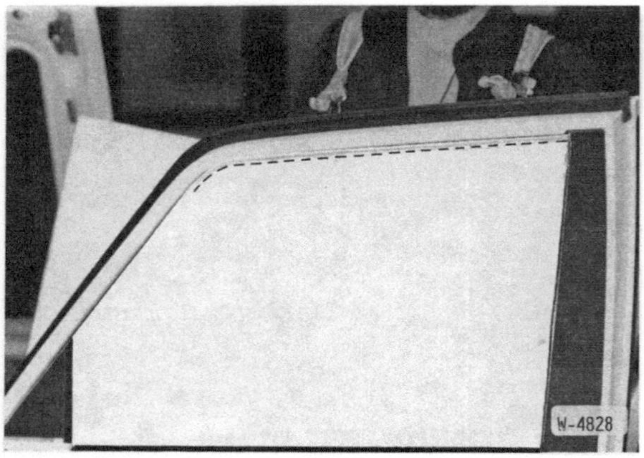

- Scheibe so ausrichten, daß zwischen Fensterrahmen und Fensterscheibe ein gleichmäßiger Spalt entsteht.

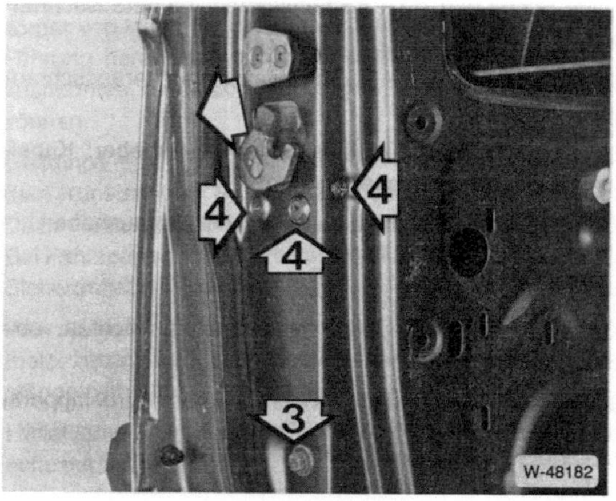

- Schrauben festziehen, Scheibe mehrmals rauf- und runterkurbeln und kontrollieren, ob das Fenster einwandfrei in der Führung läuft, gegebenenfalls hintere Führungsschiene neu ausrichten, dazu Schraube –3– lösen, entsprechend verschieben und wieder festziehen.
- Türabdichtfolie sauber auf Türausschnitt kleben.

Achtung: Die Folie darf nicht beschädigt sein, sonst zieht es im Fahrzeug.

- Türinnenverkleidung einbauen.

Ausbau an Vordertür bis 7/81, Hintertür alle Modelle

- Türverkleidung ausbauen, Türabdichtfolie abziehen.
- Scheibe ganz herunterkurbeln.

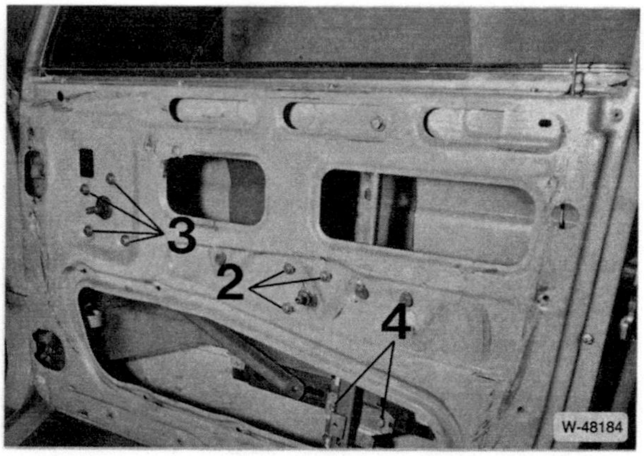

- 4 Schrauben –3– herausdrehen (Hintertür: 3 Schrauben) und Fensterheberarm an der Führungsschiene aushängen. Wenn nicht ausreichend Raum zum Aushängen vorhanden ist, hintere Fenster-Führungsschiene abschrauben.

Einbau

- Hebeschiene so einsetzen, daß die Schiene zwischen den beiden Kunststoffscheiben des Hebearms läuft.
- Fensterheber, gegebenenfalls Fenster-Führungsschiene anschrauben.
- Türverkleidung einbauen.

Türfenster aus- und einbauen

Ausbau

- Türinnenverkleidung ausbauen.
- Abdichtfolie von Türausschnitt abziehen.
- Innere und äußere Türschachtabdichtung ausbauen.

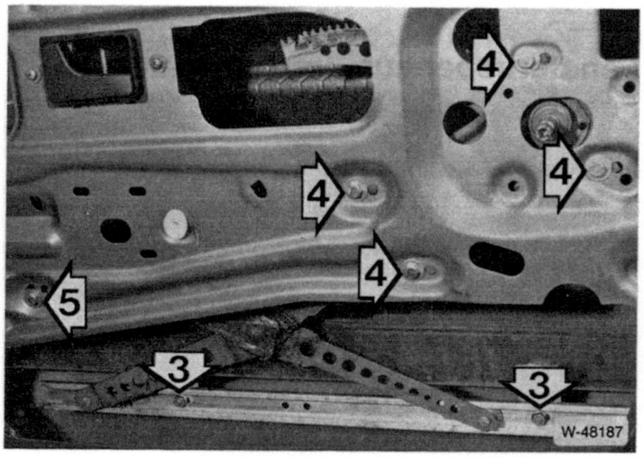

- Modelle seit 7/81: Fensterscheibe so hinkurbeln, daß die beiden Befestigungsschrauben –3– im Ausschnitt sichtbar werden. Schrauben –3– am Fensterheber herausdrehen.

- Modelle bis 7/81: Dichtgummi aus der Fensterführung herausziehen.

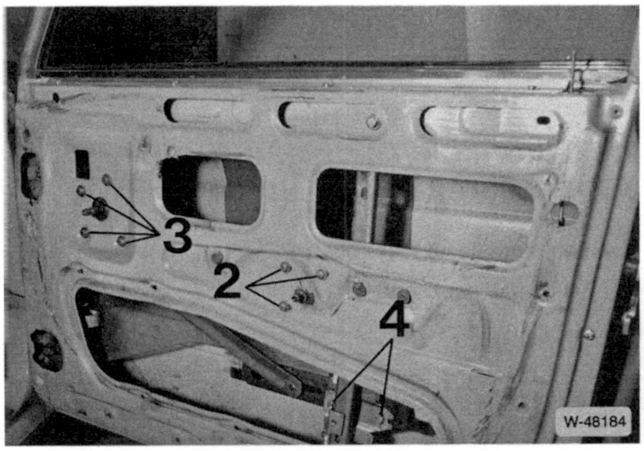

- Schrauben –4– an Fensterführung abschrauben.

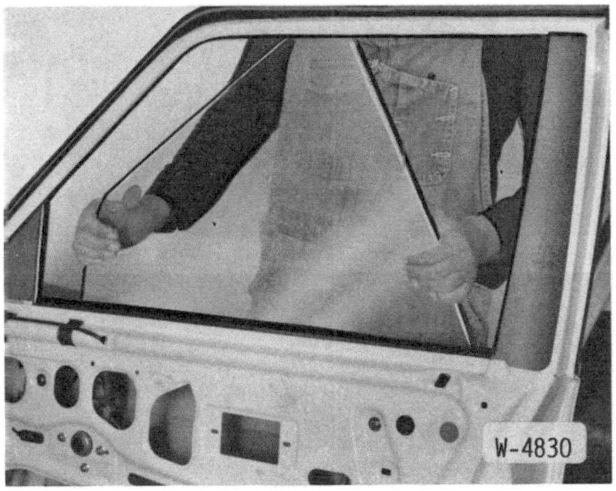

- Türfensterscheibe nach oben herausnehmen.

Einbau

- Fensterscheibe von oben in Schacht einsetzen.
- Fensterscheibe vorn und hinten in Führung schwenken und am Fensterheber mit 2 Schrauben befestigen.
- Dichtgummi von oben in Fensterführung einschieben.
- Fensterscheibe einstellen.
- Abdichtfolie sauber auf Türausschnitt aufkleben. Die Folie darf nicht beschädigt sein, sonst zieht es im Fahrzeug.
- Fensterschachtabdichtungen mit Klammern an der Türinnenverkleidung anbringen. Türinnenverkleidung montieren.

Außenspiegel aus- und einbauen

Ausbau

- Kunststoffabdeckung für Spiegel abdrücken, Dämmfilz herausnehmen. Läßt sich die Abdeckung nicht herausnehmen, vorher obere Türverkleidung ausbauen.
- 2 Schrauben für Spiegelbefestigung abschrauben, Spiegel abnehmen.
- Bei Fahrzeugen mit beheiztem oder elektrisch verstellbarem Spiegel Stecker abziehen. Vorher Batterie-Massekabel (–) abklemmen.

Einbau

- Falls vorhanden, Stecker für elektrische Verbindung einsetzen. Anschließend Batterie-Massekabel anklemmen.
- Spiegel einsetzen und mit 2 Schrauben befestigen.
- Dämmfilz einsetzen und Kunststoffabdeckung in die Führungen eindrücken.

Spiegelglas aus- und einbauen

Ausbau

W-4857

- Schmalen Schraubendreher unten in die Bohrung des Spiegels einführen.
- Schraubendreher in die Verzahnung einsetzen und zum Fahrzeug drücken. Dadurch wird die Arretierung aufgehoben, das Spiegelglas läßt sich herausnehmen.

Achtung: Eingebaut wurden auch Spiegel mit geklebtem Spiegelglas. Erkennbar ist diese Ausführung an der kleinen Bohrung unten am Spiegelgehäuse (Schraubendreher kann nicht eingesetzt werden). Spiegelglas mit Grundplatte von vorn aus dem Gehäuse heraushebeln. Die Grundplatte kann dann durch Erwärmen auf ca. +75° C vom Spiegelglas getrennt werden.

Einbau

- Arretierungsring im Uhrzeigersinn so drehen, daß die Aussparungen des Ringes über den Noppen hinten am Spiegelglas stehen.
- Spiegelglas einsetzen, andrücken und mit Schraubendreher durch Drehen des Arretierungsringes verriegeln.
- Bei Ausführung mit geklebtem Spiegelglas: Spiegelglas mit Klebstoff (BMW-Ersatzteil) auf Grundplatte aufkleben. Grundplatte in die Kugelköpfe am Spiegelträger eindrükken.

Rückspiegel aus- und einbauen

Ausbau

- Falls vorhanden, Check-Controlanzeige am Dachhimmel aushebeln.
- Liegt der Fuß des Rückspiegelhalters unter einer Blende am Dachhimmel, Blende ausbauen.
- Rückspiegel am Halter fassen und kräftig seitlich nach unten ziehen. Der Spiegelfuß rastet am Dachhimmel aus.

Einbau

W-48190

- Spiegelhalter seitlich einsetzen und an der anderen Seite mit Hammerstiel einpressen.
- Abdeckung einbauen.

Mittelkonsole/Abdeckung unter Armaturentafel aus- und einbauen

Ausbau Modelle ab 7/81

- Batterie-Massekabel (–) abklemmen.

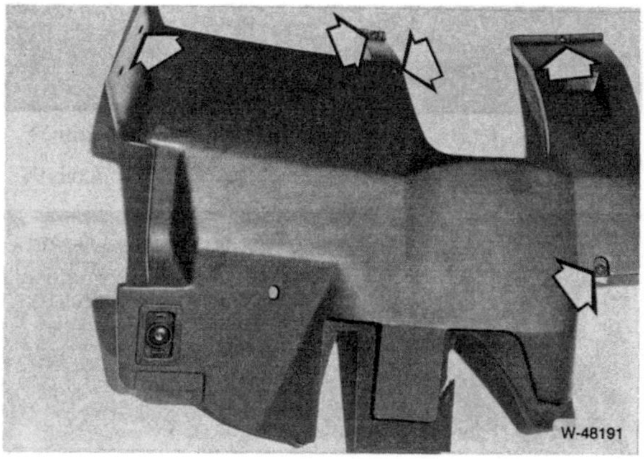
W-48191

- Linke untere Abdeckung ausbauen, dazu Schrauben –Pfeile– herausdrehen.

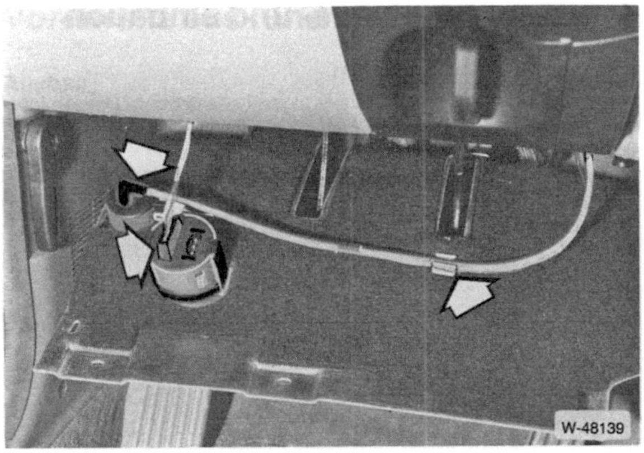

- 6-Zylinder-Modelle: Unterdruckschlauch und Stecker vom Heizungs-Temperaturfühler an der Rückseite abziehen, Verkleidung abnehmen.
- Schaltknopf nach oben kräftig vom Schalthebel abziehen.

- Kunstlederbalg abziehen und Dämmfilz herausnehmen.
- Bei Fahrzeugen mit elektrischem Fensterheber: Schalter aus der Konsole von unten herausdrücken, Stecker hinten am Schalter abziehen.
- Bei Automatikfahrzeugen: Abdeckung für Schalthebel abziehen, 3 darunterliegende Schrauben lösen, Verkleidung herausnehmen.

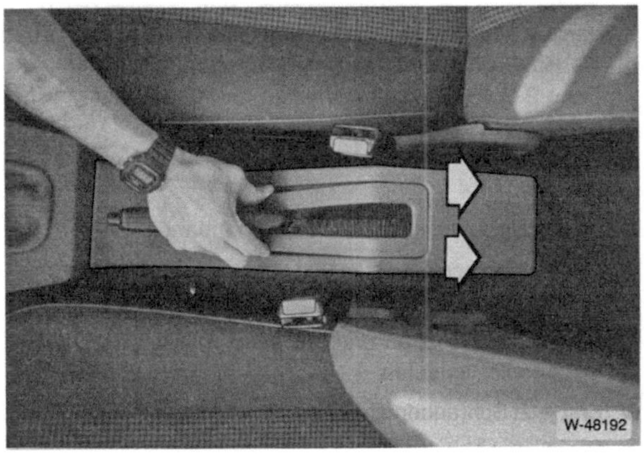

- Ist eine Handbremskonsole eingebaut, Abdeckbürste für Handbremshebel unten zusammendrücken und nach oben abziehen.
- 2 Abdeckungen –Pfeile– aushebeln und darunterliegende Schrauben abschrauben. Konsole nach hinten schieben und abnehmen.

- Ascher herausnehmen, 3 Schrauben –Pfeile– lösen (Schalthebelabdeckung im Gegensatz zur Abbildung ausgebaut).

- Handschuhfach öffnen und Schrauben –Pfeile– links und rechts abschrauben.
- Bei Klimaanlage: 2 Schrauben links und rechts neben der Klima-Bedienungseinheit an der Konsole lösen.
- Konsole nach hinten ziehen und Schrauben an der Oberseite an Stelle –3– links und rechts lösen. Heizungs-Bedieneinheit nach oben abnehmen.
- Radiosteckverbindungen trennen und Konsole abnehmen.

Ausbau Modelle bis 7/81

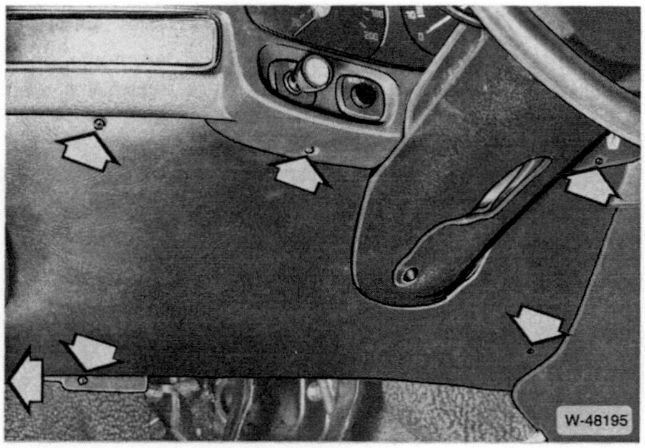

- 6 Schrauben –Pfeile– herausdrehen und Verkleidung abnehmen.
- Ascher ausheben. Radio ausbauen, siehe Seite 258.
- Schalthebelknopf abschrauben.
- Schrauben links und rechts außen neben dem Schalthebel herausdrehen, Faltenbalg für Schalthebel mit Abdeckung nach oben abnehmen.
- Einlegeboden aus der Mittelkonsole herausnehmen, darunterliegende Mutter am Mitteltunnel abschrauben.
- 2 Schrauben außen in Höhe vom Ascher links und rechts herausdrehen.
- Konsole nach hinten herausziehen.

Einbau

- Der Einbau erfolgt in umgekehrter Reihenfolge wie der Ausbau.
- Radio einbauen, siehe Seite 258.
- Batterie-Massekabel anklemmen.
- Funktion von Handbremse, Schaltung, Heizungsbetätigung/-regelung und Radio prüfen.

Handschuhfach aus- und einbauen

Ausbau

- Handschuhfach öffnen.

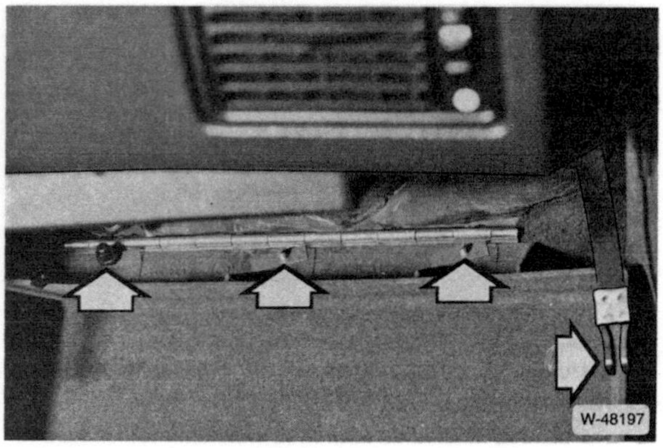

- Bolzen der beiden Haltebänder mit Flachzange herausdrücken.
- 3 Schrauben am Scharnier abschrauben.
- Handschuhfach abnehmen, gegebenenfalls Stecker ausheben.

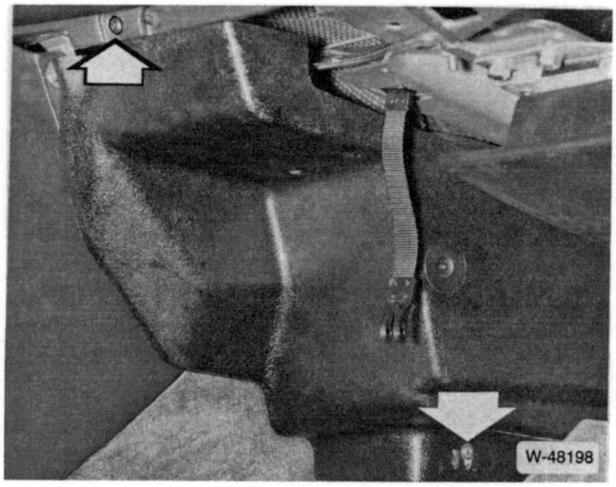

- Sollen Teile der Heizungsanlage, zum Beispiel der Bowdenzug für Frischluftklappe, ausgebaut werden, muß auch die Handschuhfach-Innenverkleidung ausgebaut werden. Dazu 2 Schrauben abschrauben und Verkleidung ausheben.

Einbau

- Falls ausgebaut, Innenverkleidung einbauen.
- Handschuhfach ansetzen und leicht anschrauben.
- Handschuhfach schließen und durch Verschieben ausrichten, die Spalte oben und beidseitig müssen gleichmäßig und parallel verlaufen.
- Erst jetzt Schrauben anziehen.
- Handschuhfach öffnen und schließen. Bei Schwergängigkeit Schloßoberteil ausrichten.
- Haltebänder aufschieben und Bolzen einrasten.

Vordersitz aus- und einbauen

Ausbau

- Sitz ganz nach hinten schieben.

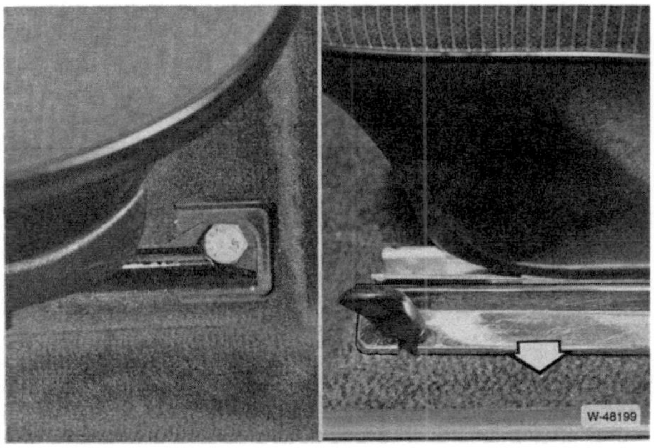

- Vordere Muttern an beiden Sitzschienen abschrauben, linke Abbildung.
- Modelle bis 7/81: Chrom-Abdeckleiste von der Sitzschiene abschrauben und nach außen ziehen.
- Sitz ganz nach vorn schieben und hintere Muttern für Sitzschienen herausschrauben.
- Modelle ab 7/81: Seitlich am Sitz Sicherheitsgurt abschrauben, vorher Abdeckkappe abziehen.
- Sitz herausnehmen.

Einbau

- Sitz einsetzen, mit 4 Muttern anschrauben. Falls vorhanden, Abdeckleiste anbringen.
- Seitlich am Sitz Sicherheitsgurt anschrauben und Abdeckkappe aufsetzen.

Rücksitz aus- und einbauen

Ausbau

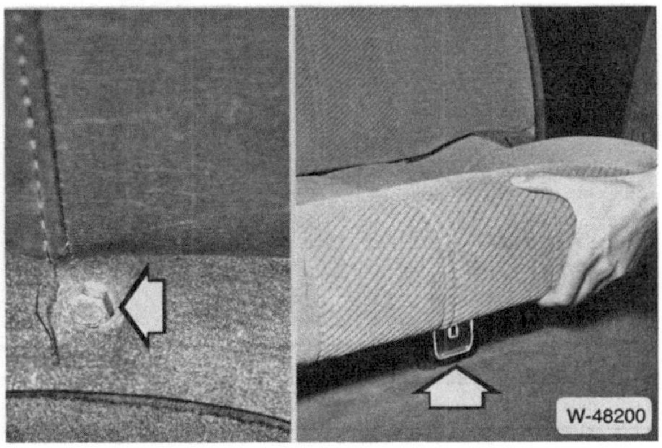

- Schraube –Pfeil– unterhalb der Sitzbankmitte lösen, linke Abbildung.
- Sitzbank auf beiden Seiten kräftig nach oben aus den Klammern ziehen und nach vorne abnehmen.
- 3 Schrauben (links, rechts und in der Mitte) unterhalb der Rückenlehne herausschrauben.
- Rückenlehne nach oben drücken und abnehmen.

Einbau

- Rückenlehne von oben einsetzen. Darauf achten, daß die Rückenlehne links und rechts in die Halterung einklinkt.
- Rückenlehne an der Unterseite mit 3 Schrauben befestigen.
- Sitzbank einsetzen und 1 Schraube von vorn einschrauben.

Die Heizung

Heizung/Lüftung seit 7/81

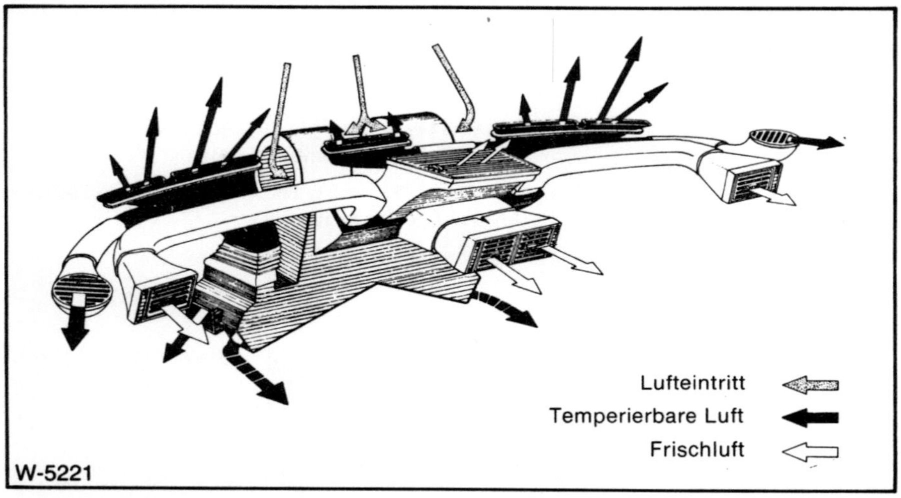

Heizung/Lüftung bis 7/81

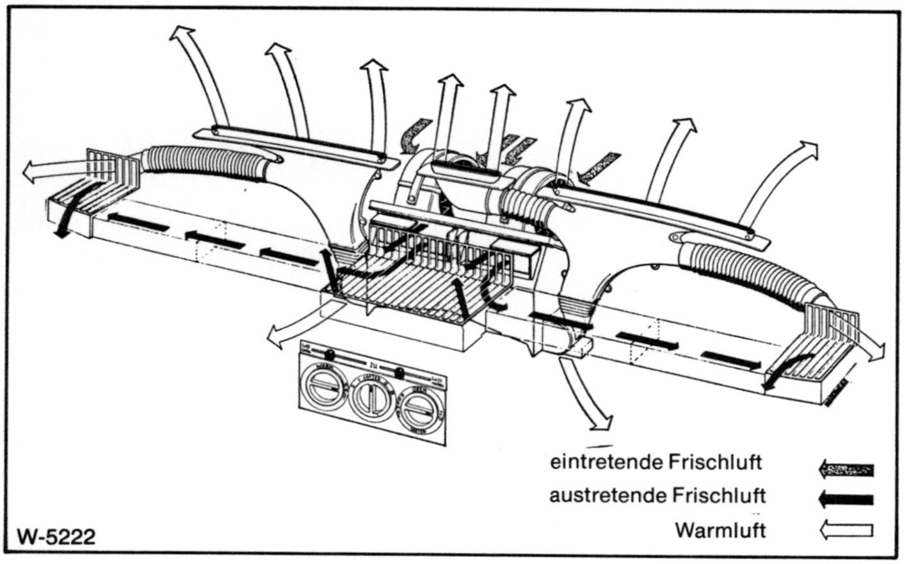

Die Frischluft für die Heizung wird über die Lufteinlaßgitter unterhalb der Windschutzscheibe angesaugt und gelangt über das Gebläse in den Fahrzeuginnenraum. Dabei durchströmt die Luft den Heizungskasten und wird durch verschiedene, durch Bowdenzüge gesteuerte Klappen auf die einzelnen Lufteintrittsdüsen verteilt. Wird die Heizung auf »warm« gestellt, wird die kühle Luft über den Wärmetauscher geleitet. Der Wärmetauscher befindet sich im Heizungskasten und wird durch das heiße Kühlmittel aufgeheizt. Die vorbeistreichende Frischluft erwärmt sich an den heißen Lamellen des Wärmetauschers und gelangt dann in den Fahrzeuginnenraum. Die Heizung wird wasserseitig gesteuert, das heißt, die Temperatur wird über ein Ventil durch den Wasserdurchsatz durch den Wärmetauscher gesteuert.

Die 6-Zylinder-Modelle seit 7/81 besitzen eine elektronische Innentemperaturregelung: Ein elektronisches Steuergerät im Heizungs-Bedienteil regelt den Wasserdurchsatz des Wasserventils in Abhängigkeit von der Innentemperatur. Die Fühler für die Innentemperatur sitzen im Fußraum links und rechts hinter Abdeckungen. Durch die elektronische Regelung wird die Temperatur, unabhängig von Fahrzeuggeschwindigkeit oder Außentemperatur, nahezu konstant gehalten.

Zur Verstärkung der Heizleistung dient ein dreistufiges Heizgebläse. Damit das Gebläse in den einzelnen Stufen mit unterschiedlicher Geschwindigkeit läuft, werden Widerstände vorgeschaltet. Bei Ausfall eines Widerstandes läuft der Motor in der entsprechenden Geschwindigkeitsstufe nicht.

Achtung: Modelle mit **Klimaanlage** werden nachfolgend nicht berücksichtigt. Bis auf die Wartung (Keilriemen für Kältekompressor spannen) sollten alle Arbeiten an der Klimaanlage von einer Fachwerkstatt durchgeführt werden.

Heizgebläse aus- und einbauen

Ausbau

- Batterie-Massekabel (−) abklemmen.

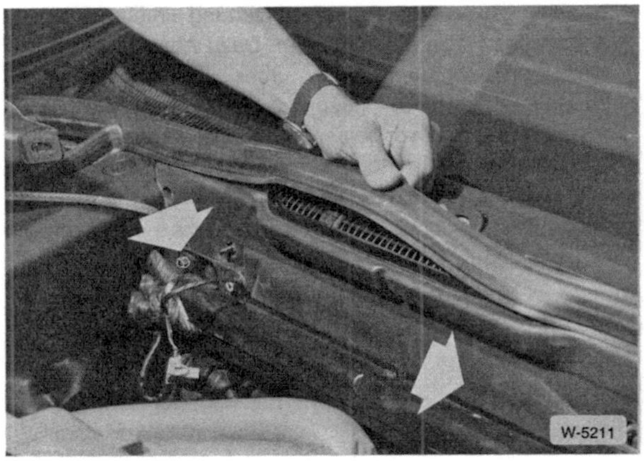

- Profilgummi-Abdeckleiste vom Karosserieblech abziehen.

- 5 Schrauben –Pfeile– abschrauben und Abdeckung herausnehmen.

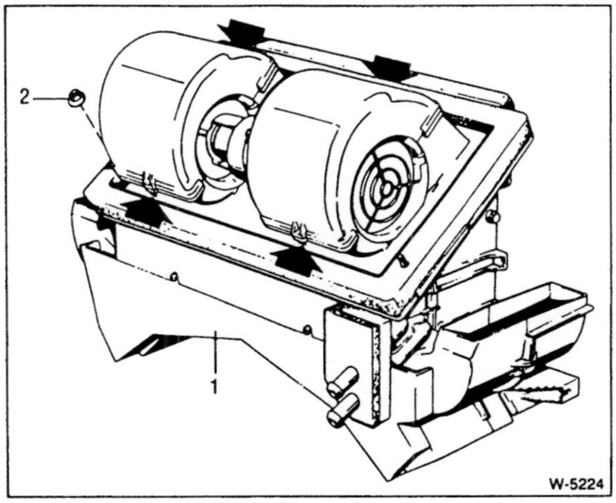

- Haltelaschen –Pfeile– mit Schraubendreher zurückdrükken, dadurch Abdeckschalen für Heizgebläse aus unterer Abdeckschale ausklinken und herausnehmen.
- Elektrische Leitungen vom Heizgebläse abziehen.

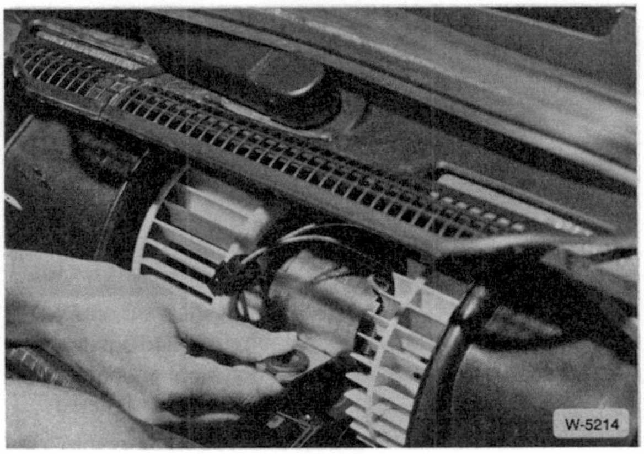

- Halteband für Heizgebläse lösen und Heizgebläse herausnehmen.

Einbau

Achtung: Lüfterräder nicht vom Motor abbauen und nicht auf der Achse verdrehen. Die Lüfterräder sind auf der Welle ausgewuchtet.

- Elektrische Leitungen für Heizgebläse auf Stecker aufdrükken.
- Heizgebläse einsetzen und mit Halteband befestigen.
- Obere Abdeckschalen einsetzen und in untere Abdeckschale einklinken.
- Batterie-Massekabel anklemmen und prüfen, ob das Heizgebläse in allen Stufen läuft, gegebenenfalls Fehler beheben.
- Abdeckung in die Spritzwand einsetzen und mit 5 Schrauben befestigen.
- Profilgummi auf Karosserieblech aufdrücken.

Bowdenzug für Heizung aus- und einbauen

Modelle seit 7/81

Achtung: Für den Heimwerker empfehlenswert ist nur der Ausbau des Bowdenzugs für die Frischluftklappe. Sollen die beiden anderen Züge (für Fußraum- und Scheibenbelüftung) ausgebaut werden, muß das komplette Heizgehäuse ausgebaut werden.

Ausbau

- Batterie-Massekabel (–) abklemmen.
- Verkleidung unter der Armaturentafel links abnehmen und Mittelkonsole ausbauen, siehe Seite 226.
- Handschuhfach und darunterliegende Abdeckung ausbauen, siehe Seite 228.

- 2 Schrauben an Stelle –3– oben an der Bedientafel herausdrehen und Bedientafel nach oben herausnehmen.

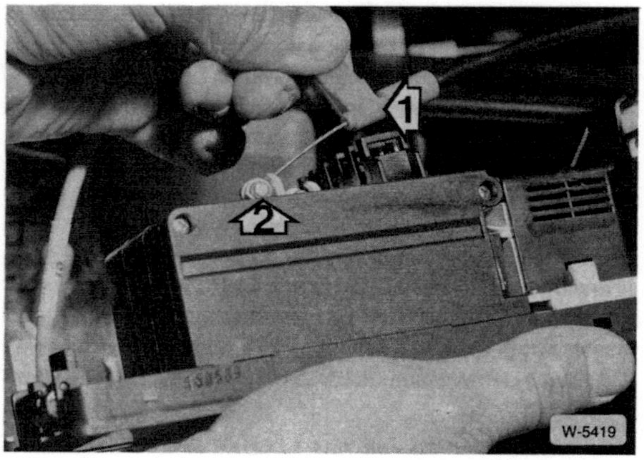

- Halteklammer –1– abdrücken und Bowdenzug –2– am Schieberegler aushängen. Mit den anderen Bowdenzügen in gleicher Weise verfahren.

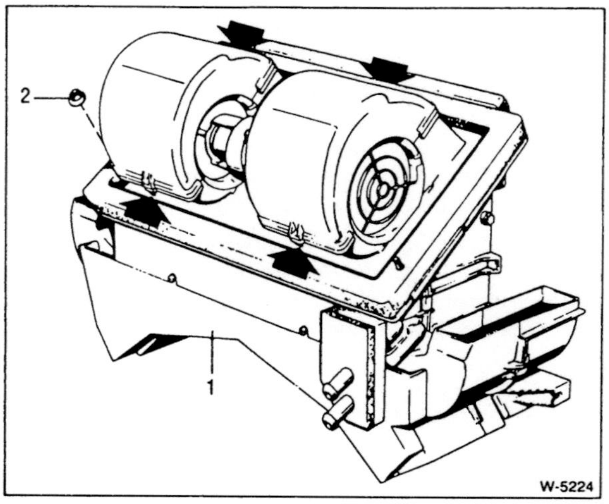

- Soll einer der beiden Bowdenzüge für Fußraumbelüftung beziehungsweise für Scheibenbelüftung ersetzt werden: Komplettes Heizgerät ausbauen. Dazu Abschlußwand im Motorraum abbauen, siehe unter »Heizgebläse ausbauen«. Muttern –2– lösen und Heizgerät in den Innenraum ablassen. Zuvor beide Kühlmittelschläuche abbauen und mit geeignetem Stopfen verschließen. Unteren Deckel vom Heizungsgehäuse-Unterteil abschrauben.

- Halteklammer am Widerlager im Bereich der betreffenden Luftklappe abdrücken und Bowdenzug aus dem Luftklappenhebel aushängen.
- Seilzug herausnehmen, dabei Verlegung des Zuges beachten.

Einbau

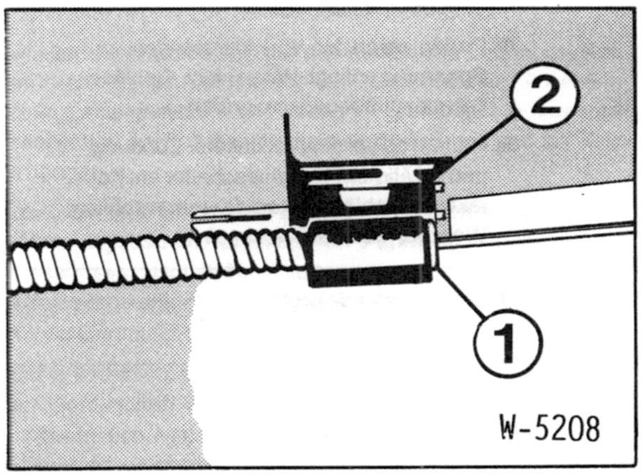

- Seilzug am Luftklappenhebel einhängen und Zughülle –1– so am Halter ansetzen, daß sie bündig am Anschlag –2– ansteht. In dieser Stellung Halteklammer aufdrücken.
- Seilzug in den Schieberegler einhängen und Regler nach links an den Anschlag stellen (zu).
- Luftklappe schließen, dazu Luftklappenhebel gegen den Anschlag drücken.
- Buchse am freien Ende der Bowdenzughülle so weit verdrehen, bis sie in die Aussparung am Bedienteil eingelegt werden kann.
- Falls ausgebaut, Heizgerät einbauen. Anschließend Kühlmittel auffüllen.
- Halteklammer in Bedienteil einrasten.
- Bedieneinheit in Mittelkonsole einsetzen und mit den 2 oberen Schrauben befestigen.
- Mittelkonsole und Verkleidung unter der Armaturentafel einbauen, siehe Seite 226.
- Rechte untere Abdeckung und Handschuhfach einbauen, siehe Seite 228.
- Batterie-Massekabel anklemmen.

Gebläseschalter/Steuergerät für Heizung aus- und einbauen

Ausbau

- Mittelkonsole ausbauen, siehe Seite 226.

- 2 Schrauben an Stelle –3– oben an der Bedientafel herausdrehen und Bedientafel nach oben herausnehmen.
- Bowdenzüge am Bedienteil aushängen.

- Gebläseschalter ausbauen: Rechten Drehknopf von Hand abziehen und darunterliegende Mutter –3– herausdrehen. Wenn Sonderwerkzeug nicht vorhanden, 2 Schraubendreher in die Schlitze der Mutter einsetzen und 3. Schraubendreher zum Verdrehen quer zwischen die beiden Schraubendreher schieben.
- Temperaturregler ausbauen: Stecker abziehen. Linken Drehknopf von Hand abziehen und an der Rückseite 3 Schrauben abschrauben.

- Schieberegler ersetzen: Betätigungsknöpfe –4– abziehen, siehe Abbildung oben. Anschließend von hinten 4 Schrauben abschrauben und Betätigungshebel-Einheit abnehmen.

Hinweis: Bis Modell 9/84 können die 3 Schieberegler einzeln ersetzt werden.

Einbau

- Bedieneinheit komplettieren, Bowdenzüge anklemmen und einbauen.
- Batterie-Massekabel anklemmen.
- Alle Funktionen der Heizung kontrollieren.
- Mittelkonsole einbauen.

Störungsdiagnose Heizung

Störung	Ursache	Abhilfe
Heizgebläse läuft nicht	Sicherung für Gebläsemotor defekt	■ Sicherung für Gebläse prüfen, gegebenenfalls ersetzen
	Gebläseschalter defekt	■ Prüfen, ob an den Vorwiderständen Spannung anliegt. Wenn nicht, Gebläseschalter ausbauen und prüfen
	Elektromotor defekt	■ Prüfen, ob bei eingeschalteter Zündung und betätigtem Gebläseschalter am Kontakt des Gebläsemotors Spannung anliegt. Wenn ja, Motor auswechseln
Heizgebläse läuft nur in einer Geschwindigkeitsstellung nicht	Vorwiderstand defekt	■ Vorwiderstände prüfen
Heizung läßt sich durch den Heizungs-Schieberegler nicht ausschalten	Schalter defekt	■ Schalter prüfen
	Seilzüge für Temperatur-Mischklappen defekt	■ Seilzüge einstellen
Heizleistung zu gering	Kühlmittelstand zu niedrig	■ Kühlmittelstand prüfen, gegebenenfalls Kühlmittel auffüllen
	Kühlmittelregler defekt	■ Kühlmittelregler prüfen, gegebenenfalls ersetzen
	Heizventil öffnet nicht	■ Elektromagnetisches Heizventil im Wasserrücklauf prüfen, gangbar machen
Geräusche im Bereich des Heizgebläses	Eingedrungener Schmutz, Laub	■ Gebläse ausbauen, reinigen, Luftkanal säubern
	Lüfterrad hat Unwucht, Lager defekt	■ Gebläsemotor ausbauen und auf leichten Lauf prüfen

Die elektrische Anlage

Elektrisches Zubehör nachträglich einbauen

Beim Bohren oder Schälen von Löchern in die Karosserie müssen die Lochränder anschließend entgratet, grundiert und lackiert werden. Die beim Bohren zwangsläufig anfallenden Späne sind restlos aus der Karosserie zu entfernen.

Bei allen Einbauarbeiten, die das elektrische Leitungssystem berühren, ist, um der Gefahr von Kurzschlüssen im elektrischen Leitungssystem vorzubeugen, grundsätzlich das Massekabel von der Fahrzeugbatterie abzuklemmen und zur Seite zu hängen.

Kabel, die beim Einbau von Zubehör zusätzlich zu dem serienmäßig eingebauten Kabelsatz im Fahrzeug verlegt werden müssen, sind nach Möglichkeit immer entlang der einzelnen Kabelstränge unter Verwendung der vorhandenen Kabelschellen und Gummitüllen zu verlegen.

Falls erforderlich, sind die neu verlegten Kabel, um entstehenden Geräuschen während der Fahrt vorzubeugen und das Scheuern von Kabeln zu vermeiden, mit Isolierband, plastischer Masse, Kabelbändern und dergleichen zusätzlich festzulegen. Hierbei ist besonders darauf zu achten, daß zwischen den Bremsleitungen und den festverlegten Kabeln ein Mindestabstand von 10 mm sowie zwischen den Bremsleitungen und den Kabeln, die mit dem Motor oder anderen Teilen des Fahrzeuges schwingen, ein Mindestabstand von 25 mm vorliegt.

Sofern zusätzliche elektrische Verbraucher eingebaut werden, ist in jedem Fall zu überprüfen, ob die erhöhte Belastung noch von dem vorhandenen Drehstromgenerator mit übernommen werden kann. Falls erforderlich, sollte ein Generator mit größerer Leistung vorgesehen werden.

Zur Befestigung und Dämpfung nachträglich eingebauter Kabelsätze oder Einzelkabel bieten sich folgende Zubehörteile an:

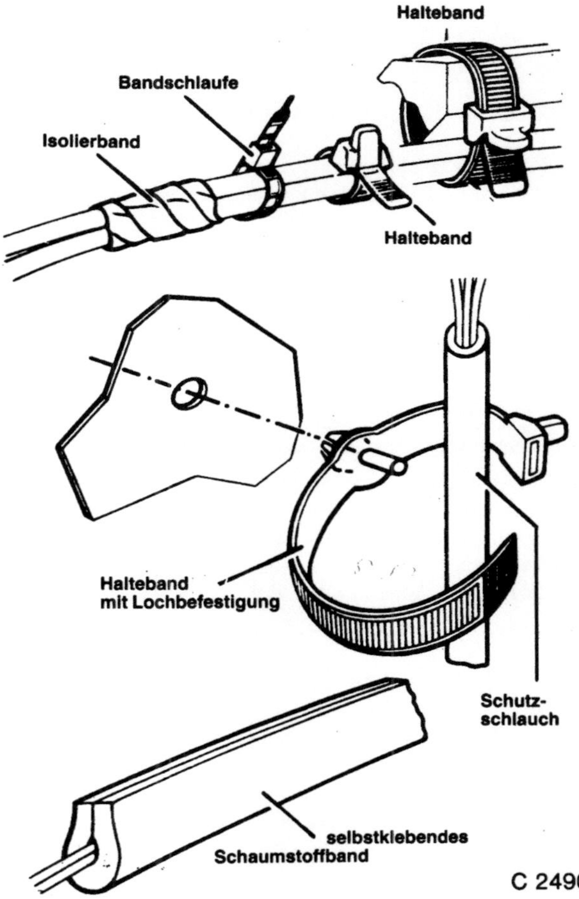

C 2490

Batterie aus- und einbauen

Die Batterie befindet auf der linken Seite im Motorraum.

Ausbau

- Motorhaube öffnen.

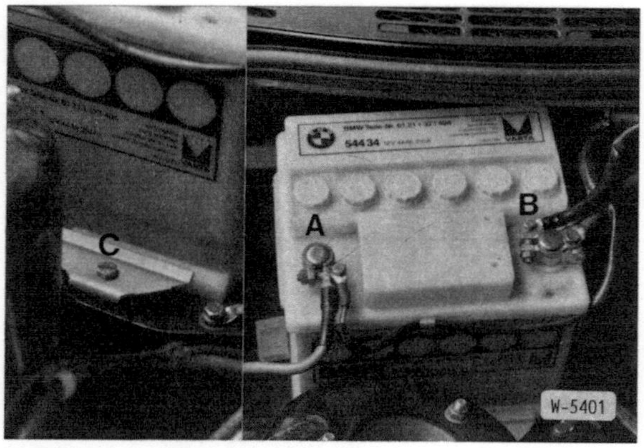

- Batteriekabel abklemmen, zuerst Massekabel –A–, dann Pluskabel –B–, vorher Abdeckkappe abnehmen.
- Halteplatte –C– am Batteriefuß abschrauben und herausnehmen. Bei den meisten Modellen kann die Schraube –C– durch einen Bügel von Hand geöffnet werden.
- Batterie herausheben.

Einbau

- Batterie einsetzen.
- Halteplatte ansetzen und festschrauben.
- Pluskabel am Pluspol (+), dann Massekabel am Minuspol (–) anklemmen. Am Pluspol Abdeckkappe aufsetzen. **Achtung:** Durch eine falsch angeschlossene Batterie können erhebliche Schäden am Generator und an der elektrischen Anlage entstehen.

Hinweise zur wartungsarmen Batterie

Der 5er BMW ist seit geraumer Zeit serienmäßig mit einer wartungsarmen Batterie ausgestattet. Bei dieser Batterie ist es nicht mehr erforderlich, im Rahmen der Wartung destilliertes Wasser nachzufüllen. Dennoch sind einige Wartungspunkte zu beachten.

- Der Deckel hat eine Entlüftungsöffnung, über die die Batterie atmen kann. Damit keine Batteriesäure austreten kann, darf die Batterie nicht mehr als 45° geneigt werden.
- Zum Laden können die normalen Ladegeräte verwendet werden. Die Batterie darf auch mit einem Schnelladegerät geladen werden. Der Ladestrom soll zwischen 3 und 30 Ampère liegen; die Ladespannung zwischen 14 und 14,5 Volt.
- Batterie zum Laden vom Bordnetz abklemmen.
- Bei zu niedrigem Säurestand, zum Beispiel durch längeren Aufenthalt in heißen Regionen, destilliertes Wasser nachfüllen, siehe Kapitel »Wartung«.
- Wird das Fahrzeug länger als 6 Wochen stillgelegt, Batterie ausgebaut und geladen lagern. Die günstigste Lagertemperatur liegt zwischen 0° C und +27° C. Bei diesen Temperaturen hat die Batterie die günstigste Selbstentladungsrate. Spätestens nach 3 Monaten Batterie erneut aufladen, da sie sonst unbrauchbar wird.
- Batteriepole regelmäßig reinigen und mit Bosch-Polfett einreiben.
- Starthilfegeräte dürfen nur ausnahmsweise verwendet werden, da die Batterie hierdurch kurzfristig einer sehr hohen Stromstärke ausgesetzt wird.

Achtung: Starthilfegerät nicht einschalten, ohne gleichzeitig den Anlasser zu betätigen.

Batterie laden

Die mit ■ gekennzeichneten Positionen entfallen bei der wartungsarmen Batterie. Hinweise zur wartungsarmen Batterie beachten.

- Batterie niemals kurzschließen, das heißt Plus- und Minuspol dürfen nicht verbunden werden. Bei Kurzschluß erhitzt sich die Batterie und kann platzen. Nicht mit offener Flamme in Batterie leuchten. Batteriesäure ist ätzend und darf nicht in die Augen, auf die Haut oder die Kleidung gelangen, gegebenenfalls mit viel Wasser abspülen.
- Vor dem Laden Plus- und Massekabel von Batterie abklemmen, Massekabel zuerst.
- Vor dem Laden Säurestand prüfen, gegebenenfalls destilliertes Wasser nachfüllen.
- Gefrorene Batterie vor dem Laden auftauen. Eine geladene Batterie friert bei ca. –65° C, eine halbentladene bei ca. –30° C und eine entladene bei ca. –12° C.

■ Stopfen aus der Batterie herausschrauben und leicht auf die Öffnungen legen. Dadurch werden Säurespritzer auf dem Lack vermieden, während die beim Laden entstehenden Gase entweichen können.

- Batterie nur in gut belüftetem Raum laden. Beim Laden der eingebauten Batterie Motorhaube geöffnet lassen.
- Bei der Normalladung beträgt der Ladestrom ca. 10 % der Kapazität. (Bei einer 50-Ah-Batterie also etwa 5,0 A.) Als Richtwert für die Ladezeit kann dann 10 Stunden genommen werden.
- Pluspol der Batterie mit Pluspol, Minuspol der Batterie mit Minuspol des Ladegerätes verbinden.
- Die Säuretemperatur darf während des Ladens +55° C nicht überschreiten, gegebenenfalls Ladung unterbrechen oder Ladestrom herabsetzen.

■ So lange laden, bis alle Zellen lebhaft gasen und bei drei im Abstand von je einer Stunde aufeinanderfolgenden Messungen das spezifische Gewicht der Säure und die Spannung nicht mehr angestiegen sind.

■ Nach der Ladung Säurestand prüfen, gegebenenfalls destilliertes Wasser nachfüllen.

- Säuredichte prüfen. Liegt der Wert in einer Zelle deutlich unterhalb der anderen Werte (z. B. 5 Zellen zeigen 1,26 g/ml und 1 Zelle 1,18 g/ml), so ist die Batterie defekt und sollte erneuert werden.
- Batterie ca. 20 Minuten ausgasen lassen, dann Verschlußstopfen aufschrauben.

Achtung: Der Motor darf nicht bei abgeklemmter Batterie laufen, da sonst die elektrische Anlage beschädigt wird.

Batterie prüfen

Batterie unter Belastung prüfen

- Voltmeter an den Polen der Batterie anschließen.
- Motor starten und Spannung ablesen.
- Während des Startvorganges darf bei einer vollen Batterie die Spannung nicht unter 8 Volt (bei einer Säuretemperatur von ca. +20° C) abfallen.
- Bricht die Spannung sofort zusammen und wurde in den Zellen eine unterschiedliche Säuredichte festgestellt, so ist auf eine defekte Batterie zu schließen.

Säuredichte prüfen

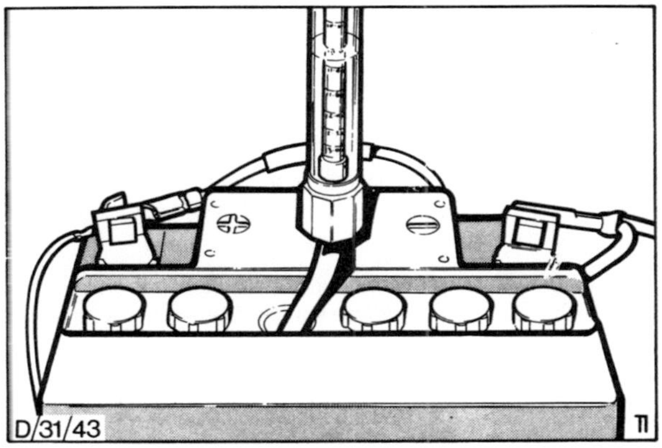
D/31/43

- Die Säuredichte ergibt in Verbindung mit der Spannungsmessung genauen Aufschluß über den Ladezustand der Batterie. Zur Prüfung dient ein Säureheber, der recht preiswert in Fachgeschäften angeboten wird. Je größer das spezifische Gewicht (Säuredichte) der angesaugten Batteriesäure ist, desto mehr taucht der Schwimmer auf. An der Skala kann man die Säuredichte in spezifischem Gewicht (g/ml) oder Baumégrad (+°Bé) ablesen. Folgende Werte müssen erreicht werden:

Ladezustand	norm. Klimazonen		Tropen	
	+°Bé	g/ml	+ °Bé	g/ml
entladen	16	1,12	11	1,08
halb entladen	24	1,20	18	1,16
gut geladen	32	1,28	27	1,23

Batterie entlädt sich selbständig

Je nach Fahrzeugausstattung addiert sich zur natürlichen Selbstentladung der Batterie auch die Stromaufnahme der verschiedenen Steuergeräte im Ruhezustand. Daher sollte ein stehendes Fahrzeug spätestens alle 6 Wochen nachgeladen werden. Wenn der Verdacht auf Kriechströme besteht, Bordnetz nach folgender Anleitung prüfen:

- Zur Prüfung geladene Batterie verwenden.

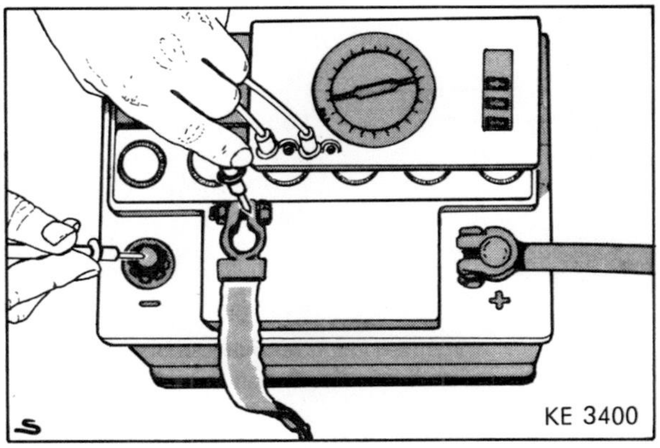
KE 3400

- Am Ampèremeter (Meßbereich von 0–5 mA bis 5 A) den höchsten Meßbereich einstellen. Massekabel von der Batterie abklemmen. Ampèremeter zwischen Batterie-Minuspol und Massekabel schalten. Ampèremeter-Plus-Anschluß an Massekabel und Ampèremeter-Minus-Anschluß an Batterie-Minuspol.

Achtung: Die Prüfung kann auch mit einer Prüflampe durchgeführt werden. Leuchtet die Lampe zwischen Masseband und Minuspol der Batterie jedoch nicht auf, ist auf jeden Fall ein Ampèremeter zu verwenden.

- Alle Verbraucher ausschalten, vorhandene Zeituhr (und andere Dauerverbraucher) abklemmen, Türen schließen.
- Vom Ampèrebereich solange auf den Milliampèrebereich zurückschalten, bis eine ablesbare Anzeige erfolgt (1–3 mA sind zulässig).
- Durch Herausnehmen der Sicherungen nacheinander die verschiedenen Stromkreise unterbrechen. Wenn bei einem der unterbrochenen Stromkreise die Anzeige auf Null zurückgeht, ist hier die Fehlerquelle zu suchen. Fehler können sein: korrodierte und verschmutzte Kontakte, durchgescheuerte Leitungen, interner Schluß in Aggregaten.
- Wird in den abgesicherten Stromkreisen kein Fehler gefunden, so sind die Leitungen an den nicht abgesicherten Aggregaten abzuziehen. Dieses sind: Generator, Anlasser, Zündanlage.
- Geht beim Abklemmen von einem der ungesicherten Aggregate die Anzeige auf Null zurück, betreffendes Bauteil überholen oder austauschen. Bei Stromverlust in Anlasser oder Zündanlage immer auch den Zündschalter nach Stromlaufplan prüfen.
- Masseband an Batterie anklemmen.

Störungsdiagnose Batterie

Störung	Ursache	Abhilfe
Säurestand zu niedrig	Überladung, Verdunstung (besonders im Sommer)	■ Destilliertes Wasser bis zur vorgeschriebenen Höhe nachfüllen (bei geladener Batterie)
Säure tritt aus den Verschlußstopfen aus	Ladespannung zu hoch	■ Spannungsregler prüfen, ggf. austauschen
	Säurestand zu hoch	■ Überschüssige Säure mit Säureheber absaugen*
Säuredichte zu niedrig	Säuredichte in einer Zelle deutlich niedriger als in den übrigen Zellen	■ Kurzschluß in einer Zelle. Batterie erneuern
	Säuredichte in zwei benachbarten Zellen deutlich niedriger als in den übrigen Zellen	■ Trennwand undicht, dadurch enteht eine leitende Verbindung zwischen den Zellen, wodurch die Zellen entladen werden. Batterie erneuern
	Batterie entladen	■ Batterie laden
	Generator nicht in Ordnung	■ Generator prüfen, ggf. reparieren oder austauschen
	Kurzschluß im Leitungsnetz	■ Elektrische Anlage überprüfen
	Säure infolge Wartungsfehler verwässert	■ Säureausgleich durchführen
Säuredichte zu hoch	Säure wurde nachgefüllt	■ Säureausgleich durchführen*
Abgebende Leistung ist zu gering, Spannung fällt stark ab	Batterie entladen	■ Batterie nachladen
	Ladespannung zu niedrig	■ Spannungsregler prüfen, ggf. austauschen
	Anschlußklemmen lose oder oxydiert	■ Anschlußklemmen reinigen und besonders Unterseite mit Säureschutzfett leicht einfetten, Befestigungsschrauben anziehen
	Masseverbindung Batterie-Motor-Karosserie ist schlecht	■ Masseverbindung überprüfen, ggf. metallische Verbindungen herstellen oder Schraubverbindungen festziehen
	Zu große Selbstentladung der Batterie durch Verunreinigung der Batteriesäure	■ Batterie austauschen
	Evtl. Batterie sulfatiert (grauweißer Belag auf den Plus- und Minusplatten)	■ Batterie mit kleinem Strom laden, damit sich der Belag langsam zurückbildet. Falls nach wiederholter Ladung und Entladung die abgegebene Leistung immer noch zu gering ist, Batterie austauschen
	Batterie verbraucht, aktive Masse der Platten ausgefallen	■ Batterie austauschen
Nicht ausreichende Ladung der Batterie	Fehler an Generator, Spannungsregler oder Leitungsanschlüssen	■ Generator und Spannungsregler überprüfen, instand setzen bzw. austauschen; Leitungen einwandfrei befestigen
	Keilriemen locker	■ Keilriemen spannen oder austauschen
	Zu viele Verbraucher angeschlossen	■ Größere Batterie einbauen; evtl. auch größeren Generator verwenden
Dauernde Überladung	Fehler am Spannungsregler, evtl. auch am Generator	■ Spannungsregler austauschen bzw. Generator überprüfen

*) Die mit * gekennzeichneten Hinweise gelten nicht für die wartungsarme Batterie.

Sicherungen auswechseln

Um Kurzschluß- und Überlastungsschäden an den Leitungen und Verbrauchern der elektrischen Anlage zu verhindern, sind die einzelnen Stromkreise durch Schmelzsicherungen geschützt.

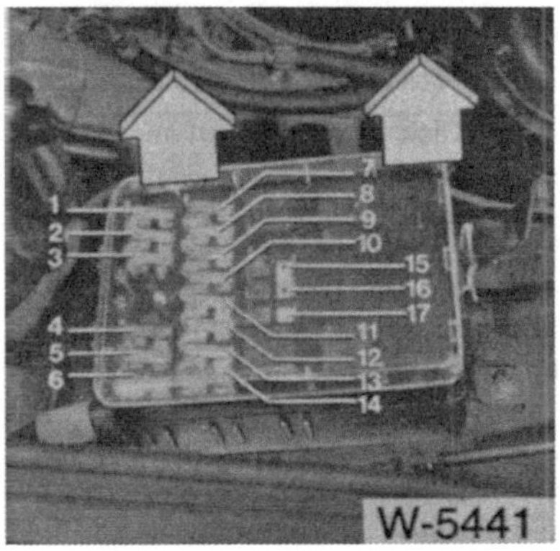

Die Sicherungen sind in einem Sicherungskasten untergebracht, der sich links hinten im Motorraum befindet. **Der durchsichtige Deckel ist mit einem Sicherungsverzeichnis über die einzelnen Verbraucher und Stärke der Sicherung (Ampèrezahl) beschriftet**.

- Vor dem Auswechseln einer Sicherung immer zuerst den betroffenen Verbraucher ausschalten.
- Deckel des Sicherungskastens abnehmen, dazu die Klammer abdrücken.
- Eine durchgebrannte Sicherung erkennt man am durchgeschmolzenen Metallstreifen.
- Neue Sicherung **gleicher Sicherungsstärke** mit Metallstreifen nach oben zwischen die Federklemmen einsetzen, dabei nicht auf den Metallstreifen drücken und nicht Federklemmen verbiegen. Die Sicherungsstärke in A (Ampère) ist auf dem Sicherungskörper eingeprägt, außerdem gibt die Farbe einen Hinweis auf die Stärke.
- Die Sicherung muß fest zwischen den Klemmen sitzen, eventuell Federklemmen nachbiegen.
- Brennt eine neu eingesetzte Sicherung nach kurzer Zeit wieder durch, muß der entsprechende Stromkreis überprüft werden.
- Auf keinen Fall Sicherung durch Draht oder ähnliche Hilfsmittel ersetzen, weil dadurch ernste Schäden an der elektrischen Anlage auftreten können.
- Es ist empfehlenswert, stets einige Ersatz-Sicherungen im Wagen mitzuführen. Zur Aufbewahrung befinden sich im Sicherungskasten entsprechende Freiplätze.
- Deckel für Sicherungskasten in die Haltenasen einsetzen, Halteklammer einrasten lassen.

Sicherungsbelegung

Die Sicherungsbelegung ist abhängig von der Ausstattung und vom Baujahr des Fahrzeuges. Die aktuelle Belegung der Sicherungen befindet sich in der Betriebsanleitung.

Belegung seit Modelljahr '84 (in Klammern: abgekürzte Aufschrift auf Sicherungskasten)

Nr.	Amp.	Verbraucher
1	16	Elektrische Kraftstoffpumpe
2	8	Abblendlicht rechts, Nebelschlußleuchte
3	8	Abblendlicht links
4	25	Zigaretten-Anzünder, automatische Antenne, Niveauregulierung, Sitzheizung, Standheizung, programmierbare Sitzverstellung
5	8	Warnblinkanlage, Innenleuchte, Handschuhkastenleuchte, Gepäckraumleuchte, Handlampe, Uhr, Zentralverriegelung (ZV), Bordcomputer (BC), Diebstahlwarnanlage (DWA), Service-Intervallanzeige (SIA), Türschloßheizung (TS-Hzg.), Check-Control (Abfrage)
6	8	Kontrolleuchten, Drehzahlmesser (DZM), Spiegelverstellung, Bordcomputer (BC), Zentrale Warnleuchte, Check-Control (Abfrage), Kraftstoff-Verbrauchsanzeige (KVA), Service-Intervallanzeige (SIA), Tempomat, Fensterheber, Niveauregulierung-Steuerung (Niv.-Stg), Rückfahrscheinwerfer, Ganganzeige für automatisches Getriebe
7	16	Fernlicht links und rechts, Nebelschlußleuchte (NSL)
8	8	Radio, Instrumente, Check-Control (Abfrage)
9	8	Scheinwerfer-Reinigungsanlage (SRA), Stand-, Schluß- und Parklicht rechts
10	8	Stand-, Schluß- und Parklicht links
11	16	Blinker, Wisch- Wasch-Anlage, Signalhorn
12	8	Bremslicht, Check-Control (Abfrage), Tempomat
13	25	Heizbare Heckscheibe, Schiebehebedach (SHD)
14	25	Zusatzlüftersteuerung, Heizungs-Gebläse, Klimaanlage
15	8	Nebelscheinwerfer (NSW) rechts
16	8	Nebelscheinwerfer (NSW) links
17	25	Zusatzlüfter

Relais prüfen

Am einfachsten läßt sich die Funktionsfähigkeit eines Relais prüfen, wenn man es gegen ein intaktes auswechselt. So wird es in der Regel in der Werkstatt gemacht. Da dem Heimwerker jedoch in den seltensten Fällen ein neues Relais sofort zur Verfügung steht, empfiehlt sich folgender Arbeitsschritt bei den sogenannten Arbeitsrelais, wie sie unter anderem zum Schalten von Nebel- und Hauptscheinwerfern verwendet werden.

Die Relais befinden sich größtenteils im Sicherungskasten auf der linken Seite im Motorraum. Die Relaisbelegung ist im Deckel des Sicherungskastens eingeprägt.

- Relais aus der Halterung herausziehen.

- Zuerst mit Spannungsprüfer feststellen, ob an Klemme 30 im Relaishalter Spannung anliegt. Dazu Spannungsprüfer an Masse anschließen und die andere Kontaktspitze in Klemme 30 einführen. Wenn die Leuchtdiode des Spannungsprüfers aufleuchtet, ist Spannung vorhanden. Zeigt der Spannungsprüfer keine Spannung an, Unterbrechung vom Batterie-Pluspol zu Klemme 30 anhand des Schaltplanes aufspüren.
- Leitungsbrücke aus einem Stück isoliertem Draht herstellen, die Enden müssen blank sein.
- Mit dieser Brücke im Relaishalter die Klemme 30 (Batterie +, führt immer Spannung) mit dem Ausgang des Relais-Schließers Klemme 87 verbinden. Wo sich die Klemmen im Relaishalter befinden, ist auf dem Relais beziehungsweise am Steckkontakt aufgeführt.
- Wenn bei eingesetzter Brücke zum Beispiel das Fernlicht aufleuchtet, kann man davon ausgehen, daß das Relais defekt ist.
- Wenn das Fernlicht nicht aufleuchtet, Unterbrechung in der Leitungsführung von Klemme 87 zum Hauptscheinwerfer anhand des Schaltplanes aufspüren und beheben.
- Falls erforderlich, neues Relais einsetzen.

Der Generator

Der BMW ist mit einem Drehstromgenerator ausgerüstet. Je nach Modell und Ausstattung kann ein Generator mit einer Leistung von 45 A bis 90 A eingebaut sein.

Der Generator wird von der Kurbelwelle über den Keilriemen angetrieben. Dabei dreht sich der Läufer mit der Erregerwicklung innerhalb der feststehenden Ständerwicklung mit ca. doppelter Motordrehzahl.

Über Kohlebürsten und Schleifringe fließt der Erregerstrom durch die Erregerwicklung. Dabei bildet sich ein Magnetfeld.

Die Lage des magnetischen Feldes zur Ständerwicklung ändert sich ständig, entsprechend der Umdrehung des Läufers. Dadurch wird in der Ständerwicklung ein Drehstrom erzeugt.

Da die Batterie aber nur mit Gleichstrom geladen werden kann, wird der Drehstrom durch Gleichrichter in der Diodenplatte in Gleichstrom umgewandelt. Der Spannungsregler verändert den Ladestrom durch Ein- und Ausschalten des Erregerstromes, entsprechend dem Ladezustand der Batterie. Gleichzeitig hält der Regler die Betriebsspannung konstant bei ca. 14 Volt, unabhängig von der Drehzahl.

Sicherheitshinweise für den Drehstromgenerator

- Bei Arbeiten an der elektrischen Anlage im Motorraum grundsätzlich das Batterie-Massekabel abklemmen.
- Kabel an Spannungsregler und Generator **nicht** vertauschen. Kabel vor dem Abklemmen mit Tesaband kennzeichnen.
- Batterie oder Spannungsregler **nicht** bei laufendem Motor abklemmen.
- Generator **nicht** bei angeschlossener Batterie ausbauen.
- Beim Elektroschweißen Batterie grundsätzlich abklemmen.

1 – Riemenscheibe
2 – Lüfterrad
3 – Gehäuse vorn
4 – Antriebslager
5 – Abdeckplatte
6 – Scheibenfeder
7 – Läufer
8 – Rillenkugellager hinten
9 – Ringfeder
10 – Ständer
11 – Diodenplatte
12 – Gehäuse hinten
13 – Spannungsregler
14 – Satz Kohlebürsten

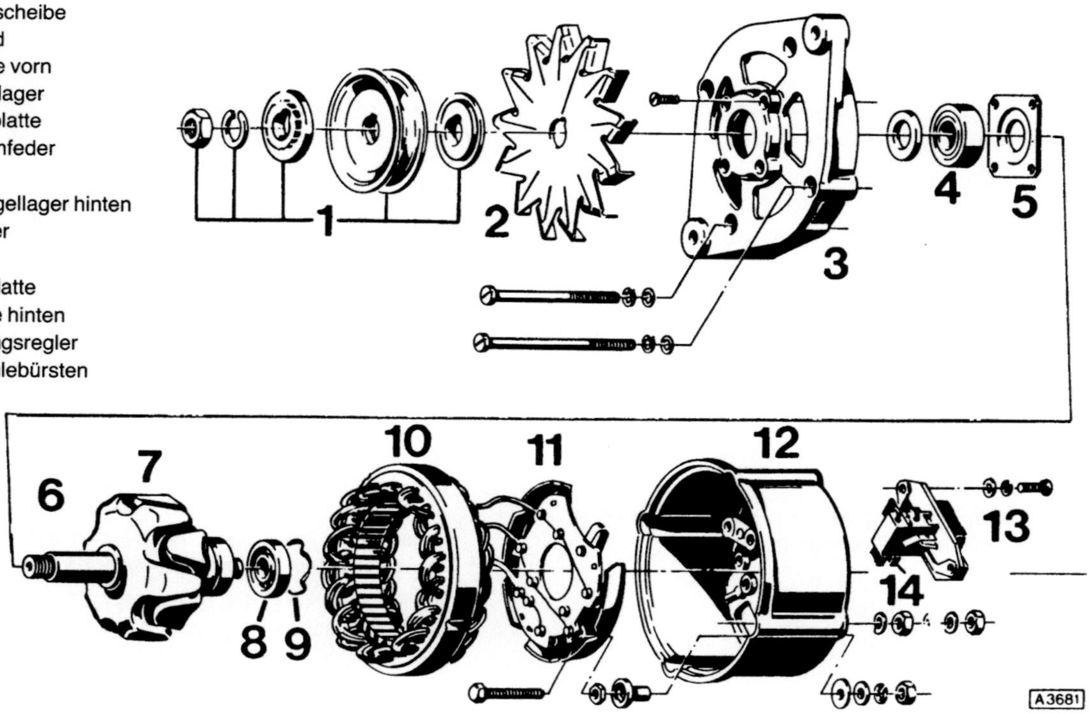

Generator aus- und einbauen

Ausbau

- Batterie-Massekabel (–) abklemmen.
- Generator-Keilriemen entspannen und abnehmen, siehe Seite 42.
- Modell 520i/525e seit 7/81: Filtergehäuse und Luftmengenmesser ausbauen, siehe Seite 82.
- Dieselmotoren: Kraftstoffilter am Halter abschrauben und zur Seite legen.

- Leitungen von Anschluß B + (Klemme 30) und D + (Klemme 61) abnehmen. Masseleitung (Klemme 31) abschrauben.

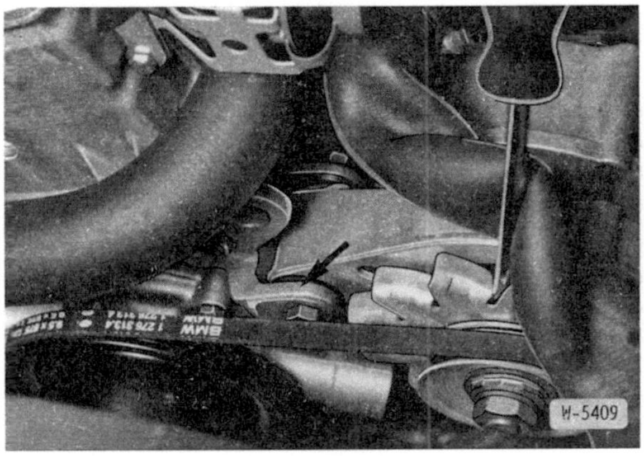

- Befestigungsschraube für Generator abschrauben, Generator herausnehmen. Bei Sechszylindermodellen gegebenenfalls die Pumpe für Servolenkung ausbauen, damit die untere Schraube erreicht werden kann.
- Mutter für Spannrad lösen und Spannrad mit Schraube abnehmen. Leitungen an Anschluß B + und D + abbauen. Kabelschelle und Masseleitung abnehmen.
- Mutter oben am Generator lösen, Generator herausnehmen.

Einbau

- Buchsen für Generatoraufhängung prüfen, gegebenenfalls erneuern.
- Generator einsetzen und mit Schrauben befestigen, siehe unter »Ausbau«.
- Spannrad einsetzen und mit Schraube befestigen.
- Elektrische Leitungen am Generator anschließen: B +/Klemme 30, D +/Klemme 61, Masseleitung/Klemme 31.
- Gegebenenfalls Servopumpe für Lenkung einbauen.
- Keilriemen für Generator und Servolenkung auflegen und spannen.
- Batterie-Massekabel anklemmen.

Schleifkohlen für Generator/ Spannungsregler ersetzen/prüfen

BOSCH-Generator

Ausbau

- Generator ausbauen und hintere Abdeckung abbauen.
- Batterie-Massekabel (–) abklemmen.

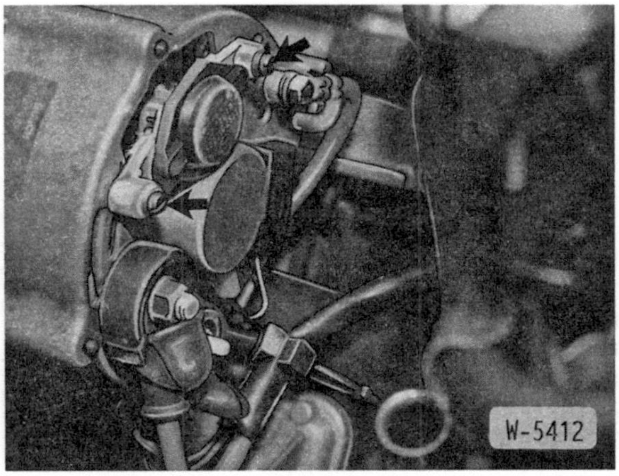

- Spannungsregler an der Rückseite des Generators abschrauben und vorsichtig herausziehen.

- Schleifkohlen ersetzen, wenn die Länge 5 mm oder weniger beträgt. Dazu Anschlußlitze auslöten.
- Schleifringe auf Verschleiß prüfen, gegebenenfalls feinstüberdrehen und polieren.
- Kontaktfläche reinigen und Vorspannung der Kontaktfeder prüfen, gegebenenfalls erneuern.

Einbau

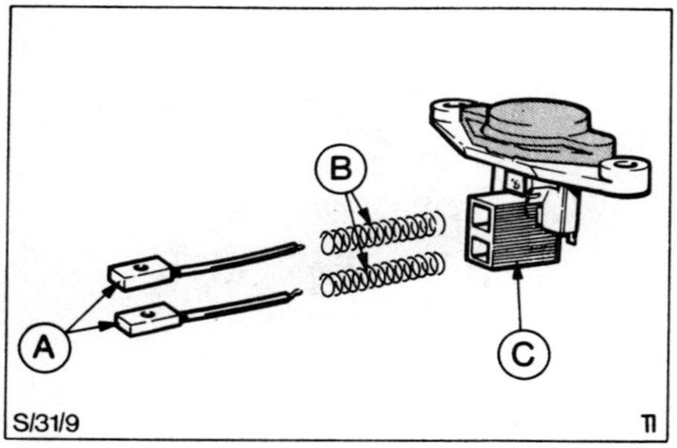

- Kohlebürsten –A– und Federn –B– in den Bürstenhalter –C– einsetzen und Anschlüsse verlöten.
- Damit beim Anlöten der neuen Bürsten kein Lötzinn in der Litze hochsteigen kann, Anschlußlitze der Bürsten mit einer Flachzange fassen. **Achtung:** Durch hochsteigendes Lötzinn würde die Litze steif und die Kohlebürste unbrauchbar werden.
- Der Isolierschlauch über der Litze muß neben der Lötstelle mit der vorhandenen Öse festgeklemmt werden.
- Nach dem Einbau neue Kohlebürsten auf leichten Lauf in den Bürstenhaltern prüfen.
- Spannungsregler erst mit einer Schraube von Hand befestigen, dann vorsichtig in endgültige Einbaulage drücken und festschrauben.
- Generator einbauen und Keilriemen spannen.
- Batterie-Massekabel anklemmen.

Generatorspannung prüfen

- Voltmeter zwischen Plus- und Minuspol der Batterie anschließen.
- Motor starten. Spannung darf beim Startvorgang bis 9,5 Volt absinken.
- Motordrehzahl auf 3000/min erhöhen. Die Spannung soll 13,5 bis 14,5 Volt betragen. Dies ist ein Beweis, daß Generator und Regler arbeiten.
- Regelstabilität prüfen. Dazu Fernlicht einschalten und Messung bei 3000/min wiederholen. Die gemessene Spannung darf nicht mehr als 0,4 Volt über dem vorher gemessenen Wert liegen.
- Liegen die gemessenen Werte außerhalb der Sollwerte, Generator von Fachwerkstatt überprüfen lassen.

Störungsdiagnose Generator

Störung	Ursache	Abhilfe
Ladekontrollampe brennt nicht bei eingeschalteter Zündung	Lampe durchgebrannt	■ Ersetzen
	Masseband an Generator locker oder korrodiert	■ Masseband auf einwandfreien Kontakt prüfen, Schraube festziehen
	Batterie leer	■ Laden
	Unterbrechung in der Leitungsführung zwischen Generator, Zündschloß und Kontrollampe	■ Mit Voltmeter nach Stromlaufplan untersuchen
	Steckverbindungen zwischen Relaisplatte und Generator nicht gesteckt	■ Kontrollieren, gegebenenfalls Stecker ersetzen
	Schleifkohlen liegen nicht auf dem Schleifring auf	■ Freigängigkeit der Schleifkohlen und Mindestlänge (5 mm) prüfen
	Erregerwicklung im Generator durchgebrannt	■ Läufer austauschen
Ladekontrollampe verlöscht nicht bei Drehzahlsteigerung	Regler defekt	■ Regler prüfen, gegebenenfalls austauschen
	Leitung zwischen Drehstromgenerator und Kontrollampe hat Masseschluß	■ Leitungsstrang ersetzen
Ladekontrollampe brennt bei ausgeschalteter Zündung	Plusdiode hat Kurzschluß	■ Dioden prüfen, gegebenenfalls Diodenplatte austauschen

Der Anlasser

Zum Starten des Verbrennungsmotors ist ein kleiner elektrischer Motor, der Anlasser, erforderlich. Der Anlasser muß den Verbrennungsmotor auf eine Drehzahl von mindestens 300 Umdrehungen in der Minute beschleunigen. Das funktioniert aber nur, wenn der Anlasser einwandfrei arbeitet und die Batterie hinreichend geladen ist.

Der Anlasser besteht aus einem Antriebs-, Pol- und Kollektorgehäuse. In dem Pol- und Kollektorgehäuse sind der Anker und der Kollektor gelagert sowie der Bürstenhalter. Im Bürstenhalter befinden sich Kohlebürsten, die ein Verschleißteil darstellen und sich zwar langsam, aber stetig abnutzen. Bei starker Abnutzung der Kohlebürsten kann der Anlasser nicht mehr einwandfrei arbeiten.

In dem vorderen Antriebsgehäuse ist der Ritzelantrieb untergebracht. Wenn über den Zündanlaßschalter der Anlasser Spannung erhält, wird über den Magnetschalter, der auf dem Anlassergehäuse sitzt, das Ritzel auf einem Steilgewinde gegen den Zahnkranz des Schwungrades geschoben. Sobald das Ritzel bis zum Anschlag auf der Spindel vorgelaufen ist, ist es kraftschlüssig mit dem Schwungrad verbunden. Nun kann der Anlasser den Motor auf die erforderliche Anlaßdrehzahl bringen. Wenn der Verbrennungsmotor angelaufen ist, wird das Ritzel vom Motor her beschleunigt, es läuft also kurzzeitig schneller als der Motor und spurt aus, wodurch die Verbindung zum Verbrennungsmotor aufgehoben ist.

1 – Kollektorgehäuse
2 – Bürstenhalter
3 – Satz Kohlebürsten
4 – Sinterbuchse
5 – Kapsel
6 – Erregerwicklung
7 – Magnetschalter
8 – Sinterbuchse
9 – Antriebsgehäuse
10 – Anschlagring
11 – Sinterbuchse
12 – Gabelhebel
13 – Ritzel
14 – Anker
15 – Polgehäuse

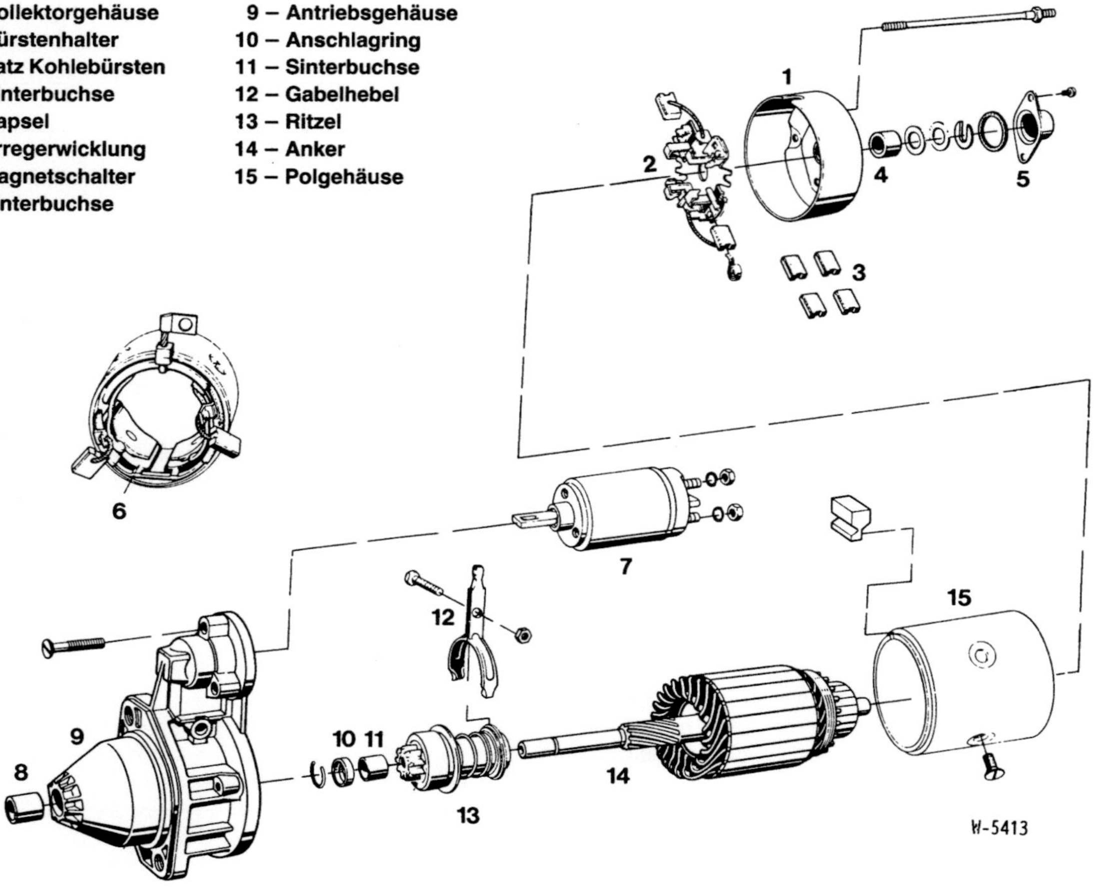

Anlasser aus- und einbauen

Der Anlasser sitzt seitlich an der Trennstelle Motorblock/Getriebe und wird nach oben ausgebaut.

Ausbau

Achtung: Batterie abklemmen, sonst Kurzschlußgefahr.

- Batterie-Massekabel (–) abklemmen.
- 520i, 525e seit 7/81: Luftfiltergehäuse mit Luftmengenmesser ausbauen, siehe Seite 82.

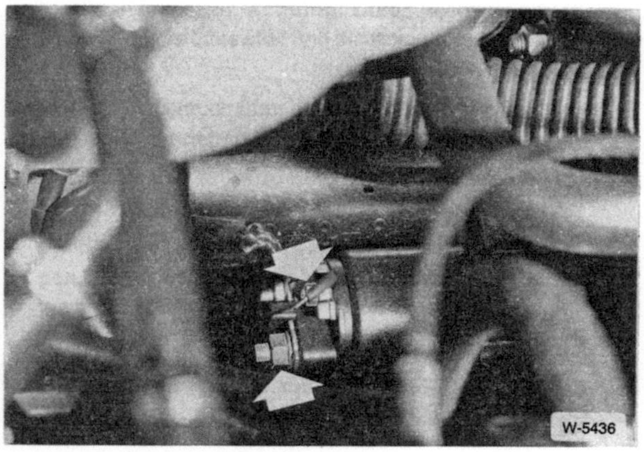

- Klemme 30 (dickes Kabel, direkt vom Batterie-Pluspol) und Klemme 50 (dünnes Kabel, vom Zündanlaßschalter) am Anlasser abschrauben, beziehungsweise abziehen.

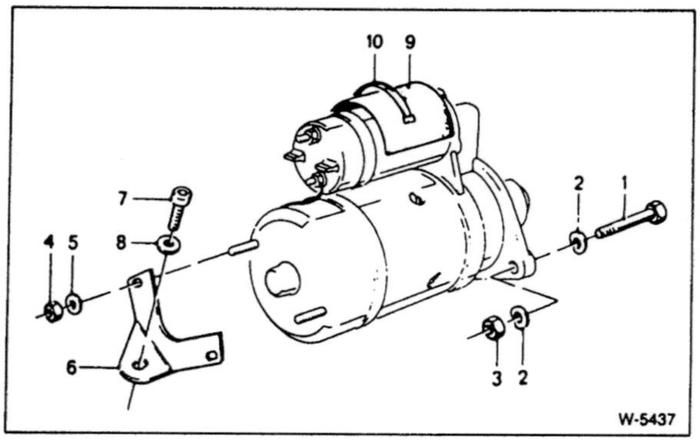

- 2 Anlassermuttern –3– abschrauben. Falls die Muttern schlecht erreichbar sind, Ausgleichbehälter lösen und Kühlmittelschläuche im Bereich vom Anlasser zur Seite drükken. Es gibt zudem einen gebogenen Spezialschlüssel zum Ausbau des Anlassers von HAZET.
- Schraube –7– an der hinteren Anlasserstütze herausdrehen und Anlasser erst nach vorn ziehen, dann nach oben herausnehmen.

Einbau

- Der Einbau des Anlassers geschieht in umgekehrter Reihenfolge. Beim Einbau Unterlegscheiben der Befestigungsschrauben nicht vergessen.
- Kühlmittelschläuche mit neuen Schellen befestigen.
- Falls abgelassen, Kühlmittel auffüllen, siehe Kapitel »Wartung«.
- Massekabel an Batterie anschließen.

Magnetschalter prüfen / aus- und einbauen

Bei einem Defekt des Magnetschalters wird das Ritzel im Anlasser nicht gegen den Zahnkranz des Schwungrades gezogen. Dadurch kann der Anlasser den Motor nicht durchdrehen. Dieser Defekt tritt häufiger auf als daß der Anlassermotor selbst schadhaft ist.

Prüfen in eingebautem Zustand

- Gang herausnehmen, Schalthebel in Leerlaufstellung.

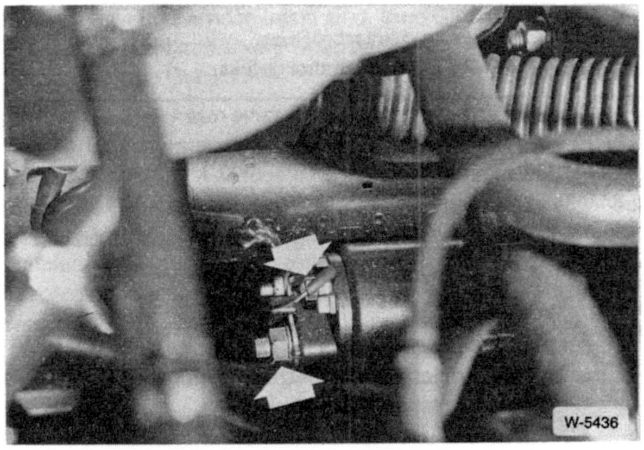

- Mit Hilfskabel Klemme 30 (=dickes Pluskabel) und 50 (dünnes Kabel, zum Zündschloß) am Anlasser kurz überbrükken, das Anlasserritzel muß nach vorne schnellen (klicken) und der Anlasser anlaufen. Wenn nicht, Anlasser abschrauben und Magnetschalter ersetzen.

Ausbau

- Anlasser ausbauen und Prüfung bei ausgebautem Anlasser mit einer Autobatterie wiederholen. Als Zuleitung zu Klemme 50 des Anlassers eignet sich ein Starthilfekabel. Schnellt das Ritzel nach vorne, ohne daß der Anlasser anläuft, Anlassermotor von einer Werkstatt überholen lassen.
- Schnellt das Ritzel nicht nach vorn, Magnetschalter abschrauben und ersetzen.

Einbau

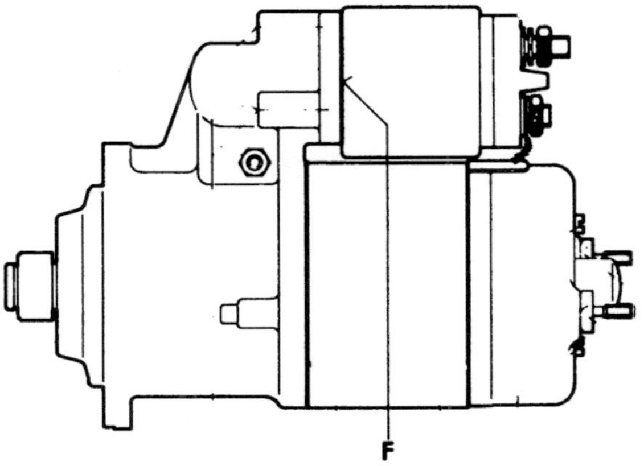

- Trennfuge –F– zum Anlasser mit geeignetem Dichtmittel abdichten.
- Magnetschalter an Gabelhebel im Anlasser einhängen, dann anschrauben.
- Leitung für Magnetschalter anschrauben.
- Anlasser erneut prüfen, wie oben beschrieben.
- Anlasser einbauen.

Störungsdiagnose Anlasser

Wenn ein Anlasser nicht durchdreht, ist zunächst zu prüfen, ob an der Klemme 50 des Magnetschalters die zum Einziehen benötigte Spannung von mindestens 8 Volt vorhanden ist. Liegt die Spannung unter dem genannten Wert, dann müssen die Leitungen, die zum Anlasserstromkreis gehören, nach dem Stromlaufplan überprüft werden. Ob der Anlasser bei voller Batteriespannung einzieht, kann folgendermaßen geprüft werden.

- Keinen Gang einlegen, Zündung eingeschaltet.
- Mit einer Leitung (Querschnitt mindestens 4 mm^2) die Klemmen 30 und 50 am Anlasser überbrücken, siehe auch Stromlaufplan.

Spurt der Anlasser dabei einwandfrei ein, so liegt der Fehler in der Leitungsführung zum Anlasser. Wenn der Anlasser nicht einspurt, muß er im ausgebauten Zustand überprüft werden.

Prüfvoraussetzung: Leitungsanschlüsse müssen festsitzen und dürfen nicht oxydiert sein.

Störung	Ursache	Abhilfe
Anlasser dreht sich nicht beim Betätigen des Zündanlaßschalters	Batterie entladen	■ Batterie laden
	Klemmen 30 und 50 am Anlasser überbrücken: Anlasser läuft an. Leitung 50 zum Zündanlaßschalter unterbrochen, Anlaßschalter defekt	■ Unterbrechung beseitigen, defekte Teile ersetzen
	Kabel oder Masseanschluß ist unterbrochen. Batterie entladen	■ Batteriekabel und Anschlüsse prüfen. Spannung der Batterie messen, nötigenfalls laden
	Ungenügender Stromdurchgang infolge lockerer oder oxydierter Anschlüsse	■ Batteriepole und -klemmen reinigen. Stromsichere Verbindungen zwischen Batterie, Anlasser und Masse herstellen
	Keine Spannung an Klemme 50 (Magnetschalter)	■ Leitung unterbrochen Zündanlaßschalter defekt
Anlasser dreht sich zu langsam und zieht den Motor nicht durch	Batterie entladen	■ Batterie laden
	Kein Winteröl bzw. Mehrbereichsöl im Motor	■ Mehrbereichsöl einfüllen
	Ungenügender Stromdurchgang infolge lockerer oder oxydierter Anschlüsse	■ Batteriepole und -klemmen und Anschlüsse am Anlasser reinigen, Anschlüsse festziehen
	Kohlebürsten liegen nicht auf dem Kollektor auf, klemmen in ihren Führungen, sind abgenutzt, gebrochen, verölt oder verschmutzt	■ Kohlebürsten überprüfen, reinigen bzw. auswechseln. Führungen prüfen
	Ungenügender Abstand zwischen Kohlebürsten und Kollektor	■ Kohlebürsten ersetzen und Führungen für Kohlebürsten reinigen
	Kollektor riefig oder verbrannt und verschmutzt	■ Kollektor abdrehen oder Anker ersetzen
	Spannung an Klemme 50 fehlt (mind. 8 Volt)	■ Zündanlaßschalter oder Magnetschalter überprüfen
	Lager ausgeschlagen	■ Lager prüfen, ggf. auswechseln
	Magnetschalter defekt	■ Schalter auswechseln
Anlasser spurt ein und zieht an, Motor dreht nicht oder nur ruckweise	Ritzelgetriebe defekt	■ Ritzelgetriebe ersetzen
	Ritzel verschmutzt	■ Ritzel reinigen
	Zahnkranz am Schwungrad defekt	■ Zahnkranz nacharbeiten, falls erforderlich, Schwungrad erneuern
Ritzelgetriebe spurt nicht aus	Ritzelgetriebe oder Steilgewinde verschmutzt bzw. beschädigt	■ Ritzelgetriebe reinigen, ggf. ersetzen
	Magnetschalter defekt	■ Magnetschalter ersetzen
	Rückzugfeder schwach oder gebrochen	■ Rückzugfeder erneuern
Anlasser läuft weiter, nachdem der Zündschlüssel losgelassen wurde	Magnetschalter hängt, schaltet nicht ab	■ Zündung sofort ausschalten, Magnetschalter ersetzen
	Zündschloß schaltet nicht ab	■ Sofort Batterie abklemmen, Zündschloß ersetzen

Die Beleuchtungsanlage

Zur Beleuchtungsanlage zählen: Hauptscheinwerfer (Abblendlicht und Standlicht), Fernlicht, Heckleuchten, Bremsleuchten, Rückfahrscheinwerfer, Blinkleuchten, Nebelscheinwerfer und Nebelschlußleuchten, Kennzeichenleuchten und Innenleuchten (auch Motorraum- und Gepäckraumleuchten). Die Instrumentenbeleuchtung wird im Kapitel »Armaturen« behandelt.

Normale Glühlampen (nicht Halogenlampen) unterliegen dem Verschleiß. Etwa alle 2 Jahre sollten sie ausgewechselt werden, auch wenn sie noch intakt sind. Eine Glühlampe mit verminderter Leuchtkraft erkennt man auch an schwarzen Ablagerungen auf dem Glaskolben.

Vor dem Auswechseln einer Glühlampe Schalter des betreffenden Verbrauchers ausschalten. **Achtung: Glaskolben nicht mit bloßen Fingern anfassen.** Der Fingerabdruck würde verdunsten und sich – aufgrund der Wärme – auf dem Reflektor niederschlagen und diesen erblinden lassen. Grundsätzlich Glühlampe nur durch eine gleiche Ausführung ersetzen. Versehentlich entstandene Berührungsflecken mit sauberem, nicht faserndem Tuch und Alkohol oder Spiritus entfernen.

Glühlampen auswechseln

Scheinwerfer

- Motorhaube öffnen.

Abblend- und Stand- beziehungsweise Parklicht befinden sich in den beiden äußeren Scheinwerfern. Das Fernlicht befindet sich in den beiden inneren Scheinwerfern. Die Beschreibung gilt für alle Lampen.

- Schalter der betreffenden Lampe ausschalten, beziehungsweise Massekabel von Batterie abklemmen.

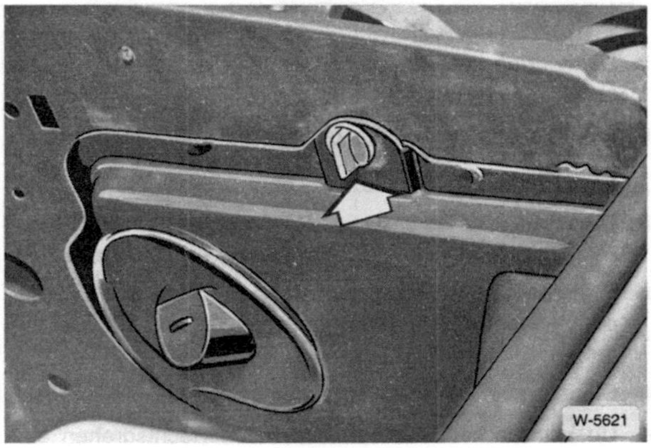

- Kunststoffverkleidung von der Scheinwerferrückseite abnehmen. Bei Fahrzeugen seit 7/81 dazu Drehverschluß –Pfeil– um 90° nach links drehen.

Modelle bis 7/81

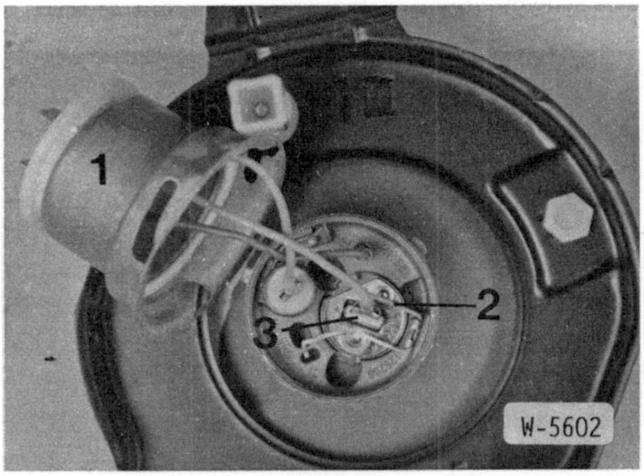

- Überwurfdeckel –1– durch Drehen gegen den Uhrzeigersinn lösen und abnehmen.
- Klemmbügel –2– aushängen und defekte Lampe herausnehmen.

Modelle seit 7/81

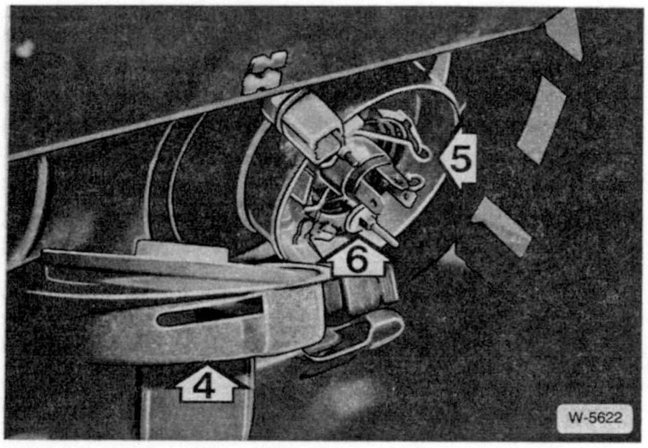

- Überwurfdeckel –4– durch Drehen gegen den Uhrzeigersinn lösen und mit Stecker abnehmen.
- Klemmbügel –5– aushängen und defekte Lampe herausnehmen.

- Die Stand- beziehungsweise Parkleuchte –6– zum Wechseln nur aus dem Reflektor herausziehen.
- Glühlampe so einsetzen, daß die Nasen in die entsprechenden Aussparungen am Gehäuse passen. Klemmbügel einrasten.
- Standlichtlampe in den Reflektor eindrücken.
- Überwurfdeckel ansetzen und durch Rechtsdrehen einschnappen lassen. **Achtung:** Um Wassereintritt durch lose Überwurfdeckel zu vermeiden, darauf achten, daß alle 3 Rasten des Bajonettverschlusses eingerastet sind.
- Kunststoffverkleidung ansetzen und mit Verschluß befestigen.

Nebelscheinwerfer

- Am Lampenglas 2 Kreuzschlitzschrauben herausdrehen und Gehäuse herausnehmen.
- Federdrahtbügel aushängen, Halogenlampe ersetzen.
- Drahtbügel einhängen, Gehäuse montieren.

Blinkleuchte vorn

- 3 Kreuzschlitzschrauben (bis 7/81: 2 Schrauben) aus Lampenglas herausdrehen, Lampenglas abnehmen.
- Glühlampe etwas eindrücken, nach links drehen und herausnehmen.
- Glühlampe in die Fassung eindrücken, nach rechts drehen und einrasten.
- Lampenglas mit Kreuzschlitzschrauben montieren. Dabei auf richtigen Sitz der Dichtung achten.

Heckleuchten

- Kofferraumklappe öffnen.
- Verkleidung am Heckabschlußblech innen abbauen, siehe Seite 210.

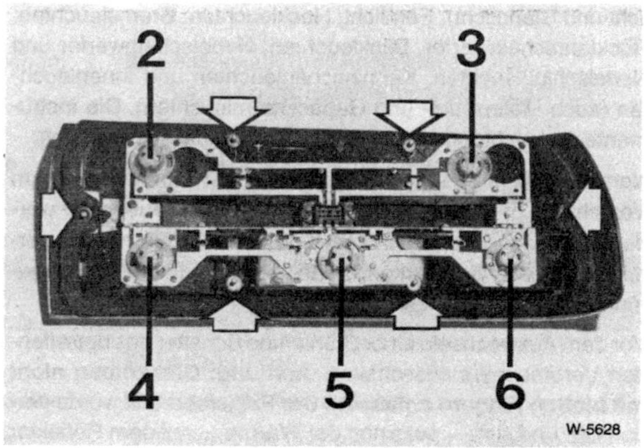

- Seit 7/81: Defekte Lampe gegen Uhrzeigersinn aus Bajonettverschluß herausdrehen. Lampenbelegung (linker Lampeneinsatz): 2 – Rückfahrleuchte, 3 – Blinkleuchte, 4 – Nebelschlußleuchte, 5 – Schlußleuchte, 6 – Bremsleuchte.

- Bis 7/81: Rändelmutter lösen und Lampenträger abnehmen.
- Defekte Glühlampe leicht eindrücken, nach links drehen und herausnehmen.

- Glühlampe in Fassung eindrücken, nach rechts drehen und einrasten. Fassung in Bajonettverschluß am Lampenträger einsetzen.
- Verkleidungen einbauen.

Kennzeichenleuchte

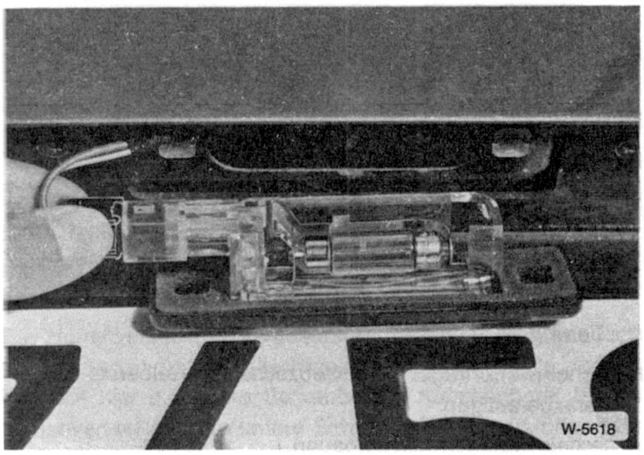
W-5618

- 2 Kreuzschlitzschrauben abschrauben, Lampenglas mit Dichtung abnehmen.
- Defekte Soffittenlampe herausnehmen.
- Spannung der Kontaktzungen kontrollieren, die Soffittenlampe muß stramm zwischen den Kontaktzungen sitzen. Gegebenenfalls Kontaktzungen nachbiegen.
- Dichtung auf Porosität oder Beschädigung prüfen, gegebenenfalls ersetzen.
- Lampenglas einsetzen und mit 2 Schrauben befestigen, dabei auf richtigen Sitz der Dichtung achten.

Innenleuchte und Gepäckraumleuchte

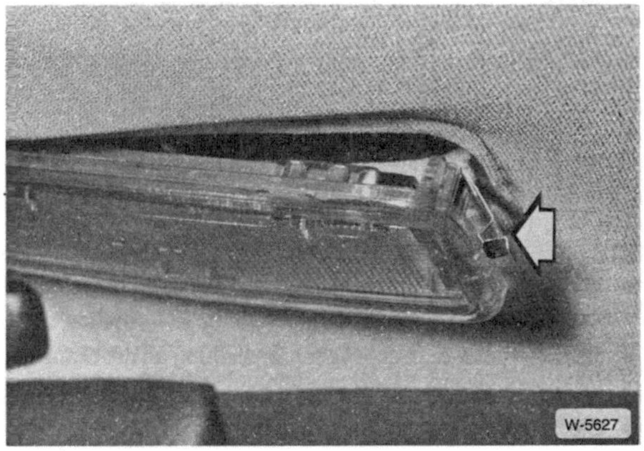
W-5627

- Metallbügel –Pfeil– mit Schraubendreher eindrücken und Innenleuchte an dieser Seite herausziehen.
- Das Gepäckraumleuchtenglas der Fahrzeuge bis 7/81 ist angeschraubt, hier 2 Schrauben lösen.
- Soffittenlampe auswechseln. Gegebenenfalls Kontaktzungen für Soffittenlampe nachbiegen.
- Innenlampe in Karosserieausschnitt eindrücken.
- Falls abgenommen, Batterie-Masseband anschließen, Lampe einschalten und Funktion überprüfen.

Lampentabelle

Um jederzeit eine Lampe auswechseln zu können, sollte stets ein Kasten mit Ersatzlampen im Wagen mitgeführt werden. Der BMW Kundendienst führt solche Ersatzlampenboxen. Eine Zusammenstellung der im 5er BMW verwendeten Lampen enthält die Tabelle.

12-V-Glühlampe für	DIN-Bezeichnung	
Abblendlicht	H 4	60/55 W
Fernlicht	H 1	55 W
Stand- und Parklicht	HL	4 W
Blinkleuchten vorn und hinten, Rückfahrleuchte, Nebelschlußleuchte, Bremsleuchte	P 25-1	21 W
Nebelscheinwerfer	H 3	55 W
Schlußleuchte	P 25-1	5 W
Kennzeichenleuchte	Soffitte	5 W
Innenleuchten	Soffitte	10 W
Gepäckraumleuchte	Soffitte	5 W
Instrumentenleuchten	W 12 V	3 W; 1,2 W

Fernlicht-/Abblendscheinwerfer aus- und einbauen

Ausbau

- Motorhaube öffnen.
- Batterie-Massekabel (–) abklemmen.

W-5621

- Schnellverschluß für Scheinwerferabdeckung linksherum drehen, Abdeckung herausnehmen.
- Schutzkappen und Stecker für Scheinwerfer abziehen.
- Frontziergitter für Scheinwerfer abbauen, siehe Seite 211.

- 4 Kreuzschlitzschrauben herausdrehen, Scheinwerfer mit Halter herausnehmen.

Scheinwerfereinsatz ausbauen

- Glühlampen ausbauen.
- Frontziergitter für Scheinwerfer ausbauen, siehe Seite 211.

- Zierring für Scheinwerfer abhebeln.
- Feder –4– aushängen.

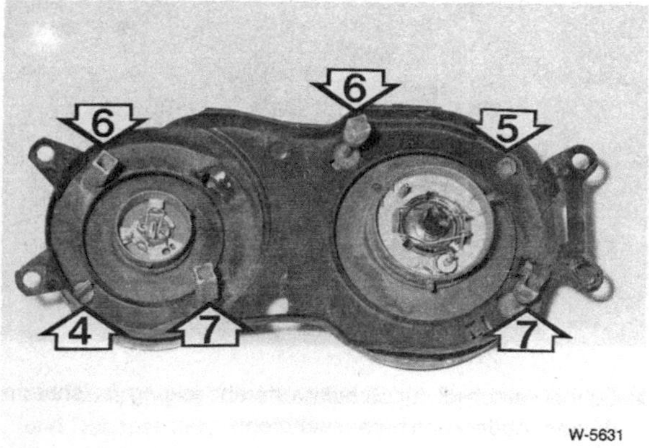

- Je nachdem, welcher Scheinwerfer ausgebaut werden soll, Haltestift –4–, beziehungsweise –5– von der Scheinwerferrückseite her ¼ Umdrehung drehen.

Achtung: Bei **Fahrzeugen mit Leuchtweitenregulierung** sitzt an Stelle –5– beim Abblendscheinwerfer der Verstellmotor. Nehmerzylinder verdrehen (Bajonettverschluß) und Kugelgelenk herausziehen.

- Höhenverstellung –6– und Seitenverstellung –7– abschrauben. Man kann die entsprechenden Kugelpfannen am Scheinwerfereinsatz mit einem Fön erwärmen und den Scheinwerfer aus der Kugelpfanne herausziehen.
- Scheinwerfer von Scheinwerferträger abnehmen.

Einbau

- Scheinwerfer in Scheinwerferträger einsetzen.
- Scheinwerfereinsatz mit Haltegelenk –4–, beziehungsweise –5– befestigen. Feder einhängen. Seiten- und Höhenverstellung aufschrauben. Waren die Gewinde/Kunststofflager beschädigt, Neuteile einbauen.
- Zierring an Scheinwerfer anbringen.
- Scheinwerferträger mit 4 Kreuzschlitzschrauben an Karosserie befestigen.
- Scheinwerferlampen einbauen.
- Batterie-Massekabel anklemmen.
- Scheinwerfer einstellen.
- Scheinwerferabdeckung montieren. Darauf achten, daß die Abdeckung mit den Haltenasen in die Karosserielöcher eingreift.

Scheinwerfer einstellen

Für die Verkehrssicherheit ist die richtige Einstellung der Scheinwerfer von großer Bedeutung. Die exakte Einstellung der Scheinwerfer ist nur mit einem Spezialeinstellgerät möglich. Es wird deshalb nur gezeigt, wo der Scheinwerfer eingestellt werden kann und welche Bedingungen zum richtigen Einstellen der Scheinwerfer erfüllt sein müssen.

- Reifen müssen den vorgeschriebenen Reifenfülldruck haben.
- Das unbeladene Fahrzeug muß mit 75 kg (eine Person) auf dem Fahrersitz belastet sein.
- Kraftstofftank füllen.
- Fahrzeug auf ebene Fläche stellen.
- Vorderwagen mehrmals kräftig nach unten drücken, damit die Federung der Vorderradaufhängung sich setzt.
- Falls vorhanden, Leuchtweitenregulierung an der Schalttafel auf »0« stellen.
- Die Scheinwerfer dürfen nur bei Abblendlicht eingestellt werden. Das Neigungsmaß beträgt für Normalscheinwerfer X = 10 cm auf 10 m Entfernung. Nebelscheinwerfer X = 5 cm auf 5 m Entfernung.
- Die Einstellschrauben sind vom Motorraum her zu erreichen. Scheinwerferabdeckung ausbauen.

Seit 7/81

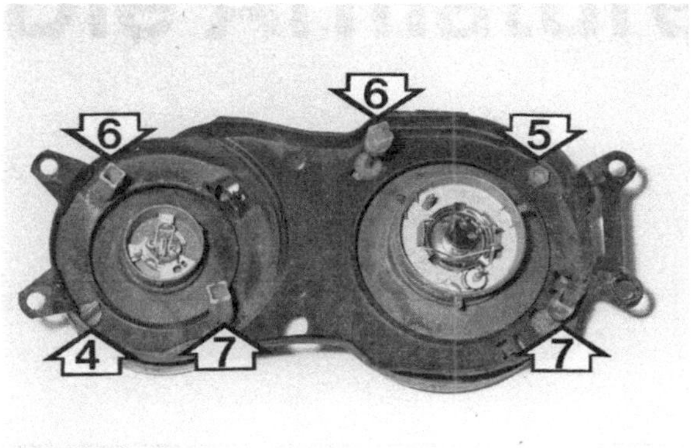

W-5631

6 – Höhenverstellung, 7 – Seitenverstellung. Bei Fahrzeugen bis 7/81 liegen die Verstellschrauben an anderer Stelle. Jedoch ist auch hier die obere Schraube mit Kunststoffgriff für die Höhenverstellung, die untere Schraube mit Kunststoffgriff für Seitenverstellung des jeweiligen Scheinwerfers zuständig.

- Nach der Einstellung Scheinwerferabdeckung montieren.

Blinkleuchte vorn aus- und einbauen

Ausbau vordere Blinkleuchte

- Batterie-Massekabel (–) abklemmen.

- Steckverbindungen für Blinkleuchten links im Motorraum trennen. Kabel nach vorn herausziehen. Bis 7/81: Stecker direkt an den Blinkleuchten hinter der Stoßstange trennen.
- Blinkerglas abschrauben, siehe unter »Lampenausbau«.

- Schrauben –Pfeile– lösen und Blinkleuchte aus Stoßfänger herausnehmen.

Einbau

- Blinkleuchte in Stoßfänger einsetzen. Auf richtige Ausführung achten. Es gibt linke und rechte Blinkleuchten.
- Blinkleuchte und Lampenglas anschrauben, auf richtigen Sitz der Dichtung achten.
- Stecker für Blinkleuchten zusammenfügen, Batterie-Massekabel anklemmen.
- Funktion der Blinklampe kontrollieren.

Ausbau seitliche Blinkleuchte

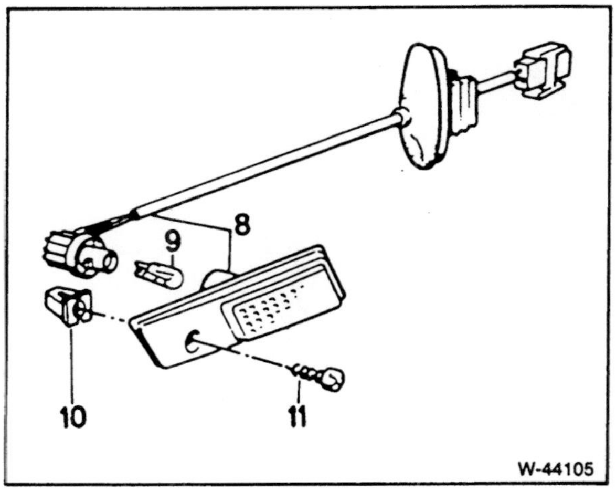

- Kreuzschlitzschraube –11– lösen, Gehäuse nach vorn aus dem Kotflügel schieben. Lampe unter leichtem Druck nach links drehen und herausnehmen.
- Einbau erfolgt in umgekehrter Reihenfolge.

Heckleuchte aus- und einbauen

Ausbau

- Batterie-Massekabel (–) abklemmen.
- Heckklappe öffnen, hintere Abdeckung ausbauen, siehe Seite 210.
- Stecker an der Heckleuchte abziehen.

Bis 7/81

- 4 Schrauben –4– oben und unten abschrauben.

Seit 7/81

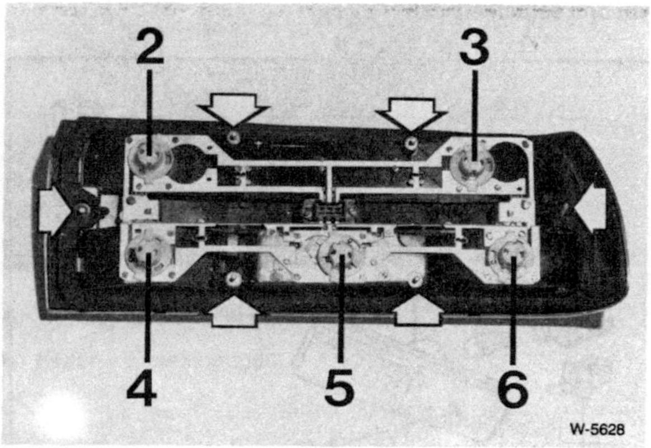

- 6 Schrauben –Pfeile– herausdrehen.
- Heckleuchte nach hinten abnehmen.

Einbau

- Defekte Dichtung für Heckleuchte erneuern.
- Heckleuchte mit Dichtung einsetzen und mit den Schrauben befestigen.
- Mehrfachstecker aufstecken.
- Batterie-Massekabel anklemmen.
- Funktion sämtlicher Heckleuchten kontrollieren.
- Hintere Abdeckung einbauen.

Die Armaturen

Schalttafeleinsatz aus- und einbauen

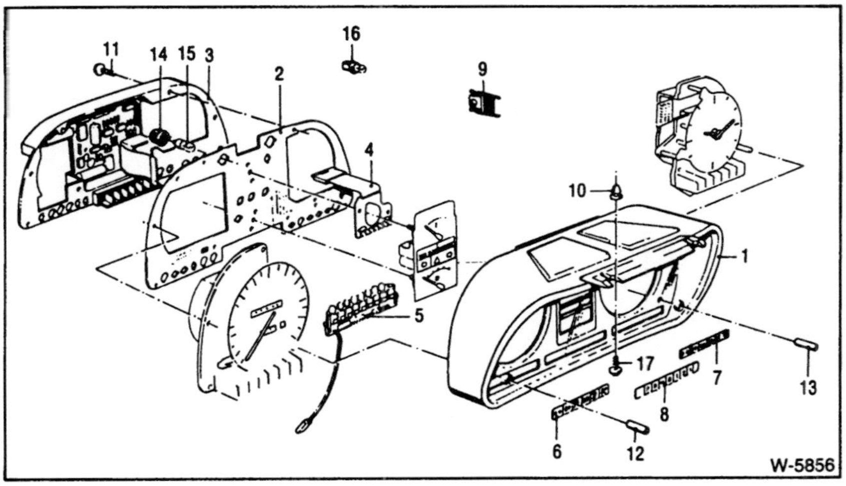

Schaltafeleinsatz seit 7/81

1 – Instrumententräger
2 – Leiterplatte
3 – Leiterplatte mit Abdeckung
4 – Leiterplatte
5 – Ganganzeige
6-8 – Kontroll-Symbole
9 – Kodierstecker
10 – Spreizmutter
11 – Blechschraube
12 – Druckknopf Tageskilometer
13 – Einstellknopf Zeituhr
14 – Lampenfassung
15 – Glühlampe 12V 3W
16 – Glühlampe 12V 1,2W
17 – Blechschraube

Beim 5er BMW sind die Armaturen in einem Schalttafeleinsatz zusammengefaßt. Nach Ausbau des Schalttafeleinsatzes können die Armaturen beziehungsweise Glühlampen ausgebaut werden. Anleitung für Fahrzeuge bis 7/81, siehe Ende des Kapitels.

Ausbau seit 7/81

- Batterie-Massekabel (–) abklemmen.

- Befestigungsschrauben –Pfeile– für Schalttafeleinsatz oben abschrauben und etwas aushebeln.

● Schalttafeleinsatz aus Instrumententafel seitlich hervorziehen, dann nach vorn kippen und ausheben.

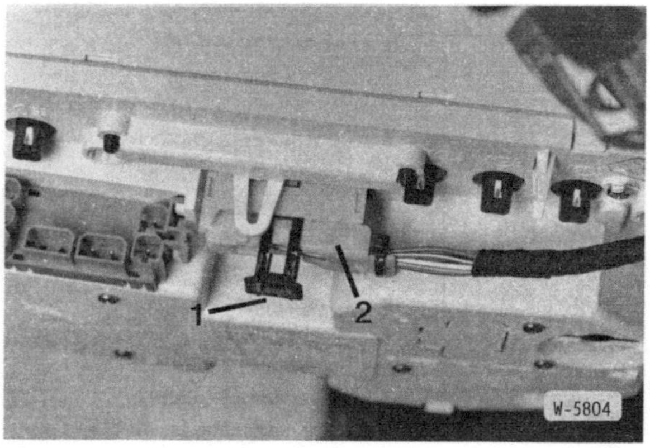

● Beim Abziehen der Kombistecker vom Instrumententräger erst den Schieber –1– vom Kombistecker –2– herausziehen.

Einbau

● Alle Stecker auf Schalttafeleinsatz aufschieben. Die Kombistecker mit Schieber sichern.

● Schalttafeleinsatz in Schalttafel einsetzen und mit 2 Schrauben befestigen.

● Batterie-Massekabel anklemmen.

● Alle elektrische Funktionen für Schalttafeleinsatz überprüfen.

Ausbau Fahrzeuge bis 7/81 (»E12«)

● Batterie-Massekabel (–) abklemmen.

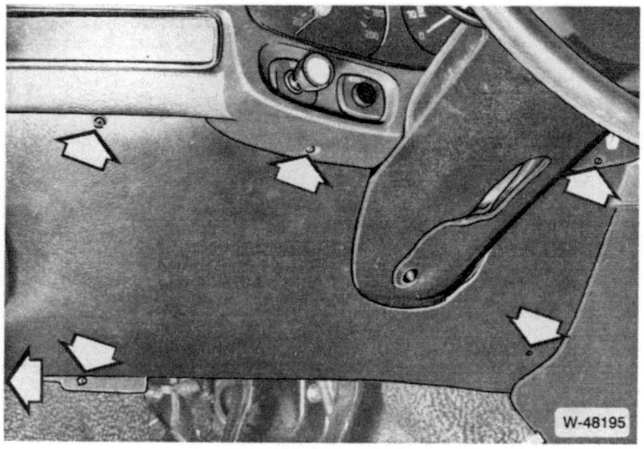

● Linke untere Abdeckung im Fußraum ausbauen, dazu Schrauben lösen. Abdeckung abnehmen.

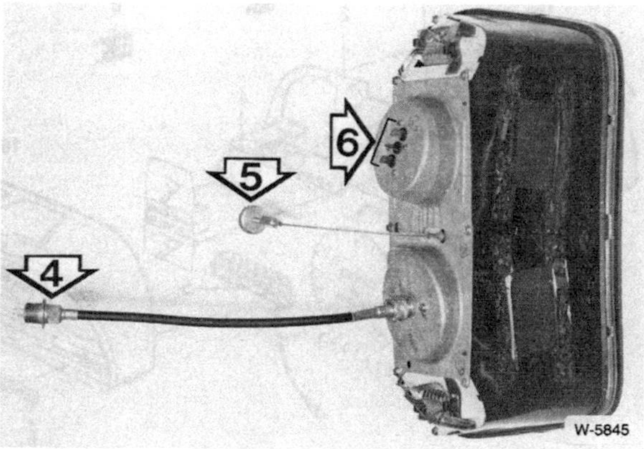

● Die Abbildung zeigt den Schalttafeleinsatz in ausgebautem Zustand, da sie eingebaut schwer zu erkennen sind. Überwurfmutter der Tachowelle –4– von der Zwischenwelle kurz vor der Spritzwand abschrauben.

● Von unten hinter Schalttafel greifen und Rändelmutter –5– abschrauben. Die Rändelmutter ist über einen Drahtzug mit dem Schalttafeleinsatz verbunden und hält diesen unter Spannung.

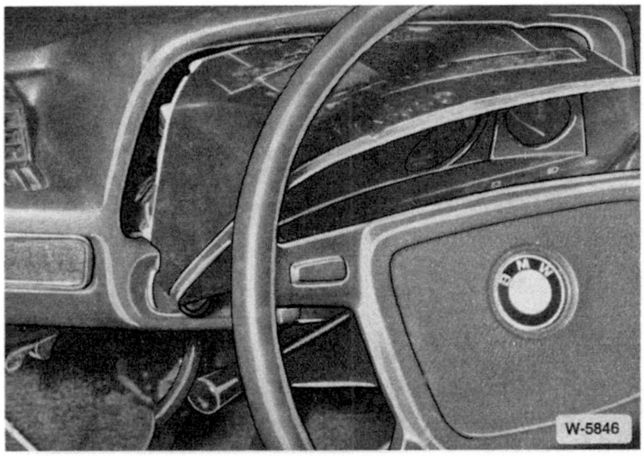

- Instrumententräger aus Instrumententafel herausheben.
- Mehrfachstecker links und rechts sowie die 3 kleinen Stekker vom Drehzahlmesser abziehen, vorher Kabelfarbe und Lage notieren, siehe –6– in Abbildung W-5845.

Einbau

- Instrumententräger in Schalttafel einsetzen. **Achtung:** Dabei Tachowelle ohne Knick verlegen. Sie bricht sonst im späteren Fahrbetrieb oder kann zu Geräuschen/Tachonadelzittern führen.
- Alle Stecker auf Instrumententräger aufschieben.
- Drahtzug in der Schiene verlegen und mit Rändelmutter spannen.
- Untere Abdeckung für Fußraum einbauen.
- Batterie-Massekabel anklemmen.
- Alle elektrische Funktionen für Instrumententräger überprüfen.

Glühlampe für Instrumententräger aus- und einbauen

Ausbau

- Instrumententräger ausbauen.

Seit 7/81

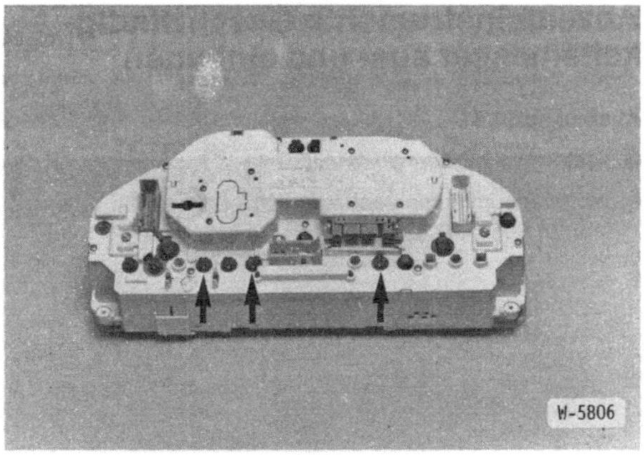

- Lampenfassung der defekten Glühlampe leicht runterdrükken und durch Linksdrehen (Bajonettverschluß) herausheben. **Hinweis:** Lampen für ABS, Vorglühzeit Dieselmotor, Startbereitschaft und Anhängerblinkerkontrolleuchte sind gesteckt. In diesem Fall Lampenfassung einfach herausziehen.

Bis 7/81

- Defekte Kontrollampen mit Fassungen aus Instrumententräger herausziehen.

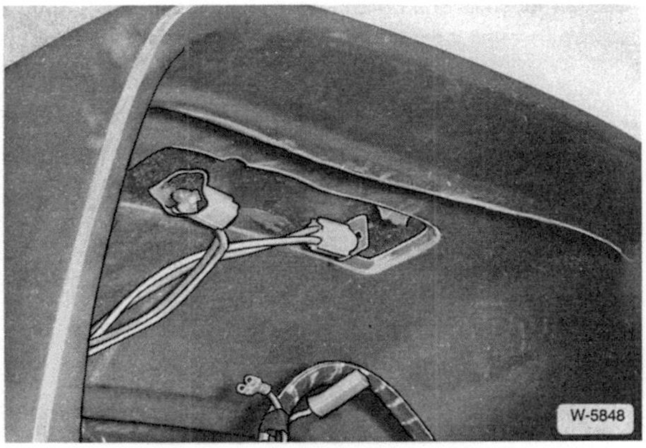

- Die Beleuchtung des Instrumententrägers ist bei Fahrzeugen bis 7/81 darüber in der Schalttafel eingebaut. Zum Lampenwechsel Kunststoffassung durch Verdrehen aus dem Halteblech ausrasten. Lampe aus der Fassung ziehen.

Einbau

- Glühlampe gleicher Stärke in die Fassung einsetzen.
- Fassung in die entsprechende Halterung einrasten.
- Instrumententräger einbauen.
- Funktion der Glühlampe überprüfen.

Anzeigeinstrumente/Geschwindigkeitsmesser aus- und einbauen

Ausbau seit 7/81

- Instrumententräger ausbauen.
- Vorn am Instrumententräger Knopf für Zeituhrkorrektur abziehen.

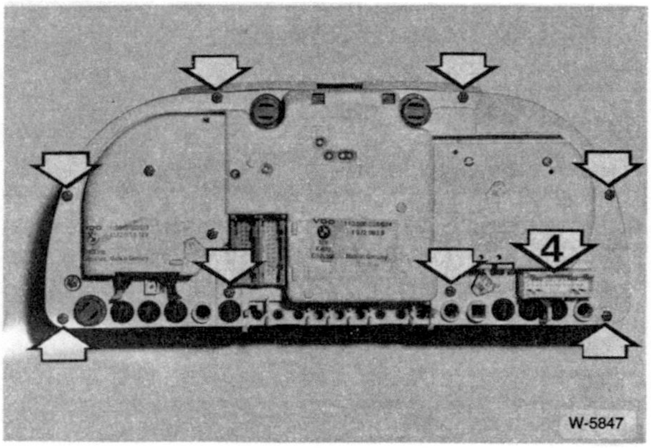

- Kodierstecker –4– abziehen.
- Schrauben –Pfeile– herausdrehen.

- Instrumente mit Trägerplatte aus Gehäuse herausnehmen. **Achtung:** Leiterplatten möglichst nicht mit bloßen Fingern berühren.

Einbau

- Wurden Stecker an der Leiterplatte abgezogen, beim Zusammenfügen auf richtigen Sitz der Steckfahnen im Stecker der Leiterplatte achten.
- Geschwindigkeitsmesser und Zeituhr in Gehäuse einsetzen.
- Trägerplatte an Gehäuse anschrauben.
- Knopf für Zeituhrkorrektur aufschieben.
- Instrumententräger einbauen.
- Funktion der Instrumente überprüfen.

Blinker-/Wischerschalter aus- und einbauen

Ausbau

- Batterie-Massekabel (–) abklemmen.
- Untere Abdeckung für Armaturentafel ausbauen, siehe Seite 226.
- Lenkrad ausbauen, siehe Seite 170.

- 3 Schrauben für Mantelrohrverkleidung herausdrehen. Verkleidung abnehmen.

- Massekabel –4– abschrauben. Schraube –5– herausdrehen. Blinkerschalter abnehmen.
- Blinker-Relais –6– am Halter abschrauben. Relais abnehmen und Stecker abziehen.
- Soll der Scheibenwischerschalter ausgebaut werden: Schrauben –7– lösen.

- Kabelbinder trennen. Steckverbindung –1– trennen.

Einbau

- Jeweiligen Schalter einsetzen und mit 2 Schrauben befestigen. Am linken Schalter zusätzlich Massekabel mit unterer Schraube befestigen.
- Stecker mit Blinker-Relais befestigen.
- Steckverbindungen für Schalter zusammenfügen. Leitungen mit Kabelbinder zusammenhalten.
- Mantelrohrverkleidung anschrauben.
- Untere Abdeckung für Armaturentafel einbauen, siehe Seite 226.
- Lenkrad einbauen, siehe Seite 170.
- Batterie-Massekabel anklemmen.
- Funktion des Blinker- beziehungsweise Wischerschalters überprüfen.

Lichtschalter aus- und einbauen

Ausbau

- Batterie-Massekabel (–) abklemmen.

- Seit 7/81: Schalter mit kleinem Schraubendreher vorsichtig oben und unten aushebeln. Stecker an der Rückseite abziehen.

Bis 7/81

- Untere Abdeckung für Armaturentafel ausbauen, siehe Seite 226.

- Knopf von Lichtschalter abschrauben. Damit sich die Schalterachse dabei nicht mitdreht, feinen Dorn oder Nagel durch die Querbohrung stecken.
- Mutter –4– abschrauben, dazu Schraubendreher in den Schlitz einsetzen und auf diese Weise Mutter drehen.
- Von unten hinter Schalttafel greifen und Schalter herausdrücken. Elektrische Kabel abziehen.

Einbau

- Einbau in umgekehrter Reihenfolge wie Ausbau.
- Batterie-Massekabel anklemmen.
- Lichtschalter auf Funktion überprüfen.

Druckschalter aus- und einbauen

Die Schalter für heizbare Heckscheibe, Warnblinklicht, Nebelscheinwerfer/-schlußleuchte sowie Innenlicht sind Druckschalter.

Ausbau

- Batterie-Massekabel (−) abklemmen.

- Jeweiligen Schalter mit kleinem Schraubendreher vorsichtig aushebeln. Stecker an der Rückseite abziehen.

Einbau

- Stecker an der Schalterrückseite aufschieben.
- Schalter einsetzen und einrasten lassen.
- Batterie-Massekabel anklemmen.
- Schalter auf Funktion überprüfen.

Radio aus- und einbauen

Die vom Werk eingebauten Radiogeräte sind mit unterschiedlichen Halterungen befestigt.
Sofern das Gerät mit einer Einschubhalterung ausgestattet ist, erlaubt diese den schnellen Ein- und Ausbau des Radios. Allerdings gelingt das nur mit einem Spezialwerkzeug, welches beim Kauf des Radios beigelegt oder im Fachhandel erhältlich ist. Ob ein Radio mit Einschubhalterung eingebaut ist, erkennt man in der Regel an den 2 beziehungsweise 4 Bohrungen in der Frontplatte. Je nach eingebautem Klangsystem kann sich im Kofferraum links unter der Hutablage ein zusätzlicher Verstärker befinden.

Ausbau

- Batterie-Massekabel (−) abklemmen.

Radio Bavaria/S

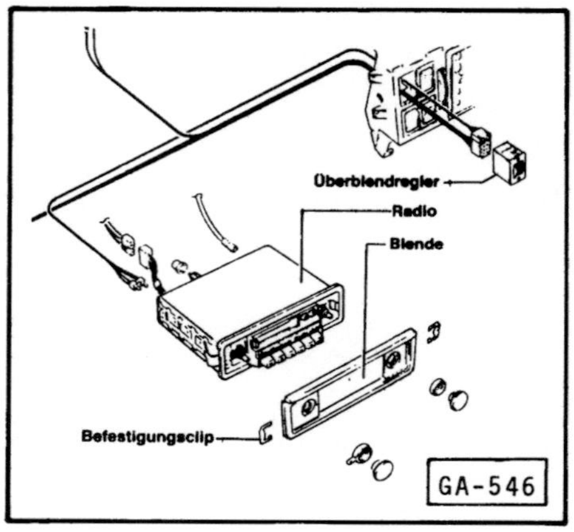

- Beide Bedienungsknöpfe abziehen, die dahinterliegenden Zierscheiben abnehmen.
- Mit schmalem Schraubendreher Rastenfedern für die Blende an den Radio-Einstellachsen nach oben drücken.
- Blende abnehmen. Anschließend Rastennasen wieder auf der Rückseite der Blende in die Aussparungen einsetzen. Dabei müssen die abgewinkelten Nasen der Rastenfeder oben sitzen und zur Blendenvorderseite zeigen.
- Neben den Einstellachsen auf jeder Seite Schraube entfernen und Haltebleche abnehmen.
- Radio herausnehmen.
- An der Rückseite des Gerätes Steckverbindung für Masse und Batterie + sowie für die Lautsprecher und die Automatikantenne (sofern vorhanden) und die Antenne selbst herausziehen.

Einbau

- Sämtliche Kabel und die Antenne an der Rückseite in die vorgeschriebenen Buchsen einschieben.
- Radio in die Armaturentafel einschieben. Das Radio wird an der Rückseite von einem Stützlager arretiert.
- Haltebleche neben den Einstellachsen ansetzen und mit Schrauben befestigen. Schrauben nicht zu stramm anziehen.
- Blende mit Rastenfedern ansetzen. Rastenfedern mit schmalem Schraubendreher an den Nasen nach unten drücken, damit die Blende festsitzt.
- Zierscheiben auf die beiden Einstellachsen setzen.
- Einstellknöpfe aufschieben. **Achtung**: Durch das Aufstekken des linken Einstellknopfes wird eventuell die Stummschaltung aktiviert. Gegebenenfalls Knopf nochmals drükken.
- Batterie-Massekabel anklemmen.
- Radio einschalten und Funktion überprüfen.

Achtung: Wurde das Radio nachträglich eingebaut, Radio auf Antenne abstimmen. Dazu schwachen Mittelwellensender einstellen und an der Antennenabgleichschraube (vorn rechts in der Blende des Radios) mit kleinem Schraubendreher auf besten Empfang einregulieren.

Ausbau mit Einschubhalterung/
Radio Bavaria Cassette III, Europa digital

- Beide Auszieher –A– links und rechts in die Öffnungen der Frontplatte einführen. Sind keine Öffnungen vorhanden, Bedienungsknöpfe und Blende abziehen. Auszieher einführen.
- Auszieher nach außen drücken, dadurch Haltelaschen ausrasten und Radio gleichmäßig herausziehen. Radio beim Herausziehen nicht verkanten.
- Steckverbindungen für Lautsprecher mit Tesaband kennzeichnen (links/rechts) und abziehen. Antenne herausziehen. Steckverbindung für B+ und Masse abziehen. Bei Digitalgeräten Steckverbindung für Spannungsversorgung (Klemme 30) abziehen. Falls vorhanden, Steckverbindung für Automatikantenne abziehen.

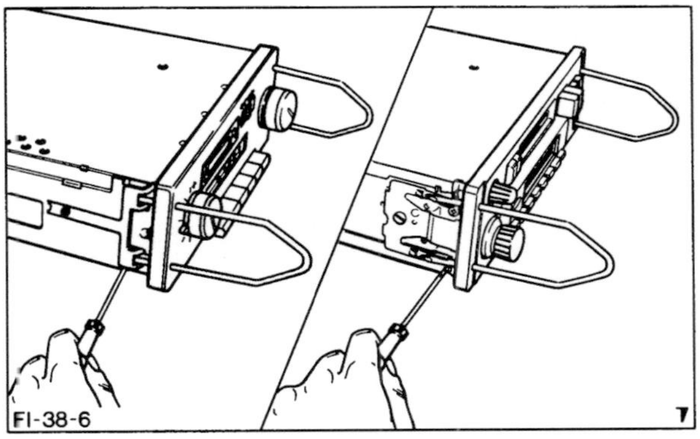

- Auszieher abnehmen. Dazu Halteclipse mit kleinem Schraubendreher zusammendrücken.

Einbau

- Elektrische Anschlüsse und Antenne an der Rückseite des Radiogerätes anbringen, siehe unter »Ausbau«.
- Radio in Armaturentafel eindrücken, bis die Haltefedern einrasten.
- Falls ausgebaut, Blende aufsetzen und Bedienungsknöpfe aufschieben.
- Batterie-Massekabel anklemmen.
- Radio einschalten und Funktion überprüfen.

Radio Bavaria Elektronic

Ausbau

- Batterie-Massekabel abklemmen.

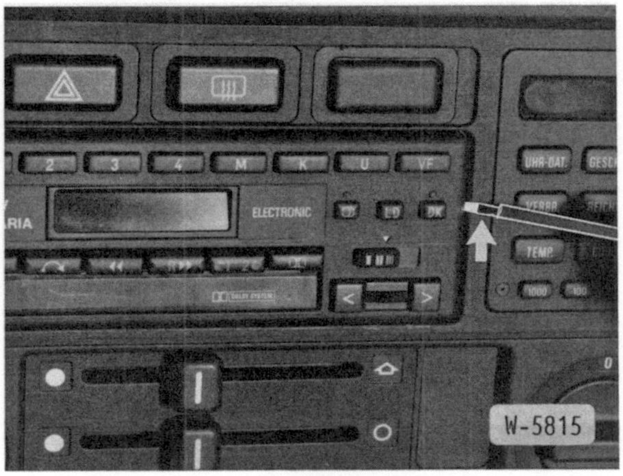

- Radioblende mit schmalem Schraubendreher vorsichtig abhebeln.
- Drehknopf abziehen.

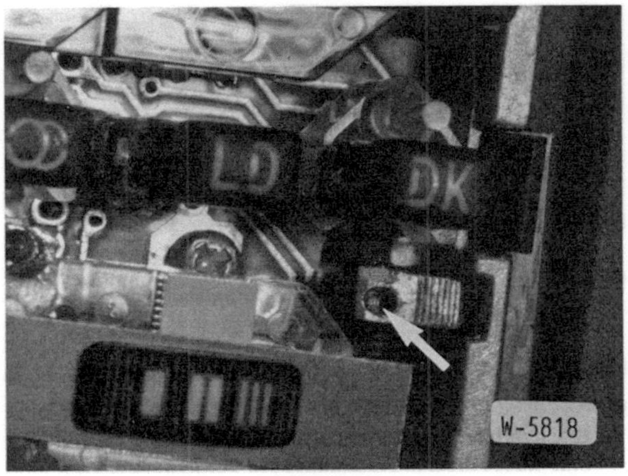

- Beim Radiokauf werden Entriegelungshaken mitgeliefert. Entriegelungshaken in die Klemmstücke links und rechts –Pfeil– einsetzen.

- Beide Entriegelungshaken zur Radiomitte hinschwenken.
- Radio herausziehen.

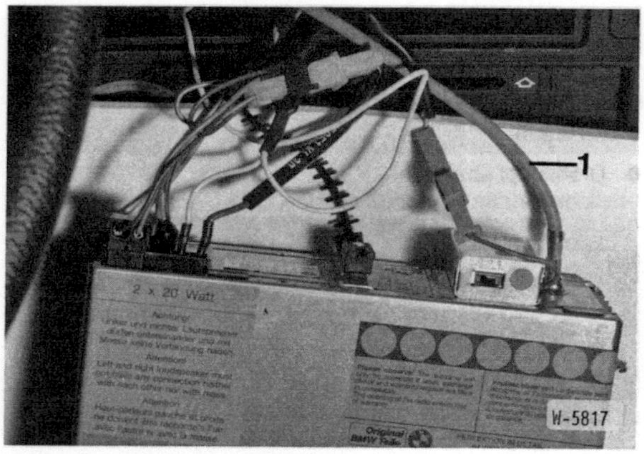

- Antenne –1– und sämtliche Steckverbindungen an der Radio-Rückseite abziehen.

Einbau

- An der Radio-Rückseite Antenne einschieben und folgende Steckverbindungen herstellen: Steckverbindung für B+ und Masse, Steckverbindung für Spannungsversorgung der Elektronik und Beleuchtung, Steckverbindung für Lautsprecher, Steckverbindung für Automatikantenne (falls vorhanden), Steckverbindungen für Adapter.
- Radio einschieben, die Klemmstücke rasten automatisch ein.
- Blende für Radio aufdrücken, Drehknopf aufdrücken.
- Batterie-Massekabel anklemmen.
- Radio-Funktion überprüfen.

Antenne aus- und einbauen

Ausbau

Automatikantenne

- Wagenheber herausnehmen.
- Verkleidung im Kofferraum für Seitenteil zuerst oben hervorziehen und herausnehmen.

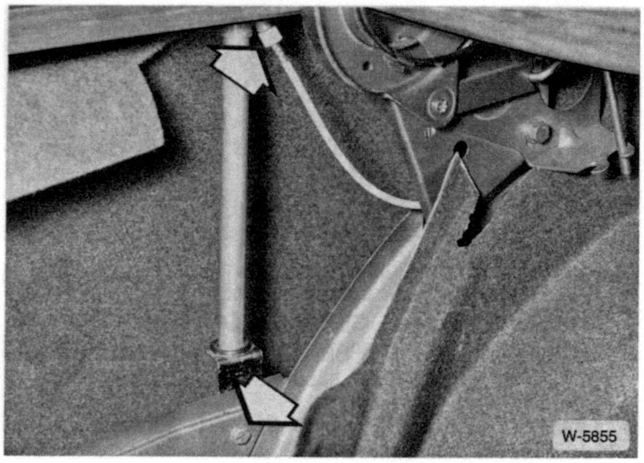

- Schrauben für Antennenhalter herausdrehen.
- Antennenkabel, Steckverbindung und Massekabel –1– lösen.
- Gesteckte Antenne nach unten herausziehen.

Achtung: Bei verschraubter Antenne, erkennbar an der geschlitzten Überwurfmutter, Mutter von außen mit Antennenschlüssel abschrauben. Steht der Antennenschlüssel nicht zur Verfügung, Überwurfmutter mit geeignetem Schraubendreher lösen.

- Antenne nach unten herausziehen.

Einbau

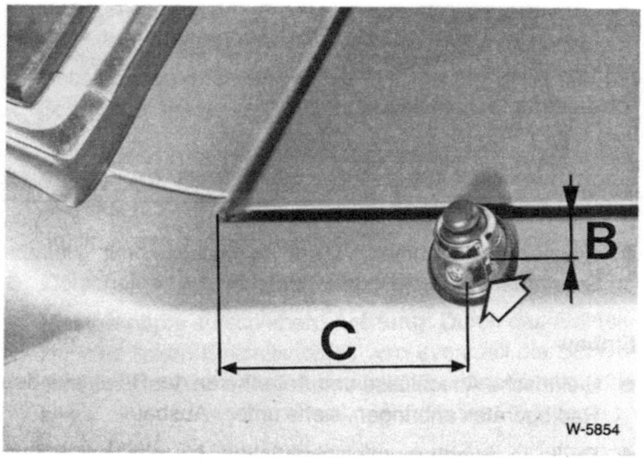

- Bei gesteckter Antenne gegebenenfalls Paßstück –Pfeil– einsetzen und mit etwas Seife innen gleitfähig machen.
- Antenne von unten einsetzen.

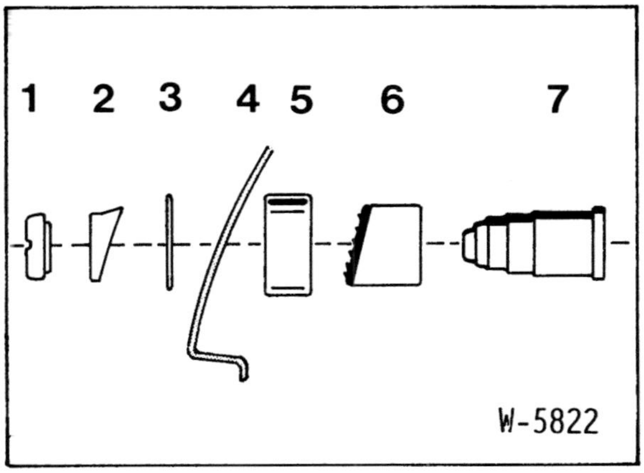

1 – Mutter
2 – Paßstück
3 – Dichtunterlage
4 – Seitenwand Fahrzeug
5 – Dichtring
6 – Messerring
7 – Antenne

- Bei verschraubter Antenne Messerring und Dichtring gemäß Zeichnung W–5822 aufsetzen, Antenne von unten einschieben.
- Dichtungsunterlage und Paßstück aufsetzen. Mutter leicht aufschrauben.
- Antennenkabel, Steckverbindung und Massekabel anbringen.
- Antennenhalter anschrauben.
- Bei geschraubter Antenne: Überwurfmutter festziehen.
- Abdeckung für Kofferraum einsetzen.
- Seitenwandabdeckung einbauen.
- Wagenheber einsetzen.

Antennenloch bohren

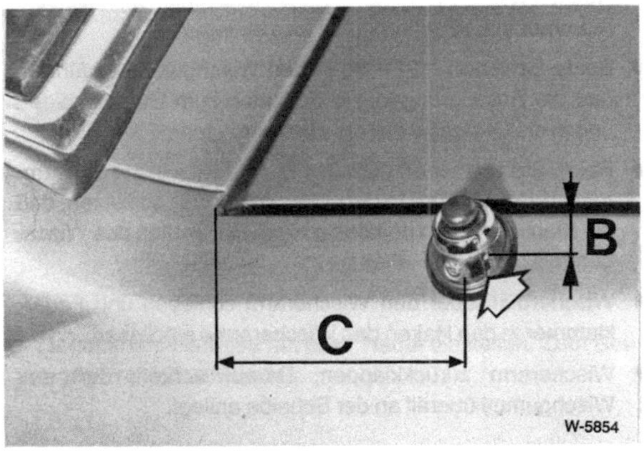

- Antennenloch entsprechend den Maßangaben am linken, hinteren Kotflügel ankörnen und bohren. Maß C = 85 mm, Maß B = 20 mm.

Teleskop für Automatik-Antenne aus- und einbauen

Beim Ersetzen des Teleskopes bleibt die Automatikantenne eingebaut. Das Telskop wird zusammen mit der Kunststoffseele ausgetauscht.

Ausbau

- Autoradio einschalten, damit das Teleskop möglichst weit ausfahren kann.

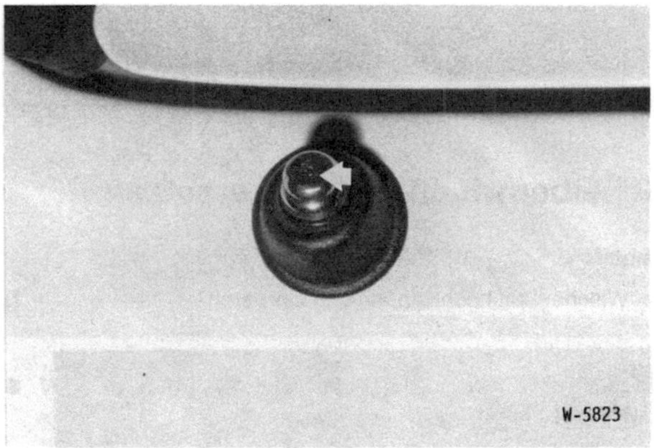

- Gewindebuchse am Antennenknopf abschrauben.
- Teleskop und Kunststoffseele nach oben herausziehen. Dabei muß mitunter kräftig gezogen werden, besonders wenn beispielsweise das Teleskop verbogen ist.

Einbau

- Das gerade gerichtete, spitze Kunststoffende des neuen Teleskopes in den Antennenstutzen einschieben, bis Widerstand der Andruckrolle spürbar wird.
- Autoradio ausschalten, um die Antenne einzufahren.
- Kunststoffseele kurz andrücken, bis sie von selbst mitgenommen wird. Dabei Kunststoffseele und Teleskop von Hand führen.
- Gewindebuchse am Antennenkopf anziehen.
- Teleskop mehrmals aus- und einfahren lassen. Dabei Teleskop gleichzeitig mit Spezialfett schmieren.

Die Scheibenwischanlage

Scheibenwischergummi ersetzen

Ausbau

- Wischerblatt hochklappen und einrasten.

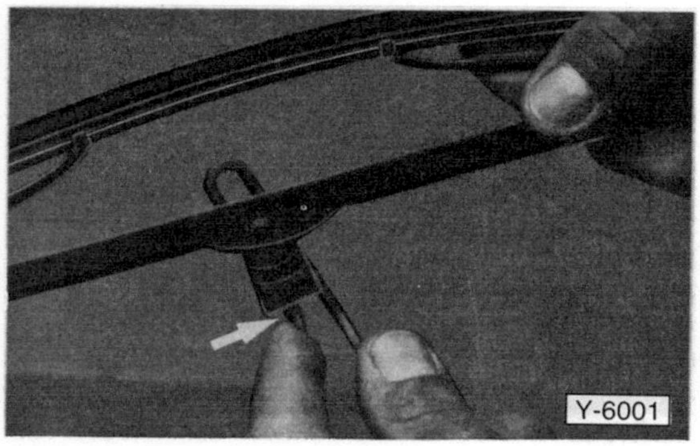

- Federklammer niederdrücken und Wischerblatt nach unten aus dem Haken am Wischerarm schieben.
- Wischerblatt nach oben schieben und vom Haken des Wischerarmes abnehmen.

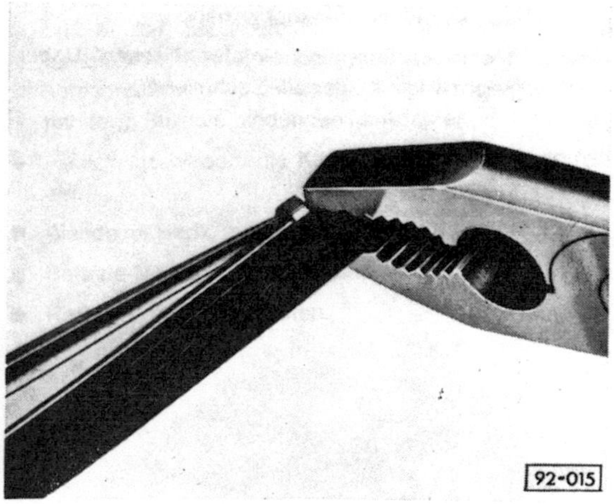

- An der geschlossenen Seite des Wischgummis beide Stahlschienen mit Kombizange zusammendrücken, seitlich aus der oberen Klammer herausnehmen und Gummi komplett mit Schienen aus den restlichen Klammern des Wischerblattes herausziehen.

Einbau

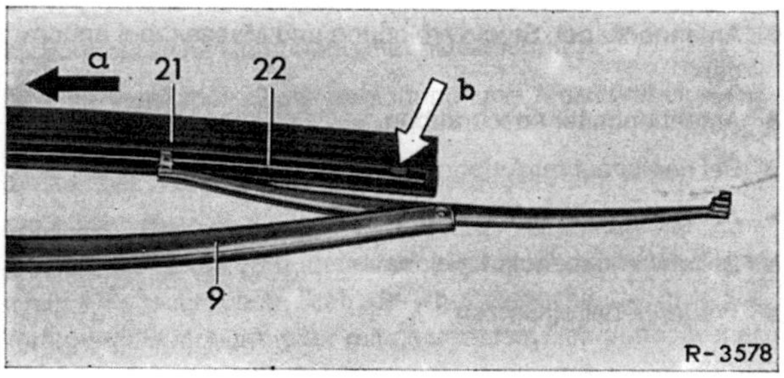

- Neues Wischgummi –21– ohne Halteschienen in die eine Klammer des Wischerblattes lose einlegen.
- Beide Schienen –22– so in den Wischgummi einführen, daß die Aussparungen der Schienen zum Gummi zeigen und in die Gumminasen der Rille einrasten.
- Beide Stahlschienen und Gummi mit Kombizange zusammendrücken und so in die andere Klammer einsetzen, daß die Klammernasen beidseitig in die Haltenuten des Wischgummis einrasten –Pfeil b–.
- Wischerblatt über den Wischerarm schieben und Federklammer in den Haken des Wischerarms einclipsen.
- Wischerarm zurückklappen. Darauf achten, daß das Wischgummi überall an der Scheibe anliegt.

Scheibenwaschdüse aus- und einbauen/einstellen

Ausbau

- Motorhaube öffnen.
- Zulaufschlauch zur Düse in der Mitte der Motorhaube am Verteilerstück abziehen. Vorher Schlauchschelle öffnen.
- Düse mit Schraubendreher auf der Unterseite der Motorhaube abdrücken und nach oben abnehmen.

Einbau

- Düse von oben einsetzen und nach hinten schieben, bis sie einrastet.
- Schlauch auf Verteilerstück aufschieben und mit Schelle sichern.

Einstellen

- Die Spritzrichtungen der Düsen können gegebenenfalls mit einer Nadel korrigiert werden.

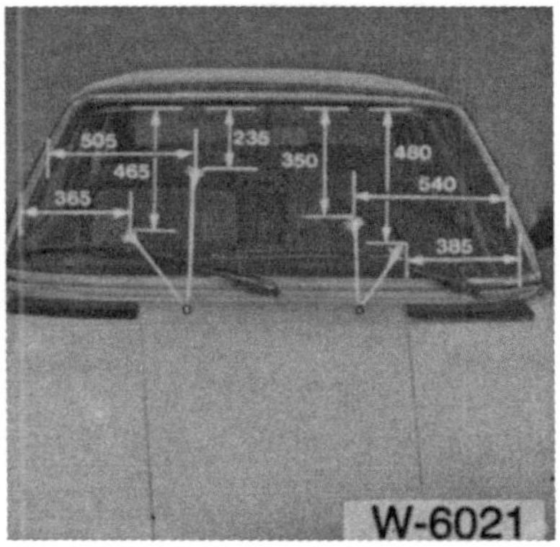

- Maße für Spritzstrahleinstellung, siehe Abbildung.

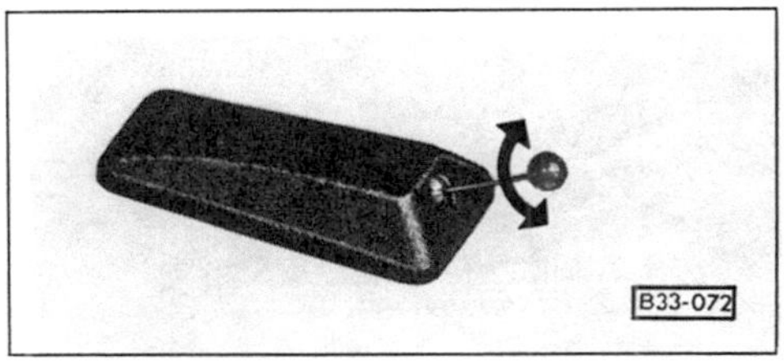

- Gegebenenfalls Düse mit einer Nadel einstellen. Zum Reinigen Preßluft verwenden.

Wischerarm aus- und einbauen

Ausbau

- Wischermotor laufen lassen und abschalten, Ruhestellung vom Scheibenwischer auf der Windschutzscheibe mit Klebestreifen markieren.

- Wischerarm –1– von der Windschutzscheibe wegschwenken und dadurch Arretierung für Kunststoffabdeckung –2– lösen. Abdeckung etwas hochheben, Wischerarm wieder zurückschwenken und Abdeckung ganz hochklappen.
- Befestigungsmutter –3– abschrauben und Wischerarm von der Lagerachse abziehen. Falls der Wischerarm schwer abzuziehen ist, mit 17er Gabelschlüssel unter den Wischerarm greifen und Wischerarm vorsichtig abhebeln.

Einbau

- Wischerarm nach angebrachter Markierung auf die Verzahnung der Achse aufsetzen und anschrauben. Abdeckung aufdrücken.

Der Scheibenwischerantrieb

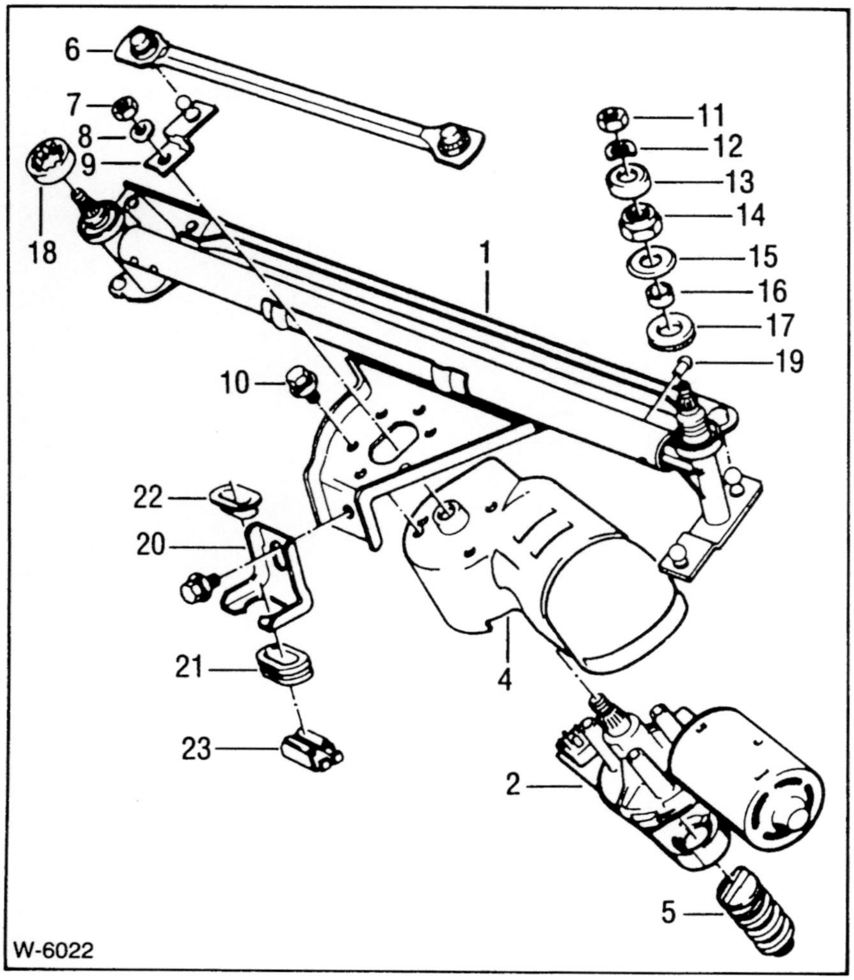

1 – Gestänge
2 – Wischermotor
4 – Abdeckung
5 – Anschlagpuffer
6 – Antriebsstange
7 – Sechskantmutter
8 – Federscheibe
9 – Motorkurbel
10 – Sechskantschraube
11 – Sechskantmutter
12 – Federscheibe
13 – Abdeckkappe
14 – Sechskantmutter
15 – Beilagscheibe
16 – Ring
17 – Dämpfungsring
18 – Distanzstück
19 – Niet
20 – Halterung
21 – Dämpfungsring
22 – Lagerbuchse
23 – Mutter

Scheibenwischermotor aus- und einbauen

Ausbau

- Batterie-Massekabel (–) abklemmen.

- Motorhaube öffnen, hinteres Profilgummi von der Spritzwand abziehen.
- Schrauben –Pfeile– lösen und Spritzwand abnehmen.

- Lage der Motorkurbel zum Motor mit Farbe markieren, damit die Kurbel wieder in gleicher Stellung aufgesetzt wird.
- 4 Schrauben vom Wischergestänge abschrauben und Scheibenwischermotor mit Scheibenwischerlager nach unten abnehmen. Stecker abziehen.

Einbau

- Motor einsetzen und anschrauben.
- Motorkurbel auf die Verzahnung der Motorwelle nach Markierung aufsetzen und anschrauben.
- Batterie-Massekabel anklemmen und Scheibenwischer laufen lassen. Wenn das Wischfeld nicht korrekt ist, Kurbel entsprechend versetzen.
- Spritzwand einbauen.
- Profilgummi auf Spritzwand aufsetzen.

Störungsdiagnose Scheibenwischergummi

Wischbild	Ursache	Abhilfe
Schlieren	Wischgummi verschmutzt	■ Wischgummi mit harter Nylonbürste und einer Waschmittellösung oder Spiritus reinigen
	Ausgefranste Wischlippe, Gummi ausgerissen oder abgenutzt	■ Wischgummi erneuern
	Wischgummi gealtert, rissige Oberfläche	■ Wischgummi erneuern
m Wischfeld verbleibende Wasserreste ziehen sich sofort zu Perlen zusammen	Windschutzscheibe durch Lackpolitur, Öl oder Dieselrückstände verschmutzt	■ Windschutzscheibe mit sauberem Putzlappen und einem Fett-Öl-Silikonentferner reinigen
Wischerblatt wischt einseitig gut - einseitig schlecht, rattert	Wischgummi einseitig verformt, „kippt nicht mehr“	■ Neues Wischgummi einbauen
	Wischerarm verdreht, Blatt steht schief auf der Scheibe	■ Wischerarm vorsichtig verdrehen, bis richtige, senkrechte Stellung erreicht ist
Nicht gewischte Flächen	Wischgummi aus der Fassung herausgerissen	■ Wischgummi vorsichtig in die Fassung einsetzen
	Wischerblatt liegt nicht mehr gleichmäßig an der Scheibe an, da Federschienen oder Bleche verbogen	■ Wischerblatt ersetzen. Dieser Fehler tritt vor allem bei unsachgemäßem Montieren eines Ersatzblattes auf
	Anpreßdruck durch Wischerarm zu gering	■ Wischerarmgelenke und Feder leicht einölen oder neuen Arm einbauen

Das Werkzeug

Das Spezialwerkzeug

Der Aufwand an Werkzeug richtet sich ganz nach dem Umfang der Arbeiten, die am BMW ausgeführt werden sollen. Neben einer Grundausstattung ist in jedem Fall ein Drehmomentschlüssel empfehlenswert.

Gutes und stabiles Werkzeug wird von der Firma Hazet (5630 Remscheid 1, Postfach 101067) angeboten. In den Tabellen sind die Werkzeuge mit der Hazet-Bestellnummer aufgeführt. Vertrieben wird das Werkzeug über den Fachhandel.

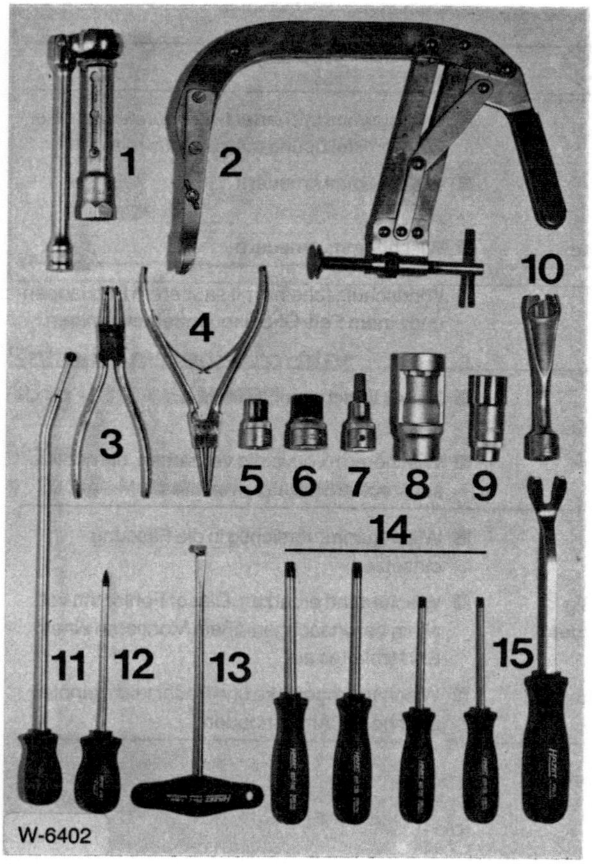

Abb.	Werkzeug	Hazet-Nr.
1	Zündkerzenschlüssel, passende Umschaltknarre	2505-2, 8816 G
2	Ventilfeder-Spanner	792-1
3,4	Zangen für Sicherungsringe	1846c-2, 1846d-2
5	Torx-Stecknuß für Verbindungsschrauben Motor/Getriebe	900-E 14[1]
6	19er Innensechskantnuß für Getriebeölschrauben	985-19
7	7er Innensechskantnuß für Bremssattelgehäuse	986-7
8	27er Stecknuß für Einspritzdüsen Dieselmotor	4555-1
9	12er Stecknuß für Glühkerzen Dieselmotor	880 TZ
10	Offener Ringschlüssel für Einspritzleitungen Diesel	4550
11	Einschlagdorn für Sicherungskappen Vergaser (Leerlaufeinstellung)	4519
12	Auszieher für Sicherungskappen Vergaser (Leerlaufeinstellung)	4518
13	Hakenschlüssel für Haltegummis Abgasanlage	2184-1
15	Ausdrücker für Türverkleidung	799-3
o. Abb.	Stecknuß 36 mm für Vorderradlager ab 7/81	1000-36
o. Abb.	schmale Stecknuß mit Verlängerung für Ölwannenschrauben	880-10/ 8821

[1]) Bis 9/82: 900-E 10; mit Schonganggetriebe: 900-E 12.

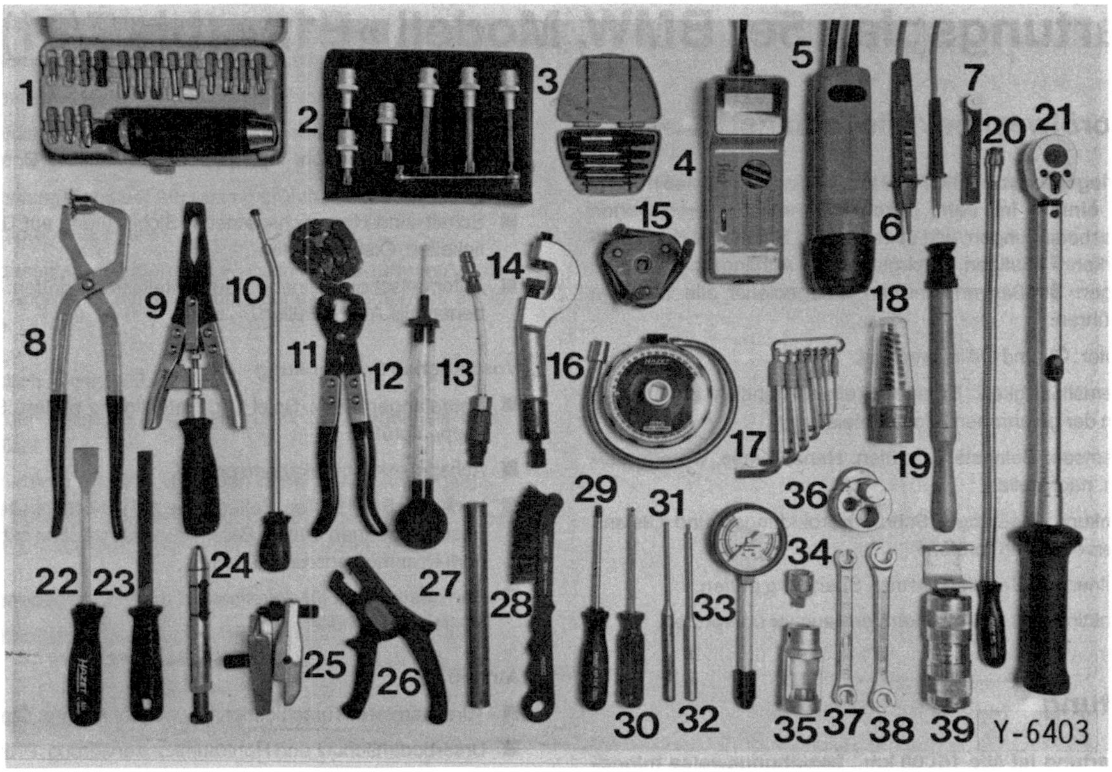

Abb.	Werkzeug	Hazet-Nr.
1	Schlag-Schraubendreher	2272
2	Schraubendrehereinsätze für Innenvielzahnschrauben	3090*
3	Schraubenausdreher für verschiedene Schrauben	840/8
4	Pocket-Motortester	BOSCH
5	Zündzeitpunkt-Stroboskop	BOSCH
6	Dioden-Prüflampe	–
7	Fühlerblattlehre 0,05–1,0 mm	2147
8	Bremsfederzange	797
9	Schlag-Ausziehzange für Ventilschaftabdichtungen	791-2
10	Einschlagdorn für Eingriffsicherungen am Vergaser	4519-1
11	Ketten-Abgasrohrschneider	2182
12	Batteriesäureprüfer	802-1
13	Druckluftadapter zum Ersetzen der Ventilschaftabdichtungen	3428
14	Hydraulischer Mutternsprenger	846-22
15	Ölfilterschlüssel	2172
16	Winkelscheibe für drehwinkelgesteuerten Schraubenanzug z.B. Zylinderkopfschrauben	6690
17	Satz Inbusschlüssel	2100/7R
18	Pol- und Klemmenreinigungsbürste	802-4
19	Ventileinschleifer	795
20	Magnet-Sucher	1976

Abb.	Werkzeug	Hazet-Nr.
21	Drehmomentschlüssel 20–200 Nm	6122–1CT
22	Flachschaber zur Beseitigung von Dichtungsrückständen an Zylinderkopf sowie Vergaserdichtungen	824
23	Bremssattelfeile	1968-1
24	Kupplungsdorn ∅ 15–19 mm	2173/1
25	Ausdrücker für Spurstangenköpfe	779
26	Abisolierzange	1862
27	Messingdorn	–
28	Stahldrahtbürste für Bremssattelreinigung	1968
29	Schraubendrehersatz für Innentorxschrauben T8–T40	837/7K*
30	Kugelkopfschraubendreher für Innensechskantschrauben	827*
31	Splinttreiber für Sicherungsstifte	748Lgb-4
32	Splinttreiber Hohlstifte, Bremsen	748-Lgb-6
33	Kompressionsdruckprüfer	–
34	Vierkantadapter ½″ auf ¼″	958-2
35	Doppelsechskant-Steckschlüsseleinsatz für Einspritzdüsen 27 mm, Diesel	4555
36	Stehbolzenausdreher	845
37,	Offene Doppelringschlüssel für	612S-10x11
38	Überwurfmuttern der Bremsleitungen	612S-12x14*
39	Schlag-Ausziehgerät für Scheibenwischerarme	1966-5

*) Wird nicht benötigt am 5er BMW

W Wartungsplan 5er BMW, Modell »E12« (bis 7/81)

Motorölwechsel/Pflegedienst

Der Pflegedienst ist alle 7500 km, beziehungsweise mindestens einmal im Jahr durchzuführen. Bei erschwerten Betriebsbedingungen, wie überwiegend Stadt- und Kurzstreckenverkehr, häufigen Gebirgsfahrten, Anhängerbetrieb und staubigen Straßenverhältnissen, Pflegedienst alle 5000 km durchführen.

- Motor: Öl- und Ölfilterwechsel.
- Bremsflüssigkeit: Erneuern (einmal jährlich unabhängig von der gefahrenen Kilometerleistung).
- Bremsen: Belagstärke prüfen. Handbremse, wo erforderlich, nachstellen.
- Lenkung: Gestänge, Schraubverbindungen und Ölstand (Servolenkung) prüfen.
- Keilriemen: Bei allen Riemen Spannung prüfen.
- Funktion aller elektrischen Verbraucher überprüfen.

Wartung

Die Wartung ist alle 15000 km , beziehungsweise mindestens einmal in 2 Jahren durchzuführen. Sie beinhaltet den Pflegedienst/Ölwechsel sowie weitere Wartungspunkte.

Motor und Kupplung

- Motor: Öl wechseln, Ölfilter ersetzen.
- Ventile: Spiel prüfen, einstellen.
- Zündkerzen: Erneuern.
- Zündanlage: Unterbrecherkontakt ersetzen, Schließwinkel einstellen (entfällt bei Transistor-Zündanlage).
- Ansaugluftfilter: Filtereinsatz erneuern.
- Vergasermotoren: Klappe für Ansaugluftvorwärmung im Luftfilter auf Funktion/Leichtgängigkeit prüfen.
- Keilriemen: Spannung und Zustand von allen Riemen prüfen.
- Kühl- und Heizsystem: Flüssigkeitsstand prüfen, Konzentration des Frostschutzmittels prüfen. Sichtprüfung auf Undichtigkeiten und äußere Verschmutzung des Kühlers.
- Leerlauf- und CO-Gehalt: Bei betriebswarmem Motor prüfen und auf Sollwert einregulieren.
- Gasgestänge: Schmieren, auf Leichtgängigkeit und Verschleiß prüfen.
- 520 bis 7/76 (mit Stromberg-Vergaser): Ölstand in beiden Dämpfungszylindern prüfen, gegebenenfalls ATF auffüllen.
- Abgasanlage: Auf Beschädigungen prüfen.
- Motor: Sichtprüfung auf Ölundichtigkeiten.
- Kupplung: Schläuche, Leitungen und Anschlüsse auf Undichtigkeiten prüfen, Bremsflüssigkeitsstand prüfen.
- Kraftstoffleitungen und -Behälter: Schläuche und Leitungen auf Verlegung, Zustand und Dichtheit prüfen.

Getriebe, Achsantrieb

- Gelenkschutzhüllen: Auf Undichtigkeiten und Beschädigungen prüfen.
- Schalt- und Hinterachsgetriebe: Sichtprüfung auf Undichtigkeiten, Ölstand prüfen.
- Automatisches Getriebe: Flüssigkeitsstand prüfen, gegebenenfalls ATF auffüllen.

Vorderachse und Lenkung

- Spurstangenköpfe: Spiel und Befestigung prüfen, Staubkappen prüfen.
- Achsgelenk: Staubkappen prüfen.
- Lenkung: Spiel prüfen, Faltenbälge auf Undichtigkeiten und Beschädigungen prüfen. Befestigungsschrauben mit richtigem Drehmoment nachziehen.
- Servolenkung: Flüssigkeitsstand prüfen, gegebenenfalls Hydrauliköl auffüllen.

Aufbau

- Türscharniere, Türschlösser, Haubenscharniere: Ölen.
- Unterbodenschutz und Hohlraumkonservierung: Prüfen.
- Sicherheitsgurte: Auf Beschädigungen prüfen.

Bremsen, Reifen, Räder

- Bremsanlage: Leitungen, Schläuche, Bremszylinder und Anschlüsse auf Undichtigkeiten und Beschädigungen prüfen.
- Scheibenbremse: Belagstärke der vorderen und hinteren Bremsbeläge prüfen.
- Hintere Trommelbremse: Einstellen.
- Bereifung: Profiltiefe und Reifenfülldruck prüfen; Reifen auf Verschleiß und Beschädigungen (einschließlich Reserverad) prüfen.
- Räder: Abschrauben, Zustand der Felgen (auch innen) prüfen, Räder reinigen und mit vorgeschriebenem Drehmoment anschrauben.

Elektrische Anlage

- Alle Stromverbraucher: Funktion prüfen.
- Beleuchtungsanlage: Prüfen, gegebenenfalls Scheinwerfer einstellen.
- Signalhorn: Prüfen.
- Scheibenwischer: Wischergummis auf Verschleiß prüfen.
- Scheibenwaschanlage: Funktion prüfen, Düsenstellung kontrollieren, Flüssigkeit nachfüllen.
- Klimaanlage: Verdichter-Befestigungsschrauben nachziehen.
- Batterie: Spannung und Säurestand prüfen.

Zusätzlich alle 30 000 km

- Automatisches Getriebe: Öl wechseln.
- Schalt- und Hinterachsgetriebe: Öl wechseln.
- Kraftstoffanlage: Hauptfilter wechseln, Sieb in der Kraftstoffpumpe reinigen.
- Kupplungsscheibe: Abnutzung prüfen.
- Kompression: Prüfen.
- Abgasanlage: Muttern am Flansch Abgaskrümmer/Vorderes Abgasrohr auf vorgeschriebenes Drehmoment anziehen.

Zusätzlich alle 60 000 km

- Vorderradlager: Lagerspiel prüfen, gegebenenfalls nachstellen.
- Servolenkung: Filter wechseln lassen (Werkstattarbeit).
- Bei hinterer Scheibenbremse: Stärke der Handbremsbeläge kontrollieren, gegebenenfalls ersetzen.

Alle 2 Jahre

- Kühlmittel: Erneuern.

W

Wartungsplan 5er BMW, Modell »E28« (seit 7/81)

Die Wartungsintervalle sind beim 5er BMW der 2.Generation entsprechend den Einsatzbedingungen in einem Mikroprozessor festgelegt und werden dem Fahrer optisch in der Service-Intervallanzeige angezeigt. Die Service-Intervallanzeige umfaßt fünf grüne, eine gelbe und drei rote LED (LED = Leuchtdiode, kleine Kontrollampe). Zusätzlich können die Schriftzüge »Oilservice« oder »Inspektion« aufleuchten. Je weniger grüne LED nach Einschalten der Zündung aufleuchten, desto näher rückt die nächste Wartung. Leuchtet die **gelbe** LED in Verbindung mit einem der beiden Schriftzüge, sollte die entsprechend fällige Wartung durchgeführt werden. Dabei ist zu unterscheiden zwischen dem Ölservice, der Inspektion I und II (=jede zweite Inspektion I) mit Jahresinspektion. Bei Überschreitung des Wartungstermins leuchten die **roten** LED's auf.

Als Maßstab bei der Berechnung der Wartungszyklen nimmt der Mikroprozessor neben den zurückgelegten Kilometern auch die Einsatzbedingungen, wie zum Beispiel Kurzstrecken- oder Langstreckenverkehr oder die Fahrweise des Fahrers. Der Arbeitsumfang der angezeigten Inspektion ist unterschiedlich und im Serviceheft festgehalten.

In der Werkstatt wird nach erfolgtem Ölwechsel beziehungsweise nach erfolgter Inspektion die entsprechende Anzeige gelöscht. Zum Löschen der Anzeige ist ein teurer Spezialschlüssel erforderlich, der über die BMW-Werkstätten verkauft wird. Die autorisierten BMW-Werkstätten haben sich jedoch verpflichtet, auf Verlangen die Intervallanzeige kostenlos zurückzustellen, auch wenn die Wartung in Eigenregie durchgeführt wurde.

Wer sich **nicht** nach der BMW-Inspektionsanzeige richten will, kann den Pflegedienst beziehungsweise die Wartung nach den hier aufgeführten Intervallen durchführen. Dabei entspricht der hier aufgeführte **Pflegedienst** dem BMW-Motorölservice mit Jahreskontrolle und die hier aufgeführte **Wartung** der BMW-Inspektion I. Am Ende des Wartungsplanes werden die seltener fälligen Wartungspunkte der BMW-Inspektion II aufgeführt.

Pflegedienst mit Motorölwechsel

Der Pflegedienst mit Motorölwechsel ist für Fahrzeuge mit Benzinmotor alle 10000 km, beziehungsweise **mindestens einmal im Jahr** (möglichst im Frühjahr) durchzuführen. Beim **Dieselmotor** ist der **Motorölwechsel alle 7500 km, bei geringerer Jahresfahrleistung mindestens einmal jährlich** erforderlich. Bei erschwerten Betriebsbedingungen, wie überwiegend Stadt- und Kurzstreckenverkehr, häufigen Gebirgsfahrten, Anhängerbetrieb und staubigen Straßenverhältnissen, Pflegedienstintervall auf die Hälfte verkürzen.

- Motor: Öl- und Filterwechsel.
- Dieselmotor: Kraftstoffilter entwässern.
- Ansaugluftfilter: Luftfiltereinsatz erneuern.
- Keilriemen: Bei allen Riemen Spannung prüfen.
- Bremsen: Belagstärke der vorderen und hinteren Bremsbeläge prüfen. Handbremsspiel prüfen.
- Fahrgestell- und tragende Karosserieteile: Auf Beschädigung und Korrosion prüfen.
- Servolenkung: Flüssigkeitsstand prüfen, gegebenenfalls Hydrauliköl auffüllen.
- Funktion aller elektrischen Verbraucher überprüfen.
- Kühl- und Heizsystem: Flüssigkeitsstand prüfen, gegebenenfalls auffüllen. Konzentration des Frostschutzmittels prüfen.

Wartung

Die Wartung entspricht der BMW-Inspektion I. Sie ist beim Aufleuchten des Schriftzugs »Inspektion« in Verbindung mit der gelben Leuchtdiode durchzuführen. Wird sich nicht nach der Intervallanzeige gerichtet, ist die Wartung mindestens alle 20000 km oder einmal in 2 Jahren durchzuführen. Wartungsarbeiten, die in größeren Abständen durchzuführen sind (entspricht BMW-Inspektion II), stehen am Ende des Wartungsplanes.

Motor und Abgasanlage

- Ventile: Spiel prüfen, einstellen.
- Zündkerzen beim Benzinmotor: Erneuern.
- Kraftstoffhauptfilter: Erneuern (Benzin- und Dieselmotor).
- Keilriemen: Spannung und Zustand von allen Riemen prüfen.
- Kühl- und Heizsystem: Kühlmittel erneuern (Alle 2 Jahre). Konzentration des Frostschutzmittels prüfen. Sichtprüfung auf Undichtigkeiten und äußere Verschmutzung des Kühlers.
- Abgasanlage: Auf Beschädigungen prüfen.
- Abgasanlage: Muttern am Flansch Abgaskrümmer/Zylinderkopf und Abgaskrümmer/Vorderes Abgasrohr auf vorgeschriebenes Drehmoment anziehen.
- Motor: Sichtprüfung auf Ölundichtigkeiten.
- Kraftstoffleitungen und -Behälter: Schläuche und Leitungen auf Verlegung, Zustand und Dichtheit prüfen.
- Gaszug und Drosselklappenhebel: Gelenke schmieren, auf Leichtgängigkeit und Verschleiß prüfen.

Kupplung, Getriebe, Achsantrieb

- Kupplung: Schläuche, Leitungen und Anschlüsse auf Undichtigkeiten prüfen, Bremsflüssigkeitsstand prüfen.
- Schalt- und Hinterachsgetriebe: Sichtprüfung auf Undichtigkeiten, Ölstand prüfen.
- Automatisches Getriebe: Flüssigkeitsstand prüfen, gegebenenfalls ATF auffüllen.
- Achswellen: Gelenkschutzhüllen auf Undichtigkeiten und Beschädigungen prüfen.
- Kardanwelle: Gelenkscheiben auf Verschleiß prüfen.

Vorderachse und Lenkung

- Spurstangenköpfe: Spiel und Befestigung prüfen, Staubkappen prüfen.
- Achsgelenke: Staubkappen prüfen.
- Lenkung: Spiel prüfen, Faltenbälge auf Undichtigkeiten und Beschädigungen prüfen. Befestigungsschrauben mit richtigem Drehmoment nachziehen.
- Servolenkung: Flüssigkeitsstand prüfen, gegebenenfalls Hydrauliköl auffüllen.

Karosserie, Ausstattung

- Türscharniere, Türschlösser: Ölen.
- Front- und Heckklappenscharniere, Deckelschloßober- und -unterteil: Mit Mehrzweckfett fetten.
- Unterbodenschutz und Hohlraumkonservierung: Prüfen.
- Sicherheitsgurte: Auf Beschädigungen prüfen.
- Schiebedach: Gleitschienen und Gleitbacken reinigen und leicht mit Silikonspray einsprühen.
- Klimaanlage: Verdichter-Befestigungsschrauben nachziehen.
- Niveauregulierung: Ölstand bei unbeladenem Fahrzeug kontrollieren, gegebenenfalls ergänzen.

Bremsen, Reifen, Räder

- Räder: Abschrauben, Zustand der Felgen (auch innen) prüfen, Räder reinigen und mit vorgeschriebenem Drehmoment anschrauben.
- Bereifung: Profiltiefe und Reifenfülldruck prüfen; Reifen auf Verschleiß und Beschädigungen (einschließlich Reserverad) prüfen.
- Bremsanlage: Leitungen, Schläuche, Bremszylinder und Anschlüsse auf Undichtigkeiten und Beschädigungen prüfen.
- Bremsanlage: Bremsflüssigkeitsstand und Dicke der Bremsbeläge prüfen.
- Bremsflüssigkeit: Erneuern (alle 2 Jahre unabhängig von der Kilometerleistung)

Elektrische Anlage

- Beleuchtungsanlage: Sämtliche Scheinwerfer, Schlußleuchten und Blinklampen prüfen, gegebenenfalls Scheinwerfer einstellen.
- Signalhorn: Prüfen.
- Scheibenwischer: Wischergummis auf Verschleiß prüfen.
- Scheiben- und Scheinwerferwaschanlage: Funktion prüfen, Düsenstellung kontrollieren, Flüssigkeit nachfüllen, Scheinwerfer-Waschanlage prüfen.
- Batterie: Spannung und Säurestand prüfen.

Zusätzlich alle 40000 km

- Schalt- und Hinterachsgetriebe: Öl wechseln.
- Automatisches Getriebe: ATF wechseln, Ölsieb erneuern.
- Kupplung: Kupplungsscheibe auf Verschleiß prüfen.
- Vorderradlager: Lagerspiel prüfen.
- Gelenkwellen: Dichtheit der Faltenbälge prüfen.
- Dieselmotor: Zahnriemenspannung prüfen.
- Dieselmotor: Förderbeginn der Einspritzpumpe prüfen.
- Handbremse: Belagstärke prüfen, gegebenenfalls erneuern.
- Kompression: Prüfen.

Zusätzlich alle 80000 km

- Dieselmotor: Zahnriemen erneuern.
- Dieselmotor: Glühkerzen erneuern.

W Die Wartungsarbeiten

Nach den verschiedenen Baugruppen des Fahrzeugs aufgeteilt, werden hier alle Wartungsarbeiten beschrieben, die gemäß dem Wartungsplan durchgeführt werden müssen. Auf die erforderlichen Verschleißteile sowie das möglicherweise erforderliche Sonderwerkzeug wird jeweils hingewiesen.

Es empfiehlt sich, Reifendruck, Motorölstand und Flüssigkeitsstände für Kühlung, Wisch-/Wasch-Anlage etc. alle 4 bis 6 Wochen zu prüfen und zu ergänzen.

Achtung: Beim **Einkauf von Ersatzteilen** ist immer der **KFZ-Schein** mitzunehmen, da zur einwandfreien Fahrzeugidentifizierung oftmals die genaue Angabe der Fahrgestellnummer oder des Baujahres erforderlich sind.

Motor und Abgasanlage

Folgende Wartungspunkte müssen nach dem Wartungsplan durchgeführt werden:

- Ventile: Spiel prüfen, einstellen.
- Motor: Ölwechsel, Sichtprüfung auf Ölundichtigkeiten.
- Kühl- und Heizsystem: Kühlmittel erneuern (Alle 2 Jahre). Konzentration des Frostschutzmittels prüfen. Sichtprüfung auf Undichtigkeiten und äußere Verschmutzung des Kühlers.
- Zündkerzen beim Benzinmotor: Erneuern.
- Bis 7/81: Unterbrecherkontakt erneuern, Schließwinkel einstellen (entfällt bei Fahrzeugen mit Transistor-Zündanlage).
- Kompression: prüfen.
- Keilriemen: Spannung und Zustand von allen Riemen prüfen.
- Dieselmotor: Zahnriemenspannung prüfen beziehungsweise Zahnriemen ersetzen.
- Kraftstoffleitungen und -Behälter: Schläuche und Leitungen auf Verlegung, Zustand und Dichtheit prüfen.
- Kraftstoffilter ersetzen beziehungsweise entwässern (Dieselmotor).
- Gaszug und Drosselklappenhebel: Gelenke schmieren, auf Leichtgängigkeit und Verschleiß prüfen.
- Abgasanlage: Auf Beschädigungen prüfen.
- Vergasermotor: Ansaugluftvorwärmung prüfen.
- Nur Stromberg-Vergaser (BMW 520 bis 7/76): Ölstand im Dämpfergehäuse kontrollieren, siehe Seite 100.

Ventilspiel prüfen/einstellen

Zum Ventilspiel prüfen/einstellen ist folgendes Spezialwerkzeug erforderlich:

- Eine Fühlerblattlehre in 0,05 mm-Abstufungen.
- Ein ca. 2 mm starker Draht (oder schmaler Schraubendreher).
- Ein Gabelschlüssel- und Stecknußsatz.

Folgende Verschleißteile sind erforderlich:

- Dichtung für Zylinderkopfdeckel.

Um unterschiedliche Wärmeausdehnungen im Ventiltrieb zu kompensieren, muß ein gewisser Abstand zwischen den Nokken der Nockenwelle und dem Ventil beziehungsweise dem Kipphebel vorhanden sein. Dieses Ventilspiel verändert sich mit der Zeit durch Setzen der Ventile und Abnutzung des Ventilantriebs.

Bei zu geringem Spiel verändern sich die Steuerzeiten, die Verdichtung ist schlecht, die Motorleistung nimmt ab, der Motorlauf ist unregelmäßig. In extremen Fällen können sich die Ventile verziehen oder die Ventile beziehungsweise Ventilsitze verbrennen.

Bei zu großem Spiel stellen sich starke mechanische Geräusche ein, die Steuerzeiten verändern sich, der Motor gibt wegen mangelhafter Zylinderfüllung weniger Leistung ab, der Motorlauf ist unregelmäßig.

Das Ventilspiel ist bei allen Fahrzeugen nach der Inspektionsanzeige beziehungsweise im Rahmen der Wartung alle 20 000 km (Fahrzeuge bis Baujahr 7/81: alle 15 000 km) zu überprüfen und gegebenenfalls zu berichtigen.

Das Ventilspiel kann bei kaltem oder warmem Motor geprüft beziehungsweise eingestellt werden.

Prüfen

- Zylinderkopfdeckel ausbauen, siehe Seite 21.
- Um den Motor in die erforderlichen Positionen zu drehen, gibt es 2 Möglichkeiten. Erste, einfachere Möglichkeit: 4. Gang einlegen, Handbremse lösen. Fahrzeug etwas verschieben.
- Zweite Möglichkeit zum Motorverdrehen: Getriebe in Leerlaufstellung bringen, Handbremse anziehen. Motor mit Steckschlüsseleinsatz (27/30 mm) an der Zentralschraube der Kurbelwellenriemenscheibe im Uhrzeigersinn (Motorlaufrichtung) drehen. Dadurch dreht sich ebenfalls die Nockenwelle.
- Zweckmäßigerweise stellt man den Motor zunächst auf Zünd-OT für Zylinder 1 und beginnt bei den Ventilen für den 1. Zylinder. Der 1. Zylinder liegt an der Stirnseite des Motors, in Fahrtrichtung gesehen vorn. Danach dreht man den Motor weiter und prüft das Ventilspiel für die folgenden Zylinder entsprechend der Zündreihenfolge:
  4-Zylinder-Motor: 1–3–4–2.
  6-Zylinder-Motor: 1–5–3–6–2–4.
  Zylinder 1 auf OT stellen, siehe Seite 54.

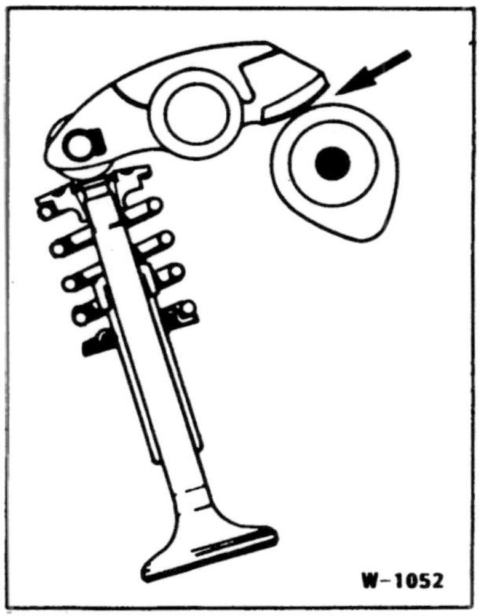

- Eine andere Möglichkeit, die Ventile einzustellen: Motor verdrehen, bis an einem beliebigen Ventil der Nocken der Nockenwelle vom Kipphebel des zu prüfenden Ventils wegzeigt, der Grundkreis liegt dann am Kipphebel an. Die Abbildung zeigt den Benzinmotor, beim Dieselmotor muß der Nocken vom Schlepphebel des zu prüfenden Ventils wegzeigen. In dieser Stellung Spiel prüfen und gegebenenfalls korrigieren.

- Jeden Kipphebel, an dem das Ventilspiel eingestellt wurde, mit Farbstift kennzeichnen.
- Fahrzeug wieder etwas verschieben, bis der Nocken eines anderen Ventils nicht am Kipphebel anliegt. Die Reihenfolge der Ventileinstellung ist egal. Die Kennzeichnung der Kipphebel erfolgt, damit abgesichert ist, welches Ventilspiel schon kontrolliert wurde.

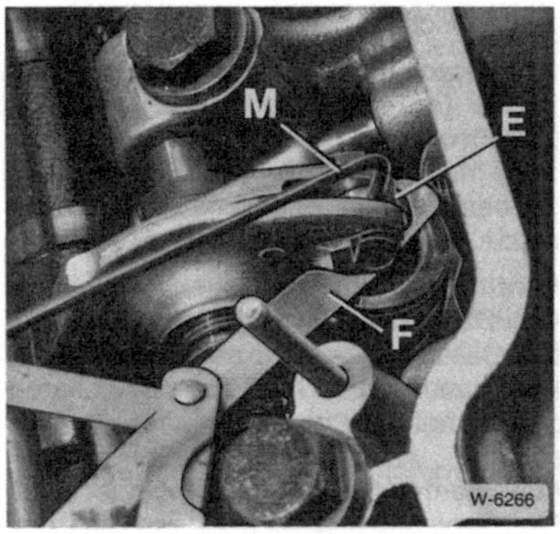

- **Benzinmotor:** Ventilspiel mit Fühlerblattlehre –F– zwischen Exzenter –E– und Ventilschaftende messen.

- **Dieselmotor:** Ventilspiel mit Fühlerblattlehre –F– zwischen Nocke und Schlepphebel messen.
- Das Ventilspiel ist richtig eingestellt, wenn sich die Fühlerblattlehre stramm durchziehen läßt.
- Probehalber Fühlerblattlehre mit 0,05 mm Übermaß (über Sollwert in der Tabelle) ansetzen, sie darf nicht mehr zwischen Ventil und Kipphebel passen. Gegebenenfalls Ventilspiel verringern.

Achtung: Der Sollwert für das Ventilspiel ist bei Einlaßventilen und Auslaßventilen gleich groß.

	Ventilspiel	
Motor	kalt	warm
518, 518i, 520 bis 8/77 (4-Zylinder)	0,20 mm	0,25 mm
520/6, 520i, 525e	0,25 mm	0,30 mm
525, 528, 525i, 528i, 535i, M535i 524d/td	0,30 mm	0,35 mm

Man bezeichnet den Motor als »kalt« bei einer Kühlmitteltemperatur unter ca. +35° C. Zum Einstellen des Ventilspiels bei »warmem Motor« soll die Kühlmitteltemperatur bei etwa +80° C liegen. Erkennbar ist das daran, daß der Kühlmittelschlauch unten am Kühler warm wird. Der Kühlmittelregler hat dann gerade den großen Kühlmittelkreislauf geöffnet.

Einstellen

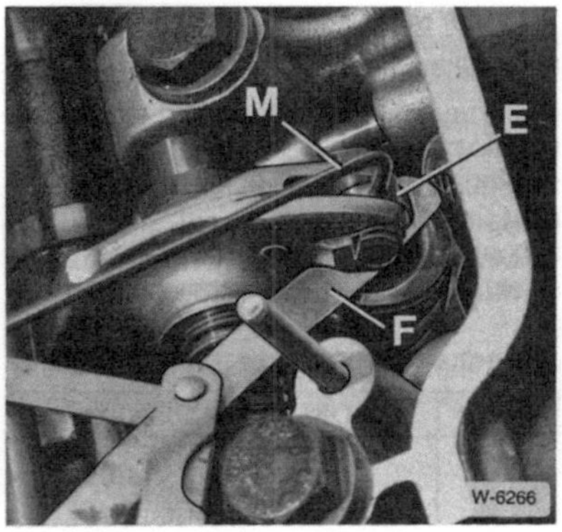

- Falls der Sollwert nicht erreicht wird, BMW-Dorn 113070 in die Bohrung des Exzenters –E– einsetzen, Mutter mit Gabelschlüssel lockern und Exzenter mit Dorn so verdrehen, bis das richtige Ventilspiel erreicht ist. Steht das BMW-Werkzeug nicht zur Verfügung, kann auch ein schmaler, in die Bohrung des Exzenters passender, Schraubendreher oder Draht verwendet werden.
- Kontermutter mit ca. 10 Nm (Wert schätzen) festziehen, dabei Exzenter gegenhalten.
- Ventilspiel nochmals kontrollieren, dann Motor weiterdrehen.
- Nach dieser Anweisung ist das Spiel für sämtliche Ventile zu prüfen beziehungsweise einzustellen.
- Zylinderkopfdeckel einbauen, siehe Seite 21.

Motorölwechsel

Zum Motorölwechsel ist folgendes Werkzeug erforderlich:

- Eine Grube oder ein hydraulischer Wagenheber mit Unterstellböcken.
- Beim Benzinmotor: Ein Spezialwerkzeug zum Lösen des Ölfilters (Ölfilterzange, Spannbandschlüssel oder HAZET-Werkzeug 2169).
- 17er oder 19er Stecknuß zum Lösen der Ölablaßschraube sowie eine Ölauffangschale, die je nach Motor mindestens 5 bis 8 Liter Öl faßt (nur wenn Öl nicht abgesaugt wird).

Folgende Verschleißteile werden benötigt:

- Nur wenn Öl nicht abgesaugt wird: Aluminium-Dichtring für die Ölablaßschraube. Die Ölablaßschraube hat ein Gewinde mit 12 mm Außendurchmesser, der Dichtring hat die Größe A12x15,5 und wird manchmal mit dem Ölfilter mitgeliefert.
- Öl-Filterpatrone.
- Bei undichtem Ölfilter muß gegebenenfalls zusätzlich die Deckeldichtung (O-Ring) ersetzt werden.
- Je nach Motor 4,25 bis 5,75 Liter Motoröl. Nur von BMW freigegebenes Motoröl verwenden, siehe Seite 61.

Ölwechselmenge Fahrzeuge bis 7/81:

Motor	mit Ölfilter	ohne Ölfilter
518 520 520i	4,25 l	4,0 l
525 528 528i	5,75 l	5,0 l
520/6	4,75 l	4,25 l

Ölwechselmenge Fahrzeuge ab 7/81 (»E28«):

Motor	mit Filterw.	ohne Filterw.
518/-i 520i 525e M535i	4,25 l	4,0 l
525i 528i	5,75 l	5,0 l
524td	5,75 l	4,5 l
524d	5,25 l	4,0 l

Die Mengendifferenz zwischen der Min.- und Max.-Markierung am Ölpeilstab beträgt: **1 Liter.**

Der Ölwechsel ist nach der BMW-Service-Intervallanzeige durchzuführen, beziehungsweise beim Benzinmotor alle 10000 km (bis 7/81: alle 7500 km) und beim Dieselmotor alle 7500 km. Falls sehr wenig gefahren wird, Ölwechsel einmal im Jahr vornehmen. Dabei wird gleichzeitig die Filterpatrone gewechselt.

Bei erschwerten Einsatzbedingungen wie Kurzstreckenverkehr, häufiger Kaltstart und staubige Straßenverhältnisse sollten Motoröl und Ölfilter in kürzeren Abständen gewechselt werden.

Das Motoröl darf auch mittels einer Sonde (an der Tankstelle) über das Ölmeßrohr abgesaugt werden. Allerdings muß das neue Öl dann meistens bei der betreffenden Tankstelle gekauft werden.

Achtung: Altöl muß auf jeden Fall bei den Altöl-Sammelstellen abgegeben werden. Die Öl-Verkaufsstellen nehmen die entsprechende Menge Altöl kostenlos entgegen, daher Quittung und Ölkanister für spätere Altölrückgabe aufbewahren! Außerdem informieren Gemeinde- und Stadtverwaltungen darüber, wo sich die nächste Altöl-Sammelstelle befindet. **Keinesfalls darf Altöl einfach weggeschüttet oder dem Hausmüll mitgegeben werden.** Größere Umweltschäden wie beispielsweise Grundwasserverseuchung wären sonst unvermeidbar.

Motoröl ablassen

- Motor auf Betriebstemperatur bringen (60° – 80° C Kühlmitteltemperatur).
- Fahrzeug waagerecht aufbocken, siehe Seite 140.
- **Dieselmotor:** Vorderen Motorraumschutz unterhalb der Ölwanne abschrauben.
- Gefäß zum Auffangen des Altöls unter die Ölwanne stellen.

- Ölablaßschraube seitlich an der Ölwanne herausdrehen und Altöl ganz ablassen.

Achtung: Werden im Motoröl Metallspäne und Abrieb in größeren Mengen festgestellt, deutet dies auf Freßschäden hin, zum Beispiel Kurbelwellen- oder Pleuellagerschäden. Um Folgeschäden zu vermeiden, müssen nach der Motorreparatur die Ölkanäle und Ölschläuche sorgfältig gereinigt werden. Zusätzlich muß der Ölkühler, falls vorhanden, erneuert werden.

Ölfilter ersetzen

Benzinmotoren außer 525i,528i, 535i:

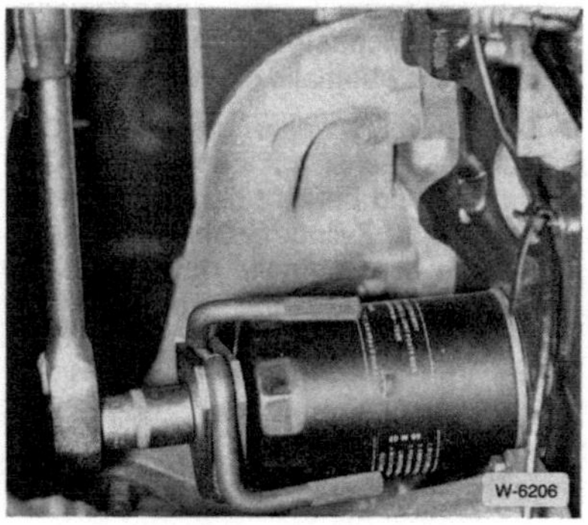

- Ölfilter abschrauben. Hierfür gibt es spezielle Werkzeuge, zum Beispiel HAZET 2169. Man kann auch einen spitzen Schraubendreher seitlich in den Ölfilter eintreiben. Beim Drehen läuft dann allerdings Öl aus – Gefäß unterstellen.
- Ölfilterflansch mit Kraftstoff reinigen.
- Gummidichtring am neuen Ölfilter leicht mit Motoröl bestreichen. **Achtung:** Hinweise auf dem Ölfilter beachten.
- Neuen Ölfilter nur von Hand anschrauben, kein Werkzeug benutzen.

BMW 525i, 528i

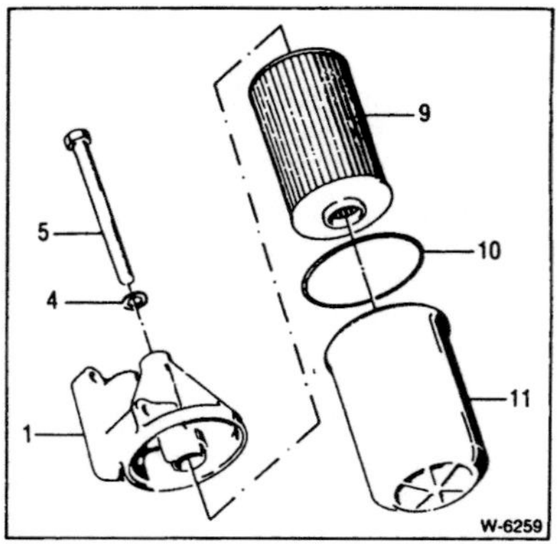

- Schraube –5– oben am Ölfilterflansch lösen und Filtergehäuse –11– mit Dichtring –10– nach unten abnehmen. **Achtung:** Beim Lösen der Schraube Filtergehäuse festhalten. Öl läuft aus, Wanne unterstellen.

- Ölfiltereinsatz –9– herausziehen, abtropfendes Öl auffangen.
- Ölfilterdeckel am Dichtflansch reinigen, Gummidichtring am Deckel auf Beschädigungen prüfen. Beschädigten Dichtring ersetzen.
- Neuen Filtereinsatz in das Ölfiltergehäuse einsetzen.
- Ölfilterdeckel gerade von unten aufsetzen, Schraube –5– mit Unterlage –4– einsetzen und mit 20 Nm festziehen.

Hinweis: Beim **BMW 535i** ist die Schraube –5– von unten in das Filtergehäuse eingeschraubt. Ferner befindet sich unten am Filtergehäuse eine Ablaßschraube für das Motoröl. Vor Filterwechsel Öl ablassen, ansonsten entsprechend wie beim 525i/528i verfahren.

Dieselmotor:

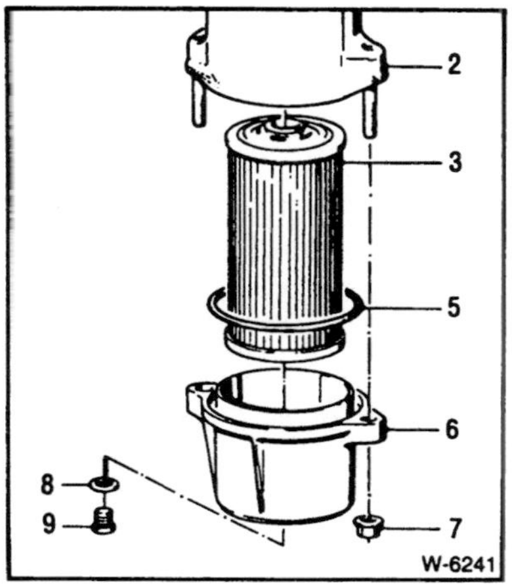

- Ablaßschraube –9– lösen und mit Dichtring –8– abnehmen. **Achtung:** Öl läuft aus, Wanne unterstellen.
- 2 Schrauben –7– herausdrehen, Filterdeckel –6– nach unten abziehen.
- Ölfiltereinsatz –3– herausziehen. Abtropfendes Öl mit Lappen auffangen.
- Ölfilterflansch mit Kraftstoff reinigen.
- Gummidichtring –5– am Ölfilter leicht mit Motoröl bestreichen. **Achtung:** Hinweise auf dem Ölfilter beachten.
- Neuen Filtereinsatz in das Ölfiltergehäuse einsetzen.
- Ölfilterdeckel reinigen, Gummidichtring am Deckel auf Beschädigungen prüfen. Beschädigten Dichtring ersetzen.
- Ölfilterdeckel gerade von unten aufsetzen. 2 Schrauben einsetzen, anschrauben und mit 25 Nm festziehen.
- Ablaßschraube mit neuem Dichtring (Größe A12 x 15) einsetzen.

Auffüllen

- Ölablaßschraube mit neuem Dichtring einschrauben und fest, aber nicht mit zu großer Gewalt anziehen. Anzugsdrehmoment bei einer Schraube mit Schlüsselweite 17: 30 Nm, bei Schlüsselweite 19: 60 Nm.
- Je nach Modell vorgeschriebene Menge neues Öl am Einfüllstutzen des Zylinderkopfdeckels einfüllen, siehe Tabelle.
- Motor starten und mit erhöhter Drehzahl (ca. 2500/min) laufen lassen bis die Ölkontrollampe erlöscht (ca. 5 s). Motor abstellen.
- Nach 5minütiger Wartezeit Ölstand mit Meßstab kontrollieren.
- Nach Probefahrt Dichtigkeit der Ablaßschraube und des Ölfilters überprüfen, gegebenenfalls vorsichtig nachziehen.
- Betriebswarmen Motor abstellen und Ölstand nach ca. 2 Minuten nochmals prüfen, gegebenenfalls korrigieren.
- **Dieselmotor:** Untere Motorraumverkleidung anschrauben.
- Falls erforderlich, Service-Intervallanzeige zurückstellen. Dazu ist normalerweise ein spezielles Gerät erforderlich, das von BMW verkauft wird (teuer). Auf Wunsch stellt die BMW-Werkstatt die Anzeige kostenlos zurück.
- Um die Betriebsverhältnisse des Motors besser überwachen zu können, soll beim Ölwechsel immer ein Öl gleichen Typs und möglichst auch gleicher Marke verwendet werden. Daher ist es zweckmäßig, bei jedem Ölwechsel ein Hinweisschild am Motor zu befestigen, auf dem Marke und Viskosität des Öles vermerkt sind.
- Wahllos abwechselnder Gebrauch verschiedener Öltypen ist ungünstig. Motorenöle gleichen Typs, aber verschiedener Marken sollen möglichst nicht gemischt werden. Motorenöle gleichen Typs und gleicher Marke, aber verschiedener Viskosität können im Bedarfsfall während jahreszeitlicher Überschneidung ohne weiteres nachgefüllt werden.

Sichtprüfung auf Ölverlust

Bei ölverschmiertem Motor und hohem Ölverbrauch überprüfen, wo das Öl austritt. Dazu folgende Stellen überprüfen:

- Öleinfülldeckel öffnen und Dichtung auf Porosität oder Beschädigung prüfen.
- Belüftungsschläuche vom Zylinderkopfdeckel zum Luftfilter auf festen Sitz prüfen.
- Zylinderkopfdeckel-Dichtung
- Zylinderkopf-Dichtung
- Trennstelle Zündverteilerflansch
- Ölfilterdichtung: Ölfilter am Ölfilterflansch
- Ölablaßschraube (Dichtring)
- Ölwannendichtung
- Trennstelle zwischen Motor und Getriebe (Dichtung an Schwungrad oder Getriebewelle).

Da sich bei Undichtigkeiten das Öl meistens über eine größere Motorfläche verteilt, ist der Austritt des Öls nicht auf den ersten Blick zu erkennen. Bei der Suche geht man zweckmäßigerweise wie folgt vor:

- Motorwäsche durchführen. Motor mit handelsüblichem Kaltreiniger einsprühen und nach einer kurzen Einwirkungszeit mit Wasser abspritzen. Vorher Zündverteiler und Generator mit Plastiktüte abdecken.
- Trennstellen und Dichtungen am Motor von außen mit Kalk oder Talkumpuder bestäuben.
- Ölstand kontrollieren, gegebenenfalls auffüllen.
- Probefahrt durchführen. Da das Öl bei heißem Motor dünnflüssig wird und dadurch schneller an den Leckstellen austreten kann, sollte die Probefahrt über eine Strecke von ca. 30 km auf einer Schnellstraße durchgeführt werden.
- Anschließend Motor mit Lampe absuchen, undichte Stelle lokalisieren und Fehler beheben.

Motorölstand prüfen

Etwa alle 1000 km sollte der Ölstand des Motors überprüft, gegebenenfalls ergänzt werden. Dabei sollte der Motor nicht mehr als 1,0 Liter Öl auf 1000 Kilometer verbrauchen. Mehrverbrauch ist ein Anzeichen für verschlissene Ventilschaftabdichtungen und/oder Kolbenringe beziehungsweise defekte Öldichtungen.

- Das Fahrzeug muß beim Messen auf einer waagerechten Fläche stehen.
- Nach Abstellen des Motors mindestens 3 Minuten lang warten, damit sich das Öl in der Ölwanne sammelt.
- Ölpeilstab am Motor herausziehen und mit sauberem Lappen abwischen.

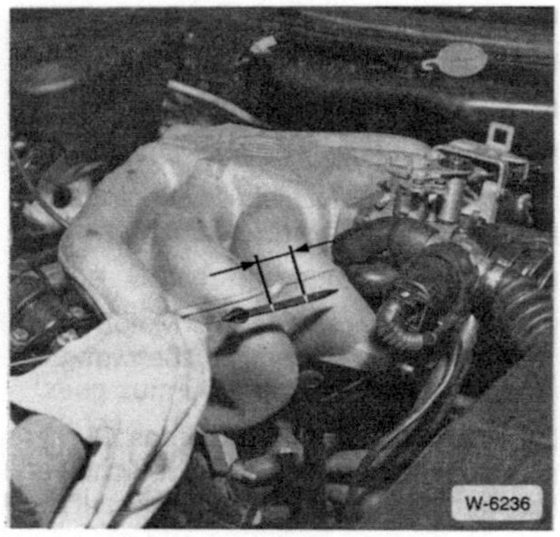

- Anschließend Meßstab bis zum Anschlag einführen und wieder herausziehen. Der Ölstand muß zwischen den beiden Markierungen liegen.
- Neues Öl erst nachfüllen, wenn sich der Ölstand der unteren Marke nähert. Die Ölmenge von der Min.- bis zur Max.-Markierung beträgt **1 Liter**.
- Nachgefüllt wird am Verschluß des Zylinderkopfdeckels. Beim Nachfüllen richtige Ölsorte verwenden, keine Zusätze verwenden, siehe Seite 61.

Kühlmittelstand prüfen

Der Kühlmittelstand sollte in regelmäßigen Abständen – etwa alle vier Wochen – geprüft werden, zumindest aber vor jeder größeren Fahrt.

Zum Nachfüllen – auch in der warmen Jahreszeit – nur eine Mischung aus Kühlerfrostschutzmittel und kalkarmem, sauberem Wasser verwenden.

Achtung: Um die Weiterfahrt zu ermöglichen, kann auch, insbesondere im Sommer, reines Wasser nachgefüllt werden. Der Kühlerfrostschutz muß dann jedoch baldmöglichst korrigiert werden.

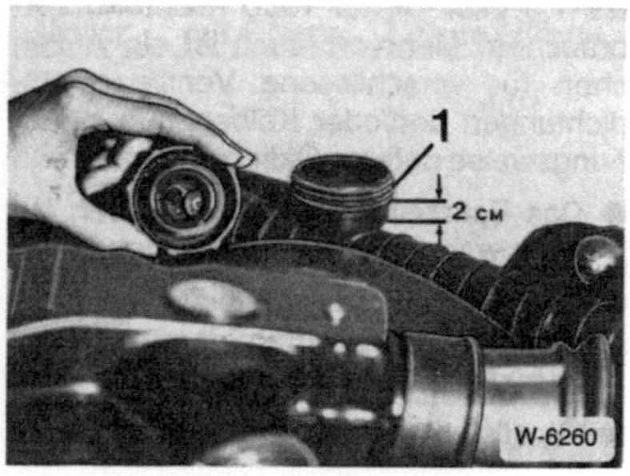

- **4-Zylinder-Motoren:** Der Kühlmittelstand soll bei kaltem Motor (Kühlmitteltemperatur ca. +20° C) bis höchstens 2 cm unterhalb des Schraubgewindes reichen.

- **6-Zylinder-Motoren:** Das Kühlmittel soll bei kaltem Motor (Kühlmitteltemperatur ca. +20° C) bis zur Markierung –K– am Ausgleichbehälter reichen.
- **Kaltes** Kühlmittel nur bei **kaltem Motor** nachfüllen, um Motorschäden zu vermeiden.

Achtung: Verschlußdeckel bei heißem Motor vorsichtig öffnen. Verbrühungsgefahr! Beim Öffnen Lappen über den Verschlußdeckel legen. Verschlußdeckel möglichst bei einer Kühlmittel-Temperatur unter +90° C öffnen.

- Verschlußdeckel beim Öffnen zuerst etwas aufdrehen und Überdruck entweichen lassen. Danach Deckel weiterdrehen und abnehmen.
- Sichtprüfung auf Dichtheit durchführen, wenn der Kühlmittelstand in kurzer Zeit absinkt.

Kühlmittel wechseln

Das Kühlmittel ist im Rahmen der Wartung alle 2 Jahre zu erneuern. Dazu sind folgende Werkzeuge erforderlich:

- Wagenheber und Unterstellböcke.
- Sechskant-Ringschlüsselsatz oder Stecknußkasten.
- Auffanggefäß für das Kühlmittel.

Folgende Verschleißteile werden benötigt:

- Zum **Nachfüllen** – auch in der warmen Jahreszeit – nur eine Mischung aus Kühlerfrostschutzmittel und kalkarmem, sauberem Wasser verwenden. Am besten destilliertes Wasser verwenden, damit keine Ablagerungen entstehen. Nur von BMW freigegebenes Frostschutzmittel verwenden. **Achtung:** Um die Weiterfahrt zu ermöglichen, kann auch, insbesondere im Sommer, reines Wasser nachgefüllt werden. Der Kühlerfrostschutz muß dann jedoch baldmöglichst korrigiert werden.
- Für die Ablaßschraube am Motorblock wird ein Aluminium-Dichtring der Größe A14x18 benötigt.

Inhalt des Kühlsystems:

Fahrzeuge bis 7/81 (»E12«)

Modell	**Liter**
518	7,0 l
520, 520 i (4-Zylinder)	7,2 l
520/6, 525, 528	12,0 l

Fahrzeuge ab 7/81 (»E28«)

Modell	**Liter**
518, 518 i	7,0 l
520 i, 525 e	10,5 l
525 i, 528 i, M 535 i, 524 td	12,0 l

Ablassen

- Massekabel (–) von der Batterie abklemmen.
- Heizungsschalter im Innenraum auf maximale Heizleistung stellen.
- Verschlußdeckel des Kühlsystems etwas nach links drehen und Überdruck aus dem Kühlsystem entweichen lassen. Dann Deckel weiterdrehen und ganz abnehmen.

Achtung: Bei heißem Motor vor dem Öffnen des Deckels einen dicken Lappen auflegen, um Verbrühungen durch heiße Kühlflüssigkeit oder Dampf zu vermeiden. Deckel nur bei Kühlmitteltemperaturen unter +90° C abnehmen.

- Fahrzeug vorn aufbocken, siehe Seite 140.
- Falls vorhanden, Abdeckung unter dem Kühler ausbauen.

- Sauberes Auffanggefäß unter den Kühler stellen und Ablaßschraube –1– unten am Kühler lösen. Zum Drehen der Schraube kann eine Münze genommen werden.

Achtung: Befindet sich (bei älteren Modellen) keine Ablaßschraube am Kühler, Schlauchschelle aufschrauben und Schlauch –Pfeil– unten am Kühler abziehen.

- Auffanggefäß unter den Motor stellen und Ablaßschraube –Pfeil– am Motorblock herausdrehen. Die Schraube sitzt unterhalb vom Abgaskrümmer.
- Kühlmittel ganz ablaufen lassen.

Achtung: Kühlflüssigkeit ist giftig und darf nicht einfach weggeschüttet oder dem Hausmüll mitgegeben werden. Gemeinde- und Stadtverwaltungen informieren darüber, wo sich die nächste Sondermüll-Sammelstelle befindet.
Wird die Kühlflüssigkeit zwischendurch im Rahmen einer Reparatur abgelassen, sollte sie zur Wiederverwendung aufgefangen werden.

- Ablaßschraube mit neuem Dichtring am Motorblock einschrauben und mit 50 Nm festziehen.
- Ablaßschraube am Kühler ganz leicht festziehen. Dazu eine Münze in den Schlitz der Schraube stecken und Ablaßschraube handfest anziehen. Falls abgezogen, Kühlmittelschlauch am Kühlerstutzen aufschieben und mit Schlauchschelle sichern.

Auffüllen

- **6-Zylinder-Benzinmotoren:** Entlüftungsschraube –1– am Thermostatgehäuse öffnen.

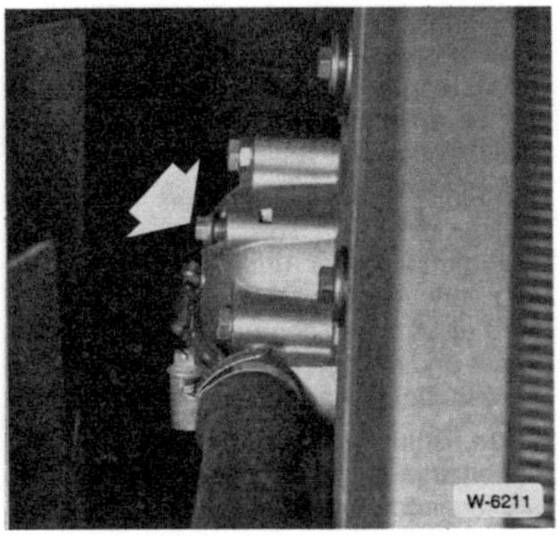

- **Dieselmotor:** Entlüftungsschraube –Pfeil– am Thermostatgehäuse öffnen.
- Kühlsystem über die Öffnung des Ausgleichbehälters, beziehungsweise beim 4-Zylindermotor am Kühler auffüllen.
- Bei den 6-Zylindermotoren muß an der Entlüftungsschraube Kühlflüssigkeit austreten, gegebenenfalls weiter auffüllen.
- Entlüftungsschraube am Thermostat verschließen.
- Batterie-Massekabel anklemmen.
- Motor starten und warmlaufen lassen, Drehzahl durch stoßweises Gasgeben über 2500/min halten. Die im System enthaltene Restluftmenge führt zum Absinken des Flüssigkeitsspiegels bis etwa auf die vorgeschriebene Max.-Marke, die am Ausgleichbehälter markiert ist.
- Während des Warmlaufens eventuell Kühlmittel nachfüllen und anschließend Verschlußdeckel schließen.
- Kühlsystem, insbesondere Schlauchanschlüsse sowie Ablaßschrauben und Kühlmittelpumpe, auf Dichtheit prüfen.

Kühlsystem-Sichtprüfung auf Dichtheit

- Kühlmittelschläuche durch Zusammendrücken und Verbiegen auf poröse Stellen untersuchen, hartgewordene Schläuche ersetzen.
- Die Schläuche dürfen nicht zu kurz auf den Anschlußstutzen sitzen.
- Festen Sitz der Schlauchschellen kontrollieren.
- Dichtung des Verschlußdeckels am Einfüllstutzen des Kühlers beziehungsweise Ausgleichbehälters auf Beschädigungen überprüfen.
- Motor warmlaufen lassen und prüfen, ob Kühlflüssigkeit im Bereich der Kühlmittelpumpe austritt.
- Wenn bei heißem Motor Kühlmittel aus einer Bohrung unten an der Pumpe läuft, ist in der Regel der Wellendichtring defekt. In diesem Fall Kühlmittelpumpe überholen beziehungsweise ersetzen.
- Mitunter ist es schwierig, die Leckstelle ausfindig zu machen. Dann empfiehlt sich eine Druckprüfung (Spezialgerät erforderlich) durch die Werkstatt. Hierbei kann ebenfalls das Überdruckventil des Verschlußdeckels geprüft werden.

Frostschutz prüfen

Folgendes Prüfwerkzeug wird benötigt:

- Eine Prüfspindel, die es preiswert im Zubehörhandel gibt und auch oft an Tankstellen zur Benutzung vorliegt.

Regelmäßig vor Winterbeginn sollte sicherheitshalber die Konzentration des Frostschutzmittels geprüft werden, insbesonders wenn zwischendurch reines Wasser nachgefüllt wurde.

- Motor warmfahren, bis der Kühler oben ca. handwarm ist.
- Verschlußdeckel am Ausgleichbehälter vorsichtig öffnen. **Achtung:** Nicht bei heißem Motor öffnen, siehe unter »Kühlmittel wechseln«.

- Mit Meßspindel Kühlflüssigkeit ansaugen und am Schwimmer Kühlmitteldichte ablesen. Der Frostschutz soll in unseren Breiten bis mindestens −30° C reichen.

BMW-Kühlkonzentrat ergänzen

Beispiel: Die Frostschutz-Messung mit der Spindel ergibt bei einer Füllmenge des Kühlsystems von 12,0 Litern einen Frostschutz bis − 10° C. In diesem Fall aus dem Kühlsystem 3,5 l Kühlflüssigkeit ablassen und dafür 3,5 l reines Frostschutzkonzentrat auffüllen. Die Gesamtfüllmenge ist je nach Modell unterschiedlich, siehe Seite 12, 13.
Achtung: Nur von BMW freigegebenes nitritfreies Korrosions- und Frostschutzmittel nachfüllen.

Gemess. Wert in °C	0	−10	−20	−25
Gesamtfüllmenge	Differenzmenge in l			
7,0 Liter	2,8	2,0	1,0	0,5
10,5 Liter	4,2	3,0	1,5	1,0
12,0 Liter	4,8	3,5	1,5	1,0

- Verschlußdeckel am Kühler verschließen und nach Probefahrt Frostschutz erneut überprüfen.

Kompression prüfen

Folgendes Prüfgerät wird benötigt:

- Ein Kompressionsdruckprüfer, der für Benzinmotoren recht preiswert in Fachgeschäften angeboten wird. **Achtung:** Für den Dieselmotor wird ein Kompressionsdruckprüfer mit größerem Meßbereich benötigt. Da er recht teuer ist, lohnt sich die Anschaffung nicht unbedingt.

Der Kompressionsdruck soll alle 40000 km geprüft werden. Bei den Benzinmotoren müssen die Zündkerzen herausgeschraubt werden; hier empfiehlt es sich, diesen Arbeitsgang mit dem fälligen Zündkerzenwechsel zu kombinieren. Beim Dieselmotor werden zur Prüfung die Glühkerzen demontiert.

Die Kompressionsprüfung erlaubt Rückschlüsse über den Zustand des Motors. Und zwar läßt sich bei der Prüfung feststellen, ob die Ventile oder die Kolben (Kolbenringe) in Ordnung beziehungsweise verschlissen sind. Außerdem zeigen die Prüfwerte an, ob der Motor austauschreif ist beziehungsweise komplett überholt werden muß.

Am meisten Aussagekraft hat der Druckunterschied zwischen den einzelnen Zylindern. Er darf maximal 1,5 bar betragen. Falls ein oder mehrere Zylinder gegenüber den anderen einen Druckunterschied von mehr als 1,5 bar haben, ist dies ein Hinweis auf defekte Ventile, verschlissene Kolbenringe beziehungsweise Zylinderlaufbahnen. Ist die Verschleißgrenze erreicht, muß der Motor überholt beziehungsweise ausgetauscht werden.

Die Höhe des angezeigten Kompressionsdrucks ist von untergeordneter Bedeutung, da er unter anderem auch vom verwendeten Meßgerät abhängt. Er soll bei den Benzinmotoren mindestens 10 bar und bei den Dieselmotoren mindestens 20 bar betragen.

- Zur Prüfung der Kompression muß der Benzinmotor betriebswarm sein, der Dieselmotor muß kalt sein. Beschrieben wird nur die Prüfung bei den Benzinmotoren; bei Dieselmotoren Fachwerkstatt aufsuchen.

Benzinmotoren

- Zündung ausschalten.
- **Einspritzmotoren:** Kraftstoffpumpenrelais, beziehungsweise Hauptrelais neben dem Stecker am Sicherungskasten abziehen, oder Sicherung für Kraftstoffpumpe herausnehmen, damit während der Prüfung kein Kraftstoff eingespritzt wird. Lage der Relais, siehe Abbildung auf Seite 76.
- Sämtliche Zündkerzenstecker abziehen. Hierzu gibt es eine spezielle Zange, zum Beispiel HAZET 1849. Damit dürfen die Stecker jedoch nur an den Blechhülsen gefaßt werden.
- Anschließend Zündkerzen-Nischen im Zylinderkopf mit Preßluft ausblasen, und alle Zündkerzen mit geeignetem Kerzenschlüssel herausschrauben.
- Motor mit Anlasser ein paarmal durchdrehen, damit Rückstände und Ruß herausgeschleudert werden. **Achtung:** Getriebe in Leerlaufstellung und Handbremse angezogen.

- Kompressionsdruckprüfer entsprechend der Bedienungsanleitung in die Zündkerzenöffnung drücken oder einschrauben.
- Von Helfer Gaspedal ganz durchtreten lassen und während der ganzen Prüfung mit dem Fuß festhalten.
- Motor ca. 8 Umdrehungen drehen lassen, bis kein Druckanstieg mehr auf dem Meßgerät erfolgt.
- Nacheinander sämtliche Zylinder prüfen und mit Sollwert vergleichen.
- Anschließend Zündkerzen mit **25 Nm** einschrauben und Zündkabel nach Zündfolge 1-5-3-6-2-4, beziehungsweise 1-3-4-2 aufstecken.
- Relais beziehungsweise Sicherung einsetzen, Sicherungskasten verschließen.

Dieselmotor: Glühkerzen erneuern

Alle 80000 km sollen beim Dieselmotor die Glühkerzen ersetzt werden.

Als Spezialwerkzeug wird benötigt:

- Passende Stecknuß SW 12 zum Herausdrehen der Glühkerzen, zum Beispiel HAZET 880 TZ.

Folgende Verschleißteile müssen bei der BMW-Werkstatt gekauft werden:

- 6 Glühkerzen für den jeweiligen Motor.
- Kupferpaste »CRC«.

Ausbau

- Batterie-Massekabel (−) abklemmen.
- Elektrisches Kabel an den Glühkerzen abschrauben und Glühkerzen mit passendem Steckschlüssel herausschrauben, siehe Seite 128.

Einbau

- Gewinde der neuen Glühkerzen mit Kupferpaste »CRC« einstreichen.
- Glühkerzen mit 25 Nm einschrauben.
- Anschlußkabel mit 5 Nm, also leicht, an die Glühkerzen anschrauben.
- Batterie-Massekabel anklemmen.

Zündkerzen ersetzen / elektrische Anschlüsse prüfen

Als Spezialwerkzeug wird benötigt:

- Ein Zündkerzenschlüssel, der dem Bordwerkzeug beiliegt oder auch preiswert im Zubehörhandel zu kaufen ist.
- Zusätzlich empfiehlt sich der Kauf einer speziellen Zange, zum Beispiel HAZET 1849, die das Abziehen der Kerzenstecker erleichtert.

Folgende Verschleißteile müssen gekauft werden:

- Die richtigen Zündkerzen für den jeweiligen Motor, siehe Tabelle im Kapitel »Die Zündkerzen« auf Seite 60.

Ausbau

- Sämtliche Kerzenstecker abziehen, dabei nur an den Steckern und nicht an den Kabeln ziehen. Die erwähnte Zange erleichtert das Abziehen.
- Zündkerzen-Nischen, wenn möglich, mit Preßluft ausblasen, damit bei ausgebauten Kerzen kein Schmutz in die Gewindebohrung fällt.
- Zündkerzen mit Zündkerzenschlüssel herausschrauben und den Zustand der Kerze (sogenanntes »Kerzengesicht«) prüfen. Mit einiger Erfahrung lassen sich daraus Rückschlüsse auf den Betriebszustand des Motors ziehen. Es gelten folgende Regeln:

Elektroden und Isolierkörper

- Mittelgrau = Richtiges Arbeiten der Zündkerze und richtiges Gemisch
- Schwarz = Gemisch zu fett
- Hellgrau = Gemisch zu mager
- Verölt = Aussetzen der betreffenden Zündkerze oder schlecht abdichtende Kolbenringe (Kompression prüfen).

- Isolatoren der Zündkerzen auf Kriechströme untersuchen. Kriechströme zeigen sich als dünne, unregelmäßige Spuren auf der Oberfläche. Falls sich die Kriechstromspuren nicht vollständig entfernen lassen, betreffende Kerze und eventuell auch undichten Zündkerzenstecker austauschen.
- Falls erforderlich, Zündkerzen mit einer Messingbürste oder einem Sandstrahlgerät reinigen. Mittel-Elektrode mit Feile rechtwinkelig abstumpfen und damit Abbrand ausgleichen.

Einbau

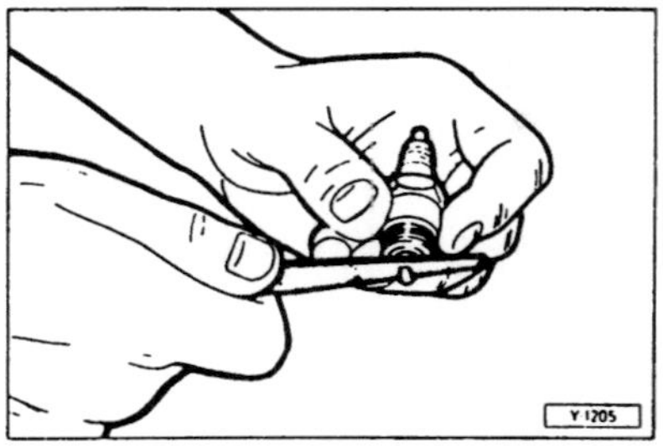

- Elektrodenabstand mit Fühlerblattlehre prüfen. Sollwert: **0,7–0,8 mm.** Bei neuen Zündkerzen ist der Elektrodenabstand in der Regel richtig eingestellt.
- Zum Einstellen des Kontaktabstandes Masse-Elektrode nachbiegen. Dafür gibt es ein einfaches, praktisches Werkzeug, andernfalls seitlich gegen die Masse-Elektrode klopfen. Beim Aufbiegen kleinen Schraubendreher am Gewinderand der Kerze abstützen, keinesfalls jedoch an der Mittel-Elektrode, da diese sonst beschädigt wird.
- Gewinde an den Kerzen mit sauberem Lappen reinigen.
- Zündkerzen von Hand bis zur Anlage am Zylinderkopf einschrauben. **Achtung:** Dabei Kerzen nicht verkantet ansetzen.
- Zündkerzen mit **25 Nm** festziehen. **Achtung:** Steht kein Drehmomentschlüssel zur Verfügung, neue Zündkerzen mit Kerzenschlüssel um ca. 90° (¼ Umdrehung) anziehen. Gebrauchte Zündkerzen nur ca. 15° anziehen. Zu fest angezogene Zündkerzen können beim Herausschrauben abreißen oder das Gewinde im Zylinderkopf beschädigen. In diesem Fall Kerzengewinde mit UTC- oder Heli-Coil-Einsätzen reparieren.
- Kerzenstecker entsprechend der Zündfolge 1-5-3-6-2-4, beziehungsweise 1-3-4-2 aufstecken. (Zylinder 1 liegt in Fahrtrichtung gesehen vorn.)
- Durch Hin- und Herbewegen festen Sitz der Kerzenstecker und Zündkabel prüfen.

Elektrische Anschlüsse prüfen

- Sämtliche elektrischen Anschlüsse an der Zündspule sowie am Verteiler auf festen Sitz prüfen.
- Angerissene Klemmen ersetzen.
- Korrodierte Anschlüsse mit einer Drahtbürste oder Schmirgelleinen reinigen, gegebenenfalls mit Kontaktspray einsprühen.
- Die Kontakte dürfen nicht feucht sein, andernfalls Kontakte reinigen und mit Kontaktspray einsprühen.
- Zündkabel auf engen Radius biegen und auf Risse prüfen. Gegebenenfalls alle Zündkabel ersetzen.

Unterbrecherkontakt ersetzen

Diese Arbeit muß nur bei den Fahrzeugen bis 7/81 (außer 528i sowie 518 ab 9/80) durchgeführt werden. Es wird kein Sonderwerkzeug benötigt.

Folgendes Verschleißteil muß gekauft werden:

- Unterbrecherkontakt. Beim Ersatzteilkauf neben Fahrzeugschein am besten alten, ausgebauten Unterbrecher mitnehmen, da unterschiedliche (spiegelverkehrte) Unterbrecher eingebaut wurden.
- Fett für Unterbrecher-Gleitstück, zum Beispiel »Bosch Ft 1 v 4«, liegt in der Regel dem Kontaktsatz bei.
- Die Arbeitsanweisung befindet sich im Kapitel »Zündanlage«, siehe Seite 45.

Luftfiltereinsatz wechseln

Es wird kein Sonderwerkzeug benötigt.

Folgendes Verschleißteil muß gekauft werden:

- Luftfiltereinsatz. Beim Ersatzteilkauf beachten, daß je nach Motor andere Luftfiltereinsätze benötigt werden.

Ausbau

Luftfilter 520 i

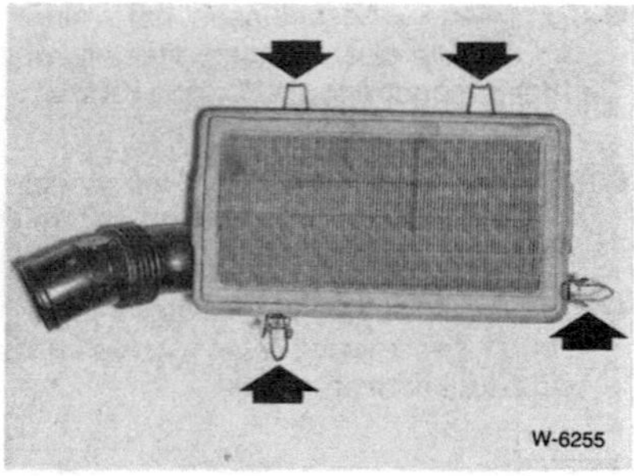

- Spannverschlüsse am Filtergehäuse öffnen. Die Abbildungen zeigen den Luftfilter vom 520i. Die zweite Abbildung zeigt das Filterunterteil zur besseren Sichtbarkeit der Spannverschlüsse. Bei den anderen Einspritzmotoren entsprechend verfahren.

Vergasermotoren (außer Stromberg-Vergaser)

Luftfilter des Stromberg-Vergasers

- Schnappverschlüsse öffnen und Luftfilterdeckel nach oben anheben.
- Filtereinsatz herausnehmen.
- Filtergehäuse mit einem Lappen auswischen.
- Filtereinsatz bei geringer Verschmutzung vorsichtig mit der Schmutzseite nach unten ausklopfen. Verölten Filter auf jeden Fall ersetzen.

Achtung: Filtereinsatz weder mit Benzin reinigen, noch mit Öl benetzen. Filter nicht mit Preßluft ausblasen.

Einbau

- Neuen Filtereinsatz in das Luftfiltergehäuse einlegen. Die mit der Aufschrift »Top« gekennzeichnete Seite muß nach oben zeigen.
- Deckel ansetzen, Schnellverschlüsse zuschnappen lassen.

Ansaugluft-Vorwärmung prüfen

Nur bei Vergaser oder K-Jetronic

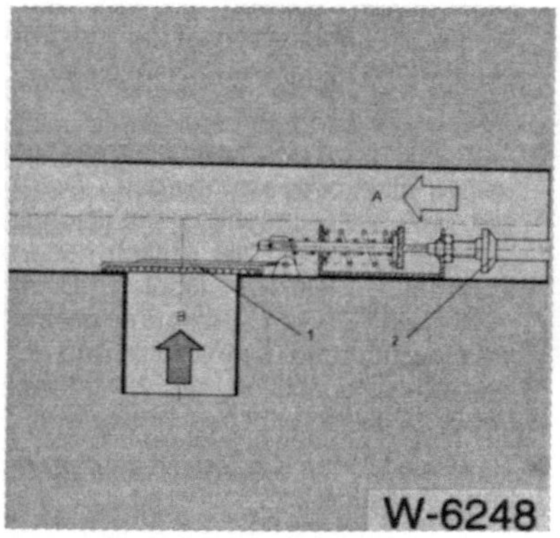

Die Klappe für die automatische Ansaugluft-Vorwärmung befindet sich im Ansaugrohr vom Luftfilter und wird durch ein Dehnstoffelement –2– geöffnet und geschlossen, siehe auch Seite 81.

Anläßlich der Inspektion ist die Leichtgängigkeit und Funktion der Klappe –1– zu prüfen, gegebenenfalls die Lagerung zu ölen.

Kraftstoffilter entwässern / ersetzen

Der Kraftstoffilter muß regelmäßig ersetzt werden. **Beim Dieselmotor ist der Kraftstoffilter im Rahmen der Wartung zusätzlich regelmäßig zu entwässern.** Es wird kein Sonderwerkzeug benötigt.

Folgendes Verschleißteil muß gekauft werden:

- Kraftstoffilter für den jeweiligen Motor.

Einspritzmotoren

Der Kraftstoffilter sitzt am Fahrzeugunterboden rechts vor dem Kraftstofftank. Es sind daher ein Wagenheber sowie Unterstellböcke erforderlich. Außerdem sind 2 Schlauchklemmen zum Abklemmen der Zu- und Ablaufleitung nötig. Es können auch stattdessen Schraubzwingen verwendet werden.

Ausbau

Achtung: Kein offenes Feuer, Brandgefahr!

- Fahrzeug aufbocken, siehe Seite 140.

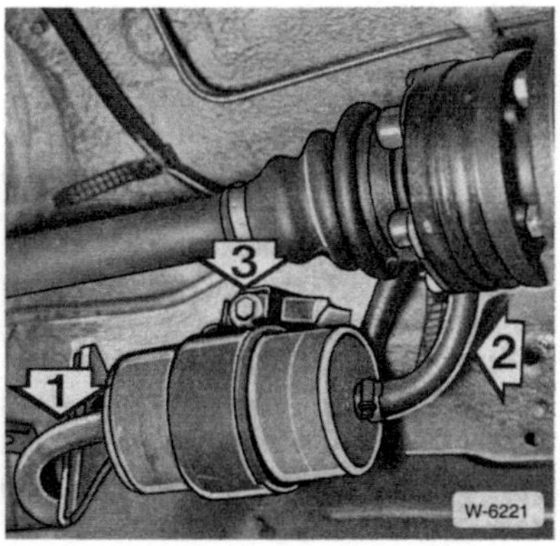

- Kraftstoffschlauch –1– von der Kraftstoffpumpe zum Filter mit Quetschklemme abklemmen.
- Kraftstoffleitung –2– zum Verteilerrohr abklemmen und am Filter abziehen, vorher Klemmschelle am Anschluß lösen.
- Filterhalter –3– abschrauben und Filter mit Kraftstoffschlauch herausziehen.
- Kraftstoffschlauch am Kraftstoffilter abziehen, vorher Klemmschelle lösen und zurückschieben.

Einbau

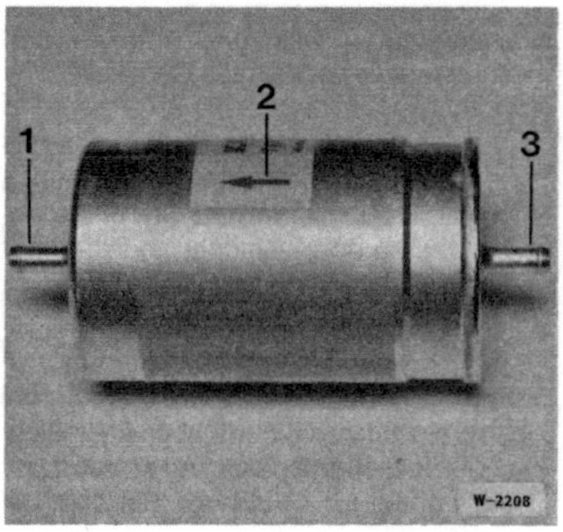

- Kraftstoffschlauch zum Verteilerrohr am neuen Filter aufschieben –1– und mit Schelle sichern.

- Zweiten Kraftstoffschlauch am Kraftstoffilter aufschieben –3– und mit Schelle sichern.
- Kraftstoffilter mit elastischer Zwischenlage einsetzen und Halter anschrauben. Dabei auf richtige Einbaulage des Filters achten. Der Pfeil –2– auf dem Filtergehäuse zeigt in Durchflußrichtung.
- Klemmwerkzeug abnehmen.
- Motor starten und Dichtheit der Kraftstoffanschlüsse kontrollieren.
- Fahrzeug ablassen.

Kraftstoffilter Vergasermotoren ersetzen/Feinsieb reinigen

- Kraftstoffschläuche am Kraftstoffilter im Vergaserzufluß abziehen, austretenden Kraftstoff mit sauberem Lappen auffangen.
- Neuen Filter einsetzen. **Achtung:** Dabei muß der Pfeil auf dem Filtergehäuse in Durchflußrichtung zeigen.
- Bei älteren Kraftstoffpumpen kann der Deckel abgeschraubt werden. Darunterliegendes Feinsieb in Kraftstoff reinigen und wieder einsetzen.
- Im Vergaser-Kraftstoffanschlußstutzen befindet sich ein weiterer Filter. Kraftstoffleitung vom Vergaser lösen, Feinsieb herausnehmen und in sauberem Kraftstoff auswaschen.

Kraftstoffilter Dieselmotor entwässern/ersetzen

Der Kraftstoffilter muß alle 7500 km oder spätestens einmal jährlich entwässert und alle 20000 km ersetzt werden. Zum Auffangen des Wassersatzes ist ein geeignetes Auffanggefäß erforderlich. **Achtung:** Auslaufender Dieselkraftstoff muß besonders auf Gummiteilen (Kühlmittelschläuche) sofort naß abgewischt werden, da er sonst diese Teile im Lauf der Zeit zersetzen kann.

Entwässern

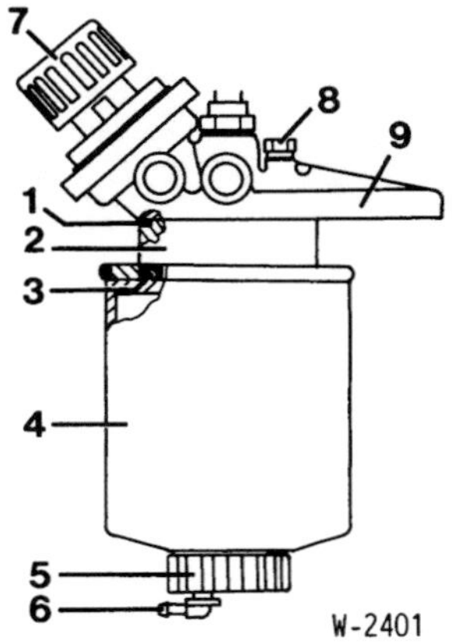

1 – Dichtring, 2 – Heizelement, 3 – Dichtring, 4 – Filterpatrone, 5 – Verschlußdeckel, 6 – Ablaßventil (nur 524td), 7 – Handpumpe (nur 524td), 8 – Entlüftungsschraube, 9 – Filterflansch.

Entwässern

- Entlüftungsschraube –8– einige Umdrehungen lösen.
- Geeignete Auffangwanne unter die Ablaßschraube stellen.
- **524d:** Verschlußdeckel –5– mit der Hand einige Umdrehungen lösen. Etwa ¼ Liter Wassersatz ablaufen lassen, bis reiner Dieselkraftstoff austritt.
- **524td:** Ablaßventil –6– am Verschlußdeckel nach oben drücken und Wassersatz ablaufen lassen, bis nur noch reiner Dieselkraftstoff austritt.
- **524td:** Kraftstoffanlage entlüften (der Filter beim 524d entlüftet sich beim Starten automatisch). Dazu Handpumpenrad –7– um 90° (¼ Umdrehung) drehen und so lange pumpen, bis an der Entlüftungsschraube –8– Kraftstoff austritt. Anschließend Handpumpenrad wieder um 90° verdrehen und dadurch arretieren.
- Entlüftungsschraube –8– festziehen.

Filterwechsel

- Flüssigkeit im Filter wie beim Entwässern ablassen.
- Kraftstoffilter –4– mit der Hand, falls er zu fest sitzt, mit handelsüblichem Spannbandschlüssel, zum Beispiel Hazet 2169, vom Filterflansch –9– abschrauben. Falls sich das Heizelement –2– mitdreht, mit Lederriemen oder Spannbandschlüssel gegenhalten.
- Verschlußdeckel –5– auf den neuen Filter umbauen.
- Neuen Filter randvoll mit Diesel füllen und mit der Hand anschrauben. **Achtung:** Filter nicht zu fest anschrauben. Wenn die Dichtung am Filterflansch aufliegt, nur noch ½ Umdrehung weiterdrehen. Hinweise auf dem Filter beachten.
- **524td:** Kraftstoffanlage entlüften, siehe bei »entwässern«.
- Entlüftungsschraube –8– wieder festziehen.
- Nach Probefahrt Dichtigkeit der Kraftstoffanlage überprüfen.

Keilriemen prüfen/ Zahnriemen spannen/ersetzen

Keilriemen prüfen

Benötigte Sonderwerkzeuge:

- Die BMW-Werkstatt prüft die Keilriemenspannung mit einem Spezialgerät. Steht das Prüfgerät nicht zur Verfügung, »Daumenprobe« durchführen.

Benötigte Verschleißteile:

- Keilriemen entsprechender Größen. Es empfiehlt sich, immer alle Keilriemen zu erneuern, auch wenn nur einer verschlissen ist. Die richtigen Keilriemengrößen stehen in der Betriebsanleitung.

Der Zustand und die Spannung der Keilriemen für Generator, Servopumpe (für Servolenkung) sowie gegebenenfalls Klimakompressor (für Klimaanlage) müssen geprüft werden. Zu niedrige Keilriemenspannung führt zum erhöhten Verschleiß oder Ausfall des Keilriemens. Bei zu hoher Spannung können Lagerschäden an den betreffenden Aggregaten auftreten.

- Ein Keilriemen muß ersetzt werden bei: Übermäßiger Abnutzung, Ausgefransten Flanken, Ölspuren, Porosität, Querschnittbrüchen.

1 – Generator, 2 – Pumpe für Servolenkung, 3 – Klimakompressor.

- Spannung aller Keilriemen prüfen, und zwar durch kräftigen Daumendruck in der Mitte zwischen den beiden Riemenscheiben, die den größten Abstand voneinander haben. Der Keilriemen darf sich um ca. 5 bis 10 mm durchdrücken lassen.
- **Keilriemen für Generator** ersetzen beziehungsweise spannen, siehe Seite 42.

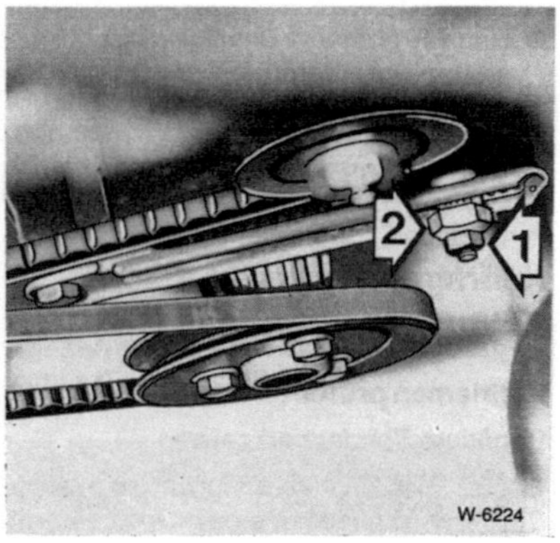

- **Keilriemen für Servopumpe seit 7/81:** Mutter –1– lösen und Spannrad –2– entsprechend verdrehen. Es empfiehlt sich, auch die beiden Schrauben unten am Pumpenlager zu lösen, damit die Pumpe leichter zur Seite schwenkt. Nach dem Spannen alle Schrauben wieder festziehen.
- Beim Keilriemen für **Klimakompressor** entsprechend verfahren.

Zahnriemen Dieselmotor ersetzen/ Förderbeginn prüfen

Der Zahnriemen soll beim Dieselmotor nach BMW-Wartungsplan sicherheitshalber alle 80000 km ersetzt werden. Da die Arbeit, falsch ausgeführt, zu erheblichen Motorschäden führen kann, ist auf eine exakte Arbeitsweise zu achten. Der Zahnriemenwechsel wird im Kapitel »Motor« beschrieben.

Beim **Dieselmotor** soll der Zahnriemen alle 40000 km nachgespannt werden. Zusätzlich soll der statische Förderbeginn der Einspritzpumpe kontrolliert, gegebenenfalls eingestellt werden, siehe Seite 130.

Sichtprüfung der Abgasanlage

- Fahrzeug aufbocken.
- Befestigungsschellen auf festen Sitz prüfen.
- Abgasanlage mit Lampe auf Löcher, durchgerostete Teile sowie Scheuerstellen absuchen.
- Stark gequetschte Abgasrohre ersetzen.

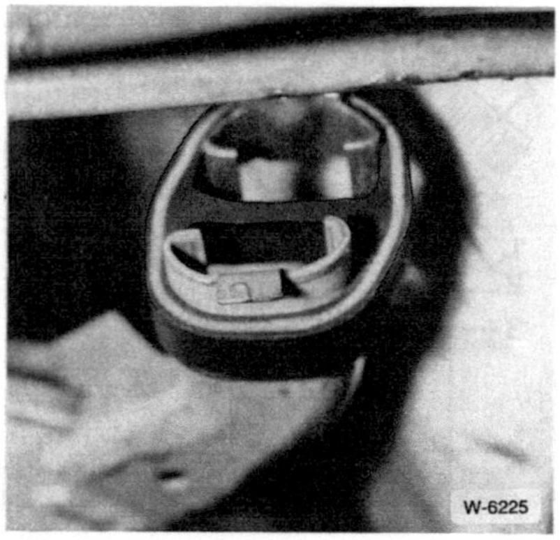

- Gummihalterungen durch Drehen und Dehnen auf Porosität überprüfen und gegebenenfalls austauschen.
- Flansch-Befestigungsschrauben vorderes Abgasrohr an Abgaskrümmer sowie Abgaskrümmer/Motorblock auf **45 Nm** nachziehen.
- Katalysator-Fahrzeuge: Festen Sitz der Lambda-Sonde kontrollieren. Anschlußkabel auf Beschädigungen/ Scheuerstellen überprüfen.

Kupplung/Getriebe/Achsantrieb

- Kupplung: Schläuche, Leitungen und Anschlüsse auf Undichtigkeiten prüfen, Bremsflüssigkeitsstand prüfen.
- Schalt- und Hinterachsgetriebe: Sichtprüfung auf Undichtigkeiten, Ölstand prüfen (alle 30000 km beziehungsweise seit 7/81 alle 40000 km: Öl wechseln).
- Automatisches Getriebe: Flüssigkeitsstand prüfen, gegebenenfalls ATF auffüllen.
- Achswellen: Gelenkschutzhüllen auf Undichtigkeiten und Beschädigungen prüfen.
- Kardanwelle: Gelenkscheiben auf Verschleiß prüfen.

Die Motorkraft wird über die Kupplung, das Schaltgetriebe und die Kardanwelle zum Hinterachsgetriebe (Differential) übertragen. Von dort gehen zwei Achswellen zu den beiden Hinterrädern. Alle Teile müssen im Rahmen der Wartung kontrolliert, das Öl in beiden Getrieben erneuert werden.

Achtung: Altöl muß auf jeden Fall bei den Altöl-Sammelstellen abgegeben werden. In der Regel nehmen die Verkaufsstellen für neues Getriebeöl das Altöl kostenlos entgegen. Außerdem informieren Gemeinde- und Stadtverwaltungen darüber, wo sich die nächste Altöl-Sammelstelle befindet. **Keinesfalls darf Altöl einfach weggeschüttet oder dem Hausmüll mitgegeben werden.** Größere Umweltschäden wie beispielsweise Grundwasserverseuchung wären sonst unvermeidbar.

Kupplungsscheibe/ Dicke prüfen

Als Sonderwerkzeug wird benötigt:

- Eine BMW-Prüflehre, sie kann auch selbst angefertigt werden.

Als Verschleißteil wird benötigt:

- Nur wenn die Prüfung eine abgenutzte Kupplung ergab: Kupplungs-Mitnehmerscheibe.

Die Kupplung ist selbstnachstellend und wartungsfrei. Der Verschleiß der Kupplungsscheibe ist daher nicht am Spiel des Kupplungspedales erkennbar. Die Dicke der Kupplungsscheibe wird mit einer speziellen Kontroll-Lehre in eingebautem Zustand gemessen. Die Lehre kann selbst angefertigt werden.

Die Dicke der Kupplungsscheibe ist im Rahmen der Wartung alle 60000 km zu prüfen.

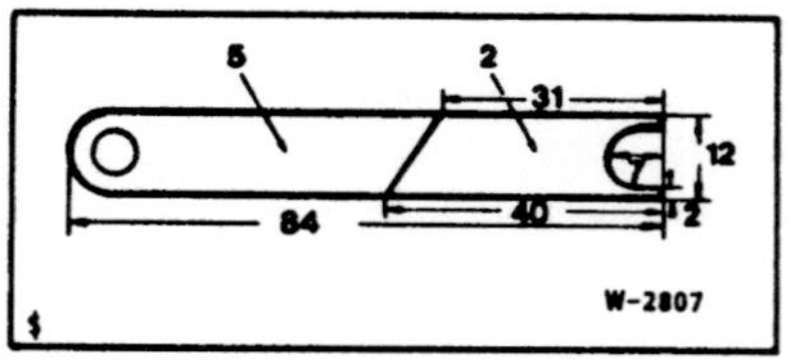

- Kontroll-Lehre nach Skizze aus Stahl anfertigen. Der vordere Teil der Lehre ist 5 mm stark, der andere Teil 2 mm.
- Fahrzeug aufbocken.

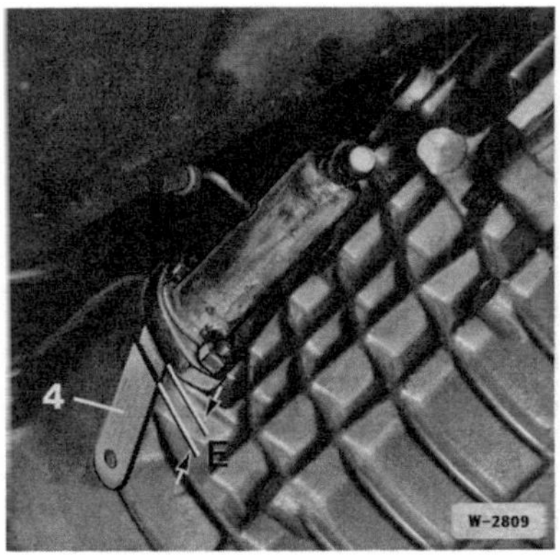

- Läßt sich die Lehre –4– bis zum Anschlag in die Öffnung des Nehmerzylinders einführen, ist der Kupplungsbelag in Ordnung.
  Bei einem Spalt von E = 5 mm, zwischen Prüflehre und Nehmerzylinder, ist die Kupplungs-Mitnehmerscheibe verschlissen und muß ausgetauscht werden.

Schaltgetriebe: Öl wechseln

Benötigtes Sonderwerkzeug:

- Zum Herausdrehen der Ablaß- und Einfüllschrauben wird ein 19er Schlüssel für Innensechskantschrauben benötigt.

Verschleißteile:

- Getriebeöl nach hier angegebener Spezifikation.

Das Getriebeöl ist alle 60 000 km im Rahmen der Wartung zu wechseln. Zwischendurch sollte das Getriebe alle 15 000 km auf Undichtigkeiten sichtgeprüft und der Ölstand kontrolliert werden. Er muß bis zur Unterkante der Einfüllschraube reichen.

- Das Getriebe muß vor dem Ölwechsel etwa handwarm sein, ggf. 15minütige Probefahrt durchführen.
- Fahrzeug waagerecht aufbocken, siehe Seite 140.

- Einfüllschraube –Pfeile– am Getriebe herausdrehen. Je nach Getriebebauart befindet sich die Öleinfüllschraube links oder rechts im Getriebegehäuse.
- Ölablaßschraube unten am Getriebe mit Innensechskantschlüssel herausdrehen. **Achtung:** Getriebeöl auffangen und bei der Altölsammelstelle abgeben, keinesfalls einfach wegschütten oder dem Hausmüll mitgeben.
- Ölablaßschraube mit 50 Nm einschrauben.
- **Alle 5er BMW außer 525e, 524td:** Getriebeöl der Viskositätsklasse SAE 80 mit der Spezifikation Mil-L-2105 A oder API-GL 4 einfüllen. Das Öl muß von BMW zugelassen sein (steht auf der Öldose). Steht dieses Öl nicht zur Verfügung, kann auch Einbereichs-Motoröl SAE 20, 30 oder 40 der Spezifikation API-SE oder SF genommen werden. Zum Einfüllen wird eine Ölspritzkanne oder ein Schlauch benötigt. Gefäß unterstellen und überschüssiges Öl ablaufen lassen. Nicht zuviel Öl auf einmal einfüllen.
- **BMW 524td, 525e:** Es darf nur die Ölmarke »Mobil SHC 630« verwendet werden.

Füllmengen:
518, 520, 520i, 518i (4-Gang): 1,0 Liter;
525, 528 (bis 7/81): 1,1 Liter;
518, 518i, 520i (5-Gang): 1,2 Liter;
525e, 525i, 528i, 524td: 1,3 Liter.
528i, M535i (Sportgetriebe): 1,6 Liter.

Achtung: Grundsätzlich darauf achten, daß nicht mehr Öl eingefüllt wird als bis zur Unterkante der Öleinfüllbohrung.

- Einfüllschraube mit 50 Nm festziehen.
- Fahrzeug ablassen.

Automatisches Getriebe: Ölstand prüfen / Öl wechseln

Prüfen

Der vorgeschriebene Ölstand ist für die einwandfreie Funktion des automatischen Getriebes äußerst wichtig. Darum ist die Prüfung mit großer Sorgfalt alle 7500 km durchzuführen.

Der Peilstab für die Prüfung befindet sich im Motorraum. Hier wird auch das ATF (Automatic Transmission Fluid) eingefüllt.

Achtung: Die Prüfung soll bei betriebswarmem Getriebe (+80° C) durchgeführt werden.

- Motor warmfahren, Getriebeöltemperatur soll etwa +80° C betragen.
- Fahrzeug unbeladen auf waagerechter Fläche abstellen.
- Motor im Leerlauf ca. 1 bis 2 Minuten laufen lassen, damit sich der Drehmomentwandler füllen kann.
- Wählhebel in Stellung »P« legen, Feststellbremse anziehen.
- Der Motor dreht während der Prüfung im Leerlauf.

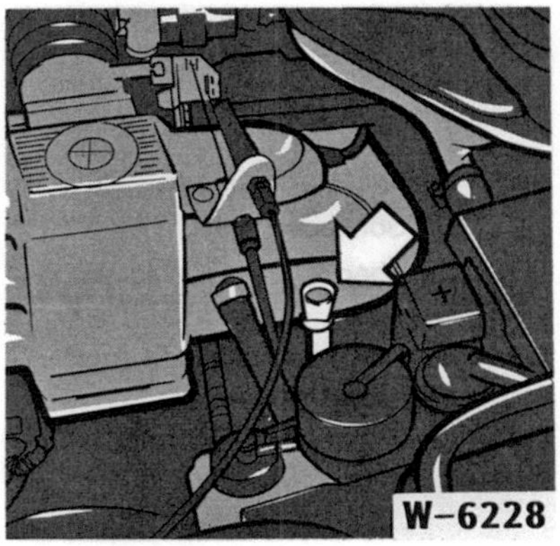

- Ölmeßstab herausziehen und mit einem sauberen, nicht fasernden Lappen, am besten mit Leder abwischen. Anschließend Meßstab voll eintauchen, wieder herausziehen und Ölstand ablesen.
- Der Flüssigkeitsstand muß bei warmem Getriebeöl (ca. +80° C) zwischen den Min.- und Max.-Markierungen liegen.

Achtung: Bei zu niedrigem Ölstand wird von der Ölpumpe deutlich hörbar Luft angesaugt. Das Öl schäumt dadurch auf und kann bei der Ölstandsprüfung zu einem falschen Ergebnis führen. In diesem Fall Motor abstellen, nach ca. 2 Minuten etwas Öl nachfüllen und anschließend Ölstand nochmals bei laufendem Motor prüfen.

- Muß ATF nachgefüllt werden, sauberen Trichter und feinmaschiges Sieb verwenden. Nachfüllmenge zwischen Min.- und Max.-Markierung am Peilstab ca. 0,3 l.

Achtung: Nicht zuviel Öl einfüllen. Zuviel Öl kann Störungen in der Automatik hervorrufen. In jedem Fall muß zuviel eingefülltes Öl wieder abgelassen oder mit einer Spritze abgesaugt werden.

- Altes Öl gleichzeitig am Peilstab auf Aussehen und Geruch prüfen. Verbrannte Reibbeläge verursachen Brandgeruch. Durch verschmutztes Öl können Störungen in der Getriebesteuerung auftreten.

Achtung: Es dürfen nur die vom BMW-Werk freigegebenen ATF-Öle verwendet werden. Im allgemeinen sind Automatic-Transmission-Öle mit der Bezeichnung »Dexron II« zugelassen.

Alle zugelassenen ATF-Öle lassen sich miteinander mischen. Keine Zusatzschmiermittel verwenden.

Ohne ATF-Füllung im Drehmomentwandler und automatischen Getriebe darf weder der Motor laufen noch darf der Wagen abgeschleppt werden.

- Nach erfolgter Prüfung oder Korrektur des Ölstandes Meßstab wieder ganz einführen.
- Fußbremse betätigen und sämtliche Wählhebelstellungen langsam durchschalten. Anschließend Ölstand nochmals kontrollieren.

Öl wechseln/Ölsieb reinigen

Benötigtes Sonderwerkzeug:

- Bei Getrieben ab 7/81: Torxschraubendreher-Satz.

Benötigte Verschleißteile:

- ATF-Öl mit BMW-Freigabe.
- Ab 7/81: Neue Getriebe-Ölwannendichtung.

Die ATF-Füllung wird normalerweise alle 40000 km gewechselt, gleichzeitig wird auch das Ölsieb in der Ölwanne gereinigt. Bei ATF-Wechsel ist auf allerpeinlichste Sauberkeit zu achten. Selbst geringste Verunreinigungen führen zum Ausfall der Automatik. **Achtung:** Ohne ATF-Füllung darf der Motor nicht laufengelassen werden. Auch darf das Fahrzeug ohne ATF-Füllung nicht abgeschleppt werden.

- Der Ölwechsel soll bei betriebswarmem Getriebe durchgeführt werden.

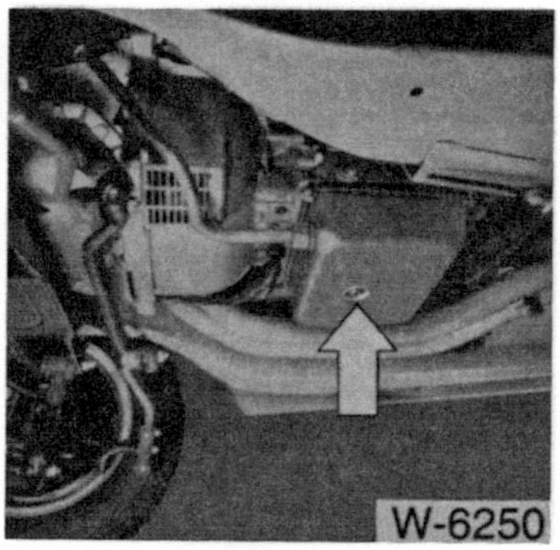

Die Abbildung zeigt das Automatikgetriebe bis 7/81. Bei diesen Getrieben muß die Ölwanne nicht abgeschraubt werden, hier Ablaßschraube –Pfeil– abschrauben und ATF auffangen.

- Getriebe ab 7/81: Öleinfüllrohr unten von der Ölwanne abschrauben, ablaufendes Öl auffangen.
  Achtung: Hat das Öl einen verbrannten Geruch und eine schwärzliche Färbung, muß das Getriebe überholt werden.
- Ölwanne abschrauben und sorgfältig reinigen. In der Ölwanne befinden sich zwei Magnetscheiben, die etwaige Metallspäne festhalten sollen. Magnete reinigen. **Achtung:** Zum Reinigen nur sauberen, nicht fasernden Lappen benutzen und bei allen Arbeitsschritten auf peinlichste Sauberkeit achten.
- Blech mit Ölsieb unten aus dem Getriebegehäuse herausschrauben. Dazu wird ein Torxschraubendreher benötigt. 3 Befestigungsschrauben herausdrehen, Blech herausnehmen.
- Ölsieb in Benzin reinigen, bei beginnender Verharzung, erkennbar am bräunlich eingebrannten Niederschlag, ersetzen.
- Ölsieb mit Dichtung in das Blech einsetzen, Blech wieder in das Getriebegehäuse einsetzen und die Torxschrauben mit 25 Nm anschrauben.
- Ölwanne mit Magneten und neuer Dichtung anschrauben. Dabei die Haltewinkel so befestigen, daß der kurze Schenkel auf die Ölwanne drückt. Die zwei Haltewinkel mit den geraden Schenkeln müssen seitlich montiert werden.
- Öleinfüllrohr an der Ölwanne festschrauben.
- Ca. 3,0 Liter (bis 7/81: ca. 2,0 Liter) ATF einfüllen. **Achtung:** Es dürfen nur die von BMW freigegebenen Öle verwendet werden, siehe Betriebsanleitung.
- Ölstand kontrollieren, siehe unter »prüfen«.

Öl im Hinterachs-Ausgleichgetriebe wechseln

Das Öl im Ausgleichgetriebe der Hinterachse muß im Rahmen der Wartung alle 60000 km gewechselt werden.

Benötigtes Sonderwerkzeug:

- 10- oder 12-mm Innensechskantschlüssel für Einfüll- und Ablaßschrauben.

Benötigte Verschleißteile:

- Öl gemäß BMW-Spezifikation.
- 2 Dichtringe, Größe A22x27.
- Kurze Probefahrt durchführen, damit das Öl im Ausgleichgetriebe Betriebstemperatur erreicht.
- Fahrzeug waagerecht aufbocken.

Fahrzeuge bis 7/81

Ab 7/81

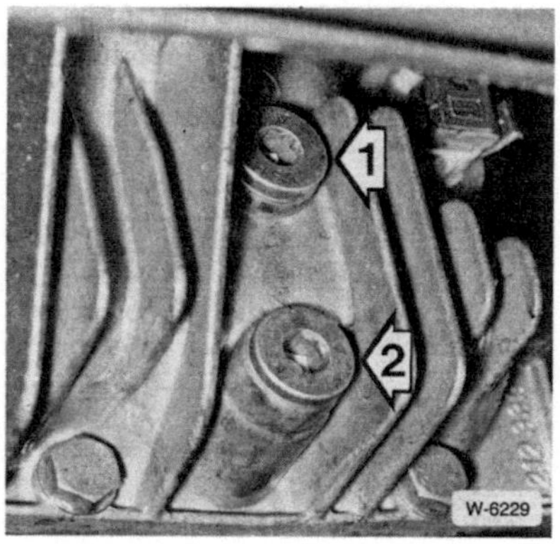

- Öleinfüllschraube –oberer Pfeil– mit Innensechskantschlüssel herausdrehen.
- Wenn geringfügig Öl austritt, war der Ölstand in Ordnung und das Getriebe dicht. Andernfalls mit Finger prüfen, ob der Ölstand bis zur Unterkante der Öffnung reicht.

Achtung: Bei größerem Ölverlust Ursache ermitteln und beseitigen.

- Ölablaßschraube –2– unterhalb der Öleinfüllschraube herausdrehen und Getriebeöl auffangen. **Achtung:** Öl umweltgerecht entsorgen!
- Die Ölablaßschraube ist magnetisch, damit die Metallspäne im Getriebe daran haften bleiben. Metallspäne von der Schraube abwischen. Anschließend Ablaßschraube mit neuem Dichtring und **55 Nm** einschrauben.
- Mit Spritzkanne Öl nachfüllen.

Öl-Spezifikation: Hypoid-Getriebeöl SAE 75W-90. Dabei nur ein von BMW freigegebenes Öl verwenden, dies steht auf der Öldose. **Achtung:** Bei Fahrzeugen mit Selbstsperrdifferential (Mehrausstattung) muß höherwertiges Öl genommen werden. Das höherwertige Öl darf in alle Hinterachs-Ausgleichgetriebe eingefüllt werden. Von BMW freigegeben sind zum Beispiel: BMW Hinterachsgetriebeöl Synthetik MSP, Aral Getriebeöl BS-LS, Avia Hypoid 75W-90 LS, Castrol SAF-XLS, Shell Getriebeöl MLS-BMW, Veedol SAF 55.

Füllmenge:
Alle 5er außer M535i: 1,7 Liter
M535i: 1,9 Liter

Achtung: Getriebeöl ist zähflüssig, deshalb nicht zuviel Öl auf einmal einfüllen. Jeweils Wartepausen einlegen und Gefäß unterstellen, um überlaufendes Öl aufzufangen.

- Öleinfüllschraube mit neuem Dichtring und **55 Nm** anschrauben.

Gummimanschetten der Achswellen prüfen

- Fahrzeug aufbocken.
- Auf sichtbare Fettspuren an den Manschetten und in deren Umgebung achten.
- Festen Sitz der Klemmschellen prüfen.
- Gummi der Manschette mit Lampe auf Porosität und Risse untersuchen. Eingerissene Gelenkschutzhüllen umgehend erneuern.

Gelenkscheiben an der Gelenkwelle prüfen

Die Gelenkscheiben sind im Rahmen der Wartung alle 20000 km zu prüfen.

- Fahrzeug aufbocken, siehe Seite 140.

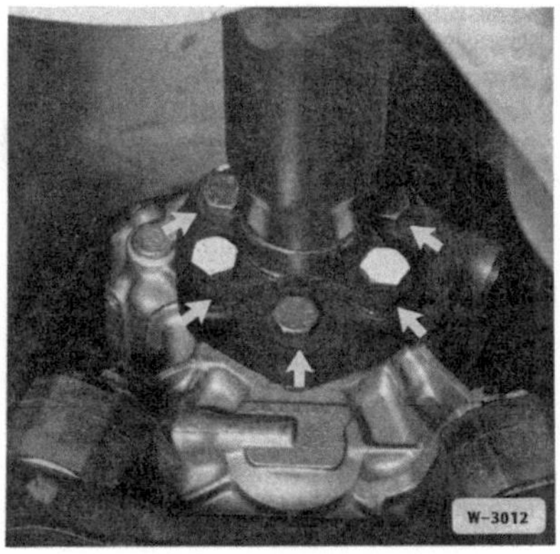

- Gelenkscheiben vorn und hinten mit Lampe auf Verschleiß, Beschädigungen und Verformungen prüfen.
- Zwischenstege im Bereich der Paßhülsen –Pfeile– auf Risse prüfen, gegebenenfalls Gelenkscheibe erneuern.
- Bei Verformungen Gelenkwelle entspannen; wenn die Verformung bestehen bleibt, Gelenkscheibe ebenfalls ersetzen.
- Fahrzeug ablassen.

Bremsen/Reifen/Räder

- Bremsanlage: Leitungen, Schläuche, Bremszylinder und Anschlüsse auf Undichtigkeiten und Beschädigungen prüfen.
- Bremsflüssigkeit einmal jährlich wechseln.
- Bremsanlage: Bremsflüssigkeitsstand und Dicke der Bremsbeläge prüfen.
- Bremsanlage bis 7/81: Hinterradbremse einstellen.

Achtung: Hier werden nur die Prüfungen beschrieben. Die entsprechenden Wartungsarbeiten (Ersetzen der Bremsbeläge, der Bremsflüssigkeit und Einstellen der Hinterradbremse) werden im Kapitel »Bremsanlage« beschrieben.

- Räder: Abschrauben, Zustand der Felgen (auch innen) prüfen, Räder reinigen, an der Radmittenzentrierung fetten und mit **110 Nm** anschrauben.
- Bereifung: Profiltiefe und Reifenfülldruck prüfen; Reifen auf Verschleiß und Beschädigungen (einschließlich Reserverad) prüfen.

Bremsflüssigkeitsstand / Warnleuchte prüfen

Der Vorratsbehälter für die Bremsflüssigkeit/Kupplungshydraulik befindet sich im Motorraum. Er hat zwei Kammern, je eine für jeden Bremskreis. Der Schraubverschluß hat eine Belüftungsbohrung, die nicht verstopft sein darf.

Der Vorratsbehälter ist durchscheinend, so daß der Bremsflüssigkeitsstand jederzeit von außen überwacht werden kann. Die Check-Control (bei Fahrzeugen bis 7/81: Warnleuchte im Schalttafeleinsatz) zeigt ein Absinken der Bremsflüssigkeit unter den Min.-Stand an. Dennoch ist es ratsam, regelmäßig einen Blick auf den Vorratsbehälter zu werfen.

Fahrzeuge bis 7/81

Ab 7/81

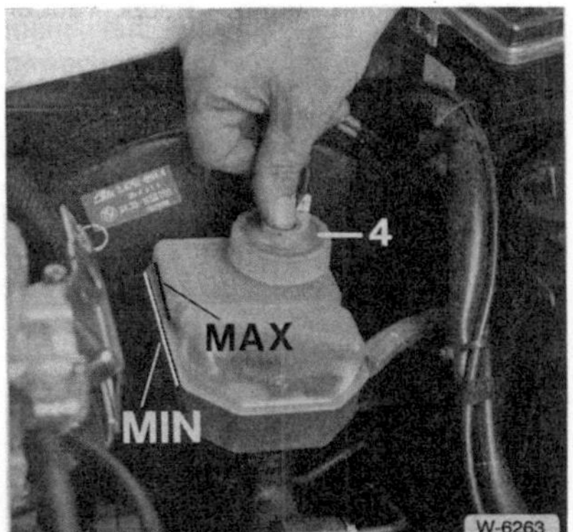

- Der Flüssigkeitsstand soll, bei geschlossenem Deckel, nicht höher als die Max.-Markierung und nicht unterhalb der Min.-Marke (etwa 5 mm oberhalb beziehungsweise unterhalb der Schweißnaht) liegen.
- Nur Bremsflüssigkeit der Spezifikation **DOT 3** oder **DOT 4** einfüllen.

- Durch Abnutzung der Scheibenbremsen entsteht ein geringfügiges Absinken der Bremsflüssigkeit. Das ist normal.
- Sinkt die Bremsflüssigkeit jedoch innerhalb kurzer Zeit stark ab, ist das ein Zeichen für Bremsflüssigkeitsverlust.
- Die Leckstelle muß dann sofort ausfindig gemacht werden. In der Regel liegt es an verschlissenen Manschetten in den Radbremszylindern. Sicherheitshalber sollte die Überprüfung der Anlage von einer Fachwerkstatt durchgeführt werden.

Warnleuchte prüfen

- Zündung einschalten, Feststellbremse lösen.
- Kontakt im Verschlußdeckel mit dem Daumen nach unten drücken, siehe Abbildungen oben.
- Ein Helfer kontrolliert, ob die Warnleuchte jeweils aufleuchtet. Falls nicht, elektrische Zuleitung gemäß Stromlaufplan prüfen.

Bremsbelagdicke prüfen

Bei abgefahrenen **vorderen und hinteren** Scheibenbremsbelägen leuchtet in der Armaturentafel eine Warnleuchte auf. In diesem Fall die Bremsbeläge umgehend ersetzen.

- Scheibenrad zur Radfelge mit Farbe kennzeichnen, damit das ausgewuchtete Rad wieder an gleicher Stelle montiert werden kann. Radschrauben lösen.
- Fahrzeug aufbocken, Räder abnehmen.

W-6238

- Belagdicke – also ohne metallne Rükkenplatte – von oben durch den Bremsträger sichtprüfen. Im Zweifelsfall Bremsbeläge ausbauen und Belagdicke mit Schieblehre messen. Bei der Feststellbremse hierzu Bremstrommel (bei hinterer Scheibenbremse: mit Bremsscheibe) ausbauen.
- Die Verschleißgrenze der **Scheibenbremsbeläge** an der Vorder- und Hinterachse ist erreicht, wenn der Belag nur noch eine Dicke von **2 mm** aufweist.
- Bei hinterer **Trommelbremse** ist die Verschleißgrenze erreicht, wenn der Belag eine Stärke von **3,0 mm** hat.
- Besitzt das Fahrzeug Scheibenbremsen hinten, darf die **Feststellbremse** bis zu einer Belagdicke von **1,5 mm** abgefahren werden.
- Ist die Verschleißgrenze erreicht, Bremsbeläge auswechseln. Grundsätzlich alle Beläge einer Achse erneuern.

Hinweis: Nach einer Faustregel entspricht 1 mm Bremsbelag einer Fahrleistung von mindestens 1000 km. Diese Faustregel gilt unter ungünstigen Bedingungen. Im Normalfall halten die Beläge viel länger. Bei einer Belagdicke der Scheibenbremsbeläge von 5,0 mm (ohne Rückenplatte) beträgt die Restnutzbarkeit der Bremsbeläge also noch mindestens 3000 km.

Sichtprüfung von allen Bremsleitungen

- Fahrzeug aufbocken, siehe Seite 140.
- Bremsleitungen mit Kaltreiniger reinigen.

Achtung: Die Bremsleitungen sind zum Schutz gegen Korrosion mit einer Kunststoffschicht überzogen. Wird diese Schutzschicht beschädigt, kann es zur Korrosion der Leitungen kommen. Aus diesem Grund dürfen Bremsleitungen nicht mit Drahtbürste, Schmirgelleinen oder Schraubendreher gereinigt werden.

- Bremsleitungen vom Hauptbremszylinder zu den einzelnen Radbremszylindern mit Lampe überprüfen. Der Hauptbremszylinder sitzt im Motorraum unter dem Vorratsbehälter für Bremsflüssigkeit.
- Bremsleitungen dürfen weder geknickt noch gequetscht sein. Auch dürfen sie keine Rostnarben oder Scheuerstellen aufweisen. Andernfalls Leitung bis zur nächsten Trennstelle ersetzen.
- Bremsschläuche verbinden die Bremsleitungen mit den Radbremszylindern an den beweglichen Teilen des Fahrzeugs. Sie bestehen aus hochdruckfestem Material, können aber mit der Zeit porös werden, aufquellen oder durch scharfe Gegenstände angeschnitten werden. In einem solchen Fall sind sie sofort zu ersetzen.

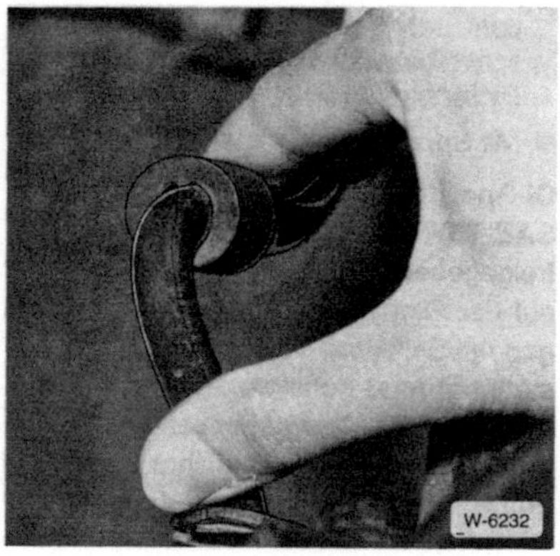
W-6232

- Bremsschläuche mit der Hand hin- und herbiegen, um Beschädigungen festzustellen. Schläuche dürfen nicht verdreht sein, farbige Kennlinie beachten!
- Lenkrad nach links und rechts bis zum Anschlag drehen. Die Bremsschläuche dürfen dabei in keiner Stellung Fahrzeugteile berühren.
- Anschlußstellen von Bremsleitungen und -schläuchen dürfen nicht durch ausgetretene Flüssigkeit feucht sein.

Achtung: Wenn der Vorratsbehälter und die Dichtungen durch ausgetretene Bremsflüssigkeit feucht sind, so ist das nicht unbedingt ein Hinweis auf einen defekten Hauptbremszylinder. Vielmehr dürfte die Bremsflüssigkeit durch die Belüftungsbohrung im Deckel oder durch die Deckeldichtung ausgetreten sein.

Bremsflüssigkeit wechseln

Benötigtes Sonderwerkzeug:

- Ringschlüssel 10 mm für Entlüfterschrauben.

Benötigte Verschleißteile:

- Bremsflüssigkeit der Spezifikation DOT 3, besser DOT 4.

Die Bremsflüssigkeit nimmt durch die Poren der Bremsschläuche sowie durch die Entlüftungsöffnung des Vorratsbehälters Luftfeuchtigkeit auf. Dadurch sinkt im Laufe der Betriebszeit der Siedepunkt der Bremsflüssigkeit. Bei starker Beanspruchung der Bremse kann es deshalb zu Dampfblasenbildung in den Bremsleitungen kommen, wodurch die Funktion der Bremsanlage stark beeinträchtigt wird.

Die Bremsflüssigkeit soll einmal jährlich, möglichst im Frühjahr, erneuert werden.

- Vorsichtsmaßregeln beim Umgang mit Bremsflüssigkeit beachten, siehe Seite 194.
- Mit einer Absaugflasche aus dem Bremsflüssigkeitsbehälter Bremsflüssigkeit bis zu einem Stand von ca. 10 mm absaugen.

Achtung: Vorratsbehälter nicht ganz entleeren, damit keine Luft in das Bremssystem gelangt.

- Vorratsbehälter bis zur „Maximum"-Marke mit **neuer** Bremsflüssigkeit füllen.
- Am rechten hinteren Bremssattel beziehungsweise Radbremszylinder sauberen Schlauch auf Entlüfterventil aufschieben, geeignetes Gefäß unterstellen.
- Entlüfterventil öffnen und mit ca. 10 Pumpenstößen am Bremspedal alte Bremsflüssigkeit herauspumpen.
- Entlüfterventil schließen, Vorratsbehälter mit **neuer** Bremsflüssigkeit auffüllen.
- Auf die gleiche Weise alte Bremsflüssigkeit aus den anderen Bremssätteln beziehungsweise Radbremszylindern herauspumpen.

Achtung: Die abfließende Bremsflüssigkeit muß in jedem Fall klar und blasenfrei sein.

- Alte Bremsflüssigkeit bei der örtlichen Deponie für Sondermüll abgeben.

Feststellbremse prüfen

Die Feststellbremse ist an den Hinterrädern als Trommelbremse ausgebildet. Sie befindet sich in den hinteren Scheibenbremsen. Da der Bremsbelag der Feststellbremse kaum abgenutzt wird, kann es vorkommen, daß die Bremstrommel korrodiert oder die Bremsbeläge verschmutzen. Vor einer Prüfung der Feststellbremse empfiehlt es sich deshalb, bei leicht angezogener Handbremse ca. 400 m zu fahren.

- Fahrzeug hinten aufbocken.
- Feststellbremse bis zur 3. Raste anziehen. Beide Räder von Hand durchdrehen. An den Hinterrädern muß nun eine leichte Bremswirkung spürbar sein.
- Handbremse 4 Rasten anziehen, die Hinterräder müssen sich jetzt gerade noch von Hand durchdrehen lassen. Muß die Handbremse weiter angezogen werden, bis sich eine Bremswirkung feststellen läßt, Feststellbremse einstellen, siehe Kapitel »Bremsanlage«. **Achtung:** Je nach Baujahr und Bremsenausführung unterschiedliche Anweisungen beachten.
- Fahrzeug ablassen.

Hinterradbremse einstellen

Nur Fahrzeuge bis 7/81 mit Hinterrad-Trommelbremse (520/6 bis 7/81 sowie alle 4-Zylinder-Modelle)

Im Rahmen der Wartung und wenn sich das Bremspedal weit durchtreten läßt, bevor die Bremse greift, muß die Hinterradbremse eingestellt werden.

Bei gelöster Handbremse und frei drehenden Hinterrädern werden an jedem Rad beide Bremsbeläge durch Verdrehen der Einstellexzenter möglichst nah an die Bremstrommel gestellt. Anleitung, siehe Kapitel »Hinterradbremse einstellen«.

Reifenfülldruck prüfen

- Reifenfülldruck nur am kalten Reifen prüfen.
- Reifenfülldruck einmal im Monat sowie im Rahmen der Wartung prüfen. Fülldrucktabelle, siehe Schild an Fahrertürsäule oder Motorraum, beziehungsweise Betriebsanleitung.
- Zusätzlich sollte der Fülldruck vor längeren Autobahnfahrten kontrolliert werden, da hierbei die Temperaturbelastung für den Reifen am größten ist.

Reifenprofil prüfen

Die Reifen ausgewuchteter Räder nutzen sich bei gewissenhaftem Einhalten des vorgeschriebenen Fülldrucks und bei fehlerfreier Radeinstellung und Stoßdämpferfunktion auf der gesamten Lauffläche annähernd gleichmäßig ab. Bei ungleichmäßiger Abnutzung, siehe Störungsdiagnose im Kapitel »Reifen«. Im übrigen läßt sich keine generelle Aussage über die Lebensdauer bestimmter Reifenfabrikate machen, denn die Lebensdauer hängt von unterschiedlichen Faktoren ab:

- Fahrbahnoberfläche
- Reifenfülldruck
- Fahrweise
- Witterung

Vor allem sportliche Fahrweise, scharfes Anfahren und starkes Bremsen fördern den schnellen Reifenverschleiß.

Achtung: Die Rechtsprechung verlangt, daß Reifen lediglich bis zu einer Profiltiefe von 1,6 mm abgefahren werden dürfen, und zwar müssen die Profilrillen auf der gesamten Lauffläche noch mindestens 1,6 mm Tiefe aufweisen. Es empfiehlt sich jedoch, sicherheitshalber die Reifen bereits bei einer Mindestprofiltiefe von 3 mm auszutauschen.

Nähert sich die Profiltiefe der gesetzlich zulässigen Mindestprofiltiefe, das heißt, weist der mehrmals am Reifenumfang angeordnete 1,6 mm hohe Verschleißanzeiger an diesen Stellen fast kein Profil mehr auf, müssen die Reifen bald gewechselt werden.

Achtung: M + S-Reifen haben auf Matsch und Schnee nur ausreichende Wirkung, wenn ihr Profil noch mindestens 4 mm tief ist.

Achtung: Reifen auf Schnittstellen untersuchen und mit kleinem Schraubendreher Tiefe der Schnitte feststellen. Wenn die Schnitte bis zur Karkasse reichen, korrodiert durch eindringendes Wasser der Stahlgürtel. Dadurch löst sich unter Umständen die Lauffläche von der Karkasse, der Reifen platzt. Deshalb: Bei tiefen Einschnitten im Profil aus Sicherheitsgründen Reifen austauschen.

Reifenventil prüfen

- Staubschutzkappe vom Ventil abschrauben.
- Etwas Seifenwasser auf das Ventil geben. Wenn sich eine Blase bildet, Ventil mit umgedrehter Schutzkappe festdrehen.

Achtung: Zum Anziehen des Ventils kann nur eine Metallschutzkappe verwendet werden. Metallschutzkappen sind an der Tankstelle erhältlich.

- Ventil erneut prüfen. Falls sich wieder Blasen bilden oder sich das Ventil nicht weiter anziehen läßt, Ventil erneuern.
- Grundsätzlich Schutzkappe wieder befestigen.

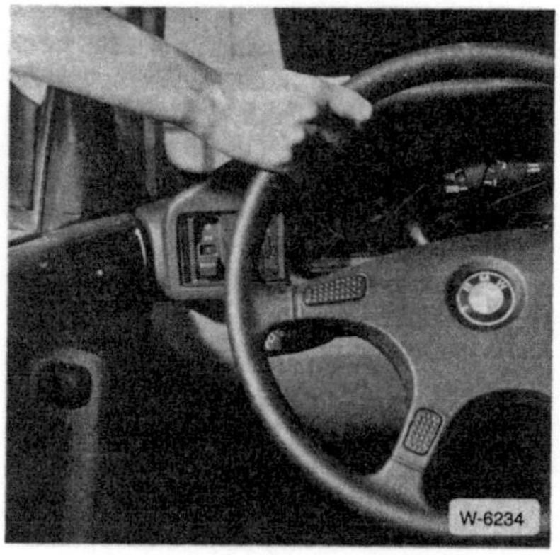

Lenkung/Vorderachse

- Spurstangenköpfe: Spiel und Befestigung prüfen, Staubkappen prüfen.
- Achsgelenke: Staubkappen prüfen.
- Lenkung: Spiel prüfen, Faltenbälge auf Undichtigkeiten und Beschädigungen prüfen. Befestigungsschrauben mit richtigem Drehmoment nachziehen.
- Radlagerspiel der Vorderräder prüfen. Bei Fahrzeugen bis 7/81 ist das Radlagerspiel gegebenenfalls einzustellen, siehe Seite 164.
- Servolenkung: Flüssigkeitsstand prüfen, gegebenenfalls Hydrauliköl auffüllen.

Staubkappen für Spurstangen-/ Achsgelenke prüfen

- Fahrzeug vorn aufbocken.

- Staubkappen links und rechts mit Lampe anstrahlen und auf Beschädigungen überprüfen, dabei auf Fettspuren an den Manschetten und in deren Umgebung achten.
- Bei beschädigter Staubkappe, entsprechendes Gelenk auswechseln. Eingedrungener Schmutz zerstört mit Sicherheit das Gelenk.
- Befestigungsmutter für die Gelenke auf festen Sitz prüfen, dabei Mutter jedoch nicht verdrehen. Lockere Muttern ersetzen.

Radlagerspiel prüfen

- Fahrzeug vorn aufbocken. Die Vorderräder müssen frei drehen.
- Reifen oben mit der einen Hand kräftig nach außen ziehen, gleichzeitig unten mit der anderen Hand zur Fahrzeugmitte drücken. Anschließend oben nach innen drücken, gleichzeitig unten herausziehen. Wenn ein merklicher Ruck spürbar ist, hat das Vorderradlager zuviel Spiel. Vorgang mehrere Male wiederholen. Es darf kein merkliches Spiel vorhanden sein.
- Prüfung am anderen Vorderrad durchführen, gegebenenfalls defekte Lager ersetzen. **Achtung:** Bei Fahrzeugen bis 7/81 sind die vorderen Radlager einstellbar. Bei merklichem Spiel Radlager einstellen, siehe Seite 164.
- Fahrzeug ablassen.

Lenkungsspiel prüfen

- Lenkrad in Mittelstellung bringen.
- Durch das geöffnete Fenster Lenkrad hin- und herbewegen. Am Lenkrad darf dabei maximal ein Spiel von etwa 25 mm vorhanden sein, ohne daß die Räder sich bewegen.
- Bei größerem Spiel am Lenkrad sind Lenkgestänge, Lenkgetriebe und die Lagerspiele der Vorderachse zu prüfen.
- Spurstangen kräftig von Hand hin- und herbewegen. Die Kugelgelenke dürfen kein Spiel aufweisen, andernfalls Gelenke oder Spurstange ersetzen.

Ölstand für Servolenkung prüfen

Benötigtes Sonderwerkzeug: Keines.

Benötigte Verschleißteile:

- Von BMW zugelassenes ATF-Öl. Nachgefüllt werden darf ein Automatic-Transmission Fluid (ATF) mit der Bezeichnung Dexron, beziehungsweise Dexron II. Das Öl muß von BMW freigegeben sein (steht auf der Öldose). Grundsätzlich nur **neues Öl** nachfüllen, da bereits kleinste Verunreinigungen zu Störungen an der hydraulischen Anlage führen können.

Der Ölstand für die Lenkhilfe sollte im Rahmen des Pflegedienstes/Ölwechselintervalls geprüft werden. **Achtung:** Fahrzeuge seit 7/81 mit hydraulischer Bremskraftunterstützung sowie Modelle vor 7/81 haben einen anderen ATF-Vorratsbehälter als die übrigen 5er BMW. Abweichende Arbeitsgänge beachten.

- Der Ölstand kann bei kaltem oder betriebswarmem Öl geprüft werden. Betriebswarmes Öl hat eine Temperatur von ca. +80° C, die Temperatur von kaltem Hydrauliköl entspricht der Umgebungstemperatur.

BMW 518, 518i, 520i, 525e, 524td seit 7/81

- Bei abgestelltem Motor Verschlußdekkel für Vorratsbehälter abschrauben. Meßstab am Deckel mit sauberem, fusselfreiem Lappen abwischen.

- Deckel wieder aufsetzen und abnehmen (nicht einschrauben). Der Ölstand soll bei aufgelegtem Deckel zwischen den Markierungen am Meßstab liegen, gegebenenfalls Ölstand berichtigen.
- Die Gesamtfüllmenge beträgt insgesamt ca. 1,2 Liter.
- Motor laufen lassen und gegebenenfalls Öl nachfüllen, bis der Ölstand zwischen den Markierungen liegt.

BMW 525i, 528i, M535i, sowie alle Fahrzeuge vor 7/81

- Bei stehendem Motor Flügelmutter lösen und Behälterdeckel abnehmen.
- Nur Fahrzeuge seit 7/81: Fußbremse ca. 10mal betätigen. Dabei steigt der ATF-Spiegel im Vorratsbehälter. Wenn der Flüssigkeitsspiegel nicht mehr steigt und gleichzeitig die aufzuwendende Pedalkraft stark zunimmt, Bremspedal nicht mehr betätigen, Messung vornehmen.
- **Fahrzeuge seit 7/81:** Der Ölstand muß bis zur Markierung auf der Stange, etwa 10 mm unterhalb der Behälteroberkante reichen.
- **Fahrzeuge bis 7/81:** Der Ölstand muß ca. 5 mm über der Markierung an der Behälterwand liegen, gegebenenfalls Ölstand berichtigen.

- Anschließend bei laufendem Motor das Lenkrad mehrmals von Anschlag zu Anschlag bewegen, dadurch entlüftet sich die Anlage.
- Motor abstellen. Der Ölstand darf jetzt ca. 5 mm über die Max.-Markierung ansteigen. Dichtring am Deckel auf Porosität oder Beschädigung prüfen.
- Vorratsbehälter verschließen.

Befestigungsschrauben an der Lenkung nachziehen

Benötigtes Sonderwerkzeug:

- Drehmomentschlüssel mit Stecknußkasten.

Die Schrauben an der Lenkung sind regelmäßig auf das richtige Anzugsdrehmoment nachzuziehen. Aufbau der Lenkung, siehe entsprechendes Buchkapitel.

- Fahrzeug aufbocken, siehe Seite 140.
- Lenkführungshebel an Vorderachsträger: M10-Schrauben (=Gewindedurchmesser 10 mm): **45 Nm**, M12-Schrauben **85 Nm**.
- Sicherheits-Befestigungsschrauben des Lenkgetriebes am Vorderachsträger des Rahmenbodens: **Schrauben M10: 40 bis 50 Nm; Schrauben M12: 72 bis 88 Nm.**
- Selbstsichernde Muttern an den Spurstangengelenken: **35 Nm.**
- Spurstange an Kugelgelenk: **60 Nm.**
- Spurstangen-Klemmschraube: **15 Nm.**
- Kreuzgelenk beziehungsweise Gelenkscheibe zwischen Lenkgetriebe/Lenksäule: **22 Nm.**

Elektrische Anlage

- Beleuchtungsanlage: Sämtliche Scheinwerfer, Schlußleuchten und Blinklampen prüfen, gegebenenfalls Scheinwerfer einstellen.
- Signalhorn: Prüfen.
- Scheibenwischer: Wischergummis auf Verschleiß prüfen.
- Scheiben- und Scheinwerferwaschanlage: Funktion prüfen, Düsenstellung kontrollieren, Flüssigkeit nachfüllen, Scheinwerfer-Waschanlage prüfen.
- Batterie: Spannung und Säurestand prüfen.

Batterie prüfen

Benötigtes Sonderwerkzeug:

- Säureschutzfett, zum Beispiel BOSCH-Polfett.
- Stahldrahtbürste (Pol- und Klemmenreinigungsbürste).
- Säureprüfer.

Benötigte Verschleißteile:

- Destilliertes Wasser.

Batterie-Pole reinigen

Bei der regelmäßigen Durchsicht des Wagens sind auch die Batterie-Pole und Anschlußklemmen zu reinigen und mit Säureschutzfett einzureiben.

Säurestand prüfen

Ist eine sogenannte »wartungsarme Batterie« eingebaut (serienmäßig seit Modelljahr '82), reicht die einmal eingefüllte Säuremenge normalerweise für die gesamte Lebensdauer der Batterie. Dennoch sollte der Säurestand regelmäßig kontrolliert werden.

Achtung: Nicht mit offener Flamme in die Batterie leuchten. Explosionsgefahr!

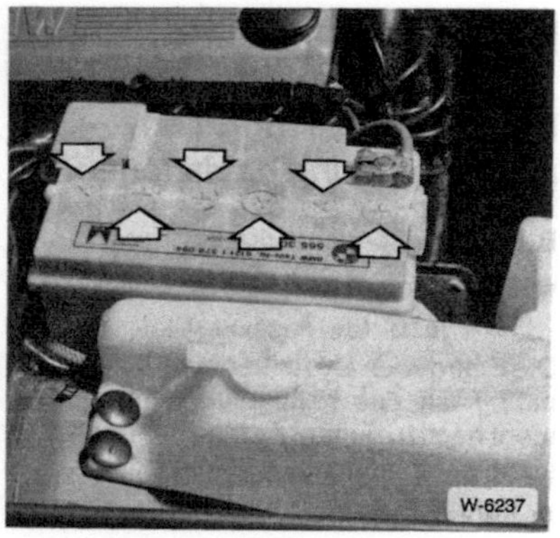

- Der Flüssigkeitsspiegel soll ca. 5 mm über den Bleiplatten, also etwa bis zu den in den Verschlußstopfenöffnungen sichtbaren Niveaumarkierungen reichen.
  Bei niedrigerem Stand bis zur Sollhöhe auffüllen. Dazu die Stopfen herausdrehen und jede Zelle bis zu den Markierungen auffüllen.
  Achtung: Zum Nachfüllen nur destilliertes Wasser verwenden.

Karosserie/Innenausstattung

- Türscharniere, Türschlösser: Ölen.
- Front- und Heckklappenscharniere, Deckelschloßober- und -unterteil: Mit Mehrzweckfett fetten.
- Unterbodenschutz und Hohlraumkonservierung: Prüfen.
- Sicherheitsgurte: Auf Beschädigungen prüfen.
- Schiebedach: Gleitschienen und Gleitbacken reinigen und leicht mit Silikonspray einsprühen.
- Scheibenwischer: Wischgummis mit harter Nylonbürste reinigen, bei Alterung und schlechtem Wischbild ersetzen.

Sichtkontrolle Unterboden/ Karosserie

Bei der regelmäßigen Pflege Augenmerk auf Lackschäden legen und diese beseitigen, da auf diese Weise Rostschäden und größere Reparaturen vermieden werden. Für kleine Kratzer und Steinschläge, die lediglich den Decklack abgesplittert haben, also nicht bis aufs blanke Blech vorgedrungen sind, genügt im allgemeinen der Lackstift.

Im Schleuderbereich der Räder können sich am Unterboden Staub, Lehm und Sand ablagern. Das Ausspülen des angesammelten Schmutzes, der während der Winterzeit auch noch mit Salz angereichert sein kann, ist besonders wichtig. Wird der angesammelte Schmutz nicht restlos beseitigt (am besten mit einem Dampfstrahlgerät), so besteht die Gefahr, daß diese Stellen nicht austrocknen und die Karosserie von unten durchrostet. Vor der kalten Jahreszeit und nach einer Unterbodenwäsche sollte der Unterbodenschutz kontrolliert werden. Beschädigte Stellen säubern und nach Trocknung mit einem Unterbodenschutzwachs bestreichen.

Sichtprüfung aller Sicherheitsgurte

Achtung: Geräusche, die beim Aufrollen des Gurtbandes entstehen, sind funktionsbedingt. Bei störenden Geräuschen kann nur der Sicherheitsgurt ausgetauscht werden. Auf keinen Fall darf zur Behebung von Geräuschen Öl oder Fett verwendet werden. Der Aufrollautomat darf nicht zerlegt werden, da hierbei die vorgespannte Feder herausspringen kann. Unfallgefahr!

- Sicherheitsgurt ganz herausziehen und Gurtband auf durchtrennte Fasern prüfen. Beschädigungen können zum Beispiel durch Einklemmen des Gurtes oder durch brennende Zigaretten entstehen. In diesem Fall Gurt austauschen.
- Sind Scheuerstellen vorhanden, ohne daß Fasern durchtrennt sind, braucht der Gurt nicht ausgewechselt zu werden.
- Schwergängigen Gurt auf Verdrehungen prüfen, gegebenenfalls Verkleidung an der Mittelsäule ausbauen.
- Wenn die Aufrollautomatik nicht mehr funktioniert, Gurt auswechseln.
- Gurtbänder nur mit Seife und Wasser reinigen, keinesfalls Lösungsmittel oder chemische Reinigungsmittel verwenden.

Schaltpläne

Der Umgang mit dem Schaltplan

In einem Personenwagen werden bis zu 1000 Meter Leitungen verlegt, um alle elektrischen Verbraucher (Scheinwerfer, Radio usw.) mit Strom zu versorgen.

Will man einen Fehler in der elektrischen Anlage aufspüren oder nachträglich ein elektrisches Zubehör montieren, kommt man nicht ohne Schaltplan aus, anhand dessen der Stromverlauf und damit die Kabelverbindungen aufgezeigt werden. Grundsätzlich muß der betreffende Stromkreis geschlossen sein, sonst kann der elektrische Strom nicht fließen. Es reicht beispielsweise nicht aus, wenn an der Plusklemme (+) eines Scheinwerfers Spannung anliegt, wenn nicht gleichzeitig über den Masseanschluß (−) der Stromkreis geschlossen ist.

Deshalb ist auch das Massekabel (−) von der Batterie mit der Karosserie verbunden. Die Masseverbindung der Bauteile wird normalerweise direkt über die Karosserie hergestellt oder aber über eine zusätzliche, meist braun eingefärbte Leitung von einem an der Karosserie angebrachten Massepunkt.

In den einzelnen Stromkreisen können Schalter, Relais, Sicherungen, Meßgeräte, elektrische Motoren oder andere elektrische Bauteile integriert sein. Damit diese Bauteile richtig angeschlossen werden können, haben die einzelnen Kontakte entsprechende Klemmenbezeichnungen.

Um das Kabelgewirr zumindest auf dem Schaltplan übersichtlich zu ordnen, ist das gesamte elektrische System des Fahrzeuges in einzelne Schaltkreise aufgeteilt. Elektrische Bauteile, die zusammenwirken, sind auf einem gemeinsamen Plan dargestellt.

Einzelne Schaltpläne sind als normgerechte Stromlaufpläne ausgeführt. Hier sind oben die plusseitigen Anschlüsse (+) des Stromkreises aufgeführt, während unten die Masseanschlüsse (−) gezeichnet sind. Die Strompfade sind senkrecht nebeneinander angeordnet und durchnumeriert.

Achtung: Die Darstellung der Bauteile und Kabel erfolgt nicht maßstabsgerecht. So erscheint zum Beispiel ein Kabel von über 1 m Länge nicht anders, als ein Kabel, das nur wenige cm lang ist.

Wenn der Stromkreis durch ein Quadrat unterbrochen wird, in dem eine Zahl steht, weist die Ziffer auf den Strompfad hin, in dem der Stromkreis weitergeführt wird.

Am sinnvollsten geht man bei der Benutzung des Stromlaufplanes folgendermaßen vor:

Zuerst sucht man in der Legende das betreffende Bauteil, zum Beispiel den Schalter für das Frischluftgebläse. In der linken Spalte steht das Kürzel für dieses Bauteil, das im Stromlaufplan verwendet wird. Falls vorhanden, steht in der rechten Spalte neben der Bauteil-Benennung die Nummer des entsprechenden Strompfades, die im Stromlaufplan unten auf der waagerechten Linie wieder auftritt.

Um den Stromlaufplan lesen zu können, ist die Kenntnis einiger Bauteil-Bezeichnungen erforderlich, außerdem sollte man die wichtigsten Schaltzeichen kennen.

Relais und Hilfsschütze sind mit dem Buchstaben K gekennzeichnet. Die darin eingezeichneten Linien sind interne Verdrahtungen. Sie zeigen, wie Relais und andere elektrische/elektronische Bauteile zueinander verschaltet sind. Direkt am eingezeichneten Relais befindet sich die Kontaktbezeichnung. Die Bezeichnung der einzelnen Klemmen ist nach DIN genormt. Die wichtigsten Klemmenbezeichnungen sind:

Klemme 15 wird über das Zündschloß gespeist. Die Leitungen führen nur bei eingeschalteter Zündung Strom. Die Kabel sind meist grün oder mit farbigem Streifen.

Klemme 30. An dieser Klemme liegt immer die Batteriespannung an. Die Kabel sind meist rot oder rot mit farbigem Streifen.

Klemme 31 führt zur Masse. Die Masse-Leitungen sind in der Regel braun.

Im Stromlaufplan sind in den einzelnen Leitungen Ziffern und dahinter Buchstabenkombinationen eingefügt.

Beispiel: 2,5 GNRT

Die Ziffern geben an, welchen Leitungsquerschnitt (in mm^2) die Leitung hat. Die Buchstaben weisen auf die Leitungsfarben hin. Besteht die Kennzeichnung aus zwei Buchstabengruppen, wie im Beispiel, dann nennt die erste Buchstabenfolge die Leitungsgrundfarbe: GN = Grün und die zweite: RT = Rot – die Zusatzfarbe. Da es vorkommt, daß gleichfarbige Leitungen für verschiedene Stromkreise verwendet werden, empfiehlt es sich, die Farbkombination an den betreffenden Anschlußklemmen zu kontrollieren.

Die Kennbuchstaben der wichtigsten Bauteile:

	Art des Betriebsmittels	Beispiele
A*	Baugruppen Teilbaugruppen	Leiterplatten, Check-Control, Kombi-Instrument
B	Umsetzer von nicht elektrischen auf elektrische Größen oder umgekehrt	Geber-Kühlwasser, Geber-Tacho
C	Kondensatoren	–
D	Speichereinrichtungen	–
E	Verschiedenes	Beleuchtungseinrichtungen Heizeinrichtungen
F	Schutzeinrichtungen	Sicherungen, Fliehkraftschalter
G	Stromversorgung	Batterie, Generator
H	Meldeeinrichtungen	Warnleuchten, Kontrolleuchten, Signal und Alarmhorn, Bremsbelagfühler
J	–	–
K	Relais, Hilfsschütze	Relais, Zeitsteuergerät-Innenlicht, Lampentestgeräte, Heizungssteuergerät
L	Induktivitäten	Drosselspulen
M	Motoren	Anlasser, Spiegel, Wischer, Heizung, Zentralverriegelung
N	Verstärker, Regler	Steuerelektronik für DWA und Zentralverriegelung
P	Meßgeräte Prüfeinrichtungen	Uhren, Drehzahlmesser, Tachometer, Temperatur-Kraftstoffanzeige
R	Widerstände	–
S	Schalter Wähler	Türkontakt, Heizungsschalter, Warnblinkschalter, Fahrtrichtungsschalter, Bremslichtschalter, Öldruckschalter, Licht-Wischer-schalter
W	Übertragungswege	Stromschiene im Stromverteiler
X	Klemmen Stecker Steckdosen	Anschluß für Sonderausstattung, Prüfstecker, Steckverbindungen, Trennstecker
Y	elektrisch betätigte, mechanische Einrichtungen	Magnetventile, Einspritzventile

*) Zur genaueren Unterscheidung werden zu den Buchstaben noch Zahlen angefügt.

Bei Mehrfachfunktion von Schaltern, z. B. vom Lichtschalter, ist das jeweilige Funktionsteil getrennt dargestellt. Die Zugehörigkeit zum entsprechenden Schalterzusammenbau ist ebenfalls numerisch gekennzeichnet.

Beispiel:

S 5 Lichtschalter
S 5.1 Schalter für Instrumentenbeleuchtung
S 5.2 Schalter Standlicht und Kennzeichenleuchte
S 5.3 Schalter Fahrlicht

Die einzelnen Bauteile sind in der Erläuterung des Stromlaufplanes in der Beschreibung zu Baugruppen zusammengefaßt und mit einem Kennbuchstaben versehen. Die Nummer hinter dem Bauteil gibt die Position des Bauteils wieder, d. h. auf welchem Strompfad es sich befindet.

Beispiel: H 17 Bremslicht rechts 130

- Bauteilbenennung
- laufende Nummer
- Baugruppenzuordnung (siehe Aufstellung für Kennbuchstaben)

130 = Position im Strompfad (unten auf der Minusleiste)

| 130 | = Anschluß an Minusleiste

Leitungen, die mittels Einzel- oder Mehrfachsteckverbindungen miteinander verbunden sind, haben zum Buchstaben für die Steckverbindung eine zusätzliche Ziffern-Kombination. Im Stromlaufplan sind alle Verbraucher und Schalter in Ruhestellung gezeichnet. Der geänderte Stromverlauf nach Betätigung eines Schalters sei am Beispiel eines Zweistufen-Schalters erläutert:

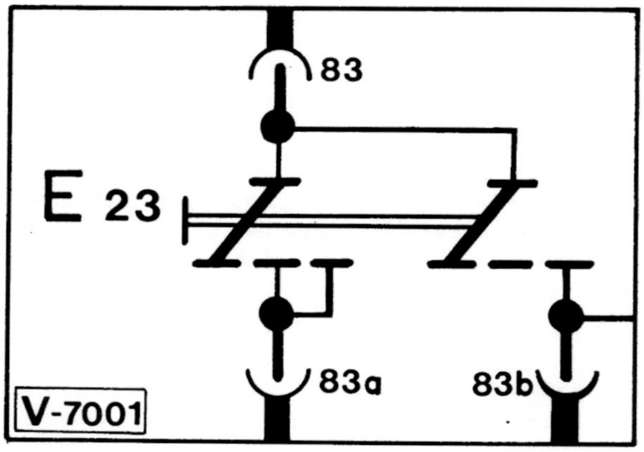

Wird am Schalter E23 die erste Stufe gedrückt, fließt der Strom von der Klemme 83 kommend über die Klemme 83a. Die Brücke der zweiten Schalterstufe rückt in Stellung 83b, jedoch ohne eine Verbindung herzustellen. Erst beim Drücken der zweiten Schalterstufe rückt die Brücke der zweiten Schalterstufe von der internen Leitung 83 auf 83b und gibt den Strom über 83b weiter. Dabei bleibt über die interne Verbindung im Schalter, rechts abgewinkelte Leitung von 83a, der Stromfluß der ersten Schalterstufe bestehen.

Beispiele für Bezeichnungen im Stromlaufplan

① – Querschnitt in mm^2
② – Grundfarbe
③ – Kennwendel
④ – Kammer-Nr.
⑤ – Klemmenbezeichnung
⑥ – Schraubenanschluß (Kabelschuh)
⑦ – Rundsteckanschluß
⑧ – Flachsteckanschluß
⑨ – Rundsteckhülse
⑩ – Flachsteckhülse
⑪ – Lötstelle oder Verbinder
⑫ – Bezeichnung der Steckverbindung
⑬ – Leitungen ohne Querschnittsangabe immer 0,75 mm^2
⑭ – hinzukommende Teile
⑮ – vorhandene Teile
⑯ – Klemme im Serienschaltplan
⑰ – nur für Schaltgetriebe-Fahrzeug

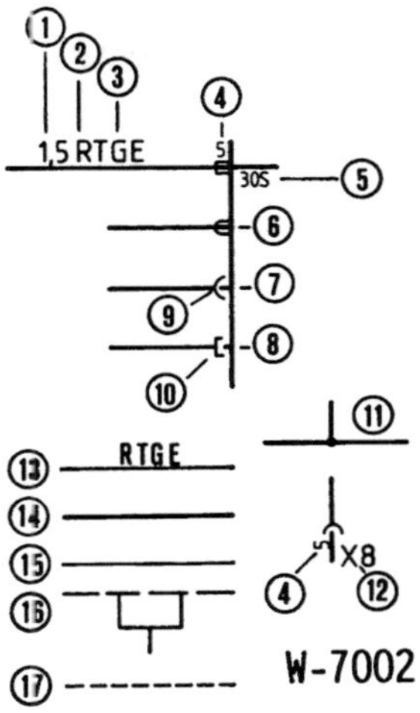

W-7002

① – Querschnitt in mm^2
② – Grundfarbe
③ – Kennwendel
④ – Leitungsnummer
⑤ – Klemmenbezeichnung
⑥ – Klemmenanschluß (Leitungsende verzinnt)
⑦ – Schraubenanschluß (Kabelschuh)
⑧ – Rundsteckanschluß
⑨ – Flachsteckanschluß
⑩ – Rundsteckhülse
⑪ – Flachsteckhülse
⑫ – hinzukommende Teile
⑬ – vorhandene Teile
⑭ – Masse
⑮ – Lötstelle oder Verbinder
⑯ – Abschirmung

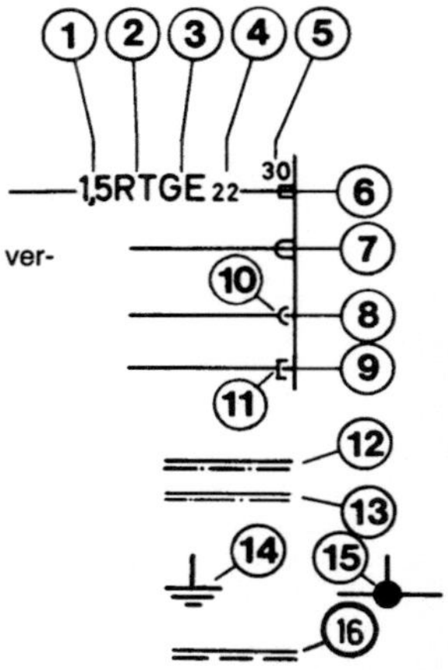

W-7003

Gebräuchliche Leitungsfarben
BL = blau
BR = braun
GE = gelb
GN = grün
GR = grau
RT = rot
SW = schwarz
VI = violett
WS = weiß
TR = transparent
RS = rosa
OR = orange

Zuordnung der Stromlaufpläne

Wegen der hohen Kosten kann nicht jeder Stromlaufplan für die einzelnen Motor- und Modellvarianten berücksichtigt werden. Ausgesucht wurden die wesentlichen Stromlaufpläne für Fahrzeuge mit Check-Control ab **Modelljahr '85**. Besitzer von älteren Modellen und Fahrzeugen ohne Check-Control können sich jedoch auch an diesen Schaltplänen orientieren.

Modell	Schaltplan Nr.
Allgemeine Fahrzeugelektrik: BMW 525 i, 528 i, M535 i	1 bis 3
Motorelektrik: LE-Jetronik	4
Motorelektrik: Turbo-Diesel	5
Elektrische Fensterheber	6
Zentralverriegelung, Diebstahlwarnanlage, Bordcomputer, Zusatzheizung, Digitaluhr	7

Legende zu Schaltplan 1

E1	Heckscheibe heizbar	8
E2	Ganganzeige P (weiß) } nur bei autom. Getriebe	21
E3	Ganganzeige R (gelb) } nur bei autom. Getriebe	21
E4	Ganganzeige N (weiß) } nur bei autom. Getriebe	21
E5	Ganganzeige D (grün) } nur bei autom. Getriebe	21
E6	Ganganzeige 3 (grün) } nur bei autom. Getriebe	21
E7	Ganganzeige 2 (grün) } nur bei autom. Getriebe	21
E8	Ganganzeige 1 (grün) } nur bei autom. Getriebe	21
E9	Rückfahrscheinwerfer links	24
E10	Rückfahrscheinwerfer rechts	25
E11	Leuchte-Leuchtweitenregulierung	38, 39
E12	Schlußlicht rechts	46
E13	Schlußlicht links	47
E14	Abblendscheinwerfer rechts	51
E15	Abblendscheinwerfer links	56
E16	Fernlicht links	62
E17	Fernlicht rechts	63
E18	Nebellicht rechts	66
E19	Nebellicht links	67
E20	Nebelschlußlicht links	73
E21	Nebelschlußlicht rechts	75
F1	Sicherung-Kraftstoffpumpe	30
F2	Sicherung-Fahrlicht rechts	55
F3	Sicherung-Fahrlicht links	56
F6	Sicherung-Kontrolleuchte, Rückfahrlicht, Drehzahlmesser, Spiegel	24
F7	Sicherung-Fernlicht rechts und links	62
F9	Sicherung-Stand-Schluß- und Parklicht rechts	46
F10	Sicherung-Stand-Schluß- und Parklicht links	47
F13	Sicherung-Heckscheibe heizbar	8
F14	Sicherung-Gebläse-Heizung	9
F15	Sicherung-Nebellicht rechts	66
F16	Sicherung-Nebellicht links	67
G1	Batterie	1
G2	Generator	2
K1	Relais-Entlastung (Stromverteiler)	8, 9
K2	Relais-Startblockierung (nur bei SA autom. Getriebe/links von Lenksäule)	12, 13
K3	Relais-Fahrlicht	56, 57
K4	Relais-Fernlicht	61, 62
K5	Relais-Nebellicht	65, 66
K6	Relais-Nebelschlußlicht	71, 72
K7	Zusammenbau Lampentestgerät	
K7.1	Lampentestgerät-Standlicht	46–48
K8	Relais für Abfrage	55–57
M1	Anlasser	3, 4
M2	Kraftstoffpumpe	30
M9	Vorförderpumpe (nur bei SA)	32
S1	Schalter-Heckscheibe heizbar	8–11
S2	Zündanlaßschalter	12, 13
S3	Getriebeschalter (nur bei SA-autom. Getriebe)	11–16
S4	Schalter für Rückfahrlicht (bei SA-autom. Getriebe nicht)	24
S5	Zusammenbau Lichtschalter	
S5.1	Schalter für Instrumentenbeleuchtung regelbar	35–39
S5.2	Schalter-Standlicht u. Kennzeichenl.	43–47
S5.3	Schalter-Fahrlicht	57, 58
S6	Zusammenbau Fahrtrichtungs-Abblendschalter	
S6.1	Parklichtschalter	49, 50
S6.2	Abblendschalter	60, 61
S7	Zusammenbau Nebellicht-Nebelschlußlicht- und Innenlichtschalter	
S7.1	Nebelschlußlichtschalter	67–73
W1	Stromschiene im Stromverteiler	1–77
X1	Steckverbindung Teilstück Mitte-Teilstück vorn 7pol. (im Stromverteiler)	68
X2	Steckverbindung Teilstück Mitte-Teilstück hinten 29pol. (links von Lenksäule)	3, 8, 24, 30, 37, 43, 46, 47, 54, 65, 66, 67–69
X4	Steckverbindung Teilstück Mitte-Motorkabelbaum 17pol. (am Stromverteiler)	2, 4, 27
X6	Steckverbindung-Zündanlaßschalter 9pol. (an Lenksäulenverkleid. Oberteil)	4, 9, 17
X7	Steckverbindung-Fahrtrichtungs-Abblendschalter 13pol. (an Lenksäulenverkleidung Oberteil)	49, 60
X8	Anschluß Rückfahrlichtschalter 2pol. (unter Mittelkonsole)	24
X9	Anschluß für Sonderausstattung 26pol. (links von Lenksäule)	3, 6, 7, 26, 42
X12	Anschluß Digital-Radio 2pol. (Mittelkonsole/Heizungsbetätigung)	40
X13	Anschluß Nebellichtschalter	67–70
X15	Anschluß Leuchtweitenregelung (links von Lenksäule, Kabelbaum Teilstück Mitte)	37–38
X20	Steckverbindung Zündanlaßschalter-Fahrtrichtungs-Abblendschalter	32
X31	Anschluß Nebellicht rechts 2pol.	66
X32	Anschluß Nebellicht links 2pol.	67
X36	Stecker z. Getriebeschalter	13–15, 17
X39	Anschluß 3 1pol.	16
X43	Steckverbindung Nebelschlußleuchte (links von Lenksäule)	69, 70
X44	Anschluß Beleuchtung, Nebelschlußlichtschalter	72, 73
X45	Steckverbindung Dig.Motor-elektronik-Steuergerät II 1pol. (Bereich Handschuhfach)	14
X46	Steckverbindung Dig. Motor-elektronik-Steuergerät I 2pol. (Bereich Handschuhfach)	17, 18

Legende zu Schaltplan 2

A1	Kombi-Instrument	104–128
A2	Abfrage	131–148
A3	Leiterplatte	114–116
B1	Geber-Tacho	114, 115
B2	Geber-Kühlwasser	124
E22	Zigarrenanzünder	76, 77
E23	Leuchte-Handschuhfach	96
E24	Innenleuchte	82, 83
E25	Leuchte-Gepäckraum	78
E26	Handlampe aufladbar	93
E27	Beleuchtung Instrumentenkombi	108, 109
E28	Kennzeichenleuchte links	143
E29	Kennzeichenleuchte rechts	144
E34	Innenleuchte (nur bei SA-Schiebe-Hebedach)	85, 86
F4	Sicherung-Zigarrenanzünder	77
F5	Sicherung-Warnblinkanlage Innen-Handschuhfach-Handlampe	88
F12	Sicherung-Bremslicht	150
H1	Kontrolleuchte für Nebelschlußlicht	125
H3	Kontrolleuchte für Fernlicht	110
H4	Kontrolleuchte für Nebellicht	111
H5	Kontrolleuchte-Blinkleuchte rechts	112
H6	Kontrolleuchte-Blinkleuchte links	112
H7	Kontrolleuchte-Handbremse	113
H8	Warnleuchte-Kraftstoff	122
H9	Bremsbelagverschleißanzeige	111
H10	Ladekontrolleuchte	121
H11	Kontrolleuchte-Öldruck	125
H12	Kontrolleuchte-Bremsflüssigkeit Niveau	126
H13	Zentralkontrolleuchte	127
H14	Bremsbelagfühler-vorn	107, 108
H15	Bremsbelagfühler-hinten	110, 111
H16	Bremslicht links	148
H17	Bremslicht rechts	149
K7.2	Lampentestgerät-Bremslicht	143–149
K9	Zeitsteuergerät	83–86
P1	elektron. Tachometer	118
P2	Anzeige-Kraftstoff	120
P3	Meßgerät-Kraftstoff	116, 117
P4	Drehzahlmesser	118
P5	Anzeige-Kühlwasser-Temperatur	120
P6	Digitaluhr	79–81
S7.2	Innenlichtschalter	82, 83
S11	Schalter-Türkontakt vorn links	84
S12	Schalter-Türkontakt vorn rechts	85
S13	Schalter-Türkontakt hinten links	87
S14	Schalter-Türkontakt hinten rechts	89
S15	Schalter-Handbremse	113
S16	Schalter-Öldruck	125
S17	Schalter-Bremsflüssigkeits-Niveau	126
S18	Bremslichtschalter	148
S19	Schalter-Druckspeicher	128
S20	Schalter-DS-Regler	130
S21	Schalter-Kühlwasser-Niveau	139
S22	Schalter-Waschwasser-Niveau	140
S23	Schalter-Öl-Niveau	141
S24	Schalter-Türgriff	90
S31	Schalter-Heckkontakt	78
W1	Stromschiene im Stromverteiler	76–77
X1	Steckverbindung Teilstück vorn-Teilstück Mitte 7pol. (im Stromverteiler)	134, 140
X2	Steckverbindung Teilstück Mitte-Teilstück hinten 29pol. (links von Lenksäule)	77, 88, 98–100, 108, 121, 144–148
X4	Steckverbindung Teilstück Mitte-Motorkabelbaum 17pol. (am Stromverteiler)	106, 124, 125, 126, 132, 141
X9	Anschluß für Sonderausstattung 26pol. (links von Lenksäule)	77, 83, 86, 89, 98–100, 121, 149, 150
X10	Steckanschluß Teilstück Mitte-Instrumentenkombi 26pol. (am Instrumentenkombi)	105–116, 119–127
X11	Steckanschluß Teilstück hinten-Instrumentenkombi 26pol. (am Instrumentenkombi)	111–117, 125
X14	Steckverbindung f. Diebstahlwarnanlage 3pol. (im Motorraum, Radhaus links)	97–99
X18	Steckverbindung-Steuergerät LE 6pol. (Bereich Handschuhfach)	104, 105, 122
X19	Steckverbindung 15u (hinter Instrumentenkombi, am Kabelbaum)	102
X22	Steckverbindung-Teilstück hinten-Fahrertür 6pol. (Schließblech A-Säule)	90, 91
X23	Steckanschluß für Bordcomputer 26pol. (nur SA/Instrumentenkombi)	120–124
X28	Steckverbindung für Ganganzeige	109
X29	Steckverbindung für Tempomat (Instrumentenkombi)	117
X35	Steckverbindung Gepäckraumleuchte (Stütze für Heckklappenscharnier)	83, 84
X37	65 km/h Ausgang (Instrumentenkombi)	126
X38	Steckverbindung für O_2 (weiß) (Instrumentenkombi)	118

Legende zu Schaltplan 3

B3	Temperaturfühler Innenraum (Lenksäulenverkleidung/Unterteil)	194, 195
B4	Steuergerät (Heizungsbetätigung)	195–199
B5	Temperaturfühler Heizgerät (am Heizgerät)	200
E30	Beleuchtung Heizungsbetätigung	190
F8	Sicherung-Radio, Instr., Abfrage	185
F11	Sicherung-Signalhorn, Wisch-Wasch-Anlage	165
H18	Signalhorn links	151
H19	Signalhorn rechts	152
H20	Empfangsgerät	185
H21	Blinklicht-vorn links	176
H22	Zusatzblinkleuchte links	177
H23	Blinklicht-hinten links	178
H24	Blinklicht vorn rechts	179
H25	Blinklicht hinten rechts	180
H26	Zusatzblinkleuchte rechts	181
K14	Relais-Fanfaren (Stromverteiler)	152, 153
K15	Wisch-Wasch-Intervallsteuergerät (am Stromverteiler)	157–159
K16	Relais-Warnblinkanlage (in Lenksäule)	176–181
M3	Motor-Wischer	158, 159
M4	Pumpe-Scheinwerfer-Reiniger	161
M5	Pumpe-Wasch-Wasser	165
M6	Motor-Heizungsgebläse	203–206
M7	Motor-elektr. verstellb. Spiegel	222–225
M8	Motor-elektr. verstellb. Zusatzspiegel (nur SA)	222–225
S6.3	Fahrtrichtungsschalter	178–180
S26	Schalter-Signalhorn	153
S27	Zusammenbau Wischerschalter	
S27.1	Wischerschalter	162–164
S27.2	Schalter-Waschpumpe	165, 166
S27.3	Schalter-Scheinwerfer-Reinigerpumpe	167, 168
S28	Warnblinkschalter	172–174
S29	Schalter-Gebläse	207–209
S30	Zusammenbau Spiegelschalter	
S30.1	Spiegelschalter-Fahrertür	212–216
S30.2	Spiegelschalter-Beifahrerseite (nur SA)	212–216
V1	Leuchtdiode III	190
V2	Leuchtdiode II	190
V3	Leuchtdiode I	190
W1	Stromschiene im Stromverteiler	164, 165
X1	Steckverbindung Teilstück vorn-Teilstück Mitte 7pol. (im Stromverteiler)	160, 165, 176, 179
X2	Steckverbindung Teilstück Mitte-Teilstück hinten 29pol. (links von Lenksäule)	178, 180, 185
X3	Steckverbindung Teilstück Mitte-Heizungsbetätigung 13pol.(am Heizgerät links)	189, 191, 195–197, 200, 201, 208
X5	Steckverbindung Wischerschalter 6pol. (an Lenksäulenverkleidung Oberteil)	163–167
X6	Steckverbindung Zündanlaßschalter 9pol. (an Lenksäulenverkleidung Oberteil)	153
X7	Steckverbindung Fahrtrichtungs-Abblendschalter 13pol. (an Lenksäulenverkleidung Oberteil)	176–182
X16	Steckverbindung Blinklicht-vorn links (Bereich Scheinwerfer)	176
X17	Steckverbindung Blinklicht-vorn rechts (Bereich Scheinwerfer)	179
X21	Anschluß Zusatzblinkleuchte links 2pol. (links von Lenksäule)	177
X22	Steckverbindung Teilstück hinten-Fahrertür 6pol. (Schließblech A-Säule)	211, 213
X24	Anschluß Zusatzblinkleuchte rechts 2pol. (Schließblech A-Säule)	181
X25	Anschluß Scheinwerfer-Reinigungsanlage (Bereich Abschlußwand rechts)	160, 161
X26	Anschluß Wischermotor 6pol. (am Wischermotor)	156, 161
X27	Steckverbindung Fahrertür-Verbindungsleitung Spiegel (Schließblech A-Säule, unter Lautsprecher)	212–216
X30	Steckverbindung Beifahrertür-Verbindungsleitung Spiegel (Schließblech A-Säule, unter Lautsprecher)	212–216
X33	Anschluß elektr. verstellbarer Spiegel	218
X34	Anschluß elektr. verstellbarer Zusatzspiegel	218
Y1	Wasserventil	202, 203

Schaltplan 1:

Allgemeine Fahrzeugelektrik mit Check-Control ab Modelljahr 85, Teil 1

BMW 525i, 528i, M535i

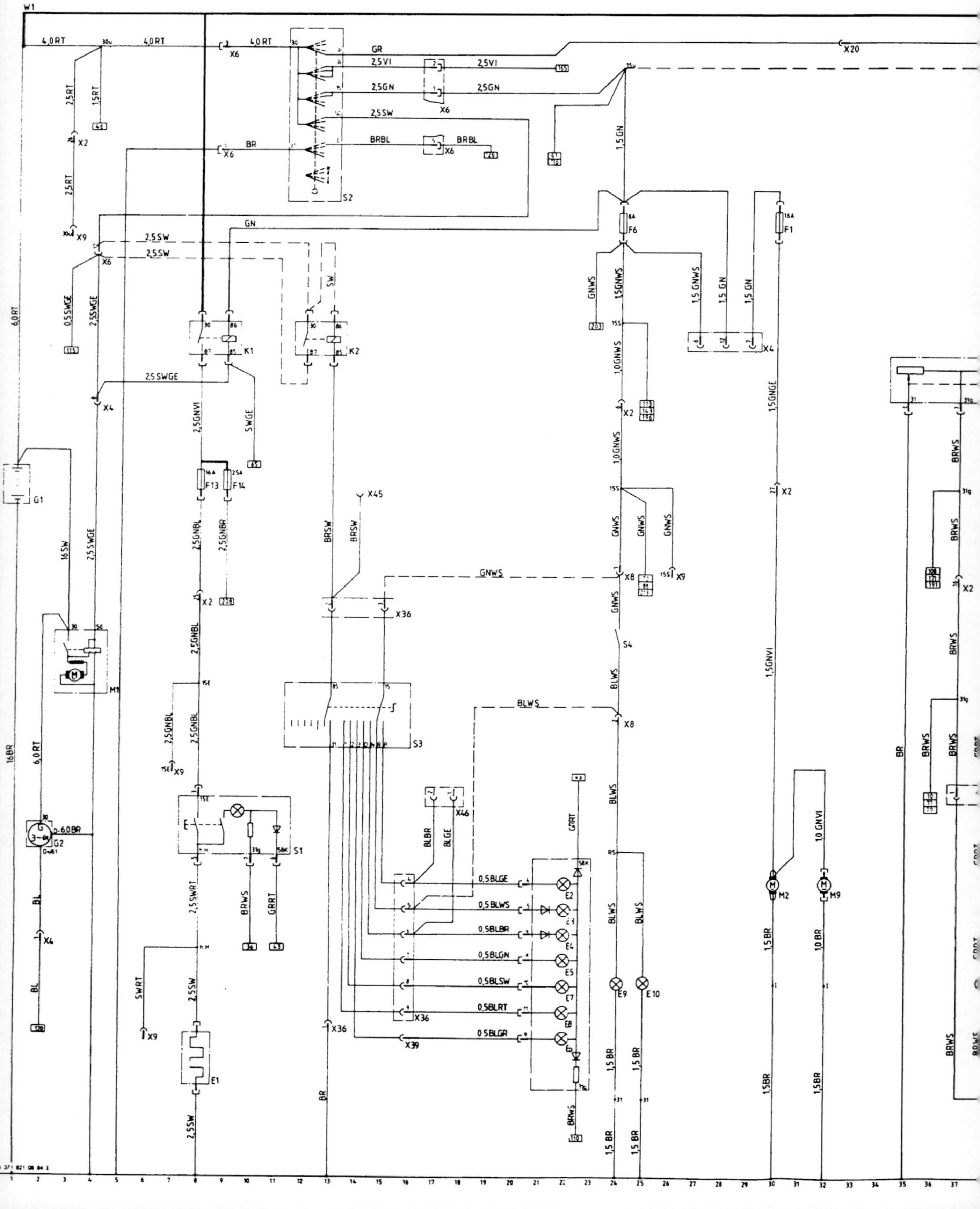

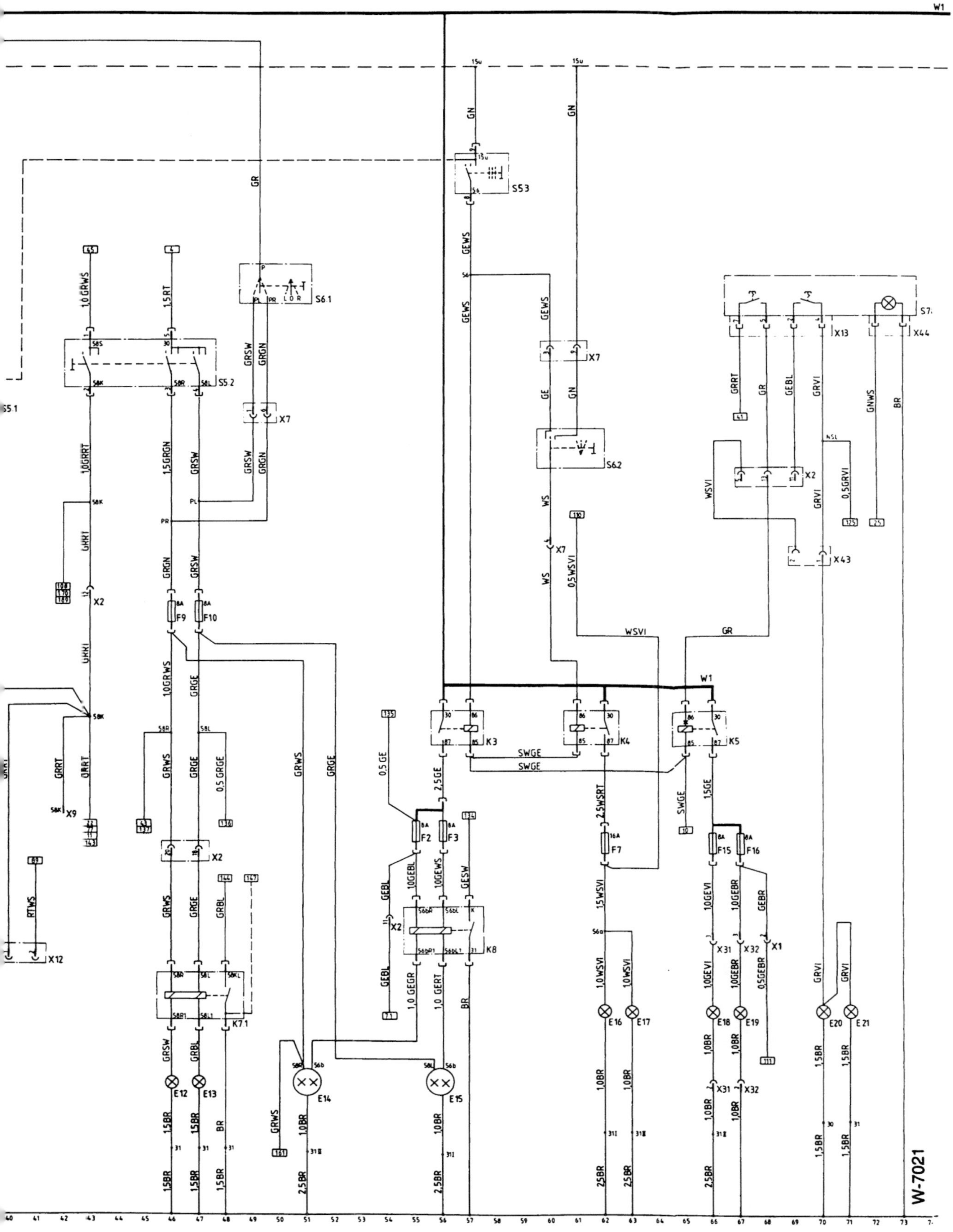
W1
S53
S6.1
S5.2
S5.1
S6.2
S7
X7
X2
X9
X12
X13
X44
X43
X31
X32
X1
K3
K4
K5
K7.1
K8
F2
F3
F7
F9
F10
F15
F16
E12
E13
E14
E15
E16
E17
E18
E19
E20
E21
SWGE
WSVI
GR
GEWS
GN
40 41 42 43 44 45 46 47 48 49 50 51 52 53 54 55 56 57 58 59 60 61 62 63 64 65 66 67 68 69 70 71 72 73

W-7021

Schaltplan 2:

Allgemeine Fahrzeugelektrik mit Check-Control ab Modelljahr 85, Teil 2

BMW 525i, 528i, M535i

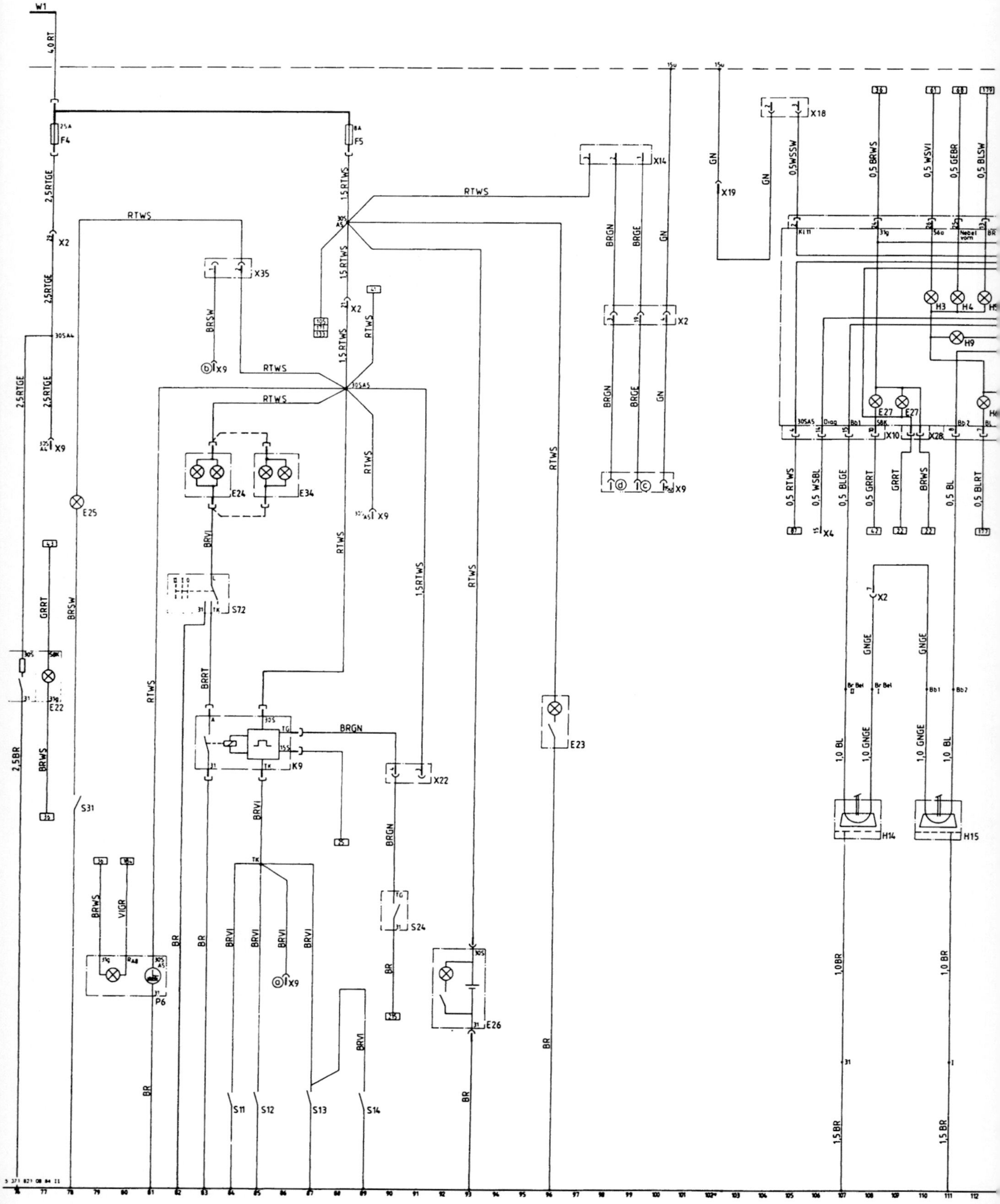

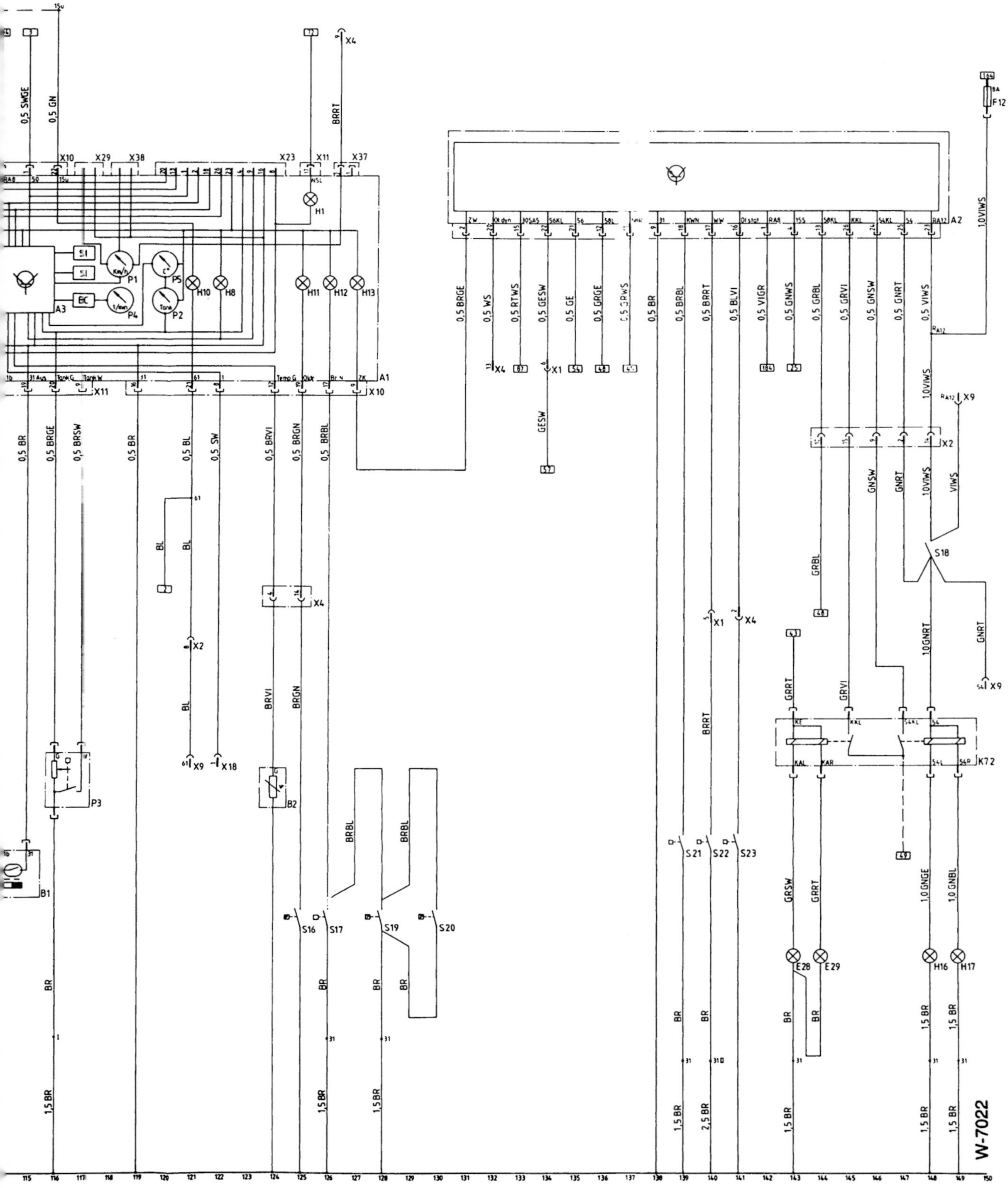
A1
A2
A3
B1
B2
E28
E29
F12
H1
H8
H10
H11
H12
H13
H16
H17
K72
P1
P2
P3
P4
P5
S16
S17
S18
S19
S20
S21
S22
S23
X1
X2
X4
X9
X10
X11
X18
X23
X29
X37
X38
W-7022

Schaltplan 3:

Allgemeine Fahrzeugelektrik mit Check-Control ab Modelljahr 85, Teil 3

BMW 525i, 528i, M535i

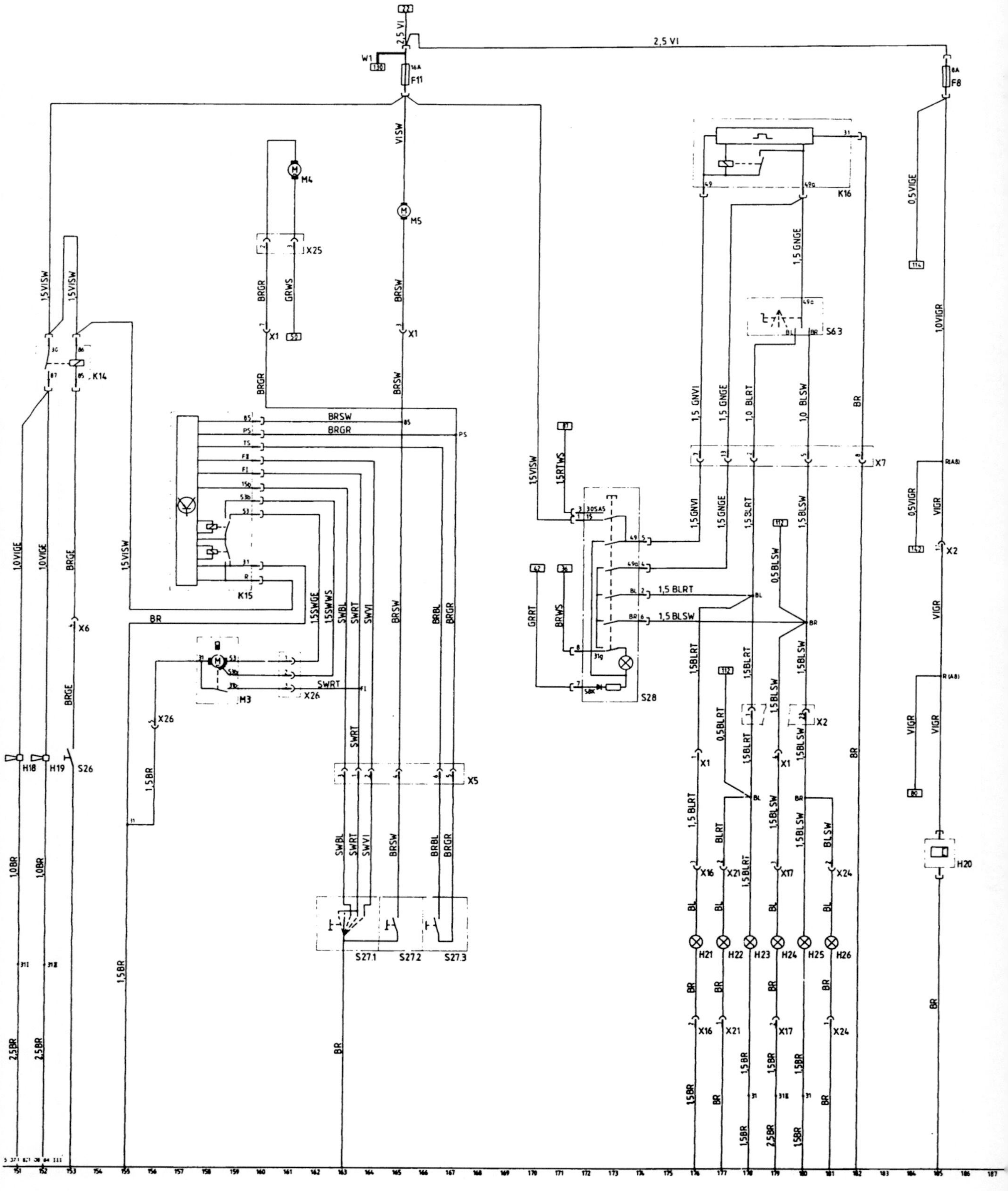

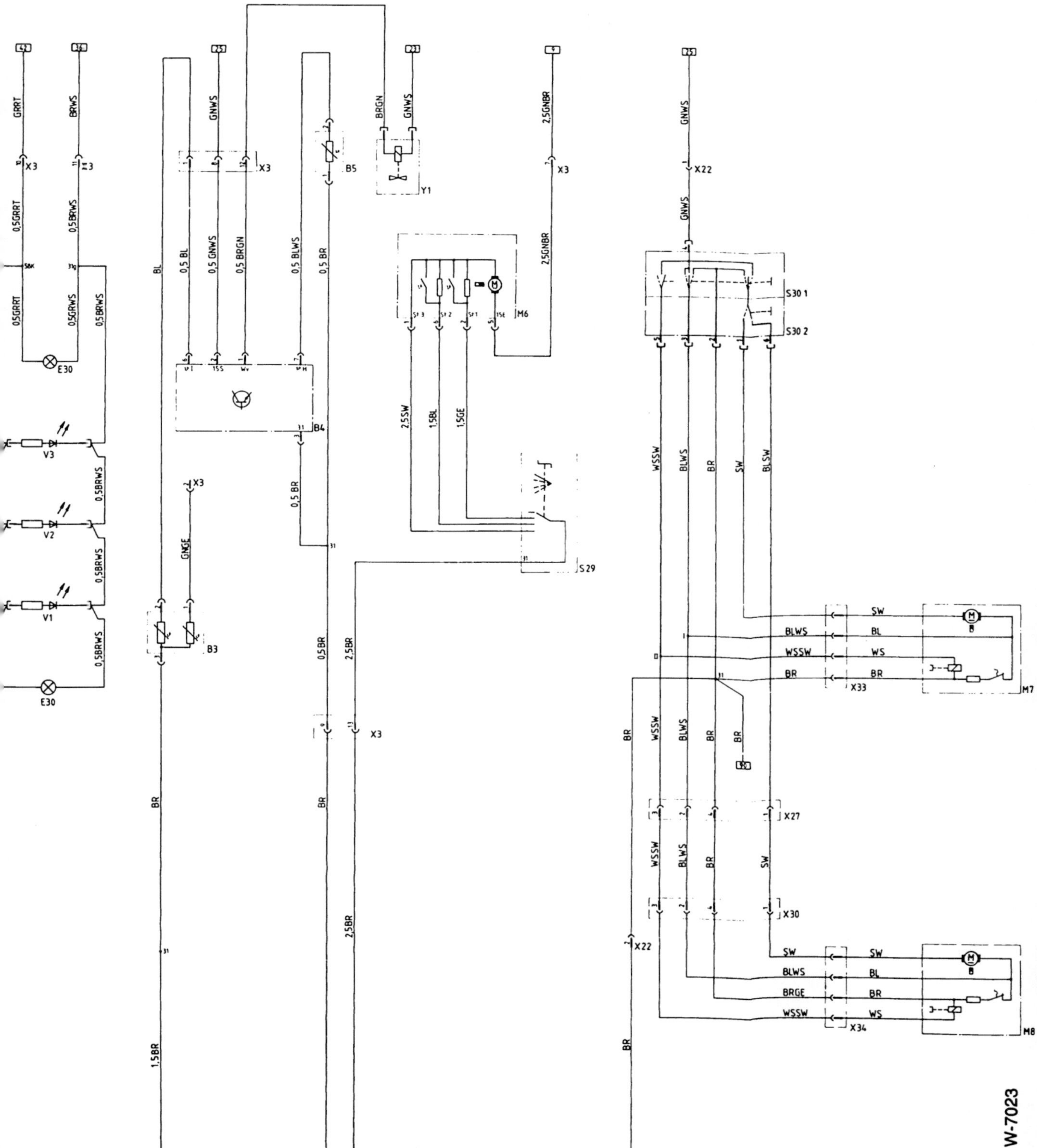

E30
V1
V2
V3
B3
B4
B5
Y1
M6
M7
M8
S29
S30 1
S30 2
X3
X22
X27
X30
X33
X34
GRRT
BRWS
0,5GRRT
0,5BRWS
0,5GRWS
GNWS
BL
0,5 BL
0,5 GNWS
0,5 BRGN
0,5 BLWS
0,5 BR
BRGN
2,5GNBR
GNGE
2,5SW
1,5BL
1,5GE
2,5BR
1,5BR
BR
WSSW
BLWS
SW
BLSW
WS
BRGE
189 190 191 192 193 194 195 196 197 198 199 200 201 202 203 204 205 206 207 208 209 210 211 212 213 214 215 216 217 218 219 220 221 222 223 224 225

W-7023

Schaltplan 4:

Motorelektrik, LE-Jetronik ab Modelljahr 85

BMW 520i

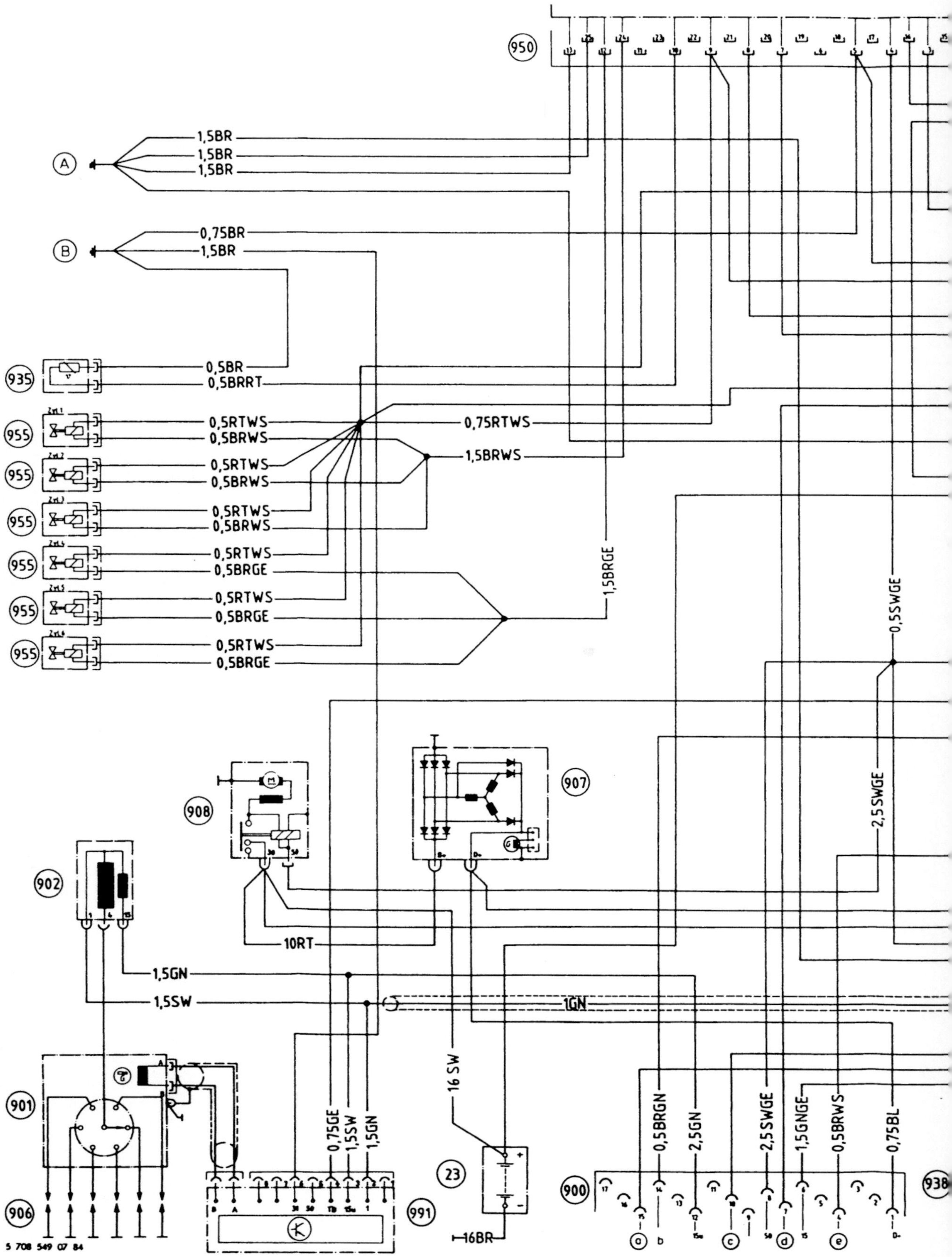

5 708 549 07 84

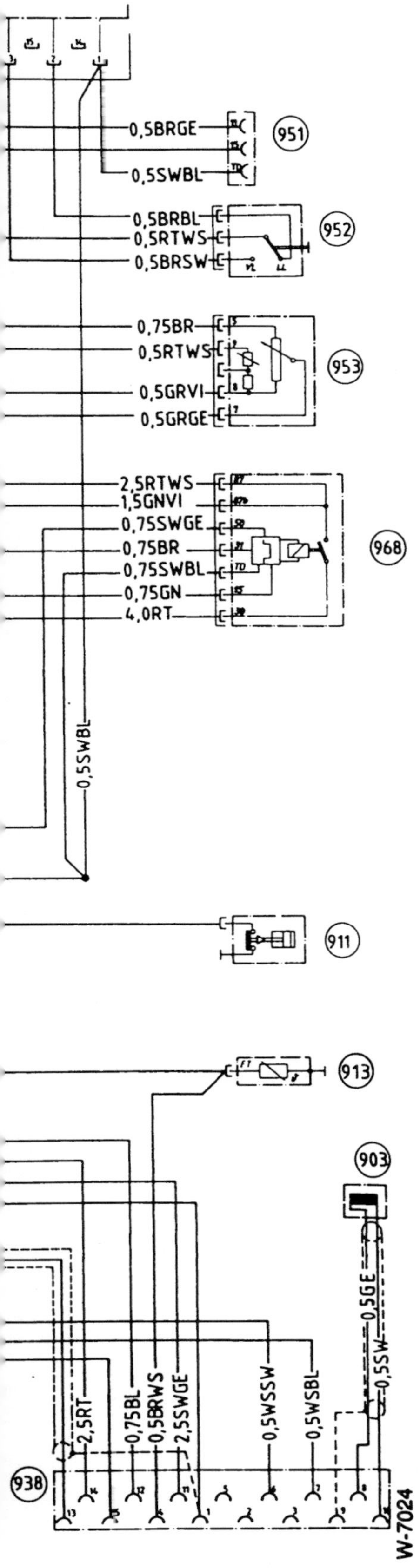

23 Batterie
900 Motorstecker
a Service-Intervall
b Öldruck
c Airbag
d Elektrische Kraftstoffpumpe
e Fernthermometer
901 Zündverteiler
902 Zündspule
903 Positionsgeber
906 Zündkerzen
907 Drehstromgenerator
908 Anlasser
911 Öldruckschalter
913 Fernthermometer-Geber
935 Temperaturfühler Wasser
938 Diagnose-Anschluß
950 Einspritzsteuergerät (Handschuhfach)
951 Anschluß Fahrzeugkabelbaum (Bereich Handschuhfach)
952 Drosselklappenschalter
953 Luftmengenmesser
955 Einspritzventil
968 Benzinpumpenrelais (Stromverteiler)
991 Steuergerät für Transistorzündung-S (am linken Radhaus)
A Masse Endstufe
B Masse Elektronik

Schaltplan 5:

Motorelektrik, Turbodiesel ab Modelljahr 84

BMW 524 td

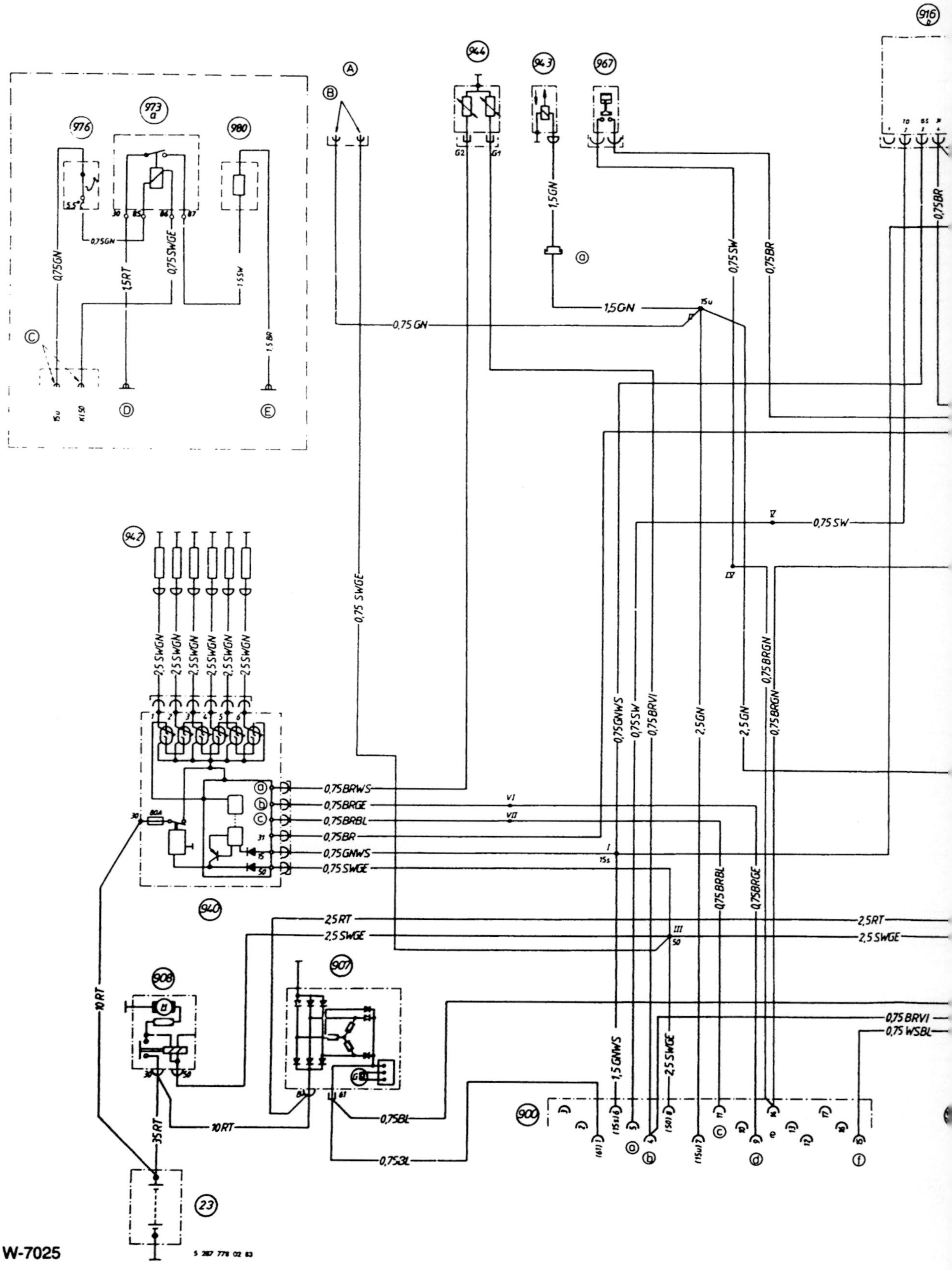

5 287 778 02 83

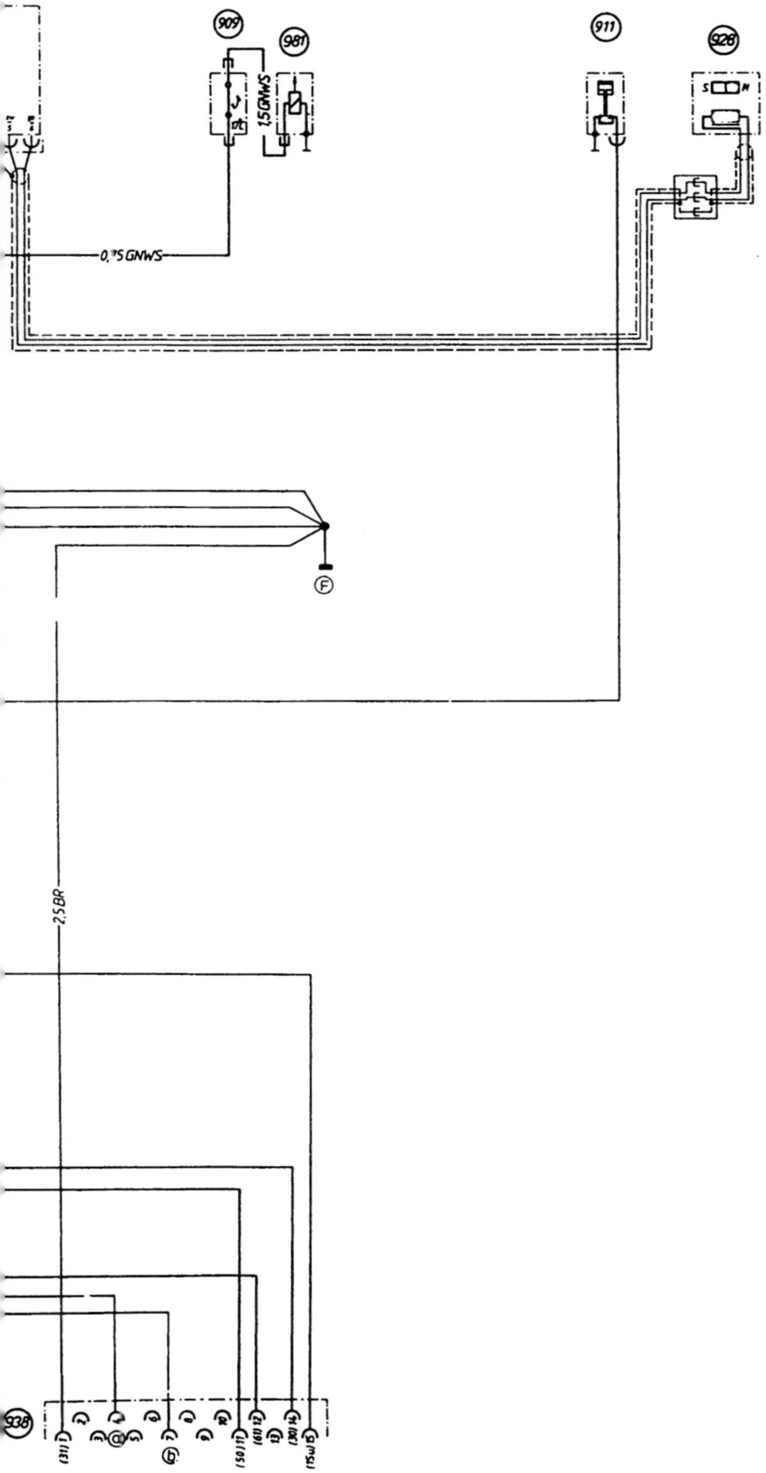

23 Batterie
900 Motorstecker
a Drehzahlmesser
b Fernthermometer
c Lampe 2
d Lampe 1
e Öl
f Service-Intervall
907 Drehstromgenerator
908 Anlasser
909 Temperaturschalter 17° C
911 Öldruckschalter
916b TD-Impulsformer
928 Drehzahlgeber
938 Diagnose-Anschluß
a Fernthermometer
b Service-Intervall
940 Vorglühanlage
a Negativ Temperatur Koeffizient
b Lampe 1
c Lampe 2
942 Stabglühkerze
943 Absteller
a 1pol. Steckverbindung wasserdicht
944 Fernthermometer-Geber
967 Saugrohr-Druckschalter
973a Kraftstoffrelais
976 Temperaturschalter 5,5° C
980 Kraftstoffheizung
981 Kaltstartbeschleunigungsventil
A Steckverbindung SA Kraftstoffheizung
B siehe Anschluß „Z“
C Anschluß „Z“
D Batterie +
E Batterie –
F Masse

Schaltplan 6:

Elektrische Fensterheber ab Modelljahr 85

Alle Modelle

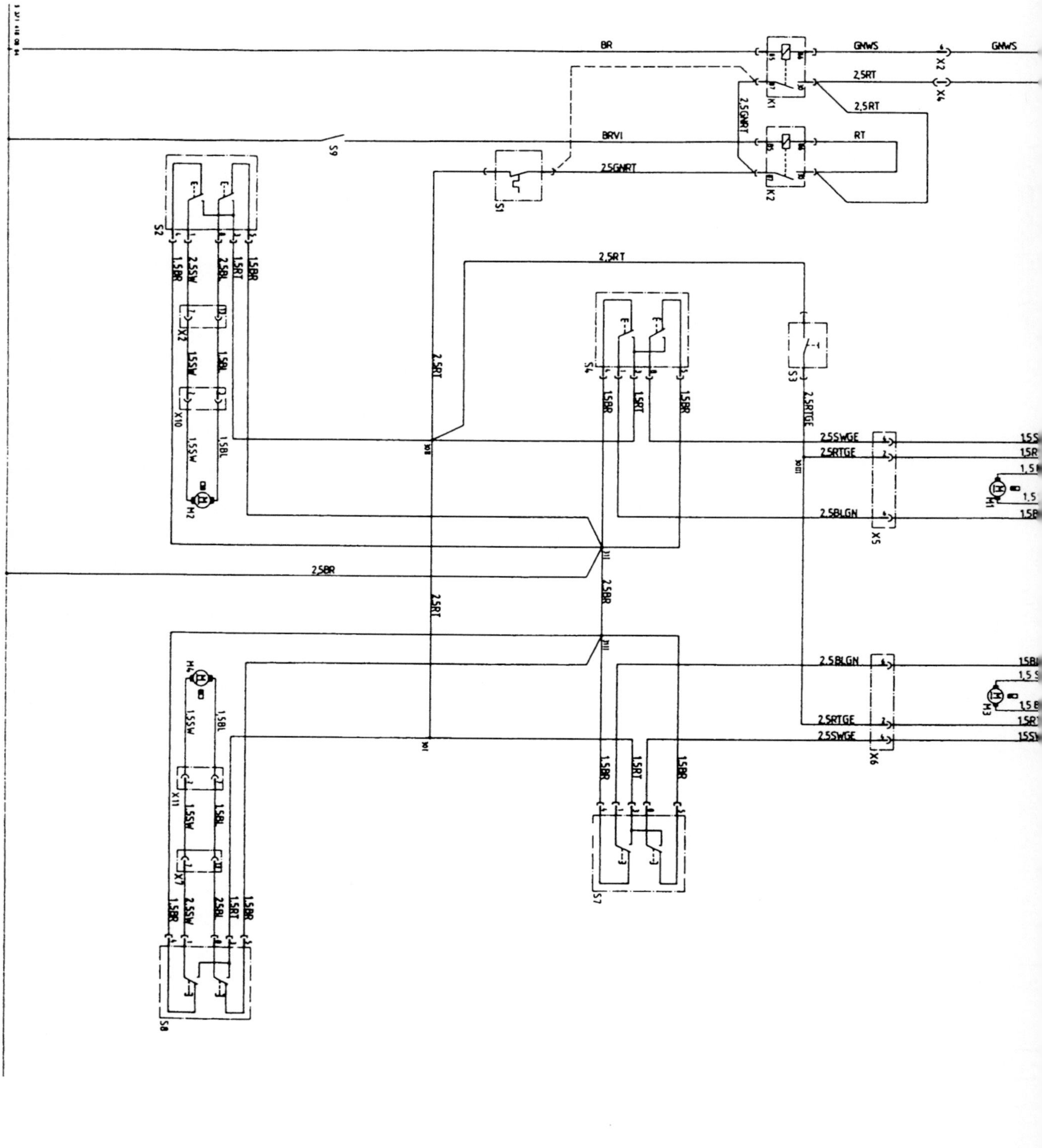

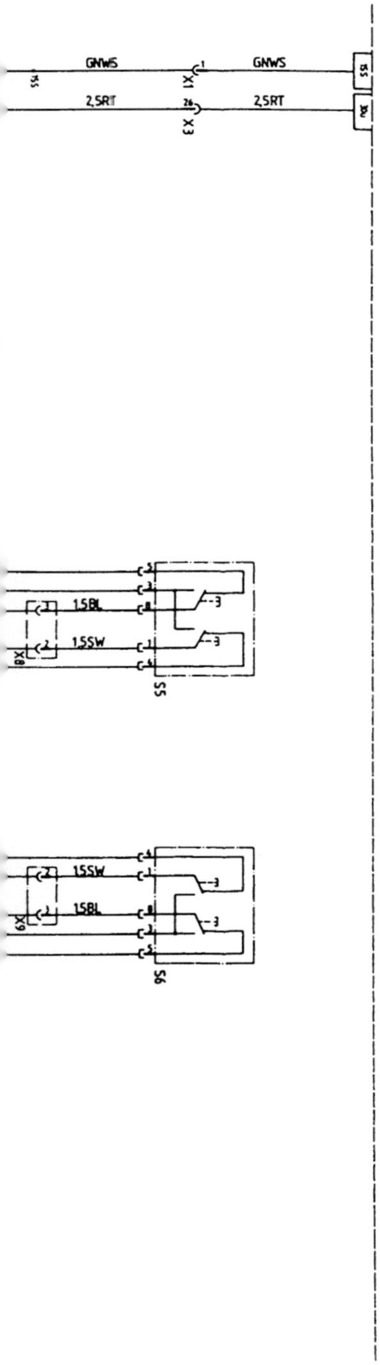

K1 Relais I (links von Lenksäule)
K2 Relais II (links von Lenksäule/nicht bei US)

M1 Fensterhebermotor hinten links
M2 Fensterhebermotor vorne links
M3 Fensterhebermotor hinten rechts
M4 Fensterhebermotor vorne rechts

S1 Überstromschalter (Unterverkleidung rechts von Lenksäule)
S2 Fensterheberschalter vorne links
S3 Kindersicherung
S4 Fensterheberschalter hinten links
S5 Fensterheberschalter hinten links
S6 Fensterheberschalter hinten rechts
S7 Fensterheberschalter hinten rechts
S8 Fensterheberschalter vorne rechts
S9 Türkontaktschalter (nicht bei US)

X1 Steckverbindung Teilstück hinten-Fahrertür 6pol. (Schließblech A-Säule)
X2 Steckverbindung Verbindungsleitung Fensterheber-Leitung Fahrertür 13pol.
X3 Steckverbindung Teilstück hinten-Teilstück Mitte 27pol. (Schließblech A-Säule)
X4 Steckverbindung Verbindungsleitung Fensterheber-SA-Stecker (links von Lenksäule)
X5 Steckverbindung Verbindungsleitung Fensterheber-Leitung Tür hinten links 7pol.
X6 Steckverbindung Verbindungsleitung Fensterheber-Leitung Tür hinten rechts 7pol.
X7 Steckverbindung Verbindungsleitung Fensterheber-Leitung für Beifahrertür 13pol.
X8 Steckverbindung Leitung Tür hinten links-Fensterhebermotor hinten links 2pol.
X9 Steckverbindung Leitung Tür hinten rechts – Fensterhebermotor hinten rechts 2pol.
X10 Steckverbindung Leitung Fahrertür-Fensterhebermotor Fahrertür 2pol.
X11 Steckverbindung Leitung Beifahrertür-Fensterhebermotor Beifahrertür 2pol.

Schaltplan 7:

Zentralverriegelung, Diebstahlwarnanlage, Bordcomputer, Zusatzheizung, Digitaluhr ab Modelljahr 85
Alle Modelle

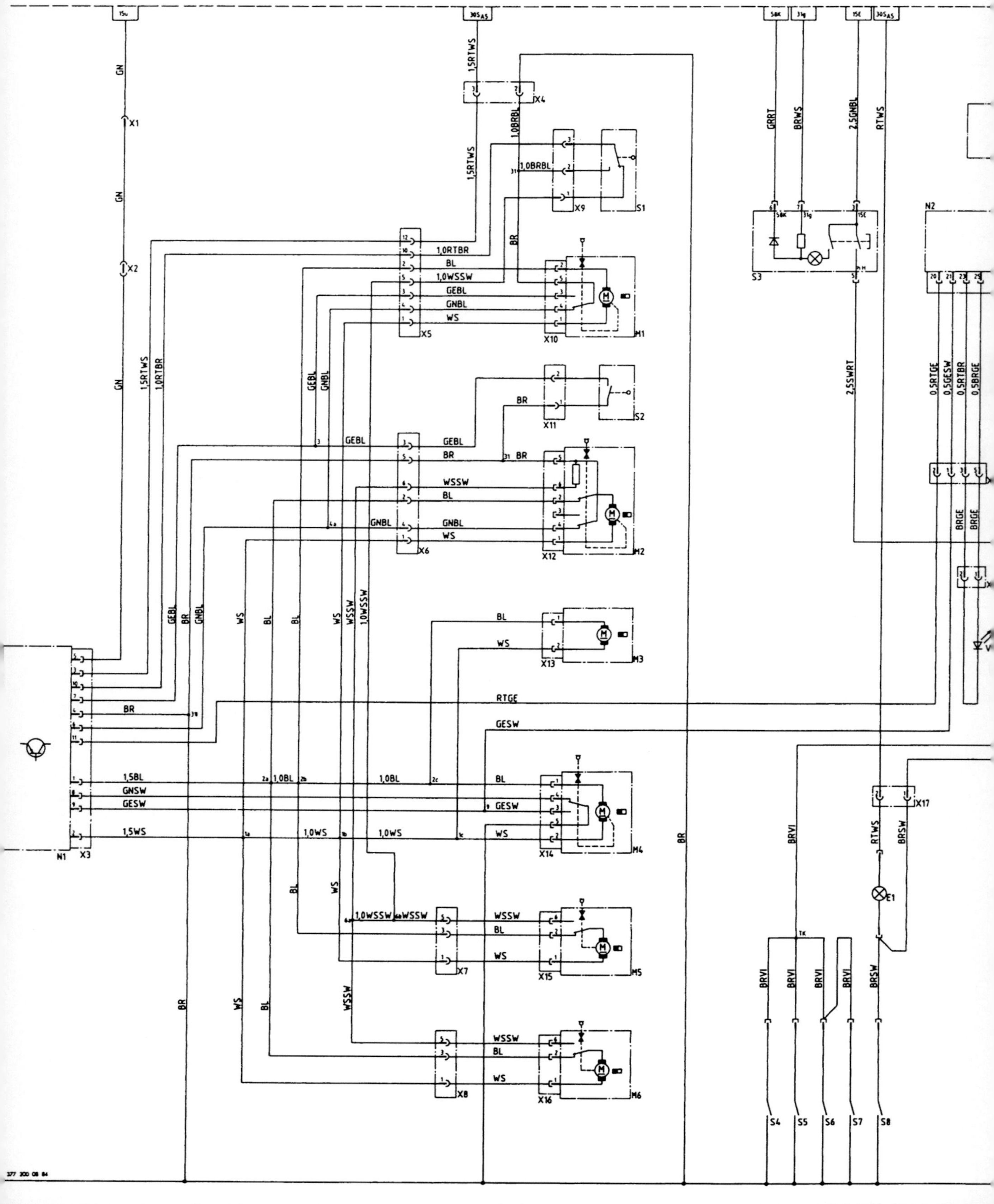

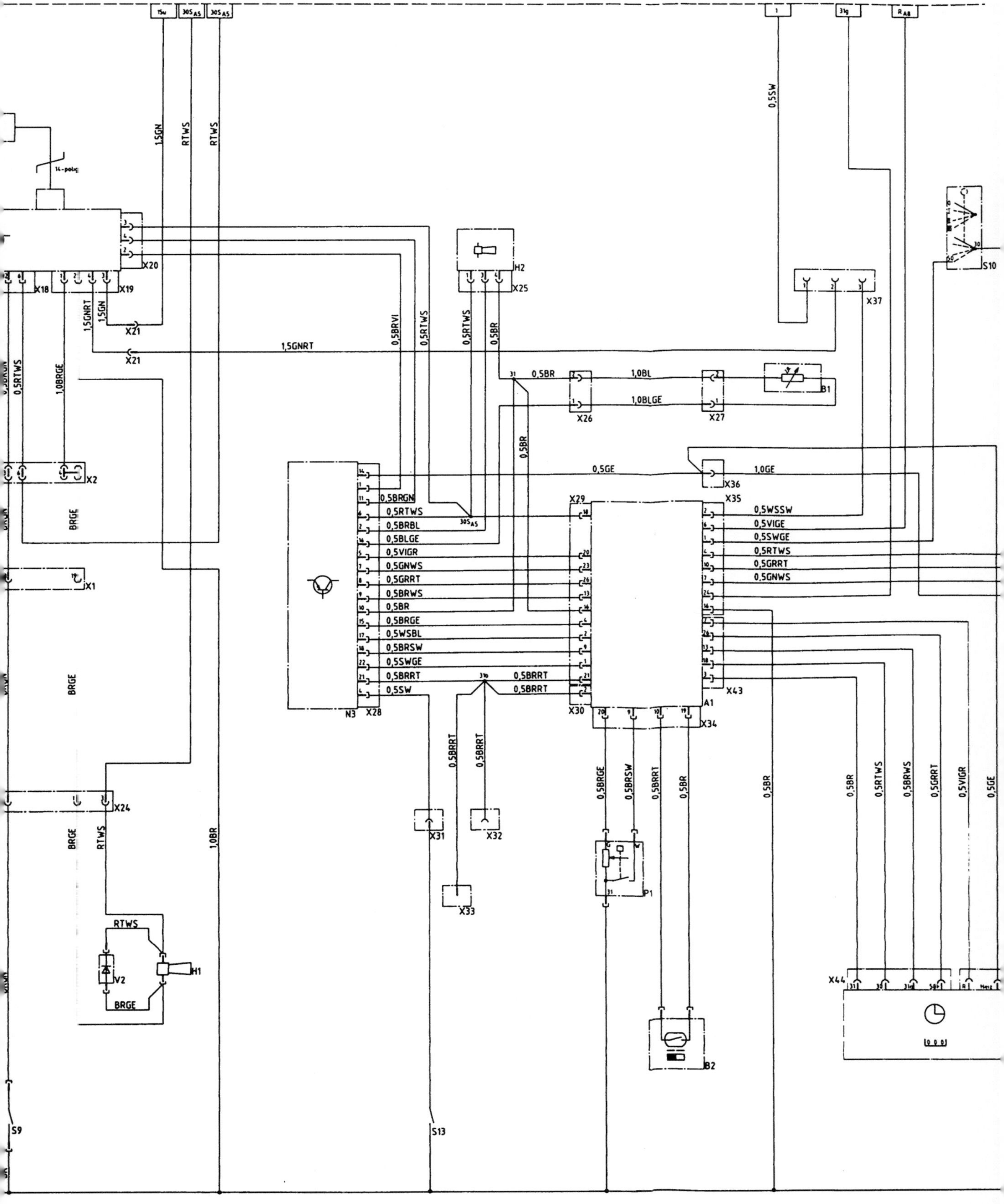

15u
30S A5
30S A5
1
31g
R A8
1,5GN
RTWS
RTWS
0,5SW
14-polig
X20
X18
X19
H2
X25
S10
X37
1,5GNRT
1,5GN
X21
1,5GNRT
X21
0,5BRVI
0,5RTWS
0,5RTWS
0,5BR
0,5RTWS
1,0BRGE
31
0,5BR
1,0BL
1,0BLGE
B1
X26
X27
0,5BR
X2
BRGE
0,5GE
1,0GE
X36
X29
X35
0,5BRGN
0,5RTWS
0,5BRBL
0,5BLGE
0,5VIGR
0,5GNWS
0,5GRRT
0,5BRWS
0,5BR
0,5BRGE
0,5WSBL
0,5BRSW
0,5SWGE
0,5BRRT
0,5SW
30S A5
0,5WSSW
0,5VIGE
0,5SWGE
0,5RTWS
0,5GRRT
0,5GNWS
X1
31b
0,5BRRT
0,5BRRT
X43
A1
N3
X28
X30
X34
BRGE
0,5BRRT
0,5BRRT
X24
0,5BRGE
0,5BRSW
0,5BRRT
0,5BR
0,5BR
0,5BR
0,5RTWS
0,5BRWS
0,5GRRT
0,5VIGR
0,5GE
BRGE
RTWS
1,0BR
X31
X32
P1
X33
RTWS
V2
H1
BRGE
X44
31
30
31b
58P
R
B2
S9
S13

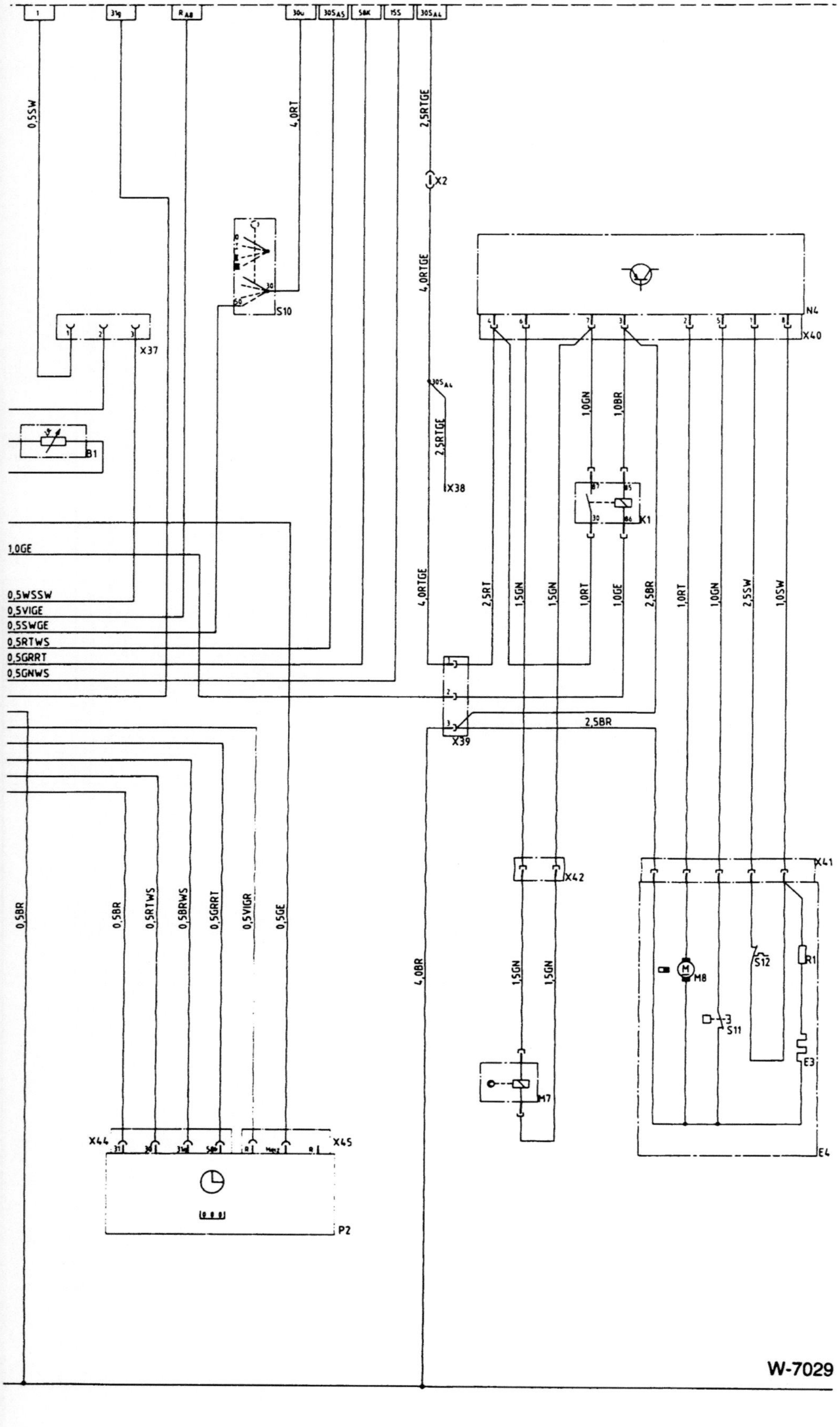

1
31g
R A8
30u
30S A5
58K
15S
30S A4
0,5SW
4,0RT
2,5RTGE
X2
4,0RTGE
S10
X37
N4
X40
B1
30S A4
2,5RTGE
X38
1,0GN
1,0BR
K1
1,0GE
0,5WSSW
0,5VIGE
0,5SWGE
0,5RTWS
0,5GRRT
0,5GNWS
4,0RTGE
2,5RT
1,5GN
1,5GN
1,0RT
1,0GE
2,5BR
1,0RT
1,0GN
2,5SW
1,0SW
X39
2,5BR
X42
X41
0,5BR
0,5BR
0,5RTWS
0,5BRWS
0,5GRRT
0,5VIGR
0,5GE
4,0BR
1,5GN
1,5GN
M8
S12
R1
S11
E3
M7
E4
X44
X45
P2

W-7029

A1 Instrumentenkombination

B1 Außentemperaturfühler (Frontverkleidung Unterteil)
B2 Tachogeber

E1 Gepäckraumleuchte
E2 heizbare Heckscheibe
E3 Glühkerze für Standheizung

H1 Signalhorn
H2 Gong (links von Lenksäule)

K1 Relais für Standheizung (an Standheizung)

M1 Motor Zentralverriegelung Fahrertür
M2 Motor Zentralverriegelung Beifahrertür
M3 Motor Zentralverriegelung Tankklappe
M4 Motor Zentralverriegelung Heckklappe
M5 Motor Zentralverriegelung Tür hinten links
M6 Motor Zentralverriegelung Tür hinten rechts
M7 Brennstoffdosierpumpe
M8 Motor Heizgerät

N1 Steuerelektronik Zentralverriegelung (Schließblech A-Säule)
N2 Steuerelektronik Diebstahlwarnanlage (links von Lenksäule)
N3 Steuerelektronik Bordcomputer (rechts von Instrumentenkombi)
N4 Steuerelektronik Standheizung (an Standheizung unter Sitz rechts)

P1 Meßgerät Tauchrohrgeber
P2 Digitaluhr

R1 Vorwiderstand im Heizgerät

S1 Zentralsicherung Schalter (Fahrertür, am Schloß)
S2 Mikroschalter (Beifahrertür, am Schloß)
S3 Schalter für heizbare Heckscheibe
S4 Türkontaktschalter vorne links
S5 Türkontaktschalter vorne rechts
S6 Türkontaktschalter hinten links
S7 Türkontaktschalter hinten rechts
S8 Heckklappenkontakt
S9 Frontklappenkontakt
S10 Zündanlaßschalter
S11 Überhitzungsschalter (Heizgerät-Standheizung)
S12 Thermoschalter (Standheizung)
S13 Schalter für Bordcomputer-Fernbedienung

V1 Leuchtdiode für Diebstahlwarnanlage
V2 Diode

X1 Steckverbindung Teilstück hinten-Teilstück Mitte
X2 Anschluß SA-Stecker
X3 Anschluß Steuergerät Zentralverriegelung
X4 Steckverbindung Leitung Fahrertür-Teilstück hinten
X5 Steckverbindung Verbindungsleitung Zentralverriegelung – Leitung Fahrertür 13pol.
X6 Steckverbindung Verbindungsleitung Zentralverriegleung – Leitung Beifahrertür
X7 Steckverbindung Verbindungsleitung Zentralverriegelung-Tür hinten links 7pol.
X8 Steckverbindung Verbindungsleitung Zentralverriegelung-Tür hinten rechts 7pol.
X9 Steckverbindung Leitung für Fahrertür-Zentralsicherungs-Schalter
X10 Anschluß Motor Zentralverriegelung-Fahrertür 6pol.
X11 Steckverbindung Leitung für Beifahrertür-Mikroschalter
X12 Anschluß Motor Zentralverriegelung-Beifahrertür 6pol.
X13 Anschluß Motor Zentralverriegelung-Tankklappe 6pol.
X14 Anschluß Motor Zentralverriegelung-Heckklappe 6pol.
X15 Anschluß Motor Zentralverriegelung-Tür hinten links 6pol.
X16 Anschluß Motor Zentralverriegelung-Tür hinten rechts 6pol.
X17 Steckverbindung für Gepäckraumleuchte
X18 Anschluß Diebstahlwarnanlage-Steuerelektronik I 26pol.
X19 Anschluß Diebstahlwarnanlage-Steuerelektronik II 4pol.
X20 Anschluß Relaisbox 4pol.
X21 Steckverbindung 15u (im Hauptkabelbaum)
X22 Steckverbindung Leitung für Diebstahlwarnanlage-Verbindungsleitung Zentralverriegelung
X23 Steckverbindung Leuchtdiode
X24 Steckverbindung Teilstück Mitte-Leitung für Bordcomputer/Diebstahlwarnanlage
X25 Anschluß Gong
X26 Steckverbindung Leitung für Bordcomputer-Leitung für Außentemperaturfühler
X27 Steckverbindung Leitung für Außentemperaturfühler-Außentemperaturfühler
X28 Anschluß Bordcomputer
X29 Anschluß Instrumentenkombi
X30 Anschluß Instrumentenkombi I
X31 Steckverbindung Bordcomputer-Fernbedienung
X32 Steckverbindung geschwindigkeitsabhängige Lautstärkenregelung
X33 Steckverbindung Leitung für Tempomat
X34 Steckverbindung Teilstück hinten-Instrumentenkombi
X35 Steckverbindung Teilstück Mitte-Instrumentenkombi
X36 Steckverbindung Leitung Bordcomputer-Leitung für Zusatzheizung
X37 Steckverbindung Kabelbaum Teilstück Mitte-Kabelbaum für LE-Jetronik
X38 Steckverbindung Leitung für Zusatzheizung-Automatik-Antenne
X39 Steckverbindung Leitung für Zusatzheizung-Leitung für Heizgerät
X40 Anschluß Steuerelektronik
X41 Anschluß Heizgerät für Zusatzheizung
X42 Steckverbindung Leitung für Heizgerät-Leitung für Kraftstoffpumpe
X43 Steckverbindung Leitung für Digitaluhr-Instrumentenkombi
X44 Steckverbindung Leitung für Digitaluhr-Digitaluhr 4pol.
X45 Steckverbindung Leitung für Digitaluhr-Digitaluhr 2pol.